薄谋 著

抽象主义集合论 _{（上卷）}

从布劳斯到斯塔德

上海人民出版社

序

　　我与薄谋博士本不相识，交往更少。从我先前的博士生刘靖贤那里，知道有薄谋这个人在做新弗雷格主义，以及更广义的，数学基础和数学哲学方面的研究。浏览过他的一两篇文章，留下一些印象。有一次在项目评审时，看到一份关于新弗雷格主义研究的申报书，写得比较详实和清楚，可以看出在这方面已经有相当的研究，猜测是他所为，遂让其通过，后来他也顺利地拿到该项目。2020年夏天，他寄来一本新著——《现代数学哲学教程：从哥德尔到赫尔曼》，初步翻阅，内容相当详实，讨论也比较深入。由于我正筹划所承担的国家社会科学基金重大项目"当代逻辑哲学重大前沿问题研究"的结项成果，又经刘靖贤推荐，邀请他撰写其中两章："数学结构主义"和"数学虚构主义"，在2020年10月该课题扬州会议上第一次见到他，他还报告了关于这两章的写作构想。所获得的印象是，这是一位沉静、踏实、认真、可信的年轻学者。

　　前不久，薄谋通过电子邮件发过来一部大书稿——《抽象主义集合论：从布劳斯到斯塔德》，60多万字，我翻阅浏览一遍，获得这样的印象：该书讨论集合论基础问题和哲学问题，技术性很强，有一定的难度；作者认真阅读了大量的相关英文文献，包括大量当代文献，对它们做了相当详实、深入、清晰也相当可靠的梳理和讨论，全书内容相当丰富扎实，如非作者长时间沉浸其中、埋头苦干是不可能完成的。可以看出，作者的治学态度很认真，对学问和学术研究保持敬畏，肯下功夫，该书不是滥竽充数和哗众取宠之作。薄谋邀请我为该书撰写序言，我初步同意。为慎重起见，未经薄谋同意，我把书稿发给两位在这方面有较好资质和信誉的国内同行，要他们判断一下此书稿的质量，他们的反馈与我的大致相同，其中一位回信说："本书研究的内容在集合论哲学领域是很有学术价值的"。

据告知，书稿拟分上下两卷出版。从上卷内容来看，作者把注意力集中到集合概念。从集合的迭代概念与大小限制概念出发推断全部集合论公理。不管是迭代概念还是大小限制概念，把它们引入对集合的理解要源于布劳斯的工作。在布劳斯工作的基础上，夏皮罗进一步强化了当代集合概念背后至少有两种观念存在的思想。夏皮罗的贡献在于从不定可扩充概念出发理解大小限制观念。不定可扩充概念源自罗素与达米特。伯吉斯把复数逻辑引入集合论，形成复数集合论。林内波在帕森斯工作的基础上，把模态引入集合论，形成单模态集合论。斯塔德在帕森斯与林内波工作的基础上，把时态引入集合论，形成双模态阶段理论。从下卷内容来看，作者不仅论述了从抽象原则出发推断集合论公理的过程，而且对抽象原则自身也进行了研究，比如休谟原则与第五基本定律。抽象原则有好的原则，也有坏的原则，这就需要确定抽象原则好坏的标准。这些标准有协调性、保守性、和平性和稳定性，都是元逻辑中的核心概念。他还详细探讨了数学哲学领域中著名的好伙伴异议、坏伙伴异议和恺撒问题，并研究了解决这三个难题的各种各样的策略。斯塔德认为出现这些难题的根本原因在于人们只是静态地研究抽象原则，而不是动态地研究抽象原则。这涉及新逻辑主义纲领研究范式的转变。从静态抽象到动态抽象需要从对经典逻辑的关注转移到对非经典逻辑的关注。在该书稿中，作者比较细致而全面地陈述了各种各样的集合论，有的是经典集合论，有的是非经典集合论。在前人工作的基础上，他考虑了集合论中的大基数，主要精力集中在小的大基数上面。这就是引入反射公理的重要原因。他非常重视二阶逻辑及其变体与集合论的结合，这属于当前集合论研究中的前沿和热点。

　　书稿把重点放在了对他人工作的梳理和阐释上，尽管也有一些作者自己的创造性工作，但并不十分突出。这是一个有待改进的问题和缺点。它不独为薄谋这一位研究者所具有，而是中国学者、至少是我所知的中国哲学界的普遍现象。长期以来，中国哲学学者把主要精力放在追踪、搜集、考辨、阅读、理解、阐释、评论他人的工作上，好像把他人的工作理解准确、阐释清楚了，其工作就算完成了。这就导致了我近些年来一再批评的一种现象：别人研究哲学，我们研究别人的哲学。我一再大声疾呼：至少一部分中国哲学学者，要与别人一起研究哲学：面向问题，参与哲学的当代建构。我以为，年轻一代的中国学者，当然包括薄谋（也包括我本人，尽管我已经不再年轻），似乎应该沿着这一方向和路径去工作，争取做出一些自己的独立的创造性工作。还有，作者在文字表述方面似乎应该下更多的功夫，在浏览书稿中不时发现，其行文有值得推敲和改进的地方。中国是文章大国，有悠久的美文传统，"言之无文，行之不远"。学术著作，倒不需要玩那么多的修辞技巧，但需做到文从字顺、清楚、准确、流畅。

　　以上是我的真实看法，不一定正确，仅供参考。

陈　波

2021 年 1 月 19 日于京西博雅西园寓所

目　录

引　言

　　新逻辑主义发展历程中形成的专著有:怀特(1983)[1]、黑尔(1987)[2]、黑尔和怀特(2001)[3];布劳斯(1998)[4]、伯吉斯(2005)[5]、法恩(2002)[6]、赫克(2011)[7]、赫克(2012)[8]和林内波(2018)[9]。怀特的著作《弗雷格的对象数概念》把两个观察结合起来:首先,如果人们放弃第五基本定律且只从休谟原则出发,那么不会出现罗素悖论;其次,从休谟原则出发人们能推出皮亚诺算术。黑尔的著作《抽象对象》继续推进达米特和怀特的关于抽象对象的弗雷格主义思想传统,他的目标是要为柏拉图主义辩护,他使用的是弗雷格主义的论证方式,也就是真断言包含指称抽象对象的单项。黑尔和怀特的论文集《理性真研究:朝向新弗雷格主义的数学哲学》是对新弗雷格主义纲领的一种系统呈现,而且提供对恺撒问题的一种解决方案。

　　布劳斯的论文集《逻辑、逻辑与逻辑》主要呈现布劳斯的集合迭代概念与大小限制概念,他对复数逻辑的系统研究。在弗雷格研究方面,他提出了"休谟原则""弗雷格定理"与"弗雷格算术"这些通用术语;他证明了弗雷格算术与二阶皮亚诺算术是互释的。伯吉斯在专著《修补弗雷格》中把数学基础分为五个层级,他主要关注算术和集合论两个层级。他的关键贡献在于提出伯奈斯—布劳斯集合论。法恩在专著《抽象界限》中发展出抽象形式理论,据此为算术和分析提供基础。赫克在专著《弗雷格定理》中探索该定理的哲学意蕴,使用它发起且指导数学与逻辑哲学中对历史的、哲学的和技术的问题的范围广泛的探索。赫克的著作《阅读弗雷格的〈算术基本定律〉》是对弗雷格的巨著《算术基本定律》的系统分析,这本书是解读弗雷格原著的典范。林内波的专著《稀薄对象:一种抽象主义描述》从静态和动态两个方面对良莠不齐问题进行了描述,这源于他和库克在静态方面的贡献以及他和斯塔德在动态方面的贡献。

接下来我们来看新逻辑主义发展过程中关键人物的关键贡献。布劳斯在论文《集合的迭代概念》中意图使用阶段理论推导集合论公理,最后的结果是推不出外延公理、替换公理与选择公理[10]。布劳斯在论文《再次迭代》中使用大小限制观念改造弗雷格的第五基本定律,得到新第五基本定律。新第五基本定律不仅是协调的,而且从此出发我们能得到外延公理、替换公理与选择公理,但得不到无穷公理与幂集公理[11]。布劳斯在《存在是成为变元的值(成为某些变元的某些值)》[12]和《唯名论者的柏拉图主义》[13]两篇论文中系统研究复数逻辑。这成为后来伯吉斯的复数集合论的基础。布劳斯在论文《弗雷格算术基础的协调性》中表明弗雷格算术是协调的当且仅当二阶皮亚诺算术是协调的[14]。布劳斯在论文《数相等标准》中有三个贡献:首先证明弗雷格定理;其次表明存在彼此相冲突的协调性抽象原则;最后找出有着有限定律的抽象原则,它与休谟原则都是各自协调的但彼此冲突[15]。

赫克在论文《论二阶语境定义的协调性》中有两个贡献:首先指出协调性作为可接受抽象原则标准是不充分的;其次提出稳定性作为可接受抽象原则标准的可行性[16]。赫克在论文《在弗雷格的〈算术基本定律〉中算术的发展》中表明弗雷格已经注意到了弗雷格定理[17]。赫克在论文《弗雷格的〈算术基本定律〉的直谓片段的协调性》中表明弗雷格主义抽象是可接受的当它是直谓的[18]。怀特在论文《弗雷格定理的哲学意蕴》中提议抽象原则是可接受的当且仅当它是保守的[19]。怀特在论文《休谟原则是分析的?》中建议我们需要和平性作为可接受抽象原则[20]。怀特在论文《新弗雷格主义的实分析基础:关于弗雷格约束的某些反思》中通过比较黑尔和夏皮罗的重构实分析的两种策略,关心弗雷格约束的意义和动机[21]。黑尔在论文《根据抽象来的实数》中假设新弗雷格主义关于初等算术的正确性且引入作为量比的实数试图解释把如此立场扩充到包含实数理论[22]。黑尔在论文《抽象与集合论》中详细讨论执行大小限制观念的替代方式,把好性解释为双重小性[23]。黑尔与怀特在长论文《为埋葬恺撒……》中提出一种解决恺撒问题的策略[24]。

夏皮罗与韦尔合写的论文《新第五基本定律、策梅洛弗兰克尔集合论与抽象》意味着夏皮罗接替布劳斯扛起了反对新逻辑主义的大旗[25]。夏皮罗对数学持一种结构主义立场,根据他的四篇标志性论文,我们把他的新逻辑主义研究分为四个阶段:第一篇论文是《弗雷格会面戴德金:对实分析的新逻辑主义处理》,这是他的新逻辑主义研究的第一个阶段,处理的主题是实分析[26];第二篇论文是《弗雷格会面策梅洛:关于不可言喻性与反射的看法》,这是他的新逻辑主义研究的第二个阶段,关注的主题是集合论[27];第三篇论文是夏皮罗与林内波合写的论文《弗雷格会面布劳威尔或者海廷或者达米特》,这是他的新逻辑主义研究的第三个阶段,关注的焦点是算术[28];第四篇论文是夏皮罗与赫尔曼合写的论文《弗雷格会面亚里士多德:作为抽象物的点》,这是他的新逻辑主义研究的第四个阶段,关心的是对时空的基于区域的描述[29]。

乌斯基亚诺在论文《二阶策梅洛集合论模型》中研究策梅洛集合论的一阶变体,表明四个二阶变体间的关系[30]。乌斯基亚诺的论文《范畴性定理与集合概念》在麦吉工作的基础上,表明是否存在与迭代概念和大小限制学说一致的二阶集合论公理化的直谓公理化[31]。乌斯基亚诺的论文《广义良莠不齐问题》聚焦稳定性作为可接受性必要条件的前景。不过结论是否定的[32]。乌斯基亚诺的论文《不定可扩充性的多种形态》在集合概念不定可扩充性的各种描述基础上,比较不定可扩充性的语言模型[33]。

库克在论文《节约状态:新逻辑主义与膨胀》中聚焦黑尔对分割抽象原则的使用,审视新逻辑主义实数构造的前景[34]。库克在论文《再来一次迭代》中研究基于更新第五基本定律的新逻辑主义集合论[35]。库克在论文《休谟的大兄弟:计数概念与良莠不齐异议》中提出高阶版本的休谟原则,表明高阶版本的休谟原则是否是可接受的是独立于标准集合论的[36]。库克在论文《保守性、稳定性与抽象》中表明可接受抽象原则类是严格逻辑对称类保守的[37]。库克的论文《抽象与四种不变性》在法恩与安东内利引入的内在不变性与简单/双重不变性的基础上,指出抽象原则在一种或者两种意义上是不变的,而且指出休谟原则在双重意义上是最精细的抽象原则[38]。

林内波在论文《弗雷格算术的直谓片段》中表明直谓弗雷格算术的逻辑强度是相当弱的[39]。林内波在论文《温驯版良莠不齐问题》中提议良莠不齐问题的新解决方案,基于个体化必定取良基过程形式的观念[40]。林内波在论文《可接受抽象的某些标准》中找出各种抽象原则间的逻辑关系:和平性、稳定性、保守性与无界性[41]。林内波在论文《集合的潜在分层》中认为集合的累积分层不是实在的而是潜在的,为此他发展出容纳潜在论概念的模态集合论[42]。林内波在论文《达米特关于不定可扩充性》中指出达米特的不定扩充性概念是富有影响的但是模糊的。在二阶直觉主义逻辑的基础上他形式化达米特的不定可扩充性概念[43]。库克与林内波在论文《基数性与可接受抽象》中回顾了赫克对可接受抽象原则的一个观察。两人指出赫克的修复是无效的,他们提出临界全性概念[44]。斯塔德在论文《集合的迭代概念:一种双模态公理化》中使用双模态阶段理论解释除了无穷公理的策梅洛集合论的自然扩充[45]。斯塔德在论文《再构思抽象》中指出静态抽象描述是毫无希望的,相反他提出要发展一种动态的抽象主义描述[46]。

最后,我们来看本书的整体结构。第一章关注的是高阶逻辑、二阶集合论与范畴性定理。第二章关心集合迭代概念与大小限制概念，使用模态逻辑与时态逻辑发展集合论。第三章关注赫克的有限休谟原则，赫克与麦克布莱德间的争论和曼科苏的好伙伴异议。第四章关心各种版本的恺撒问题，在黑尔与怀特工作的基础上提出恺撒问题的另一种解决方案。第五章关注黑尔和夏皮罗的对实分析的再构造策略，以及库克和怀特对实分析再构造的贡献。第六章关心在新第五基本定律基础上发展新逻辑主义集合论的前景，提到两种集合论：一种是伯奈斯—布劳斯集合论，另一种是弗雷格—策梅洛—伯奈斯—布劳斯集合论。第七章关注良莠不齐问题。第八章关注静态抽象描述。第九章关心基于林内波与斯塔德工作上的动态抽象描述。

第一章
高阶集合论

第一节　高阶集合论的模型、可能模型与标准模型

　　这里主要考虑集合论和高阶逻辑间的相互应用。我们首先考虑的是三个一阶理论。它们分别是皮亚诺算术、实闭域理论和策梅洛—弗兰克尔集合论。当然我们能找到这三个理论的可能模型。那么可能模型和模型的关系是什么呢？一般而言，我们把理论的可能模型当作理论模型当理论的所有公理在有可能模型所提供的解释下是真的。我们也能找到对应这三个理论的标准模型的三个概念。那么标准模型的这三个不同概念能归入一个自然的和综合的概念吗？当我们把注意力限制到这三个一阶理论时答案是否定的。既然一阶理论不能，那么我们来考虑三个对应的二阶理论。在二阶理论下，每当我们谈到一阶理论 T 的标准模型我们就会想到相关联的二阶理论 U，我们认为 T 的标准模型等同于 U 的模型。我们也要考虑二阶理论的各种一阶子理论，这是因为只有一阶理论才具有诸如紧致性和勒文海姆—斯科伦定理这样的性质，而二阶理论不具有这些性质。

　　存在两种选择子理论的方式，一种方式是非自然的，我们容易找到一阶对应部分并非等价的两个等价二阶理论。另一种方式是自然的，这种方式对皮亚诺算术和策梅洛—弗兰克尔集合论是不利的。因

为皮亚诺算术不等价于二阶皮亚诺算术的一阶对应部分,而且策梅洛—弗兰克尔集合论不等价于二阶策梅洛—弗兰克尔集合论的一阶对应部分。而且这两个理论的一阶对应部分不等价于任意递归公理化理论,甚至不等价于克莱尼意义上的带有算术公理集合的理论。情况在二阶实数理论上是不同的。根据塔斯基,二阶实数理论的一阶对应部分是等价于实闭域理论的。紧接着我们来看由斯科特和蒙塔古构造的不同于上述的二阶理论,这就是二阶免秩集合论。这个名称源自理论相对于模型的秩或者类型是中立的事实。而且从哲学和经验科学的视角出发,我们有允许个体可能存在性的集合论种类。

这样就产生二阶免秩集合论的修正版本,也就是带有个体的免秩集合论。根据超限累积罗素主义层级我们为二阶免秩集合论找到可能模型,根据标准类型结构为带有个体的二阶免秩集合论找到一个模型。如果在二阶免秩集合论和带有个体的二阶免秩集合论中我们能放弃分离公理的初始量词且把结果处理为一个模式,那么我们将得到两个一阶理论,它们分别是一阶免秩集合论和带有个体的一阶免秩集合论。通过添加无穷公理我们能从这两个一阶理论得到各种有用的集合论系统。由此我们就可以定义包含超限类型变元的语句真值。从高阶公式的定义我们可以看出,高阶公式的模式是一个序列,而且序列中的位置决定符号和解释间的预期对应。有了高阶公式的模型,我们就可以给定高阶公式的真性。当然我们也可以进一步定义高阶语句的逻辑真性,这是可应用到所有模型的真性定义。

1. 模型、可能模型与标准模型

蒙塔古(Richard Montague)考虑了集合论和高阶逻辑间的相互应用。人们用二阶逻辑来发现策梅洛—弗兰克尔集合论的标准模型,而标准模型引入新的集合论系统,我们用这些系统发现高阶语句的真性定义,而且我们在高阶逻辑内部为作为逻辑真的策梅洛—弗兰克尔集合论给出哲学辩护。让我们考虑三个一阶理论。首先是皮亚诺算术,它有非逻辑常项 0，S，＋，·,和下述公理：

$$\neg 0 = Sx,$$
$$Sx = Sy \rightarrow x = y,$$
$$x + 0 = x,$$
$$x + Sy = S(x + y),$$
$$x \cdot 0 = 0,$$
$$x \cdot Sy = (x \cdot y) + x,$$
$$P[0] \wedge \wedge x[P[x] \rightarrow P[Sx]] \rightarrow \wedge xP[x]。$$

我们把最后一个原则认作模式，称为归纳模式。其次是实闭域，它有
非逻辑常项 0，1，＋，·，－，$^{-1}$，≤,和下述公理：

$$x + (y + z) = (x + y) + z,$$
$$x + y = y + x,$$
$$x + 0 = x,$$
$$x + (-x) = 0,$$
$$x \cdot (y \cdot z) = (x \cdot y) \cdot z,$$
$$x \cdot y = y \cdot x,$$
$$x \cdot 1 = x,$$
$$\neg x = 0 \rightarrow x \cdot x^{-1} = 1,$$
$$x \cdot (y + z) = (x \cdot y) + (x \cdot z),$$
$$\neg 0 = 1,$$
$$0 \leq x \vee 0 \leq -x,$$
$$0 \leq x \wedge 0 \leq -x \rightarrow x = 0,$$
$$0 \leq x \wedge 0 \leq y \rightarrow 0 \leq x + y \wedge 0 \leq x \cdot y,$$
$$x \leq y \leftrightarrow 0 \leq y + (-x),$$
$$0^{-1} = 0,$$

$$\bigvee x \mathrm{P}[x] \wedge \bigvee y \bigwedge x[\mathrm{P}[x] \rightarrow x \leqslant y] \rightarrow \bigvee y(\bigwedge x[\mathrm{P}[x] \rightarrow x \leqslant$$
$$y] \wedge \bigwedge z[\bigwedge x[\mathrm{P}[x] \rightarrow x \leqslant z] \rightarrow y \leqslant z])_{\circ}$$

最后一个原则是连续性模式且起到类似于归纳模式的作用。最后是策梅洛—弗兰克尔集合论,它只有非逻辑符号 ε 且它的公理如下:

$$\bigwedge u[u \varepsilon a \leftrightarrow u \varepsilon b] \rightarrow a = b,$$
$$\bigvee u u \varepsilon a \rightarrow \bigvee u[u \varepsilon a \wedge \neg \bigvee v(v \varepsilon y \wedge v \varepsilon a)],$$
$$\bigvee a \bigwedge u[u \varepsilon a \leftrightarrow u = x \vee u = y],$$
$$\bigvee b \bigwedge u[u \varepsilon b \leftrightarrow \bigvee v(u \varepsilon v \wedge v \varepsilon a)],$$
$$\bigvee b \bigwedge u[u \varepsilon b \leftrightarrow \bigwedge v(x \varepsilon u \rightarrow x \varepsilon a)],$$
$$\bigvee a[\bigvee u u \varepsilon a \wedge \bigwedge u(u \varepsilon a \vee \bigvee v(u \varepsilon v \wedge v \varepsilon a))],$$
$$\bigwedge x \bigwedge y \bigwedge z \bigwedge a \bigwedge b \bigwedge c \bigwedge q \bigwedge r[\bigwedge u(u \varepsilon a \leftrightarrow u = x) \wedge \bigwedge u(u \varepsilon b$$
$$\leftrightarrow u = x \vee u = y) \wedge \bigwedge u(u \varepsilon c \leftrightarrow u = x \vee u = z) \wedge \bigwedge u(u \varepsilon q \leftrightarrow u = a \vee$$
$$u = b) \wedge \bigwedge u(u \varepsilon r \leftrightarrow u = a \vee u = c) \wedge \mathrm{P}[q] \wedge \mathrm{P}[r] \leftrightarrow y = z] \wedge s \bigvee t$$
$$\bigwedge y[y \varepsilon t \leftrightarrow \bigvee x \bigvee a \bigvee b \bigvee q(x \varepsilon s \wedge \bigwedge u[u \varepsilon a \leftrightarrow u = x] \wedge \bigwedge u[u \varepsilon b \leftrightarrow$$
$$u = x \vee u = y] \wedge \bigwedge u[u \varepsilon q \leftrightarrow u = a \vee u = b] \wedge \mathrm{P}[q])]_{\circ}$$

最后一个原则是替换模式。皮亚诺算术的可能模型是结构$\langle \mathrm{A}, x, f, g, h \rangle$,这里(1)A 是集合,(2)$x$ 是 A 的元素,(3)f, g, h 分别是集合 A 上或者 A 中的 1—位,2—位和 2—位函数。如此结构$\langle \mathrm{A}, x, f, g, h \rangle$ 是皮亚诺算术的模型若理论所有公理是真的当(1)把所有约束变元认作管辖集合 A,(2)把 0 认作指派 x,(3)把 S,+,・分别解释为 f, g, h,且(4)把包含自由变元的公理解释为仿佛以这些变元上的全称量词开始。也可以用可能模型和模型的概念与其他理论相联。比如,实闭域理论的可能模型形式为$\langle \mathrm{A}, x, y, f, g, h, j, \mathrm{R} \rangle$,这里(1)A 是集合,(2)$x, y$ 是 A 的元素,分别对应于 0,1,(3)f, g 是 A 上和 A 中的 2—位函数,分别对应于运算符号 +,・,(4)h, j 是 A 上

9

和 A 中的 1—位函数,分别对应于运算符号—,$^{-1}$,(5)R 是 A 的元素的有序对集,对应于谓词≤;且策梅洛—弗兰克尔的可能模型有形式〈A, R〉,这里 A 是非空集合且 R 是 A 的元素的有序对集。一般而言,理论的可能模型是这个理论的模型当理论的所有公理在由可能模型提供的解释下是真的。

通常有对应于三个理论的三个标准模型概念;不像可能模型和模型概念,这些概念最初似乎不包含在自然的一般概念(a natural general concept)下面。回顾皮亚诺算术模型是结构〈A, x, f, g, h〉,这里 A 是自然数集,x 是数 0,且 f, g, h 分别是应用到自然数的后继,加法和乘法函数。我们把皮亚诺算术标准模型理解为同这个模型同构的任意结构。我们用实闭域理论描述实数。因此实闭域理论的标准模型是同构于〈A, x, y, f, g, h, j, R〉的结构,这里 A 是实数集,x 和 y 分别是数学 0 和 1,f 和 g 分别是实数加法和乘法函数,h 是把数-u 指派到实数 u 的函数,j 是把数 1/u 指派到实数 u 的函数,且 R 是实数间的通常大小关系。对集合论我们首先引入超限类型层级(a transfinite hierarchy of types)。如果 α 是任意序数,那么 T(α)是以空个体集开始的在罗素主义层次上的第 α 个类型;递归定义如下:

T(0)＝空集 Λ,

T(α+1)＝T(α)的所有子集的集合,

如果 λ 是极限数,T(λ)是所有集合 T(ξ)的并集,对 ξ<λ。

策梅洛—弗兰克尔集合论的标准模型是同构于〈T(α), $\in$(T(α))〉的结构,这里 α 是大于 ω 的强不可达序数;如果 A 是任意集合,$\in$(A)是限制到 A 的属于关系,也就是,有序对集〈x, y〉对它 x 和 y 都在 A 中且 x 是 y 的元素。能把这三个明显不同的标准模型概念归入一个自然的和综合的概念吗?蒙塔古认为不能,当把注意力限制到上述引入的三个一阶理论。他认为我们应该考虑下述的三个相对应二阶理论。

二阶皮亚诺算术是恰似皮亚诺算术的理论,除了用下述单个二阶公理取代归纳模式:

$$\wedge P(P[0] \wedge \wedge x[P[x] \rightarrow P[Sx]] \rightarrow \wedge x P[x])。$$

这里 P 充当真正的谓词变元(a genuine predicate variable)。相似地二阶实数理论和二阶策梅洛—弗兰克尔集合论分别恰似实闭域理论和策梅洛—弗兰克尔集合论,除了用把全称量词加在 P 前面从它们可得到的二阶公理取代连续性模式和替换模式。这三个理论的任意一个的可能模型与相应一阶理论的可能模型相符。二阶理论的可能模型是这个理论的模型当理论的所有公理在由可能模型提供的解释下是真的;把个体变元认作管辖可能模型的论域,也就是,作为可能模型第一个成分的集合,且把 1—位谓词变元认作管辖这个论域所有子集的集合。现在众所周知的是二阶皮亚诺算术模型恰好与作为一阶皮亚诺算术标准模型的结构相符,而且二阶实数理论模型和二阶策梅洛—弗兰克尔集合论模型分别与实闭域理论标准模型和一阶策梅洛—弗兰克尔集合论标准模型相符。这些事实表明相异特殊概念的统一:每当我们谈到一阶理论 T 的标准模型我们在心里有相关的二阶理论 U;那么我们认为 T 的标准模型等同于 U 的模型。

在考虑标准模型的任意语境中有趣的理论似乎总是二阶理论。当然,我们也可以考虑二阶理论的各种子理论。因为某些性质,比如紧致性和勒文海姆—斯科伦性质,是由所有一阶理论具有而不由任意有趣二阶理论具有。假设我们选择特定二阶理论作为基本对象。我们如何选择称为"相应一阶理论"的子理论? 让我们考虑可应用到二阶理论 T 的程序,它们的公理全部有下述形式:

$$\wedge P_0 \cdots \wedge P_{n-1} \phi,$$

这里 $P_0, \cdots, P_{n-1}$ 是谓词变元且 ϕ 是无二阶量词的公式。通过 T 内部这个公式的一阶实例,我们通过在 ϕ 中用 T 的公式替代谓词变元 $P_0, \cdots, P_{n-1}$ 理解可得到的公式。那么我们认为相应于 T 的一阶理论等同于非逻辑常项是 T 的非逻辑常项且公理是 T 内部 T 的公理的一阶实例的理论。正是根据这个概念上述的三个二阶理论才有皮亚诺算术,实闭域理论和策梅洛—弗兰克尔集合论作为它们相应的一阶理论。然而,这种选择一阶理论的方式是不自然的;我们容易发现两个等价的二阶理论它们的一阶相对物在目前的意义上不是等价的。更自然的程序是认为二阶理论 T 的一阶相对物等同于非逻辑常项是 T 的常项且公理由作为 T 的定理的一阶语句构成的理论。

按照这个分析我们对上述一阶理论中的两个,皮亚诺算术和策梅洛—弗兰克尔集合论,失去兴趣。两者都不等价于我们现在认作二阶皮亚诺算术或者二阶策梅洛—弗兰克尔集合论的一阶相对物。这两个理论的一阶相对物不是等价于任意递归可公理化理论,甚或等价于有算术公理集的理论,在克莱尼(1952)的意义上,而且出于某些目的我们可能希望考虑递归公理化一阶子理论。但皮亚诺算术和策梅洛—弗兰克尔集合论,尽管它们满足这个描述,似乎在其他非等价理论中间不使超群的。当我们考虑二阶事实理论时情况发生变化。正是塔斯基(1951)的结果使我们有称为这个理论的一阶相对物是等价于实闭域理论的东西。

2. 二阶免秩集合论与带有个体的二阶免秩集合论

存在不同于上述的形式为⟨T(α) , ∈(T(α))⟩的有趣结构。比如,我们能把哥德尔(1940)或莫尔斯(1955)的集合论标准模型认作同构于⟨T(α) , ∈(T(α))⟩的结构,这里 α 是大于 ω 的强不可达序数的后继;与一般集合论的特定表述相联的结构或者是⟨T(ω) , ∈(T(ω))⟩或者⟨T(ω+1) , ∈(T(ω+1))⟩。因此考虑有资格作为可能模型的所有结构收集,且寻找在这个联系中扮演由二阶策梅洛—弗兰克尔集合论与先前更受限结构收集相联所扮演角色的集合论系统,似乎是有趣的。那么,问题是找到理论 T 它的非逻辑常项是 ε,且使得 T 的模型符合同构于⟨T(α) , ∈(T(α))⟩的结构,这里 α 是大于 0 的序数。相当容易看到的是没有一阶理论能满足这个条件。另一方面,斯科特(Dana Scott)和蒙塔古已构造出所需要性质的二阶理论。它的公理是下述:

(1) $\wedge u[u\varepsilon a \leftrightarrow u\varepsilon b] \rightarrow a = b$,

(2) $\vee b \wedge x[x\varepsilon b \rightarrow \vee y(y\varepsilon a \wedge \wedge z[z\varepsilon x \rightarrow z\varepsilon y])]$,

(3) $\vee k \wedge m \wedge b(\wedge x[x\varepsilon m \rightarrow x\varepsilon k] \wedge \wedge x[x\varepsilon b \leftrightarrow \vee y(y\varepsilon m \wedge \wedge z[z\varepsilon x \rightarrow z\varepsilon y])] \rightarrow b\varepsilon k \vee \wedge x[x\varepsilon a \rightarrow x\varepsilon b])$,

(4) $\wedge P \wedge a \vee b \wedge x[x\varepsilon b \leftrightarrow P[x] \wedge x\varepsilon a]$。

在最后这个公理中,也就是分离公理,P 是谓词变元。我们把这个理论称为二阶免秩集合论(second-order rank-free set theory)。这个名称来自这个理论关于它的模型的秩,或者类型是中立的。至少从哲学和经验科学的视角也许更有趣的是,允许不包含元素但不同于空集的对象的个体或者非集合可能存在性的集合论种类。因此我们也考虑最后一个系统的改良版本,且通过带个体的二阶免秩集合论理解这个理论,它的非逻辑常项是 ε 和 Σ,后者是成为集合(being a set)的谓词,而且它的公理是下面这些:

$\wedge x[x\varepsilon a \leftrightarrow x\varepsilon b] \wedge \Sigma a \wedge \Sigma b \rightarrow a = b$,

$y\varepsilon x \rightarrow \Sigma x$,

$\Sigma a \rightarrow \vee b \wedge x[x\varepsilon b \rightarrow \neg \Sigma x \vee \vee y(y\varepsilon a \wedge \wedge z[z\varepsilon x \rightarrow z\varepsilon y])]$,

$\wedge a \vee k \wedge m \wedge b(\wedge x[x\varepsilon m \rightarrow x\varepsilon k] \wedge \wedge x[x\varepsilon b \leftrightarrow \neg \Sigma x \vee \vee y(y\varepsilon m \wedge \wedge z[z\varepsilon x \rightarrow z\varepsilon y])] \rightarrow b\varepsilon k \vee \wedge x[x\varepsilon a \rightarrow x\varepsilon b])$,

$\wedge P \wedge a \vee b \wedge x[\Sigma a \rightarrow \vee b(\Sigma b \wedge \wedge x[x\varepsilon b \leftrightarrow P[x] \wedge x\varepsilon a])]$。

最后一个公理是分离公理的另一个版本。这个理论的可能模型 $\mathfrak{A}$ 具有形式 $\langle A, R, B \rangle$,这里 A 是非空集,R 是 A 的元素的有序对集,把它

解释为 ε 的外延,且 B 是 A 的子集,把它解释为 Σ 的外延。对如此结构 $\mathfrak{A}$,令In$_\mathfrak{A}$,或者 $\mathfrak{A}$ 的个体集是 A—B。在进入对最后一个理论的模型研究前,我们必须暂时考虑我们元理论的性质。我们把这个理解为带有个体的策梅洛—弗兰克尔集合论的扩充。因此在我们的元理论中我们允许个体的可能存在性。我们不承诺自身关于它们的数;它可能确实是零。我们甚至不承诺自身关于是否个体形成集合,尽管自然路径是要假设它们确实如此。现在给定任何集合 U 我们能构造基于 U 的超限累积罗素主义层级。如果 α 是任意序数,$T_U(\alpha)$ 是这个层级中的第 α 个类型;递归定义如下:

$$T_U(0) = U,$$
$$T_U(\alpha+1) = T_U(\alpha) \text{ 和 } T_U(\alpha) \text{ 所有子集集合的并集,}$$

如果 λ 是极限数,$T_U(\lambda)$ 是集合 $T_U(\xi)$ 的并集,对 $\xi < \lambda$。

注意如果 U 是空集且 α 是任意序数,那么 $T_U(\alpha) = T(\alpha)$。与带有个体的集合论相联的可能模型是形式为$\langle T_U(\alpha), \in(T_U(\alpha)), T_U(\alpha) - U\rangle$的结构,这里 U 是个体集,α 是序数,且 $T_U(\alpha)$ 是非空的。确实,如果 T 是带有个体的二阶免秩集合论,我们能根据如此结构描述 T 的模型,同根据结构$\langle T(\alpha), \in(T(\alpha))\rangle$描述二阶免秩集合论模型一样:如果(1)$\mathfrak{A}$ 是 T 的可能模型且(2)存在同In$_\mathfrak{A}$等势的个体集,那么 $\mathfrak{A}$ 是 T 的模型当且仅当 $\mathfrak{A}$ 是同构于某个结构$\langle T_U(\alpha), \in(T_U(\alpha)),$ $T_U(\alpha) - U\rangle$。根据假设(2)这只是 T 的模型的部分描述。此外,假设(2)是实质的:如果允许集合 U 包含非个体,那么结构$\langle T_U(\alpha), \in$ $(T_U(\alpha)), T_U(\alpha) - U\rangle$不是 T 的模型。让我们通过标准类型结构(a standard type structure),或者仅仅类型结构,理解带有个体的二阶免秩集合论模型。在辅助概念的帮助下我们能陈述某些关于不依赖个体数的类型结构的事实。令 $\mathfrak{A}$ 是类型结构,且令 $\mathfrak{A}$ 具有形式$\langle A, R, B\rangle$。如果 α 是任意序数,$\tau_\mathfrak{A}(\alpha)$ 是 $\mathfrak{A}$ 中的第 α 个累积类型;这个概念是由下述递归定义的：

$\tau_{\mathfrak{A}}(0)=\mathrm{In}_{\mathfrak{A}}$，

$\tau_{\mathfrak{A}}(\alpha+1)=\mathrm{A}$ 中 x 的集合使得，对所有 y，如果 $\langle x,y\rangle$ 是在 R 中，那么 y 是在 $\tau_{\mathfrak{A}}(\alpha)$ 中，

如果 λ 是极限数，$\tau_{\mathfrak{A}}(\lambda)$ 是集合 $\tau_{\mathfrak{A}}(\xi)$ 的并集，对 $\xi<\lambda$。

结果是 $\mathrm{A}=\tau_{\mathfrak{A}}(\alpha)$ 对某个序数 α；我们把最小的如此序数称为 A 的秩。如果 B 是任意集合且 α 是大于 0 的任意序数，那么存在秩为 α 的类型结构 $\mathfrak{A}$ 使得 $\mathrm{In}_{\mathfrak{A}}=\mathrm{B}$。如果 B 是非空集，那么存在秩为 0 的类型结构 $\mathfrak{A}$ 使得 $\mathrm{In}_{\mathfrak{A}}=\mathrm{B}$。如果 $\mathfrak{A}$ 和 $\mathfrak{A}'$ 是等秩的类型结构，且 $\mathrm{In}_{\mathfrak{A}}$ 和 $\mathrm{In}_{\mathfrak{A}'}$ 等势，那么 $\mathfrak{A}$ 是同构于 $\mathfrak{A}'$。如果 $\mathfrak{A}$ 和 $\mathfrak{A}'$ 是类型结构，且 f 是 $\mathrm{In}_{\mathfrak{A}}$ 和 $\mathrm{In}_{\mathfrak{A}'}$ 间的 1—1 对应，那么在 $\mathfrak{A}$ 和 $\mathfrak{A}'$ 间至多存在一个同构，它是 f 的扩充。如果 $\mathfrak{A}$ 是类型结构，$\mathfrak{A}=\langle\mathrm{A},\mathrm{R},\mathrm{B}\rangle$，$\alpha$ 是至多等于 $\mathfrak{A}$ 的秩的序数，且 $\tau_{\mathfrak{A}}(\alpha)$ 是非空的，那么 $\langle\tau_{\mathfrak{A}}(\alpha),\mathrm{R}',\mathrm{B}\rangle$ 是秩为 α 的类型结构，这里 R' 是 R 到 $\tau_{\mathfrak{A}}(\alpha)$ 的限制。

如果在二阶免秩集合论和带有个体的二阶免秩集合论中我们放弃分离公理的初始量词且把结果处理为模式，我们将获得两个一阶理论，我们分别称为一阶免秩集合论和带有个体的一阶免秩集合论。像皮亚诺算术，这些理论在相应二阶理论中大量递归可公理化一阶子理论中间没有理论超群性（theoretical pre-eminence），但它们有某个实践上的趣味。各种有用的集合论系统，某些已知而其他尚未开发，能以统一方式从这两个一阶理论中获得，通过"无穷公理"的加入，也就是，在模型的秩上强加条件的原则。例如，我们可以通过把下述公理加入带有个体的一阶免秩集合论获得带有个体的策梅洛—弗兰克尔集合论：

$$\wedge x \vee y x \varepsilon y,$$

也有无变元冲突通过在下述模式中用公式替代 2—位谓词 R 可得到
的这个理论的所有公式：

$$\wedge x \vee y R[x,y] \rightarrow \vee b[\wedge x(x\varepsilon a \rightarrow x\varepsilon b)] \wedge \wedge$$
$$x(x\varepsilon b \rightarrow \vee y[yb \wedge R[x,y]])],$$

根据从斯玛利安（Raymond Smullyan）借来的术语，我们把上述称为
析取闭包（the Principle of Disjunctive Closure）。额外的例子是由策
梅洛—弗兰克尔集合论和莫尔斯集合论提供的，关于这两个理论的表
述也能相似地从一阶免秩集合论开始而获得。在不太熟悉的例子中
间是理论 T_1，粗略地说，它同莫尔斯理论具有一阶免秩集合论同策梅
洛—弗兰克尔集合论相同的关系，理论 T_2 具有同 T_1 相同的关系，等
等；后面的理论似乎同出现在与数学的几个分支相联的基础性问题相
关，比如，抽象代数，模型论和代数拓扑。

3. 高阶公式的模型与真性

为包含超限类型（transfinite type）变元的语句定义真性，或者更
准确地说，模型中的真性（truth in a model）在文献中似乎从未被完全
解决，但在前述考虑的帮助下能被相当容易和自然地得以解决。作为
高阶公式的组成部分我们假设下述不交符号范畴（disjoint categories
of symbols）为可用的：

（1）逻辑常项；

（2）额外逻辑常项 η，表明属于关系；

（3）对每个自然数 n，n—位谓词的收集；

（4）对每个自然数 n，n—位运算符号的收集；

（5）对每个序数 α，类型为 α 的可数变元集。

量词和'＝'可以应用到任意类型的变元；谓词和运算符号，只可以应

16

用到个体变元(individual variable)，也就是，类型为 0 的变元，或者，更为一般地，到个体项(individual term)。我们把个体项理解表达式 t，它是某个有限序列 s 的成分使得 s 的每个成分或者是个体变元，或者，对某个自然数 n，n—位运算符号与 s 的 n 个早前成分(earlier constituent)的序连；把项理解为或者个体项或者类型大于 0 的变元；且把高阶公式理解为表达式 ϕ，它是某个有限序列 s 的成分使得 s 的每个成分或者是(1)$t = u$ 或者 $t\eta u$，对某些项 u 和 t，(2)n—位谓词与 n 个个体项的序连，对某个自然数 n，(3)s 的早前成分的否定，(4)合取，析取，蕴涵或者从 s 的早前成分形成的等价，或者(5)$\wedge v\phi$ 或者 $\vee v\phi$，这里 ϕ 是 s 的早前成分且 v 是任意类型的变元。

这种对高阶公式的描绘本来能以两种方式是更自由的。首先，我们承认的唯一高阶变元是 1—位谓词变元。我们本来也能包括各种位数和各种类型的谓词变元。如此路径与截短的高阶逻辑(a truncated higher-order logic)相联是恰当的，在这里有限上界是位于考虑中的类型上的。当没有如此界限，每个由几位谓词变元可表达的事物也能由 1—位谓词变元表达；且避免各种位数谓词变元会引入的复杂类型层级似乎是合意的。目前路径的第二个可能扩充在于承认不应用到个体项而应用到高阶类型变元的谓词和运算符号。如此路径需要一种比文献中通常的那个更一般的模型概念。这个更一般模型概念确实有趣味。它允许对诸如拓扑空间，一致空间和不能被解释为一阶结构的给定维度数经典例子力学系统这样的结构的统一处理。另一方面，想象-·种比我们的路径更多，而非更少受限特性是可能的。我们本来能把某个成层条件(some condition of stratification)强加在公式 $t = u$ 和 $t\eta u$ 上，这里 t，u，v 都是变元——比如，t 和 u 同类型，且 v 的类型是大于一个的(greater by one)。然而，强加如此限制似乎不是更可取的；它们不会导致在解释高阶公式问题中的简化(simplification)而只导致表达力中的缩减(reduction)。

在早前考虑的例子中模型或者可能模型被解释为序列，而且在这

17

个序列中的位置是由解释和被解释符号间的预期对应决定的,这些符号自身是在序列中给定的。在一般情形下凭借函数直接构建这种对应是更方便的。因此我们现在把模型理解为有序对$\langle A, F\rangle$使得(1)A是非空集合,(2)F是定域为谓词和运算符号集的函数,(3)每当π是F的定域中的n—位谓词,$F(\pi)$是A上的n—位关系,也就是,A的有序n—元组元素集,且(4)每当δ是F定域中的n—位运算符号,$F(\delta)$是A上的$(n+1)$—位关系使得,对A中的所有x_0,$\cdots$,x_{n-1},恰好存在一个y,对它$(n+1)$—元组$\langle x_0, \cdots, x_{n-1}, y\rangle$是在$F(\delta)$中。两个模型$\langle A, F\rangle$和$\langle B, G\rangle$是同构的当(1)F和G有相同定域,且(2)存在双向单一函数h使得(i)A是h的定域,(ii)B是h的值,且(iii)每当π是F的定域中的n—位谓词或$(n-1)$—位运算符号,且a_0,$\cdots$,a_{n-1}是在A中,我们有:

$\langle a_0, \cdots, a_{n-1}\rangle \epsilon F(\pi)$当且仅当$\langle h(a_0), \cdots, h(a_{n-1})\rangle \epsilon G(\pi)$。

现在令$\langle A, F\rangle$是模型且ϕ是不包含超出F的定域中谓词或者运算符号的高阶语句,也就是没有自由变元的高阶公式。在A是个体集的情况下,在模型$\langle A, F\rangle$中如何描绘真性是完全明显的:ϕ在$\langle A, F\rangle$中是真的若ϕ是真的当(1)出现在ϕ中的每个谓词或者运算符号π被认作表示$F(\pi)$,(2)对每个序数α,类型为α的ϕ的变元被认作管辖集合$T_A(\alpha)$,(3)'$=$'被解释为恒等关系,且(4)η被解释为属于关系。因此类型被认作累积的;对超限类型的考虑会相当清楚地表明这个过程的合意性(desirability)。此外,累积和非累积类型间的选择不影响满足通常成层条件的二阶公式真性。尤其,令ϕ是高阶语句使得(1)每当$u=v$是ϕ的子公式,u和v两者都是个体项,且(2)每当$u \eta v$是ϕ的子公式,u是个体项且v是类型为1的变元。另外,假设$\langle A, F\rangle$是模型,A是个体集,且F的定域包含ϕ中的所有谓词和运算符号。那么在上述的意义上ϕ在$\langle A, F\rangle$中是真的,据其类型为1的变元管辖A和A的所有子集集的并集,当且仅当在某个意义上ϕ在$\langle A, F\rangle$中是真的据其类型为 1 的变元只管辖 A 的所有子集集。

如果我们尝试把上述定义扩充到 A 可能包含非个体的情况，我们将要碰到困难，而且确实应该能够发现真语句相异的同构模型。令 $\mathfrak{A}$ 和 $\mathfrak{B}$ 是形式分别为 $\langle\{\Lambda\}, F\rangle$ 和 $\langle\{\{T(\omega)\}\}, G\rangle$ 的同构模型，这里 $\{x\}$ 一般而言是元素只有 x 的集合，令 u, v, w 是类型分别为 $\omega+1$，$\omega+1$ 和 ω 的变元，且令 ϕ 是语句 $\vee u \vee v [u = v \wedge \wedge w w \eta u \wedge \wedge w w \eta v]$。那么如果上述定义被应用到这种情况，$\phi$ 在 $\mathfrak{B}$ 中会是真的而在 $\mathfrak{A}$ 中不是。我们能发现更简单的例子，但目前的例子有额外优势表明情形或者不能由强加成层条件而修复或者不能由回到非累积类型层级而修复。困难基本上是这样。如果 A 包含非个体，某些语句在 $\langle A, F\rangle$ 中是真的，这些语句会是假的当 A 只包含个体。然而，真性的正确定义应该把 A 的元素处理为仿佛它们是个体。换句话说，高阶语句 ϕ 应该被认作在 $\langle A, F\rangle$ 中是真的当且仅当根据上述定义 ϕ 在 $\langle A, F\rangle$ 中会是真的当 A 是个体集。这个标准不能被用作定义因为它包含虚拟条件（a subjunctive conditional）。

然而，假设 A 与某个个体集等势。那么这个虚拟条件能以可理解术语改述。如果 F 使得 $\langle A, F\rangle$ 是模型，且 ϕ 是不包含超出 F 定域中的谓词或运算符号，那么 ϕ 能在 $\langle A, F\rangle$ 中被认作真的当存在模型 $\langle B, G\rangle$，同构于 $\langle A, F\rangle$，使得 B 是个体集且在早前意义上 ϕ 在 $\langle B, G\rangle$ 中是真的。现在最后一个定义在所有情况下会是充足的当我们愿意假设我们的个体是无穷尽的——换句话说，假设对每个基数存在有这个基数的个体集。把如此公理加入我们的元理论会是相当可能的。然而，我们可能到达不自然的、非数学和非哲学的元理论——不自然是鉴于特定模型论考虑，它指向个体形成集合的不相容假设的优选性；非数学和非哲学是因为既非数学也非哲学应当依赖关于诸如个体集势（the cardinality of the set of individuals）这样看似偶然事态的可疑假设。无论如何，能被给定的真性定义在所有情况下都是充分的而且它的充足性不依赖任意如此假设。确实，这个定义甚至能在包含不存在个体的假设的元理论中被使用;如此理论会是等价于普通策梅洛—弗兰克尔集合论的。这个定义使用标准类型结构概念,它反过来依赖我们称为带有个体的二阶免秩集合论系统。

一般定义是这样。令 $\langle A, F \rangle$ 是任意模型且 ϕ 是不包含超出 F 定域的谓词或者运算符号的高阶语句。我们说 ϕ 在 $\langle A, F \rangle$ 中是真的当且仅当存在类型结构 $\mathfrak{B}$ 使得 $(1)\tau_{\mathfrak{B}}(0)=A$,$(2)$ 出现在 ϕ 中的所有变元都有至多等于 $\mathfrak{B}$ 的秩的类型,且 $(3)\phi$ 是真的当 (i) 出现在 ϕ 中的每个谓词或者运算符号被认作表示 $F(\pi)$,(ii) 对每个序数 α,类型为 α 的 ϕ 的变元被认作管辖集合 $\tau_{\mathfrak{B}}(\alpha)$,$(iii)$ "$=$" 被解释为恒等关系,且 $(iv)\eta$ 被解释为关系 R,这里 $\mathfrak{B}$ 有形式 $\langle B, R, C \rangle$,对某个 B 和 C。作为这个定义充足性的部分证据我们引用关于下述两个事实的元理论中的可证明性(provability)。如果 A 是个体集,那么根据目前定义 ϕ 在 $\langle A, F \rangle$ 中是真的当且仅当根据上述给定的第一个定义 ϕ 在 $\langle A, F \rangle$ 中是真的。如果 A 与某个个体集等势,那么 ϕ 在 $\langle A, F \rangle$ 中是真的当且仅当根据上述给定的第二个定义 ϕ 在 $\langle A, F \rangle$ 中是真的。

我们现在把高阶语句 ϕ 描绘为逻辑真的(logically true)当 ϕ 在每个模型 $\langle A, F \rangle$ 中是真的使得出现在 ϕ 中的所有谓词和运算符号都是在 F 的定域中。对这个定义的直观充足性无疑实质的是我们承认 A 有任意基数的模型,因为不然关于个体数的纯粹偶然事实会被反映在逻辑真性中。正是大部分出于这个理由我们认为获得可应用到所有模型的真性定义是重要的。我们可以在蒙塔古(1963)中找到关于逻辑真高阶语句(the logically true higher-order sentences)的某些结果。然而,我们在这里可以考虑集合论可证明性和逻辑真性间简单而可能有启发性的联系。令 ϕ 是带有个体的策梅洛—弗兰克尔集合论语句,因此它只包含类型为 0 的变元,且令 α 是序数。我们把 ϕ 的 α—相关物理解为由下述从 ϕ 获得的公式 (1) 用 η 取代 ε,(2) 以双向单一的方式用类型为 α 的变元取代 ϕ 中的所有变元,且 (3) 那么用 $\neg \lor uu = v$,这里 u 是类型为 0 的变元,取代每个子公式 Σv,这里 v 是类型为 α 的变元。如果 φ 是带有个体的一阶免秩集合论定理且 α 是任意序数,那么 φ 的每个 α—相关物是逻辑真的;如果 φ 是带有个体的策梅洛—弗兰克尔集合论定理且 α 是大于 ω 的任意强不可达序数,那么 φ 的每个 α—相关物再次是逻辑真的。这种情形——根据逻辑真性证明带有个体的集合论正当的可能性——与不能为不带个体的集合论辩护事实的结合是在上述做出的声称中提供部分支持的,即前者是哲学上更有趣的集合论形式。

第二节　层次理论下的集合论

斯科特的一个论点是集合论是不可避免的。那么我们如何来论证这个结论呢?首先我们来考虑外延公理和概括公理。外延公理说的是集合是由元素决定的。而我们对概括公理要进行限制,不然就会导致罗素悖论。为了避免罗素悖论,沿着策梅洛开始的路线太过形式化。我们需要从朴素集合论的直觉出发来看看是否存在通向集合论的另外一条路径。这是从对类型理论的观察开始的。类型理论既是罗素的直觉基础也是策梅洛的直觉基础。策梅洛的理论是对罗素理论的简单化和扩充。简单化的结果就是类型变为累积的。由此方便我们把不同类型混合起来而且避免相同类型的重复。但是类型在罗素的记法中是显性的而策梅洛使类型变得隐性。

接下来的做法就是对策梅洛的类型进行公理化,使得它们变得像罗素的类型那样也变得显性起来。我们的做法是把集合划分为不同层次。按顺序来看我们有前面的层次和后面的层次。这是我们会有两个关键术语。一个是部分宇宙 V,这是合法的集合。另一个是后面的宇宙 V',V 不仅是它的元素也是它的子集。不仅 V,而且 V 的所有子收集都是 V' 的元素。我们把类型层次的观念当作原始概念。这样就能把晚于关系转换为 $V \in V'$。这里真正重要的是层次是所有前面层次的所有元素和子集的聚集的观念。由此我们得到聚集公理。这

21

个公理的目的在于表明这些层次如何组装在一起。当然还有这些层次走多远的问题。

相关联的公理就是限制公理,它的目的在于表明层次最终捕获所有事物。我们会表明它就是基础公理。而且它表达的另一层意思是集合是被限制到层次的。如果把聚集公理和限制公理当作原始公理,那么我们能推导部分集合论公理。从有根类出发,我们能得到两个结果,首先是传递性,其次是良基性。从良基性出发我们得到层次是线序的且是良序的。我们也能得到并集公理和有限集。获得无穷公理和替换公理模式的方法很特别。这里需要用到反射公理。在推演的过程中我们始终想着的一个问题是,能不能把公理简化到一条,答案是肯定的。我们可以合并聚集公理和限制公理而得到一条公理。从层次理论出发的推演还有很多事情要做,比如如何处理大基数、连续统假设和选择公理诸如此类的问题。

1. 使策梅洛的隐性类型变为显性类型

只要谈论抽象对象的观念论方式在数学中是流行的,人们将谈论对象收集,然后收集的收集,和收集的……的收集的收集。换句话说,集合论是不可避免的。我们在这里不谈论是否集合论是数学的终极基础(the ultimate foundation)的问题。当然人们已表明的是成为数学大部分的充分基础。此外,即使它可能不是定论,正是必然在不管什么理论中成为可解释的完全清楚意图的简单理论最后会充当我们的基础。这里的目标是通过复查它的公理论证集合论如何是不可避免的。从一开始人们必定理解的是罗素悖论不是被认作灾难。它和相关的悖论表明无所不包的收集素朴概念是站不住脚的。这是关于它的有趣的结果。但要注意我们最初对集合的直觉是基于有着固定对象收集的观念。

考虑无所不包收集的建议经由语言的形式简化而晚一点到来。已被证明不幸的建议我们必须回到原直觉(the primary intuitions)。这

22

些直觉能凭借表述外延性和概括这两个公理获得原始精度(an initial precision)。令变元 a, b, c, a', b', c', a'', …管辖集合且变元 x, y, z, x', y', z', x'', …管辖任意对象。符号＝被用来表示恒等而∈用来表述属于关系。是否在理论中允许非集合(non-sets)真正有趣或者有利可图的是可争论的;但让我们目前不排除它们。我们同意说条件 $x \in y$ 应该蕴涵 y 是集合,因此我们能以逻辑符号表述的原则:

$$\forall x, y[x \in y \rightarrow \exists a[y = a]]。$$

当然这必定被当作公理;但它如此原始以致我们甚至无法给它一个名称。需要被命名的第一个公理是下述这些:

外延性: $\forall a, b[\forall x[x \in a \leftrightarrow x \in b] \rightarrow a = b]$。

概括: $\forall a \exists b \forall x[x \in b \leftrightarrow x \in a \wedge \Phi(x)]$。

外延性公理形式化我们的集合不过是对象收集的观念:它是由它的元素唯一决定的。概括公理形式化下述观念,即一旦收集 a 被固定,那么我们能从 a 提取所有任意的子收集 b。提取过程是受到找出性质 $\Phi(x)$ 的影响,其把 b 认作 a 的子集概括有这个性质的所有元素。没有理由放置关于如何表述性质 $\Phi(x)$ 的任意限制:我们相信任意子集的存在性。巨大的诱惑是抹去条件 $x \in a$,因此简化公理模式;但我们都知道发生了什么。更有利的是问:这个 a 来自哪里? 策梅洛通过给出几个从旧的得到新 a 的构造原则回答这个问题。弗兰克尔和斯科伦推广这个方法,且冯诺依曼、伯奈斯和哥德尔在某种程度上修正它。实际上这是一段相当悲伤的故事——因为如此做出来的集合论看上去如此人造的且形式主义的。素朴的公理是矛盾的。我们阻止矛盾由此阉割这个理论。因此为有所进展我们恢复我们消除的一些原则且抱着乐观的希望。现在指责持如此简单化公理过程观点的上述人中的任意一个是错误的。

然而它是一个被普遍接受的观点且是容易归入的一个当只考虑形式公理而不用它们的直观证实。让我们尝试看看是否存在通向更显然基于潜在直觉的相同理论的另一条路径。真性在于只存在避免悖论的一种满意方式：也就是，使用某种形式的类型理论。这是处在罗素和策梅洛直觉基础上的。确实考虑策梅洛理论的最佳方式就是作为罗素理论的简化和扩充。这个简化是使得类型变为累积的。因此类型混合是更容易的且恼人的重复是被避免的。一旦后面的类型被允许集聚前面的类型，那么我们能轻易地想象把类型扩充到超限——我们想到达多远是悬而未决的。现在罗素使他的类型在他的记法中变得显性且策梅洛使它们变得隐性。错误的是使如此重要的某物不可见，因为这么多人将误解你。我们这里将尝试做的是以尽可能简单的方式公理化类型以致每个人能同意这个观念是自然的。

2. 聚集公理和限制公理作为原始公理

让我们在一个非常原始的基础上继续进行。为了得到能把概括公理应用到的集合，我们想象某种把集合划分为层次的方式。将出现前一个层次和后一个层次。把直到特定层次的集合设想为形成被认作合法集合的部分宇宙 **V**。我们可以是大方的且假设作为集合论原子的所有非集合术语所有的层次。在后面的宇宙中 **V′** 中我们不仅有 **V** 的元素，而 **V** 自身被用作形成 **V′** 的子收集；也就是不但 $\mathbf{V} \in \mathbf{V}'$ 而且 $\mathbf{V} \subseteq \mathbf{V}'$，这里我们定义

$$\forall x, y[x \subseteq y \leftrightarrow \forall z[z \in x \rightarrow z \in y]]。$$

此外不仅 **V**，而且根据相同记号 **V** 的所有子收集，应该也是 **V′** 的元素。一旦集合在一个层次固定下来，所有它的子集在后面的层次被固定——这无疑是类型理论的基本观念。我们不通过引入类型指标形式化这个观念，而通过把层次辨认为所有集合和非集合的收集直到这个层次。我们令变元 **V**, **V′**, **V″**, …管辖这些层次——也就是，我们把

24

类型层次(a type level)的观念当作原始概念。"晚于"关系被转换为
$\mathbf{V} \in \mathbf{V}'$。几乎不需要提及的是我们假设至少存在一个层次且每个层次
是一个集合——我们不停下来命名的公理。重要的是给定层次不过
是所有早先层次和所有非集合的所有元素和自己的聚集。用形式术
语我们有这个公理:

$$聚集: \forall \mathbf{V}' \forall x [x \in \mathbf{V}' \leftrightarrow \neg \exists a [x=a] \lor \exists \mathbf{V} \in \mathbf{V}' [x \in \mathbf{V} \lor x \subseteq \mathbf{V}]]。$$

顺便说说,正因为我们使用变元 $\mathbf{V}$, $\mathbf{V}'$, $\mathbf{V}''$, $\cdots$,我们不应该把层次自
身认作被排列在 ω—类型序列中。一般而言我们想要一个超限序列。
同时注意 $\mathbf{V} \in \mathbf{V}'$ 不蕴涵 $\mathbf{V}'$ 是下一个层次;它可以是更后面的层次。这
个公理的目的是要表明层次如何组合在一起。层次出去多远的问题
将暂时被延缓。当然,不管它们走多远,我们的意图是它们最终捕获
所有事物。作为公理这个观念给出下述:

$$限制: \forall x \exists \mathbf{V} [x \subseteq \mathbf{V}]。$$

换句话说,整个宇宙,如果它只是集合,会表现为前面公理意义上的终
极层次。注意这个公理给出至少一个层次的存在性。它本来应该用
子句 $[x \in \mathbf{V} \lor x \subseteq \mathbf{V}]$ 被表述,但我们将在下述表明 $[x \in \mathbf{V} \rightarrow x \subseteq \mathbf{V}]$。
这将证明是既不多于也不少于著名的基础公理,人们一般对其理解很
差。我们感觉到在目前语境下它表现为集合被限制到层次这个事实
的相当自然的表达式。

3. 根据聚集公理和限制公理推演部分集合论公理

除了程度公理也就是无穷公理,我们还需要什么解释层次和它们
子集的行为?我们不继续规定层次是有序的——甚至良序的吗?层

次是可比较的吗？甚至存在第一个层次吗？不，我们没有：所有这些基本事实将从上述原始假设中推断出来。这个起先令人惊讶的结果表明在构建类型层级的过程中存在多么少的选择。此外，我们将发现构造原则也从这些公理中推出；使得实际上只需要程度原则超出我们目前有的东西。说难以把集合论公理归约到少于上述且仍保留简单的直观基础似乎是安全的。作为我们的第一个演绎，注意作为累积公理的直接结果我们有

$$（1）\ \mathbf{V} \in \mathbf{V}' \rightarrow \mathbf{V} \subseteq \mathbf{V}'。$$

这蕴涵层次间的"小于"关系是传递的。尽管它从我们将在下述证明的东西推断出来，不过表明关系是非自反的是有益的：

$$（2）\ \mathbf{V} \notin \mathbf{V}。$$

因为假设相反的结论。根据概括公理我们能形成集合 $a = \{x \in \mathbf{V} : x \notin x\}$。我们这里使用集合抽象的通常记号，其是由我们的公理所证实的。这个集合看上去有点熟悉。我们已假设 $\mathbf{V} \in \mathbf{V}$，而且通过构造 $a \subseteq \mathbf{V}$。因此 $a \in \mathbf{V}$，根据累计公理。现在我们用罗素悖论以推导矛盾的方式继续进行。因此我们应用悖论以获得有用的并非悖论的结论。为了取得进一步进展有帮助的是使用所有有根类（grounded class）集合的悖论，正如我们使用罗素悖论那样。这个悖论表明不存在由所有 x 构成的集合使得

$$\forall a[x \in a \rightarrow \exists y \in a[y \cap a = 0]]。$$

这里，0 指的是空集且 $y \cap a = \{z \in a : z \in y\}$，对两者的使用是由概括公理证实的。如同在上述论证中，我们引入辅助集

$$\| \mathbf{V} \| = \{x \in \mathbf{V} : \forall a[x \in a \rightarrow \exists y \in a[y \cap a = 0]]\}$$

且询问这个良定子集（well-determined subset）的有趣性质。主要的事实是：

（3）$\mathbf{V} \in \mathbf{V}' \rightarrow \|\mathbf{V}\| \in \|\mathbf{V}'\|$。

因为假设 $\mathbf{V} \in \mathbf{V}'$。现在 $\|\mathbf{V}\| \subseteq \mathbf{V}$，所以根据累积公理 $\|\mathbf{V}\| \in \mathbf{V}'$。为构建想要的结论我们只需要表明 $\|\mathbf{V}\|$ 是有根的。因此，假设 $\|\mathbf{V}\| \in a$。如果 $\|\mathbf{V}\| \cap a = 0$，证毕。如果 $\|\mathbf{V}\| \cap a \neq 0$，令 $x \in \|\mathbf{V}\|$ 且 $x \in a$。根据 $\|\mathbf{V}\|$ 的定义，我们在此情况下再次有所需要的 $\exists y \in a[y \cap a = 0]$。因此使用的是另一个悖论。第一个来自有根类的复原回报是这个重要的事实：

（4）$x \in \mathbf{V} \rightarrow x \subseteq \mathbf{V}$。

因为假设 $x \in \mathbf{V}$ 且令

$$a = \{b : \exists \mathbf{V}' \in \mathbf{V}[x \in \mathbf{V}' \wedge b = \|\mathbf{V}'\|]\}.$$

根据（3），a 存在且 $a \subseteq \|\mathbf{V}\|$。如果 $a = 0$，那么 $\forall \mathbf{V}' \in \mathbf{V}[x \notin \mathbf{V}']$。因此根据累积公理我们发现

$$\neg \exists c[x = c] \vee \exists \mathbf{V}' \in \mathbf{V}[x \subseteq \mathbf{V}'].$$

第一个选择项蕴涵 $x \subseteq \mathbf{V}$，而第二个选择项根据（1）蕴涵相同的结果。接下来，如果 $a \neq 0$，我们能发现 $b \in a$ 有 $b \cap a = 0$，因为 $a \subseteq \|\mathbf{V}\|$。不过 $b = \|\mathbf{V}'\|$ 这里 $\mathbf{V}' \in \mathbf{V}$ 且 $x \in \mathbf{V}'$。实际上我们已消除在其 $\neg \exists c[x = c]$ 的情况，所以根据累积我们有 $\mathbf{V}'' \in \mathbf{V}'$ 和 $[x \in \mathbf{V}'' \vee x \subseteq \mathbf{V}'']$。第一个选择项是不可能的，因为它会蕴涵 $\|\mathbf{V}'\| \in b$ 且 $\|\mathbf{V}'\| \in a$。从第二个选择项我们得到 $x \subseteq \mathbf{V}'' \subseteq \mathbf{V}' \subseteq \mathbf{V}$。第二个回报是对 $\in$ —关系全良基性原则（*the full principle of well-foundedness*）的演绎：

$$(5)\ \exists x \Phi(x) \rightarrow \exists x [\Phi(x) \wedge \neg \exists y \in x [\Phi(y)]].$$

假设 $\Phi(z)$;根据限制公理,$z \subseteq \mathbf{V}$ 对某个 $\mathbf{V}$。如同在上一个证明中,令

$$a = \{b: \exists \mathbf{V}' \in \mathbf{V}[\exists x \subseteq \mathbf{V}'[\Phi(x)] \wedge b = \| \mathbf{V}' \|]\}.$$

再次这个集合存在且 $a \subseteq \| \mathbf{V} \|$。在 $a = 0$ 的情况下,我们容易从 (4)凭借累积公理推断 $\neg \exists y \in z[\Phi(y)]$。在 $a \neq 0$ 的情况下,我们选择 $b \in a$ 有 $b \bigcap a = 0$。现在在 $b = \| \mathbf{V}' \|$ 有 $x \subseteq \mathbf{V}'$ 和 $\Phi(x)$,对适当的 x 和 $\mathbf{V}'$。从 $b \bigcap a = 0$ 我们容易推断 $\neg \exists y \in x [\Phi(y)]$ 以完成论证。注意我们能相对化量词且从(5)推断特殊情况:

$$(6)\ \exists \mathbf{V} \Phi(\mathbf{V}) \rightarrow \exists \mathbf{V}[\Phi(\mathbf{V}) \wedge \neg \exists \mathbf{V}' \in \mathbf{V}[\Phi(\mathbf{V}')]].$$

作为(6)的应用我们现在能表明层次确实是线序的:

$$(7)\ \mathbf{V} \in \mathbf{V}' \vee \mathbf{V} = \mathbf{V}' \vee \mathbf{V}' \in \mathbf{V}.$$

因此(1)连同(6)我们看到层次实际上是良序的。为证明(7)我们通过矛盾论证。假设(7)的全称一般化的否定,然后挑选 $\mathbf{V}$ 以致

$$\neg \forall \mathbf{V}'[\mathbf{V} \in \mathbf{V}' \vee \mathbf{V} = \mathbf{V}' \vee \mathbf{V}' \in \mathbf{V}],$$

但以致并非 $\mathbf{V}'' \in \mathbf{V}$ 有这个性质。接下来令 $\mathbf{V}'$ 被挑选以致

$$\mathbf{V} \notin \mathbf{V}' \vee \mathbf{V} \neq \mathbf{V}' \vee \mathbf{V}' \notin \mathbf{V},$$

但以致并非 $\mathbf{V}''$ 有这个性质。在(6)的这两个应用之后我们将得到矛盾。假设 $\mathbf{V}'' \in \mathbf{V}$。那么 $\mathbf{V}'' \neq \mathbf{V}'$ 且根据传递性 $\mathbf{V}' \notin \mathbf{V}''$,因为 $\mathbf{V}' \notin \mathbf{V}$。因此根据 $\mathbf{V}$ 的选择,我们必定推断 $\mathbf{V}'' \in \mathbf{V}'$。相反地,假设 $\mathbf{V}'' \in \mathbf{V}'$。那么再次 $\mathbf{V}'' \neq \mathbf{V}$ 且 $\mathbf{V} \notin \mathbf{V}''$。这次根据 $\mathbf{V}'$ 选择,我们必定推断 $\mathbf{V}'' \in \mathbf{V}$。因此我们已表明

$$\forall \mathbf{V}''[\mathbf{V}'' \in \mathbf{V} \leftrightarrow \mathbf{V}'' \in \mathbf{V}']。$$

现在看累积公理。从上一个双条件句我们容易演绎出

$$\forall x[x \in \mathbf{V} \leftrightarrow x \in \mathbf{V}'],$$

这意味着 $\mathbf{V} = \mathbf{V}'$，矛盾！回头看，我们已利用所有公理以到达这个要点：余下的是一帆风顺的。例如，尽管两个集合交集的存在性由概括公理中推理出来，并集公理存在性不会推出来。但现在从（7）我们注意如果 a 和 b 被给定，那么对适当的 $\mathbf{V}$，$\mathbf{V}'$ 我们有 $a \subseteq \mathbf{V} \wedge b \subseteq \mathbf{V}'$，且 $\mathbf{V} \subseteq \mathbf{V}' \vee \mathbf{V}' \subseteq \mathbf{V}$。假设 $\mathbf{V} \subseteq \mathbf{V}'$，那么

$$a \bigcup b = \{x \in \mathbf{V}' : x \in a \vee x \in b\},$$

且在另一种情况下是相似的。根据（4）也注意

$$\bigcup a = \{x \in \mathbf{V} : \exists c \in a[x \in c]\}。$$

然而，关于单元素集和幂集是有问题的。由于我们尚未假设任何范围公理，注意这个系统与单单由空集构成的模型是平凡地协调的。因此，我们不能无条件地期望证明任意幂集的存在性。不过情况不是非常复杂；我们能证明的是

$$(8) \quad \exists \mathbf{V}[a \in \mathbf{V}] \leftrightarrow \exists b \forall c[c \in b \leftrightarrow c \subseteq a]。$$

因为，如果 $a \in \mathbf{V}$，那么 $a \subseteq \mathbf{V}' \in \mathbf{V}$ 对某个 $\mathbf{V}'$。因此，如果 $c \subseteq a$，那么 $c \subseteq \mathbf{V}' \in \mathbf{V}$，由此 $c \in \mathbf{V}$。这意味着我们能取 $b = \{c \in \mathbf{V} : c \subseteq a\}$ 以获得想要的结论。注意（8）能进一步被简化因为根据限制公理，

$$\exists \mathbf{V}[a \in \mathbf{V}] \leftrightarrow \exists y[a \in y]。$$

我们能把对象称为 x 使得 $\exists y[x \in y]$ 称为元素。原则（8）告诉我们那些是元素的集合常常有幂集。同样地我们能表明元素常常能被做成单元素集，双元素集和一般上的有限集。这时候我们自由选择各种方

向:通过集合和元素间的区分或者移动到策梅洛—弗兰克尔—斯科伦理论或者移动到冯诺依曼—伯奈斯—哥德尔理论。我们没感觉到类理论是特别有用的,但它是非常好的理论。在任何情况下关于策梅洛理论的评论能常常被变换到另一个。要点在于不管需要什么,人工的特别公理是完全被避免的。

4. 从反射推理推演无穷公理和替换公理模式

公理化策梅洛—弗兰克尔—斯科伦理论的通常方式是毗连无穷公理和替换公理模式。这两个原则能被结合进看似更强力的陈述。

$$反射:\exists \mathbf{V} \forall x \in \mathbf{V}\left[\Phi(x) \rightarrow \Phi^{\mathbf{V}}(x)\right]。$$

这里公式 $\Phi(x)$ 可能包含额外的自由变元且 $\Phi^{\mathbf{V}}(x)$ 表示把 $\Phi(x)$ 的所有量词相对化到 $\mathbf{V}$ 的元素的结果。这个原则被称为反射公理,因为被断言存在的部分宇宙 $\mathbf{V}$ 反射所有性质 $\Phi(x)$ 对 $x \in \mathbf{V}$,相对于整个宇宙成立。我们必须承认替换公理是更初等的且更直观的。但反射公理是如此容易表述和使用,它有好公理的所有实践优势。在任意情况下有趣的是证明与更原始公理的等价性,尽管我们不会在这里停下来如此做。为看到为什么反射给出无穷我们分两步继续进行。首先我们表明

$$(9) \quad \forall x \exists \mathbf{V}[x \in \mathbf{V}]。$$

因为令 Φ 是公式 $\exists y[x=y]$ 有 x 作为自由变元其在反射的应用中不是被量词管辖的。我们由反射获得

$$\exists \mathbf{V}\left[\Phi \rightarrow \Phi^{(\mathbf{V})}\right]。$$

其意味着 $\exists \mathbf{V}[\exists y[x=y] \rightarrow \exists y \in \mathbf{V}[x=y]]$,或者更简单地,$\exists \mathbf{V}[x \in$

V]。以相同方式我们接下来能表明

$$(10) \quad \exists \mathbf{V}[\forall x \in \mathbf{V} \exists y \in \mathbf{Y}[x \in y] \wedge \exists x[x \in \mathbf{V}]]。$$

因为从(9)出发公式$[\forall x \exists y[x \in y] \wedge \exists x[x = x]]$是可证明的,且反射产生(10)。在这些层次的良序中(10)的 **V** 是非零极限点由此表示无穷集。我们能把反射原则加强到

$$(11) \quad \forall a \; \exists \mathbf{V}[a \in \mathbf{V} \wedge \forall y, y', y'', \cdots \in \mathbf{V}[\Phi(y, y',$$
$$y'', \cdots) \leftrightarrow \Phi^{(\mathbf{V})}(y, y', y'', \cdots)]]。$$

这个证明的概要必须足够。在最初的反射公理中我们把公式当作

$$\forall y, y', y'', \cdots, z[x = \langle y, y', y'', \cdots, z \rangle \rightarrow [\Phi(y, y',$$
$$y'', \cdots) \leftrightarrow z = 0]] \wedge \forall y, y', y'', \cdots, z \; \exists x'[x' = \langle y, y',$$
$$y'', \cdots, z \rangle] \wedge \exists b[b = a],$$

这里$\langle y, y', y'', \cdots, z \rangle$指的是无序元组。最好以明显方式写出等式$x = \langle y, y', y'', \cdots, z \rangle$。从这个非常容易演绎出蕴涵弗兰克尔替换模式的陈述:

$$(12) \quad \forall a \; \exists \mathbf{V} \forall x \in a[\exists y \Phi(x, y) \rightarrow \exists y \in \mathbf{V} \Phi(x, y)]。$$

5. 累积公理和限制公理合并为一条公理

顺便说说,应该指出的是层次能根据术语关系被定义由此是理论可消除的。事实上人们能证明

$$(13) \quad \exists \mathbf{V}[a = \mathbf{V}] \leftrightarrow \P a \subseteq a \wedge \forall x[\neg \exists c[x = c] \rightarrow x \in 0] \wedge$$

31

$$\forall a' \in a \exists b \in a \forall c \subseteq b [\P c \in a \wedge [\P c \in b \vee a' \subseteq \P c]]。$$

这里我们定义：

$$\P a = \{x : \exists y \in a [x \subseteq y]\}。$$

在适当的努力之后我们最终能表明累积和限制公理一起是等价于这个单个陈述的：

$$\forall a \exists b \forall c \subseteq b \exists c'[\forall x[x \in c' \leftrightarrow \exists y \in c[x \subseteq y]] \wedge [c' \in b \vee a \subseteq c']]。$$

从这个公理的演绎是相当冗长的,所谓在把原始概念数量还原到最小数中似乎不存在技术上或者概念上的优势。当然,在某些模型论讨论中我们可能想知道这些层次是可定义的,所以结果是有趣的。展望未来我们会问:新的集合论公理应该是什么样子？当然我们能给出无穷公理以增加我们集合的范围从而超出不可达基数。集合论的这个内容是远未封闭的且有可能永远不会。这些公理至今仍未曾解决连续统假设,尽管它们的某些确实与哥德尔的可构成性公理矛盾。非常有趣的是看到沿着这个方向发展出什么。我们这里没有讨论选择公理。无疑它是想要的东西尽管出现涉及它和更弱原则的各种独立性问题的技术趣味。只要它能从某个更原始的原则中演绎出来。

第三节　克雷泽尔原则、反射原则与强无穷公理

　　形式逻辑后承原则说的是公式在所有集合论结构中是有效的,而非形式后承原则说的是公式是直观有效的。克雷泽尔原则表达的是非形式谓词 Val 和形式谓词 $\mathbf{V}$ 是共延的。夏皮罗说克雷泽尔原则是与丘奇论题相同类型的事物。我们把集合论层级用作形式语言语义学的本质部分预设对任意解释种类,存在与这些解释等价的集合论解释。这样就给标准语义学带来了麻烦。在一阶情况下,使用完备性定理,我们可以完成克雷泽尔原则的论证。而在二阶情况下,由于完备

性定理不成立,这为证明二阶克雷泽尔原则招致不小的麻烦。我们表明二阶克雷泽尔原则等价于二阶集合论反射原则,这转而等价于强无穷公理。如果我们使用满足替换有效,那么克雷泽尔原则就变为存在满足公式的类当且仅当存在满足公式的集合。在二阶 ZFC 中,克雷泽尔原则蕴含不可达基数的存在性由此目前的表达全都独立于二阶 ZFC。我们把克雷泽尔原则与反射原则联系起来。这里的反射原则是利维的语句反射原则。经证明二阶 ZFC 加上第一克雷泽尔原则是等价于第一反射原则的。对第一克雷泽尔原则扩充的结果就是第二克雷泽尔原则,这里体现的是最多一个自由谓词变元和最多一个自由一阶变元。与第二克雷泽尔原则相关的是第二反射原则。这里有基于部分反射原则的 RP2 和基于完整反射原则的 RP2.1、RP2.2 和 RP2.3。前面的版本适用于单个公式,下面我们要考虑公式集。但 KP1 的类似物无法在二阶 ZFC 语言中表达,我们需要扩大语言。扩大的过程需要用到哥德尔的编码技术。有了新的语言我们就可以表达第三克雷泽尔原则。第三反射原则也需要新的要素。这里涉及集合论真性。第四克雷泽尔原则与第三克雷泽尔原则的关系如同第二克雷泽尔与第一克雷泽尔的关系那样。这里除了前面的算术化技术,还有指派限制。第四反射原则有两个版本,一个与部分反射原则相关,另一个与完全反射原则相关。最后我们在新语言下重述第一反射原则和第二反射原则,增强版的第二反射原则是本节中最强的反射版本。

1. 克雷泽尔原则的两个版本

克雷泽尔(1967,第 152—157 页)提出逻辑后承的一种挑衅的、非形式的原则。令 Φ 是有限序公式;对每个 $i \in \omega$,令 Φ^i 表明 Φ 是序至多为 i 的。克雷泽尔以引入非形式谓词 $Val\Phi$ 开始,它说的是 Φ 是"直观有效的"或者 Φ 是"在所有结构中真的"。这是与更形式和精确的谓词 $V\Phi$ 对比的,断言 Φ 是"在所有集合论结构中有效的"或者 Φ

是"在所有累积层级结构中真的"。被用来表明的例子是非形式 Val 的定义中被提及的结构包括定域是真类的结构。令克雷泽尔原则是下述非形式谓词 Val 和它的精确配对物 V 是共延的论题：

$$\forall \Phi(Val\Phi \rightarrow V\Phi)。$$

注意这个原则是与丘奇论题同类的事物——前形式直观概念的扩充（the extension of a pre-formal intuitive notion）被视为与来自已构建数学理论的谓词扩充等同（夏皮罗，1981）。在夏皮罗看来克雷泽尔原则是可行的，然而，无论如何，它是使用集合论层级提供形式语言语义学的富有洞察力的预设（an insightful presupposition）。确实，在许多处理中，成为逻辑真性的语句或者成为有效的论证是首先根据可能世界或者可能解释在直观层次上表述的。例如，有人说语句是逻辑真性当它是"在所有可能世界中真的"或者是"在所有它的非逻辑术语的解释下真的"。接着这个，概念是根据集合论层级而形式定义的。注意后面定义的充足性是很少被质疑的。然而，假设克雷泽尔原则对考虑中的语言不成立。也就是，假设存在在所有集合论解释下是真的语句，而它在某个其他解释下是假的，比如定域是真类的解释。那么形式语义学蕴含这个语句是逻辑真性，但如此做不正确。换句话说，我们使用集合论层级作为形式语言语义学的实质部分预设对任意种类的解释，存在等价于它的集合论解释。实际上这是克雷泽尔原则。因此，标准语义学的可行性在这里是危险的。

尽管谓词 Val 的固有非形式性，克雷泽尔指出有人实际上能证明这个原则的一阶实例——$\forall \Phi^1(Val\Phi \leftrightarrow V\Phi)$。当然，语词"证明"在这里是以有说服力论证的非形式意义上被理解的。第一个前提是 $\forall i$ $\forall \Phi^i(Val\Phi \rightarrow V\Phi)$。令 D$\Phi$ 断言 Φ 是标准谓词演算的定理。第二个前提是 $\forall \Phi^1(D\Phi \rightarrow Val\Phi)$。这个陈述是由对谓词演算公理和规则的直接检查而证实的。克雷泽尔注意到，比如在弗雷格的时代它是被人相信的，在编码集合论层级前，且因此，在 V 的精确概念被表述前。最后的前提是哥德尔的完全性定理 $\forall \Phi^1 (V\Phi \rightarrow D\Phi)$。在高阶语言中,完全性定理不成立。集中于二阶情况,克雷泽尔指出对 $\forall \Phi^2 (Val\Phi \leftrightarrow V\Phi)$ "我们没有令人信服的证明",但他添加说"人们愿意期待一个"。我们的目的是要表述和研究克雷泽尔原则二阶版本几个表达和扩充的推论。已经表明每个表述都等价于集合论反射原则的二阶版本,它反过来等价于强无穷公理。因此,对克雷泽尔原则的接受度有着关于集合论层级大小的推论。

从现在开始,我们假设所有公式都至多是二阶的。根据满足而非有效性表述克雷泽尔原则是方便的。令非形式 $Sat\Phi$ 断言存在满足 Φ 的某种结构。这里我们把 $Sat\Phi$ 理解为存在定域是满足 Φ 的类的结构,也就是,集合论层级元素的收集。令 $S\Phi$ 断言存在集合论结构——定域是集合的结构——满足 Φ。$S\Phi \rightarrow Sat\Phi$ 是明显的,所以克雷泽尔原则相当于

$$Sat\Phi \rightarrow S\Phi。$$

换言之,这个表述说的是如果存在满足 Φ 的类,那么存在满足 Φ 的集合。这里考虑中的对象语言是带有恒等的标准二阶语言 L,但不带非逻辑常项。我们没有丧失一般性,因为只带有一阶或者二阶常项公式的可满足性是等价于由用新变元取代每个非逻辑常项而获得的 L 公式的可满足性。目前路径的主要方面是对 L 的解释仅仅在于论域,现在是集合或者真类。接下来,大写字母表示二阶变元且小写字母表示一阶变元。由于我们这里正在处理的二阶语言它的解释是类,使用的自然元理论是二阶集合论。主要候选者是二阶 ZFC,这里称为 **"ZFC2"**,这个理论有一阶 ZFC 的相同公理除了代替替换模式,存在单个公理:

$$\forall P(\forall x \forall y \forall z(P\langle x, y \rangle \& P\langle x, z \rangle \rightarrow y = z) \rightarrow$$
$$\forall x \exists y \forall z(z \in y \leftrightarrow \exists w \in x(P\langle w, z \rangle)))。$$

注意 **ZFC2** 是有限可公理化的(finitely axiomatized)。下述我们令

Z2 为 **ZFC2** 的公理合取。注意 L 的每个公式也是 **ZFC2** 的公式。如果 Φ 是 **ZFC2** 的公式且 E 是不在 Φ 中出现的二元谓词变元,那么令 (Φ[E]) 是从 Φ 中通过用 Euv 取代形式为 $u \in v$ 的每个子公式而获得的 L 的公式。我们把 (Φ[E]) 称为 Φ 的逻辑翻译(a logic translate)。显而易见在 **ZFC2** 克雷泽尔原则蕴涵不可达基数的存在性且由此目前的表达全部独立于 **ZFC2**,倘若它们与 **ZFC2** 是协调的。例如,考虑语句 ∃E(**Z2**[E]),**ZFC2** 公理的逻辑翻译的存在泛化(existential generalization)。注意 ∃E(**Z2**[E]) 是由定域为整个集合论层级的结构所满足的。因此,Sat(∃E(**Z2**[E])) 成立。那么,根据克雷泽尔原则,S(∃E(**Z2**[E])) 应该成立。也就是,克雷泽尔原则蕴含存在满足 ∃E(**Z2**[E]) 的集合。在 **ZFC2**,如此集合的存在性是等价于不可达基数的存在性。追随利维,对每个序数 α,令 P(α) 是大于 $\bigcup\{P(\beta) \mid \beta < \alpha\}$ 的最小不可达基数,倘若如此不可达存在。令 EP(α) 是断言存在大于 $\bigcup\{P(\beta) \mid \beta < \alpha\}$ 的不可达基数的公式。

2. 第一克雷泽尔原则与第一反射原则

上述对克雷泽尔原则的表述涉及类—可满足性(class-satisfiability)性质 Sat 和集合—可满足性(set-satisfiability)性质 S。两者都是根据满足关系表述的。集合—满足概念——集合,指派和 L 公式的哥德尔编码间的关系——在 **ZFC2** 和一阶 **ZFC** 中是可定义的。然而,类—满足概念,涉及类的关系,不是。因此,从字面上讲,克雷泽尔原则甚至不能在 **ZFC2** 语言中被陈述。然而,存在捕获克雷泽尔原则许多内容的 **ZFC2** 的公式模式(formula scheme)。令 Φ 是 **ZFC2** 语言中的公式且 t 是出现在 Φ 中的指示或者集合或者类的项。令 (Φ/t) 是下述陈述的合取,即 t 不是空的且 **ZFC2** 语言中的公式,得自 Φ 通过把每个约束集合变元相对化到 t 的元素,把每个约束谓词变元相对化到 t 的子集,等等。

注意如果 Φ 是 L 的公式,那么 Φ 是可满足的当且仅当 Φ 的存在闭包是可满足的,也就是,在 Φ 前面加管辖它的自由变元的存在量词的结果。因此,目前我们把注意力限制到语句。现在,如果 Φ 是 L 的语句,那么($Φ/t$)相当于't 满足 Φ',或者是它的翻译。因此,'Φ 是类可满足的'被翻译为 $\exists X(Φ/X)$ 且'Φ 是集合—可满足的'被翻译为 $\exists x(Φ/x)$。我们对克雷泽尔原则的第一个表述是下述模式:

$$(KP1) \quad \exists X(Φ/X) \rightarrow \exists x(Φ/x),$$

对 L 的每个语句 Φ。令 **ZFC2**＋KP1 是由添加 KP1 的每个实例从 **ZFC2** 获得的理论。可能注意的是 KP1 蕴含标准二阶有效性是等价于布劳斯(1985)称为'超有效性'(supervalidity)的东西。类似于 KP1 的反射原则是利维(1960)的"语句反射原则"的二阶版本:令 $ψ$ 是"集合论的任意语句。如果 $ψ$ 成立,那么存在 $ψ$ 也成立的集合论标准模型"。目前,语言当然是 **ZFC2** 的语言,且"标准模型"是不可达秩(an inaccessible rank)。当然,集合 x 是同构于不可达秩当且仅当 x 满足 **Z2**,**ZFC2** 的公理的合取。因此,我们的第一个反射原则是模式:

$$(RP1) \quad ψ \rightarrow \exists x((\mathbf{Z2}/x)\&(ψ/x)),$$

对 **ZFC2** 语言的每个语句 $ψ$。令 **ZFC2**＋RP1 是通过添加 RP1 的每个实例从 **ZFC2** 获得的理论。

定理 1A. **ZFC2**＋KP1 是等价于 **ZFC2**＋RP1 的。

证明:

(1) 在 **ZFC2**＋RP1 中,令 Φ 是 L 的语句且假设 $\exists X(Φ/X)$。从 RP1,我们获得

$$\exists x((\mathbf{Z2}/x)\&(\exists X(Φ/X))/x)。$$

因此,存在集合 b 使得 $(\mathbf{Z2}/b)$ 且 $\exists X \subseteq b((\Phi/X)/b)$。当然,$X \subseteq b$ 意味着 X 是一个集合,所以存在 $c \subseteq b$ 使得 $((\Phi/c)/b)$。由于 b 是不可达秩,容易看到 $((\Phi/c)/b) \leftrightarrow (\Phi/c)$。因此,我们有 (Φ/c) 和 $\exists x(\Phi/x)$。

(2) 在 **ZFC2** + KP1 中,令 ψ 是 **ZFC2** 语言的语句且假设 ψ。所以我们有 $\mathbf{Z2} \& \psi$。取逻辑翻译,得出

$$\exists \mathrm{E}((\mathbf{Z2} \& \psi)[\mathrm{E}])。$$

因此,论域满足这个公式且由于论域是一个类,我们有

$$\exists X(\exists \mathrm{E}((\mathbf{Z2} \& \psi)[\mathrm{E}])/X)。$$

根据 KP1,

$$\exists x(\exists \mathrm{E}((\mathbf{Z2} \& \psi)[\mathrm{E}])/x)。$$

也就是,存在集合 b 和集合 e 使得 $((\mathbf{Z2} \& \psi)[e])/x$。换句话说,结构 $\langle b, e \rangle$ 满足 $(\mathbf{Z2})$ 和 ψ 两者。由此推断存在不可达秩 c 使得 $\langle c, \in \rangle$ 是同构于 $\langle b, e \rangle$ 的。因此,我们有 $(\mathbf{Z2}/c)$ 和 (ψ/c)。因此,$\exists x((\mathbf{Z2}/x) \& (\psi/x))$。∎

直接推论是 **ZFC2** + KP1 是利维称为 **ZFC2** 的'实质反射'(essentially reflexive)扩充的东西:

推论 1B. 不存在 **ZFC2** 语言的语句 Φ 使得 $\mathbf{Z2} \& \Phi$ 既是协调的也演绎地蕴涵 KP1 的每个实例。也就是,在相同语言中 **ZFC2** + KP1 没有协调的有限可公理化扩充。

证明:

假设存在如此 Φ。那么,根据 RP1 我们有 $\mathbf{ZFC2} + \Phi \vdash \exists x((\mathbf{Z2}/x) \& (\Phi/x))$。因此,$\mathbf{ZFC2} + \Phi \vdash \mathrm{Con}(\mathbf{ZFC2} + \Phi)$,矛盾。∎

利维关于他的一阶'语句反射原则'的结果应用到二阶 RP1 且因此到 KP1 是相对直接核实的:

定理 1C. 对每个自然数 n，在 **ZFC2**＋KP1 可证明的是至少存在 n 个不可达。也就是，对每个 n，**ZFC2**＋KP1 $\vdash$ EP(n)。

定理 1D. 在 **ZFC2**，人们能证明

$$\forall n \in \omega \text{EP}(n) \rightarrow \text{Con}(\textbf{ZFC2}+\text{KP1})。$$

因此 **ZFC2**＋KP1 $\nvdash \forall n \subseteq \omega \text{EP}(n)$。更不用说，**ZFC2**＋KP1 $\nvdash$ EP(ω)。

这只是包含算术的理论中 ω—不完全性的另一个实例。然而，关于 KP1 的推论有更多要说的东西。由于完全性定理对带有标准语义学的二阶语言不成立，给定理论可能有语义推论而没有演绎推论。例如，从定理 1C 我们有，对每个自然数 n，**ZFC2**＋KP1 $\vdash$ EP(n)。由于 **ZFC2** 的所有模型都是同构于不可达秩，没有一个是非标准的。尤其，所有模型都是 ω—模型。因此，与定理 1D 相比，

$$\textbf{ZFC2}+\text{KP1} \vDash \forall n \subseteq \omega \text{EP}(n)。$$

把 RP1 应用到 $\forall n \subseteq \omega \text{EP}(n)$，我们获得

$$\textbf{ZFC2}+\text{KP1} \vDash \exists z((\textbf{Z2}/z) \,\&\, \forall n \subseteq \omega \text{EP}(n) \,\&\, \text{P}(n) \in z。$$

换句话说，**ZFC2**＋KP1 蕴涵存在满足 $\forall n \subseteq \omega \text{EP}(n)$ 的不可达秩。此秩必定至少是 P(ω)。因此，

$$\textbf{ZFC2}+\text{KP1} \vDash \text{EP}(\omega)。$$

相似地，把 RP1 应用到 EP(ω)，人们能表明 **ZFC2**＋KP1 $\vDash$ EP$(\omega+1)$，等等。**ZFC2**＋KP1 的最小模型的大小决定这个过程走多远。这是由下述描述解决的。令 α 是序数。把 α 定义为 i—可定义的当且仅当在语言 **ZFC2** 中存在只有 x 自由的公式 $\Phi(x)$，使得：(1)$\Phi(\alpha)$ 是由论域和每个秩 V_κ 满足的，在这里 κ 是不可达的，$\kappa \geqslant \text{P}(\alpha)$，且 $\kappa > \alpha$，且 (2)$\forall x(\Phi(x) \rightarrow \alpha = x)$ 是由论域和每个包含 α 的不可达秩满足的。

定理 1E. 令 α 是序数且假设 $EP(\alpha)$。如果 α 不是 i—可定义的,那么 $V_{P(\alpha)} \vDash \mathbf{ZFC2} + \mathbf{KP1}$。

证明:

令 α 是非—i—可定义的。清楚的是 $V_{P(\alpha)} \vDash \mathbf{ZFC2}$。因此,它足以表明 $V_{P(\alpha)} \vDash \mathbf{KP1}$,或者,等价地,$V_{P(\alpha)} \vDash \mathbf{RP1}$。那么,假设存在 $\mathbf{ZFC2}$ 的 Φ 使得

$$V_{P(\alpha)} \vDash \neg (\Phi \rightarrow \exists x ((\mathbf{Z2}/x) \& (\Phi/x)))。$$

因此,$V_{P(\alpha)}$ 蕴涵 Φ 和 $\forall x ((\mathbf{Z2}/x) \rightarrow \neg (\psi/x))$ 两者。但那么

$$On(x) \& \forall \beta \in x (EP(\beta) \& \neg (\Phi/V_{P(\beta)})) \&$$
$$(\neg EP(x) \rightarrow \Phi) \& (EP(x) \rightarrow (\Phi/V_{P(x)}))$$

是 i—定义的公式,矛盾。∎

部分逆命题也成立:

定理 1F. 令 α 是小于第一个不可达的序数且假设 $EP(\alpha)$。如果 $V_{P(\alpha)} \vDash \mathbf{ZFC2} + \mathbf{KP1}$ 那么 α 不是 i—可定义的。

证明:

令 $V_{P(\alpha)} \vDash \mathbf{ZFC2} + \mathbf{KP1}$。假设 α 是 i—可定义的且令 Φ 是下定义公式。考虑语句

$$(\psi) : \exists x (\Phi(x) \& \forall \beta \in x EP(\beta))。$$

通过 Φ 上的条件,$\Phi(\alpha)$ 在 $V_{P(\alpha)}$ 中成立且 $P(\beta) \in V_{P(\alpha)}$ 对每个 $\beta \in \alpha$。因此,$V_{P(\alpha)} \vDash \psi$。把 $\mathbf{RP1}$ 应用到 $V_{P(\alpha)}$ 中的 ψ,$V_{P(\alpha)} \vDash \exists z ((\mathbf{Z2}/z) \& (\Phi/z))$。因此,$V_{P(\alpha)}$ 包含自身满足 $\forall \beta \in \alpha EP(\beta)$ 的不可达秩。此秩必定至少是 $V_{P(\alpha)}$,矛盾。∎

令 δ 是非—i—可定义的最小序数。清楚地,δ 是相对大的可数极

限序数。

推论 1G. $V_{P(\delta)}$ 是 **ZFC2**+KP1 的最小模型。因此,如果 $\alpha <$ δ 那么 **ZFC2**+KP1 ⊨ $EP(\alpha)$。

3. 第二克雷泽尔原则与第二反射原则

下面是对克雷泽尔原则的直接扩充。为简单起见,我们把注意力限制到至多带有一个自由谓词变元和至多一个自由一阶变元的公式。不失一般性,由于我们能通过利用配对函数把自由变元结合起来。令 $\Phi(Z, z)$ 是 L 的如此公式。Φ 的类—模型是结构 $\langle D, P, Q \rangle$ 由定域类 D 和指派组成,在此情况下子类 P⊆D 和元素 $q \in D$,使得 D ⊨ $\Phi(P, q)$。非形式地,克雷泽尔原则的第二个表述陈述的是如果 $\langle D, P, Q \rangle$ 是 Φ 的类模型,那么存在用'相同'指派满足 Φ 的集合 $d \subseteq D$,或者,换句话说,存在集合 $d \subseteq D$ 使得 $q \in D$ 且 d ⊨ $\Phi(d \cap P, q)$。遵循前述的约定,这个原则是下述模式:

(KP2) $\forall X \forall Z \subseteq X \forall z \in X((\Phi(Z, z)/X) \rightarrow \exists x \subseteq X(z \in$ $x \,\&\, (\Phi(x \cap Z, z)/x)))$

对只有 Z, z 自由的 L 的每个公式 Φ。令 **ZFC2**+KP2 是由添加 KP2 的每个实例从 **ZFC2** 获得的理论。注意 KP2 的实例在其 Φ 是等价于 KP1 相应实例的语句。因此,**ZFC2**+KP2 ⊨ KP1。然而,如同下述要表明的那样,**ZFC2** + KP2 是强于 **ZFC2** + KP1 的。存在与 KP2 联系在一起的反射原则,利维(1960)的'部分反射原则'(principle of partial reflection)的二阶版本:令 $\psi(x_1, \cdots, x_n)$ 是"集合论的任意公式。如果,对给定的 $x_1, \cdots, x_n$,$\psi(x_1, \cdots, x_n)$ 成立,那么存在集合论的标准模型 u 使得 $x_1, \cdots, x_n \in u$ 且模型的关系 ψ 在它们间成立。"二阶表述是直接的:

$$(\text{RP2}) \quad \forall Y \forall y(\psi(Y, y) \rightarrow \exists x(y \in x \,\&\, (\mathbf{Z2}/x) \,\&\, (\psi(x \bigcap Y, y)/x)))$$

对只有 Y, y 自由的 **ZFC2** 语言的每个公式 ψ。令 **ZFC2**＋RP2 是通过添加 RP2 的每个实例从 **ZFC2** 中获得的理论。利维的部分反射原则的二阶等价版本在伯奈斯(1961)和萨普(1967)中被表述。容易一般化定理 1A 的证明：

定理 2A. **ZFC2**＋KP2 是等价于 **ZFC2**＋RP2 的。

如同名称表明的,利维(1960)和(1960a)的一阶部分反射原则是与另一个模式联系在一起的,即'完全反射原则'(principle of complete reflection)：令 $\psi(x_1, \cdots, x_n)$ 是"集合论的任意公式。存在集合论的标准模型 u 使得对每个 n—元组 $x_1, \cdots, x_n \in u$,模型的关系 ψ 在它们间成立当且仅当论域的关系 ψ 在它们间成立"。利维(1960)注意到这个原则是强于 RP2 的一阶版本的。这个结果被归于沃特。比较起来,存在完全反射原则的两个直接二阶表述,其中一个是与 **ZFC2** 不协调的,当另一个是等价于 RP2 的。对完全反射原则的最直接二阶表述是：

$$(\text{RP2.1}) \quad \exists x((\mathbf{Z2}/x) \,\&\, \forall Y \forall y \in x(\psi(Y, y) \leftrightarrow (\psi(x \bigcap Y, y)/x)))$$

对只有 Y, y 自由的 **ZFC2** 语言的每个公式 ψ。

命题 2B. RP2.1 是与 **ZFC2** 不协调的。

证明：考虑公式 $\exists y \mathrm{Y} y$,带有一个自由类变元。令 c 是任意集合。

那么，$\exists y Y y$ 是由论域满足的当把单元素类$\{c\}$指派到变元 Y。然而，公式不是由 c 把$\{c\}\bigcap c$ 指派到 Y 而满足的。∎

在完全反射原则二阶版本的第二个尝试中，类指派是'固定的'。

$$(RP2.2) \quad \forall Y \exists x((\mathbf{Z2}/x)\,\&\,\forall y \in x(\psi(Y, y) \leftrightarrow (\psi(x\bigcap Y, y)/x)))$$

对只有 Y，y 自由的 **ZFC2** 语言的每个公式 ψ。

命题 2C. **ZFC2**＋RP2.2 是等价于 **ZFC2**＋RP2 的。

证明：

首先从左到右。利维（1960a）定理 2 的证明容易一般化到 **ZFC2**，但更简单的论证在二阶情况中是可用的。在 **ZFC2**＋RP2.2 中，令 ψ，P 和 p 是给定的且假设 $\psi(P, p)$。令 Z 是不在 ψ 中出现的类变元且令 Q 是单元素类。把涉及两个类的 RP2.2 的一个版本应用到带有类指派 Q，P 的公式 $\exists x Z x\,\&\,\psi$。这蕴含 **ZFC2** 所需要模型的存在性。

其次从右到左。让我们现在处于中，令 ψ 和 P 是给定的，且令 Z 是不在 ψ 中出现的谓词变元。应用概括原则，令 Q 是类$\{y\,|\,\psi(P, y)\}$。把涉及两个类的 RP2 的一个版本应用到有指派 Q，P 的公式 $\forall y(Zy \leftrightarrow \psi(Y, y))$。这蕴含 **ZFC2**＋RP2.2 所需要模型的存在性。∎

也可能注意到的是利维的技巧表明在 **ZFC2**＋RP2 中有人能证明 **ZFC2**＋RP2.2 的一个版本在其几个公式立刻被反射：

$$(RP2.3) \quad \forall Y \exists x((\mathbf{Z2}/x)\,\&\,\forall y \in x(\psi_1(Y, y) \leftrightarrow (\psi_1(x\bigcap Y, y)/x)\,\&\,\cdots\,\&\,\psi_n(Y, y) \leftrightarrow (\psi_n(x\bigcap Y, y)/x))).$$

不像 KP1，目前的原则 KP2 和 RP2 是演绎地强于它的一阶配对物。

令 F 是定义在所有序数上的函数。遵循利维(1960a),把 F 定义为正规的当且仅当 F 是递增的,也就是 $\alpha<\beta$ 当且仅当 $F\alpha<F\beta$ 且是连续的,也就是,如果 λ 是极限序数,那么 $F\lambda = \bigcup\{F\beta\mid\beta<\lambda\}$。利维(1960a)表明完全反射的一阶原则等价于下述模式,它断言每个带有参数一阶可定义的正规 F 都有不可达不动点。后面的模式蕴含不可达,超—不可达,等等的存在性,但模式自身是在第一个和每个马洛基数秩满足的(德雷克,1974)。因此,完全反射的一阶原则不蕴涵马洛基数的存在性。然而,在 **ZFC2**+RP2 中,利维的构造有更深远的结论。尽管下述是定理 2E 的弱推论,但证明阐明二阶 KP2 的强度。

命题 2D. **ZFC2**+KP2⊨*"存在马洛基数"*。

证明: 从利维的构造开始:令 $\Phi(R)$ 是断言 R 为二元关系的公式,它表示在所有序数上定义的正规函数 F。假设 $\Phi(R)$ 且应用 RP2。这蕴含不可达 α 的存在性使得 $\Phi(V_\alpha\bigcap R)$ 在 V_α 中成立。因此,如果 $\beta\in\alpha$ 那么 $F\beta\in\alpha$。由于 F 是正规的,由此推断 $\alpha=F\alpha$。换句话说,F 有不可达不动点。这是利维(1960a)的主要定理。现在令 $\chi(R)$ 断言关系 R 有不可达不动点——也就是,令 $\chi(R)$ 是 $\exists x(On(x)\&(\mathbf{Z2}/V_x)\&Rxx)$。上述构造表明 **ZFC2**+KP2 ⊢ $\forall R(\Phi(R)\to\chi(R))$。把 RP2 应用到这个公式蕴含不可达序数 κ 的存在性使得 $V_\kappa\models\forall R(\Phi(R)\to\chi(R))$。由此推断 κ 是马洛基数。∎

我们能容易扩充这个证明表明 **ZFC2**+KP2 蕴涵超—马洛基数等等的存在性。**ZFC2**+KP2 的演绎强度是由萨普(1967)的主要定理表明的。令 $In(n,x)$ 是断言 $n\in\omega$ 且 x 是 Π_n^1 不可描述基数的公式(德雷克,1974)。

定理 2E. 对每个自然数 n,**ZFC2**+KP2 ⊢ $\exists x In(n,x)$。事实上,**ZFC2**+KP2 ⊢ $\neg\exists y\forall x(x\in y\leftrightarrow In(n,x))$。换句话

说,**ZFC2**＋KP2 蕴含 Π_n^1 不可描述基数的收集是真类。

然而,如同萨普表明的那样,在 **ZFC2** 中可证明的是对 KP2 的每个实例 χ 存在自然数 n 使得如果 $\mathrm{In}(n,\kappa)$ 那么 $V_\kappa \vDash \chi$。因此,

定理 2F. **ZFC2** $\vdash \forall n \in \omega \exists x \mathrm{In}(n,x) \rightarrow \mathrm{Con}(\mathbf{ZFC2}+$KP2)。因此,**ZFC2**＋KP2 $\nvdash \forall n \in \omega \exists x \mathrm{In}(n,x)$。

简略地转向 **ZFC2**＋KP2 的语义强度,容易看到 **ZFC2**＋KP2 $\vDash$ $\forall n \in \omega \exists x \mathrm{In}(n,x)$ 且 **ZFC2**＋KP2 蕴涵满足这个语句的不可达秩的存在性。我们把 **ZFC2**＋KP2 的语义强度以下述定理的形式总结出来:

定理 2G. $V_\alpha \vDash$ **ZFC2**＋KP2 当且仅当 α 是 Π_0^2 不可描述的。因此,**ZFC2**＋KP2 的最小模型是第一个 Π_0^2 不可描述秩。

4. 第三克雷泽尔原则与第三反射原则

如前所述,二阶逻辑不是紧致的。也就是说,存在语句集 Γ 和语句 Φ 使得 Γ 语义蕴涵 Φ,但没有 Γ 的有限子集蕴涵 Φ。等价地,在 **ZFC2** 中逻辑蕴涵不能被规约到逻辑真性,且语句集的可满足性不能被归约到单个语句的可满足性。克雷泽尔原则的下两个版本类似于 KP1 和 KP2 除了在每种情况下单个语句或者公式是由公式集取代的。由于蕴涵和满足的逻辑概念最终涉及集合,夏皮罗建议在这里也可以应用最初原则背后的哲学动机:这些原则是预设使用集合论层级以提供二阶语言的语义学。在直观层面上,KP1 的类似物是容易陈述的:

令 Γ 是 L 的公式集。如果存在类和指派同时满足 Γ 的每个

元素,那么存在也满足 Γ 的每个元素的集合和指派。

注意由于这个原则以实质方式包含类满足概念,它不能在 **ZFC2** 的语言中被表述。因此,克雷泽尔原则的目前版本需要扩张语言(an expanded language)。我们需要某个新记法。假设,**ZFC2** 公式的固定算术化性(a fixed arithmetization)。对每个自然数 n,令 Φn 是带有哥德尔数 n 的公式,且对每个公式 Φ,令 $\ulcorner\Phi\urcorner$ 是它的哥德尔数。把一阶变元指派(first-order variable assignment)定义为从一阶变元哥德尔数收集到集合的函数。当然,每个如此指派自身都是一个集合。令 $A1(p, q)$ 是断言"p 是把范围包含在 q 中的一阶变元指派"的公式。也就是,$A1(p, q)$ 成立当且仅当 p 是把 q 的元素指派到一阶变元的函数。注意 $A1(p, q)$ 蕴含 q 不是空的。为了方便,令 $A1(p, Q)$ 是断言 p 是把范围包含在类 Q 中的一阶变元指派的公式。

如果 $\langle x_i \rangle$ 是一阶变元的有限序列且 b 是指派,那么令 $b\langle x_i \rangle$ 是由 b 指派的相应集合序列。最后,把二阶变元指派定义为从谓词和关系变元哥德尔数收集到适当类的函数。每个如此指派应该被编码为单个类。令 $A2(P, Q)$ 断言 P 是范围为非空类 Q 的子类的二阶变元指派的公式。也就是,$A2(P, Q)$ 成立当且仅当 P 编码把 Q 的子类和 Q 上关系指派到二阶变元的函数。再次,为了方便,我们相似地理解 $A2(P, q)$,$A2(p, Q)$ 和 $A2(p, q)$,用概指集合的项取代概指类的项。如果 $\langle X_i \rangle$ 是二阶变元的有限序列且 B 是二阶指派编码(a second-order assignment code),那么令 $B\langle X_i \rangle$ 为由 B 指派的相应类序列。众所周知,集合满足在 **ZFC2** 中是可定义的。尤其,存在带有四个自由集合变元的公式 $sats(p, q, r, s)$,它断言

$$A1(q, p) \& A2(r, p) \& \text{"}p \text{ 用指派 } q \text{ 和 } r \text{ 满足 } \Phi s\text{"}。$$

令 $\Phi n(\langle X_i \rangle, \langle X_i \rangle)$ 只有由这两个序列表明的自由变元。相对 Φn 集合满足的塔斯基公式(Tarski formula)是:

$$[\text{A1}(q,\,p)\,\&\,\text{A2}(r,\,p)]\rightarrow$$

$$[sats(p,\,q,\,r,\,n)\leftrightarrow(\Phi n(r\langle X_i\rangle,\,q\langle x_i\rangle)/p)]\text{。}$$

所有这些公式在 **ZFC2** 中都是可证明的。现在的阶段准备扩张 **ZFC2** 语言以包括类满足谓词。添加高阶 4—位关系常项 SATS(P, q, R, s),它的预期解释是:"P 用由 q 和 R 编码的指派满足 Φs"。在新公理中间的是

$$\text{SATS}(P,\,q,\,R,\,s)\rightarrow[\text{A1}(q,\,P)\,\&\,\text{A2}(R,\,P)]$$

和相对类满足的塔斯基公式:

$$[\text{A1}(q,\,P)\,\&\,\text{A2}(R,\,P)]\rightarrow[\text{SATS}(P,\,q,\,R,\,n)\leftrightarrow$$

$$(\Phi n(R\langle X_i\rangle,\,q\langle x_i\rangle)/P)]\text{。}$$

据此我们把已扩张系统起名为'**ZFC2＋**'。因此 **ZFC2＋** 能够表达 **ZFC2** 语言的语义学。注意到由于 **ZFC2** 的所有模型都是标准的,每个如此模型能被扩充到 **ZFC2＋** 的模型。塔斯基公式固定新常项 SATS 的相关扩充。换句话说,**ZFC2＋** 实际上有和 **ZFC2** 相同的模型。需要的最后一个术语是:令 L(s)是 **ZFC2** 的公式,它断言 x 是 L 公式的哥德尔数——也就是,L(s)成立当且仅当 Φs 没有非逻辑术语(non-logical terminology)。现在可以表述克雷泽尔原则的第三个版本。它是 **ZFC2＋** 语言中的单个语句。

(KP3)　$\forall x\subseteq\omega([\forall z\in x\text{L}(z)\,\&\,\exists Y\exists Z\exists w\exists m\in x\text{SATS}(Y,\,w,\,Z,\,m)]\rightarrow\exists y\exists z\exists w\exists m\in x sats(y,\,w,\,z,\,m))$。

令 **ZFC2＋**KP3 是由添加 KP3 从 **ZFC2＋** 中获得的理论。首先注意塔斯基公式允许从 **ZFC2＋**KP3 中 KP1 每个实例的演绎。因此,**ZFC2＋**KP3⊨KP1。和 KP3 联系在一起的是反射原则涉及集合论真性概念(the notion of set-theoretic truth),它是根据类满足可定义的。

令 TR(q，R，s)是对下述的缩写：

$$\forall P(\forall x Px \rightarrow SATS(P, q, R, s))。$$

也就是，TR(q，R，s)断言 Φs 是通过由 q 和 R 编码的指派下的论域所满足的。对象真性的塔斯基公式，

$$TR(q, R, s) \leftrightarrow \Phi n(R\langle X_i \rangle, q\langle x_i \rangle)，$$

在 **ZFC2**＋中从对满足的塔斯基公式中全部都是可证明的。第三个反射原则陈述的是对 **ZFC2** 语言的每个公式集 Γ，如果存在到自由变元的指派使 Γ 的每个元素为真，那么存在 **ZFC2** 的模型和满足 Γ 的每个元素的指派：

(RP3) $\forall x \subseteq \omega (\exists Z \exists w \forall m \in x TR(w, Z, m) \rightarrow \exists y((\textbf{Z2}/y) \,\&\, \exists z \exists w \forall m \in x sats(y, w, z, m)))。$

令 **ZFC2**＋RP3 是由添加 RP3 从 **ZFC2**＋获得的理论。我们可以直接看到 KP3 和 RP3 是等价的。因此，

    定理 3A.   **ZFC2**＋KP3 有着和 **ZFC2**＋RP3 相同的结论。

令 t 是 **ZFC2** 真语句的哥德尔数集。把 RP3 应用到 t 我们获得不可达秩 V_κ 使得 V_κ 满足在 t 中被编码的语句。因此，

    推论 3B.   **ZFC2**＋KP3 蕴涵满足作为论域的相同二阶语句的秩存在性。

我们现在转向 **ZFC2**＋KP3 的语义强度（semantic strength）。令 $V_P(\delta)$ 是 **ZFC2**＋KP3 的最小标准模型，倘若如此模型存在。那么，**ZFC2**＋KP3 不蕴涵 EP(δ)，但如果 $\alpha < \delta$，那么 **ZFC2**＋KP3 $\vDash$ EP(α)。

这里有趣的事实是 δ 的势且由此由 **ZFC2**＋**KP3** 所蕴涵的不可达数量是独立于 **ZFC2**＋的。尤其，我们能表明，作为序数，$\delta > \omega_1$，且由此 $|\delta| \geqslant \aleph_1$，而且我们也能表明 δ 的势至多是连续统的势。如果假设连续统假设 **CH**，那么 $|\delta|$ 是连续统的势，但如果 **CH** 是假的，不存在固定 δ 的势的 **ZFC2**＋定理，甚至相对于连续统的势。令 α 是序数，$\Phi(q, x)$ 是 **ZFC2** 的公式只有 q，x 自由，且 $t \subseteq \omega$。说 Φ 用参数 t 定义 α 当且仅当 $\forall q(\Phi(q, t) \leftrightarrow q = a)$ 在论域中是真的。说 α 是用实参数二阶可定义的，缩写为 2R—可定义的，当且仅当存在 **ZFC2** 的公式 $\Phi(q, x)$ 和集合 $t \subseteq \omega$ 使得 Φ 用参数 t 定义 α。

定理 3C. 令 α 是序数且假设 EP(α)。如果 α 不是 2R—可定义的，那么 $V_{P(\alpha)} \models$ **ZFC2**＋**KP3**。

证明：令 α 是非—2R—可定义的且假设 EP(α)。它足以表明 $V_{P(\alpha)} \models$ RP3。令 $t \subseteq \omega$ 是给定的且假设 $V_{P(\alpha)} \models \exists z \exists w \forall m \in t \, TR(w, Z, m)$。由此断定

$$\exists z \exists w \forall m \in t \, sats(V_{P(\alpha)}, w, z, m)$$

是真的。进一步假设 $V_{P(\alpha)}$ 不满足 $\exists y((\mathbf{Z}2/y) \& \exists z \exists w \forall m \in t \, sats(y, w, z, m))$。使用相关的绝对性条件，直接的操作表明

$$\forall \beta < \alpha \forall z \forall w \exists m \in t \, \neg sats(V_{P(\beta)}, w, z, m)$$

是真的。然而下述公式会用 t 把 α 定义为参数：

$$On(q) \& EP(q) \& \exists z \exists w \forall m \in x \, sats(V_{P(q)}, w, z, m) \&$$
$$\forall \beta \in q \forall z \forall w \exists m \in x \, \neg sats(V_{P(\beta)}, w, z, m)。$$

矛盾！∎

令 γ 是非—2R—可定义的最小序数。那么如果 **ZFC2**＋**KP3** 是由标准模型可满足的，那么 **ZFC2**＋**KP3** 不蕴涵 EP(γ)。注意 γ 的势

至多是连续统的势。从定理 3C 推断存在 **ZFC2**＋KP3 的相对小模型
(relatively small models)是协调的：

定理 3D. 在存在足够不可达的假设下——例如，$\forall \beta \in \omega_2(EP(\beta))$——下述是联合协调的(jointly consistent)：(a)连续统是大的，例如，大于 $\aleph_2$ 且(b)存在 **ZFC2**＋KP3 的模型，它包含少于 $\aleph_2$ 个不可达。也就是，存在 $\alpha < \omega_2$ 使得 $V_{P(\alpha)}$ 满足 **ZFC2**＋KP3。

我们以下述的辛钦模型 M 开始

$$(\textbf{Z2}) \& (CH) \& (\forall \beta \in \omega_2(EP(\beta))),$$

在其有限序数集是标准 ω。令 γ 是 M 中非—2R—可定义的最小序数。由于连续统假设在 M 中成立，在 M 中只存在 ω 的 $\aleph_1$ 个子集。因此，$M \vDash |\gamma| = \aleph_1$。通过标准科恩—休恩菲尔德力迫(Cohen-Shoenfield forcing)把 M 扩充到 **ZFC2**＋的模型 M'，在其连续统是大的。现在，在 M' 中，γ 不是 2R—可定义的。确实，在 M' 中用实参数定义 γ 的任意公式——经由力迫关系(the forcing relation)的可定义性——都能被翻译为在 M 中用实参数定义 γ 的公式。因此，根据定理 3C，在 M' 中，$V_{P(\alpha)} \vDash$ **ZFC2**＋KP3。此外，$M' \vDash |\gamma| = \aleph_1$。

推论 3E. 假设$(\forall \beta \in \omega_2(EP(\beta)))$。那么 **ZFC2**＋KP3 不蕴涵$(\forall \beta \in \omega_2(EP(\beta)))$是协调的。

令 α 是小于第一个不可达的序数，令 $t \subseteq \omega$，且令 $\Phi(q, x)$ 是只有两个变元的 **ZFC2** 公式。说 Φ 用参数 t 二阶 i—定义 α 当且仅当 $\forall q(\Phi(q, t) \leftrightarrow \alpha \in q)$ 是由论域和每个不可达秩满足的。说 α 是用实参数二阶 i—可定义的，缩写为 i—2R—可定义的，当且仅当存在

ZFC2 的公式 $\Phi(q, x)$ 和集合 $t \subseteq \omega$ 使得 Φ 用 t 把 αi—定义为参数。

定理 3F. 如果 α 是小于第一个不可达的且 $V_{P(\alpha)} \vDash$ **ZFC2**＋KP3，那么 α 不是 i—2R—可定义的。

证明: 假设 $V_{P(\alpha)} \vDash$ **ZFC2**＋KP3。进一步假设 $t \subseteq \omega$ 且 $\Phi(q, x)$ 是的公式，它用 t 把 αi—定义为参数。令

$$b = \{\ulcorner y \subseteq \omega \urcorner\} \cup \{\ulcorner n \in y \urcorner \mid n \in t\} \cup \{\ulcorner n \notin y \urcorner \mid n \notin t\} \cup$$
$$\{\ulcorner \exists q(\Phi(q, y) \& \forall z \in qEP(z)) \urcorner\}。$$

注意 y 是自由出现在由 b 的元素所编码的公式中的唯一变元。令 e 是把集合 t 指派到 y 的一阶变元指派且令 B 是任意二阶变元指派。那么

$$V_{P(\alpha)} \vDash \forall m \in b \, TR(e, B, m)。$$

应用 RP3:

$$V_{P(\alpha)} \vDash \exists r((\mathbf{Z2}/r) \& \exists z \exists w \forall m \in b \, sats(r, w, z, m))。$$

因此，$P(\alpha)$ 包含不可达 κ，它连同 V_κ 的指派 e'，满足在 b 中所编码的所有公式。注意 e' 必须把 t 指派到 y。因此，

$$V_\kappa \vDash \exists q(\Phi(q, t) \& \forall z \in qEP(q))。$$

由于 Φ 用 t 把 αi—定义为参数，由此推断对每个 $\beta \in \alpha$，$V_\kappa \vDash EP(\beta)$。因此，$P(\alpha) \leqslant \kappa$，但这与 $\kappa \in P(\alpha)$ 矛盾！■

令 δ 是非—i—2R—可定义的最小序数。下述是直接的:

推论 3G. 如果 $\alpha < \delta$，那么 **ZFC2**＋KP3 $\vDash EP(\alpha)$。

容易看到每个可数序数是 i—2R—可定义的，由于可数序数能被一致地编码为 ω 的子集。而且，ω_1 是 i—2R—可定义的。因此，

ZFC2＋KP3 ⊨ EP(ω_1)。注意由此推断 **ZFC2**＋KP3 满足"存在 **ZFC2**＋KP3 的模型"。令 c 是连续统的势。注意如果存在连续统的良序，它在不可达秩中由绝对公式是可定义的，那么每个 $\alpha \in c$ 是带有实参数 i—2R—可定义的，如同 c 自身那样。因此，在这些假设下，**ZFC2**＋KP3 ⊨ EP(c)。

定理 3H. 对每个序数 α，假设 EP(α) 的势是连续统的势。那么下述是联合协调的：(a)**ZFC2**＋KP3 是可满足的，(b)连续统是大的——和它能与 **ZFC2** 协调一样大，且(c)不存在包含少于'连续统多个'(continuum many)不可达的 **ZFC2**＋KP3 模型。

证明：哈灵顿(1977)主要定理背后的构造蕴含 **ZFC2** 的辛钦模型 M 的存在性使得(1)在 M 中，有限序数集是标准 ω，(2)M 不包含不可达，(3)在 M 中，连续统的势和想要的一样大，且(4)在 M 中存在连续统的可定义良序。事实上，结果是在 M 中存在由 Π^1_2 公式所定义的连续统良序。把每个不可达 P(α) 加到 M 使得 α 有连续统的势，且把结果扩充到 **ZFC2**＋的辛钦模型 M′，不用添加 $V_{P(0)}$ 的任何更多元素。令 γ 是 M′中非—2R—可定义的最小序数。通过直接的基数考虑，$|\gamma| \leqslant c$。所以 M′⊨ EP(γ)。因此，根据定理 3C，在 M′中，$V_{P(\gamma)}$ 是 **ZFC2**＋KP3 的模型。现在，令 Φ 是在 M 中定义连续统良序的公式。那么注意

$$(\neg EP(0)) \to \Phi) \, \& \, (EP(0) \to (\Phi/V_{P(0)}))$$

是在 M′中定义连续统良序的公式，且在不可达秩中是绝对的。因此，根据上述的评论，在 M′内部不存在带有少于连续统多个不可达 **ZFC2**＋KP3 的模型。换句话说，M′满足陈述 **ZFC2**＋KP3 蕴涵 EP(c)。■

与推论 3E 相比，我们有

推论 3I：与 **ZFC2**＋KP3 的可满足性协调的是 **ZFC2**＋KP3⊨EP(ω_2)。

5. 第四克雷泽尔原则与第四反射原则

克雷泽尔原则的下一个表述与 KP3 有关如同 KP2 与 KP1 有关。非形式地，KP4 断言如果 Γ 是 L 的公式集且 Y 是在给定变元指派对（a pair of variable assignments）下同时满足 Γ 的每个元素的类，那么存在集合 $y\subseteq$Y 使得 y 在相同指派下同时满足 Γ 的每个元素。这里我们需要更多一点的记法。如果 P 是二阶指派且 s 是集合，那么令 P$\cap s$ 是二阶指派，它把指派 P 限制到 s。例如，如果 P 把类 R 指派到变元 X，那么 P$\cap s$ 把 R$\cap s$ 指派到 X。回顾 A1(p, q) 断言 p 是一阶变元指派，它的范围是 q 的子集。像 KP3 那样，克雷泽尔原则的第四个表述是 **ZFC2**＋语言中的单个语句。

$$(\text{KP4}) \quad \forall x\subseteq\omega(\forall z\in xL(x)\rightarrow\forall Y\forall w\forall Z[\forall m\in$$
$$x\text{SATS}(Y, w, Z, m)\rightarrow\exists y\subseteq Y(\text{A1}(w, y)\&\forall m\in x\text{sats}(y,$$
$$w, Z\cap y, m))]).$$

令 **ZFC2**＋KP4 是由添加 KP4 从 **ZFC2**＋中获得的理论。与 KP4 联系在一起的反射原则是利维'部分反射原则'扩充版本。它陈述的是如果 Γ 是在给定指派对下全部为真的 **ZFC2** 的公式集，那么存在 **ZFC2** 的模型在相同指派下同时满足 Γ 的每个元素：

$$(\text{RP4}) \quad \forall x\subseteq\omega\forall w\forall Z(\forall m\in x\text{TR}(w, Z, m)\rightarrow\exists y((\mathbf{Z2}/$$
$$y\&\text{A1}(w, y)\&\forall m\in x\text{sats}(y, w, Z\cap y, m))).$$

令 **ZFC2**＋RP4 是由添加 RP4 从 **ZFC2**＋中获得的理论。如上所述，以下是直接的。

定理 4A. **ZFC2**＋KP4 和 **ZFC2**＋RP4 一样有相同的结论。

通过把 RP4 应用到单元素集 $\{n\}$，**ZFC2**＋KP4 蕴含涉及公式 Φn 的 RP2 的实例。因此，**ZFC2**＋KP4 ⊨ RP2。此外，令 $b = \{\Phi m$ 是 KP2 的实例$\}$。由于 b 的每个元素编码由 KP4 所蕴涵的语句，我们获得 **ZFC2**＋KP4 ⊨ $\exists w \exists Z \forall m \in b \, \mathrm{TR}(w, Z, m)$。因此，通过把 RP4 应用到 b，我们获得

定理 4B. **ZFC2**＋KP4 蕴涵 **ZFC2**＋KP2 的模型的存在性。因此，根据定理 2G，**ZFC2**＋KP4 蕴涵 Π_0^2 不可描述基数的存在性。

利维的对应于 RP4 的'完全反射原则'的版本也许这里是有趣的。非形式地，它陈述的是对每个类指派 P 存在 **ZFC2**＋的模型 c，在下述意义上 'P—反射'论域，即对每个公式 $\Phi(\langle X_i \rangle, \langle x_j \rangle)$ 和每个 $\langle p_j \rangle \in c$，$\Phi(P\langle X_i \rangle, \langle p_j \rangle)$ 是真的当且仅当 c 满足 $\Phi((P \bigcap c)\langle X_i \rangle, \langle p_j \rangle)$。以目前的术语，

(RP4.1)　$\forall Z \exists y((\mathbf{Z2}/y) \,\&\, \forall w \forall n \in \omega(\mathrm{A1}(w, y) \rightarrow (\mathrm{TR}(w, Z, n) \leftrightarrow sats(y, w, Z \bigcap y, n))))$。

采用命题 2C 的证明容易得到：

命题 4C. **ZFC2**＋KP4 是等价于 **ZFC2**＋RP4.1 的。

直接表明的是 RP4.1 蕴涵在下述意义上等价于论域的秩 V_α 的存在性，即对不带有自由二阶变元的每个公式 $\Phi(\langle x_i \rangle)$ 和每个 $\langle a_i \rangle \in V_\alpha$，$\Phi(\langle a_i \rangle)$ 是真的当且仅当 $V_\alpha \vDash \Phi(\langle a_i \rangle)$。与 KP2 一样，

ZFC2＋KP4 的模型是根据不可描述性而得以描绘的。令 α 是序数，且 p 是 V_α 的子集和 V_α 关系上到二阶变元的指派。也就是，假设 $A2(p, V_\alpha)$ 成立。令 Γ 是不带自由一阶变元的公式收集。把 α 定义为用参数 p 由 Γ 所描述的当且仅当 V_α 是在指派 p 下满足 Γ 的每个元素的最小序数。更形式地，α 是用参数 p 由 Γ 所描述的当且仅当既有

$$V_\alpha \vDash \Phi(p\langle X_i \rangle) \text{ 对每个 } \Phi \in \Gamma,$$

也有，对每个 $\beta < \alpha$，存在公式 $\psi \in \Gamma$ 使得

$$V_\beta \nvDash \psi((p \cap V_\beta)\langle X_i \rangle)。$$

把 α 定义为 Π_0^2 集合—不可描述的当且仅当 α 不是用 V_α 上任意参数 p 由 **ZFC2** 的任意公式集 Γ 所描述的。我们立刻得出这是描绘 **ZFC2**＋KP4 模型的概念：

    定理 4D.　$V_\alpha \vDash$ **ZFC2**＋KP4 当且仅当 α 是 Π_0^2 集合—不可描述的。

6. 增强版的第一反射原则和第二反射原则

我们选择用在 **ZFC2**＋扩充语言中重述的关于最初模式 RP1 和 RP2 的评论来收尾。首先考虑这个模式：

    (RP1＋)　$\psi \rightarrow \exists x((\mathbf{Z2}/x) \& (\psi/x))$,

对 **ZFC2**＋语言的每个语句 ψ。当然，(RP1) 和 (RP1＋) 间的差异是后者有对 **ZFC2** 包含类满足谓词 SATS 的实例。令 **ZFC2**＋RP1＋是由添加 RP1＋的每个实例从 **ZFC2**＋中获得的理论。前述的许多定理都有直接的类似物。尤其，我们有：

定理 5A.　$V_α ⊨ \textbf{ZFC2}+\textbf{RP1}$ 当且仅当 $α$ 在 **ZFC2**＋语言中不是 i—可定义的。

令 $δ$ 是在 **ZFC2**＋中非—i—可定义的最小序数，所以 $V_{P(δ)}$ 是 **ZFC2**＋**RP1**＋的最小模型。清楚的是 $δ$ 是大于在 **ZFC2** 中非—i—可定义的最小序数。因此，

推论 5B.　$\textbf{ZFC2}+\textbf{RP1}+⊨$"**ZFC2**＋**KP1** 是可满足的"。

然而，也清楚的是 $δ$ 是可数序数且，由此，$V_{P(δ)}$ 不包含 **ZFC2**＋**KP3** 的模型。我们考虑的最强原则是 RP2 的扩充。考虑模式：

$$(\text{RP2}+)\quad ∀Y∀y(ψ(Y, y)→∃x(y∈x\&(\textbf{Z2}/x)\&(ψ(Y\bigcap x, y)/x))),$$

对 **ZFC2**＋语言的每个语句 $ψ$。令 **ZFC2**＋**RP2**＋是由添加 RP2＋的每个实例从 **ZFC2**＋中获得的理论。下述是直接的：

定理 5C.　$\textbf{ZFC2}+\textbf{RP2}+⊨ \text{KP4}$。事实上，$\textbf{ZFC2}+\textbf{RP2}+⊢$"KP4 是可满足的"。

此外，容易看到 **ZFC2**＋**RP2**＋在 **ZFC2**＋上是以下述意义"语义实质自反的"(semantically essentially reflexive)，即不存在 **ZFC2**＋语言的语句 $Φ$，使得既有 $Φ+\textbf{ZFC2}+$是可满足的也有 $Φ+\textbf{ZFC2}+⊨$ RP2＋。定理 2G 的类似物是下述：

定理 5D.　$V_α ⊨ \textbf{ZFC2}+\textbf{RP2}$ 当且仅当 $α$ 在 **ZFC2**＋的语言中是 $Π_0^2$ 不可描述的。

第四节　对集合论真性的结构主义描述

数学实在论者声称数学语句有确定真值。他们面临的一个问题是需要确定数学词项的意义才能确保每个语句都有一个确定真值。这就是麦吉所谓的内在于数学实在论者的问题。他认为这样的问题对于唯名论者或者直觉主义者或者形式主义者都不造成困扰。这里的问题不是传统的认识论问题，而是早于认识论的内在问题。因为认识论问的是我们如何知道数学信念是真的，而内在问题更关注我们如何拥有数学信念。与真性不同的是指称问题。我们的算术思想和实践不会比同构更确定地固定数码的指称物，而且如果有人持一种从数到集合的还原主义，我们的思想和实践不会不同构更确定地固定集合论术语的指称物。这实际上就是贝纳塞拉夫提出的数到底指称什么的问题。这个问题是指称不可理解性的特殊情况。我们不能把数的指称物理解为具体对象。对于具体物来说，由于存在时机、位置和世界的偶然性，还有语词和对象间的因果联系，不会有指称不可理解性的问题。

但对于抽象物而言，由于不存在偶然性和因果联系，指称不可理解性问题就很严重。指称不可理解性并不意味着真性不可理解性。因为只要我们有词项指称物的同构类我们就能得到每个语句的确定真值，而无需规定词项的指称物。这里分离真性与指称至关重要，分离以后我们就可以把注意力集中到词项同构而不是词项恒等。所以我们真正关心的不是本体论还原，不研究算术语言、几何语言和集合论语言间的关系。我们关心的是这些语言的语句如何获得确定真值。算术语言的意义公设挑选出短语"自然数系统"指称物候选者的同构类。在进入集合论之前，我们先考虑算术语言。戴德金的一个经典结果是二阶皮亚诺算术是范畴的，所以算术语句是真的假使它是二阶皮亚诺算术的逻辑后承而且是假的假使它的否定是二阶皮亚诺算术的逻辑后承。

那么问题是二阶皮亚诺算术能解决判定算术语句如何得到真值的问题吗？对这个问题的回答要取决于我们对二阶量词化的态度。假设无限制一阶量词化和无限制二阶量词化，我们来研究公理化集合论的问题。当然我们的集合论是带有本元的集合论 ZFCU。把本元加入 ZFC 是出于应用的考虑。因为我们不仅考虑纯粹集合，也要包括不纯粹集合。注意二阶 ZFCU 不是范畴的，而且不同语句在 ZFCU 的不同模型下是真的。非范畴性不取决于限制量词化定域，所以通过主张量词管辖每个事物我们不能得到范畴性。我们通过累计分层定义纯粹集，我们也需要不纯粹集。本元集合公理确保本元构成一个集合。

本元集合公理连同二阶 ZFCU 的公理蕴含完备性原则。它说的是纯粹集合不同构于二阶 ZFCU 的任意其他模型的纯粹集的真初始段。以二阶 ZFCU 为模，完备性原则等价于极大性原则。因此，纯粹集合构成二阶 ZFC 模型范畴的普遍元素。本元集合公理加入二阶 ZFCU 给出实在论者想要的东西，也就是直到同构的完全规定纯粹集论域结构的公理集。有了对算术和集合的讨论，现在我们回到最初的问题，也就是比数学哲学中的本体论和认识论问题更早的语义和信念问题。这里的要点在于当我们学习数学词汇时学到的东西不是固定下来的一阶公理集，而是固定下来的一阶公理和公理模式集。我们容易领会模式，而且模式是良性的形而上学。对模式力总结如下：开放性是力量；不确定性是力量；无知是力量。当然，对数学哲学的语义和信念考虑不能取代数学哲学中传统的本体论和认识论问题，后者仍是我们关注的焦点。

1. 数学信念

数学实在论是数学对象真正存在，数学陈述或者是确定真或者确定假，且可接受数学公理是占优势真（predominantly true）的学说。对集合论的实在论理解说的是当集合论语言的语句以它们的标准意义被理解，那么每个语句都有确定的真值，以致存在是否连续统的基数是 $\aleph_2$ 或者是否存在可测度基数的事实，而不管这些事实是否对我们是可知的。存在很多对实在论的反对，它们的某些相当有洞察力。某些反对来自哲学家，他们发现谈论抽象实体或者难以理解或者难以置信。其他反对来自数学家，他们中的许多人愿意陪实在论者一起谈论自然数或者实数，但他们发现当我们到达集合论时他们的盲从是已被穷尽的，以致他们以我们考虑群论的方式考虑集合论，作为我们检测模型的形式演算，不用任意的所有模型都是优选的假设。这里我们不打算为实在论辩护而假定它——尽管这是非常大的假定——且讨论在实在论者数学概念内部出现的问题。内在的问题是：实在论者的概念假设数学项的意义是用足够的精确固定的以确保每个语句有确定的真值。现在不管语言表达式有什么意义它是根据人类的思想和实践占有的。

因此不是所有的意义依赖人类思想和行为——早晨的红色天空意味着暴风雨天气不是约定的事情——而是数字"7"指向第四个素数的事实是我们如何选择使用符号的事情。所以必定存在我们思考和行动的某物，或者说固定数学项的预期意义。我们如何能够做到这个？数学对象不像菲多（Fido），你能抓住它的衣领你就给它一个名字。不过，存在我们思考和行动的某物，或者说以具体的言语行为联结它们的抽象指称物。直到我们能至少给出对如何完成这个的初步描述，数学语句有确定真值的实在论者学说仍将是神秘的。这个问题是内在于实在论的，因为当你是一个唯名论者或者直觉主义者或者形式主义者它将不出现。但对实在论者来说，它是一个特别紧急的问题，由于只要凭其数学项得到它们意义的所谓的过程仍笼罩在神秘中，实在论者能被指责为涉足神秘学。这里的问题不是传统的认识论问题，即我们如何知道我们的数学信念是真的？它是早先出现的一个问题：我们甚至如何有数学信念？为相信一个公理，我们必须理解这个公理表达什么命题。

2. 指称不可理解性与真性不可理解性

摆在我们面前的问题是要理解我们的思想和实践如何能用足够的精确固定数学项的意义以确保每个语句有确定的真值。这个问题不同于数学项如何开始有确定指称物的问题。确实，贝纳塞拉夫（Paul Benacerraf）的著名论证表明后一个问题是不能解决的。讨论把经典数学还原到集合论的纲领，贝纳塞拉夫问道，为什么决定数字"7"指向什么集合？它指向集合{6}，如同策梅洛把数论还原到集合论会有的那样吗？它指向{0, 1, 2, 3, 4, 5, 6}，如同冯诺依曼会有的那样吗？或者它指向某个其他事物，也许根本不是集合吗？或者在纯粹和应用算术语句的真值条件中或者在计数和排序我们使用数的实践中，似乎不存在任何事物回答这个问题。任意的数不尽多个同构结构将同等好地充当短语"自然数系统"的指称物。

贝纳塞拉夫提出他的问题作为关于本体论还原（ontological reduction）的难题，但它实际上不依赖还原主义框架。难题是在我们的算术思想和实践中没有任何事物比"直到同构"更确定地固定数字的指称物；因此数字没有确定的指称物。我们能凭借许可回答这个问题，规定自此以后数字"7"是要指向冯诺依曼序数{0, 1, 2, 3, 4, 5, 6}，但这仅仅推迟对问题的解决。我们的规定会给我们对算术项指称的精确决定当我们有对集合论项指称的精确决定，但在我们的思想和实践中没有什么比直到同构更确定地固定集合论项的指称。这有点夸张。我们不能用集合论语言的项指向在其冯诺依曼数"7"等同于这条狗菲多的系统，由于如果我们如此做且菲多遭到不幸，在5和11间不会再存在素数。所以我们可能拒斥具体对象作为冯诺依曼数字"7"的指称物；仍然，任意纯粹的抽象对象和任意其他的一样工作，所以指称物仍旧是未定的。

贝纳塞拉夫所指向的困难是指称的无法预测性（inscrutability of

reference)更一般现象的特殊情况。确实,戴维森(Donald Davidson)和普特南(Hilary Putnam)曾争论说即使当我们谈论的是具体对象,项的指称物和直到同构(up to isomorphism)一样被精确固定。他们的主张已证明是极具争议的,由于对具体对象而言存在时机、位置和世界的偶然性以及语词与对象间的因果联系,它们可能在进入无法预测性中取得成功。对纯粹数学的对象,不存在偶然性且没有因果联系;所以无法预测性以全力侵袭我们。指称的无法预测性起因于在使用数学词汇中我们的思想和实践不能够识别数学结构同构复制间的优先性。相同的现象也表明指称的无法预测性不需要成为真值确定性的障碍。如果在使用词汇中我们的思想和实践区分项指向什么的同等好候选者的同构类,为每个语句构建确定的真值将是足够的,虽然它没弄明确任何项的指称物。指称的无法预测性不蕴涵真值条件的无法预测性。

当我们放弃指称性实在论者(referential realist)的费马数字有确定指称物的主张,这个迷惑就会消失。当我们认为自然数等同于冯诺依曼数我们所做的是要采用把真值指派到像"5∈7"这样语句的约定,对其费马的用法,连同数学事实,不指派值。我们这样做是自由的,以与我们被允许通过采用使模糊项更精确的约定把真值指派到模糊项的边界属性的相同方式,如果它适合我们的意图的话。认为数等同于集合不是修剪我们的本体论的事情,而是精制我们的用法的事情。真正存在的不是记法便利的问题,而是我们如何使用符号是便利的事情。纯粹和应用集合论关于集合宇宙的内在结构有很多话要说,但很少说到语词"集合"指向哪些实体。它可能与我们目前的在使用集合论记法精制我们目前用法的实践是相容的,通过使用语词"集合"以如此方式使得每个抽象实体都被认作集合。如果我们采用如此的用法,我们说存在的每个事物或者是具体的个体或者是集合。我们如此说,不是因为我们的实在性概念是狭窄的,而是因为我们对"集合"的用法是宽阔的。

我们这里不关心本体论还原。我们的兴趣不是算术语言、几何语言和集合论语言中间的关系。反之，它是任意这些语言的语句如何获得确定真值的问题。在尝试理解数学项如何得到它们的意义中，第一个回答不是我们可能希望的那样有帮助：我们通过学习如何点数冰棒棍而学习算术语言，通过学习如何测量木材块而学习几何语言，而且通过把超能战士玩偶聚集在一起而学习集合论语言。这个回答是令人失望的，因为实在论概念需要数学项的意义为每个语句提供确定真值而受到足够精确的规定，反之我们计数和测量的实践会允许任意数量的非标准模型。除了计数和测量的实践，需要更多的东西来规定这个意义。知道在实际的问题解决中如何使用数学项是我们对数学词汇理解的重要成分，但它不会把我们带到足够远的地方。需要更多的东西。我们所提议答案的格式如此：除了学习如何计数和测量，当我们学习数学词汇我们所学到的是数学理论体（a body of mathematical theory）。还能有什么答案呢？给到数学项的意义整个是依赖我们对项的使用，不像"菲多"这样的项，它的意义部分依赖我们的用法且部分依赖超出我们控制的因果联系，且我们对项的实际使用不足以决定真值；所以除了在理论化中我们对项的使用还能留下什么？

不可能的是当我们学习数学词汇我们被教导的是数学命题系统，因为除了词汇是已被理解的，数学语句不表达命题。充当数学词汇意义公设的公理不是命题而是语句，我们以与使用表达被认作真的命题的语句（sentences that express propositions we regard as true）的相同方式使用语句。我们断言且同意这些公理。如果 ϕ 是不包含根据逻辑规则从公理中推导出新词汇的语句，我们接受命题 ϕ 所表达的东西。支配数学词汇用法的语言规则允许我们使用公理，以与我们使用表达被认作真的命题的语句相同的方式。这些规则成功地固定数学语句的确定真值，由于直到同构，存在一个且唯一的方式把指称指派到项以便使得公理出来为真。算术语言的意义公设挑出短语"自然数系统"指称候选的同构类。假设这个类是非空的，算术语句是真的当且仅当根据塔斯基主义的真定义它出来为真，当算术项从类的元素被指派指称物。

然而，同构类是非空的不是我们能由语言假定（linguistic postulation）确保的某物。数学实在论是实质性的形而上学论题，不是仅仅由采用语言约定能轻易得到的某物。如同许多唯名论者相信的那样，如果只存在有限多个个体，那么将不存在满足算术公理的结构；所以自然数上的后继函数是 1—1 的陈述将或者是假的或者是无真值的，取决于人们的处理非指称项的首选政策。由语言规定我们通过的仅仅是条件句"如果自然数存在，那么自然数上的后继函数是 1—1 的"。如同发展心理学（developmental psychology），我们要讲的故事只有极小可行性，由于事实上被训练断言且同意复杂数学语句在儿童对数学词汇的获取中几乎不扮演任何角色。我们希望表达的难题是哲学上的难题，而不是教育学上的。我们想看到有认知能力的存在物如何有可能像我们自己那样获得实在论会要求的数学概念。我们需要解决这个难题当我们要对数学实在论非法贩卖神秘物的指控宣判无罪，但解决哲学难题不必然使我们进一步接近解决血肉般的儿童如何学习数学语词的教育学难题。

我们描述凭其实在论者的语言学习者理想化性获取数学词汇的过程，进行我们执行的相同类型心灵活动的这个人不过不知疲倦地和完美无瑕地贯彻它们。对成功解决我们哲学难题的描述来说，不需要的是我们描述的过程类似于凭其现实的儿童学习词汇的过程；只需要的是这个过程不需要在种类上不同于真实教室中被观察到的那些的心灵能力。在某种程度上，我们这里讲的故事和实际心理学历史间的区别是你会期望用理性重构发现的通常区分。我们处理为一直的、直接的、显性的无缺陷的过程，在真实生活中，是偶然的、迂回的且易于疲劳和出错。同样，像大部分理性重构智能体，相对于日常英语我们更喜欢形式化的语言。但区分比这个更深入。某种程度上，我们将提议集合论的新公理。就我们能看到的而言，新公理与由那些日常言语者所使用的的概念是协调的,他们精通于集合论术语,但它甚至不隐性地包含在他们的概念中。日常的集合论实践不需要新的公理,但我们需要它,当集合论公理唯一地挑出集合论语言的指称直到同构。只有在我们采用公理之后,作为超出习惯用语指示集合论语言的新意义公设,语言的语句将为我们确定真值。

3. 二阶量词化的本体论地位

在研究集合论公理之前,让我们首先检验更简单的算术语言。我们已看到对获取这个语言存在两个成分:在计数和测量中学习如何使用数值的说话方式,和开始把特定数学理论体认作真的。挤压一点点,前一个成分能被吸收进后一个成分。我们知道如何点数冰棍棒能被解释为算出初步集合论逻辑后承的能力,蕴含诸如下述这样的特征:

$$桌子上冰棍棒的数学 = 2 \leftrightarrow (\exists x)(y)(x \neq y \wedge (\forall z)(z 是桌子上的冰棒棍 \leftrightarrow (z = x \vee z = y))).$$

我们需要在这里超出纯粹算术,由于纯粹算术不为我们表明如何把冰棒棍与数联系起来。但除了算术理论我们需要为计数实践解释的是一点非算术理论。从理性重构的角度说,通过学习理论体我们学习使用算术项。暂时把应用放到一边,解释纯粹算术语句有确定真值的事实所需要的是有下述两个特征的理论:(i)这个理论,连同数学事实,必须为每个算术语句决定唯一的真值,以如此方式以致可接受算术公理被分类为真,且(ii)理论必定是为人类可学会的。一旦满足这些条件的理论被辨认出来,实在论者仍将面对构建理论事实上是真的艰巨任务。但直到如此理论被辨认出来,实在论真甚至不能可信地声称算术语句有真值。

必定无效的回答如下:当我们学习算术语言,我们学到一阶理论

Γ使得语句被决定为真的当且仅当它是 Γ 的逻辑后承。在后承中间包括所有真算术语句的任意协调理论根据图灵度（Turing degree）必定至少与真算术语句集是一样计算复杂的（computationally complex）。但如此的复杂理论必定是不可学会的。确实,存在好的理由认为可学会的任意理论必定是递归可公理化的,且任意完备的、协调的、递归公理化理论——也就是任意彻底的把语句分类为"根据理论为真"且"根据理论为假"的递归公理化理论——将与罗宾逊的 R 是不协调的。二阶逻辑看上去更有希望。反之在一阶逻辑中人们只量词管辖个体变元,其占据同专名一样的句法位置,在二阶逻辑中也存在二阶变元,其像谓词那样句法地表现。为了全称量词化二阶语句

$$(\forall X) \_\_ X \_\_$$

成为真的,通过为 X 插入目前语言的开语句从下述模式

$$\_\_ X \_\_$$

得到的每个封闭语句为真不是足够的;通过用开语句替代 X 所得到的每个语句的真必定继续在目前语言的任意逻辑可设想扩充中得到赞成。二阶皮亚诺算术由简单一阶公理的短列表组成——像"$(\forall x)$ $(NN(x) \to x+0=x)$"这样的事物——连同一个极其强力的二阶原则,二阶归纳公理:

$$(\forall X)[(X0 \wedge (\forall y)(NN(y) \to (Xy \to X(y+1)))) \to$$
$$(\forall y)(NN(y) \to Xy)]。$$

二阶皮亚诺算术恰恰给我们想要的东西。正是戴德金的一个经典结果是二阶皮亚诺算术是范畴的,以致算术语句是真的恰好假使它是理论的逻辑后承（a logical consequence）且是假的恰好假使它的否定是理论的后承（a consequence）。二阶皮亚诺算术解决决定算术语句如何得到它们真值的难题吗?我们对这个问题的回答取决于对二阶量词化（second-order quantification）的态度。如果我们把二阶量词化理

论认作逻辑的一部分,从形而上学上与一阶量词化理论同等,我们将把二阶皮亚诺算术认作已完全解决把恰当真值附加到算术语句的难题,它已提供简单的、明确呈现的公理集使得算术语句是真的当且仅当它是这些公理的逻辑后承。当然,甚至这个难题已被解决,仍将存在进一步的联结词和量词的意义如何被固定的难题。但这不是与数学哲学有任何关系的难题——纯粹逻辑对科学的剩余部分与对数学是一样的——且它是唯名论者面对的与实在论者面对的一样迫切的问题。除了我们将必须表达的不管我们对数学哲学的态度是什么的一般逻辑关注,关于算术语言的地位不存在特别的担忧。

　　一个可供选择的观点说二阶量词化仅仅是集合上一阶量词化的变相记法,"披着羊皮的集合论",如通过奎因表达的那样。记法上方便的是使用不同种类的变元管辖不同种类的事物,但我们能达到相同效果通过利用一阶变元,使用谓词"$I(x)$","$S(x)$",'$BR(x)$',如此等等,以明确地表明范畴且恰当地限制量词。代替"xyz",我们将记为"$\langle y, z\rangle \in x$"。从这个可选择的观点出发,二阶可公理化性完成的是把数论还原到集合论。不幸的是,它以使在相同方向更多进展受挫的方式如此做下去。我们曾把数论还原到集合论,但我们将如何公理化集合论?我们不能对集合论做曾对数论做的事情,也就是,给出二阶公理的范畴性系统。当我们正在从事集合论研究,在其上一阶变元管辖的变元包括所有的集合。如果我们理解二阶量词化以如此方式使得二阶变元也管辖集合,我们将有

$$(\forall X)(\exists y)(\forall z)(Xz \leftrightarrow z \in y)。$$

作为逻辑定律,由于我们也有下述

$$(\exists X)(\forall z)(Xz \leftrightarrow z \notin z),$$

我们深受罗素悖论之苦。因此,如果我们把二阶变元认作管辖集合,那么当我们正在发展集合理论,二阶量词化将不是可用的。通过把二阶变元认作管辖类我们能发展二阶集合论,但这个无效策略快速变为

66

明显的当我们尝试公理化类理论(the theory of classes)。人们已频繁讨论过二阶量词化的本体论地位,而且我们不期望这个争议将来在任何时候被解决。就二阶算术而言,结果几乎不要紧,由于根据温和的集合存在性假设,范畴性论证进展顺利不管二阶量词以哪种方式被理解。这种情形对几何来说是相似的;维布伦二阶可公理化的范畴性证明在两个概念上进展顺利。然而,情况对集合论是完全不同的,由于根据穿着羊皮集合论的描述,二阶量词化对集合论者不是可用的。幸运地,二阶量词化的本体论地位不是我们需要在这里解决的问题。如同我们将在下节看到的那样,二阶公理的简单系统足以规定集合论宇宙的结构,但我们能以更温和的逻辑机制完成同样的目标。我们需要的构造是更简单的和更直接的当假定二阶逻辑,但人们能没有它而取得进展。我们提议首先讲较简单的故事,然后看看我们如何能以较少逻辑资源完成相同目的。

4. 根据无限制一阶和二阶量词公理化集合论

关于集合论的实在论者的任何人同意说存在在其内部二阶量词化是可用的语境,也就是,在其论域是集合的语境;在如此语境内部,大写变元能被理解为关于论域子集的个体变元。对目前的持续性而言,我们宁愿做出并非每个实在论者将允许的假设:二阶量词化是可用的即使当我们的定域是大于任意集合。确实,我们想假设二阶量词化甚至在高声喧嚷的本体论探究语境中是开放使用的,在其我们的论域包括存在的每个事物。如此的用法将有意义当我们有近似于弗雷格的视角,对他来说二阶量词是处于从一阶量词区分出来的完全不同的工作路线,反之这个用法不能协调地被维持当我们把大写变元认作管辖受限定域(a restricted domain)的个体变元。非受限(unrestricted)二阶量词化的假设是临时的。我们将在后面对它放手。我们不能放弃的假设是非受限一阶量词化是可用的,也就是,以此方式使用一阶变元使得它们管辖每个绝对事物(absolutely everything)是可能的。当然,以此方式使用变元使得它们的范围是受限的是老生常谈的。当我们说,"吃她的西蓝花的每个人将得到冰淇淋",我们不承诺回报论域中每个吃西蓝花的人,只是在我们的直系亲属中的那些。如此受限的量词化对大多数实践的且许多理论的目标而言是我们需要的全部东西。但对某些目标,尤其哲学的目标,人们想以完全一般的探究能够参与进去。人们想知道实在性的终极成分是什么,或者人们想表述无任何例外而成立的定律。对如此目标而言,需要的是真正的全称量词化。

当真正的非受限量词化可能是不寻常的,难以否认它是可能的。确实相反的立场——对任意讨论而言存在超出论域的事物——是不能被连贯地得到维护的立场。考虑我们现在有资格进行的讨论。人们不能连贯地做出存在超出论域的事物的声称,因为对这个声称真性的任意见证必然会超出它自己的论域。当然,论题不能被连贯得到维护的事实不严格蕴含这个论题是假的。虽然如此,我们不能连贯地坚持理论的事实无疑足够理性从而不尝试包含它。为理解在特殊语境中人们使用的量词是否且如何是受限制的是深刻的、困难的且令人困惑的问题,而不是我们将在这里参与的问题。这里我们将理所当然地认为在哲学探究的语境内部,非受限一阶量词化是可用的。目前假设非受限一阶和二阶量词化,我们要研究的是如何公理化集合论。我们的基础集合论将是 **ZFCU**,包括选择公理的带有本元的策梅洛—弗兰克尔集合论。本元是非集合(non-sets),用其构造集合的构件。因此,如果本元包括人类,将存在人类集,人类的集合集,如此等等。集合论者常常把他们注意力限制到纯粹集合,以空集开始构造起来的集合,没有任何的本元。但我们需要本元当我们想谈论应用。如果我们想点数冰棒棍,我们需要形成冰棒棍的集合,且如果我们想测量木材块,我们需要形成函数——有序对集——把物理对象映射到实数。存在 **ZFCU** 的二阶版本与一阶 **ZFCU** 有着如二阶皮亚诺算术与一阶皮亚诺算术相同的关系。这是通过用它的下述二阶全称闭包取代替换公理

模式从一阶 **ZFCU** 而得到的理论：

$$（\forall F）\big[（\forall x）（\forall y）（\forall z）((Fxy \wedge Fxz) \rightarrow y = z) \rightarrow （\forall x）$$
$$（\text{S}et（x）\rightarrow（\exists y）（\text{S}et（y）\wedge（\forall z）（z \in y \leftrightarrow（\exists w）（w \in x \wedge$$
$$Fwz))))\big]。$$

我们想谈论二阶 **ZFCU** 的后承。如果我们使用塔斯基的"逻辑后承"定义，那么我们将把集合论语言的模型当作有序三元组$\langle U, S, E\rangle$，这里的 U 是论域，S 和 E 是"集合"和"$\in$"的可能外延，且我们说语句 ϕ 是 Γ 的逻辑后承当且仅当满足 Γ 的每个模型也满足 ϕ。使用高阶逻辑的塔斯基"模型"和"逻辑后承"定义，区别于目前的标准用法，其把"模型"对待为特定种类的有结果集合且其在一阶集合理论内部发展模型理论。关键的区分是塔斯基的用法允许大于任意集合的模型；确实它允许吸收整个论域的模型。给定我们的全局关注，较旧的用法对我们的目的而言是更可取的。

　　不幸的是，在模型中对二阶语句成为真是什么的自然定义把我们带离二阶逻辑。不想把我们的逻辑奢化带到如此高度，我们必须迂回进行。这里 ϕ^U 是通过把所有量词限制到"U"从 ϕ 得到的语句，我们能把塔斯基的定义重述如下：$\phi = \phi(\text{S}et, \in)$ 是 $\gamma_1, \cdots, \gamma_n$ 的逻辑后承当且仅当语句$（\forall U）((\exists x)Ux \rightarrow（\forall S）（\forall E）((\gamma_1^U(S, E) \wedge \cdots \wedge \gamma_n^U(S, E)) \rightarrow \phi^U(S, E)))$是真的。即使难以形而上学地支持，塔斯基谈论二阶集合论模型的方式是非常方便的，所以我将沉浸于其中。但应该把正式的翻译（the official translation）牢记心中。二阶 **ZFCU** 不是范畴的，且不同的语句在 **ZFCU** 的不同模型中是真的；所以我们这里不运行处理算术时使用的相同技巧，宣称集合论语句为真当且仅当它是二阶 **ZFCU** 的后承。

　　更确切地说，情形如下：假设二阶 **ZFCU** 与"存在不可数强不可达基数"是协调的，它与"不存在不可达基数"也是协调的。在愿意以一种方式或另一种方式表达观点的集合论者中间,多数把"存在不可达基数"认作真的,且如果这个信念是正确的,甚或恰好与已接受二阶公理是协调的,那么二阶 ZFCU 不足以决定语句"存在不可达基数"的真值。如果与"存在不可达基数"协调的二阶 ZFCU 不是范畴的通常证明在于取二阶 ZFCU 的模型在其存在不可达数且限制它的量词化定域,在新模型中仅仅包括基数小于最小不可达数的集合,如同在最初模型中所测量的那样。通过把某些至今被认作大集合(large sets)的实体处理为本元我们能达到相同效果而不用限制定域。因此,新模型将把最初模型被认作基数小于最小不可达数的集合的这些对象认作集合,且新模型将把 x 认作 y 的元素且它把 y 认作基数小于最小不可达的集合。因此,非范畴性(non-categoricity)不依赖限制量词化定域;所以我们不能仅仅通过坚持量词管辖每个事物得到范畴性。

为固定集合论语言的真值,我们需要新公理。我们想要提议的新公理自然地起因于我们的在累积层次中建成的集合概念。我们把纯粹集合论宇宙认作在超限的阶段序列中建成的,以空集开始。公理保证的是,在每个阶段,我们到目前为止得到的事物将构成一个集合。作为出发点,我们取没有元素的集合;空集公理确保我们存在如此的集合。在第 $\alpha+1$ 层,我们取在第 α 层形成的集合集的所有子集;幂集公理为我们确保这些将构成一个集合。在极限情况下,我们把到目前为止生产的集合聚合;替换和并集公理保证这些构成一个集合。因此,我们有超限集合序列:

$$V_0 = \varnothing,$$
$$V_{\alpha+1} = \wp(V_\alpha),$$
$$V_\lambda = \bigcup_{\alpha < \lambda} V_\alpha, \text{对极限 } \lambda.$$

某物是纯粹集恰好假使它出现在 V_α 中的一个。当我们承认非纯粹集,我们允许本元作为出发点,以致我们得到的集合将是本元的集合,包含本元和本元集合的集合,由本元和包含本元与本元集的集合组成的集合,如此等等。如果这个层级的基础结构是被维持的,我们仍想让集合被排列在超限层级中,且我们仍想确保在每个阶段,我们到目前为止已构造的事物构成一个集合。为完成这个,我们需要一个公理确保本元构成一个集合;因此:

本元集合公理:$(\exists x)(Set(x) \wedge (\forall y)(\neg Set(y) \rightarrow y \in x))$。

这个公理为我们确保存在集合序列$\langle U_\alpha : \alpha$ 是序数$\rangle$:

$U_0 = $本元集,
$U_{\alpha+1} = U_0 \cup \wp(U_\alpha)$,
$U_\lambda = \bigcup_{\alpha < \lambda} U_\alpha$,对极限 λ。

对每个集合 x,存在 α 使得 x 是每个 U_β 的元素有 $\beta \geqslant \alpha$。我们需要本元集合公理以确保存在诸如 U_0 这样的集合。一旦我们有 U_0,**ZFCU** 的公理将保证其他 U_α 的存在性,对 U_α 就像对 V_α 一样。没有新公理,我们应该没有理由假设 U_0 存在,所以没有理由假设 U_α 的任意一个存在。整个构造从未取得进展。至关重要的是这里的一阶变元被理解为管辖存在的每个事物(everything there is)。如果允许在某种程度上限制变元,公理将不告诉我们任何东西。对什么存在的完全一般研究的本体论是格外有抱负的事业。如果它取得成功,它将辨认出论域的最终成分,所以它将能够使我们决定对问题的数值回答,即存在多少个本元? 例如,如果最终的构件是基本粒子,那么它们的数目将几乎是或者有限的或者可数无穷。另一方面,如果本元是时空区域的分体和(mereological sums),它们中将存在 $2^{(2^{\aleph_0})}$ 个。倘若没有综合的本体论理论,什么激发本元集合公理不是本元是几乎没有的假设,而是纯粹集是许多的论题。在纯粹集合中间发现的如此丰富且多样的结构使得，不管本元结果是什么，它们结构的同构复本能在纯粹集合内部被发现。

我们能表达与关于超限数论题相同的观念：虽然我们尚未有关于本元是什么的假设，我们能确信的是超限算术的机制是足够强大到能够把一个基数指派到它们上面。存在激发本元集合公理的两种方式，一种从下到上，如同集合论宇宙如何被建成的图像，另一种从上到下。在其我们在第一个不可达数处削去论域构造的模型，或者通过把以前的大集合处理为本元或者通过从集合论论域中把它们排除出去，是无预期的模型，因为集合论的预期模型是在其纯粹集论域是尽可能大的一些。用依然更大的纯粹集宇宙从集合论的预期模型到其他任意模型继续下去不是可能的。本元集合公理确保这个，由于它连同二阶 **ZFCU** 的公理，蕴涵下述：

> 完备性原则：纯粹集合不是同构于二阶 **ZFCU** 任意其他模型"纯粹集"的真初始段。

这个原则类似于希尔伯特几何的完备性公理，其说的是点、线和面的给定系统不能被嵌入满足其他公理的任意严格更大系统。以二阶 **ZFCU** 为模，完备性原则是等价于下述的：

> 极大性原则：取二阶 **ZFCU** 的任意模型 $\langle U, S, E \rangle$。通过这个模型被处理为纯粹集合的对象能被同构地嵌入纯粹集合中。也就是，存在 1—1 函数 I 以从满足模型 $\langle U, S, E \rangle$ 中开语句"x 是纯粹集"的 U 的元素到纯粹集合的方式使得，对定域中的 x 和 y，Exy 当且仅当 $I(x) \in I(y)$。

因此，纯粹集构成没有本元的二阶 **ZFC** 模型范畴的全称元素。极大性原则恰好给我们所需要的东西，因为我们有下述：

引理：有相同论域的二阶 **ZFCU**＋极大性原则的任意两个模型有同构纯粹集。尤其，在其一阶变元管辖每个事物的二阶 **ZFCU**＋极大性原则的任意两个模型有同构纯粹集。

把结果放在一起，我们有下述：

范畴性定理：有相同论域的二阶 **ZFCU**＋本元集合公理的任意两个模型有同构纯粹集。尤其，在其一阶变元管辖每个事物的二阶 **ZFCU**＋本元集合公理的任意两个模型有同构纯粹集。

让我们来看本元集合公理如何克服二阶 **ZFCU** 范畴性的先前反例。在这个例子中，我们以在其 κ 是最小不可达的模型开始，且通过把基数为 κ 或者更大的所有集合对待为本元，从而把它转换为在其不存在不可达基数的模型。新模型的每个集合是在旧模型中基数小于 κ 的集合。新模型的本元在旧模型中不形成基数小于 κ 的集合，所以新模型的本元在新模型中不构成一个集合；因此，在新模型中本元集合公理无效。把本元集合公理加入到二阶 **ZFCU** 给实在论者恰恰他想要的东西：唯一直到同构完全规定纯粹集宇宙结构的单纯的、简洁的公理集。情形是不同于不纯集只因为我们的公理关于存在多少本元不曾说出任何事物。所以能存在语句"集合"和"$\in$"的两个不同的解释，两者的分歧在于一个人认为存在许多个本元，而另一个人认为几乎没有。如果我们能够增加规定本元什么的公理，纯粹集的范畴性会持续到所有的集合。

我们正在发展的理论是集合理论，与类理论截然相反。遵从惯例，我们时不时地谈论"类"或者"收集"——例如，当我们曾谈论 **ZFCU** 的"预期模型"——不用预期如此的谈论被从字面上理解。我们对类的谈论仅仅是形象的，二阶逻辑披着狼皮。有某些人更喜欢字面上理解他们的类。这里看似不存在任何重要的问题，不管是哲学上的或者是数学上的,尽管我们不能同时从两个方面拥有它。如果我们希望给出类的范畴理论,那么我们把本元集合公理加入通常公理而断言存在所有非类(non-classes)的集合。为范畴性我们需要的关键假定是下述概括公理:

$$(\forall X)(\exists y)(Class(y) \wedge (\forall z)(z \in y \leftrightarrow$$
$$((Set(z) \wedge \neg Class(z)) \wedge Xz)))。$$

这里我将继续字面地对待集合且形象地对待类,尽管我们关于集合理论说的大多数东西能被吸收进类理论。

5. 模式的力量

如果我们对二阶量词化的形而上学完整性完全自信,我们的故事现在会是完成的。把本元集合公理加入到二阶 **ZFCU** 足以为集合论语言的每个语句规定唯一确定的真值,且这转而足以固定经典数学所有陈述的真值。然而,由于二阶量词化仍受到怀疑,我们宁愿看到用较少过度的逻辑手段达到相同的目的,不用超出一阶谓词演算的逻辑资源规定真语句集。复杂性考虑说服我们不存在任意的一阶理论 Γ,关于其我们能声称通过学习 Γ 我们学到了语言。反之我们提议的是:当我们学习数学词汇时我们学到的不是固定的一阶公理集,宁可是一阶公理和公理模式的固定集。一阶皮亚诺算术由归纳公理模式构成,其是通过删除初始全称量词从二阶归纳公理得到的开语句,连同短列表的初步算术事实。通过用自由二阶变元替代开语句,避免约束变元冲突,然后加全称一阶量词前缀,从归纳公理模式能得到的任意封闭语句是一个归纳公理。

皮亚诺公理的演绎力取决于开语句被允许替代的语句表达丰富度。在很多时候,语言被当作一阶算术语言,但我们通过转到更丰富语言得到更强版本的皮亚诺算术。例如,只允许来自算术语言的替代物的 **PA** 版本内部,我们不能证明哥德尔语句"这个语句在只允许来自算术语言的替代物的 **PA** 版本中不是可证明的"。然而，我们能证明哥德尔语句，如果我们首先通过由塔斯基风格归纳定义引入的通过增加算术语言真性谓词而扩大这个语言，然后我们允许这个真性谓词出现在归纳公理内部。相似地，帕里斯和哈灵顿的有限拉姆塞定理的变体在只允许来自算术语言的替代物的 **PA** 版本内部不是可证明的，但在允许替代物包含算术语言真性谓词的 **PA** 版本中是可证明的。

理性地重构，当我们学习算术语言我们学会的是皮亚诺算术，如此理解以致我们能以我们喜欢的任意开语句替代归纳公理。我们能替代日常语言的任意开语句。此外，如果我们通过毗邻额外词汇扩充当今的日常语言，我们期望能够在已扩充语言的任意开语句中替代。日常语言规则无疑允许额外词汇的添加；确实，我们把新单项添加到这个语言每当我们施洗婴儿或者从兽栏把新幼犬带回家，且我们增加新的通用项每当我们设计一个新理论，发现一个新物种，或者引入一条新的生产线。我们对算术语言的理解如此以致我们期望归纳公理模式，像逻辑定律那样，将在所有如此的变化中保持不变。不存在单个的一阶公理集全部表达关于算术记法的意义我们学习到什么当我们学习归纳公理模式，由于我们经常能够通过扩张语言生成新的归纳公理。

关于什么个体收集是日常语言开语句的外延所知甚少，关于什么收集在我们心理学地能够理解日常语言外延内部是可命名的所知更少。幸运地，这些不是我们需要在这里回答的问题。我们想在这里做的是要理解语言规则的效应，它确保"自然数存在"作为前件且归纳公理作为后件的所有条件句的真性。许可断言如此条件句是由我们的语言规则给予我们的，且如果存在这个许可上的任意限制，它们必须在规则中被陈述。关于事实上我们能够命名什么收集的心理学和社会学约束是无关紧要的；要紧的是语言规则。由当今日常语言规则允许的在当今日常语言任意外延内部条件句是真的。为了说我们的语言规则允许命名的什么个体和个体类是容易的：我们被允许命名任何东西。对任意个体收集 K 存在逻辑上的可能世界——尽管也许不是神学上的可能世界——在其我们使用日常语言的实践恰好是在现实世界中它们是什么且在其 K 是开语句"x 是受上帝保佑的"的外延。所以我们的语言规则允许语言包含外延为 K 的开语句。此外,规则确保真语句是被包含的当如此的开语句被替代到归纳公理模式,所以它们确保,如果 K 包含任意自然数,那么它包含最小自然数。这对不管什么的任意收集 K 成立,不管是否我们能够心理学地从非—K 中区分出 K。

我们能反事实地描述归纳公理模式的强度:对任意类 K,如果存在用 K 作为外延的开语句,我们会正确的接受通过把开语句替代到归纳公理模式而得到的公理。如果有人回应把新理论项引入他的词汇通过提问,"我怀疑数学归纳是否仍对包含新项的开语句成立?"我们会说他没真正理解我们使用算术词汇的方式,因为他未曾真正捕获归纳公理模式的全应用范围。公理模式成功的地方是一阶公理失败的地方,规定算术项的指称,唯一地直到同构。包括后继函数是 1—1 且零不是后继的这些论题的任意协调性一阶理论无疑有非同构模型;这是从紧致性定理推出来的。能把非标准模型看作有缺陷的因为在开放式归纳公理模式它们的内部的失效。如果我们通过在非标准模型的所有且唯一的标准元素中引入为真的谓词而扩充语言,我们能给出无效的归纳公理。如果我们有二阶逻辑,那么我们能解释一阶模式的效能,因为我们看到允许模式 $\theta(X)$ 的无限制实例化的规则接受度相当于模式全称闭包 $(\forall X)\theta(X)$ 的接受度。允许模式无限制实例化的规则的优势在于它甚至对关于二阶量词化易生气的人是可用的。

人们担心二阶量词化在本体论承诺中缠住我们。对规则不存在这样的担忧。允许我们断言语句 ϕ 的规则采用只向我们承诺 ϕ 的本体论承诺,不管它们是什么。所以允许归纳公理断言的规则采用只向我们承诺归纳公理的本体论承诺,且归纳公理只承诺数。人们也担心使用二阶逻辑超出有限精神的能力,为了逻辑的惊人复杂度的缘故。

对规则不存在如此担忧。规则——"你可以断言从归纳公理模式得到的任意一阶语句,通过用开语句替代模式字母,然后加全称量词前缀"——是简约性自身。模式是容易学习的,且它们是形而上学温和的,然而它们足够强大能够描绘自然数系统。为什么解释它们惊人敬畏的力量?能用三个标语总结这个回答:"开放性是力量","不确定性是力量"且"无知是力量"。

开放性是力量。我们承诺不仅接受在日常语言内部表述的归纳公理而且接受任意逻辑可允许日常语言外延内部表述的归纳公理,且日常语言规则允许它的谓词命名不管什么的任意事物。不确定性是力量。算术语言的任意两个同构的、抽象的模型对我们用算术项指什么是同等好的候选者。给定两个如此的模型,不存在我们做的、说的或者认为的任何事物决定它们的一个好于另一个。令 $\mathfrak{U}$ 是算术语言的非标准模型。很可能出现的情形是不存在任意的人类语言,在其存在对 $\mathfrak{U}$ 的所有且仅有的非标准数为真的开语句。然而,存在 $\mathfrak{U}$ 的同构复本 $\mathfrak{B}$ 使得 $\mathfrak{B}$ 的非标准元素碰巧成为 $|\mathfrak{B}|$ 的元素,满足集合论开语句"x 是序数集"。$\mathfrak{B}$ 是 **PA** 的非预期模型,如同我们通过观察下述能看到的那样,即通过为模式字母插入"x 不是序数集"我们得到的归纳公理在 $\mathfrak{B}$ 中是假的。所以,$\mathfrak{U}$ 也是非预期的。无知是力量。即使我们绝对没有哪些抽象实体被上帝祝福的观念,但是如果我们正确地断言把"x 受上帝祝福"替代到归纳公理模式的结果,那么这只是因为我们自信不管什么的每个非空数收集都有一个最小元素。

关于集合论的故事平行于对数论的描述。语词"集合"和"$\in$"是由模式 **ZFCU** 被隐定义的,唯一直到同构,连同本元集合公理。实质的是替换公理模式的开放性。如果我们不再有二阶逻辑,那么我们不能通过引用范畴性定理解释替换公理模式的功效。取而代之的是定理模式,它将表明,每当我们有"集合"和"$\in$"用结构上不同的纯粹集指向什么的两个候选者,我们将能够在一阶语言内部构造一个或者另一个候选无法满足的替换公理。令"Set_1"和"$\in_1$"以及"Set_2"和"$\in_2$"

指我们的两个选定的候选人，且令 $\mathcal{L}$ 是谓词为"Set_1"、"$\in_1$"、"Set_2"、"$\in_2$"和"$=$"的语言。那么在 $\mathcal{L}$ 内部我们能构造公式 χ_1，χ_2 和 $\iota(x, y)$ 对其我们能证明下述三个陈述形式版本的析取：

> χ_1 是 $\langle Set_1, \in_1 \rangle$ 无法满足的替换公理。
>
> χ_2 是 $\langle Set_2, \in_2 \rangle$ 无法满足的替换公理。
>
> $\iota(x, y)$ 定义 $\langle Set_1, \in_1 \rangle$ 的"纯粹集"和 $\langle Set_2, \in_2 \rangle$ 的"纯粹集"间的同构。

因此，如果两个模型的"纯粹集"是结构上不同的，那么或者 χ_1 证明 $\langle Set_1, \in_1 \rangle$ 是非预期模型的事实或者 χ_2 见证 $\langle Set_2, \in_2 \rangle$ 是非预期模型的事实；一般而言我们没有办法辨别获得哪个选项。范畴性定理的这个模式版本恰恰给实在论者他想要的：符号表示系统是简单方便使用的，然而足够强大到把确定真值附加到每个数学语句。通过表明对拥有有限概念资源人类的我们来说如何有可能以此方式理解且使用数学语言使得每个数学语句有确定的真值，实在论者曾提出连贯的学说。它也是可信的学说吗？为了使他的观点可信，实在论者必须反对许多异议以为它们辩护，一些是无理由可疑的且另一些是更紧密聚焦的。这里我们把形成数学哲学传统核心的本体论和认识论问题搁置一边。这里我们认为无批判实在论的本体论立足点理所当然，据其数学事实恰好是我们常常被教育的那样，且我们已研究这些数学事实，连同言语者的思想和实践如何为每个数学语句固定确定真值的语义学问题。我们已把紧迫的认识论问题放置一旁，即我们如何认识我们的数学信念是真的？且把我们的注意力集中在它前面出现的信念问题：不用担心证明，甚至我们如何能够有数学信念，由于数学语言必须在它能表达信念前就被解释？回答这些问题是必然的当人们将要对实在论做出令人满意的辩护，但回答它们绝不构成对实在论的充分辩护。相反的是，在回答完这些语义的和信念的问题之后，数学哲学的核心问题仍将摆在我们面前。

6. 附录

在证明范畴性定理的过程中,关于二阶 **ZFCU** 我们将使用的主要文本事实如下:二阶 **ZFCU** 的任意模型是良基的。**ZFC** 的集合—尺寸模型——也就是,**ZFCU** 的集合—尺寸模型的"纯粹集"——是同构于模型$\langle V_\kappa, \in \cap (V_\kappa \times V_\kappa) \rangle$,这里 κ 是不可达基数。有相同基数的 **ZFC** 的任意两个集合—尺寸模型是同构的。我们以下述开始:

引理:二阶 **ZFCU**+本元集合公理蕴涵存在从整个论域到纯粹集的 1—1 映射。

这个引理对范畴性定理的证明是极为重要的。二阶 **ZFCU** 的公理不决定纯粹集宇宙的基数,但是,如果我们知道它的基数,那么公理将决定它的结构,唯一地直到同构。引理告诉我们,当我们把本元集合论加到二阶 **ZFCU**,我们确实决定纯粹集合类的基数;它是整个论域的基数。

证明:我们在二阶 **ZFCU**+本元集合公理中工作。本元形成一个集合,且每个集合都能被良序化;因此存在从本元集到某个序数的 1—1 映射 g。追随冯诺依曼,我们把序数等同于它的前趋集。通过秩上的归纳定义我们想要的映射 H:

$H(x) = \langle g(x), 0 \rangle$,对本元 x。
$H(x) = \langle \{H(y) : y \in x\}, 1 \rangle$,对集合 x。

引理:二阶 **ZFCU**+本元集合公理蕴涵完备性原则。

证明:我们在二阶 **ZFCU**+本元集合公理中工作。使用归谬法,假设完备性原则是假的,也就是,存在二阶 **ZFCU** 的模型⟨U, S, E⟩使得存在从纯粹集到模型"纯粹集"真初始段的同构 I。从模型的观点看,I 下纯粹集的像是 **ZFC** 的集合—尺寸模型。因此,存在 U 的元素 κ 在模型中满足"y 是不可达基数"使得对 U 的任意元素 a , a 在 I 下是某个纯粹集的像当且仅当⟨a , κ⟩在模型中满足"x 是 V_y 的元素"。

令 J 是下述包括映射:对 $a \in U$,
J(a)=a,当⟨a , κ⟩满足"x 是℘(V_y)的元素";
J(a)是未定义的,否则。

令 H 是在前述引理中从整个论域到纯粹集的 1—1 映射。I∘H∘J 是从模型中满足"x 是 V_κ 的子集"的事物到满足"x 是 V_κ 的元素"的事物的 1—1 映射。但根据康托尔定理这是不可能的。

引理:给定二阶 **ZFCU**,完备性原则是等价于极大性原则的。

证明:我们将证明从左到右的方向,由于这是范畴性定理所需要的仅有的方向。我们在二阶 **ZFCU** 中。令⟨U, S, E⟩是二阶 **ZFCU** 的模型。令 ℭ 由带有下述性质的所有集合—尺寸函数 f 组成:

f 是定义域为模型"纯粹集"初始段且值域为纯粹集初始段的函数。
对 f 定义域中的任意 x 和 y,我们有 Exy 当且仅当 $f(x) \in f(y)$。

那么容易核实的是 ℭ 的并集是从模型"纯粹集"的初始段到纯粹集初始段的同构。此外,或者∪ℭ 的定域包含模型的所有"纯粹集"或者值域包含所有的纯粹集。如果定域包含模型的所有"纯粹集",那么我们完成任务。所以假设定域不包含模型的所有"纯粹集"。那么∪ℭ 的逆运算是从纯粹集到模型"纯粹集"真初始段的同构,与完备性定理相反。

引理:有相同论域的二阶 **ZFCU**＋极大性原则的任意两个模型有同构的纯粹集。

证明:让我们说模型是$\langle U,S_1,E_1 \rangle$和$\langle U,S_2,E_2 \rangle$。因为$\langle U,S_1,E_1 \rangle$满足极大性原则,论域为 U 的子类的二阶 **ZFCU** 的任意模型的"纯粹集"能被同构嵌入到$\langle U,S_1,E_1 \rangle$的"纯粹集"。尤其,存在把$\langle U,S_2,E_2 \rangle$"纯粹集"同构嵌入到$\langle U,S_1,E_1 \rangle$"纯粹集"的函数。通过用值域的莫斯托夫斯基坍塌组成这个函数,我们得到从$\langle U,S_2,E_2 \rangle$的"纯粹集"映射到$\langle U,S_1,E_1 \rangle$"纯粹集"初始段的同构 I。相似地,存在从$\langle U,S_1,E_1 \rangle$的"纯粹集"映射到$\langle U,S_2,E_2 \rangle$"纯粹集"初始段的同构 J。$E_2$—归纳表明复合映射 J∘I 是$\langle U,S_2,E_2 \rangle$"纯粹集"上的恒等映射。它表明$\langle U,S_2,E_2 \rangle$的所有"纯粹集"处在 J 的值域中。

把这些引理放在一起,我们得到范畴性定理。范畴性定理对关于非受限二阶量词化有疑虑的人将不提供再保证,由于如果二阶量词化在对象语言中不是可用的,也在元语言中也不是可用的。对逻辑上审慎的人来说,需要的东西是范畴性定理的模式版本,它与定理有着如同 **ZFCU** 的开放性模式版本和二阶 **ZFCU** 一样的关系。定理的模式版本将确保我们的公理和公理模式在唯一规定纯粹集的结构上取得成功。出于记法上的简易,让我们把注意力限制到范畴性定理的特别情况,在其两个模型的定域包含所有事物,使得我们能把 **ZFCU** 的模型谈论为有序对$\langle S,E \rangle$,由"集合"外延的候选和"∈"外延的候选构成。这不招致一般性的任何严重的损失,由于一般性能由引入限制定域的参数而得以恢复。让我们把二阶替换公理缩写为$(\forall X)$替换$(Set,\in,X)$,且让我们把不同于替换公理的 **ZFCU** 公理合取缩写为$\zeta(Set,\in)$。我们想给出下述定理的模式版本:

$(\forall S_1)(\forall E_1)(\forall S_2)(\forall E_2)[[(\zeta(S_1,E_1) \wedge$ 本元集合公理 $(S_1,E_1) \wedge (\forall X)$ 替换 $(S_1,E_1,X)) \wedge (\zeta(S_2,E_2) \wedge$ 本元集合公理 $(S_2,E_2) \wedge (\forall X)$ 替换 $(S_2,E_2,X))] \rightarrow (\exists I)(I$ 是从 $\langle S_1,E_1 \rangle$ 的"纯粹集"到 $\langle S_2,E_2 \rangle$ 的"纯粹集"上的同构)]。

在前束范式中,这是 Π_2^1 语句。我们的计划是发现直接蕴涵这个 Π_2^1 语句的 Π_1^1 语句,然后取从 Π_1^1 语句得到的模式,通过删除全称二阶量词成为我们的范畴性模式版本。给出同构 I 的显定义是可能的。情况如此,即使被定义函数事实上是同构的证明需要选择公理,其被用来表明能把本元放到与序数的 1—1 对应中。首先,我们给出在良基关系 E_1 上的归纳定义,规定每当 y 是 (S_1,E_1) 的"纯粹集"的一个,对任意 x 我们有:

$$E_2 x I(y) \text{当且仅当} (\exists z)z \in y \wedge x = I(z)).$$

我们能应用标准技术把归纳转换为显定义以得到 I 的显定义,我们把它缩写为"ι",以致 $\iota(x,y,S_1,E_1,S_2,E_2)$ 说的是 $I(x)=y$。现在写下在范畴性定理证明中替换公理模式的所有实例。由于替换公理模式的实例能被强化,我们能发现单个公式 $\theta(x,y,S_1,E_1,S_2,E_2)$ 使得下述 Π_1^1 语句的形式化版本是二阶逻辑的定理:

$(\forall S_1)(\forall E_1)(\forall S_2)(\forall E_2)[[(\zeta(S_1,E_1) \wedge$ 本元集合公理 $(S_1,E_1) \wedge (\forall X)$ 替换 $(S_1,E_1,\theta(x,y,S_1,E_1,S_2,E_2))) \wedge (\zeta(S_2,E_2) \wedge$ 本元集合公理 $(S_2,E_2) \wedge (\forall X)$ 替换 $(x,y,S_2,E_2,\theta(S_1,E_1,S_2,E_2))] \rightarrow \iota(x,y,S_1,E_1,S_2,E_2)$ 是从 $\langle S_1,E_1 \rangle$ 的"纯粹集"到 $\langle S_2,E_2 \rangle$ 的"纯粹集"上的同构)]。

我们的范畴性定理模式版本将是通过删除初始量词从这个 Π_1^1 语句中获得的模式。它是一阶谓词演算的定理模式。我们曾用来从定理证明抽取出范畴性定理模式版本的相同技术也能被用来获得中间引理的模式版本，涉及我们在证明范畴性定理的过程中的完备性和极大性原则。本元集合公理的一个动机是 U_α 应该在非纯集合论中起作用的观念，类似于在纯粹集合论中 V_α 所起的作用。我们现在提及的一个结果指明它多么成功。它一般化到蒙塔古（Richard Montague）和利维（Azriel Levy）反射原则的非纯粹集。令 $\mathcal{L}$ 是已解释的包括谓词"$\in$"和"Set"的一阶语言，令 $\phi(x_1, \cdots, x_n)$ 是 $\mathcal{L}$ 的公式，且令 $\phi(x_1, \cdots, x_n)^{U_\beta}$ 是通过把所有量词相对化到 U_β 从 $\phi(x_1, \cdots, x_n)$ 得到的公式。下述语句是 **ZFCU** ＋本元集合公理的定理，允许 $\mathcal{L}$ 的任意公式被替代进替换公理模式：

$$(\forall 序数\ \alpha)(\exists 序数\ \beta > \alpha)(\forall x_1 \in U_\beta)\cdots(\forall x_n \in U_\beta)(\phi(x_1, \cdots, x_n)^{U_\beta} \leftrightarrow \phi(x_1, \cdots, x_n))。$$

在 **ZFC** 中构建相应结果的蒙塔古和利维的证明，安然无恙地继续下去。没有本元集合公理，这个原则不会立即来临。

第五节　二阶策梅洛集合论变体模型

本节我们主要关注二阶策梅洛集合论的各种变体。V_ω 是除了无穷公理的策梅洛—弗兰克尔集合论的所有公理的模型。如果 κ 是强不可达序数，那么 V_κ 是策梅洛—弗兰克尔集合论所有公理的模型。然而对强不可达序数 κ 而言策梅洛—弗兰克尔集合论不描绘结构 $\langle V_\kappa, \in \cap (V_\kappa \times V_\kappa)\rangle$。通过把二阶逻辑引入集合论，策梅洛表明在形式为 $\langle V_\kappa, \in \cap (V_\kappa \times V_\kappa)\rangle$ 的模型中二阶策梅洛—弗兰克尔集合论是可满足的。我们来考虑无穷公理。我们能看到各种无穷公理版本的相对强度而且表明有些版本不能推断所有遗传有限集的集合。我们有四条无穷公理：Inf_Z、Inf、$InfDed$ 和 $InfNew$。与之相关的是四个二阶理论:$\mathbf{Z}^- + Inf_Z$、$\mathbf{Z}$、$\mathbf{Z}^- + Inf\,Ded$ 和 $\mathbf{Z}^- + Inf\,New$。我们会证明它们间的相对强度。在四个二阶理论中我们最感兴趣的是 $\mathbf{Z}^- + Inf\,New$。令人惊讶的是存在二阶策梅洛集合论版本的非良基模型。而且正则性公理无法阻止各种策梅洛集合论版本非良基模型的存在性。我们还可以考虑理论间的可解释性。$\mathbf{Z}^- + Inf_Z$、$\mathbf{Z}^- + Inf\,Ded$ 和 $\mathbf{Z}^- + Inf\,New$ 这三个理论实际上是等解释的。有了理论间的解释关系,我们可以进而考虑协调性问题和形式化数学实践的问题。在没有替换公理的情况下,那么到底如何描述累积分层呢? 这里的一个方法是使用正则性公理的变体。当然,这样做并没有使用替换公理那般自然。我们可以比较这两种描绘阶段累积分层的策略。

1. 策梅洛把二阶逻辑引入集合论

策梅洛(1930)把集合论公理的一连串模型(a succession of models)描述成层次为 $\bigcup_\alpha V_\alpha$ 的累积层级的初始段(initial segments of a cumulative hierarchy)。V_α 的递归定义是:

$$V_0 = \varnothing;$$
$$V_{\alpha+1} = \mathcal{P}(V_\alpha);$$
$$V_\lambda = \bigcup_{\beta < \gamma} V_\beta \text{ 对极限序数 } \lambda。$$

因此,对策梅洛—弗兰克尔集合论(ZF)公理的反思表明 V_ω,这个层级的第一个超限层次(the first transfinite level),是除了无穷公理所有 ZF 公理的模型。而且,一般而言,人们发现如果 κ 是强不可达序数,那么 V_κ 是所有 ZF 公理的模型。对所有这些模型,我们把 $\in$ 认作限制到定域元素的标准元素—集合关系。无疑地,当作为一阶理论时,根据勒文海姆—斯科伦定理,ZF 不描述结构 $\langle V_\kappa, \in \cap (V_\kappa \times V_\kappa) \rangle$ 对强不可达序数 κ。尽管如此,策梅洛(1930)的一个主要成就在于能描绘这些模型当人们冒险进入二阶逻辑。因为令二阶 ZF 是得自 ZF 的理论,当替换公理模式(the axiom schema of replacement)由它的二阶全称闭包(second-order universal closure)所取代。那么,归于策梅洛的显著结果是二阶 **ZF** 只能在形式为$\langle V_\kappa, \in \bigcap (V_\kappa \times V_\kappa)\rangle$的模型中被满足,对强不可达序数 κ。

现在,类似地,如果 V_λ 是下标由极限序数 $\lambda > \omega$ 规定的累计层级初始段,那么$\langle V_\lambda, \in \bigcap (V_\lambda \times V_\lambda)\rangle$是策梅洛集合论的模型,它是除了替换公理全部为 ZF 公理的理论。人们可能把策梅洛集合论公理视作这些结构的隐性描述,而且,事实上,视作适于形式化许多数学实践,由于$\langle V_{\omega+\omega}, \in \bigcap (V_{\omega+\omega} \times V_{\omega+\omega})\rangle$,第一个如此模型,包含实数和复数的同构副本(isomorphic copy),实数上的子集和函数,和在经典数学中被研究的剩余对象。然而,再次根据勒文海姆-斯科伦定理,很明显一阶策梅洛集合论不描绘下标由极限序数 $\lambda > \omega$ 规定的累计层级初始段。尽管如此,人们可能怀疑是否能得到一个描绘当策梅洛集合论分离公理模式由它的二阶全称闭包所取代。

尤其,二阶策梅洛集合论公理足以描绘结构$\langle V_\lambda, \in \bigcap (V_\lambda \times V_\lambda)\rangle$对大于 ω 的极限序数 λ 吗?如果不是,还需要什么获得公理是在所有且只有同构于某个如此模型的模型中所满足的理论?我们研究的是策梅洛集合论的二阶变体,我们将表明什么也许是二阶策梅洛集合论无法给出累积层级中层次为 ω 的一大批集合存在性的最常见表述。此外,即使精制无穷公理以给出 V_ω 对大于 ω 的极限序数 λ 的存在性作为直接结论,其由所有遗传有限集构成,仍将存在策梅洛公理的并非预期形式的种种模型;我们甚至将构建存在策梅洛集合论的二阶变体模型在其元素—集合关系不是良基的(well-founded)。在最后我们将转向需要什么描绘 V_λ 对大于 ω 的极限序数 λ 的问题。某种程度上我们将考虑把新公理添加到二阶策梅洛集合论。这个公理明显把累积层级观点吸收进这个理论,而且允许我们表述策梅洛上的二阶变种,它描绘结构$\langle V_\lambda, \in \bigcap (V_\lambda \times V_\lambda)\rangle$对极限序数 $\lambda > \omega$。

2. 四个二阶理论间的依赖关系

存在无穷公理的种种可选择表述,并非它们中的全部都是可内推的(interderivable)。现在的目的是回顾常见无穷版本的相对强度,而且以策梅洛公理的剩余部分($\mathbf{Z}^-$)为模,确定无能力表述作为结论的 V_ω 的存在性,它是所有遗传有限集的集合。策梅洛的最初无穷公理断言集合的存在性,它包含零集且包含它包含的每个集合的单元集(the unit set):

$$\mathrm{Inf}_Z : \exists y(\varnothing \in y \wedge \forall x(x \in y \rightarrow \{x\} \in y)).$$

这个公理产生集合 $Z_0 = \{\varnothing, \{\varnothing\}, \{\{\varnothing\}\}, \cdots\}$ 的存在性作为直接结论,即策梅洛的数序列,而且仍然出现在标准集合论的某个呈现中。$\mathbf{Z}^- + \mathrm{Inf}_Z$ 是策梅洛集合论的版本,它的无穷公理是 Inf_Z。无穷公理的更标准表述是:

$$\mathrm{Inf} : \exists y(\varnothing \in y \wedge \forall x(x \in y \rightarrow x \cup \{x\} \in y)).$$

Inf 给出 ω 的存在性,第一个超限即冯诺依曼序数。根据冯诺依曼对序数的构造,每个序数 α 符合它的前趋集,$\{\beta: \beta < \alpha\}$,且 $<$ 恰好是序数上的元素—集合关系。因此,ω,第一个超限序数,是所有有限序数的集合,且因此它包含 0 和它包含的每个有限序数 α 的后继 $\alpha \cup \{\alpha\}$。Inf 也许是无穷公理最常见的版本,且我们将把 $\mathbf{Z}^- + \mathrm{Inf}_Z$ 缩写为 $\mathbf{Z}$,依照名称策梅洛集合论是最常见被用来提及 $\mathbf{Z}^- + \mathrm{Inf}_Z$ 的事实。下述语句是表面上较弱的无穷公理:

$$\mathrm{Inf}\,Ded : \exists y \exists f \exists x(\mathrm{Fnc}\,f \wedge x \in y \wedge f: y \rightarrow_{(1-1)} y - \{x\}).$$

不仅 $\mathrm{Inf}\,Ded$ 无法蕴涵或者 Inf 或者 Inf_Z,当然以 $\mathbf{Z}^-$ 的公理为模,甚

至能表明没有无穷集是二阶 **Z⁻**+InfDed 所有模型的元素。以 **Z⁻** 的公理为模,InfDed 是等价于下述断言,即存在普通无穷集,集合 y 其不能被放入与小于某个自然数 n 的任意自然数集的 1—1 对应。这个结果是由于罗素证明无穷集 x 的幂集 $\mathcal{P}(x)$ 的幂集 $\mathcal{P}(\mathcal{P}(x))$ 是戴德金无穷(Dedekind infinite)。然而,应该注意的是,缺少选择公理,不仅不能被证明没有无穷集是戴德金有限的,甚至不能被证明不存在幂集为戴德金有限的无穷集。另一个,对无穷公理的不常见表述是:

$$\mathrm{InfNew}: \exists y(\varnothing \in y \wedge \forall x \forall z(x \in y \wedge z \in y \rightarrow x \cup \{z\} \in y)).$$

明显的是这个无穷公理蕴涵 V_ω 的存在性作为直接结论,其与 HF 相符,即所有遗传有限集的集合(the set of all hereditarilty finite sets),而且即使在弗兰克尔(1973)第二版中它被提及且作为正式无穷公理出现在利维(1979)中,它很少在集合论的标准处理中被讨论。诚然,在文献中存在其他关于无穷公理的变体,但我们现在不做穷尽性回顾。我们的目标宁可是指出在也许是无穷公理最常见版本间重要的,且常被忽视的差异的存在性。我们已陈述二阶理论 **Z⁻**+InfDed,**Z⁻**+Inf$_Z$,**Z** 和 **Z⁻**+InfNew,现在开始检查它们间的依赖关系(dependency)。明显的是二阶 **Z⁻**+InfDed,**Z⁻**+Inf$_Z$ 和 **Z** 的每个定理都是 **Z⁻**+InfNew 的一个定理,但人们可能探究是否二阶 **Z⁻**+InfNew 的每个定理是关于策梅洛集合论某些其他变种的一个定理。存在特定集合论构造(set-theoretic construction)将允许我们以否定方式回答这个问题。如果 x 是一个集合,通过下述递归定义集合 $\mathrm{M}_n(x)$:

$$\mathrm{M}_0(x) = x, \ \mathrm{M}_{n+1}(x) = \mathrm{M}_n(x) \cup \bigcup \mathrm{M}_n(x) \cup \mathcal{P}(\mathrm{M}_n(x)).$$

那么,x 的基础闭包 $\mathrm{M}(x)$ 是并集:

$$\mathrm{M}(x) = \bigcup_{n \in \omega} \mathrm{M}_n(x).$$

如果 x 是纯粹传递集,那么容易证实 $M_{n+1}(x)$ 恰好是 $\mathcal{P}(M_n(x))$,且 $M(x)$ 是在子集下封闭且在所有策梅洛运算下封闭的纯粹传递集。因此,$M(\varnothing)$ 是 V_ω,或者等价地是 HF,而且,一般而言,$M(x)$ 是 $\mathbf{Z}^-$ 的 $\subseteq$—最小传递模型的定域,带有在子集下是封闭的且包含集合 x 的标准元素—集合关系。作为结论,$\langle M(Z_0), \in \bigcap (M(Z_0) \times M(Z_0))\rangle$ 且 $\langle M(\omega), \in \bigcap (M(\omega) \times M(\omega))\rangle$ 各自是带有标准元素—集合关系的二阶 $\mathbf{Z}^- + \mathrm{Inf}_Z$ 和二阶 $\mathbf{Z}$ 的 $\subseteq$—最小传递模型。

引理: $M(\omega) \bigcap M(Z_0) = HF$。

证明: $HF \subseteq M(\omega) \bigcap M(Z_0)$ 是下述事实的直接结论,即 $M(\omega)$ 和 $M(Z_0)$ 两者都包含零集且在幂集运算下封闭。为证实反包含,首先注意 $M_0(Z_0) \bigcap M_0(\omega) = \{\varnothing, \{\varnothing\}\}$,HF 的元素。现在假设 $M_n(Z_0) \bigcap M_n(\omega)$ 是 HF 的元素。那么 $M_{n+1}(Z_0) \bigcap M_{n+1}(\omega) = \mathcal{P}(M_n(Z_0)) \bigcap \mathcal{P}(M_n(\omega)) = \mathcal{P}(M_n(Z_0) \bigcap M_n(\omega))$。且由于 $M_n(Z_0) \bigcap M_n(\omega) \in HF$,$\mathcal{P}(M_n(Z_0) \bigcap M_n(\omega)) \in HF$。∎

作为这个引理的直接结论,我们获得:

定理 1. 不存在带有标准元素—集合关系的二阶 $\mathbf{Z}^- + \mathrm{Inf Ded}$ 的 $\subseteq$—最小传递模型。

因此我们推断不存在存在性为二阶 $\mathbf{Z}^- + \mathrm{Inf Ded}$ 结论的无穷集合。引理的两个其他直接结论是:

定理 2. $\langle M(Z_0), \in \bigcap (M(Z_0) \times M(Z_0))\rangle$ 不是二阶 $\mathbf{Z}$ 的模型。

定理 3. $\langle M(Z_0), \in \bigcap (M(Z_0) \times M(Z_0))\rangle$ 不是二阶 $\mathbf{Z}^- +$

$\mathrm{Inf_Z}$ 的模型。

定理 2 和 3 的证明:由于 $\mathrm{M(Z_0)} \bigcap \mathrm{M(\omega)} = \mathrm{HF}$ 且 $\mathrm{Z_0} \notin \mathrm{HF}$,那么 $\mathrm{Z_0} \notin \mathrm{M(\omega)}$。同样地,由于 $\omega \notin \mathrm{HF}$,$\omega \notin \mathrm{M(Z_0)}$。∎

我们到目前为止构建的依赖关系总结如下:

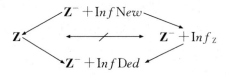

我们用"→"表示"…是严格强于…的",根据上述的结果,我们总结得到 $\mathbf{Z}^- + \mathrm{Inf\,New} \rightarrow \mathbf{Z}$,$\mathbf{Z}^- + \mathrm{Inf\,New} \rightarrow \mathbf{Z}^- + \mathrm{Inf_Z}$,$\mathbf{Z} \rightarrow \mathbf{Z}^- + \mathrm{Inf\,Ded}$,$\mathbf{Z}^- + \mathrm{Inf_Z} \rightarrow \mathbf{Z}^- + \mathrm{Inf\,Ded}$,$\mathbf{Z} \nleftrightarrow \mathbf{Z}^- + \mathrm{Inf_Z}$。从这些结果中提取的一个原则是也许是策梅洛集合论两个最常见二阶变体都没有必需资源保证出现在累积层级第 ω 层集合的存在性,且由此根据它们的累积结构是非常低的(low down)——这些集合的某些事实上是作为带有定域 ω 的 Δ_0 公式的范围可获得的,且因此根据复杂度也是最小的(minimal)。

3. 二阶策梅洛集合论版本的非良基模型

上述结果明确说明,根据它们的更标准表述,策梅洛公理在累积层级中不能给出层次<$\omega + \omega$ 的所有集合的存在性。对这些结果的可预知反应是让它们依赖无穷公理标准表述中的常见疏忽,由于,$\mathrm{Inf\,New}$ 是蕴涵 $\mathrm{V_\omega}$ 的存在性作为结论的无穷公理变种。二阶 $\mathbf{Z}^- + \mathrm{Inf\,New}$ 的趣味在于它是保证累积层级头 $\omega + \omega$ 层存在性的策梅洛集合论变体,且由此是否这个理论足以描绘下标为极限序数 $\lambda > \omega$ 的累积层级初始段的问题立刻出现。

当然描绘累积结构初始段类的二阶理论的先决条件在于它在元素—集合关系为良基的(well-founded)模型中是唯一可满足的。由于二阶集合论归纳原则是二阶 **ZF** 的定理，那么放心的是二阶 **ZF** 是描绘累积层级初始段的候选者，它的下标是由某个强不可达序数规定的。但我们能同样放心二阶 **Z⁻**＋Inf New 只能在元素—集合关系为良基的模型中满足吗？我们能，如果我们作为二阶 **Z⁻**＋Inf New 定理推出二阶集合论归纳原则。然而，奇怪的是，对我们问题的回答是否定的。不仅二阶集合论归纳原则不能从二阶 **Z⁻**＋Inf New 公理中推出，人们甚至能使用里格尔—伯奈斯方法（the Rieger-Bernays method）表明基础公理的独立性以构造 **Z⁻**＋Inf New 的模型，在其元素—集合关系不是良基的。人们可能惊讶于听到存在策梅洛集合论二阶版本的非良基模型（non-well-founded model）。毕竟，这些理论是配有正则或者基础公理（an axiom of regularity or foundation）而出现的，

$$Reg : \forall x (\exists y (y \in x) \rightarrow \exists y (y \in x \wedge y \cap x = \varnothing)),$$

用其来阻止这种情况。众所周知的是在一阶集合论语境中正则公理只能阻止无穷下降∈—链条的存在性，它在这个模型中是一阶可定义的。但正则公理无法阻止在模型中非可定义的无穷下降∈—链条存在性的缺陷常被假设仅在于分离和替换—一阶模式（the first-order schemata of separation and replacement）是不适合捕获这些公理全部内容的事实。不为人所知的事实是甚至在二阶分离公理在场的情况下，正则公理无法阻止策梅洛集合论几个版本非良基模型的存在性：

定理 4. 存在二阶 **Z⁻**＋Inf New 的非良基模型。

证明：为给出二阶 **Z⁻**＋Inf New 的非良基模型 $\mathcal{M}$，取 $\mathcal{M}$ 的定域为 $V_{\omega+\omega}$，且令 π 是由下述定义的定域 $V_{\omega+\omega}$ 的置换：

$$\pi(x)=\{\{x\}\}，当\ x\in\{Z_0,\{Z_0\},\{\{Z_0\}\},\cdots\}，$$

$$\pi(Z_0-x)=Z_0-\bigcup\bigcup x，当\ x\in Z_0-\{\varnothing,\{\varnothing\}\}，$$

$$\pi(Z_0-\{\varnothing\})=\{Z_0\}，且$$

$$\pi(x)=x\ 否则。$$

对 π 的非形式的,但更直观的描绘在于它在序列中把每个项向前移动两步：

$$\cdots，Z_0-\{\{\{\varnothing\}\}\}，Z_0-\{\{\varnothing\}\}，Z_0-\{\varnothing\}，Z_0，\{Z_0\}，$$

$$\{\{Z_0\}\}，\cdots。$$

那么在 $\mathcal{M}$ 中解释符号 $\in$ 的关系 $\in_{new}\subseteq(V_{\omega+\omega}\times V_{\omega+\omega})$ 可以由下述定义：$x\in_{new}y$ 当且仅当 $x\in\pi(y)$。据此 $\in_{new}$ 在 $\mathcal{M}$ 中不是良基的,如同 $Z_0,\{Z_0\},\{\{Z_0\}\},\cdots$ 是模型中无穷下降 $\in_{new}$-序列的元素。现在我们必须看到 $\mathcal{M}$ 是二阶 $\mathbf{Z}^-+\mathrm{Inf New}$ 的模型。容易证实外延,零集,配对,无穷和二阶分离公理的真性是不受 π 影响的。并集,幂集和正则公理需要更多注意且讨论如下：

并集公理：令 x 是 $V_{\omega+\omega}$ 的元素,且注意下述是 π 定义的结论

$$\forall x(x\in V_{\omega+\omega}\to rank(x)\leqslant rank(\pi(x))\leqslant rank(x)+2)。$$

由于 $\{\pi(y)：y\in\pi(x)\}\subseteq V_{rank(x)+2}$ 且 $V_{rank(x)+2}$ 自身是 $V_{\omega+\omega}$ 的元素, $\{\pi(y)：y\in\pi(x)\}\in V_{\omega+\omega}$。因此我们能推断

$$\bigcup\{\pi(y)：y\in\pi(x)\}$$

也是 $V_{\omega+\omega}$ 的元素。现在,考虑集合

$$\pi^{-1}(\bigcup\{\pi(y)：y\in\pi(x)\})$$

且观察如果 z 是 $V_{\omega+\omega}$ 的元素,那么

$$z\in_{new}\pi^{-1}(\bigcup\{\pi(y)：y\in\pi(x)\})$$

假使 $z \in \pi(y)$ 对 $V_{\omega+\omega}$ 的元素 y 使得 $y \in \pi(x)$——假使 $z \in_{new} y$ 对 $V_{\omega+\omega}$ 的元素 y 使得 $y \in_{new} x$。

幂集公理:假设 x 是 $V_{\omega+\omega}$ 的元素,且注意 $\pi(x)$ 和 $\mathcal{P}(\pi(x))$ 都是 $V_{\omega+\omega}$ 的元素。观察如果 $y \in \mathcal{P}(\pi(x))$,那么

$$rank(\pi^{-1}(y)) \leqslant rank(y) \leqslant rank(\mathcal{P}(\pi(x)))。$$

因此,由于 $\{\pi^{-1}(y): y \in \mathcal{P}(\pi(x))\}$ 是 $V_{\omega+\omega}$ 的元素,

$$\pi^{-1}(\{\pi^{-1}(y): y \in \mathcal{P}(\pi(x))\})$$

是 $V_{\omega+\omega}$ 的元素使得如果 z 是 $V_{\omega+\omega}$ 的元素,

$$z \in_{new} \pi^{-1}(\{\pi^{-1}(y): y \in \mathcal{P}(\pi(x))\})$$

假使 $\pi(z) \subseteq \pi(x)$——假设

$$\forall w(w \in_{new} z \rightarrow w \in_{new} x),$$

这正是我们想要的结果。

正则公理:

情况 1. 假设 $x \in \{Z_0, \{Z_0\}, \{\{Z_0\}\}, \cdots\}$。那么 $\{x\}$ 是 x 的 $\in_{new}$—极小元素,由于 $\{x\} \in_{new} x$,但 $\{\{x\}\} \notin_{new} x$。

情况 2. 假设 $x = Z_0 - y$ 有 $y \neq \varnothing$。如果 $y = \varnothing$,那么 Z_0 自身是 x 的 $\in_{new}$—极小元素。否则,如果 $y \neq \{\varnothing\}$,那么 $\varnothing$ 是 x 的 $\in_{new}$—极小元素。

情况 3. 否则,$\forall y \in V_{\omega+\omega}(y \in_{new} x \leftrightarrow y \in x)$。令 y 是 x 的 $\in_{new}$—极小元素。如果 $\pi(y) = y$,那么 y 是 x 的 $\in_{new}$—极小元素。否则,如果 $\pi(y) \neq y$,那么我们区分两种子情况:(a) $y \in \{Z_0, \{Z_0\}, \{\{Z_0\}\}, \cdots\}$。如果 $\{y\} \notin x$,那么得证。否则,令 $z \in$

$x \cap \{Z_0, \{Z_0\}, \{\{Z_0\}\}, \cdots\}$ 使得 $\{z\} \notin x$——记得 $x \in V_{\omega+\omega}$，且因此不能获得 $\{Z_0, \{Z_0\}, \{\{Z_0\}\}, \cdots\}$ 的所有元素作为元素。那么，z 是 x 的 $\in_{new}$——极小元素。(b) 否则，$y = Z_0 - z$ 对某个 $z \in Z_0$ 有 $z \neq \varnothing$。如果 $z = \varnothing$，那么如果 $Z_0 \in x$，如情况 1 那样继续进行。否则，$\varnothing$ 自身是 x 的 $\in_{new}$——极小元素。∎

因此我们推断缺少替换公理时，正则公理的通常一阶版本无法确保二阶 $\mathbf{Z}^-$ ＋ Inf New 公理从未在非良基模型中是满足的。而且这个结果持续到目前为止讨论的策梅洛集合论的二阶变体。也许我们本来应该通过反思下述事实期望这个结果，即策梅洛公理不足以证明每个集合都有一个传递闭包，且这是在下述标准证明中所使用的基础事实中的一个，即在二阶集合论的语境中，正则公理蕴涵二阶集合论归纳原则。人们很可能奇怪是否改进二阶 $\mathbf{Z}^-$ ＋ Inf New 通过把它邻接到公理以便包含在某个传递集中的每个集合会足以(i)保证集合论宇宙是良基的，且(ii)对大于 ω 的极限序数 λ 描绘形式为 $\langle V_\lambda, \in \cap (V_\lambda \times V_\lambda) \rangle$ 的模型。这些问题不仅是不同的，而且需要不同的答案。

对问题(i)的回答是肯定的，由于二阶集合论归纳原则是二阶 $\mathbf{Z}^-$ ＋ Inf New ＋"每个集合都有一个传递闭包"的定理。现在存在众所周知的集合论模型构造将以否定的形式帮我们解决问题(ii)，由于能用它给出二阶 $\mathbf{Z}^-$ ＋ Inf New ＋"每个集合都有一个传递闭包"的模型，它对大于 ω 的极限序数 λ 不具有形式 $\langle V_\lambda, \in \cap (V_\lambda \times V_\lambda) \rangle$：对无穷基数 κ，$H(\kappa)$ 是传递闭包只包含势 $<\kappa$ 的集合的所有集合 x 的收集。容易证实对基数 $\kappa > \omega$，$H(\kappa)$ 满足二阶 $\mathbf{ZF}$ 的所有公理可能除了幂集公理和替换公理。然而，对我们来说，这个构造的趣味在于它为我们提供构造 $\mathbf{Z}^-$ ＋ Inf New 模型的方法，其对大于 ω 的极限序数 λ 不具有形式 $\langle V_\lambda, \in \cap (V_\lambda \times V_\lambda) \rangle$。尤其，如果 κ 是奇异强极限（a singular strong limit），那么 $\langle H(\kappa), \in \cap (H(\kappa) \times H(\kappa)) \rangle$ 是二阶 $\mathbf{Z}^-$ ＋ Inf New ＋"每个集合都有一个传递闭包"的模型，其对大于 ω 的极限

序数 λ 不具有形式 $\langle V_\lambda, \in \cap (V_\lambda \times V_\lambda)\rangle$。对大于 ω 的极限序数 λ 不具有形式 $\langle V_\lambda, \in \cap (V_\lambda \times V_\lambda)\rangle$ 的策梅洛集合论二阶版本的其他模型只能由取 V_ω 的传递超集基础闭包而获得。因此 $M(V_\omega \cup \omega + \omega)$，$V_\omega \cup \omega + \omega$ 的基础闭包，是包含 ω+ω，而不是 $V_{\omega+\omega}$ 作为元素的二阶 $\mathbf{Z}^- + \mathrm{Inf} New$ 的另一个模型的定域。

4. 三个二阶理论间的等解释性

前述我们审视二阶理论 $\mathbf{Z}^- + \mathrm{Inf} Ded$，$\mathbf{Z}^- + \mathrm{Inf}_\mathrm{Z}$，$\mathbf{Z}$ 和 $\mathbf{Z}^- + \mathrm{Inf} New$ 间的依赖关系以推断存在某种意义在其 $\mathbf{Z}^- + \mathrm{Inf} New$ 无疑是优于策梅洛集合论的两个更标准变体 $\mathbf{Z}^- + \mathrm{Inf}_\mathrm{Z}$ 和 $\mathbf{Z}$ 的。尽管如此，存在人们可能会提出的另一个问题用来研究 $\mathbf{Z}^- + \mathrm{Inf} New$ 和更熟悉的 $\mathbf{Z}^- + \mathrm{Inf}_\mathrm{Z}$ 和 $\mathbf{Z}$ 的相对强度：人们可能查究是否它们能被解释，或者至少在彼此中相对被解释。如果 φ 是集合论语言公式，令 $\phi^{M,E}$ 是得自用公式 $E(x, y)$ 取代 $x \in y$ 且把所有量词相对化到 $M(x)$ 的公式。照常，策梅洛集合论的一个版本 T_1 在另一个版本 T_2 中的相对解释（relative interpretation）由两个公式 $M(x)$ 和 $E(x, y)$ 组成，它们允许人们对 T_1 的每个公理 φ，把语句 $\phi^{M,E}$ 即 φ 的解释证明为 T_2 的定理。在另一个理论 T_2 中构建理论 T_1 的可解释性的部分兴趣源于下述的相对协调性结果：如果 T_1 在 T_2 中是可解释的，那么 T_1 中 $\bot$ 的证明能被转化为 T_2 中 $\bot$ 的证明，且因此 T_2 的协调性蕴涵 T_1 的协调性。

然而，是否 $\mathbf{Z}^- + \mathrm{Inf} New$ 在 $\mathbf{Z}^- + \mathrm{Inf}_\mathrm{Z}$ 和 $\mathbf{Z}$ 中能被解释的问题有额外的来源。毫无疑问 $\mathbf{Z}^- + \mathrm{Inf} New$ 允许大部分日常数学的发展，但是，由于 $\mathbf{Z}^- + \mathrm{Inf}_\mathrm{Z}$ 和 $\mathbf{Z}$ 两者被揭示不足以保证 V_ω 的大批量子集的存在性，人们可能查究是否它们仍足以形式化数学实践（mathematical practice）。在 $\mathbf{Z}^- + \mathrm{Inf}_\mathrm{Z}$ 和 $\mathbf{Z}$ 中构建 $\mathbf{Z}^- + \mathrm{Inf} New$ 的相对可解释性将表明，至少为了形式化数学实践的目的，$\mathbf{Z}^- + \mathrm{Inf} New$ 并不优于策梅洛集合论的更标准变体 $\mathbf{Z}^- + \mathrm{Inf}_\mathrm{Z}$ 和 $\mathbf{Z}$。我们将看到 $\mathbf{Z}^- +$

$\mathrm{Inf}New$，$\mathbf{Z}$ 和 $\mathbf{Z}^- + \mathrm{Inf}_{\mathbf{Z}}$ 是等可解释的(equi-interpretable)，也就是，它们全部都能在彼此中相对被解释。这当然是下述事实是相容的，即 $\mathbf{Z}^- + \mathrm{Inf}New$ 是严格强于 $\mathbf{Z}$ 和 $\mathbf{Z}^- + \mathrm{Inf}_{\mathbf{Z}}$ 两者的，且能通过反思阿克尔曼的观察看到它，即在自然数中存在 $\mathbf{ZF}$ 减无穷公理的模型：$m \in n$ 当且仅当在 n 的二进制表示中 2^m 的系数是 1。

定理 5. $\mathbf{Z}^- + \mathrm{Inf}New$ 在 $\mathbf{Z}$ 中是相对可解释的。

草证(sketch of proof)：为了在 $\mathbf{Z}$ 中给出 $\mathbf{Z}^- + \mathrm{Inf}New$ 的相对解释，通过递归定义序列 M_n 这里 $n \in \omega$：

$$\mathrm{M}_0 = \omega, \quad \mathrm{M}_{n+1} = \mathcal{P}(\mathrm{M}_n) - \mathrm{FIN}(\omega),$$

有 $\mathrm{FIN}(\omega) = \{x \subseteq \omega : x \text{ 是有限的} \wedge x \notin \omega\}$。附带条件 $x \notin \omega$ 是必然的以便保留外延性。令"$\mathrm{M}(x)$"是"$\exists n\, x \in \mathrm{M}_n$"的缩写且构造 $\mathbf{Z}$ 语言的公式"$\mathrm{E}(x, y)$"，表达关系 $\mathrm{E}(x, y)$："或者 x 和 y 都是 ω 的元素且 y 的二进编码数在 2^x 位包含 1，或者不然 $x \in y$"。技巧是要注意阿克尔曼编码(Ackermann's coding)能被扩充到从 $\langle \mathrm{V}_{\omega+\omega}, \in \cap (\mathrm{V}_{\omega+\omega} \times \mathrm{V}_{\omega+\omega}) \rangle$ 到 $\langle \mathrm{M}, \mathrm{E} \rangle$ 的同构。然后容易证实 $\mathbf{Z}^- + \mathrm{Inf}New$ 公理的所有解释都是 $\mathbf{Z}$ 的定理。∎

这个结果的直接推论是 $\mathbf{Z}^- + \mathrm{Inf}_{\mathbf{Z}}$ 能在 $\mathbf{Z}$ 中被解释。而且完全平行的构造既构建 $\mathbf{Z}^- + \mathrm{Inf}New$ 能在 $\mathbf{Z}^- + \mathrm{Inf}_{\mathbf{Z}}$ 中被解释，且 $\mathbf{Z}$ 自身能在 $\mathbf{Z}^- + \mathrm{Inf}_{\mathbf{Z}}$ 中被解释。因此我们能推断 $\mathbf{Z}^- + \mathrm{Inf}New$，$\mathbf{Z}^- + \mathrm{Inf}_{\mathbf{Z}}$ 和 $\mathbf{Z}$ 是等解释的。这个结果对是否 $\mathbf{Z}$，或者 $\mathbf{Z}^- + \mathrm{Inf}_{\mathbf{Z}}$ 对日常数学的发展仍是充分的问题提供令人欣慰的回应：它们仍然是；$\mathbf{Z}^- + \mathrm{Inf}New$，适于描述累积层级重要片段的理论，能在 $\mathbf{Z}^- + \mathrm{Inf}_{\mathbf{Z}}$ 和 $\mathbf{Z}$ 中被解释。

5．正则公理变体

前述结果明确说明也许是二阶策梅洛集合论更熟悉版本无法描绘下标为极限序数 $\lambda > \omega$ 的累积层级的初始段。现在问题仍然是还需要什么描绘 V_λ 对极限序数 $\lambda > \omega$。当前的目的是通过给出二阶策梅洛集合论的变种回答这个问题，它的公理只能在形式为 $\langle V_\lambda,\ \in \cap (V_\lambda \times V_\lambda)\rangle$ 的模型中被满足，对极限序数 $\lambda > \omega$。要注意的第一点是如果我们取变元 $\alpha,\ \beta,\ \gamma,\ \cdots$ 管辖冯诺依曼序数，那么 V_α 能被描绘为：

$$x = V_\alpha \leftrightarrow \exists f (\mathrm{Fnc}\, f \wedge \mathrm{Dom}\,(f) = \alpha + 1 \wedge \forall \beta \leqslant \alpha \, \forall y \, (y \in f(\beta) \leftrightarrow \exists \lambda < \beta (y \subseteq f(\lambda))) \wedge f(\alpha) = x)。$$

这直接建议正则公理的表述能被用来加强集合论宇宙的现代层级观点。这个公理是：

$$\forall x \, \exists \alpha \, \exists y \, (y = V_\alpha \wedge x \subseteq y)。$$

现在考虑得自二阶 $\mathbf{Z}$ 的理论，当用公理 $\forall x \, \exists \alpha \, \exists y \, (y = V_\alpha \wedge x \subseteq y)$ 取代正则公理 Reg。那么，上述讨论过的无穷公理间的差别崩溃，且二阶 $\mathbf{Z} + \forall x \, \exists \alpha \, \exists y \, (y = V_\alpha \wedge x \subseteq y)$ 的公理确实描绘 V_λ 对极限序数 $\lambda > \omega$。首先注意二阶集合论归纳原则，

$$\forall X (\exists x \, X x \rightarrow (\exists x \, X x \wedge \forall y \, (y \in x \rightarrow \neg X y)))，$$

是系统的定理。假设 Xx。那么，$\exists \alpha \, \exists x (X x \wedge x \subseteq V_\alpha)$ 且根据序数上的归纳，

$$\exists \beta (\exists x (X x \wedge x \subseteq V_\beta) \wedge \forall \lambda < \beta \neg \, \exists x (X x \wedge x \subseteq V_\lambda))。$$

挑选如此 β 和 x。那么 $\forall y \in x \, \neg X y$，由于不然的话，会存在序数 $\lambda < \beta$ 使得 $X y \wedge y \subseteq V_\lambda$。

定理 6. $\mathcal{M}$ 是二阶 $\mathbf{Z} + \forall x \, \exists \alpha \, \exists y \, (y = V_\alpha \wedge x \subseteq y)$ 的模型

当且仅当 $\mathcal{M}$ 具有形式 $\langle V_\lambda,\in\bigcap(V_\lambda\times V_\lambda)\rangle$ 对极限序数 $\lambda>\omega$。

草证:

左推右:假设 $\mathcal{M}$ 是二阶 $\mathbf{Z}+\forall x\exists\alpha\exists y(y=V_\alpha\wedge x\subseteq y)$ 的模型。根据二阶集合论归纳原则和外延性,这个模型的 $\in$—关系是良基的且外延的,而且,因此,根据莫斯托夫斯基同构定理(the Mostowski isomorphism theorem),$\mathcal{M}$ 是同构于传递 $\in$—模型的。不失一般性,让我们现在把注意力局限在 $\mathbf{Z}+\forall x\exists\alpha\exists y(y=V_\alpha\wedge x\subseteq y)$ 的传递 $\in$—模型。假设 $\mathcal{M}$ 是如此模型,且令 λ 是不在定域中的最小冯诺依曼序数。λ 是大于 ω 的极限序数,由于这个模型满足无穷公理且在后继下是封闭的。表明 V_λ 的每个元素都是定域的一个元素。对每个 $\beta<\lambda$,β 是定域的元素且由于 $\forall x\exists\alpha\exists y(y=V_\alpha\wedge x\subseteq y)$,我们有 V_β 自身是定域的元素。因此,由于 $\mathcal{M}$ 的定域是传递的,且 $V_\lambda=\bigcup\{V_\beta:\beta<\lambda\}$,我们推断 V_λ 的每个元素是 $\mathcal{M}$ 的定域的元素。

右推左:观察如果 x 是在模型中,那么 $V_{rank(x)}$ 是定域的子集。但现在,由于 λ 不是在模型中,两者都不是 V_γ,对 $\gamma>\lambda$,定域的子集。且由此,给定 $V_{rank(x)}$ 是被包括在定域中,对它中的每个 x,我们推断没有秩 $>\lambda$ 的集合是在模型中。∎

6. 有无替换公理的策略

人们经常把替换公理仅仅认作关于累积结构序数层次上的闭包假定(a closure postulate),在累积层级的头 $\omega+\omega$ 层基本上没有应用。然而,前述结果明确说明替换公理在累积层级的非常低层次上有着重要的应用;有时,我们甚至需要确保由标准集合论所描述的集合堆积(the cumulation of sets)在累积层级上到达 ω 层。把替换公理邻接到策梅洛公理的另一个效果是保证集合论宇宙被排列在层次或者阶段的累积结构中。我们的结果表明,在缺乏替换公理时,策梅洛公理不足以描述下标为极限序数 $\lambda>\omega$ 的累积层级的初始段。为捕获集合论宇宙的现代累积观点,人们能用公理$\forall x \exists \alpha \exists y(y=V_\alpha \land x \subseteq y)$取代二阶 **Z** 的正则公理,而且结果会是二阶 **Z** 的扩充,其只能在形式为$\langle V_\lambda, \in \cap (V_\lambda \times V_\lambda)\rangle$的模型中被满足,对某个极限序数 $\lambda > \omega$。不满意二阶 **Z**$+\forall x \exists \alpha \exists y(y=V_\alpha \land x \subseteq y)$的一个可预见来源是,不像策梅洛—弗兰克尔集合论,这个理论通过蛮力加强累积层级观点,但它不是策梅洛公理的自然扩充。毫无疑问,有人将建议被提取的准则是替换公理有可能只是关于集合的自然原则,它加入到策梅洛公理给出的公理系统包含对层次或者阶段的累积层级的隐性描述(implicit description)。

第六节　范畴性、迭代与大小限制

本节的目的在于推进麦吉的范畴性结果。麦吉证明二阶 **ZFCU**+UrSA 的任意两个模型都有同构纯粹集。这个结果对数学哲学尤其是集合论哲学意义重大。它为人们打开了对集合论真性进行结构主义描述的大门,由此可知纯粹集合论的每个语句都有一个确定的真值。那么我们如何推进麦吉的工作呢?这就是弱化麦吉的集合论公理。我们采用的是布劳斯曾经谈论过的迭代集合概念和大小限制集合概念。把麦吉和布劳斯的工作结合起来,我们看是否在弱化麦吉集合论公理的情况下使用布劳斯的两个集合概念得到相同的范畴性结果。二阶 **ZFC** 的公理不是范畴的,不过存在几乎—范畴性结果,也就是二阶 **ZFC** 得到一个模型同构于另一个模型的初始段。当固定论域时,我们就从几乎—范畴性发展到绝对范畴性,也就是有相同论域的二阶 **ZFC** 的两个模型是同构的。这个结果对带有相同论域的二阶 **ZFCU** 的两个模型不成立。这里的问题是,带有相同论域的二阶 **ZFCU** 的两个模型有同构纯粹集吗?当存在至少一个不可数强不可达序数时答案是否定的。这时候我们需要构造一个新的模型,办法是让纯粹集变为 V_κ 的元素。当我们固定论域时,二阶 **ZFCU**+UrSA 的公理能够描绘直到同构的纯粹集论域结构。这个就是麦吉的范畴性定理。

我们考虑迭代概念下的弱化版本。这里有两个结果：首先，存在不带所有遗传有限集合集的二阶 ZCU 的模型；其次，存在带有所有遗传有限集合集的二阶 ZCU 的非良基模型。把正则公理的替代公理加入 ZCU 的结果就是迭代集合论。把非常弱大小限制原则加入二阶迭代集合论我们就能得到与麦吉类似的结果。也就是，二阶迭代集合论加上有着相同基数的非常弱大小限制原则的任意两个模型有同构纯粹集。这是集合的一类概念，集合的另一类概念是大小限制概念。用冯诺依曼的大小限制原则改造弗雷格的第五基本定律正是布劳斯的工作。由此形成的系统就是弗雷格—冯诺依曼系统。在这个系统内我们能证明外延公理、配对公理、并集公理、基础公理、选择公理和替换公理，但不能证明幂集公理和无穷公理。我们来考虑弗雷格—冯诺依曼集合论的模型。我们证明有着相同论域的弗雷格—冯诺依曼集合论的任意两个模型有同构纯粹集。那么这两个集合概念间有什么关系吗？我们的回答是如果二阶迭代集合论和弗雷格—冯诺依曼集合论有着基数相同的模型，那么这两个模型的纯粹集是同构的。

1. 对麦吉与布劳斯集合论工作的结合

麦吉(Vann McGee)在(1997)中表明二阶策梅洛—弗兰克尔集合论公理加上带有本元的选择公理(choice with urelements)，简称为 ZFCU，再加上本元形成集合的公理，简称为 ZFCU＋本元集合公理(the Urelement Set Axiom)，能够描绘纯粹集合宇宙的结构直到同构。对这个结果的更精确陈述是这样：二阶 ZFCU＋本元集合公理的任意两个模型都有同构纯粹集合，在其我们的量词无限制管辖所有对象。这对集合论哲学(the philosophy of set theory)来说是一个受欢迎的结果，由于它打开通向对集合论真性结构主义描述的大门，在其上纯粹集合论的每个语句都被指派一个确定真值。集合论哲学中的结构主义是不存在单个结构为集合论宇宙的观点;宁可集合论是满足它的公理的一般结构理论。集合论真性 ϕ 是隐性全称声称以便集合论的所有模型都使得 ϕ。因此人们宣称集合论语句为真当且仅当它在集合论的所有模型中为真,在其我们的量词取绝对无限制范围(absolutely unrestricted range);为假当且仅当它在所有如此模型中为假;不确定当且仅当它在某些模型中是真的,而在其他模型中不是真的。

但不管是否集合论语句是确定真或假(determinately true or false)将依赖是否在所有集合论模型中这个语句是真或假,在其我们的量词取无限制范围。麦吉表明当所取的论域包含存在的所有对象,二阶 **ZFCU** 的公理+本元集合公理能够描绘纯粹集合宇宙的结构直到同构。这没告诉我们是否存在 7 个不可达基数或者是否存在更多个或者更少个,但它确实告诉我们陈述存在 7 个不可达的纯粹集合论语句在二阶 **ZFCU**+本元集合公理的所有模型中或者是真的,在其我们的量词取无限制范围,或者在所有如此模型中是假的。相似地对纯粹集合论的每个其他语句。二阶 **ZFCU**+本元集合公理的范畴性使我们能够提供集合论真性的结构主义描述,在其上纯粹集合论的每个语句都被指派一个确定的真值。但人们可能怀疑是否 **ZFCU** 的所有公理事实上被需要达到这个目的。替换公理对固定纯粹集合论每个语句的确定真值是必然的吗? 不是必然的,当我们能证明删除替换公理的较弱集合论公理化的范畴性定理。幂集或者无穷公理是必然的吗? 不是必然的,当我们能证明删除这两个公理集合论公理化的范畴性定理。

我们的目的是研究是否不纯集合论的较弱公理化能够达到相似功绩的问题。这个探究的动机不主要是技术的。布劳斯(George Boolos)在(1989)中论证 **ZF** 的公理是由两个不同集合概念的混合所激发的。集合的迭代概念(the iterative conception of set)是在阶段的累积层级中形成集合的原则,且能用来激发策梅洛公理 **Z** 的大部分公理,除了外延公理。替换公理,就其本身而言,是由集合的大小限制概念所激发的,据其类形成集合当它不是太大(not too large)。什么是太大? 一个回答是由冯诺依曼的大小限制原则给出的:类 X 是太大的当且仅当 X 是与整个宇宙处于 1—1 对应中的。布劳斯研究吸收冯诺依曼大小限制原则的对弗雷格第五基本定律(Frege's Basic Law V)的修正,称为新五(New V),且表明除了幂集和无穷的 ZFC 的所有公理的相对化如何能从标准二阶逻辑附加新五简称为 FN(Frege-von Nenmann)中被推导出来。我们想要提出的问题是是否存在分别与迭代概念和大小限制学说一致的二阶集合论公理化的范畴公理化(categorical axiomatizations)。

至少存在两个理由使人们对这个问题感兴趣。第一个理由是数学哲学中的结构主义。假设我们取关于集合论的结构主义路线。ZFCU 的所有公理+本元集合公理通过想要保证纯粹集合论每个语句的确定真值强迫在我们身上吗? 在麦吉的范畴性结果,即在二阶 ZFCU 内部二阶 ZFCU+本元集合公理,证明上的一点反思表明本元形成集合的假设能被削弱。对这个证明关键的是在纯粹集合宇宙和整个论域间的 1—1 对应。本元集合公理以 ZFCU 的剩余公理为模给出如此对应的存在性作为直接结果,但较弱假设本来也能做到。我们感兴趣的是我们能否甚至进一步削弱二阶 ZFCU+本元集合公理而仍获得范畴性结果的问题。对我们的问题感兴趣的另一个原因涉及集合论哲学。上述集合概念的一个的二阶公理化范畴性结果似乎建议比起人们本来可能倾向于假设的更强有力。例如,没有理由认为诸如大小限制学说的集合概念应该能够决定纯粹集合宇宙的结构——甚至不以宇宙的势为模。

2. 从几乎范畴性到绝对范畴性

二阶 ZFC 的公理不是范畴的,或者至少根据存在不可数强不可达基数的假设不是范畴的。然而,存在众所周知的二阶 ZFC 的几乎—范畴性结果(almost-categoricity result)：二阶 **ZFC** 的一个模型不需要同构于另一个模型，但至少一个模型同构于另一个模型的初始段(an initial segment)。当我们固定论域，我们从几乎—范畴性移动到完全范畴性(categoricity simpliciter)：带有相同论域的二阶 **ZFC** 的两个模型是同构的。情形是更精细的当我们允许本元(urelements)。没有理由期望带有相同论域的二阶 **ZFCU** 的两个模型是同构的，由于它们在本元数量上仍有可能是不同的。但人们可能怀疑是否带有相同论域的二阶 **ZFCU** 的两个模型起码必须有同构纯粹集合(isomorphic pure sets)。

对这个问题的回答仍是否定的，倘若至少存在一个不可数强不可达基数。因为如果存在一个，那么纯粹集 V 的论域不同构于 V_κ，对第一个不可数强不可达 κ。但所用用来构造纯粹集恰好为 V_κ 元素的 **ZFCU** 的另一个模型就是把所有势 $\geq \kappa$ 的最初模型的集合处理为本元。在新模型中谓词"集合"(Set)的外延将是所有势 $<\kappa$ 的最初模型的集合的类。至于新模型中 $\in$ 的外延，它将由所有有序对 $\langle x, y\rangle$ 类给出使得在最初模型中 $x \in y$ 且 $card(y) < \kappa$。结果是带有相同定域的二阶 **ZFCU** 的模型但它的纯粹集是 V_κ 的元素，对第一个不可数强不可达 κ。麦吉表明的是我们改进这种情形当我们增补带有本元集合公理的 **ZFCU** 的公理：

本元集合公理：$\exists x (Set\,x \wedge \forall y(\neg Set\,y \rightarrow y \in x))$。

本元集合公理的作用在于确保集合论宇宙具有形式 $V(U) = \bigcup_\alpha V_\alpha(U)$，这里每个 $V_\alpha(U)$ 是超限序列 $\langle V_\alpha(U) : \alpha$ 是序数$\rangle$ 的元素：

$$V_0(U) = U,$$
$$V_{\alpha+1}(U) = U \bigcup \mathcal{P}(V_\alpha(U)),$$
$$V_\lambda(U) = \bigcup_{\alpha < \lambda} V_\alpha(U) \text{ 对极限序数 } \lambda,$$

在其 U 是本元集。观察 $V_\alpha(U)$,对每个序数 α,恰好是 V_α 的元素,这里 V_α 是序列 $\langle V_\alpha : \alpha$ 是序数 $\rangle$ 的元素:

$$V_0 = \varnothing,$$
$$V_{\alpha+1} = \mathcal{P}(V_\alpha),$$
$$V_\lambda = \bigcup_{\alpha < \lambda} V_\alpha \text{ 对极限序数 } \lambda,$$

且

$$V = \bigcup_\alpha V_\alpha。$$

当我们固定论域,二阶 **ZFCU** 的公理+本元集合公理能够描绘纯粹集宇宙的结构直到同构:

> **范畴性定理**(麦吉):带有相同论域的二阶 **ZFCU** +本元集合公理的任意两个模型有同构纯粹集。

3. 范畴性与集合迭代概念

现在我们转向是否相似结果对与迭代概念一致的较弱集合论公理化是可证明的问题。

3.1 有无遗传有限集的二阶集合论

我们的首要任务是辨认把表达式给到迭代概念的不纯集合论二阶公理化。一个候选是带有本元的二阶策梅洛集合论加选择公理,简称为 **ZCU**,由于它的所有公理,也许除了外延公理和选择公理,常被声称是由迭代概念激发的。不幸的是,当二阶 **ZCU** 的大部分公理都是迭代集合概念的结论,二阶 **ZCU** 至少遭受两个严重的不利条件使它丧失作为迭代概念充足公理化的资格。乌斯基亚诺曾在(1999)中讨

论二阶 **ZC** 的类似困难。**ZCU** 的一个难题就是,像 **ZCU** 那样,它在删除累积层级中层次为 ω 的种种集合的模型中是满足的。尤其,存在删除 $V_\omega(U)$ 的二阶 **ZCU** 模型,比如,所有遗传有限集的集合。

定理 1. 存在删除 $V_\omega(U)$ 的二阶 **ZCU** 模型。

这个定理和下一个定理的证明是完全平行于乌斯基亚诺在 (1999) 中为无本元策梅洛集合论的紧密关联表述所给出的那些证明。我们几乎不会完成当我们加强无穷公理以给出 $V_\omega(U)$ 的存在性作为推论。理由是定理 2:

定理 2. 存在二阶 **ZCU**+"$V_\omega(U)$存在"的非良基模型。

开发 **ZCU**+"$V_\omega(U)$存在"这个事实的对这个定理的证明不证明每个集合都有一个传递闭包。但即使我们为这个理论增补每个集合都有一个传递闭包的公理,作为结果的理论在不同构于下标为极限序数 $\lambda > \omega$ 的累积层级初始段的模型中仍是满足的。结构 $\langle H(\kappa),$ $\in_{H(\kappa)} \rangle$,对大于 ω 的强极限 λ,是恰当的例子,由于它是不具有形式 $\langle V_\lambda(U), \in_{V_\lambda(U)} \rangle$ 的二阶 **ZCU**+"$V_\omega(U)$存在"+"每个集合都有一个传递闭包"的模型,除非 λ 是不可达的。

3.2 二阶迭代集合论的范畴性

幸运的是,不难提供描绘累积层级初始段的纯粹集合论公理化。蒙塔古在 (1962) 中处理这个任务。结构是蒙塔古的二阶集合论公理化的模型仅仅倘若它是同构于下标为某个 α 的累积层级初始段。斯科特 (1974) 在其中是达到类似效果的集合论另一个公理化的作者。斯科特的公理化是在二类语言 (a two-sorted language) 中被给出的,其包含累积层级阶段变元和集合变元。我们得到全部模型同构于形式为 $\langle V_\lambda(U), \in_{V_\lambda(U)} \rangle$ 的一个的理论,对 $\lambda > \omega$,当我们用断言超限阶段(a transfinite stage)存在性的无穷公理取代斯科特的反射公理。我们采取一种不同的路线且用陈述每个集合都是在下标为序数的层次处的累积层级的一层形成的公理取代二阶 **ZCU** 的正则公理。这个公理取下述形式：

$$\forall x \exists y (x \subseteq y \wedge y = V_\alpha(U)),$$

这里把 $y = V_\alpha(U)$ 定义为：

$$y = V_\alpha(U) \leftrightarrow On\alpha \wedge \exists f (Func\, f \wedge Dom(f) = \alpha+1 \wedge \forall x (x \in f(0) \leftrightarrow \neg Set x) \wedge \forall \beta \leqslant \alpha (\beta \neq 0 \rightarrow \forall x (x \in f(\beta) \leftrightarrow \exists \gamma < \beta (x \subseteq f(\gamma)))))_\circ$$

$On\alpha$ 是对下述的缩写：$Tran x \wedge x$ 由 $\in$ 良序化。这个公理的目的就是确保存在形式为 $\langle V_\alpha(U)$：α 是序数$\rangle$ 的集合序列，在其 U 是本元集。让我们把当用 $\forall x \exists y (x \subseteq y \wedge y = V_\alpha(U))$ 替代它的正则公理时得自 **ZCU** 的理论称为迭代集合论(iterative set theory)。这个理论远不是范畴的，但它的模型论仍是非常有吸引力的。而且理由在于所有它的模型是同构于形式为 $\langle V_\lambda(U), \in_{V_\lambda(U)}\rangle$ 的模型，对某个极限序数 $\lambda > \omega$。为了表明这个，我们首先必须注意迭代集合论直接给出二阶集合归纳原则：

归纳原则：$\forall X (\exists x X x \rightarrow (\exists x X x \wedge \forall y (y \in x \rightarrow \neg X y)))_\circ$

草证：假设 $\exists x X x$。那么 $\exists \alpha \exists x (X x \wedge x \subseteq V_\alpha(U))$，而且，根据序数上的归纳，$\exists \beta (\exists x (X x \wedge x \subseteq V_\beta(U))) \wedge \forall \lambda < \beta \neg \exists x (X x \wedge x \subseteq V_\lambda(U))$。如果 β 和 x 是如此的一对，那么 $\forall y \in x \neg X y$。要不然，会存在序数 $\lambda < \beta$ 使得 $X y \wedge y \subseteq V_\lambda(U)$。∎

在这个原则的帮助下，我们能够证明二阶迭代集合论模型是同构于下标为某个极限序数 $\lambda > \omega$ 的累积层级初始段。这个事实的证明发生在二阶迭代集合论补以根据序数上超限递归的定义原则。这将是我们接下来的背景理论。目前我们的视角是有人想要在背景理论内部证明迭代集合论的范畴性结果，尽可能接近迭代集合论：

定理 3. 如果 $\langle M, U, E \rangle$ 是二阶迭代集合论模型，那么 $\langle M, U, E \rangle$ 是同构于形式为 $\langle V_\lambda(U), \in_{V_\lambda(U)} \rangle$ 的一个，对某个极限序数 $\lambda > \omega$。

草证：令 $\langle M, U, E \rangle$ 是二阶迭代集合论模型，这里 U 是满足公式 $\neg Set\, x$ 的 M 的元素集。现在用两步继续进行。首先证明 On_M 是由 E 良序化的，而且存在极限序数 $\lambda > \omega$，使得 h，下递归所定义的函数：

$$h(0_M) = 0,$$
$$h(\alpha_M + 1) = h(\alpha_M) + 1,$$
$$h(\lambda_M) = \bigcup\{h(\alpha_M) : \alpha_M < \lambda_M\},$$

是 $\langle On_M, E \rangle$ 和 $\langle \lambda, E \rangle$ 间的同构。那么声称 $\langle M, E \rangle$ 是同构于 $\langle V_\lambda(U), \in_{V_\lambda(U)} \rangle$ 的。为证明这个声称，把映射 h 扩充到从 M 到 $V_\lambda(U)$ 保留属于关系的映射 H。因此：如果 x 是 M 的元素使得 $rank_M(x) = 0_M$，那么取 $H(x) = x$。否则，如果 $rank_M(x) = \alpha_M > 0_M$，那么令 $H(x)$ 是秩为 $h(\alpha_M)$ 的 $V_\lambda(U)$ 的元素 y 使得对每个 x'，$x' \in_M x$ 仅仅倘若 $h(x') \in y$。最后，我们从这个声称推断定理的性质。∎

这仍远不是我们想要的结果，由于没有理由期望同势的二阶迭代集合论的两个模型有同构纯粹集。

定理 4. 同势的二阶迭代集合论的两个模型不需要有同构纯粹集。

草证：使它们纯粹集结构中相异的二阶迭代集合论的两个模型是：

$\langle V_{\omega \cdot 3}, \in_{V_{\omega \cdot 3}} \rangle$ 和 $\langle V_{\omega \cdot 2}(U), \in_{V_{\omega \cdot 2}(U)} \rangle$，这里 U 是可数无穷的。

简单的归纳表明如果 U 是可数无穷的，那么 $|V_\alpha(U)| = |V_{\omega+\alpha}|$，对每个序数 α。尤其，$|V_{\omega \cdot 2}(U)| = |V_{\omega \cdot 3}|$。∎

然而，我们能够描绘论域结果当我们既固定它的势也固定本元基（the urelement basis）的势：

定理 5. 如果 $\langle M_1, U_1, E_1 \rangle$ 和 $\langle M_2, U_2, E_2 \rangle$ 是二阶迭代集合论的两个模型使得 (i) $|M_1| = |M_2|$ 且 (ii) $|U_1| = |U_2|$，那么这两个模型是同构的。

草证：如果 $\langle M_1, U_1, E_1 \rangle$ 和 $\langle M_2, U_2, E_2 \rangle$ 是二阶迭代集合论的模型，那么，根据定理 3，它们各自同构于形式为 $V_\lambda(U_1)$ 和 $V_\lambda(U_2)$ 的模型，对极限序数 λ，$\gamma > \omega$。我们删除 $\in$ —关系。但由于 $|V_\lambda(U_1)| = |V_\lambda(U_2)|$ 且 $|U_1| = |U_2|$，根据定理的假设，我们推断 $\lambda = \gamma$。因此在两个模型间存在同构。∎

人们仍可能怀疑是否存在二阶迭代集合论的相对弱的版本，对其我们能证明麦吉对二阶 **ZFCU** ＋本元集合公理所证明的范畴性定理种类。对这个问题的回答是肯定的。当我们用非常弱大小限制原则增补二阶迭代集合论会导致一个如此的扩充：

(vN_1) 如果类 X 与论域 V 不是处于 1—1 对应，那么 X 与纯粹集 x 处于 1—1 对应。

定理 6. 等势的二阶迭代集合论加(vN_1)有同构纯粹集。

草证: 假设 $V_\lambda(U_1)$ 和 $V_\gamma(U_2)$ 是二阶迭代集合论加(vN_1)的两个模型。那么 λ 和 γ 是大于 ω 的极限序数。我们想表明如果 $|V_\lambda(U_1)|=|V_\gamma(U_2)|$，那么这些模型必定有同构纯粹集。但因为 $V_\lambda(U_1)$ 和 $V_\lambda(U_2)$ 的纯粹集分别是 V_λ 和 V_γ 的元素，我们必须全部表明的是如果 $|V_\lambda(U_1)|=|V_\gamma(U_2)|$，那么 $\lambda=\gamma$。但由于 $V_\lambda(U_1)$ 和 $V_\gamma(U_2)$ 都是 (vN_1) 的模型，必定有 $|V_\lambda(U_1)|=|V_\lambda|$ 且 $|V_\gamma(U_2)|=|V_\gamma|$。这是因为二阶迭代集合论模型的纯粹集不能与纯粹集处于1—1对应。因此根据(vN_1)，它们必定与论域处于1—1对应。因此，$|V_\lambda|=|V_\gamma|$。但这使我们能够推断 $\lambda=\gamma$。∎

让我们来看看(vN_1)的加入如何克服二阶迭代集合论范畴性早先的反例。在实例中，我们以 $V_{\omega\cdot3}$ 开始，这是二阶迭代集合论加(vN_1)的模型。那么我们指出这个集合与 $V_{\omega\cdot2}(U)$ 是等势的，这里 U 是可数无穷本元集。后一个模型的纯粹集是 $V_{\omega\cdot2}$ 的元素，其是势为 $\beth_\omega$ 的集合。但注意 $|V_{\omega\cdot2}(U)|=\beth_{\omega\cdot2}>\beth_\omega$，且因此后一个模型的纯粹集形成既非与论域处于1—1对应也非与纯粹集处于1—1对应的类，从而破坏(vN_1)。在论域全局良序（a global well-ordering of the universe）在场的情况下新公理不会整个都是动机不明的。而且理由在于，以二阶迭代集合论加全局良序存在性为模，(vN_1)是等价于每个集合与一个纯粹集处于1—1对应的原则。但每个集合与一个纯粹集处于1—1对应的原则无疑是有吸引力的一个。激发这个原则的不是只存在极少数不纯集的假设，宁可我们可以在不纯集论域中发现下述论题，即纯粹集论域是足够丰富且多样为我们提供任意集合尺寸结构（set-sized structure）的纯粹同构复制。

4. 范畴性与集合大小限制概念

接下来我们关注的问题是当我们固定论域尺寸时大小限制二阶

108

公理化是否足以规定论域结构直到同构。布劳斯（George Boolos）对比迭代概念和大小限制学说，其是由新五所捕获的，这是对弗雷格第五基本定律的修正。弗雷格曾假设存在和每个概念 F 联系在一起的特定对象$'F$，这是 F 的外延，其由第五基本定律所支配：

$$\forall F \forall G('F='G \leftrightarrow \forall x(Fx \leftrightarrow Gx))。$$

因此两个概念有相同外延（extension）当且仅当它们是共延的（coextensive），也就是，当恰好相同对象归入这两个概念。但如同罗素明确说明的，第五基本定律在二阶逻辑的语境下是不协调的。布劳斯考虑对确定和太大概念联系在一起的对象的第五基本定律的修正。什么是太大的？大小限制学说为我们给出答案。称概念 F 为小的当且仅当：归入 F 的对象不与论域处于 1—1 对应。最后，称两个概念 F 和 G 类似的当且仅当或者 F 和 G 两者都不是小的或者 F 和 G 是共延的。新五是吸收大小限制原则的对弗雷格第五基本定律的修正：

$$\forall F \forall G(^*F=^*G \leftrightarrow F \text{ 是类似于 } G)\text{的}。$$

布劳斯考虑弗雷格–冯诺依曼理论 FN，它是补以新五的标准公理性二阶逻辑（standard axiomatic second-order logic）。在他表明相对于二阶算术 FN 的协调性以后，布劳斯观察到人们能在 FN 内部发展相当数量的集合论。首先，人们把$\in$定义为：$x \in y$ 当且仅当 x 归入概念 F 使得 $y=^*F$。布劳斯把$^*F$称为 F 的对向（subtension）。然后人们把 y 定义为集合当且仅当 $y=^*F$，对某个小概念 F。当限制到集合，能表明的是外延公理、分离公理和替换公理都能从 FN 中被推导出来。布劳斯然后唤起人们对纯粹集（pure sets）的注意，他把其定义如下。把概念 F 称为封闭的当$\forall y(\exists Fy=^*F \wedge \forall(z \in y \to Fz) \to Fy)$。现在把对向 x 称为纯粹的当且仅当$\forall F(F \text{ 是封闭的} \to Fx)$。从布劳斯的纯粹对向定义出发，人们能把下述定理推导为一个定理，即 x 是纯粹的当且仅当 x 是集合且 x 的所有元素都是纯粹的。此外，他推出纯粹集的归纳原则：

第一章 高阶集合论

$$\exists x(Pure\,x \wedge Gx) \to \exists x(Pure\,x \wedge Gx \wedge \forall y(y \in x \to \neg Gy))\text{。}$$

当把量词限制到纯粹集,外延公理,配对公理,并集公理,基础公理,选择公理和替换公理全都是 FN 的结论。但观察到 FN 仍是一个相对适度的理论是重要的,在于它与不存在无穷集是协调的。我们无法根据 FN 推出如果集合 x 存在,那么它的幂集 $\mathcal{P}(x)$ 必定存在。因此也非幂集公理也非无穷公理是来自 FN 的结论。我们感兴趣的是 FN 的模型论(model theory)。夏皮罗(Stewart Shapiro)和韦尔(Alan Weir)在(1999)中从 **ZFC** 的视角对这个模型论做出广泛的研究。让我们把新五模型定域的子集称为小的当且仅当它与定域不处于 1—1 对应。

基数 κ 有小子集性质(the small-subsets property)当且仅当恰好存在 κ 的 κ 个小子集。那么存在尺寸为 κ 的新五模型当且仅当 κ 有小子集性质。存在 FN 的可数无穷个模型,由于在遗传有限集中存在 FN 的模型,但是,如同夏皮罗和魏尔曾观察到的那样,不存在 FN 的不可数无穷个模型与 **ZFC** 是协调的。尽管如此不可数强不可达的存在性会给出 FN 的不可数无穷个模型的存在性。然而,我们想知道的是或者在 FN 或者尽可能接近 FN 的背景理论内部是否存在为 FN 所证明的适合的范畴性结果。几乎没理由假设有相同论域的 FN 的两个模型必定是同构的。因为它们仍可能在本元的势中相异。但我们仍能证明下述这个结果:

定理 7. 有相同论域的 FN 的任意两个模型有同构纯粹集。

草证:假设 M 是 FN 的两个模型 $\langle M, *_1 \rangle$ 和 $\langle M, *_2 \rangle$ 的论域。令 S_1 是 $\langle M, *_1 \rangle$ 的纯粹集的类。$\in_1$ 是良基的且在 S_1 上是类集合的(set-like),且因此 FN 证明把 $\in_1$ 限制到 S_1 的超限递归的定理。通过 $\in_1$ 限制到 S_1 上的超限递归定义函数 $F: S_1 \to M$ 如下。对每个

$x \in_1 S_1$,

$$F(x) = [F(y) : y \in_1 x]^{*2}。$$

F 在第二个模型中把 $[F(y) : y \in_1 x]$ 的对向指派到 $\langle M, *_1 \rangle$ 的每个纯粹集。我们声称 F 是 $\langle S_1, \in_1 \rangle$ 和 $\langle S_2, \in_2 \rangle$ 间的同构。为证明这个声称，我们必须证实 (i) F 是 1—1，(ii) $RanF = S_2$，且 (iii) 对 S_1 中的所有 x, y，$x \in_1 y$ 当且仅当 $F(x) \in_2 F(y)$。首先，F 是 1—1。这是由 $\in_1$ 限制到 S_1 上的归纳所证明的。根据归谬法假设 x 是 $\in_1$—最小反例。因此存在某个 $y \in_1 S_1$ 使得 $F(x) = F(y)$ 但 $x \neq y$。那么由于 $[F(z) : z \in_1 x]^{*2} = [F(z) : z \in_1 y]^{*2}$，且 $[F(z) : z \in_1 x]$ 和 $[F(z) : z \in_1 y]$ 两者都是小概念，我们推断它们必定是共延的。但那么，x 和 y 在它们的元素中不能相异而且且根据外延公理必定是相同的。

其次，$RanF = S_2$。这是由 $\in_2$ 限制到 S_2 上的归纳所证明的。根据归谬法假设 y 是 $\in_2$—最小反例。也就是，$y \in S_2$ 但 $y \notin RanF$，而对每个 $z \in_2 y$，$z \in RanF$。概念 $[F^{-1}(z) : z \in_2 y]$ 是小的由于它与集合 y 处于 1—1 对应。这个概念的对向，$[F^{-1}(z) : z \in_2 y]^{*1}$，在第一个模型中是 S_1 的元素集。由于 $[F^{-1}(z) : z \in_2 y]$ 是小的，$w \in_1 [F^{-1}(z) : z \in_2 y]^{*1}$ 当且仅当 $w = F^{-1}(z)$ 对某个 $z \in_2 y$。令 x 是 $[F^{-1}(z) : z \in_2 y]^{*1}$。所有它的元素都是 S_1 的元素，且因此 x 自身是 S_1 的元素。但 $f(x) = y$。最后，F 是同构。对 S_1 中的所有 x, y，$x \in_1 y$ 当且仅当 $F(x)$ 归入 $[F(z) : z \in_1 y]$。也就是，当且仅当 $F(x) \in_2 [F(z) : z \in_1 x]^{*2} = F(y)$。■

在 **ZFC** 内部，人们能推出 FN 的范畴性作为更有信息的定理：势为 κ 的 FN 的模型的纯粹集恰恰是势小于 κ 的遗传纯粹集。这个结果来自简恩 (Ignacio Jané)。

定理 8. 如果 $\langle M, * \rangle$ 是势为 κ 的 FN 的模型，那么 M 的纯粹集论域是同构于 $\langle H(\kappa), \in_{H(\kappa)} \rangle$ 的。

草证:假设⟨M，＊⟩是势为 κ 的 FN 的模型。那么 κ 是正则的。令 S 是⟨M，＊⟩的纯粹集的类，且令 E 是它们间的属于关系。我们知道 E 是良基的且在 S 上是外延的。因此存在唯一一个传递类 A 和唯一一个同构

$$h:⟨S，E⟩\cong⟨A，\in_A⟩;$$

确实,对每个 $s\in S$,

$$h(s)=\{h(t):tEs\}。$$

我们声称 $A=H_\kappa$。首先根据 E 上的归纳我们表明 $A\subseteq H_\kappa$。令 $s\in S$ 且假设对所有 tEs, $h(t)\in H_\kappa$。由于 s 是集合,$\{h(t):tEs\}$ 的势小于 κ。因此 $h(s)$ 是势小于 κ 的 H_κ 的子集。但由于 κ 是正则的,$h(s)\in H_\kappa$。现在根据 $\in$ 上的归纳我们表明 $H_\kappa\subseteq A$。假设 $a\in H_\kappa$ 且 $a\subseteq A$,为推出 $a\in A$。令 $F=h^{-1}[a]$。F 是 M 的小概念,只有纯粹集归入它。令 $s=＊F$。s 是纯粹集且 $h(s)=a$。因此 $a\in A$。∎

推论:同势的 FN 的模型有同构纯粹集。

结论似乎不可避免。当我们固定论域的势,FN 能够描绘纯粹集宇宙的结构直到同构。据此出现的局面是凭借其,当我们固定论域的势,迭代概念和大小限制学说两者都能够描绘纯粹集宇宙的结构直到同构。当在等势的模型中被满足时,是否这两个理论规定不同的结构或者是否一个理论下的纯粹集是同构于另一个理论下的纯粹集,是一个有趣的问题。夏皮罗和韦尔(1999)表明,当在相同论域的模型中被满足时,二阶迭代集合论下的纯粹集是同构于 FN 下的纯粹集的。但在 **ZFC** 内部,现在我们能够进一步阐明他们的结果:

定理 9. 如果⟨M_1，U_1，E_1⟩和⟨M，$＊_2$⟩各自是二阶迭代集合论和 FN 的等势模型,那么⟨M_1，U_1，E_1⟩的纯粹集是同构于

〈M，*₂〉的纯粹集的。

草证：假设 $|M_1|=|M_2|=\kappa$。那么 κ 是正则的，由于〈M，*₂〉是 FN 的模型，且 κ 是大于 ω 的极限序数，由于〈M_1，U_1，E_1〉是二阶迭代集合论的模型。确实，κ 必定是强不可达的。而且〈M_1，U_1，E_1〉的纯粹集的论域必定同构于 V_κ。但根据上述的定理 8，〈M，*₂〉的纯粹集的论域是同构于 H_κ 的。但 $V_\kappa=H_\kappa$，由于 κ 是强不可达的。因此，M_1 的纯粹集是同构于 M_2 的纯粹集的。∎

最后我们推断，当在等势模型中被满足时，迭代概念和大小限制学说的二阶公理化能规定非常相同的结构为纯粹集合论的论域。

文献推荐：

蒙塔古在论文《集合论与高阶逻辑》中论及集合论和高阶逻辑间的相互应用。人们用二阶逻辑发现策梅洛—弗兰克尔集合论的标准模型。对标准模型的考虑导致集合论新系统的引入，应用这些系统的一个来找出高阶语句真的定义。他替带有个体的策梅洛—弗兰克尔集合论做哲学辩护，认为在高阶逻辑内部是逻辑真的[47]。斯科特在论文《公理化集合论》中从罗素类型理论和策梅洛累积分层的两种策略出发，把无穷公理和替换公理模式结合起来以形成反射公理[48]。夏皮罗在论文《反射原则与二阶逻辑》中阐述各种版本的克雷泽尔原则与反射原则[49]。麦吉在论文《我们如何学习数学语言》中着重证明他的范畴性定理。它说的是有着相同论域的二阶 **ZFCU**＋本元集合公理的任意两个模型有同构纯粹集[50]。乌斯基亚诺在论文《二阶策梅洛集合论模型》中研究策梅洛集合论的各种二阶变体。乌斯基亚诺在论文《范畴性定理与集合概念》中关注是否存在与迭代概念和大小限制学说一致的集合论二阶公理化的范畴公理化。

第二章
集合迭代

第一节　用阶段理论描述集合迭代概念

朴素集合论的优点在于它是自然的,缺点在于它是不协调的。我们来看既是协调的也是自然的另一种关于集合的观点,也就是集合的迭代概念。表达集合的迭代概念的标准一阶理论是策梅洛—弗兰克尔集合论 ZF。作为策梅洛—弗兰克尔集合论子系统的策梅洛集合论 Z 也能体现集合的迭代概念。以二阶理论表述的作为 ZF 的超系统或者扩充的冯诺依曼—伯奈斯—哥德尔集合论和莫斯—凯利集合论也继续能体现集合的迭代概念。不像其他的集合理论纯粹是为了避免悖论而生的,ZF 的优势在于它不仅仅是协调的而且也是具有独立动机的集合理论。集合的迭代概念背后的思想是阶段理论。我们要用阶段理论来表达迭代概念的内容。

1. 素朴集合论的公理

根据康托尔,集合是"任意收集……进入我们的直觉或者思想……的限定的、良分辨的(well-distinguished)对象整体"(康托尔,1932,第 282 页)。康托尔也把集合定义为"一个多(a many),其能被认作一(one),也就是,能根据定律被结合为整体的限定元素的总体

抽象主义集合论(上卷):从布劳斯到斯塔德

性"（康托尔，1932，第 204 页）。人们可能反对第一个定义根据它使用收集和整体的概念，它们不是比集合概念更容易理解的观念，根据应当存在并非我们思想对象的对象集，根据"直觉"是充满没人应该相信的知识理论的词项，根据任意对象是"限定的"，根据应该存在莠分辨（ill-distinguished）对象集，诸如波浪和火车，如此等等。而且人们可能反对第二个定义根据"一个多"是不合语法的，根据如果某物是"一个多"它几乎不应该被认作一个，根据总体性与集合一样是模糊的，根据定律如何把任何事物结合为整体是远非清楚的，根据应当存在不是由"定律"产生的结合而是其他的结合为一个整体，如此等等。但人们不能否认康托尔的定义能被用来辨认和获取康托尔希望处理的对象种类的某个理解。

此外，他们确实建议——尽管只是非常微弱地——两个重要的对集合的描绘：集合是由它的元素"决定的"在恰恰有相同元素的集合是恒等的意义上，且在对其的澄清是我们将给出基本原理的理论的一个主要对象的意义上，即集合的元素是"优先于"它的。我们不假定集合和"……的元素"（member of）的概念能凭借更简单的或者概念上更基础的观念被解释或者被定义。然而，作为关于集合的理论自身可能提供关于好定义可能被希望提供的集合和属于关系的阐明类别，不存在以如此理论开始的理由，甚或包含"集合"的定义。我们不能给出"非"或者"对某个"的信息式定义不阻止且不应该阻止量词化逻辑（quantificational logic）的发展，其为我们提供关于这些概念的重大信息。这里是可能对我们相当自然发生的关于集合的观念，且也许是由康托尔的根据定律能被结合为整体的作为限定元素总体性的集合定义所建议的。根据排中律，任意语言中的任意 1—位谓词或者应用到给定对象或者不应用。

所以看似对任意谓词对应两类事物：谓词应用到的事物类别，关于其他是真的，和谓词不应用到的事物类别。所以看似对任意谓词存在它应用到的所有且仅有的事物集合，还有它不应用到的事物集合。

115

元素恰恰是谓词应用到的事物的任意集合——根据外延公理,不能存在两个如此集合——被称为谓词的外延(the extension of the predicate)。因此我们的思想可能被表达为:"任意谓词都有一个外延"。我们将把这个命题,连同对它的论证,称为集合的朴素概念(the naïve conception of set)。该论证有着强大的力道(great force)。如何能不存在恰好那些任意给定谓词被应用到的事物收集或者集合?难道不是谓词应用到的任意事物类似于它恰好在它应用到它们的方面应用到的所有其他事物;且如何能存在无法在此方面成为类似于彼此的所有事物集?

关于人们可能考虑的任意特殊谓词说不存在它决定的两类事物难道不会是极其不可行的,也就是,关于其他是真的事物种类,且关于其他不是真的事物种类?而且有人为什么应该不把这些事物种类当作集合?种类不是集合吗?如果不是,差异是什么?让我们用"$\mathcal{K}$"表示特定标准形式化一阶逻辑,它的变元管辖所有集合和个体也就是非集合(non-sets),而且它的非逻辑常项是缩写"……是集合"1—位谓词字母"S"和缩写"……是……的元素"的2—位谓词字母"∈"。我们相信该语言的哪些语句连同它们的后承陈述关于集合的真性吗?换个说法,基于我们对集合的信念我们应该把 $\mathcal{K}$ 的哪些公式当作集合论公理?如果集合的朴素概念是正确的,应该至少存在 φ 恰好应用到的那些事物集,如果 φ 是 $\mathcal{K}$ 的集合。所以「$\exists y(Sy \wedge \forall x(x \in y \leftrightarrow \varphi))$」的全称闭包应该表达关于集合的真性,如果 φ 中没有"y"的出现是自由的。我们把公理由外延公理,也就是,语句

$$\forall x \forall y(Sx \wedge Sy \wedge \forall z(z \in x \leftrightarrow z \in y) \rightarrow x = y)$$

和所有公式「$\exists y(Sy \wedge \forall x(x \in y \leftrightarrow \varphi))$」,这里"$y$"不在 φ 中自由出现,组成的理论称为朴素集合论(naïve set theory)。朴素集合论的某些公理是公式:

$$\exists y(Sy \wedge \forall x(x \in y \leftrightarrow x \neq x));$$

116

$$\exists y(Sy \land \forall x(x \in y \leftrightarrow (x=z \lor x=w)));$$

$$\exists y(Sy \land \forall x(x \in y \leftrightarrow \exists w(x \in w \land w \in z)));$$

$$\exists y(Sy \land \forall x(x \in y \leftrightarrow (Sx \land x=x)))。$$

这些公式的第一个陈述的是存在不包含元素的集合。根据外延公理，至多能存在一个如此的集合。第二个陈述的是存在专有元素是 z 和 w 的集合；第三个陈述的是存在元素恰好是 z 的元素的元素的集合。陈述存在包含不管什么的所有集合的集合的最后一个是相当不规则的；因为如果存在包含所有集合的集合也就是全集（a universal set），那么那个集合包含自身，而且也许有人应该对某物的包含自身的观念吃惊。陈述朴素集合论是简单的，它是简练的、最初相当可信的且自然的，在于它清楚表达关于可能对某人相当自然发生的集合的观点。可叹的是，它是不协调的。

对朴素集合论不协调性即罗素悖论的证明

没有集合能包含所有且仅有的那些不包含自身的集合。因为如果任意如此集合存在，若它包含自身，那么当它只包含那些不包含自身的集合，它不会包含自身；但如果它不包含自身，那么当它包含所有那些不包含自身的集合，它会包含自身。因此任意如此集合会必须包含自身当且仅当它不包含自身。结果，不存在包含所有且仅有的那些不包含自身的集合的集合。

不使用朴素集合论公理或者任意其他集合论的这个论证表明语句

$$\neg \exists y(Sy \land \forall x(x \in y \leftrightarrow (Sx \land \neg x=x)))$$

是逻辑有效的而且因此是在 $\mathcal{K}$ 中被表达的任意理论的定理。但朴素集合论公理中的一条且因此定理中的一个是下述语句：

$$\exists y(Sy \land \forall x(x \in y \leftrightarrow (Sx \land \neg x=x)))。$$

所以朴素集合论是不协调的。

2. 根据阶段理论描述迭代概念

面对朴素集合论的不协调性，人们可能开始相信采用关于集合的公理系统的任意决定会是任意的，在于没有能给定解释为什么采用的特殊系统比某个其他系统有任意的描述我们把集合和属于关系设想为像什么的更大声称，也许与所选择的一个是不相容的。人们可能认为不能给下述问题以答案：为什么采用这个特殊系统而非那个或者这个的其他系统？人们可能假设任意明显的协调性集合理论以某种方式或者断断续续的方式必然会是不自然的，而且若协调，它的协调性会归于某些条款，出于明确的避免悖论的目标被规定下来而表明朴素集合论不协调，但缺乏任何独立的动机。人们可能想象所有这些；但存在对观点的另一种看法：集合的迭代概念(the iterative conception of set)，如同它有时被称谓的，常常给人们以完全自然的印象，免于人工的、毫不特别的，而且它们可能已经表述自身的一个。

也许它不是比朴素概念(the naïve conception)更自然的一个概念，而且无疑不相当如此简单描述的。另一方面，就我们所知道的而言，它是协调的：不仅存在性会导致矛盾的集合不被假设在表达迭代概念的理论公理中存在，而且实践集合论者对这个概念已有的多年经验已产生对什么能且什么不能在这些理论中被证明的很好理解，而且目前恰好毫不怀疑它们是不协调的。与集合论语言 $\mathcal{L}$ 中一阶理论一样能充分表达集合迭代概念的标准一阶集合论被称为策梅洛—弗兰克尔集合论，简称为"ZF"。存在体现迭代概念的除了 ZF 的其他理论：不久将使我们忙碌起来的它们中的一个即策梅洛集合论，简称为"Z"，在 Z 的任意定理也是 ZF 的定理的意义上是 ZF 的一个子系统(subsystem)；两个其他的即冯诺依曼—伯奈斯-哥德尔集合论和莫尔斯—凯利集合路，是 ZF 的特级系统(supersystems)或者扩充，但最常见的是它们被表述为二阶理论。

人们已经提出与 ZF 不相容的其他集合理论比如,奎因的系统 NF 和 ML。这些理论在下述意义上似乎缺乏独立于悖论的动机:如同罗素写下的那样,它们"甚至不是诸如最聪明的逻辑学家本来会认为的当他不知道该矛盾"(罗素,1959,第 80 页)。对集合论悖论最后的且令人满意的解决不能被体现在根据只因为悖论否则会接着发生所强加的公理集上的人工技术限制阻止它们的推导的理论中;其他这些理论仅凭借如此的人工设备存活。单单 ZF 连同它的扩充和子系统不仅是协调的而且是有独立动机的集合理论:可以说存在关于本来可能被提出的集合性质的"它背后的思想"(a "thought behind it"),即使朴素集合论曾经是协调的,当然这是不可能的。此外,人们能以一种粗略的但信息式方式描述这个思想而不用首先陈述理论背后的思想。

为看到为什么可能想要不同于朴素概念的集合概念即使朴素概念是协调的,让我们换一个角度考虑朴素集合论和它的公理的异常性,$\exists y(Sy \wedge \forall x(x \in y \leftrightarrow (Sx \wedge x = x)))$。根据该公理存在包含所有集合的集合,且因此存在包含自身的集合。意识到某物的包含自身(something's containing itself)的观念如何古怪是重要的。但包含自身吗?不管由康托尔的"集合"定义和人们的对"元素""集合""收集"诸如此类的日常理解给定的对集合和元素的概念有效多么脆弱的不管什么的一个是完全迷失的,当有人要假设某些集合是它们自身的元素。观念是悖论的,不在于假设某个集合是自身的一个元素是矛盾的,因为毕竟"$\exists x(Sx \wedge x = x)$"明显是协调的,而在于如果有人把"$\in$"理解为意指"……是……的元素",假设它为真是非常奇怪的。因为当有人被告知集合是进入我们思想的限定元素整体的收集,人们会想:这里是某些事物。现在我们把它们包扎起来形成一个整体。现在我们有一个集合。我们不假设在把某些元素结合为一个整体后我们应该想出的本来能够是我们所结合的非常事物的一个,不如此假设至少当我们正结合两个或者更多元素。

如果 $\exists x(Sx \wedge x = x)$,那么 $\exists x \exists y(Sx \wedge Sy \wedge x \in y \wedge y \in x)$。

存在集合 x 和 y 它们的每个属于另一个的假设几乎与某个集合是自我元素(a self-member)的假设一样奇怪。当然存在如此周期病状的无穷序列：$\exists x \exists y \exists z (Sx \wedge Sy \wedge Sy \wedge x \in y \wedge y \in z \wedge z \in x)$，如此等等。不那么病态的只是存在无根性集合的假设，或者存在无穷集合序列 x_0，x_1，x_2，$\cdots$，它们中的每个项属于前面一个项。似乎不存在任何论证，被保证说服实际上没看到集合的属于自身，或者属于它的一个元素，诸如此类的奇特性的某个人这些事态是奇怪的。但正是部分地它们奇异性的意义才致使集合论者支持集合概念，诸如迭代概念，据其他们发现的古怪的东西并不出现。现在我们描述这个概念。我们的描述将有三个部分。第一个部分是观念的粗略陈述。它包含诸如"阶段""在……处被形成""早于"和"继续前行"这样的表达式，其必须从任意的形式集合理论中去除。从该粗略描述出发听上去似乎集合是继续被创造的，而情况并非如此。在第二个部分，我们呈现部分形式化第一部分中粗略陈述观念的公理化理论。方便参考，让我们把该理论称为阶段理论(stage theory)。第三个部分在于从集合理论公理的阶段理论出发的推导。这些公理是集合论语言 $\mathcal{L}$ 的公式，而且不包含任何的在粗略陈述中被使用的而且关于其在表达阶段理论的语言中缩写被发现的隐喻表达式。这里是该观念，粗略地陈述如下：

集合是在下述过程的某个阶段被形成的任意收集：以个体开始，若存在任一个的话。个体是并非集合的对象；个体不包含元素。我们从零而不是一算起。在第零个阶段形成所有可能的个体收集。如果不存在个体，那么只有一个收集即零集(the null set)，其不包含元素，在这第 0 个阶段被形成。如果只存在一个个体，两个集合被形成：零集和恰好包含那一个个体的集合。如果存在两个个体，四个集合被形成：且一般地，如果存在 n 个个体，那么 2^n 个集合被形成。也许存在无穷多个个体。仍然，我们假设在第零个阶段被形成的收集中的一个是所有个体的收集，可能

存在它们中的不管多少个。在第一个阶段，形成所有可能的个体
和在第零个阶段被形成集合的收集。如果存在任意个体，在第一
个阶段某些集合被形成，既包含个体也包含在第零个阶段被形成
的集合。当然某些被形成的集合只包含在第零个阶段被形成的
集合。在第二个阶段，形成所有可能的个体、在第零个阶段形成
的集合和在第一个阶段形成的集合的收集。在第三个阶段，形成
所有可能的个体和在第零个阶段、第一个阶段和第二个阶段被形
成集合的收集。在第四个阶段，形成所有可能的个体和在第零
个、第一个、第二个和第三个阶段被形成集合的收集。以此方式
继续进行，在每个阶段形成所有可能的个体和在前面阶段被形成
集合的收集。

接在所有的第零个、第一个、第二个、第三个……之后，存在
一个阶段；把它称为第 ω 个阶段。在第 ω 个阶段，形成所有可能
的在第零个、第一个、第二个……阶段被形成个体的收集。这些
收集中的一个将是在第零个、第一个、第二个……阶段被形成的
所有集合的集合。在第 ω 个阶段后存在第 $\omega+1$ 个阶段。在第
$\omega+1$ 个阶段形成所有可能的个体和在第零个、第一个、第二
个……和第 ω 个阶段被形成集合的收集。在第 $\omega+2$ 个阶段形成
所有可能的个体和在第零个、第一个、第二个……第 ω 个和第 ω
$+1$ 个阶段被形成集合的收集。在 $\omega+3$ 个阶段形成所有可能的
个体和在前面阶段被形成集合的收集。以此方式继续进行。接
在所有的第零个、第一个、第二个……第 ω 个、第 $\omega+1$ 个、第 $\omega+$
2 个……之后，存在一个阶段，称它为第 $\omega+\omega$ 或者 $\omega\cdot2$ 个阶段。
在第 $\omega+\omega$ 个阶段形成所有可能的个体和在前面阶段被形成集合
的收集。在第 $\omega+\omega+1$ 个阶段……第 $\omega+\omega+\omega$ 或者 $\omega\cdot3$ 个阶
段……第 $\omega+\omega+\omega+\omega$ 或者 $\omega\cdot4$ 个阶段……以此方式继续下
去……根据该描述，集合被反复不断地形成：事实上，根据它，一
个集合在晚于它起初被形成的阶段的每个阶段被形成。我们能

继续说这个若我们愿意;反之我们将说一个集合只有一次被形成,也就是,在最早的阶段在其用我们老的说话方式,它本来会据说被形成。

这是对集合迭代概念的粗略陈述。根据此概念,没有集合属于自身,且因此不存在所有集合的集合;因为每个集合在某个最早阶段被形成,且只有个体或者仍在前面阶段被形成的集合作为元素。此外,不存在两个集合 x 和 y,它们的每个属于彼此。因为如果 y 属于 x,那么比 x 被形成的最早阶段 y 本来必然会在更早阶段被形成,而且如果 x 属于 y,那么比 y 被形成的最早阶段 x 本来必然在较早阶段被形成。所以 x 本来必然在比它被形成的最早阶段的更早阶段被形成,而这是不可能的。类似地,不存在集合 x,y 和 z 使得 x 属于 y,y 属于 z,且 z 属于 x。而且一般地,不存在集合 x_0,x_1,x_2,$\cdots$,x_n 使得 x_0 属于 x_1,x_1 属于 x_2,$\cdots\cdots$,x_{n+1} 属于 x_n,且 x_n 属于 x_0。此外似乎不存在集合序列 x_0,x_1,x_2,$x_3\cdots$ 使得 x_1 属于 x_0,x_2 属于 x_1,x_3 属于 x_2,诸如此类。因此,如果集合是作为有它们的迭代概念,那么集合属于自身或者属于转而属于它们的其他元素的异常情形不出现。

ZF 以通常表述谈及或者"量词管辖"的集合不是存在的所有集合,当我们假设存在某些个体,而仅仅是在不存在个体的假设下在某个阶段被形成的那些。这些集合被称为纯粹集(pure sets)。纯粹集的所有元素都是纯粹集,而且所有元素都是纯粹的任意集合自身是纯粹的。任意纯粹集曾经是被形成的可能不明显,但毫不包含元素的集合 Λ 是纯粹的,且在第 0 个阶段被形成。$\langle\Lambda\rangle$ 和 $\{\{\Lambda\}\}$ 两者也是纯粹的且在第 1 个阶段和第 2 个阶段分别被形成。存在许多其他的纯粹集。从现在起,我们将使用语句"集合"意指"纯粹集"。现在让我们尝试陈述一个理论即阶段理论,恰恰表达许多但并非全部迭代概念的内容。我们将使用语句 $\mathcal{J}$,在其中存在两类变元:变元"x"、"y"、"z"、"w",$\cdots\cdots$,管辖集合,和变元"r"、"s"、"t",管辖阶段。除 $\mathcal{L}$ 的谓词字母"∈"和"="之外,也包含两个新的 2—位谓词字母"E",读作"早于",和"F",读作"……在……处被形成"。$\mathcal{J}$ 的形成规则是完全标准的。这里是掌控阶段序列的某些公理。

$$(\text{I}) \quad \forall s \neg s\mathrm{E}s。$$

它说的是没有阶段是早于自身的。

$$(\text{II}) \quad \forall r \forall s \forall t((r\mathrm{E}s \wedge s\mathrm{E}t) \rightarrow r\mathrm{E}t)。$$

它说的是早于是传递的。

$$(\text{III}) \quad \forall s \forall t(s\mathrm{E}t \vee s=t \vee t\mathrm{E}s)。$$

它说的是早于是连通的。

$$(\text{IV}) \quad \exists s \forall t(t \neq s \rightarrow s\mathrm{E}t)。$$

它说的是存在最早阶段。

$$(\text{V}) \quad \forall s \exists t(s\mathrm{E}t \wedge \forall r(r\mathrm{E}t \rightarrow (r\mathrm{E}s \vee r=s)))。$$

它说的是接在任何阶段之后存在另一个阶段。

下面是描述何时集合和它们的元素被形成的某些公理:

$$(\text{VI}) \quad \exists s(\exists tt\mathrm{E}s \wedge \forall t(t\mathrm{E}s \rightarrow \exists r(t\mathrm{E}r \wedge r\mathrm{E}s)))。$$

它说的是存在一个并非最早的阶段,其不是接在任一个阶段之后。根据粗略的描述,阶段 ω 是如此的一个阶段。

$$(\text{VII}) \quad \forall x \exists s(xFs \wedge \forall t(xFt \rightarrow t=s))。$$

它说的是每个集合都在某个唯一的阶段被形成。

$$(\text{VIII}) \quad \forall x \forall y \forall s \forall t((y \in x \wedge xFs \wedge yFt) \rightarrow tEs)。$$

它说的是集合的每个元素是在集合之前被形成的,也就是在更前阶段被形成的。

$$(\text{IX}) \quad \forall x \forall s \forall t(xFs \wedge tEs \rightarrow \exists y \exists r(y \in x \wedge yFr \wedge (t=r \vee tEr)))。$$

它说的是如果集合是在一个阶段被形成的,那么在任意前面阶段或者任意前面阶段之后,至少它的一个元素被形成。所以从未发生的是,一个集合的所有元素在某个阶段前被形成,但该集合不是在那个阶段被形成,当它先前尚未被形成。

我们可能捕获在前面阶段被形成的每个可能的集合收集在任意阶段是被形成若它尚未被形成的观念的部分内容,通过把所有公式「$\forall s \exists y \forall x(x \in y \leftrightarrow (\chi \wedge \exists t(tEs \wedge xFt)))$」当作公理,这里 χ 是语言 $\mathcal{J}$ 的公式在其没有"y"的出现是自由的。任意如此的公理将要说的是对任意阶段存在 χ 恰好应用到的那些在那个阶段之前被形成的集合的集合。让我们把这些公理称为规范公理(specification axioms)。仍存在包含在粗的尚未在阶段理论中表达的描述中的重要特征:在通过粗略描述中所描述的程序集合被归纳生成的方式和通过反复应用后继运算从 0 被归纳生成的自然数 0,1,2,…的方式间的类比。描绘这种特征的一个方式是断言有关集合和阶段的适当归纳原则;因为,如同弗雷格、戴德金、皮亚诺和其他人曾使我们能够看到的,特定种类对象在特定方式被归纳生成的观念内容恰好是命题,然后恰当的归纳原则对那些对象有效。作为掌控自然数的归纳原则,数学原则具有两种形式,它们在某些关于自然数的假设上是内部可推导的(inter-derivable)。该原则的第一个版本是陈述

$$\forall P[P0 \wedge \forall n(Pn \rightarrow PSn) \rightarrow \forall nPn]$$

其可以被读作,"如果 0 有性质且若每当自然数有该性质它的后继也有该性质,那么每个自然数有该性质"。第二个版本是陈述

$$\forall P[\forall n(\forall m[m<n \rightarrow Pm] \rightarrow Pn) \rightarrow \forall nPn].$$

它能被读作,"如果每个自然数有一个性质倘若所有更小自然数有该性质,那么每个自然数有该性质"。我们想要断言的关于集合和阶段的归纳原则是以数学归纳原则的第二种形式为模型的。让我们说阶段 s 是由谓词覆盖的,当谓词应用到在 s 处被形成的每个集合。我们的数学归纳第二种形式的集合和阶段类似物说的是如果每个阶段是由谓词覆盖的倘若所有前面阶段都是由它所覆盖的,那么每个阶段都是由该谓词所覆盖的。这个断言的全力(full force)只能以二阶量词被表达。然而,我们能捕获某个它的内容,通过把下述的所有公式当作公理

$$\ulcorner \forall s(\forall t(tEs \rightarrow \forall x(xFt \rightarrow \theta)) \rightarrow \forall x(xFs \rightarrow \chi)) \rightarrow \forall s \forall x(xFs \rightarrow \chi) \urcorner$$

这里 χ 是 $\mathcal{J}$ 不包含"t"的出现的公式且 θ 恰好像 χ 除了包含"t"的自由出现无论 χ 哪里包含"s"的自由出现。注意到"$\forall x(xFs \rightarrow \chi)$"说的是 χ 应用到每个在阶段 s 被形成的集合且由此 s 是由 χ 所覆盖的。我们把这些公理称为归纳公理。

3. 从阶段理论推导策梅洛—弗兰克尔集合论

通过表明如何从阶段理论推导集合理论的公理我们完成对集合

的迭代概念的描述。我们推导的公理只谈及集合和属于关系：它们是 $\mathcal{L}$ 的公式。

空集公理：$\exists y \forall x \neg x \in y$。（存在没有元素的集合）。

推导：令 $\chi =''x=x''$。那么

$$\forall s \exists y \forall x (x \in y \leftrightarrow (x=x \wedge \exists t(t\mathrm{E}s \wedge x\mathrm{F}t)))$$

是规范公理，据其对任意阶段，存在在前面阶段形成的所有集合的集合。由于存在最早的阶段也就是第 0 个阶段，在它之前没有集合被形成，存在不包含元素的集合。注意根据阶段理论的公理（IX），没有元素的任意集合是在第 0 个阶段被形成的：因为如果它是在后面被形成，它必然会有一个在第 0 个阶段或者第 0 个阶段之后被形成的元素。

配对公理：$\forall z \forall w \exists y \forall x (x \in y \leftrightarrow (x=z \vee x=w))$。（对任意不必然不同的集合 z 和 w，存在专有元素为 z 和 w 的集合）。

推导：令 $\chi =''x=z \vee x=w''$。那么

$$\forall s \exists y \forall x (x \in y \leftrightarrow ((x=z \vee x=w) \wedge \exists t(t\mathrm{E}s \wedge x\mathrm{F}t)))$$

是规范公理，据其对任意阶段，存在在前面阶段被形成的所有集合的集合，它们或者恒等于 z 或者恒等于 w。任意集合都是在某个阶段被形成的。令 r 是在其处 z 被形成的阶段；令 s 是在其处 w 被形成的阶段。令 t 是晚于 r 和 s 两者的阶段。那么在早于 t 的阶段存在被形成的所有集合的集合，它们或者恒等于 z 或者恒等于 w。所以存在只是包含 z 和 w 的集合。

并集公理：$\forall z \exists y \forall x (x \in y \leftrightarrow \exists w(x \in w \wedge w \in z))$。（对

任何集合 z,存在元素恰好是 z 的元素的元素的集合。)

推导:"$\forall s \exists y \forall x(x \in y \leftrightarrow(\exists w(x \in w \wedge w \in z) \wedge \exists t(t \mathrm{E} s \wedge x \mathrm{F} t)))$"是规范公理,据其对任意阶段,存在在前面阶段被形成的 z 的元素的所有元素的集合。令 s 是在其处 z 被形成的阶段。z 的每个元素是在 s 之前被形成的,且因此 z 的元素的每个元素也是在 s 之前被形成的。因此存在 z 是元素的所有元素的集合。

幂集公理: $\forall z \exists y \forall x(x \in y \leftrightarrow \forall w(w \in x \rightarrow w \in z))$。(对任意集合 z,存在元素恰好是 z 的子集的集合)。

推导:"$\forall s \exists y \forall x(x \in y \leftrightarrow(\forall w(w \in x \rightarrow w \in z) \wedge \exists t(t \mathrm{E} s \wedge x \mathrm{F} t)))$"是规范公理,据其对任意阶段,存在在前面阶段被形成的 z 的所有子集的集合。令 t 是在其处 z 被形成的阶段且令 s 是后面紧接着的阶段。如果 x 是 z 的子集,那么 x 是在 s 之前被形成的。因为不然,根据公理(IX),会存在在 t 处或者 t 之后被形成的 x 的元素且由此不是 z 的一个元素。所以存在在 s 之前被形成的 z 的所有子集的集合,且由此 z 的所有子集的集合。

无穷公理: $\exists y(\exists x(x \in y \wedge \forall z z \in x) \rightarrow \forall x(x \in y \rightarrow \exists z(z \in y \wedge \forall w(w \in z \leftrightarrow(w \in x \vee w=x)))))$。

把集合称为零的(null)当它没有元素。把 z 称为 x 的后继当 z 的元素恰好是 x 的元素和 x 自身。那么存在包含零集(a null set)且包含它包含的任意集合后继的集合。

推导:让我们首先观察每个集合 x 都有一个后继。因为根据配对公理令 y 是只包含 x 和 x 的集合,且再根据配对公理令 w 是只包含 x 和 y 的集合,且根据并集公理令 z 只包含 w 的元素的元素。那么 z

是 x 的后继,因为它的元素恰好是 x 和 x 的元素。接下来,注意如果 z 是 x 的后继,x 在 r 处被形成,且 t 是 r 后的下一个阶段,那么 z 在 t 处被形成。因为 z 的每个元素是在 t 之前被形成的。所以根据公理 (IX),z 是在 t 处或者 t 之前被形成的。但属于 z 的 x,是在 r 处被形成的。所以 z 不能在 r 处或者 r 之前被形成。所以 z 不能在 t 之前被形成。现在根据公理 (VI),存在一个阶段 s,不是最早的阶段,其不是接在任意阶段之后的。"$\forall s \exists y \forall x (x \in y \leftrightarrow (x = x \wedge \exists t (tEs \wedge xFt)))$" 是规范公理,据其对任意阶段,存在在前面阶段被形成的所有集合的集合。所以存在在 s 之前被形成的所有集合的集合 y。因此 y 包含在第 0 个阶段被形成的所有集合,且由此包含一个零集。而且如果 y 包含 x,y 包含 x 的所有后继,因为所有这些在接在 s 之前阶段之后的阶段且因此在 s 之前的阶段自身被形成。

分离公理:所有公式

$$\ulcorner \forall z \exists y \forall x (x \in y \leftrightarrow (x \in z \wedge \varphi)) \urcorner$$

这里 φ 是 $\mathcal{L}$ 的公式,在其没有"y"的出现是自由的。

推导:如果 φ 是没有"y"自由出现的 $\mathcal{L}$ 的公式,那么"$\ulcorner \forall s \exists y \forall x (x \in y \leftrightarrow ((x \in z \wedge \varphi) \wedge \exists t (tEs \wedge xFt))) \urcorner$"是规范公理,我们可以把它读作,"对任意阶段 s,存在在前面阶段被形成的所有集合的集合,它属于 z 且 φ 应用到它"。令 s 是在其 z 被形成的阶段。z 的所有元素都是在 s 之前被形成的。所以,对任意 z,存在 φ 应用到的 z 的恰好那些元素集,我们把它记为,$\ulcorner \forall z \exists y \forall x (x \in y \leftrightarrow (x \in z \wedge \varphi)) \urcorner$。分离公理的形式推导会使用已描述的规范公理和阶段理论的公理 (VII) 和 (VIII)。

正则公理:所有公式

$$\ulcorner \exists x\varphi \rightarrow \exists x(\varphi \wedge \forall y(y\in x \wedge \neg \psi))\urcorner$$

这里 φ 不包含"y"且 ψ 恰好像 φ 除了包含"y"的出现不管 φ 哪里包含"x"的自由出现。

推导:思路如下:假设 φ 应用到某个集合 x'。x' 在某个阶段被形成。因此那个阶段不是由 $\ulcorner \neg \varphi \urcorner$ 覆盖的。根据归纳公理,那么存在不由 $\ulcorner \neg \varphi \urcorner$ 覆盖的阶段 s,尽管早于 s 的所有阶段是由 $\ulcorner \neg \varphi \urcorner$ 覆盖的。由于 s 不是由 $\ulcorner \neg \varphi \urcorner$ 覆盖的,存在在 s 处被形成的 x,$\ulcorner \neg \varphi \urcorner$ 不应用到它,也就是,φ 应用到它。如果 y 属于 x,然而,y 是在 s 之前被形成的,且因此在其处它被形成的阶段是由 $\ulcorner \neg \varphi \urcorner$ 覆盖的。所以 $\ulcorner \neg \varphi \urcorner$ 应用到 y,这正是 $\ulcorner \neg \psi \urcorner$ 要说的。对形式推导,对换、换字母且简化归纳公理

$$\ulcorner \forall s(\forall t(t\mathrm{E}s \rightarrow \forall x(x\mathrm{F}t \rightarrow \neg \varphi)) \rightarrow \forall x(x\mathrm{F}s \rightarrow \neg \varphi)) \rightarrow$$
$$\forall s \forall x(x\mathrm{F}s \rightarrow \neg \varphi)\urcorner$$

以便获得

$$\ulcorner \exists s \exists x(x\mathrm{F}s \wedge \varphi) \rightarrow \exists s \exists x(x\mathrm{F}s \wedge \varphi \wedge \forall y \forall t(t\mathrm{E}s \wedge y\mathrm{F}t \rightarrow \neg \psi))\urcorner$$

假设 $\ulcorner \exists x\varphi \urcorner$。使用公理(VII)和假言推理以获得

$$\ulcorner \exists s \exists x(x\mathrm{F}s \wedge \varphi \wedge \forall y \forall t(t\mathrm{E}s \wedge y\mathrm{F}t \rightarrow \neg \psi))\urcorner$$

使用公理(VII)和(VIII)以从这个获得 $\ulcorner \exists x\varphi \rightarrow \exists x(\varphi \wedge \forall y(y\in x \wedge \neg \psi))\urcorner$。

正则公理部分地表达被称为最小数原则(the least-number principle)的数学归纳版本的集合类似物:如果存在有一个性质的数,那么存在带有那个性质的最小数。类似物自身曾被称为集合论归纳原则(the principle of set theoretical induction)。这里是集合论归纳的应用:

定理:没有集合属于自身。

证明: 假设某个集合属于自身,也就是,$\exists x x \in x$。

$$\exists x x \in x \rightarrow \exists x(x \in x \wedge \forall y(y \in x \rightarrow \neg y \in y))$$

是正则公理。那么根据假言推理,某个集合 x 属于自身尽管没有 x 的元素属于自身,甚至 x 不属于自身。矛盾!

我们已给出推导的公理是常常被当作 **ZF** 的公理且从所有能相当被称为迭代概念形式化(formalizations of the iterative conception)的理论中可演绎的那些陈述。外延公理有特殊地位,这是我们下面要讨论的。不同于我们已给出那些的其他公理本来已被当作阶段理论的公理。例如,我们本来已经能把断言阶段存在性的陈述当作公理,不直接晚于任何阶段,但晚于某个自身既不是最早阶段也不直接晚于任何阶段的阶段。如此公理本来会已经使我们能够演绎比我们已给出推导的那个更强的无穷公理,但这个更强陈述不通常被当作 **ZF** 的公理。我们本来也已经能从阶段理论推导其他陈述,诸如没有集合属于任意它的元素的陈述,但该陈述决不被当作 **ZF** 的公理。我们不相信替换公理或者选择公理能从迭代概念中被推断出来。正则原则的一个

$$\forall z(\exists x x \in z \rightarrow \exists x(x \in z \wedge \forall y(y \in x \rightarrow \neg y \in z)))$$

有时被称为正则原则;有 **ZF** 的其他公理在场,正则性的所有其他公理从它推断出来。名称"策梅洛集合论"也许是最通常被给到公理为"$\forall x \forall y(\forall z(z \in x \leftrightarrow z \in y) \rightarrow x = y)$"的理论,也就是,外延公理,且零集、对集和并集公理,幂集公理,无穷公理,所有的分离公理,且正则公理。

4. 阶段理论的局限

替换公理:ZF 是公理为策梅洛集合论的那些和所有替换公

理的理论。$\mathcal{L}$ 的公式是替换公理当它是翻译为 $\mathcal{L}$ 的在下述用 $\mathcal{L}$ 的公式替代"F"的结果

$$\text{F 是一个函数} \rightarrow \forall z \exists y \forall x (x \in y \leftrightarrow$$
$$\exists w(w \in z \wedge F(w)=x)).$$

存在阶段理论的扩充从其本来能推出替换公理。我们本来能把下述原则的所有在 $\mathcal{J}$ 中能表达的实例当作公理:"如果每个集合与至少一个阶段有关,那么对任意集合 z 存在阶段 s 使得对 z 的每个元素 w,s 是晚于某个与 w 有关的阶段"。这条边界或者共尾性原则是关于集合和阶段相互关系的有吸引力的进一步思想,但它对我们来说似乎是进一步的思想,而不是据说在对迭代概念的粗略描述中曾被意指的一个。因为恰好存在 ω_1 个阶段似乎不是由粗略描述中所说的任何事物所排除的;似乎 R_{ω_1} 是 $\mathcal{L}$ 的据说曾经由粗略描述所蕴涵的任意陈述的模型。因此替换公理似乎对我们而言不从迭代概念推断出来。把替换公理加到策梅洛集合论的公理使我们能够定义辨认阶段理论阶段的集合序列 $\{R_\alpha\}$。假设我们表达 $R_\alpha =$ 零集;$R_{\alpha+1}=R_\alpha \cup \mathcal{P}(R_\alpha)$,且 $R_\lambda = \bigcup_{\beta<\lambda}R_\beta$,这里 λ 是极限序数——替换公理确保运算 R 是良定义的——而且说 s 是一个阶段当 $\exists \alpha s = R_\alpha$,说 x 在 s 处被形成当 x 是 s 的子集而不是元素,并且说 s 是早于 t 的当对某个 α,β,$s = R_\alpha$,$t = R_\beta$ 且 $\alpha < \beta$。那么我们能把不仅翻译为阶段理论公理的集合论语言证明为 **ZF** 定理,而且断言越来越远"向外"阶段存在性的所有那些强公理的那些翻译,这本来已由粗略描述所建议,并且也在 $\mathcal{J}$ 中可表达的边界原则实例的那些翻译。因此 **ZF** 使我们能够在集合论语言内部描述和断言迭代概念的全一阶内容。尽管它们不是从迭代概念中推出的,采用替换公理的理由是相当简单的:它们有许多合意的结论且明显没有不合需要的结论。除了关于迭代概念的定理,替换的结论包括一个令人满意的若非理想的无穷数理论,和高度合意的证实良基关系上归纳定义的结果。

外延公理:外延公理享有没有任何一个 **ZF** 的其他公理所分享的特殊认识论地位。假使有人否认另一条 **ZF** 公理,单单在他的否定的基础上我们宁愿更倾向于假设他相信公理为假而非我们宁愿如此若他否定外延公理。尽管"存在未婚单身汉"和"不存在单身汉"是要说的同等荒谬的事情,如果有人要说前者,比起说后者的某人他会更招致他意指的不是他所说的怀疑。类似地,如果有人要说,"存在有着相同元素的不同集合",从而比起断言否定某个其他公理的某个人他会为我们证实认为他的用语远远非标准的。由于这个差异,人们可能倾向于把外延公理称为"分析的",凭借包含在它里面的语词意义为真,但不考虑其他公理为分析的。然而,奎因和其他人已经令人信服地论证直到我们对凭借意义语句如何为真有可接受的解释,我们应该克制把任何事物称为分析的。不过似乎可能的是不管存在接受外延公理的什么证实,比起对接受集合论其他公理的证实,类似对接受分析语句大多数经典例子的证实是更有可能的,诸如"所有单身汉都是未婚的"或者"兄弟姐妹有兄弟姐妹"。服从外延公理的"集合"和"成为……的元素"比起它们服从任意其他公理的事实是我们使用它们的更为核心的特征。被否定的甚或无法断言的理论,留下的 **ZF** 的某些其他公理仍然可能被称为一门集合论(a set theory),尽管是不正常或者不完全的一个。但不断言它处理的对象是恒等的当它们有相同元素的理论只是出于宽容会单单被称为关于集合的理论(a theory of sets)。

选择公理:选择公理的一种形式,有时被称为"乘积公理"(multiplicative axiom),是如此表述,"对任意 x,如果 x 是非空不交集的集合,那么存在一个被称为 x 的选择集的集合,恰好包含 x 的每个元素的一个元素"。这里两个集合是不交的当没有任何事物是两个集合的元素。不幸的是,似乎迭代概念相对于选择公理是中立的。容易表明的是,如同现在众所周知的,由于既非选择公理也非它的否定是 **ZF** 的定理,既非公理也非它的否定能从阶段理论推断出来。当然被假设形式化粗略描述的阶段理论能被扩充以便判定该公理。但似乎没有额外的会判定选择的公理能从粗略描述被推断出来，若在推理中没有选择公理自身的假设，或者某个同等不确定的原则。选择公理的困难在于是否把粗略描述认作蕴涵关于推出公理的集合和阶段原则的判定，因为实质上相同的判定，与是否接受公理的判定是一样困难的判定。假设我们尝试通过以下述方式的论证推出公理：令 x 是非空不交集合的集合。x 是在某个阶段 s 被形成的。因此，在 s 阶段，若非更早阶段，存在恰恰包含 x 的每个元素的一个元素的被形成的集合。但断言这个就是乞求论点。我们如何知道如此的选择集合是被形成的？如果一个选择集是被形成的，它确实是在 s 或者 s 之前被形成的。但我们如何全然知道一个是被形成的？论证在 s 阶段我们能从 x 的每个元素选择一个元素且由此形成 x 的选择集也是乞求论点："我们不能从 x 的每个元素的一个元素选择"若不存在 x 的选择集。说这个就不是说选择公理不是既明显的且不可或缺的。只能说对它的接受性的证实不是在集合的迭代概念中被发现的。

第二节　两个典型的集合概念

根据迭代或者累积集合概念，集合是在每个阶段形成的。人们说集合论是对迭代概念的体现。布劳斯想要澄清集合论、迭代概念、大小限制概念与新第五基本定律间的关系。他对存在成为全体集合论基础的单个概念持怀疑态度。布劳斯把除了外延公理和选择公理的策梅洛集合论的所有公理的理论称为 Z^-。Z^- 能从迭代概念的形式化性中推导出来。布劳斯认为存在两类自然的集合概念：第一类是朴素集合概念；第二类是迭代集合概念。不同于自然集合概念的集合概念是大小限制学说。大小限制学说有强弱两个版本。两个版本间的差异在于弱版本不保证对象常常形成集合，当这些对象不与所有对象处于 1—1 对应。不像朴素和迭代概念，大小限制概念不是自然观点。

迭代概念是唯一自然的且协调的集合概念,而且它蕴涵 Z^-。这就是它为 Z^- 提供的辩护。

我们用"阶段"、"⋯⋯在⋯⋯处形成"和"⋯⋯是早于⋯⋯的"取代"序数"、"有秩"和"⋯⋯是小于⋯⋯的"作为基元。布劳斯给出阶段理论 S 的三组公理。第一组说的是阶段—阶段公理;第二组说的是集合—阶段公理;第三组说的是集合—集合公理。在斯科特和休恩菲尔德工作的基础上,布劳斯根据阶段理论推导 Z^- 的全部公理。在阶段理论 S 中我们推不出外延公理、选择公理和替换公理。我们需要对 S 进行扩充。方法是在规范公理中用"成为可单射的"取代"成为包含的"。由此生成的理论我们称为 S^+。由于我们可以从 1—1 替换公理、分离公理、幂集公理和外延公理推断替换公理,那么可以在 S^+ 加外延公理的理论中得到替换公理。现在我们来看上述提出的大小限制概念,从这个概念出发我们能推出替换公理。这项工作来源于弗雷格的外延理论,该理论是由对象、概念和外延组成的。罗素表明弗雷格的第五基本定律是不协调的。

这就需要我们对弗雷格的外延理论进行修正。在修正过程中我们关键吸收的是大小限制观念。这条路线源自康托尔、罗素、冯诺依曼和伯奈斯,说的是带有太多元素的对象通过不属于任何事物或者通过不存在以种种反常的方式表现出来。根据我们对第五原则的修正版本,所有如此过剩的对象将结果是恒等的。布劳斯在定义小概念和概念相似之后,给出新第五基本定律。我们把新第五基本定律附加到标准公理二阶逻辑得到的二阶理论称为弗雷格—冯诺依曼公理系统 FN。在 FN 中推不出并集公理,我们需要对 FN 进行修正。在利维工作的基础上,我们需要纯粹对象概念。从迭代概念出发可以证明除了外延公理、替换公理和选择公理的所有公理。从 FN 出发可以推出除了无穷公理和幂集公理的所有公理。因而布劳斯说在集合论背后至少存在两种思想。

1. 三类集合概念

根据集合的迭代(iterative)或者累计(cumulative)概念,集合是在某些阶段被形成的;确实,每个集合都是在下述"过程"的某个阶段被形成的:在第 0 个阶段所有可能的个体收集是被形成的。个体是并非集合的对象;出于通常的理由种类,我们将假设不存在个体。因此在第 0 个阶段只有零集是被形成的。在第 1 个阶段被形成的集合是在第 0 个阶段被形成的所有可能的集合收集,也就是,零集和单独元素是零集的集合。在第 2 个阶段被形成的集合是在第 0 个和第 1 个阶段被形成的所有可能的集合收集。存在 $4=2^2$ 个集合。在第 3 个阶段被形成的集合是在第 0、1 和 2 个阶段被形成的所有可能的集合收集。存在 $16=2^4$ 个集合。在第 4 个阶段被形成的集合……

一般而言,对任意自然数 n,在第 n 个阶段被形成的集合是在早于 n 的阶段被形成的所有可能的集合收集,也就是,阶段 $0, 1, \cdots, n-1$。接在所有阶段 $0, 1, 2, \cdots$ 之后存在一个阶段,阶段 ω。类似地在阶段 ω 被形成的集合是在早于 ω 的阶段被形成的所有可能的集合收集的收集,也就是,阶段 $0, 1, 2, \cdots$。在第 ω 个阶段后来到第 $\omega+1$ 个阶段……。一般而言,对每个 α,在第 α 个阶段被形成的集合是在早于 α 的阶段被形成的所有可能的集合收集。不存在最后一个阶段:每个阶段是由另一个阶段紧跟着的。因此存在阶段 $\omega+2, \omega+3, \cdots$。接在所有这些之后,存在第 $\omega+\omega$ 个阶段,又称 $\omega \cdot 2$。那么 $\omega \cdot 2+1$,$\omega \cdot 2+2$,如此等等。接在所有 ω,$\omega \cdot 2$,$\omega \cdot 3$ 之后来到 $\omega \cdot \omega$,又称 ω^2。那么 ω^2+1,…如此持续下去。

注意根据这个关于迭代概念的描述,没有集合恰恰在一个阶段被形成:每个集合也在所有晚于任意一个在其处集合被形成的阶段被形成。然而我们不假设每个集合首先在某个唯一阶段被形成,且因此不假设这些阶段是良序的。集合论,也就是,策梅洛—弗兰克尔集合论(ZF)连同选择公理,有时被称为"表达""体现"或者"清楚表达"迭代概念。这里我们的目的是澄清集合论、迭代概念,应归于罗素和冯诺依曼的另一个集合论概念"大小限制"和体现其他概念的对弗雷格的《算术基本定律》系统修复。向着本节的目标我们尝试对存在"成为整个集合论基础"的任意单个概念的观念产生某个怀疑。我们将以方法论问题开始:迭代概念提供集合论的什么证实种类?

让我们把公理为除了外延和选择公理的所有策梅洛集合论公理的理论称作 **Z⁻**。**Z** 是策梅洛集合论,它的一个公理是外延公理;选择公理不是 **Z** 或者 **ZF** 的成熟公理,后者是通过把替换公理加到 **Z** 得到的。我们不就将看到 **Z⁻** 能从迭代概念的形式化推导出来。推不出的是迭代概念表明 **ZF** 的子理论 **Z⁻** 的定理是真的,因为没有理由认为阶段和集合是如同该概念维护的那样,也就是,该概念关于集合和阶段是正确的。当然,如果事情如该概念那样有它们的话,那么 **Z⁻** 是真的,因为它能从迭代概念被演绎出来。然而,没有独立的理由已经被给出以相信根据迭代概念集合和阶段如其所是。有趣的问题是为什么我们倾向于拒绝下述怀疑性假设,即在集合论中某个诸如单纯协调性(simple consistency)或 ω—协调性这样的形式缺陷不在场的情况下,集合的迭代概念可能是错误的,至少在它的大致轮廓中。迭代概念曾被称为"自然的"。

可能与更"自然"或者更"简单"的理论可能有为真的更大机会的过于乐观的观点(the Panglossian view)有关联,这里"自然的"不是审美评估的词项而仅仅意指没有关于集合的先天知识或者经验,我们能或者确实容易地获得这个概念,容易理解它当它被解释给我们,而且发现它可行或者至少可设想地真(conceivably true)。对在此意义上成为自然的观点,它不能与我们的前概念(preconceptions)有过多争执,像从迭代概念通过互换"早于"和"晚于"而获得的观念。在此意义上自然的另一个集合概念是朴素概念,其能以两种方法被表述,如同任意谓词都有作为它的外延的集合的思想,和如同任意零个或者多个事物数某一个集合的元素的思想。朴素概念的麻烦在于罗素悖论表明它是不协调的:谓词"并非自身元素的集合"('is a set that is not a member of itself')是没有集合作为它的外延的谓词,而且并非自身元素的集合不是任何集合的元素。

下述被检查的不同集合概念是"大小限制"学说。该学说至少以两个版本出现:根据大小限制的较强版本,对象形成一个集合当且仅当它们不与存在的所有对象处于1—1对应。根据大小限制的较弱版本,不存在元素与所有对象处于1—1对应的集合,但对象确实形成一个集合当它们与给定集合的元素处于1—1对应。在某些自然条件下,这最后一个假设能被弱化到:当不存在比给定元素更多的对象。两个版本间的差异在于较弱的不保证对象将经常形成一个集合当它们不与所有对象处于1—1对应。不像朴素概念和迭代概念,不管哪个版本的大小限制不是自然的观点,因为人们会开始容纳它只在人们的前概念已经由集合论矛盾(the set-theoretic antinomies)知识弄复杂之后,不仅仅包括罗素悖论,也有康托尔悖论和布拉利—福蒂悖论。迭代概念是我们仅有的自然的和协调的集合概念,且它蕴涵 $\mathbf{Z}^-$;那是它为 $\mathbf{Z}^-$ 提供的证实。

里亚利(Dan Leary)曾经做出集合在某个阶段形成的隐喻可能起因于好阐述的特定叙述约定或者原则的观察:一般地且其他条件不变(ceteris paribus),以某个显著方式被安排的对象描述应该以对应于该安排的序提到那些对象。一致地,当描述集合论论域的结构,人们首先会提到零集,然后恰好包含零集的集合,然后所有恰好包含零集集合的集合,然后所有恰好包含零集集合集的集合,如此等等。人们可能说,存在零集,存在它的单元集,然后存在只包含那些的两个其他集合,然后存在只包含那些的12个"新的"集合,……花费时间给出如此略图且某些集合在其他集合前将被提到的事实,可能足够容易被当作或被误解为集合自身的半时间特征(a quasi-temporal feature),而且人们可能倾向于说在描述中出现较早的集合实际上来得更早,说集合不能存在直到它们的元素确实存在,说它们仅在它们的元素形成后形成,而且说它们在所有它们的元素被形成之后被形成。

无论如何，出于解释此概念的目标，该隐喻是彻底不必要的，因为反之我们能说：存在零集和恰好包含零集的集合，所有那些的集合（sets of all those），所有那些的那些的集合（sets of all *those*），所有的那些的那些的那些的集合（sets of all *Those*），……也存在所有那一切的集合（sets of all *THOSE*）。现在让我们把这些集合称为"那些"（those）。然后存在那些的集合（sets of those），那些的那些的集合（sets of *those*），……注意省略符号的点数"……"像"如此等等"是一个指示词；两者都意指：诸如此类，也就是，以此方式向前。但现在我们不关注消除该隐喻，其不管怎样能通过把"阶段""在……处被形成"和"是早于"当作基元立即被完成，或者用被当作基元的"序数""有秩"和"是小于"取代它们。我们宁愿想表明迭代概念对 **Z**⁻ 的推导的需求有多小，也就是，想表明如何从其推断 **Z**⁻ 的公理存在多么简单的阶段理论，而且在《集合的迭代理论》中被发现的公理化有多么复杂。

2. 阶段理论与正则公理

那么让我们考虑二类一阶语言 $\mathcal{L}$，有集合变元 x，y，z，…，和阶段变元 r，s，t，…。在 $\mathcal{L}$ 中存在三个二位谓词，阶段—阶段谓词 $<$，读作"……是早于……"，集合—阶段谓词 F，读作"在……处被形成"，和集合—集合谓词 $\in$。让我们把"$\exists t(t<s \wedge yFt)$"缩写为 yBs，可以读作"y 在 s 之前被形成"。那么下述语句是我们理论 S 的公理。关于"早于"的公理：

$$Tra: \forall t \forall s \forall r(t<s \wedge s<r \rightarrow t<r);$$
$$Net: \forall t \forall s \exists r(t<r \wedge s<r);$$
$$Inf: \exists r(\exists tt<r \wedge \forall t(t<r \rightarrow \exists s(t<s \wedge s<r))).$$

关于集合和阶段的公理：

All：$\forall x \exists s x Fs$；

When：$\forall x \forall s(xFs \rightarrow \forall y(y \in x \rightarrow yBs))$。

规范公理，对不包含自由变元 x 的 $\mathcal{L}$ 的每个公式 A(y) 的一个公理：

Spec：$\exists s \forall y(A(y) \rightarrow yBs) \rightarrow \exists x \forall y(y \in x \leftrightarrow A(y))$。

某些关于这些公理的评论：当然，Tra 说的是"早于"（earlier-than）是传递的。Net 的一个结果是：$\forall s \exists rs < r$，也就是，每个阶段是早于某个阶段的。Net 从 $\forall s \exists rs < r$，Tra 和表达"早于"连通性的 $\mathcal{L}$ 的语句 Con，即 $\forall s \forall t(s < t \lor s = t \lor t < s)$ 中推断出来；然而，Con 不是 S 的一个公理。Inf 陈述存在一个"极限"阶段，即晚于某个阶段但不直接晚于早于它的任意阶段的一个阶段：第 ω 个阶段的存在性且因此诸如 Inf 声称存在这样的阶段存在性是我们已描述的此概念的值得注意的特征。Inf 太弱以致无法捕获关于在粗略描述中被做出的无穷阶段存在性的声称的全强度（full strength）；进一步的公理会被需要保证第 ω＋ω 个阶段的存在性。然而，它需要习惯上被称为"无穷公理的"集合论语言的推导。应该注意 Inf 只在无穷公理的推导中被使用。All 陈述的也许是迭代概念的最与众不同的特征，即每个集合都是在上述所描述的迭代过程的某个阶段被形成的。When 扩大 All，通过告诉我们集合是在一个阶段被形成的当且仅当所有它的元素都是在前面阶段是被形成的。因此如同我们已注意的集合是继续被再形成的（reformed）。

　　因为 $\mathcal{L}$ 是一阶语言，Spec 是公理—模式（an axiom-schema）而不是公理。它尝试捕获在任意阶段被形成的集合是在早于那一个阶段的阶段处被形成的"所有可能的集合收集"的思想。不完全清楚的是假设什么是短语"可能收集"的力量。模态词项"可能的"起什么作用，且无论如何收集如何不同于集合？When 告诉我们的是集合在一个阶段被形成当且仅当所有它的元素都是在前面阶段被形成。当然如果集合在一个阶段被形成，它是在那个阶段被形成。那么通过说在每个阶段被形成的集合是在更早阶段被形成的所有可能的集合收集Spec 增加的是什么？该思想能被更好表达若我们说：对任意阶段 s 和在 s 之前全已被形成的任意集合，存在对其恰恰那些集合属于的集合。该思想能完全在二阶语言中被表达：$\forall X[\exists s \forall y(Xy \rightarrow yBs) \rightarrow \exists x \forall y(y \in x \leftrightarrow Xy)]$。其他地方我们已经论证如此表述不需要被认作量词管辖任意真类或者实际上并非集合的其他类集合（set-like）对象。就迭代概念是什么不模糊的范围而言，也就是，阶段走多远离开并非模糊的，此概念的全力能在扩充 $\mathcal{L}$ 的二阶语言中被表达，但不在一阶语言 $\mathcal{L}$ 自身中不被表达。

Spec 的有用重述是 $\forall s \exists x \forall y(y \in x \leftrightarrow (A(y) \wedge yBs))$。为看到旧版本蕴涵新版本，令 $A'(y) \leftrightarrow A(y) \wedge yBs$，且把旧版本应用到 $A'(y)$；新版本立即蕴涵旧版本。把外延公理做当 S 的公理本来是欺骗行为。不同集合有不同元素可能是"分析的"或者"分析的不管如此说可能意指什么"，但他们如此实际上不是由迭代概念保证的。当然通过在 Spec 中"$\exists x$"之后偷偷溜入"!"推导外延公理会是可能的；不过我们的目的是分析我们有的概念，而且不表述能够蕴涵公理的某个不完全有动机的概念（imperfectly motivated conception）。然而似乎存在不同于它是半分析的或者关于外延性能说的不管什么的事物。该思想可能使人想起集合实际上与它的元素没什么不同。也就是，它是它们，是等同于它们的。该观念对有时给初学者以困惑的印象负责任的当他们被告知可以区分个体和它的单元集。若如此，那么外延性从恒等传递性推断出来：因为如果 x 的每个元素是 y 的一个元素且反之亦然，那么 x 的元素都是 y 的元素；因此 x，也就是，x 的元素，是等同于 y 的，也就是，y 的元素，且外延性成立。

现在，在集合等同于它的元素的建议中当然存在某个可疑的（fishy）事物——它如何能是它们当它们多于两个？——但似乎也存在不可疑的(non-fishy)某个事物。难道不是约翰、保罗、乔治和林格一个团体，多莉、斯蒂娃、塔尼娅和葛丽莎一个家庭，而且难道伯德、麦克海尔、帕里什、安吉和约翰逊不是先发五虎(a starting five)吗？罗素曾写道，"在当前章节我们将关注复数中的定冠词(the)：伦敦居民(*the* inhabitants of London)，富人的儿子(*the* sons of rich men)，诸如此类。换句话说，我们将关注类"(罗素，1919，第181页)。难以看到他如何能假设当我们关注伦敦居民，我们关注那些居民的类除非他假设伦敦居民是那个类，或者等同于那个类，或者与那个类是相同事物。假设在此段落中罗素实际上认为类是不同于它的元素的但由它们构成的，且每当我们指向这些元素，我们也指向不同的某物即这个类会是彻底不合理的。然而，提倡披头士(the Beatles)等同于某个事物即一个团队且奥布朗恩斯基(the Oblonskys)等同于一个家族的某个人将有某些困难的问题要回答，比如，那个团队和那个家族有多少人，两个或者八个？该团体如何能属于它自己的单元集而不用四位披头士成员属于那个单元集？也许最好不要期望这个外延性描述能成功。

人们可能认为下述论证要表明外延性在迭代概念上是明显的，且因此它本来会公平的把$\forall x \forall y (\forall z (z \in x \leftrightarrow z \in y) \rightarrow x = y)$当作S的一个公理：注意唯一性声称隐含在诸如"零集"(*the* null set)和"零集单元集"(*the* unit set of the null set)这样短语的用法中，且那里做出的有关集合数的另一个声称在前面阶段被形成，比如，在第0个阶段只有零集被形成，而且在第3个阶段，16个集合被形成。这些声称预设外延性的真性，因此其本来应当是S的公理。作为回复人们可以说：注意外延性被直接用来计算甚至在第0个阶段被形成的集合数量，在所有除了小部分概念被给定之前。因此集合是恒等的当它们的元素是相同的会看似一个迭代概念不对证据负责的原则，宁可是在我们形成迭代概念之前真性对我们完全明显的一个。然而，说如果你希望它是部分迭代概念恰恰因为它的明见性，但那么注意它是从此概念的剩余部分如何"可分开的"(detachable)：倘若$\forall x \forall y (\forall z (z \in x \leftrightarrow$

$z \in y) \to x = y$)被当作进一步的公理,它不会在 $\mathbf{Z}^-$ 的任意其他公理的推导中被使用,不像无穷公理,也不会在它的推导中需要 $\mathbf{Z}^-$ 的任意其他公理。

S 的公理已经被陈述和讨论,是时候从这些公理推导减去外延公理和选择公理的策梅洛集合论(细节见附录)。显著地,$\mathbf{Z}^-$ 的所有公理都能从 S 推出来,即使这些被当作包括正则或者基础公理,也就是,集合论语言公式 $\exists x A(x) \to \exists x (A(x) \land \forall y(y \in x \to \neg A(y)))$。在这些公理中是有时被称作正则公理的公式:$\exists x x \in z \to \exists x (x \in z \land \forall y(y \in x \to \neg y \in z))$。甚至从 S 的公理中表达归纳原则的公式模式不在场的情况下这些在 S 中是可推导的显著事实首先是由斯科特注意到的。确实,所有公式 $\exists s P(s) \to \exists s P(s) \land \forall t(t < s \to \neg P(t))$——把作为实例的带有这些公式的模式称为"阶段归纳"(induction for stages)——能在 S 中被证明,而且正则公理从这些被推导出来。注意 S 的公理,甚至放在一起,没有归纳原则的"样子"。因此 S 中阶段归纳和正则公理—模式的可推导性根据一般逻辑经验是最令人惊讶的,其倾向于证实人们若不显性地或者隐性地假设归纳原则不能推断归纳原则。

例如,如果有人尝试表明真自然数满足数学归纳,人们典型地或者把它们定义为满足某种归纳条件的对象——如同在弗雷格和罗素的工作中那样,那里它们被描绘为包含零且在后继下封闭的所有类的元素——在其情况下人们需要超出该理论使用归纳以表明真自然数有所有有趣的由被定义以满足条件的对象分享的性质,或者人们在理论中假定归纳原则在其如同当有人在集合论中假设正则公理,那么有人尝试论证满足归纳的数把序数定义为元素全为传递的传递集,把自然数定义为元素全是零或者后继序数的零或者后继序数,且然后使用正则性推断序数的良基性,且因此如此被定义的自然数的良基性。

我们可以促进经常需要推导归纳的归纳(induction is always needed to derive induction)的观念,通过熟知休谟的"经验"归纳证实上的反思和其他怀疑性哲学著作,它们的倾向在于没有重要的哲学原则,

142

例如物质对象的存在性,能从似乎较弱的假设中被证明出来,也许也通过卡罗尔(Lewis Carroll)的"阿基里斯与龟"或者庞加莱、奎因和维特根斯坦的著作,且当然通过缺少归纳算术形式系统难以置信弱(impossibly weak)的常识。尽管有所有这些常识和判断力,然而存在从仅仅自身被描绘为归纳原则的原则对归纳原则的推导。哲学家们被预测声称 Spec "实际上"是伪装的归纳原则。由上我们的准则是:有时不用先放入它你就能得到归纳。下面是推导继续进行的方式;我们遵循休恩菲尔德《数理逻辑手册》里的文章:

定义: y 是 x 的极小元当 $y \in x$ 且 $\neg \forall z(z \in x \land z \in y)$。

定义: y 是有根的当包含 y 的每个集合都有一个极小元。

如果 y 的每个元素都是有根的,那么 y 自身是有根的。逻辑推导:假设 $y \in x$。如果对某个 z,$z \in x$ 且 $z \in y$,那么 z 是有根的,且 x 有一个极小元。否则,$\neg \forall z(z \in x \land z \in y)$;但那么 y 是 x 的极小元。

定义: $a \mathbf{R} s$ 当且仅当 $\forall y(y \in a \leftrightarrow y$ 是有根的 $\land y \mathbf{B} s)$。

杂项事实:

1. 根据 Spec,对每个 s,存在 a 使得 $a \mathbf{R} s$;

2. 如果 $a \mathbf{R} s$,那么由于 a 的所有元素都是有根的,那么 a 是有根的;

3. 根据 When,如果 $a \mathbf{R} s$,那么 $a \mathbf{F} s$;

4. 因此如果 $t < s$,$a \mathbf{R} s$,且 $b \mathbf{R} t$,那么根据 2 我们有 b 是有根的,根据 3 我们有 $b \mathbf{F} t$,有 $b \mathbf{B} s$ 和 $b \in a$。

阶段归纳: $\exists s \mathrm{P}(s) \to \exists s(\mathrm{P}(s) \land \forall(t < s \to \neg \mathrm{P}(t)))$。

证明: 假设 $\mathrm{P}(r)$。如果对所有 u 使得 $u < r$,$\neg \mathrm{P}(u)$,那么证毕。

所以假设 $u<r$ 且 P(u)。根据 $Spec$，对某个 x，$\forall a(a \in x \leftrightarrow \exists s(s<$ $r \wedge a\text{R}s \wedge \text{P}(s) \wedge a\text{B}r))$。根据 3 和 "B" 的定义，$\forall a(a \in x \leftrightarrow \exists s(s<$ $r \wedge a\text{R}s \wedge \text{P}(s)))$。由于 $u<r$ 且 P(u)，根据 1 我们有 x 是非空的。根据 2，x 的所有元素都是有根的。因此 x 有极小元 a，且对某个 s，$s<r$，$a\text{R}s$ 且 P(s)。现在假设 $t<s$。根据 1，对某个 b，$b\text{R}t$。根据 4，$b \in a$。根据 Tra，$t<r$。如果 P(t)，那么 $b \in x$，出现矛盾当 a 和 x 是不交的；因此 ¬P(t)。∎

正则性 $\exists x\text{A}(x) \rightarrow \exists x(\text{A}(x) \wedge \forall y(y \in x \rightarrow \neg\text{A}(y)))$ 直接从阶段归纳推断出来：假设 A(x)。根据 All，对某个 s，$x\text{F}s$。因此 $\exists s \exists x(\text{A}(x) \wedge x\text{F}s)$。根据阶段归纳，有 P($s$) $\leftrightarrow \exists x(\text{A}(x) \wedge x\text{F}s)$，$\exists s(\exists x(\text{A}(x) \wedge x\text{F}s) \wedge \forall t(t<s \rightarrow \neg \exists x(\text{A}(x) \wedge x\text{F}t)))$。挑出如此的 s 和 x。那么 A(x) 且 $x\text{F}s$。现在假设 $y \in x$。根据 $When$，$y\text{B}t$，也就是对某个 t，$t<s$ 且 $y\text{F}t$。因此 ¬A(y)。$\mathbf{Z}^-$ 的其他公理的推导，配对、并集、幂集、分离模式和无穷，都是常规的且被移交到附录。集合论的余下公理是选择公理和替换公理；我们简要地讨论这些。下述论证可能被认为表明选择公理从迭代概念推断出来：假设 x 是不交非空集的集合。我们想表明存在集合 y 恰恰与 x 的每个元素有共同的一个元素。令 s 是在其处 x 被形成的阶段。那么 x 的元素在 s 之前被形成且根据传递性它们的元素也是在 s 之前被形成。现在明显的是：

(*) 　存在某个集合使得它们中的每个是 x 的元素的元素，它们中没有两个是 x 的相同元素的元素，而且在那些集合中间存在 x 的每个元素的至少一个元素。

由于那些集合是 x 的元素的所有元素，它们全都在 s 之前被形成，且因此存在包含它们而不包含其他的集合 y。假设该论证表明推出选择公理的困难在于它的可接受性关键依赖(*)的可接受性。尽管

（*）可能是显然的，关于选择公理的怀疑会立刻是关于（*）真性的怀疑；人们倾向于认为不需要存在恰恰与 x 的每个元素共有的一个元素的集合几乎不会假设需要存在如同在（*）被声称存在的任意如此集合。（*）可以是完全明显的，但不是迭代概念表明（*）或者选择公理成立。有或者没有此迭代概念，（*）仍会是明显的。而且没有（*），所有该论证表明的东西在于可能存在的对 x 的任意选择集将不晚于 x 自身被形成，而不是存在任意如此的选择集。我们的结论是迭代概念不为选择公理提供你任何一种证实。我们曾经声称对应第一个非递归序数的阶段存在性甚至不是由迭代概念的形式化性保证且所以替换公理不是从迭代概念推断出来的。它当然不是由 S 蕴涵的，但 S 只形式化此概念内容的一部分。在文献中被发现的论证大意是说不借助某个进一步原则替换公理能从迭代概念被推导出来仍给我们以不令人满意的印象。

为了产生替换公理扩充 S 的一种方式是探索范畴论中熟悉的"是被包括进的"（being included in）是"是单射进的"（being injectible into）的一种的观念。因此在 S 的二阶版本中工作假设我们把 Spec 的前件从 $\forall y(Xy \to yBs)$，表达的是集合 X 被包括进在阶段 s 前被形成的那些，变为表达集合 X 是单射进如此被形成那些的公式：$\exists R(\forall y \forall y' \forall z \forall z'(Ryz \wedge Ry'z')) \wedge \forall y(\exists zRyz \leftrightarrow Xy) \wedge \forall z(\exists yRyz \to zBs))$。把该作为结果的理论称为 S$^+$。那么 S$pec$ 是立即可恢复的：用 X 上的恒等关系实例化 R。在 S$^+$ 的一阶版本中，存在量词 $\exists$R 是被放弃的且 R 变为模式字母（a schematic letter）。"1—1 对应"的集合论，在其相关公式定义集合上函数的替换公理假设被加强到它定义 1—1 函数然后在 S$^+$ 中立刻推出的假设。由于日常替换从 1—1 替换、分离公理、幂集公理和外延公理中推断出来，替换公理在 S$^+$ 中加上外延公理是可获得的。Spec 的某个如此的加强是否能被认作不涉及新的实际上并非部分迭代概念的原则似乎是最可疑的。无论如何，现在我们转向一个完全不同的集合概念，从其立刻推断出替换公理。此概念是弗雷格的,修正它以避免自相矛盾。

3. 第五基本定律、大小限制概念与纯粹集

根据弗雷格,与每个概念 F 有关系的是特定对象$'F$,它是 F 的外延(extension)。此外,根据弗雷格的《算术基本定律》的规则(V),概念是共延的当且仅当它们的外延是恒等的:$'F='G\leftrightarrow\forall x(Fx\leftrightarrow Gx)$。罗素表明规则(V)是不协调的。弗雷格的证明是:令 F 是$[x:\exists G(x='G\land\neg Gx)]$。那么如果$\neg F'F$,$\forall G('F='G\rightarrow G'F)$,由此$F'F$;但那么对某个 G,$'F='G$ 且 $\neg G'F$。根据(V)的左到右方向,$\forall x(Fx\leftrightarrow Gx)$,且所以$G'F$,矛盾!我们能在二阶逻辑中模仿弗雷格主义的对象、概念和外延的框架。我们将假设像$'$的*是一个运算符号(operation-sign),当被附加到作为二阶的概念变元产生作为一阶的对象变元类型的项,且规定掌控*的规则(V)的适当修正。我们给出的修正吸收大小限制观念,归功于康托尔、罗素、冯诺依曼且伯奈斯,带有太多元素的对象可能以反常方式表现出来,也许通过不属于任何事物(by belonging to nothing),也许通过不存在(by not exisiting)。根据我们对规则(V)的修正版本,所有如此过剩的对象(overpopulated objects)将证明是恒等的。

令 F 和 G 都是概念。我们说 F 进入 G 当归入 F 的对象与归入 G 的某些或者全部对象处于 1—1 对应:也就是,当$\exists RR:F\rightarrow_{1-1}G$。令 V 是所有对象归入的概念$[x:x=x]$。每个概念进入 V。我们说概念 F 是小的当 V 不进入 F。当然 V 不是小的。如果 F 是小的且$\forall x(Fx\leftrightarrow Gx)$,那么 G 是小的。尽管我们不使用这个事实,经由施罗德—伯恩斯坦定理一个的证明版本能证明的是如果 V 进入 F,那么归入 F 的对象与所有对象处于 1—1 对应。称概念 F 和 G 共延当相同对象归入它们:$\forall x(Fx\leftrightarrow Gx)$。说 F 类似于 G,记为 F~G 当且仅当或者 F 和 G 两者都不是小的或者 F 和 G 都是共延的;也就是,当且仅当(F 是小的 $\lor$ G 是小的$\rightarrow\forall x(Fx\leftrightarrow Gx)$)。类似性明显是对称的和自反的。它也

146

是传递的:假设 F~G 和 G~H。那么如果 F 是小的,那么 $\forall x$(Fx↔Gx),G 是小的,$\forall x$(Gx↔Hx),且所以 $\forall x$(Fx↔Hx);如果 H 是小的,那么同样地 $\forall x$(Fx ↔ Hx)。因此类似性是遵守小性(smallness)的等价关系。我们现在把任意概念 F 与对象*F 联系起来,我们称之为 F 的对向(subtension)。我们假设对向服从弗雷格的规则(V)的修正即新五(New V):

$$\forall F \forall G(*F = *G \text{ 当且仅当 } F \sim G)。$$

我们把新五邻接到标准公理化二阶逻辑而产生的二阶理论称为 FN,这是对弗雷格—冯诺依曼(Frege-von Neumann)的简称。让我们快速移除关于 FN 的协调性可能存在的任意怀疑,通过表明它有一个模型 M。M 的定域是自然数集,且*从而被解释为:如果有限多个对象归入 F,令*F 是 $n+1$,这里 n 是在二进制表示中在多个 2^k 位(at the $2^k s$ place)存在 1 的数当且仅当 k 归入 F;但当无穷多个对象归入 F,令*F 是零。那么新五在 M 中成立;此外,F 在 M 中满足"是小的"当且仅当有限多个对象归入 F。令 $\emptyset$ 是概念$[x:x\neq x]$,且令 $0 = *\emptyset$。由于至少存在一个对象,比如*V 或者*$\emptyset$,$\emptyset$ 是小的,$\emptyset \not\sim V$,且 $0 \neq$ *V。因此至少存在两个对象。对任意对象 y,恰恰一个对象归入$[x:x=y]$;因此$[x:x=y]$是小的。令 $sy = *[x:x=y]$。那么对任意 y,$0 \neq sy$,由于$[x:x\neq x]$是小的但 $\neg \forall x(x\neq x \leftrightarrow x=y)$;且如果 $sy = sz$,那么 $y=z$,由于$[x:x=y]$是小的,且所以 $\forall x(x=y \leftrightarrow x=z)$。比如,如同在戴德金的《数的性质和意义》中,算术能在 FN 中被执行吗?遵循弗雷格—罗素(Frege-Russell),令 N 是$[x:\forall F((F0 \wedge \forall y(Fy \rightarrow Fsy)) \rightarrow Fx)]$。

现在我们想在 FN 中发展特定数量的集合论。首先定义:$y \in x$ 当且仅当 $\exists F(x = *F \wedge Fy)$。那么*V $\in$ *V。$y \in x$ 可以照常被读作"y 是 x 的元素","x 包含 y",如此等等。假设 F 是小的。那么如果 $y \in$ *F,对某个 G,*F $=$ *G 且 Gy;但那么 F~G,$\forall x$(Fx↔Gx)和

Fy。相反地,如果 Fy,那么无疑 $y \in {}^*F$。因此如果 F 是小的,那么 $y \in {}^*F$ 当且仅当 Fy。如果 F 不是小的,那么由于 F 和 V 都不是小的,F~V,且 ${}^*F = {}^*V$;且那么由于 ${}^*V \in {}^*V$,${}^*V \in {}^*F$,${}^*F \in {}^*V$ 和 ${}^*F \in {}^*F$。因此如果 F 是 $[x:x \neq {}^*V]$,那么 $\neg {}^*F$。但由于 V 进入 F 即把 ${}^*V$ 映射到 0,每个 x 使得 Nx 到 sx,且任意其他对象到自身,那么 F 不是小的,且 ${}^*V \in {}^*F$。一般地,如果 F 不是小的且与 V 不是共延的,那么 $\neg \forall x(Fx \leftrightarrow Vx)$,但 $\forall x(x \in {}^*F \leftrightarrow x \in {}^*V$。定义:$x$ 是一个集合当且仅当 $\exists F(F$ 是小的 $\wedge x = {}^*F)$;因此集合是小概念的对向。0 是一个集合,但 ${}^*V$ 不是。如果 ${}^*F$ 是一个集合,那么对某个小 G,那么 ${}^*F = {}^*G$,且 F 是小的;因此 $z \in {}^*F$ 当且仅当 Fz。

如果 x 是一个集合,例如 $x = {}^*F$,F 是小的,那么 F 和 $[z:z \in {}^*F]$ 都是共延的且小的,且从而 $x = {}^*F = {}^*[z:z \in {}^*F] = {}^*[z:z \in x]$。所以如果 x 和 y 是有相同元素的集合,那么 $[z:z \in x]$ 和 $[z:z \in y]$ 是共延的且小的,$x = {}^*[z:z \in x] = {}^*[z:z \in y] = y$,且外延性成立。分离公理也是如此:令 z 是一个集合,例如 $z = {}^*F$。令 $G = [y:y \in z \wedge Xy]$。那么 $\forall y(Gy \rightarrow Fy)$ 且 G 是小的。令 $x = {}^*G$。从而 $\forall y(y \in x \leftrightarrow y \in z \wedge Xy)$。下述陈述情况也是如此,即对任意对象 w 和任意集合 x,存在元素恰好是 w 和 x 的元素的集合 $x+w$,有时称之为伴随公理(the axiom of adjunction):假设 V 进入 $[y:Fy \vee y=w]$,也就是,对某个 R,$R:V \rightarrow_{1-1} [y:Fy \vee y=w]$。那么 V 也进入 F。因为在互换 R 的不多于两个值之后,我们可以假设 $R(0)=w$,且然后我们容易看到 $[y:y \neq 0]$ 进入 F。但由于 $[xy:y=sx]:V \rightarrow_{1-1} [y:y \neq 0]$,V 进入 F。从而如果 $x = {}^*F$ 且 F 是小的,$[y:Fy \vee y=w]$ 也是小的,由此伴随公理成立。

从伴随公理推断对任意集合 x,存在 x 的冯诺依曼后继即元素恰好是 x 和 x 的元素的集合。配对公理,说的是对任意对象 w 和 z,存在元素恰好是 w 和 z 的集合 $\{w,z\}$,也是伴随的直接后承:$\{w,z\} = (0+w)+z$。注意尽管 ${}^*V$ 不是一个集合,但 $s{}^*V$ 是一个集合。因此某些非空集合不包含任意集合。由此推断并集公理无效：s^*V 是一个反例。并集公理说的是对任意集合 z 存在元素恰好是 z 的元素的元素的集合。它是令人惊讶的结果，归功于利维，说的是并集的适当修正版本实际上是 FN 的后承。为到达此修正，且在 FN 内部为推导令人满意的集合理论，我们需要纯粹对象的概念（the notion of a pure object）。把 $\exists Fx = {}^*V$ 缩写为 Sx，即 x 是一个对向。因此如果 Sx，那么 x 是一个集合当且仅当 $x \neq {}^*V$。说 F 是封闭的当 $\forall y(Sy \wedge \forall z$ $(z \in y \rightarrow Fz) \rightarrow Fy)$。说 x 是纯粹的当且仅当 $\forall F(F$ 是封闭的 $\rightarrow Fx)$。

定理 1： 假设 Sx 且 $\forall y(y \in x \rightarrow y$ 是纯粹的）。那么 x 是纯粹的。

证明： 令 F 是封闭的。表明 Fx。所有 $y \in x$ 是纯粹的；因此对所有 $y \in x$，Fy。由于 Sx 和 F 是封闭的，Fx。■

定理 2： 假设 x 是纯粹的。那么 x 是一个集合而且因此不等于 ${}^*V$ 并且 x 的所有元素是纯粹的。

证明： 令 G 是 $[x : x$ 是一个集合 $\wedge \forall z(z \in x \wedge z$ 是一个集合 $\wedge z$ 是纯粹的）$]$。表明 G 是封闭的。假设 Sy 且 $\forall z(z \in y \rightarrow Gz)$。表明 Gy。假设 y 不是一个集合；那么，由于 Sy，$y = {}^*V$，$y \in y$，Gy 且 y 是一个集合。所以 y 是一个集合。假设 $z \in y$。那么 Gz，所以 z 是一个集合。表明 z 是纯粹的。令 F 是封闭的。表明 Fz。由于 Gz，$\forall a(a \in z \rightarrow a$ 是纯粹的）。由于 z 是一个集合，那么 Sz。根据定理 1，z 是纯粹的。因此 Gy 且 G 是封闭的。由于 x 是纯粹的，Gx，且所以 x 是一个集合且 x 的所有元素都是纯粹的。■

从定理 1 和 2 推出 x 是纯粹的当且仅当 x 是一个集合且 x 的所有元素都是纯粹的。${}^*V$ 不是纯粹的；s^*V，ss^*V，如此等等也不是纯粹的。如果 x 和 y 都是纯粹的且对所有纯粹集 z，$z \in x$ 当且仅当 $z \in y$，那么对所有 z，$z \in x$ 当且仅当 $z \in y$，且根据外延性，$x = y$。也就是，外延性成立当被相对化到纯粹集，分离公理和伴随公理也是如此。由于纯粹集的所有元素都是纯粹的，现在纯粹集的归纳原则被视为有效：

$$\exists x(Pure\ x \wedge Gx) \rightarrow \exists x(Pure\ x \wedge Gx \wedge \forall y(y \in x \rightarrow \neg Gy)).$$

证明：如果 $\forall x(\forall y(y \in x \rightarrow Fy) \rightarrow Fx)$，那么 F 是封闭的由此 $\forall x(Pure\ x \rightarrow Fx)$。因此如果对某个 x，$Pure\ x$ 且 Gx，那么对某个 x，$Pure\ x$ 且 $(Pure\ x$ 且 $Gx)$，由此通过用 $\neg(Pure\ x \wedge Gx)$ 替代 Fx，我们有对某个 x，$Pure\ x$ 且 Gx 且 $\forall y(y \in x \rightarrow \neg(Pure\ x \wedge Gx))$。由于 x 的所有元素都是纯粹的，$\forall y(y \in x \rightarrow \neg Gy)$。∎

从而甚至作为一个模式正则性有效当被相对化到纯粹集。s^*V 是非相对化正则性(unrelativized regularity)的反例，说的是任意非空集 x 包含一个不与 x 共有元素的元素。从相对化正则性推断没有纯粹集是自身的元素；否则某个纯粹集是自身的元素，但没有它的元素是自身的元素。现在说 x 是传递的当 x 的所有元素的元素是 x 的元素：$\forall z \forall y(z \in y \in x \rightarrow z \in x)$。而且说 x 是一个序数当 x 是纯粹的，x 是传递且 x 的所有元素都是传递的。

定理 3： 假设 x 是一个序数且 $y \in x$。那么 y 是一个序数。

证明：由于 x 是纯粹的，y 是纯粹的。由于 x 的所有元素都是传递的，y 是传递。如果 $z \in y$，那么根据 x 的传递性，$z \in x$，且 z 是传递的。因此 y 的所有元素是传递的。∎

由于序数只包含序数，纯粹集归纳产生序数归纳原则：

$$\exists x(x\ 是一个序数 \wedge Gx) \rightarrow \exists x(x\ 是一个序数) \wedge$$
$$Gx \wedge \forall y(y \in x \rightarrow \neg Gy)).$$

现在通常的双归纳能被用来表明∈在序数上是连通的；由于序数是传递的，∈在序数上也是传递的。由于∈在序数上也是非自反的，序数是由∈强良序化的（strongly well-ordered）。现在我们使用导致布拉利—福蒂悖论的论证。令 On 是[$y : y$ 是一个序数]。

定理 4：　On 不是小的。

证明：假设 On 是小的。令 $x = {}^*On$。那么 x 是一个集合，且所以对所有 y，$y \in x$ 当且仅当 y 是一个序数。x 的所有元素都是纯粹的且 Sx；根据定理 1，x 是纯粹的。如果 $z \in y \in x$，那么 y 是一个序数，z 是一个序数，且 $z \in x$；因此 x 是传递的。而且如果 $y \in x$，那么 y 是一个序数，且 y 是传递；所以 x 的所有元素都是传递的。由此推断 x 是一个序数，且所以 $x \in x$，而这是不可能的，因为 x 是纯粹的。

由于 On 不是小的，因为对某个 R，R$: V \to_{1-1} On$。而且由于序数是由∈所良序化的，根据冯诺依曼的结果全局选择公理（the axiom of global choice）立刻推断出来。通常选择公理即"局部选择"（local choice）的各个版本从全局选择和分离公理中推断出来，如同它们相对化对纯粹集（relativizations to pure sets）所做的那样。替换公理还有它的相对化也是直接的。令 w 是一个集合且 F 是一个函数关系（a functional relation）。假设 R$: V \to_{1-1} [z : \exists y(y \in w \land Fyz)]$。根据局部选择公理，对某个 S，那么 S$: V \to_{1-1} [y : y \in w]$，而这是不可能的，因为 w 是一个集合。从而[$z : \exists y(y \in w \land Fyz)$] 是小的。令 $x = {}^*[z : \exists y(y \in w \land Fyz)]$。那么 $\forall z(z \in x \leftrightarrow \exists y(y \in w \land Fyz))$。利维惊人的并集公理在冯诺依曼集合论系统中是多余的证明能容易被采用以表明该公理相对化对纯粹集是 FN 的一个定理。因此根据 FN，对任意纯粹集 z 存在元素恰好是 z 的元素的元素的纯粹集。根据定理 2，纯粹集的所有元素都是纯粹的。对该证明，回顾 FN 证明冯诺依曼后继的存在性（the von Neumann successor）；证明的剩余部分是如同利维文章中的那样。

4. 两个集合概念的可推导强度

概括地说,让我们相对于集合论的每个公理和公理—模式比较迭代概念和FN。

外延性:明显的,但在迭代概念上不是明显的。**FN** 的直接结论。

零集:在迭代概念上是明显的。**FN** 的直接结论。

配对:在迭代概念上是明显的。**FN** 的直接结论。

正则性:在迭代概念上是明显的。不明显的是正则性从我们给出的迭代概念的看上去弱的公理化 S 是可推导的。非相对化正则性在 **FN** 中是可反驳的,即 $s*V$;正是相对化谓词"是纯粹的"的归纳特征才对在 **FN** 中相对化正则性的可推导性负责任。

选择:明显的,但在迭代概念上不是明显的。在 **FN** 中全局选择的可推导性根据 **FN** 背后的一个主要观念不是令人惊讶的,也就是只存在可以是一个"尺寸"的事物但仍不形成一个集合,和序数是被良序化的且不形成集合的显著事实。

替换:在迭代概念上不是明显的。在 **FN** 中容易从选择公理推导出来。

分离:在迭代概念上是明显的。它是替换公理的容易得到的逻辑后承。

并集:在迭代概念上是明显的。非相对化并集在 **FN** 中是可反驳的,即 $s*V$;相对化并集在 **FN** 中可证明是一个深刻的和惊人的结果。

无穷:在迭代概念上是明显的。甚至不是 **FN**＋幂集的一个定理,在上述给出的模型 **M** 中幂集是真的而无穷是假的。为得到无穷,人们可以补充 **FN** 以小性原则:**N** 是小的。

幂集：在迭代概念上是明显的。甚至不是 **FN**＋幂集的一个定理，如同由修补遗传可数集合集（the set of hereditarilty countable sets）能被表明的那样。为得到幂集，人们可以类似地把关于小性的原则加到 **FN**：**F** 是小的→[*G：∀x(Gx→Fx)] 是小的。

因此 FN 体现完全不同于迭代概念的集合观点。每个观点说明集合论的一大部分但也删除很大的重要性。要引出的一个准则在于认为集合论也就是 **ZF** 加选择公理就全体而论从迭代概念推断出来是错误的。推不出的公理对集合论任意合理的发展是关键的，没有选择公理基数理论是碎片的（fragmentary），而且存在那些公理是后承的可替换理论，但从其 **ZF** 的两个重要公理推不出来。也许人们可以推断集合论"背后"存在至少两种思想。

附录

配对：$\forall z \forall w \exists x \forall y (y \in x \leftrightarrow (y=z \lor y=w))$。根据 All，对某个 s 和 t，zFs 且 wFt。根据 Net，对某个 r，$s<r$ 且 $t<r$。因此 zBr 且 wBr。但根据 $Spec$，$\exists x \forall y (y \in x \leftrightarrow ((y=z \lor y=w) \land yBr))$。

并集：$\forall z \exists x \forall y (y \in x \leftrightarrow \exists w(y \in w \land w \in z))$。根据 All，对某个 r，zFr。如果 $w \in z$，那么根据 $When$，对某个 s，$s<r$ 且 wFs。如果 $y \in w$，那么再次根据 $When$，对某个 t，$t<s$ 且 yFt，而且根据 Tra，$t<r$，由此 yBr。但根据 $Spec$，$\exists x \forall y (y \in x \leftrightarrow (\exists w(y \in w \land w \in z) \land yBr))$。

幂集：$\forall z \exists x \forall y (y \in x \leftrightarrow \forall w(w \in y \land w \in z))$。根据 All，对某个 s，zFs。根据 All，$\forall x(\forall w(w \in y \land w \in z) \rightarrow yFs)$。根据 $When$，对某个 r，$s<r$。因此如果 $\forall w(w \in y \land w \in z)$，$yBr$。但根据 $Spec$，$\exists x \forall y (y \in x \leftrightarrow (\forall w(w \in y \land w \in z) \land yBr))$。

分离：$\forall z \exists x \forall y (y \in x \leftrightarrow (y \in z \land A(y)))$。根据 All，对某个 s，

zFs。根据 When，如果 $y\in z$，那么 yBs。但根据 Spec，$\exists x\forall y(y\in x\leftrightarrow((y\in z\wedge \mathrm{A}(y))\wedge y\mathrm{Bs}))$。

通过取 $\mathrm{A}(y)=\neg y=y$ 空集 $\exists x\forall y\neg y\in x$ 从分离公理推断出来。我们取 $\exists xx=x$，还有 $\exists ss=s$，根据逻辑有效。

y 是零的当 $\forall z\neg z\in y$。

z 是 y 的后继当 $\forall w(w\in z\leftrightarrow(w\in y\vee w=y))$。

无穷：$\exists x(\exists y(y\in x\wedge y$ 是零的$)\wedge\forall y(y\in x\rightarrow\exists z(z\in x\wedge z$ 是 y 的后继$)))$。根据零集，一个零集合存在。根据配对和并集，每个集合都有一个后继。根据 When，每个零集都是在每个阶段被形成的。根据 When 和 Tra，如果 yFt，$t<s$，z 是 y 的后继，那么 zFs。假设 yFt 和 $t<s$。根据 When，如果 $w\in y$，那么对某个 u，$u<t$ 且 wFu。根据 Tra，$u<s$。而且如果 $w=y$，那么 $t<s$ 且 wFt。根据 When，zFs。根据 Inf，对某个 r，$\exists tt<r$ 且 $\forall t(t<r\rightarrow\exists s(t<s\wedge s<r))$。根据 Spec，$\exists x\forall y(y\in x\leftrightarrow y\mathrm{Br})$。证毕！

第三节　编码集合迭代概念的更新第五基本定律

布劳斯的新第五基本定律是为了捕获集合的大小限制概念，而库克的更新第五基本定律是为了编码集合的迭代概念。新第五基本定律与更新第五基本定律提供的是相当不同的弗雷格主义外延理论，而且两者都不提供与二阶集合论一样强的对集合的描述。由数学家们和哲学家们所接受和研究的集合概念与形式集合论超过大小限制学说和集合迭代概念两者的内容。如果我们希望表述强度类似于 **ZFC** 的新逻辑主义集合论，那么新第五基本定律从数学上讲是不够的。在新逻辑主义框架内部要表述集合迭代概念，首先是生成能枚举阶段的某个限定对象收集的排序。通过使用序型抽象原则变体我们实现排序。然而，由于序型抽象原则是不协调的，我们需要考虑受限尺寸序数抽象原则。其次，我们需要引出基公理。根据基公理我们定义阶段概念。

使用阶段概念，我们给出更新第五基本定律。更新第五基本定律集合论是从更新第五基本定律和受限尺寸序数抽象原则的合取推断出来的理论。更新第五基本定律是新逻辑主义集合迭代概念的正式表述。由于更新第五基本定律是循环定义，我们需要避免循环定义的更新第五基本定律变体。在更新第五基本定律集合论下替换公理失效。相同尺寸原则也失效，但尺寸限制原则有效。在带有空基的更新第五基本定律集合，也就是论纯粹更新第五基本定律集合论中，替换公理和无穷公理都是无效的。在带有包含无穷多个对象的基的更新第五基本定律集合论中，无穷公理有效。

既非新第五基本定律也非受限尺寸序数抽象原则加更新第五基本定律足以捕获足够的二阶 **ZFC**，使我们声称两者中的任意一个为当代集合论提供数学充足的抽象主义描述。我们接下来的任务是确定结合两个原则是否足以为新逻辑主义者提供如此的重构。存在两种结合两个原则的方式。第一种方式是用结合两者形式特征的单个抽象原则取代新第五基本定律和更新第五基本定律的合取，这就是最新第五基本定律。这种方式的缺点在于最新第五基本定律并不强于更新第五基本定律。第二种方式是同时采用两个原则但把它们处理为两个不同抽象算子的隐定义。这种方式的缺点在于会引发恶性版本的恺撒问题。

在法恩工作的基础上，我们提出通用抽象恒等模式 GAS。GAS为我们提供结合两个外延抽象原则的手段，它与新弗雷格主义者关于隐定义的观念是协调的，而且给出想要的结果。新与更新第五基本定律相结合推不出无穷公理和基础公埋。我们通过两种方式加强结合原则以推导无穷公理：第一种方式是加入存在无穷多个本元。第二种方式是加入有限休谟原则和通用恒等模式。当把量词限制到布劳斯纯粹集，我们能重新与更新第五基本定律推断基础公理。基础公理和弱正则公理无法对所有集合有效，甚至无法对所有遗传集有效。尽管基于新与更新第五基本定律的集合论与某些非良基集是协调的，然而它无法容忍所有非良基集的加入。

1. 研究集合论抽象原则的两个原因

至少存在两个理由研究集合论的抽象原则（abstraction principles for set theory）。第一个理由关注所有数学新逻辑主义基础的技术可行性。第二个理由关注弗雷格主义外延理论和集合的数学概念间的联系，前者出现在第五基本定律的各种限制，后者出现在诸如 **ZFC** 这样的各种公理集合论。新逻辑主义者论证使用抽象原则我们能再造数学的最重要部分。抽象原则是形式为下述的任意二阶公式：

$$(\forall P)(\forall Q)[@(P)=@(Q)\leftrightarrow E(P,\ Q)]。$$

这里"@"是从性质或者关系到对象的函数，且 E 是性质或者关系上的等价关系。在某种意义上，抽象原则是要成为出现在双条件句左手边抽象算子@的隐性定义，且作为结果允许我们把性质或者关系共有的特性当作对象。弗雷格的第五基本定律是：

$$BLV: (\forall P)(\forall Q)[EXT(P)=EXT(Q)\leftrightarrow(\forall x)(Px\leftrightarrow Qx)]。$$

弗雷格从 BLV 和二阶逻辑推导所有算术，但罗素的 BLV 与二阶概括公理不协调的发现致使整个结果没那么值得注意。逻辑主义的复活起源于弗雷格的对 BLV 的唯一不可消除使用发生在他的对休谟原则推导的观察：

$$HP: (\forall P)(\forall Q)[NUM(P)=NUM(Q)\leftrightarrow P\approx Q]。$$

$P\approx Q$ 是断言在 Ps 和 Qs 间存在 1—1 对应的二阶公式。此"NUM"算子实际上是数生成函数（a number generating function），把性质映射到对应性质外延基数(the cardinality of the extension of the property)的数。不像上述的 BLV,HP 是协调的。在《算术基本定律》中弗雷格的对算术的推导能在二阶逻辑加 HP 中被重构,从而避免麻烦的 BLV。这个结果,作为独立于任意哲学意蕴的数学事实相当显著,逐渐被称作弗雷格定理(Frege's Theorem)。考虑到休谟原则的成功,新逻辑主义者曾经尝试把这个处理扩充到更强力的数学理论。尽管结果在实分析的情况中是稍微充满希望地(黑尔,2000),在新逻辑主义框架内部捕获集合论的尝试到目前为止是令人失望的(夏皮罗和韦尔,1999)。本节的目的是进一步研究集合论的如此新弗雷格主义(neo-Fregean)的处理。

当有人在新逻辑主义框架内部重构数学理论时两个问题就会出现,一个是纯粹数学的且一个是纯粹哲学的。首先,人们必须表述提供问题中可辨别数学理论的抽象原则。其次,人们需要为作为新逻辑主义地可接受的这些原则辩护,这里"可接受的"概念根据分析性、隐定义和规定诸如此类可能被具体化。我们这里主要关系的是第一个问题,而不是第二个问题。即使人们不顺从由新弗雷格主义者所支持的数学哲学,不过由第五基本定律的新逻辑主义风格变体所提供的框架提供优雅和强力的在内部研究和比较各种直观集合或者收集概念的环境。我们表述布劳斯的新五(New V,布劳斯,1989)简称 NV 以便捕获是为集合论且因此所有数学尝试提供基础的原因的一个流行观念,也就是集合的大小限制概念。下面引入的抽象原则更新五(Newer V)简称 Ner V 打算编码它的主要对手,即集合的迭代概念。如同我们将要看到的,新五和更新五提供相当不同的弗雷格主义外延理论也就是集合论,而且两者都不提供与二阶 **ZFC** 一样强的对集合的描述。作为结果,我们似乎被强迫接受由数学家和哲学家接受和研究的集合概念和伴随的形式集合论超过大小限制学说和迭代集合概念两者的内容。

2. 布劳斯—迭代集合论

从历史上讲至少存在激发数学家和哲学家研究数学基础的两个竞争集合概念,即迭代概念和大小限制概念。在《再迭代》对这两个概念的比较中,布劳斯描绘大小限制概念的两个版本:

> 根据大小限制的较强版本,对象形成一个集合当且仅当它们不与存在的所有对象处于1—1对应。根据大小限制的较弱版本,不存在元素与所有对象处于1—1对应的集合,但对象确实形成一个集合当它们与给定集合的元素处于1—1对应。在某些自然条件下,这最后一个假设能被弱化到:当不存在比给定元素更多的对象。两个版本间的差异在于较弱的不保证对象将经常形成一个集合当它们不与所有对象处于1—1对应(布劳斯,1989,第90页)。

布劳斯的新五 NV 对应新逻辑主义者对大小限制集合概念更强版本的重构。基于每个集合都是从更简单的或者至少先前的其他集合或者对象构建的观念,迭代集合概念由布劳斯描绘如下:

> 根据集合的迭代(iterative)或者累计(cumulative)概念,集合是在某些阶段被形成的:确实,每个集合都是在下述"过程"的某个阶段被形成的:在第 0 个阶段所有可能的个体收集是被形成的。个体是并非集合的对象;出于通常的理由种类,我们将假设不存在个体。因此在第 0 个阶段只有零集是被形成的。在第 1 个阶段被形成的集合是在第 0 个阶段被形成的所有可能的集合收集,也就是,零集和单独元素是零集的集合。在第 2 个阶段被形成的集合是在第 0 个和第 1 个阶段被形成的所有可能的集合收集。存在 $4=2^2$ 个集合。在第 3 个阶段被形成的集合是在第 0、1 和 2 阶段被形成的所有可能的集合收集。存在 $16=2^4$ 个

集合。在第 4 个阶段被形成的集合……。一般而言,对任意自然数 n,在第 n 个阶段被形成的集合是在早于 n 的阶段被形成的所有可能的集合收集,也就是,阶段 0,1,…,$n-1$。接在所有阶段 0,1,2,…之后存在一个阶段,阶段 ω。类似地在阶段 ω 被形成的集合是在早于 ω 的阶段被形成的所有可能的集合收集的收集,也就是,阶段 0,1,2,…。在第 ω 个阶段后来到第 $\omega+1$ 个阶段……。一般而言,对每个 α,在第 α 个阶段被形成的集合是在早于 α 的阶段被形成的所有可能的集合收集。不存在最后一个阶段:每个阶段是由另一个阶段紧跟着的。因此存在阶段 $\omega+2$,$\omega+3$,……。接在所有这些之后,存在第 $\omega+\omega$ 个阶段,又称 $\omega\cdot2$。那么 $\omega\cdot2+1$,$\omega\cdot2+2$,如此等等。接在所有 ω,$\omega\cdot2$,$\omega\cdot3$ 之后来到 $\omega\cdot\omega$,又称 ω^2。那么 ω^2+1,…。如此持续下去(布劳斯,1989,第 88 页)。

布劳斯给出阶段的形式公理化性,和在阶段形成的集合,且研究哪些集合论公理从此描绘推断出来。然而,关于无穷公理存在一个主要的分歧点。从而,对布劳斯关于无穷性讨论的简要考虑是需要的。布劳斯论证无穷公理从迭代集合概念推断出来,但这只是因为在把集合描绘为阶段上被形成的过程中他假设存在一个极限阶段也就是第 ω 个阶段。在提供称为 Inf 的公理之后他写道:

> Inf 陈述存在一个"极限"阶段,即晚于某个阶段但不直接晚于早于它的任意阶段的一个阶段:第 ω 个阶段的存在性且因此诸如 Inf 声称存在这样的阶段存在性是我们已描述的此概念的值得注意的特征。Inf 太弱以致无法捕获关于在粗略描述中被做出的无穷阶段存在性的声称的全强度(full strength);进一步的公理会被需要保证第 $\omega+\omega$ 个阶段的存在性。然而,它需要习惯上被称为"无穷公理的"集合论语言的推导。应该注意 Inf 只在

无穷公理的推导中被使用(布劳斯,1989,第 92 页)。

即使太弱以致无法捕获所有的迭代概念,Inf 仍然是值得注意的,由于它相当于与假设无穷公理的真性一模一样。这不是说布劳斯曾给出对迭代概念背后直觉的不正确描述,而是说他曾描述由像 **ZFC**—替换的某物所编码的一个集合概念,我们称之为布劳斯—迭代集合论(Boolos-iterative set theory)。在下文中,我们将呈现基于抽象的更一般迭代概念,自身不蕴涵无穷公理的一个。在此框架内部我们能分离在其他事物中间蕴涵无穷集存在性的易变强度的额外原则。尤其,我们将看到需要什么假设以便到达近似于布劳斯—迭代集合论的理论。

3. 限制集合概念的多种方式

作为通向集合论大小限制概念新逻辑主义描述的第一步,归功于布劳斯被称为 NV 的 BLV 的变体已被提出,这里"Big(P)"是断言 Ps 与整个定域等数的二阶公式的缩写:

$$NV: (\forall P)(\forall Q)[EXT(P) = EXT(Q) \leftrightarrow ((\forall x)(Px \leftrightarrow Qx) \vee (Big(P) \wedge Big(Q)))].$$

集合是小性质的外延:

$$Set(x) \leftrightarrow (\exists P)[x = EXT(P) \wedge \neg Big(P)].$$

根据 EXT 算子我们定义属于关系:

$$x \in y \leftrightarrow (\exists P)[Px \wedge y = EXT(P)].$$

把相关量词限制到集合,NV 蕴含二阶外延、分离、空集、配对和替换公理。然而,古怪地,NV 证明并集公理的否定:

$$Union: (\forall x)(Set(x) \rightarrow (\exists y)(Set(y) \wedge (\forall z)(z \in y \leftrightarrow$$

$(\forall w)(z\in w\wedge w\in x)))$。

该失效的理由在于"坏的"外延的单元素集是一个集合,也就是,所有"大的"性质的外延的单元素集,但它的并集不是一个集合,也就是,"坏的"外延自身。我们能重述并集公理使得对任意集合,该公理断言恰好包含每个被包含在最初集合的集合的元素的另一个集合的存在性,也就是,我们忽视并非集合自身的最初集合的任意元素:

$$Union^{*}:(\forall x)(Set(x)\rightarrow(\exists y)(Set(y)\wedge(\forall z)(z\in y\leftrightarrow$$
$$(\forall w)(Set(w)\wedge(z\in w\wedge w\in x)))))$$。

NV 蕴含该公理的这个变体,由于$\bigcup\{\varnothing\}=\bigcup\{EXT(x=x)\}=\varnothing$。这里我们不希望卷入关于这些中的那个是并集公理的"正确"表述的争论,所以在下文中我们将检查两条原则的行为。存在我们可能进一步限制集合概念的大量方式。首先,我们规定概念可能满足的两个条件:

$$\mathbf{Boolos\,Closed}(F)\leftrightarrow(\forall y)((Set(y)\wedge(\forall z)(z\in y\rightarrow Fz))\rightarrow Fy);$$
$$\mathbf{Transitive}(F)\leftrightarrow(\forall y)(Set(y)\wedge Fy\wedge(\forall z)(z\in y\rightarrow Fz))$$。

然后我们能定义集合可能满足的几个有用条件:

$$\mathbf{Boolos\,Pure}(x)\leftrightarrow(\forall F)(\mathbf{Boolos\,Closed}(F)\rightarrow Fx);$$
$$\mathbf{Transitive}(x)\leftrightarrow(\forall F)((\forall y)(Fy\leftrightarrow y\in x)\rightarrow\mathbf{Transitive}(F));$$
$$\mathbf{Hereditary}(x)\leftrightarrow(\exists F)(\mathbf{Transitive}(F)\wedge(\forall y)(Fy\rightarrow Set(y))\rightarrow Fx)$$。

直观地讲,布劳斯—纯粹集合(Boolos-pure sets)是我们能从空集"构建"的那些。一个集合是遗传的当它的元素是集合,且它的元素的元素是集合,且它的元素的元素的元素是集合……永无止境(ad infinitum)。我们能直截了当地证明 NV,事实上第五基本定律的任意协调限制,蕴涵所有的布劳斯—纯粹集合是遗传的。在 NV 集合论内部,并非布劳斯—纯粹的遗传集合的可能性曾经在简恩和乌斯基亚诺(2004)中被广泛地研究。如果我们把量词限制到布劳斯—纯粹集合或者遗传集合我们仍然能推导外延、分离、空集、配对、两个版本的并集和替换公理。

NV 也证明基础公理当被相对化到布劳斯—纯粹集合,尽管基础公理可能对遗传集合无效。遗传集合基础公理的无效(the failure of foundation for hereditary sets)将在下面对迭代概念的讨论中变为重要的。然而,既非无穷公理也非幂集公理单单从 NV 推断出来,或者被相对化到上述讨论的任意限制的它们中的任意一个。我们应该注意这些公理的失效不依赖在 NV 内部我们解释"Set"和"∈"的特殊方式,由于相对于无穷和幂集的满足的条件能独立于这些定义被表述,也就是,一方面该论域包含对无穷多个外延有效的非大外延(non-'big' extension),另一方面外延收集必须或者是可数无穷的或者尺寸是$\beth_\alpha$ 对极限 α。

4. 更新第五基本定律集合论

在新逻辑主义框架内部表述迭代集合概念的第一步是要以某个新逻辑主义地可接受的方式生成能有助于枚举阶段的某个限定对象收集序列。通过利用序型抽象原则变体(a variant of the **O**rder-T**p**ye **A**bstraction **P**rinciple)我们达到这个:

$$\text{OAP:} \ (\forall R)(\forall S)[OT(R)=OT(S)\leftrightarrow R\cong S]。$$

当然,OAP 是不协调的——布拉利—福蒂悖论能从它推导出来。然而,考虑尺寸受限制序数抽象原则(the Size-Restricted Ordinal Abstraction Principle):

$$SOAP:(\forall R)(\forall S)[ORD(R)=ORD(S)\leftrightarrow(((\neg WO(R)\vee Big(R))\wedge(\neg WO(S)\vee Big(S)))\vee(WO(R)\wedge WO(S)\wedge R\cong S \wedge\neg Big(R)\wedge\neg Big(S)))].$$

首先我们注意 SOAP 是可满足的,贯穿整节我们的元理论将是无基础公理的一阶 ZFC:

   定理 4.1: SOAP 能在任意无穷集合上是满足的。

   证明:给定无穷集 X,我们能构造 SOAP 以 X 为定域的模型:令 κ 是 X 的基数。那么存在从 κ 到 X 的 1—1 映射 f。对 X 上的每个非大良序 R, ORD(R) 是 $f(\gamma+1)$ 这里 $\gamma<\kappa$ 是序数使得 R 是同构于 γ 的。对 X 上的任意关系 R 这里 R 或者不是良序或者是大的,ORD(R) 是 $f(0)$。

   此外,SOAP 只是在无穷模型上是满足的。

   定理 4.2: SOAP 的任意模型有一个无穷定域。

   证明:假设 M 是有定域 D 的 SOAP 的模型这里 $|D|=n$ 对某个有限 n。那么存在由 SOAP 给定的不同对象,对每个良序类型 $0,1,\cdots,n-1$,且存在对任意大的或者非良序的 R 为 ORD(R) 的值的对象。由于这后一个对象是不同于由 SOAP 给定的对象,对每个非大有序类型,D 至少包含 $n+1$ 个不同对象。矛盾!

   下述缩写将是有用的:

$$ON(\alpha)\leftrightarrow(\exists R)(\alpha=ORD(R)\wedge\neg Big(R)\wedge WO(R)).$$

重要的是强调序数也就是 ORD 算子范围中的对象,在其上我们将构建对集合论的新逻辑主义描述,不是等同于我们通常称为序数的对象,也就是,∅,{∅},{∅,{∅}},…,ω,如此等等。因此,在下文中我们将仔细区分序数词(ordinal number)也就是 ORD(R)对某个 R 和序数(ordinals)也就是由属于关系良序化的传递纯粹集。不过,在序数类和序数词类间存在明显的对应关系,而且我们将使用小写古希腊字母表示两者。我们以通常方式定义由 SOAP 生成的序数词上的序(the ordering on the ordinal numbers):

$$\text{ORD}(R) < \text{ORD}(S) \leftrightarrow ((\exists f)(\forall x)(\forall y)((R(x, y) \rightarrow S(f(x), f(y))) \land (\exists z)(\forall w)((\exists v)(R(v, w) \rightarrow S(f(w), z)))).$$

关于良序的共同定理能被证明对通过标准证明由 SOAP 生成的序数词有效且在下文中是被假设的。最重要的是定理 4.1 和定理 4.2 蕴涵下述推论的事实。

推论 4.3: 对 SOAP 的任意模型,由<排序的序数词收集是同构于一个无穷 **ZFC** 基数的。

这蕴涵在 SOAP 的任意模型下,不存在最后一个序数。接下来,我们有一个原则告诉我们先于"应用"集合形成迭代运算我们通向什么对象。这个基公理(**B**asis **A**xiom)将是下述模式的某个实例:

BA:BASE(x)↔Φ。

迭代集合论的强度将极大依赖我们为 Φ 选择的什么公式,如同我们将在第 8 和 11 小节中看到的当我们检查某些特殊的候选时。不存在基的元素不是集合的限制,而且我们允许"坏的"外延可能被包含在基

164

中。我们现在定义"阶段"概念。在下文中，三个不同的属于关系符号将出现。当定义阶段概念时使用$\in_S$。$\in_N$是在新逻辑主义集合论内部被定义的集合论属于关系。最后，无下标的$\in$被理解为无基础公理一阶 **ZFC** 的属于关系，当我们在元理论中工作时使用。下标也被用来标准根据各自属于关系概念所定义的概念。

$$x \in_S Stg(\alpha) \leftrightarrow ON(\alpha) \wedge BASE(x) \vee (\exists P)(x = EXT(P) \wedge$$
$$(\exists \beta)(ON(\beta) \wedge \beta < \alpha \wedge (\forall y)(Py \rightarrow y \in_S Stg(\beta)))).$$

第一个阶段由基的元素构成，且每个随后阶段包含基加所有实例包含在某个先前阶段的每个性质的外延。该定义保证如果$x \in_S Stg(\alpha)$对某个序数α，那么$x \in_S Stg(\alpha)$对所有$\beta > \alpha$。下述抽象原则在迭代层级内部"生成"性质外延：

$$Ner V: (\forall P)(\forall Q)[EXT(P) = EXT(Q) \leftrightarrow ((\forall x)(Px \leftrightarrow$$
$$Qx) \vee (\neg (\exists \alpha)(ON(\alpha) \wedge (\forall x)(Px \rightarrow x \in_S Stg(\alpha))) \wedge \neg$$
$$(\exists \alpha)(ON(\alpha) \wedge (\forall x)(Qx \rightarrow x \in_S Stg(\alpha)))))].$$

为澄清事情，我们能沿着布劳斯的 NV 路线重新表达 $Ner V$：

$$Ner V: (\forall P)(\forall Q)[EXT(P) = EXT(Q) \leftrightarrow ((\forall x)(Px \leftrightarrow$$
$$Qx) \vee (Bad(P) \wedge Bad(Q)))],$$

这里

$$Bad(P) \leftrightarrow \neg (\exists \alpha)(ON(\alpha) \wedge (\forall x)(Px \rightarrow x \in_S Stg(\alpha))).$$

布劳斯对集合和属于关系的定义能在当前语境中被重述以获得在 $Ner V$ 集合论内部的类似概念，$Ner V$ 集合论应该被理解为指从 $Ner V$

和 SOAP 的合取中推断出来的理论：

$$Set(x) \leftrightarrow (\exists P)[x = EXT(P) \wedge \neg Bad(P)],$$
$$x \in_N y \leftrightarrow (\exists P)[Px \wedge y = EXT(P)]。$$

沿着这些路线，我们能定义布劳斯—纯粹集、遗传集诸如此类的概念正如已由上述 NV 所完成的那样。这时候一个澄清对避免混淆是有用的。我们能以标准方式定义本元概念如下：

$$Ure(x) \leftrightarrow \neg Set(x)。$$

再次没有保证基的元素全都是本元，或者二反之亦然。如果我们把相关量词限制到集合，那么 NerV 蕴含外延性、空集、分离、第二个并集版本而非第一个并集版本、配对和幂集公理。我们将在附录中给出这些推导。像 NV，NerV 证明基础公理当被限制到布劳斯—纯粹集，尽管基础公理可能无法对一般集合（sets in general）或者遗传集合有效。类似地，并集公理成立当被限制到布劳斯—纯粹集合或者遗传集合。

5. 避免循环的更新第五基本定律变体

如同上述表述的，NerV 是循环的——它包含双条件句右手边上对阶段的指称然而我们的阶段定义对按照推测被定义的外延形成算子的显性使用。从表面判断这个反对似乎不是令人信服的——众所周知，对于在诸如休谟原则或者 NV 这样的抽象原则中被编成的隐性定义要完成预期工作，双条件句右手边上的量词必须管辖所有对象，包括在左边被引入和被定义的抽象物。一旦接受这个，似乎几乎没有理由不显性指向我们外延恒等条件定义中的外延，由于我们已经被迫在如此定义中量词管辖它们。不过，避免这个完全循环性的方法无疑会是受欢迎的，而且幸运的是如此方法存在。为避免如此循环性，我们能让我们的外延形成算子"EXT"不应用到概念而应用到配对(P, α)这里 P 是一个概念和 α 是一个序数词。那么我们把阶另一个阶段概念 Stg^* 定义为：

$$x \in {}_sStg^*(\alpha) \leftrightarrow \mathrm{ON}(A) \wedge \mathrm{BASE}(x) \vee (\exists \beta)(\exists P)(\mathrm{ON}(\beta) \wedge$$
$$\beta < \alpha \wedge x = \mathrm{EXT}^*(P, \beta) \wedge (\forall y)(Py \to y \in {}_sStg^*(\beta)))。$$

恰当的抽象原则会是：

$$Ner\,\mathrm{V}^* : (\forall P)(\forall \alpha)(\forall Q)(\forall \beta)[\mathrm{EXT}^*(P, \alpha) = \mathrm{EXT}^*$$
$$(Q, \beta) \leftrightarrow ((\forall x)(Px \leftrightarrow Qx) \vee (\neg(\mathrm{ON}(\alpha) \wedge (\forall x)(Px \to$$
$$x \in {}_sStg^*(\alpha))) \wedge \neg(\mathrm{ON}(\beta) \wedge (\forall x)(Qx \to x \in {}_sStg^*$$
$$(\beta)))))]。$$

且我们会把集合和属于关系定义为：

$$Set(x)^* \leftrightarrow (\exists P)(\exists \alpha)[x = \mathrm{EXT}^*(P, \alpha) \wedge \neg Bad(P, \alpha)],$$
$$x \in {}_N^* y \leftrightarrow (\exists P)(\exists \alpha)[Px \wedge y = \mathrm{EXT}^*(P, \alpha)],$$

这里：

$$Bad(P, \alpha) \leftrightarrow \neg(\mathrm{ON}(\alpha) \wedge (\forall x)(Px \to x \in {}_sStg^*(\alpha)))。$$

为确保这个方法行得通，我们需要证实：

$$(\forall P)(\forall \alpha)(\forall \beta)((\neg Bad(P, \alpha) \wedge \neg Bad(P, \beta)) \to$$
$$\mathrm{EXT}^*(P, \alpha) = \mathrm{EXT}^*(P, \beta)),$$

也就是：

$$(\forall P)(\forall Q)(\forall \alpha)(\forall \beta)((\neg(\mathrm{ON}(\alpha) \wedge (\forall x)(Px \to$$
$$x \in {}_sStg^*(\alpha))) \wedge \neg(\mathrm{ON}(\beta) \wedge (\forall x)(Qx \to$$
$$x \in {}_sStg^*(\beta))) \to \mathrm{EXT}^*(P, \alpha) = \mathrm{EXT}^*(Q, \beta))。$$

这能直接得自 SOAP＋$Ner\,\mathrm{V}^*$。实质上讲，我们已经用递归定义取代循环的外延定义，这里在每个"层次"我们引入根据在前面层次的某些被定义的新外延。为使事情变得更直达，我们能把递归表述 $Ner\,\mathrm{V}^*$

认作无穷多个外延形成算子的无穷多个非循环定义的模式。首先，我们获得第 0 层外延：

$$NerV_0: (\forall P)(\forall Q)[EXT_0(P) = EXT_0(Q) \leftrightarrow ((\forall x)(Px \leftrightarrow Qx) \vee ((\exists x)(Px \wedge \neg BASE(x)) \wedge (\exists x)(Qx \wedge \neg BASE(x))))],$$

也就是，第 0 层外延对应元素是基的元素的收集。然后我们根据第 0 层外延定义第 1 层外延：

$$NerV_1: (\forall P)(\forall Q)[EXT_1(P) = EXT_1(Q) \leftrightarrow ((\forall x)(Px \leftrightarrow Qx) \vee ((\exists x)(Px \wedge \neg BASE(x) \wedge \neg (\exists F)(x = EXT_0(F))) \wedge (\exists x)(Qx \wedge \neg BASE(x) \wedge \neg (\exists F)(x = EXT_0(F)))))],$$

这里第 1 层外延对应元素或者是基的元素或者是第 0 曾外延的那些收集。我们能以此方式继续下去，显性定义更一般外延算子，这里第 n 层外延对应元素或者是基的元素或者是第 m 层外延的那些集合，对某个 $m < n$。假设足够对象和足够抽象原则，当该方法只把我们带至第 α 层外延对 $\alpha < \omega_0$，我们应该注意 $NerV_n$ 的每个实例在新逻辑主义框架内部是根据前面已定义算子隐性定义抽象算子 EXT_n 的抽象原则。$NerV^*$ 是此过程的一般化，允许我们同时处理所有情况，包括由可能没有名称的序数所计数的秩，且因此不值得字面意义上的抽象原则头衔。不过，$NerV^*$ 是如此逐个抽象过程的自然一般化且在新逻辑主义路径精神内部似乎可行。有 $NerV^*$ 就位，我们能定义绝对外延概念（the notion of extension simpliciter）：

$$x = EXT(P) \leftrightarrow (\exists \alpha)(ON(\alpha) \wedge (\forall y)(Py \rightarrow y \in_S Stg^*(\alpha)) \wedge x = EXT^*(P, \alpha)) \vee (\forall \alpha)(On(\alpha) \rightarrow (\exists y)(Py \wedge y \notin_S Stg^*(\alpha)) \wedge x = EXT^*(x = x, 0)).$$

换句话说,概念 P 的外延是 P 的外延 extension* 且任意序数 α 使得 (P, α)不是坏的,且是坏的外延即 EXT* ($x=x$, 0)当不存在如此序数。那么我们能根据外延定义阶段:

$$x \in_s Stg(\alpha) \leftrightarrow ON(\alpha) \wedge BASE(x) \vee (\exists P)(x = EXT(P) \wedge$$
$$(\exists \beta)(ON(\beta) \wedge \beta < \alpha \wedge (\forall y)(Py \rightarrow y \in_s Stg(\beta)))) 。$$

使用该定义我们可以给出作为结果的从 $NerV^*$ 对 $NerV$ 的推导。使用有界量词化这种继续进行的方式完成较简单表述 $NerV$ 要做的事情,且此外使迭代扩充的递归性质变得更显性:$EXT^*(P, \alpha)$ 是根据 $\in_s Stg^*(\alpha)$ 定义的,且 $\in_s Stg^*(\alpha)$ 是根据 $EXT^*(Q, \beta)$ 对 $\beta < \alpha$ 被定义的。当然,新弗雷格主义者或者他们的对手发现 $NerV^*$ 和显性循环的 $NerV$ 一样可反对的是可能的。这时候我们没有不同于直观可行性的对 $NerV^*$ 可接受性的正面论证。然而人们能注意到的是如果新弗雷格主义者拒绝接受 $NerV$ 和 $NerV^*$,那么他将极有可能发现自己不能够表述任意版本的迭代集合概念。似乎不存在不同于为出现在根据双条件句右手边被强加在其他可能是最初外延对元素的外延上条件的双条件句左手边上两个外延提供恒等标准的手段,凭其人们能在新逻辑主义框架内部表述抽象的一般迭代原则。人们应该注意到 $NerV$ 旨在成为新逻辑主义者迭代集合概念的"正式"表述且将在下面被使用。由 $NerV^*$ 提供的"递归"重述只减缓有关循环性的担忧。

6. 更新第五基本定律标准模型

给定特殊的 BASE,我们在无基础公理的标准基础二阶 **ZFC** 内部构造秩如下:

$$V_{BASE}(0) = \{x : BASE(x)\},$$

$$V_{BASE}(\alpha+1)=V(\alpha)\bigcup\wp(V(a))),$$

$$V_{BASE}(\gamma)=\bigcup_{\lambda\gamma}V(\lambda),\text{对极限序数}\gamma.$$

直观想法在于我们不想成为基于 $V_{BASE}(\kappa)$ 的模型中的集合的基的元素能在模型中由基数大于 $V_{BASE}(\kappa)$ 的基数的集合表示出来。令 $\otimes$ 是不在 $V_{BASE}(\kappa)$ 中的任意集合,以充当坏的外延,现在我们能构造将称为 $Ner V$ 集合论标准模型的东西,它由定域和解释函数构成:

$$M_{(BASE,\kappa)}=\langle V_{BASE}(\kappa)\bigcup\{\otimes\},I\rangle,$$

这里对所有关系符号 R:

$I(ORD(R))=\alpha$ 当 α 是 V_{BASE} 中的序数且 $\langle\alpha,\in\rangle$ 同构于 $I(R)$,

$I(ORD(R))=\otimes$,否则;

且对任意谓词 P:

$I(EXT(P))=\{x\in V_{BASE}(\kappa):x\in I(P)\}$ 当 $\{x\in V_{BASE}(\kappa):x\in I(P)\}\in V_{BASE}(\kappa)$,

$I(EXT(R))=\otimes$,否则。

注意情况可能是 $\otimes\in BASE$,在其情况下 $V_{BASE}(\kappa)\bigcup\{\otimes\}=V_{BASE}(\kappa)$。新逻辑主义迭代集合论的模型看上去像标准迭代层级的事实不是令人惊讶的。让我们称两个结构 M 和 N 是外延同构的当存在从 M 的定域到 N 的定域的 1—1 函数 f 使得 f 是相对于 EXT 但不必然是 ORD 的同构。

定理 6.1: 基数为 κ 的 SOAP+Ner V 的任意模型包含外延同构于 $M_{(\varnothing,\kappa)}$ 的结构。

170

证明:给定基数为 κ 的模型 M 有定域 D 和解释函数 I,令 $O \subset D$ 是 I 下"ORD"算子的定域。由于 D 的基数是 κ,且 M 是 SOAP 的一个模型,O 带上它的序是同构于 κ 的。然后递归使用 O 我们能构造 $V_\emptyset(\kappa)$ 的复本且因此 $M_{(\emptyset,\kappa)}$,这里第 α 个秩恰好是包含每个性质外延的收集,所有它的实例出现在小于 α 的秩,这里 $V_\emptyset(\kappa) = \emptyset$。■

下述结果在下文中是有用的。

定理 6.2: 标准模型 $M_{(BASE,\kappa)}$ 是 SOAP+NerV 的模型当且仅当 $|V_{BASE}(\kappa)| = \kappa$ 且 κ 是无穷的。

证明:

左推右:假设 $M_{(BASE,\kappa)}$ 是 SOAP + NerV 的模型。如果 $M_{(BASE,\kappa)}$ 是 SOAP 的模型,那么 $M_{(BASE,\kappa)}$ 必定是无穷的,但再次根据 SOAP,必定存在无穷多个序数,所以 κ 必定是无穷的。根据简单归纳,$|V_{BASE}(\gamma)| \geq \gamma$ 对任意 γ。假设 $|V_{BASE}(\kappa)| > \kappa$。那么根据 SOAP,会存在 $|V_{BASE}(\kappa)|$ 多个序数,但那么 $M_{(BASE,\kappa)}$ 不会是 NerV 的模型,由于 NerV 为每个序数蕴含一个秩。所以 $|V_{BASE}(\kappa)| = \kappa$。

右推左:假设 $|V_{BASE}(\kappa)| = \kappa$ 且 κ 是无穷的。对任意 κ,$M_{(BASE,\kappa)}$ 是 NerV 的模型。如果 $|V_{BASE}(\kappa)| = \kappa$,那么 SOAP 生成 κ 多个序数,对 κ 个秩正确的数量,所以 $M_{(BASE,\kappa)}$ 是 SOAP 的一个模型。■

进一步把我们的注意力限制到带有空基(empty basis)的模型,我们有下述定理。

定理 6.3: 对无穷基数 κ,$|V_\emptyset(\kappa)| = \kappa$ 当且仅当或者 $\beth_\kappa = \kappa$ 或者 $\kappa = \omega$。

证明:根据下述两个事实结论是明显的:首先,$V_\emptyset(\kappa)$ 是遗传有限

集合,且其次,对 $\kappa > \omega$,$|V_{\emptyset}(\kappa)| = \beth_{\kappa}$。∎

换句话说,$M_{(\emptyset, \kappa)}$ 是 SOAP+NerV 的模型当且仅当 $V_{\emptyset}(\kappa)$ 是遗传地小于 κ 集合(hereditarily-less-than-κ)的收集。

7. 替换公理、相同尺寸原则与尺寸限制原则

我们的下一步是验证替换公理:

$$替换:(\forall x)(\forall f)(\exists y)(\forall z)(z \in_N x \rightarrow f(z) \in_N y)。$$

定理 7.1: 对任意基数 κ,如果 $M_{(\emptyset, \kappa)}$ 是 SOAP+NerV 的一个模型,那么 $M_{(\emptyset, \kappa)}$ 满足替换公理当且仅当 κ 是正则的。

证明:

左推右:假设 $M_{(\emptyset, \kappa)}$ 是 SOAP+NerV 和替换公理的模型且为归谬法假设 κ 不是正则的,也就是,$cf(\kappa) < \kappa$。那么存在序数 $\gamma < \kappa$ 和函数 f 使得 f 把 γ 无界地映射到 κ。令 S 是被限制到 γ 的 f 的范围。那么不存在序数 α 使得对 S 中的所有 x,$x \in_S Stg(\alpha)$,所以 S 是坏的,也就是,不是一个集合。矛盾! 所以 $cf(\kappa) = \kappa$ 且 κ 是正则的。

右推左:假设 $M_{(\emptyset, \kappa)}$ 是 SOAP+NerV 的模型且 κ 是正则的。令 x 是任意集合且 f 是 $V_{\emptyset}(\kappa)$ 上的任意函数,且令 S 是被限制到 x 的 f 的范围。清楚地,$|S| \leqslant |x|$。$x \in V_{\emptyset}(\kappa)$,且由于 $M_{(\emptyset, \kappa)}$ 是 SOAP+NerV 的一个模型,$\wp(x) \in V_{\emptyset}(\kappa)$,所以由此推断 $\wp(x) \subseteq V_{\emptyset}(\kappa)$。因此,$|x| < |V_{\emptyset}(\kappa)|$,且由于 $M_{(\emptyset, \kappa)}$ 是 SOAP+NerV 的模型,$|x| < \kappa$。所以 $|S| < \kappa$。因此,由于 κ 是正则的且不存在从 S 到 κ 的范围在 κ 中无界的函数,必定存在 $\gamma < \kappa$ 使得对 S 中的所有 y,$y \in_S Stg(\gamma)$。因此 S 不是"坏的",所以 EXT(S) 是一个集合。∎

这允许我们证明替换公理不从 SOAP+NerV 推断出来。定义 π 如下:

$$\pi_0 = \omega,$$
$$\pi_{n+1} = \beth_{\pi_n},$$
$$\pi = \sup \{\pi_i : i < \omega\}.$$

$M_{(\emptyset, \kappa)}$ 是 SOAP + NerV 的模型由于 $\beth_\pi = \pi$ 但 π 不是正则的,由于 $cf(\pi) = \omega$。因此替换公理从 SOAP + NerV 推不出来。在此语境下替换公理的失效等价于下述相同尺寸原则(**S**ame **S**ize **P**rinciple)的失效:

SSP: $(\forall P)(\forall Q)(\neg \mathrm{B}ad(P) \wedge P \approx Q) \rightarrow \neg \mathrm{B}ad(Q))$。

另一方面,下述尺寸限制原则(**S**ize **R**estriction **P**rinciple)确实成立:

SRP: $(\forall P)(\neg \mathrm{B}ad(P)) \rightarrow \neg (\exists Q)((\forall x)(Qx) \wedge P \approx Q))$。

也就是,没有集合是等数于整个定域的。然而替换的失效在集合论的迭代概念上应该不会吃惊。布劳斯在《迭代集合概念》中写道:

> 存在阶段理论的扩充从其本来能推出替换公理。我们本来能把下述原则的所有在 $\mathcal{J}$ 中能表达的实例当作公理:"如果每个集合与至少一个阶段有关,那么对任意集合 z 存在阶段 s 使得对 z 的每个元素 w,s 是晚于某个与 w 有关的阶段"。这条边界或者共尾性原则是关于集合和阶段相互关系的有吸引力的进一步思想,但它对我们来说似乎是进一步的思想,而不是据说在对迭代概念的粗略描述中曾被意指的一个。因为恰好存在 ω_1 个阶段似乎不是由粗略描述中所说的任何事物所排除的;似乎 R_{ω_1} 是 $\mathcal{L}$ 的据说曾经由粗略描述所蕴涵的任意陈述的模型。因此替换公理似乎对我们而言不从迭代概念推断出来(布劳斯,1971,第 26—27 页)。

在后来的论文中,在考虑迭代概念可能被加强以保证替换的方法之后,他写道:

> 规范公理的某个如此的加强是否能被认作不涉及新的实际上并非部分迭代概念的原则似乎是最可疑的。无论如何,现在我们转向一个完全不同的集合概念,从其立刻推断出替换公理。此概念是弗雷格的,修正它以避免自相矛盾(布劳斯,1989,第97页)。

尽管布劳斯的验证不是在新逻辑主义框架内部进行的,他的关于替换公理的评论既与这里获得的结果一致且与直觉一致。不像大小限制概念,迭代概念把收集尺寸认作与它是否收到值得尊敬的"集合"不相关。真正要紧的是被包含在收集中的对象是否在层级中的某个点被形成。

8. 基公理的五个版本

SOAP+Ner V 加下述基公理(**Basis Axiom**):

$$BA_{\emptyset} : BASE(x) \leftrightarrow x \neq x,$$

也就是,带有空基的 $Ner V$ 集合论,或者我们可以称为纯粹 $Ner V$ 集合论的东西,是极其弱的。在标准公理当中,这里成立的只是上述已证明的那些。除了替换公理失效,下述无穷公理也失效:

无穷:$(\exists x)(\emptyset_N \in_N x \wedge (\forall y)(y \in_N x \rightarrow y \bigcup \{y\}_N \in_N x))$。

定理 8.1: $M_{(\emptyset, \omega)}$ 是 SOAP+Ner V 的模型但无法满足无穷。

证明：$M_{(\varnothing, \omega)}$ 恰好是遗传有限集合加"坏"外延的可数的收集，所以 $|V_\varnothing(\omega)| = \aleph_0$，且 $M_{(\varnothing, \omega)}$ 是 SOAP + NerV 的模型。然而在 $M_{(\varnothing, \omega)}$ 中不存在无穷集，所以无穷公理不是满足的。∎

定理 8.1，结合前面小节的结果，足以表明相对于 SOAP + NerV，无穷公理和替换公理是独立的，由于 $M_{(\varnothing, \omega)}$ 满足替换但无法满足无穷，且 $M_{(\varnothing, \pi)}$ 满足无穷但无法满足替换。就提供被需要构造实分析和复分析的无穷集而言，NerV 集合论不比 NV 更好。不过，似乎不存在有原则的理由为什么我们应该不允许自身通向某个初步对象收集，然后我们能把它们收进集合，集合的集合，如此等等。根据更传统的通向集合论的路径，人们常常忽视基的元素由于它们不把实质新的任何事物加入该理论。然而，从目前视角出发，情况并非如此。为了保证我们有无穷集，我们只需要假设基包含无穷多个对象。考虑：

$$BA_\omega : BASE(x) \leftrightarrow (ON(x) \wedge x < \omega)。$$

通过注意有限序数单单根据 SOAP 被保证存在我们可以证实该公理，先于任意集合论理论化，所以不存在为什么我们不能形成这些的集合，或者集合的集合，如此等等的理由。如果我们令 FO 是有限序数（finite ordinal numbers）的可数收集，那么我们有下述：

定理 8.2： 对无穷 κ，$|V_{FO}(\kappa)| = \kappa$ 当且仅当 $\beth_\kappa = \kappa$。

证明：类似于上述定理 7.1 的证明。∎

有前面被定义的 π，SOAP + NerV + BA_ω 是 $M_{(FO, \pi)}$。

定理 8.3： SOAP + NerV + BA_ω 蕴含无穷公理。

证明：对任意有限序数 α，也就是，ORD 范围内的任意对象，

$\alpha \in_s Stg(0)$。所以对有限序数的任意收集 y，$y \in_s Stg(1)$。尤其，$\emptyset_N$ $\in_N Stg(1)$。由于序数是无穷的，有限序数收集的收集且从而 $Stg(1)$ 是不可数无穷，且所以论域是不可数无穷。因此所有可数无穷良序不是大的，所以必定存在极限序数 β，也就是，序数 β 使得对每个 $\gamma < \beta$，存在 δ 使得 $\gamma < \delta < \beta$。所以存在包含在 β 之前被形成的所有集合的集合，这是由于 $\beta >$ 1，$\emptyset_N \in_N z$，而且由于 β 是极限序数，对任意 w，如果 $w \in z$ 那么 $w \cup \{w\}_N \in_N z$，由于如果 $w \in_s Stg(n)$，那么 $w \cup_N \{w\}_N \in_s Stg(n+2)$。■

注意我们没构造直观上与无穷公理联系起来的集合，也就是，恰恰包含有限序数的集合 ω。不过，无穷公理不断言这种特殊无穷集的存在性，即包含 $\emptyset_N$ 且把在把 x 映射到 $x \cup_N \{x\}_N$ 的运算下封闭的某个集合。这里我们已经构造满足相关约束的远大于 ω 的集合。然后，通过应用分离公理我们立即获得 ω。存在无穷公理的其他变体和 SOAP＋NerV＋BA$_\omega$ 蕴涵这些变体的事实不是平凡的。乌斯基亚诺（1999）已经表明如果无穷公理是如同上述被表述的，那么二阶策梅洛集合论不蕴涵下述的无穷公理变体：

策梅洛无穷性：$(\exists x)(\emptyset_N \in_N x \wedge (\forall y)(y \in_N x \rightarrow \{y\}_N \in_N x))$。

如果我们表示策梅洛集合论使用策梅洛无穷性以表达存在无穷集的观念，那么推导不出最初的无穷公理。然而，人们能从 SOAP＋NerV ＋BA$_\omega$ 容易证明策梅洛无穷性。因此，SOAP＋NerV＋BA$_\omega$ 是强于策梅洛集合论的当无穷公理以这些方式中的任意一个被表述。一旦我们接受 SOAP＋NerV＋BA$_\omega$ 且看到每个模型至少包含 π 个序数，我们可能倾向于论证，由于我们被保证 π 个序数，我们应该允许小于 π 的所有序数成为基的元素，采用下述基公理：

BA$_\pi$：$BASE(x) \leftrightarrow (ON(x) \wedge x < \pi)$。

当然,SOAP＋Ner V＋BA_π 的所有模型将是远大于 $M_{(FO, \pi)}$ 的。我们能继续下去,通过允许越来越多的序数进入基表述越来越强的集合论。一旦我们沿着这条路线出发那么难以知道何时停下来。此外,要求我们只添加形式为下述的基公理实例似乎是合理的:

$$\text{BA}_\beta: \text{BASE}(x) \leftrightarrow (\text{ON}(x) \wedge x < \beta)。$$

这里序数 β 是根据纯粹逻辑词汇可定义的,若必要补充以抽象算子 ORD 和 EXT。然而,不像有限序数的情况,π 存在的证明不能在 Ner V 集合论内部被表述,即使补充以 BA_ω,由于它依赖替换公理。因此 BA_α 似乎不是基公理的有希望候选者。不过,存在另一个选项——由于序数是由 SOAP 生成的,其在某种意义上是理论优先于 Ner V 的,为什么不仅仅允许所有序数被包含在基中? 换句话说,

$$\text{BA}_{ORD}: \text{BASE}(x) \leftrightarrow \text{ON}(x)。$$

在此情况下我们能推导布拉利—福蒂悖论的一个版本。

定理 8.4:　SOAP＋Ner V＋BA_{ORD} 是不协调的。

证明: 如果每个序数被包含在基中,且从而被包含在 $Stg(0)$ 中,那么每个序数收集是一个集合且被包含在 $Stg(1)$ 中。让我们把序数集称为 O。令 $X = \{S: S$ 是序数集且 $(\forall n)(n \in_N S \rightarrow (\forall m)(m < n \rightarrow m \in_N S))\}$。根据幂集和分离公理 S 是一个集合。在 $\{O, <\}$ 和 $\{X, \subseteq\}$ 间存在一个同构,$f: O \rightarrow X$ 且对 $n \in_N O$,$f(n) = \{m: m < n\}$。从而由 $\subseteq$ 所序化的 X 是一个良序且由 X 是一个集合,该关系不是大的,所以存在对应它的序数。但该序数必定大于 O 中的任意序数,这是由于 f 提供从 O 中每个序数序型到 $\{X, \subseteq\}$ 的单射而不是满

射函数。矛盾！ ■

推论 8.5： SOAP＋$NerV$ 蕴涵"$ON(x)$"是坏的。

从而事实上如果 BA_ω 是可接受的我们能做的最好的事是接受 SOAP＋$NerV$＋BA_ω 且作为结果我们获得除了替换公理的所有二阶 **ZFC**。值得注意的是 SOAP＋$NerV$＋BA_ω 似乎为我们提供对上述第 2 小节中归于布劳斯的迭代集合概念的合理逼近。

9. 结合新与更新第五基本定律的三种方式

既非仅仅 NV 也非仅仅 SOAP＋$NerV$ 足以捕获足够的二阶 **ZFC** 以为我们不含糊地声称任何一个都提供数学上充足的对当代集合论的抽象主义描述。我们接下来的任务是要决定结合这两条原则是否足以为新逻辑主义者提供如此的重构。我们将考虑合取 SOAP＋$NerV$＋NV 这里我们把每个原则中"EXT"的出现理解成为相同算子的不同出现。然而，在考虑 SOAP＋$NerV$＋NV 的形式属性之前我们应该注意一连串明显的反对。至少对新弗雷格主义，外延抽象原则旨在提供某个像抽象算子"EXT"隐性定义的某物。在上述的研究中，NV 被理解为提供如此定义的候选，而且 $NerV$ 被理解为提供可替换的如此定义。

不过，在考虑包含 NV 和 $NerV$ 两者的理论中，我们要面对一种情形，在其我们实际上已经同时接受两个如此定义。我们可能合法地质疑这是否是连贯的，更不用说是预期的。更尖锐地，我们可能怀疑这两个原则中的哪个对问题中真正定义抽象算子负责任，也就是，对引入新的数学语言部分且提供它的意义负责任。如果这些抽象原则中的一个相当于如此的隐性定义，在新逻辑主义框架内部另一个的角色是什么？认为我们能避免该反对是诱人的，通过用结合两者的形式特征的单个抽象原则取代 NV 和 $NerV$ 的合取。例如，我们可能推断集合是既在迭代层级中可到达的且不太大的外延。令"Bad$_{NV}$"是断言大的性质的谓词，也就是：

$$\text{Bad}_{NV}(\text{P}) \leftrightarrow (\exists f)((\forall x)(\forall y)((f(x)=f(y) \rightarrow$$
$$x=y) \wedge (\forall x)(\exists y)(\text{P}y \wedge f(y)=x))),$$

且令"Bad$_{NV}$"是如同上述已发展的对应迭代概念条件，也就是：

$$\text{Bad}_{NerV}(\text{P}) \leftrightarrow \neg(\exists\alpha)(\text{ON}(\alpha) \wedge (\forall x)(\text{P}x \rightarrow x \in_s Stg(\alpha))),$$

这里 $\in_s Stg$ 如前被定义。那么集合是既不太大的也非在迭代层级中不可到达的概念外延的观念能被表述为最新五（**Newest V**）：

$$NestV: (\forall\text{P})(\forall\text{Q})[\text{EXT}(\text{P})=\text{EXT}(\text{Q}) \leftrightarrow ((\forall x)(\text{P}x \leftrightarrow \text{Q}x) \vee$$
$$((\text{Bad}_{NV}(\text{P}) \vee \text{Bad}_{NerV}(\text{P})) \wedge (\text{Bad}_{NV}(\text{Q}) \vee \text{Bad}_{NerV}(\text{Q}))))].$$

不幸的是，该原则不单独比 NerV 更强力。

定理 9.1：NerV 的任意模型是 NestV 的一个模型。

证明：定理是下述事实的结论，即 NerV 蕴涵来自第 7 小节的尺寸受限原则，也就是，在 NerV 的任意模型中，每个"大的"概念都是"坏的"。■

类似问题折磨

$$NestV^*: (\forall\text{P})(\forall\text{Q})[\text{EXT}(\text{P})=\text{EXT}(\text{Q}) \leftrightarrow ((\forall x)(\text{P}x \leftrightarrow$$
$$\text{Q}x) \vee ((\text{Bad}_{NV}(\text{P}) \wedge \text{Bad}_{NerV}(\text{P})) \wedge (\text{Bad}_{NV}(\text{Q}) \wedge \text{Bad}_{NerV}(\text{Q}))))].$$

因此某个其他策略必定被采纳以便获得结合 NerV＋NestV 的强度的理论。另一个选项可以是要同时采纳这两条原则但要把它们处理为两个不同抽象算子 EXT$_{NV}$ 和 EXT$_{NerV}$ 的隐性定义，也就是，我们把 NV

179

和 $Ner\text{V}$ 重述为：

$$\text{NV}: (\forall P)(\forall Q)[\text{EXT}_{NV}(P)=\text{EXT}_{NV}(Q)\leftrightarrow((\forall x)(Px\leftrightarrow Qx)\vee((Bad_{NV}(P)\wedge Bad_{NV}(Q)))];$$

$$Ner\text{V}: (\forall P)(\forall Q)[\text{EXT}_{NerV}(P)=\text{EXT}_{NerV}(Q)\leftrightarrow((\forall x)(Px\leftrightarrow Qx)\vee((Bad_{NerV}(P)\wedge Bad_{NerV}(Q)))]_{\circ}$$

从形式角度看，该路径完成我们想要的东西，由于由 NV 所强加的定域基数上的约束将保证替换公理成立当根据 EXT_{NerV} 被解释，且由 $Ner\text{V}$ 所强加的约束将蕴涵幂集公理将成立当根据 EXT_{NV} 被解释。然而存在哲学上的问题。我们把集合等同于 NV 外延或者等同于 $Ner\text{V}$ 外延吗？该问题是由下述加剧的：

定理 9.2： 存在模型 M 使得 M 是 NV，$Ner\text{V}$ 和 $(\forall P)$ $(\text{EXT}_{NV}(P)\neq\text{EXT}_{NerV}(P))$ 的模型。

证明： 令 $f:\omega\rightarrow V_{\{\otimes_1,\otimes_2\}}$ 是 $V_{\{\otimes_1,\otimes_2\}}(\omega)$ 的任意枚举。那么以明显方式扩充标准模型概念 $M=\langle V_{\{\otimes_1,\otimes_2\}}(\omega),I\rangle$ 这里

$$I(\text{EXT}_{NV}(P))=I(P) \text{ 当 } I(R)\in V_{\{\otimes_1,\otimes_2\}}(\omega),$$
$$I(\text{EXT}_{NV}(P))=\otimes_1,\text{否则};$$

而且

$$I(\text{EXT}_{NerV}(P))=f(2n+1) \text{ 当 } I(R)\in V_{\{\otimes_1,\otimes_2\}}(\omega) \text{ 且 } I(R)=f(2n),$$
$$I(\text{EXT}_{NerV}(P))=f(2n) \text{ 当 } I(R)\in V_{\{\otimes_1,\otimes_2\}}(\omega) \text{ 且 } I(R)=f(2n+1),$$

$$I(EXT_{NerV}(P)) = \otimes_2，否则。\blacksquare$$

这里我们有的是恺撒问题的尤为恶性的版本：给定两个不同的外延算子的两个不同的抽象原则，我们甚至不能决定空外延 $EXT_{NV}(x \neq x)$ 是否起因于 NV 是等同于由 $NerV$ 提供的空外延 $EXT_{NerV}(x \neq x)$。我们需要的是由不同抽象原则生成的两个抽象物恒等的充要条件。在《抽象界限》中法恩详细地讨论这个问题，而且他的解决方案为我们提供摆脱当前困境的方法。在考虑和拒绝由不同抽象原则所提供的抽象物必定是不同的观念后，这是由于由休谟原则以及诸如有限休谟（Finite Hume）这样的它的限制所生成的有限数应当是恒等的，他建议我们

> ⋯⋯面对不同抽象原则恒等标准的可能性可能以不是与问题中的抽象物恒等相关的方式而不同。而且这可能导致人们⋯取两个抽象物是相同的，当它们的相关联等价类是相同的，不管凭其他们被获得的抽象手段（法恩，2002，第49页）。

观念是简单的：每个抽象原则把定域上的概念收集划分为一个或者多个等价类，而且这些中的每个对应一个抽象物。如果我们把抽象物认作代理等价物，那么对应于相同概念收集的任意两个抽象物应该是恒等的不管什么抽象原则被用来"生成"它们。我们能把这个形式化为一般抽象物恒等模式（**G**eneral **A**bstrac-Identity **S**chema）。给定任意两个合法的抽象算子 $@_1$ 和 $@_2$：

$$GAS：(\forall P)(\forall Q)(@_1(P) = @_1(Q) \leftrightarrow (\forall F)(@_1(F) = @_1(P) \leftrightarrow @_2(F) = @_2(Q)))。$$

目前有趣的是掌控我们两个外延算子的实例：

$$(\forall P)(\forall Q)(EXT_{NV}(P) = EXT_{NerV}(Q)$$

$$\leftrightarrow (\forall F)(EXT_{NV}(F) = EXT_{NV}(P)$$

$$\leftrightarrow EXT_{NerV}(F) = EXT_{NerV}(Q)))_{\circ}$$

如果我们有 GAS,我们能定义集合关系和属于关系,根据有相同非坏性概念的 EXT_{NV} 和 EXT_{NerV} 的那些抽象物:

$$Set(x) \leftrightarrow (\exists P)[x = EXT_{NV}(P) \wedge x = EXT_{NerV}(P) \wedge$$

$$\neg Bad_{NV}(P) \wedge \neg Bad_{NerV}(P)],$$

$$x \in y \leftrightarrow (\exists P)[Px \wedge x = EXT_{NV}(P) \wedge x = EXT_{NerV}(P)]_{\circ}$$

根据这些定义,NV、NerV 和 GAS 的相关实例的合取蕴含外延、分离、空集、配对、第二个版本并集 Un^* 而非第一个版本并集 Un、幂集和替换公理。因此 GAS 为我们提供结合与新弗雷格主义关于隐性定义观念协调的两个外延抽象原则的手段还交付预期结果。然后,在下文中,我们将使用 NV+NerV,假设相同的抽象算子出现在两个原则中,由于这允许我们直接采用前面为这两个原则的一个或者另一个所证明的结果。当然外延算子"EXT"的"定义"的该合取能被穿过不同抽象原则对恒等条件的更丰富描述所取代。

10. 加强新与更新第五基本定律推导无穷公理

有 SOAP+NV+NerV 就位,如以前我们定义诸如集合、属于关系、序数、布劳斯纯粹集和遗传集这样的概念。首先,我们注意 SOAP+NerV+NV 是协调的。

定理 10.1: SOAP+NerV+NV 是由 $M_{(\langle\otimes\rangle,\,\omega)}$ 满足的。

这也表明无穷公理无法从 SOAP+NerV+NV 推出来。前面小节的结果足以表明 SOAP+NerV+NV 证明外延、分离、空集、配对、第二个版本并集 Un^*、幂集和替换公理。如同人们可能期望的,有趣的结论从这两个集合定义的合取推出来而单单从任意一个推不出来。作为例子我们有下述。

引理 10.2： SOAP＋NerV＋NV 蕴涵对所有 P，P 是大的当且仅当 P 是坏的。

更显著地，SOAP＋NerV＋NV 证明每个对象或者是一个集合或者是在基中的，尽管如同我们将要看到的某些对象可能是两者。

定理 10.3： SOAP＋NerV＋NV 蕴涵$(\forall x)(\mathrm{UR}(x)\to \mathrm{BASE}(x))$。

证明：假设对任意 a 来说 a 是一个本元，也就是，a 不是一个集合。由于 NV 和 NerV 两者只是在无穷模型上满足的，对应"$x=a$"的性质不是大的，且从而不是坏的，也就是，$(\exists\alpha)(\mathrm{ON}(\alpha)\wedge(\forall x)(x=a\to x\in_S Stg(\alpha))$。令 β 是最小序数使得$(\forall x)(x=a\to x\in_S Stg(\alpha))$，也就是，β 是最小序数使得 $a\in_S Stg(b)$。假设 β＞0。那么根据阶段定义$(\exists \mathrm{P})(a=\mathrm{EXT(P)}\wedge(\delta)(\delta<\beta\wedge(\forall y)(\mathrm{P}y\to y\in_S Stg(\delta)))$。所以$(\exists \mathrm{P})(a=\mathrm{EXT(P)}\wedge(\delta)(\mathrm{ON}(\delta)\wedge(\forall y)(\mathrm{P}y\to y\in_S Stg(\delta)))$。因此 a 是一个集合。矛盾！所以 β＝0 且 a 是在基中的。∎

作为这个的结果我们有下述：

推论 10.4： SOAP＋NerV＋NV 蕴涵本元公理：

$(\exists x)(Set(x)\wedge(\forall y)(\mathrm{UR}(y)\leftrightarrow y\in_N x))$。

推论 10.5： SOAP＋NerV＋NV 的每个模型是外延同构于 $\mathrm{M}_{(BASE,\kappa)}$ 对某个基数 κ 使得或者 $\kappa=\omega$ 且 BASE 是有限的或者 κ 是不可达的且 $\kappa>|\mathrm{BASE}|$。

推论 10.6： 如果 $M_{(BASE, \kappa)}$ 是 SOAP＋NerV＋NV 的一个模型，那么 $\otimes \in$ BASE。

因此，SOAP＋NerV＋NV 捕获除了无穷公理和基础公理的所有 **ZFC**。我们把基础公理放到第 11 小节。如同已经注意的，SOAP＋NerV 加在基中存在无穷多个元素的声称蕴涵无穷公理。NV 加存在不可数多个对象的声称蕴涵无穷公理。这里我们考虑独立于每个这些假设的原则。

$Inf NonSets$： "存在无穷多个本元"。

新五有着不可数多个集合但只有有限多个非集合的模型，且有着无穷多个非集合但只有可数无穷集合的模型。类似地，SOAP＋NerV 有着无穷多个非集合但在基中只有有限多个对象的模型而且如同我们将在第 11 小节看到的，它也有着有限多个非集合但在基中无穷多个对象的模型。因此下述不是平凡的，即使它的证明是平凡的。

定理 10.7： SOAP＋NerV＋NV＋$Inf NonSets$ 蕴涵无穷公理。

证明：假设存在无穷多个本元。那么根据 9.2，在 BASE 中存在无穷多个对象。NerV 加 BASE 有无穷多个元素蕴涵无穷公理的声称。∎

这提供下述：

推论 10.8： SOAP＋NerV＋NV＋$Inf NonSets$ 是由 $M_{(\langle \otimes \rangle, \kappa)}$ 满足的当且仅当 κ 是一个不可达基数。

因此 SOAP＋Ner V＋NV＋Inf Non Sets 的每个模型也是无基础公理的二阶 **ZFC** 的模型。当然，关键问题不是什么原则能被加到 SOAP＋Ner V＋NV 以便推出无穷公理，而是什么附加的新逻辑主义可接受原则将提供无穷公理。倘若 GAS 提供由不同抽象原则引起的对抽象物间恒等的正确描述，然而，Inf Non Sets 的新逻辑主义证实是直接的。除了 SOAP＋Ner V＋NV，新逻辑主义者只接受诸如有限休谟的受限制休谟原则版本：

$$FHP: (\forall P)(\forall Q)[NUM(P) = NUM(Q) \leftrightarrow (P \approx Q \vee (\neg$$
$$Finite(P) \wedge \neg Finite(Q)))]。$$

"Finite(P)" 是断言从 Ps 到 Ps 的单射而非满射的 1—1 对应的非存在性的二阶公式缩写。如果我们结合 FHP 与 SOAP＋Ner V＋NV 和 GAS 的相关实例，

$$(\forall P)(\forall Q)[NUM(P) = EXT(Q)$$
$$\leftrightarrow (\forall F)[NUM(F) = NUM(P)$$
$$\leftrightarrow EXT(F) = EXT(Q)))$$

我们获得下述：

定理 10.9： FHP ＋ SOAP ＋ Ner V ＋ NV ＋ GAS 蕴涵 Inf Non Sets。

证明：结合部分弗雷格定理即存在无穷多个数的声称的标准证明与下述事实，由于对每个 FHP 数 x 这里 $x \neq 0$，$(\exists P)(\exists Q)(x = NUM(P) = NUM(Q) \wedge \neg(\forall y)(Py \leftrightarrow Qy))$，所有不同于 0 的数不是外延。■

这提供必要的推论：

推论 10.10：FHP＋SOAP＋Ner V＋NV＋GAS 蕴涵无穷公理。

11. 从新与更新第五基本定律推导基础公理与非良基公理

在本小节中我们将检查二阶基础公理(the second-order axiom of foundation)的地位：

$$\text{基础}:(\forall P)((\forall x)(Px \rightarrow \text{Set}(x)) \rightarrow ((\exists y)(Py) \rightarrow (\exists y)$$
$$(Py \wedge \neg(\exists z)(Pz \wedge z \in_N y)))),$$

和表面较弱的正则公理：

$$\text{正则性}:(\forall x)(\text{Set}(x) \rightarrow ((y)(y \in_N x) \rightarrow (\exists y)(y \in_N x \wedge \neg$$
$$(\exists z)(z \in_N x \wedge z \in_N y))))$$

在 Ner V＋NV 集合论内部。如同单单 NV 或者 Ner V 的情况，SOAP＋Ner V＋NV 证明基础公理当量词被限制到布劳斯纯粹集，但基础公理和较弱正则公理无法对所有集合成立，甚或所有的遗传集。为表明被限制到遗传集的正则性无法从 SOAP＋Ner V＋NV 推出来，且从而无限制版本也无法推出来，它足以表明 **ΩA**xiom：

$$\Omega Ax:(\exists x)(\forall y)(y \in x \leftrightarrow y = x),$$

能被协调地加到 SOAP＋Ner V＋NV。为表明这个我们将在阿策尔的一阶非良基集合论内部构造。由于阿策尔的系统全是在无基础公理的一阶 **ZFC** 内部可解释的，下述的结果能直接在无基础公理的 **ZFC** 内部被证明，尽管该呈现没那么直接。因此我们对非良基集合论的采用只处于便利上的考虑，而且我们的"正式"元理论仍然是无基础

公理的一阶 **ZFC**。人们应该注意没有一个下述被使用的结果依赖反基础公理(the Anti-foundation Axiom)的特殊表述——在文献中被讨论的任意变体将是足够的(里格, 2000)。下述论证的是在某种意义上我们能在 NV＋NerV 集合论中有任意多个非良基集合。

定理 11.1： $\mathrm{SOAP}+\mathrm{Ner}\,V+\mathrm{NV}+\mathrm{Inf}\,\mathit{NonSets}$ 是由 $\mathrm{M}_{(BASE,\kappa)}$ 满足的这里 BASE 是非良基集合的任意传递集和 $\{\otimes\}$ 的两两并集且 κ 是任意不可达使得 $\kappa>|\mathrm{BASE}|$。

证明：BASE 的传递性保证对任意集合它也是在基中的，所有它的元素是在基中的。余下的是直接的。∎

$\Omega\mathrm{A}x$ 的协调性是直接的。

推论 11.2： $\mathrm{SOAP}+\mathrm{Ner}\,V+\mathrm{NV}+\mathrm{Inf}\,\mathit{NonSets}+\Omega\mathrm{A}x$ 是协调的。

证明：由于令 Ω 是一个集合使得 $\Omega=\{\Omega\}$，$\{\Omega\}$ 是非良基的传递集，$\mathrm{M}_{(\langle\Omega,\otimes\rangle,\kappa)}$ 是 $\mathrm{SOAP}+\mathrm{Ner}\,V+\mathrm{NV}+\mathrm{Inf}\,\mathit{NonSets}+\Omega\mathrm{A}x$ 的模型。∎

由于 Ω 是一个遗传集，所以我们有想要的推论。

推论 11.3： $\mathrm{SOAP}+\mathrm{NV}+\mathrm{Ner}\,V$ 无法蕴涵限制到遗传集的基础或者正则公理。

如果我们结合定理 10.9 与下述引理那么我们获得在第 10 小节中承诺的推论：

引理 11.4： $\mathrm{SOAP}+\mathrm{Ner}\,V+\mathrm{NV}$ 蕴涵如果 $x\in_N x$，那么 x

是基的元素。

证明: 假设对任意 a 我们有 $a \in_N a$。或者 a 是一个集合或者 a 不是一个集合。根据定理 9.2,如果 a 不是一个集合,那么 a 是在基中的。所以假设 a 是一个集合。从而对应"$x \in_N a$"的性质不是坏的,所以 $(\exists \alpha)((\alpha$ 是一个序数$) \wedge (\forall x)(x \in_N a \rightarrow x \in_S Stg(\beta)))$。令 β 是最小序数使得 $(\forall x)(x \in_N a \rightarrow x \in_S Stg(\beta))$。假设 $\beta > 0$。由此推断阶段定义 $(\forall y)(y \in_N a \rightarrow (\exists \delta)(\delta < \beta \wedge y \in_S Stg(\delta))$。由于 $a \in_N a$,我们有 $(\exists \delta)(\delta < \beta \wedge a \in_S Stg(\delta))$。矛盾!所以 $\beta = 0$ 且 a 是在基中的。∎

推论 11.5: SOAP+NerV+NV 有着带有有限多个非集合但基的无穷多个元素的模型。

证明: 令 BASE 是非良基集的任意无穷传递集且 κ 是不可达基数使得 $\kappa > |\text{BASE}|$。那么 $M_{\langle\langle\text{BASE}\cup\{\otimes\}\rangle\rangle, \kappa}$ 是 SOAP+NerV+NV 的模型。∎

因此,SOAP+NerV+NV 不排除非良基集的存在性。然而,SOAP+NerV+NV 确实排除所有非良基集的同时存在性。下述是非良基集合论(Non-well-founded set theory)的一个定理:

$$(\forall x)(\exists y)(\forall z)(z \in y \leftrightarrow (z = y \vee z \in x)).$$

换句话说,给定任意集合 x 存在集合 y 恰恰包含 x 的元素或者自身。这个能在 NV+NerV 集合论内部被表达为:

$WeakNWF: (\forall P)(\neg Bad(P) \rightarrow (\exists Q)(\neg Bad(Q) \wedge (\forall x)(Qx \leftrightarrow (Px \vee x = EXT(Q)))).$

然而,远弱于任意流行的反基础公理表述的该原则与 NerV＋NV 集合论是不相容的。

定理 11.6： SOAP＋NerV＋NV＋WeakNWF 是不协调的。

证明:存在作为由 SOAP 所提供的序数和通常被称作"序数"也就是由$\in$所良序化的传递纯粹集的集合间的明显对应。根据前述结果,对应"x 是一个序数"的性质是坏的,且因此大的,所以序数收集是大的。考虑函数 f 使得 $f(x)=y$ 当且仅当对所有 z, $z\in_N y$ 当且仅当或者 $z\in_N x$ 或者 $z=y$,如此函数的存在性是由 WeakNWF 和选择保证的。注意如果 $f(x)=y$,那么 $y\in_N y$。假设 $f(x)=y=f(z)$ 对序数 x 和 y。那么对所有 w, $w\in_N y$ 当且仅当 $w\in_N x$ 或者 $w=y$ 当且仅当 $w\in_N z$ 或者 $w=y$。所以,对任意 w,如果 $w\in_N x$ 那么或者 $w\in_N z$ 或者 $w=y$。但由于基础公理对序数有效, $w\neq y$。因此 $x\subseteq_N z$,且类似地 $z\subseteq_N x$。因此 $x=z$,所以被限制到序数的 f 是 1—1。所以 f 下序数的像是大的。但对任意 y,如果 y 是在 f 下序数的像中,那么 y 是在基中的。因此对应"$x\in$BASE"的性质是大的。矛盾! ∎

如此尽管基于 NV 加 NerV 的集合论与某些非良基集的存在性是协调的,它不能容忍所有它们的加入。

12. 对比两种集合概念引发的四个兴趣领域

在如同在 NV 被编成的大小限制集合概念和如同在 SOAP＋NerV 被编成的迭代集合概念间存在四种主要的兴趣领域。每个是与标准集合论公理的一个的地位相联系的。问题中的公理是幂集、替换、无穷和基础公理。如同我们已经看到的,NV 蕴涵替换公理但无法保证幂集的真性;交替地 SOAP＋NerV 蕴涵幂集公理但无法保证

189

替换公理。因此，如果我们被迫选择提供集合"定义"的单个抽象原则，那么这里我们遇到一个困境——给定一个选择，我们宁愿有幂集公理而放弃替换公理，或者有替换公理而放弃幂集公理？当然，这个选择不仅仅是个人偏爱的问题。在集合论内部幂集公理对许多当代数学的形式化是必然的，把我们从以有限序数为模型的自然数带到以有限序数集为模型的实数，从实数到以有限序数集合集为模型的实数上的函数理论如此等等。然而，替换公理多半只在相当模糊和秘传的诸如说明超限序数和基数行为这样的纯粹集合论分支中被使用。如果我们感兴趣使用集合论为大部分或者全部数学提供基础，包括但不限于对从事科学必要的数学，那么当面对有幂集或者替换而非两者的选项时，恰当的选择似乎是清楚的——在集合论内部幂集对表述当代数学是更关键的。

虽然如此，由于无法蕴涵这些核心公理的一个或者另一个，没有一个抽象原则似乎满足对数学充足性（mathematical adequacy）的要求。采用 SOAP＋NerV＋NV 或者采用如同第 9 小节中被讨论的 SOAP＋NerV＋NV＋GAS，关于替换和幂集的担忧消失——两者都是从这些抽象原则的合取中可推导的。此外，这条路径恰好与公理集合论的历史发展相吻合，如同它是凭借两个竞争的集合概念被激发，每个对应问题中的一个抽象原则。当然我们尚未溶解新逻辑主义集合论的所有问题，甚或本节中与替换或者幂集有关系的所有问题。不过，基于 NerV＋NV 的理论对到目前为止的新逻辑主义集合描述似乎是最有希望的候选。然而，新逻辑主义集合论重构的最紧迫问题是无穷公理，不管是否基于一个抽象原则还是多个抽象原则。

不幸的是，从 NV，SOAP＋NerV 或者 SOAP＋NerV＋NV 推不出无穷公理。因此新逻辑主义者需要发现某个额外的原则蕴含存在一个无穷集合。我们已经探索过某些可能性。再次，NV＋NerV 领先出现，如同无穷公理仅仅从存在无穷多个非集合即 InfNonSets 的额外假设推断出来，其转而从其他新逻辑主义原则加我们的恒等原则

GAS 中推断出来。即使 GAS 证明不是新逻辑主义可接受的,无疑比起需要获得无穷公理的假设 $InfNonSets$ 似乎没那么多问题,当单单在 NV 集合论或者 SOAP＋$NerV$ 的理论内部工作。SOAP＋$NerV$＋NV＋$InfNonSets$ 是足够强力的新逻辑主义集合描述的有希望候选者。不过,关于基础公理,SOAP＋$NerV$＋NV 在某种意义上只比较弱理论稍好一点。基础公理对布劳斯纯粹集有效但在遗传集上不是有效的。也许这才是它应该成为的样子,由于基础公理相比 **ZFC** 的其他标准公理有着不同特性。每个其他公理是下述两种形式中的一种。首先我们有直接的存在性声称(straight existential claims):

$$(\exists y)(\forall z)(z \in y \leftrightarrow \Phi(z))。$$

无穷和空集都是此类型公理。其次,我们有条件存在声称(conditional existence claims):

$$(\forall x_1)(\forall x_2) \cdots (\forall x_n)(\exists y)(\forall z)(z \in y \leftrightarrow \Phi(z, x_1, x_2, \cdots, x_n))。$$

这些公理陈述的是,给定任意集合或者对象序列,与给定集合或者对象序列有关系的第二个集合也存在。分离、幂集、替换、并集和配对全都是条件存在公理。另一方面,基础公理具有非常不同的逻辑特性,展现下述逻辑形式:

$$(\forall z)\Phi(x)。$$

基础公理不蕴涵任意新集合的存在性反之把限制强加在集合能有的什么种类的特征且从而限制什么集合事实上能存在。这种限制最初是由关于集合如何应该被赋予结构的特定观点所激发。即使这种限制是由也成为迭代集合概念基础的直观图景所激发的,这是我们已经以 $NerV$ 形式所接受的概念,我们也不需要感觉被强迫从而接受循环性上的大规模禁令。反之我们能把新逻辑主义者看作用一种对集合论悖论的反应取代另一种反应,也就是用可接受抽象原则不计循环性为数学理论提供安全基础的观念取代对任意循环事物的压倒性恐惧和逃避。在重构当代集合论的过程中他被强迫采用从先前关于集合性质的观点所演进的某些限制，也就是，从由 $Ner V$ 所编成的迭代集合图景推断出来的那些，但他自由支持循环集合（circular sets）就他的新集合论允许的程度。

表达同样观点的另一种方式是要注意新逻辑主义者能构造蕴涵二阶 **ZFC** 所有公理的一种集合论当他仅仅修正他的集合"定义"。与其让集合是并非"大的"或者坏的性质的外延，不如令集合既是并非"大的"性质的外延也被包含在每个布劳斯封闭概念也就是布劳斯纯粹集的那些对象。如同我们已经看到的，SOAP＋$Ner V$＋NV＋$Inf NonSets$ 证明被限制到这些对象的二阶 **ZFC** 的所有公理。从而，假设所有这些原则都是新逻辑主义可接受的，那么有保证无穷集的原则的 $Ner V$＋NV 在某种意义上"包含"全二阶 **ZFC**，但也留下其他非良基集的余地。总结起来，SOAP＋$Ner V$＋NV＋$Inf NonSets$ 为新逻辑主义者提供与全二阶 **ZFC** 一样强的集合论。如同已经注意到的，对这些原则可接受性的详细哲学辩护仍然是必要的。不过，数学问题——决定是否存在数学上充足的新逻辑主义集合论——似乎是被解决的。

附录 A

尽管我们已经相当非形式地给出这些证明，它们的每个在二阶逻辑内部能直接被重写为形式演绎。

引理 A.1： $(\neg Bad(P) \wedge (\forall x)(Qx \rightarrow Px)) \rightarrow \neg Bad(Q)$。

证明：假设 P 不是坏的且 $(\forall x)(Qx \rightarrow Px)$ 成立。那么 $(\exists \alpha)((\alpha$ 是一个序数$) \wedge (\forall x)(Px \rightarrow x \in_s Stg(\alpha)))$。所以 $(\exists \alpha)((\alpha$ 是一个序数$) \wedge (\forall x)(Qx \rightarrow x \in_s Stg(\alpha)))$。所以 Q 不是坏的。∎

引理 A. 2:　$(\neg Bad(P) \wedge EXT(P) = EXT(Q))) \to \neg Bad(Q)$。

证明: 假设 P 不是坏的且 $EXT(P) = EXT(Q)$。那么或者 P 是坏的且 Q 是坏的,或者 $(\forall x)(Qx \to Px)$,所以根据引理 A.1,由于 P 不是坏的,Q 也不是坏的。∎

引理 A.3:　$\neg Bad(P) \to (\forall x)(x \in_N EXT(P) \leftrightarrow Px)$。

证明: 假设 P 不是坏的。给定任意 x,如果 $x \in_N EXT(P)$ 那么 $(\exists Q)[Qx \wedge EXT(P) = EXT(Q)]$。由于 P 不是坏的,这蕴涵 $(\exists Q)[Qx \wedge (\forall y)(Py \leftrightarrow Qy)]$,也就是,Px。类似地,给定任意 x 使得 Px,由此推断 $Px \wedge EXT(P) = EXT(Q)$,所以 $(\exists Q)[Qx \wedge EXT(P) = EXT(Q)]$,也就是,$x \in_N EXT(P)$。∎

定理 A.4:　$Ner V$ 蕴含外延性:

$$(\forall x)(Set(x) \to (\forall y)(Set(y) \to (\forall z)((z \in_N x \leftrightarrow z \in y) \to x = y)))。$$

证明: 令 x 和 y 都是集合。那么 $x = EXT(P)$ 且 $y = EXT(Q)$ 这里 P 和 Q 都不是坏的。根据引理 A.3,推断出 $(\forall z)(z \in_N EXT(P) \leftrightarrow Pz)$ 且 $(\forall z)(z \in_N EXT(Q) \leftrightarrow Qz)$。假设 $(\forall z)(z \in x \leftrightarrow z \in y)$ 成立,也就是,$(\forall z)(z \in_N EXT(P) \leftrightarrow (\forall z)(z \in_N EXT(Q))$。那么 $(\forall z)(Pz \leftrightarrow Qz)$,所以 $EXT(P) = EXT(Q)$,或者 $x = y$。∎

定理 A.5:　$Ner V$ 蕴含空集:

$$(\exists x)(Set(x) \wedge (\forall y)(y \notin_N x))。$$

证明：令 x＝EXT($y\neq y$)。那么 $Set(x)$，由于 1 是一个序数且 $(\forall y)(y\notin x)$，由于没有 z 出现 $y\neq y$ 的情况。∎

定理 A.6： Ner V 蕴含分离：

$$(\forall \mathrm{P})(\forall x)(Set(x)\rightarrow(\exists y)(Set(y)\wedge(\forall z)(z\in_N y\leftrightarrow(z\in_N x\wedge \mathrm{P}z)))。$$

证明：令 P 是一个性质且 x 是一个集合。那么 x＝EXT(Q)这里 Q 不是坏的。令 y＝EXT(P∧Q)。那么 $Set(y)$，由于根据 A.1，P∧Q 不是坏的。同样，对任意 z，$z\in_N y$ 当且仅当(Pz 且 Qz)且 Pz 且 $z\in_N x$。∎

定理 A.7： Ner V 蕴含第二个版本并集 Un*：

$$(\forall x)(Set(x)\rightarrow(\exists y)(Set(y)\wedge(\forall z)(z\in_N y\leftrightarrow$$
$$(\exists w)(w \text{ 是一个集合}\wedge(z\in_N w\wedge z\in_N x)))))。$$

证明：令 x 是一个集合，以致 x＝EXT(P)。因此$(\exists\alpha)((\alpha$ 是一个序数$)\wedge(\forall x)(\mathrm{P}x\rightarrow x\in_S Stg(\alpha)))$。如果 $w\in_N x$，那么根据引理 A.3，Pw，所以 $w\in_S Stg(\alpha)$。换句话说，或者 w 是在基中的即 $w\in_S Stg(0)$或者$(\exists \mathrm{Q})(w$＝EXT(Q)$\wedge(\exists\beta)(\beta<\alpha\wedge(\forall y)(\mathrm{Q}y\rightarrow y\in_S Stg(\beta))))$。所以如果 w 是一个集合，那么对任意 $z\in_N w$，Qz，所以 $z\in_S Stg(\beta)$，且从而对所有 z 和 w 使得 $z\in w\in x$，$z\in_S Stg(\alpha)$。令 S 是恰好对 x 的元素的元素成立的性质。那么$(\forall y)(\mathrm{S}y\rightarrow y\in_S Stg(\alpha))$，所以 EXT(S)是一个集合且是 x 的并集。∎

定理 A.8： Ner V 蕴含配对。

$$(\forall x)(Set(x)\rightarrow(\forall y)(Set(y)\rightarrow(\exists z)(Set(z)\wedge$$
$$(\forall w)(w\in_N z\leftrightarrow(w=x\vee w=y)))))。$$

194

证明:令 x 和 y 都是集合。那么存在 P 使得 $x=\mathrm{EXT(P)}$ 这里 $(\exists\alpha)((\alpha$ 是一个序数$)\wedge(\forall x)(\mathrm{P}x\to x\in_S Stg(\alpha)))$ 且存在 Q 使得 $y=\mathrm{EXT(Q)}$ 这里$(\exists\beta)((\beta$ 是一个序数$)\wedge(\forall x)(\mathrm{Q}x\to x\in_S Stg(\beta)))$。令 $\delta=max(\alpha,\beta)$。那么 $x\in_S Stg(\delta+1)$ 且 $y\in_S Stg(\delta+1)$。令 F 是恰好对 x 和 y 成立的性质。那么 $\mathrm{EXT(F)}$ 是一个集合且是 x 和 y 的对集。∎

定理 A.9: $Ner V$ 蕴含幂集:

$$(\forall x)(Set(x)\to(\exists y)(Set(y)\wedge$$
$$(\forall z)(z\in_N y\leftrightarrow(\forall w)(w\in_N z\to w\in_N x))).$$

证明:令 x 是一个集合,也就是,$x=\mathrm{EXT(P)}$ 这里$(\exists\alpha)((\alpha$ 是一个序数$)\wedge(\forall x)(\mathrm{P}x\to x\in_S Stg(\alpha)))$,且令 y 是 x 的子集,也就是,存在 Q 这里 $y=\mathrm{EXT(Q)}$ 且 $(\forall x)(\mathrm{Q}x\to\mathrm{P}x)$。所以 $(\forall x)(\mathrm{Q}x\to x\in_S Stg(\alpha))$ 且由此推出 $y\in_S Stg(\alpha+1)$。令 S 是恰恰对 x 成立的性质。$\mathrm{EXT(S)}$ 是一个集合且是 x 的幂集。∎

第四节　基于双模态的集合迭代概念公理化

帕森斯和林内波用单模态算子丰富集合论语言而且使用单模态语言发展支撑极大性论题的模态阶段理论。极大性论题说的是任意集合能形成一个集合。单模态语言的问题在于无法描绘阶段上早于—晚于关心的良基性。为克服这种缺陷,斯塔德提出阶段理论的双模态表述。我们在把下述两个模态算子加入集合论语言的语言中表述双模态阶段理论:向前看必然算子和向后看必然算子。模态阶段理论逻辑是双模态一阶逻辑。除了非模态命题逻辑的标准公理化,模态阶段理论逻辑的公理和规则归入三个自然群组。使用时态解释模态算子会招致两种反对意见:首先是时刻太少;其次是错误的模态轮廓。

这使得我们无法对模态算子进行依照情况的解释。

存在对模态算子的两种非依照情况的解释：第一种解释是改变表达式的内容；第二种解释是根据自类数学公设解释模态性。我们会碰到第三种反对意见：不充分的一般性。根据模态描述，不管我们沿着层级上升多远，我们的量词只管辖到目前为止形成的集合。我们通过把集合论者的话语处理为有隐含模态内容达到对集合论的预期解释。只有与数学实践保持一致如此解释才能成功。模态解释与数学实践保持一致的第一个特征是它们的真值是阶段不变的。模态理论与数学实践保持一致的第二种方式是通过保持公式间的逻辑关系不变实现的。现在转向真模态阶段理论。为表述支撑极大性论题的阶段理论我们首先注意应该如何在双模态语言中表述这个论题，这是通过把模态化的朴素概括模式限制到并非不定可扩充的不变公式实现的。

令 S 是由外延公理、基础公理、空集公理、配对公理、并集公理、分离公理、幂集公理和无穷公理组成的理论。双模态阶段理论是由三条公理组成的：外延公理模态化、优先性原则和幅度原则。这三条公理允许极大性模式的推导和除了无穷公理的策梅洛集合论的模态化公理的推导。我们把后者记为 $S^{\diamond}$。从优先性原则出发我们能推断正则公理模式模态化。极大性模式的每个实例都是幅度原则的直接后承。连同优先性公理，极大性模式足以证明除了幂集公理的 $S^{\diamond}$ 的所有剩余公理。从幅度原则出发，我们能推断幂集公理。双模态阶段公理证明秩公理模态化。当我们把模态反射模式加入双模态阶段理论，我们能得到无穷公理和替换公理。

1. 用双模态替代单模态表达阶段理论

凭借布劳斯的论文（1971）在哲学上变得出名的迭代集合概念认为所有纯粹集合将以下述方式被形成。在非常开始阶段，不存在集合，且没有任何事物被形成。在随后每个阶段，在前面阶段被形成的所有集合集将被形成。在第二个阶段，∅ 将被形成；在第三个阶段，∅

和$\{\varnothing\}$将被形成；在第四个阶段，$\varnothing$，$\{\varnothing\}$，$\{\{\varnothing\}\}$和$\{\varnothing,\{\varnothing\}\}$将被形成；类似地对第五个阶段，第六个阶段，如此等等。接在这些阶段之后将来到第一个极限阶段，当在有限阶段被形成的所有集合集将被形成。在这个阶段，所有的遗传有限集将被形成。在下一个阶段，第一个无穷秩集合(the first sets of infinite rank)将被形成。由此继续下去，像序数那么长的往高延伸。

超过阶段结构和外延性原则——即有相同元素的集合是恒等的——从而迭代概念相当于两个关键原则。第一条原则清楚表达集合的元素对集合自身的优先性(the priority)：曾经被形成的任意集合是从某些在前面阶段被形成的集合被形成的。第二条原则关注集合的幅度(the plenitude of sets)：在任意阶段被形成的任意集合——也就是任意零个的或者更多个的集合——将在每个后面阶段形成一个集合。布劳斯的观点在于既非该迭代概念非形式略图中的时态也非集合"形成"的隐喻应该被认真对待。非形式略图恰好是生动的故事或者"叙事约定"，最终以"阶段理论"的形式给迭代概念的形式公理化让路。我们可以从标准策梅洛—弗兰克尔集合论抽取出——或者更准确地在标准策梅洛—弗兰克尔集合论中解释——如此的一个理论。

我们可以认为阶段等同于的某些集合即累积秩(the cumulative ranks)，典型地由冯诺依曼序数上的递归定义为：第一个阶段$V_0 =_{df} \varnothing$；接在V_α之后的阶段，$V_{\alpha+1} =_{df} \wp V_\alpha$，和接在$V_0$，$V_1$，$\cdots$，$V_\alpha$，$V_{\alpha+1}$，$\cdots$之后的阶段，对极限序数$\lambda$使得$0,1,\cdots,\alpha,\alpha+1,\cdots<\lambda$是极限阶段$V_\lambda =_{df} \bigcup_{\alpha<\lambda} V_\alpha$。那么我们可以消除非形式略图中的时态可以以支持量词化管辖如此秩或者它们的序数指标而且消除形成隐喻通过把谓词"阶段s是晚于阶段t的"和"x在s处被形成"为元素集合关系$\in$的限制。优先性和幅度原则对应$\mathbf{ZF}$的定理：$\forall\alpha(\forall x \in V_\alpha)(\exists\beta<\alpha)(x\subseteq V_\beta)$且$\forall\beta(x\subseteq V_\beta)(\forall\alpha>\beta)(x\in V_\alpha)$。另一种选择是不预设$\mathbf{ZF}$而表述阶段理论——且是中肯的一个当我们有兴趣使用阶段理论激发标准集合论。

因此布劳斯以一种非模态的二类语言公理化阶段理论,有量词化管辖集合(x, y, …)和阶段(s, t, …)。我们再次消除时态以支持量词化管辖阶段,而且通过把谓词"阶段 s 是晚于阶段 t 的"和"x 在 s 处被形成"当作基元而免除形成隐喻,它们是由某些阶段理论公理所掌控的,形式化该概念的非形式略图。如此理论不无它的优点。确实,它表示迄今为止为大量标准集合论发现自然动机的一个最好尝试,允许我们从似乎一点都不特别的理论推导许多 ZF 公理,而且甚至对独立动机是开放的。不幸的是,在无时态非模态语言中迭代概念的任意形式化会丧失某些重要的东西。我们失去的是支撑下述令人信服的论题的能力,即关于世界所要求的所有对某些集合能够形成一个集合在于存在那些集合。

该论题是由迭代概念的时态略图所支撑的,这里它以幅度原则直接后承出现。不管曾经到达什么阶段,那么被形成的任意集合能形成一个集合由于它们将在非常的下一个阶段形成一个集合。但不管我们沿着层级向上不管进行多远,到目前为止被形成的集合是存在的所有集合:不然无限制量词化管辖集合只管辖到目前为止被形成的那些。如此理解,迭代概念支持我们将称为极大性论题(the Maximality thesis)的东西:任意集合能形成一个集合。然而,一旦我们消除时态,该论题坍塌为无论什么的任意集合已经形成一个集合的原则,它以熟悉的方式经由罗素悖论导致不协调性。相应地,就我们能搞清楚在无时态非模态理论中哪些集合能够形成集合的问题的意思而言,我们必须给出不到极大自由的回应;比如,缺乏自身作为元素的集合不形成一个集合。

如此回应提出一个难题:关于世界允许某些集合以形成一个集合而禁止其他做相同事情说的是什么? 有些人可能倾向于如此回应:"是因为罗素悖论——如此,它是关于成为逻辑真性的世界的某些事实"。该回应的一个缺陷在于它是不完备的。没有集合由每个非自我属于集合组成是一个逻辑真性(a logical truth)。但每个集合怎么样? 或者带有少于不可达秩的每个集合? 单单逻辑甚至不告诉我们这些集

198

抽象主义集合论(上卷):从布劳斯到斯塔德

合是否形成一个集合，也非在二阶情况中 **ZF** 完成的那样，更不必说解释为什么或者为什么不。第二个更大的缺陷如下。朴素集合论中罗素悖论的推导论证朴素概括模式实例的逻辑假性（the logical falsity）：

$$\exists x \forall z(z \in x \leftrightarrow \phi(z))$$

在其 $\phi(z)$ 被当作 $z \notin z$。这提供与我们应该期望该理论为什么是不协调的一样好的解释。然而，真实有趣的问题不是为什么朴素概括的这个实例产生一个矛盾，而是为什么有些集合——在此情况下，缺乏自身作为元素的那些——是不能够形成一个集合的。而且这不能仅仅通过诉诸逻辑真性被解释。为了具体性，因为假设 **ZF** 是正确的，且此外某个不可达秩 V_{θ_0} 的元素是存在的所有集合，当然，小心不把这里的 V_{θ_0} 解释为一个集合。现在考虑缺乏自身作为元素的那些集合，事实上满足 $z \notin z$ 的那些。从朴素概念相关实例对矛盾的推导表明这些集合不形成一个集合，但无法解释为什么它们不能。因为曾经存在足够的其他集合；比如，倘若集合宇宙由更大不可达秩 V_{θ_1} 的所有元素构成，那么这些集合本来会形成完全好的集合也就是 V_{θ_0} 而无来自悖论的任意麻烦。结果，因为罗素论证解释为什么这些集合不能形成一个集合，它会需要补充以它们为什么必定是存在的所有非自我属于集合的解释——即 V_{θ_0} 的元素；也就是，为什么该层级必须未达到第 θ_0 个阶段。无疑这不是逻辑真性；而且我们看不到构建非模态无时态阶段理论的希望——或者就此而言，任意其他如此观点——为了应对这个挑战，以一种非任意和有原则的方式。

我们愿意提出避免这些问题的修正是在非形式图景中比通常更认真对待时态。我们不提议字面地对待时态，但应该用适当的由类时态逻辑掌控的模态算子取代它而非完全消除它。这允许我们通过正相反主张任意集合能形成一个集合避免由否定极大性论题的那些所面对的难题。类似的路径是由帕森斯（1977、1983）开辟的且新近由林内波（2010、2013）进一步发展。两个理论都是以由 S4.2 的扩充所掌控的单个模态算子丰富集合论语言且使用该语言发展支持极大性论题的可能被视作模态阶段理论的东西；在表明标准集合论的模态类似物如何能在它里面可以被恢复之前。

当这些理论在非模态阶段理论上提供极大改进，如此单模态语言（a unimodal language）缺乏表达资源以充分清楚阐述迭代概念——尤其缺乏描绘阶段上早于—晚于关系的良基性——具有某些集合论原则最显著的是基础公理必须被添加到阶段理论以便保证它们的回复的结果。为了克服这种缺陷，我们将呈现双模态阶段理论表述（a bi-modal formulation of stage theory）。进一步模态算子的加入允许迭代概念的非常自然的公理化，允许我们推导不然会需要被当作基础的定理。双模态阶段理论是在把两个模态算子添加到集合论语言的语言中被表述的："向前看"（forwards-looking）和"向后看"（backwards-looking）必然算子，$\square_>$和$\square_<$。悬置它们预期解释上的进一步构建，这些算子被读作：

$\square_>\psi$：情况将是在每个后面阶段有ψ；

$\square_<\psi$：情况将是在每个前面阶段有ψ。

然后其他模态性能经由元语言中的缩写被引入。"绝对"必然性算子$\square\psi$被定义为$\square_<\psi\wedge\psi\wedge\square_>\psi$，读作"情况常是在每个阶段有$\psi$"；"弱向前看"必然算子，作为由帕森斯和林内波所使用的单个模态算子的类似物，被定义为$\square_\geqslant\psi=_{df}\square_>\psi\wedge\psi$，类似地对"弱向后看"必然算子：$\square_\leqslant\psi=_{df}\square_<\psi\wedge\psi$。然后相应的可能性算子以通常方式被引入：比如，$\diamondsuit\psi=_{df}\neg\square\neg\psi$。我们的目标是一阶策梅洛—弗兰克尔集合论**ZF**。在双模态语言中被表述的模态阶段理论将出现在第4小节，连同除了无穷公理的策梅洛集合论自然扩充的模态类似物如何可从它里边被恢复的概要，而且它如何被构建以恢复**ZF**的模态类似物。不过，首先，两个预备知识已就绪。第2小节激发和呈现问题中的模态性逻

200

辑且阐明它的预期解释。第 3 小节评估理论模态类似物和它们更熟悉非模态对应物间的关系并且呈现一些有用的结果。在第 4 小节中恢复标准集合论之后，最后一个小节提供与它的非模态和单模态对手比较的对该路径的哲学评估。

2. 模态阶段理论逻辑

阶段理论逻辑放置关于依照迭代概念集合如何在连续阶段中可以被形成的一般约束，不用自身假定任意特殊集合的存在性。然而，与其尝试直接激发阶段理论逻辑，我们将以克里普克风格的模型论开始。

2.1 克里普克模型与模态阶段理论逻辑公理

基本的设置给某个熟悉的机制以某些建议性标签。令 $\mathcal{L}^{\Diamond}$ 是把 $\square_{>}$ 和 $\square_{<}$ 加到带有恒等的一阶语言 $\mathcal{L}$ 的双模态语言。构架 $\mathcal{S}$ 是一对 $\langle S, < \rangle$。"阶段层级"S 是非空集且"早于—晚于关系"$<$ 是 S 上的二元关系。对 S 中的每个阶段 s，基于 $\mathcal{S}$ 的框架 $\mathcal{F}$ 把集合 M_s 添加到 $\mathcal{S}$，"到目前为止被形成的集合宇宙"或者"阶段—宇宙"，至少它们中的一个是非空的。对 $\mathcal{L}^{\Diamond}$ 中的每个 n—元谓词 P 和 S 中的每个 s，基于 $\mathcal{F}$ 的模型 $\mathcal{M}$ 把 M_s 上的 n—元关系 $|P|_s$ 加到 $\mathcal{F}$ 作为 P 的"阶段扩充"（stage-extension）。恒等谓词的阶段扩充仍是固定的，有 $|=|_s=\{\langle a, a \rangle | a \in M_s\}$。模型 $\mathcal{M}$ 上的指派 σ 是把每个变元 v 映射到任意阶段宇宙 M_s 的元素 $\sigma(v)$ 的函数。相对于模型，公式 ψ"在指派 σ 下的阶段 s 是真的"，用符号表示为 $|\psi|_s^{\sigma}=T$，以通常方式递归地被定义。

$|Pv_1, \cdots, v_k|_s^{\sigma}=T$ 当且仅当 $\langle\sigma(v_1), \cdots, \sigma(v_k)\rangle \in |P|_s$；

$|\neg\psi|_s^{\sigma}=T$ 当且仅当 $|\psi|_s^{\sigma}\neq T$；

$|\psi_1 \rightarrow \psi_2|_s^{\sigma}=T$ 当且仅当 $|\psi_1|_s^{\sigma}\neq T$ 或者 $|\psi_2|_s^{\sigma}=T$；

$|\forall v\psi|_s^{\sigma}=T$ 当且仅当对每个 $a\in M_s$，$|\psi|_s^{\sigma[v/a]}=T$；

$|\square_{>}\psi_s^{\sigma}|=T$ 当且仅当对每个 $t>s$，$|\psi|_t^{\sigma}=T$；

$|\square_{<}\psi_s^{\sigma}|=T$ 当且仅当对每个 $t<s$，$|\psi|_t^{\sigma}=T$。

这里，"晚于—早于"关系，$s>t=_{df}t<s$。注意我们对量词和谓词取现实论者态度。在任意阶段 $\forall v$ 只管辖当时被形成（formed then）的集合；且由于 $|P|_s$ 是 M_s 上的关系，那么 $Pv_1,\cdots,v_k$ 当时是真的（true then）仅当 $v_1,\cdots,v_k$ 指向当时被形成的集合。我们也获得所期望的被定义必然性算子真值条件。

$$|\Box_{\geqslant}\psi_s^\sigma|=T \text{ 当且仅当对每个 } t\geqslant s, |\psi|_t^\sigma=T;$$

$$|\Box_{\leqslant}\psi_s^\sigma|=T \text{ 当且仅当对每个 } t\leqslant s, |\psi|_t^\sigma=T;$$

$$|\Box\psi_s^\sigma|=T \text{ 当且仅当对每个 } t\lesseqgtr s, |\psi|_t^\sigma=T。$$

这里，$s\leqslant t=_{df}s<t\vee s=t$；$s\geqslant t=_{df}s>t\vee s=t$；且 $s\lesseqgtr t=_{df}s\leqslant t\wedge t\leqslant s$。照例公式在模型 $\mathcal{M}$ 中被称为有效的当它在任意赋值下 $\mathcal{M}$ 的每个阶段处是真的；公式在框架 $\mathcal{F}$ 下有效当在基于 $\mathcal{F}$ 的每个模型中有效；而且在构架 $\mathcal{S}$ 中有效当在基于 $\mathcal{S}$ 的每个框架中有效。有该模型论就位，迭代概念引起七个更多的对它忠实的模型应该满足的约束。头五个关注阶段的排序。如同在它们的序数指标中隐含的那样，迭代概念主张阶段是由早于—晚于关系良序化的，而且不存在以后一个阶段。相应地，忠实的构架需要是：

(i) 传递的：$(\forall s\in S)(\forall t\in S)(\forall u\in S)(s<t\wedge t<u\rightarrow s<u)$；
　　良基的：$(\forall U\subseteq S)(U\neq 0\rightarrow(\exists u\in U)(\forall s\in U)(\neg s<u))$；

(ii) 连通的：$(\forall s\in S)(\forall t\in S)(s\lesseqgtr t)$；

(iii) 无向前分支的：$(\forall s\in S)(\forall t_1>s)(\forall t_2>s)(s\lesseqgtr t)$；

(iv) 无向后分支的：$(\forall s\in S)(\forall r_1<s)(\forall r_2<s)(s\lesseqgtr t)$；

(v) 序列的：$(\forall s\in S)(\exists t\in S)(t>s)$。

下面的约束关注阶段宇宙。根据迭代概念，一旦集合被形成它决不被消灭；它仍在每个随后阶段被形成。后面的阶段宇宙决不比前面的阶

段宇宙更少包含的。结果,忠实框架也是:

(vi) 单调的:$(\forall s \in S)(\forall t \in S)(s < t \to M_s \subseteq M_t)$。

最后迭代概念促进 $\in$ 的不同阶段外延间关系上的约束。根据此概念,当新集合被形成,已经被形成集合间的元素—集合关系是保持不变的:先前被形成集合的元素仍是元素且如此集合的非元素仍是非元素。结果 $\in$ 的不同阶段扩充在它们的共同定义域上一致。更一般地,忠实模型是:

(vii) 稳定的:$(\forall s \in S)(\forall t_1 \lesssim s)(\forall t_2 \lesssim s)(|P|_{t_1} \cap M_{t_2}^n = |P|_{t_2} \cap M_{t_1}^n)$。

当满足这些约束的模型中 $\mathcal{L}^\diamond$—公式的真值条件无疑给我们对它们预期解释的某种洞见,它强调模型论不应该被严肃对待。人们不能主张模态性是语义还原到量词化管辖阶段而没有模态阶段理论坍塌为非模态阶段理论,且从而失去支撑极大性论题的能力。结果,我们将证明论地发展模态阶段理论而且把我们对克里普克模型的使用限制到激发它的逻辑公理和其他的工具性目标。

表 1　LST 头两组公理与规则

FUS	$\vdash \forall v\psi \to (Eu \to \psi[u/v])$
FUG	$\Delta, Eu \vdash \phi_1 \to \phi_2[u/v]$仅当 $\Delta \vdash \phi_1 \to \forall v\phi_2$
Ref	$\vdash \Phi(v) \to v = v$
Sub	$\vdash u = v \to (\psi \to \psi(u/v))$
K$_<$	$\vdash \Box_<(\phi_1 \to \phi_2) \to (\Box_<\phi_1 \to \Box_<\phi_2)$
K$_>$	$\vdash \Box_>(\phi_1 \to \phi_2) \to (\Box_>\phi_1 \to \Box_>\phi_2)$
N$ec_<$	$\vdash \phi$仅当$\vdash \Box_<\phi$
N$ec_>$	$\vdash \phi$仅当$\vdash \Box_>\phi$
CV$_<$	$\vdash \phi \to \Box_<\diamond_>\phi$
CV$_>$	$\vdash \phi \to \Box_>\diamond_<\phi$

FUG 服从于 u 不自由出现在 $\phi_1 \to \forall v\phi_2$ 中的或者 Δ 中的公式中的约束。在 Ref 中,$\Phi(v)$ 是 v 自由出现在里面的原子公式。

2.2 模态阶段理论逻辑的三组公理与规则

模态阶段理论逻辑(the logic of modal stage theory)是双模态一阶逻辑,我们称之为 LST。除了非模态命题逻辑的标准公理化,LST 的公理和规则归为三个自然群组。头四个公理和规则根据它们的现实主义解读掌控量词化和恒等。由于阶段宇宙各不相同,且量词只管辖到目前为止被形成的集合,我们使用被定义存在谓词 Ev 以把 US 限制到在当前阶段指向被形成集合的项,且通过允许项上一般化指向如此集合的额外假设以自由化 UG。给定恒等的现实主义解读,我们可以把 Ev 定义为 $v = v$。公理和规则的第二个群组是基础时态逻辑的那些,它们添加到有向前必然性和向后必然性正规系统特性的公理,更多的两个掌控它们的相互作用。这些公理以下述方式独自描绘早于—晚于关系的传递性、良基性、连通性、无向前分支、无向后分支和序列性,阶段宇宙的单调性和阶段外延的稳定性。

命题 1:

(a) (I)在构架上是有效的当且仅当它满足(i)。

(b) 同样对(II)—(V)和(ii)—(v)是真的。

(c) (VI)在框架上是有效的当且仅当它满足(vi)。

(d) (VII)在模型中是真的当且仅当它满足(vii)。

可推导性以通常方式被描绘;而且可靠性在命题 1 的基础上是容易被构建的:⊢ψ 仅当 ψ 在满足(i)—(vii)的所有模型中是有效的。双模态系统 LST 允许我们推导 **K** 原则和每个已定义模态算子的必然性规则,$\Box$,$\Box_\leqslant$ 和 $\Box_\geqslant$。此外,我们可以推导这些算子的下述单模态原则。

命题 2:(导出单模态原则)

(a) $\Box$ 符合有 S5 特性的公理:T:$\Box\psi \rightarrow \psi$,对应 $\leqslant$ 的自反

性；B：$\psi\rightarrow\square\lozenge\psi$，对称性；4：$\square\psi\rightarrow\square\square\psi$；E：$\lozenge\psi\rightarrow\square\lozenge\psi$，对应欧几里得性。

（b）$\square_{\leqslant}$符合有 S4.3 特性的公理：$T_{\leqslant}$，$4_{\leqslant}$，$\leqslant$的自反性和传递性；$H_{\leqslant}$，无向后分支：$\lozenge_{\leqslant}\psi_1\wedge\lozenge_{\leqslant}\psi_2\rightarrow(\lozenge_{\leqslant}(\psi_1\wedge\psi_2)\vee\lozenge_{\leqslant}(\psi_1\wedge\lozenge_{\leqslant}\psi_2)\vee\lozenge_{\leqslant}(\psi_2\wedge\lozenge_{\leqslant}\psi_1))$。此外弱向后看算子符合巴肯公式，$BF$：$\forall v\square_{\leqslant}\psi\rightarrow\square_{\leqslant}\forall v\psi$，对应前面阶段宇宙是不比后面阶段宇宙更多包含的。

（c）$\square_{\geqslant}$同样符合有 S4.3 特性的公理：$T_{\geqslant}$，$4_{\geqslant}$，$\geqslant$的自反性和传递性；$H_{\geqslant}$，无向前分支。该算子也符合逆巴肯公式，$CBF_{\geqslant}$：$\square_{\geqslant}\forall v\psi\rightarrow\forall v\square_{\geqslant}\psi$，对应后面阶段宇宙是不比前面阶段宇宙更少包含的。

最后，我们记录下面我们对模态阶段的发展中被自由和默认使用的某些熟悉的导出规则。

命题 3：（导出规则）令 ψ_1 和 ψ_2 是 $\mathcal{L}^{\lozenge}$—公式且 Δ 是这些的集合。

（a）演绎定理：如果 Δ，$\psi_1\vdash\psi_2$，那么 $\Delta\vdash\psi_1\rightarrow\psi_2$。

（b）替代定理：令 $\theta(\psi/\Phi)$ 是在公式 θ 中用 ψ 一致替代原子公式 Φ 的结果。假设对 Δ 中的每个 δ，$\Delta\vdash O\delta$ 对 θ 中的每个模态算子 O 且 δ 没有任何的自由变元在 θ 约束。

（c）贝克规则：令每个 O_j 或者是对五个简单的或者被定义的必然算子中的一个的形式为 L_j 或 $\neg L_j\neg$ 的模态算子，或者是形式为 $\forall v$ 或者 $\exists v$ 的量词，对 $j=1,\cdots,n$。假设对 Δ 中的每个 δ，对每个模态算子 O_j，$\Delta\vdash L_j\delta$，且每个量词 O_j，δ 没有任何的自由变元 v 出现在 O_j，对 $j=1,\cdots,n$。

如果 $\Delta\vdash\psi_1\rightarrow\psi_2$，那么 $\Delta\vdash O_1\cdots O_n\psi_1\rightarrow O_1\cdots O_n\psi_2$。

表 2　LST 第三组公理

Löb ⊢ $\Diamond_< \psi \rightarrow \Diamond_< (\psi \wedge \Box_< \neg \psi)$	(I)
E₁ ⊢ $\Diamond E v$	(II)
H$_>$ ⊢ $\Diamond_> \psi_1 \wedge \Diamond_> \psi_2 \rightarrow (\Diamond_> (\psi_1 \wedge \psi_2) \vee \Diamond_> (\psi_1 \wedge \Diamond_> \psi_2) \vee \Diamond_> (\psi_2 \wedge \Diamond_> \psi_1))$	(III)
H$_<$ ⊢ $\Diamond_< \psi_1 \wedge \Diamond_< \psi_2 \rightarrow (\Diamond_< (\psi_1 \wedge \psi_2) \vee \Diamond_< (\psi_1 \wedge \Diamond_< \psi_2) \vee \Diamond_< (\psi_2 \wedge \Diamond_< \psi_1))$	(IV)
D$_>$ ⊢ $\Box_> \psi \rightarrow \Diamond_> \psi$	(V)
CBF$_>$ ⊢ $\Box_> \forall v \psi \rightarrow \forall v \Box_> \psi$	(VI)
STA ⊢ $\Box (E v_1 \wedge \cdots \wedge E v_k \rightarrow \Phi) \vee \Box (E v_1 \wedge \cdots \wedge E v_k \rightarrow \neg \Phi)$	(VII)

在 STA 中,Φ 是至多有 $v_1 \cdots v_k$ 自由的原子公式。

2.3　对模态算子的依照情况解释与非依照情况解释

现在我们要进一步谈及模态算子的预期解释。认真对待迭代概念中的时态可能激起两个常见的反对:

　　(a) 太少的时刻。阶段是与序数一样多的。它们在数量上超过任意无穷基数 $\aleph_\alpha$。但没有理由认为时间或者时空有甚至接近这种复杂度的结构。基数考虑立即排除我们把阶段层级嵌入时刻演替或者时空流形内部。

　　(b) 错误模态轮廓。新集合是在每个阶段被形成的。且从而在目前阶段被形成的某些集合在早前阶段不存在。但这会使集合的模态轮廓出错:若可能纯粹集必然存在且若曾经纯粹集永远存在。模态考虑立刻排除产生集合。

这两者都构成对迭代概念面值(face value)解读的强力反对,这里 $\Box_<$ 和 $\Box_>$ 都被读作时态算子且谈论"形成"是字面地(literally)被解释的。然而这不是我们希望辩护的观点。那么这些算子如何被解释? 第二个异议不仅否决时态解释而且否决模态算子的任意"依照情况的"解释。集合不能通过改变事物如何和世界在一起而形成。相应地 $\Diamond$ 不能被解释为表达形而上学可能性(metaphysical possibility),或者某个受限更多的物理模态性(physical possibility)。还有两个更多的"非依照情况"的选项。如果集合"形成"不是改变世界是如何的事情,第二种可能性在于它是改变表达式内容的事情。

集合"形成"实际上会是自由化词典解释的事情,扩大语境无限制量词的范围。从而后面阶段在于始终自由的解释且在一个阶段被形成的集合仅仅是量词当时管辖的集合。模态性以此方式关注可容许地再解释词典的可能性。第二个选项是根据自类(sui generis)数学公设解释解释模态性。法恩(2005,2006)建议语句真值不是完全由世界是怎样和它们的成分表达式意指什么决定的。超过表达式的情形和内容存在真值判定中的"第三个参数":也就是本体论。据此观点集合形成会在我们通过假定新数学对象调整这第三个参数。后面阶段由始终包含性本体论构成,而且模态性关注可容许公设的可能性(法恩,2006,第37—41页)。这两个观点避免面值描述的问题。

针对(a),不像时空那样,似乎不存在理由认为可容许解释的空间,或者可容许公设的空间相比序数是贫瘠的。而且至少在前一种情况下,完全有理由认为存在与序数一样多的可能解释。因为对常项符号来说指向任何序数是可能的而且在常项符号指称上相异的解释根据事实是不同的。针对(b),该解释性描述不字面上承诺产生的集合。如果人们认为阶段等同于可容许解释,那么语句的真值既是由语言如何在阶段 s 被解释决定的也是由评估语句有关的可能世界 w 决定的。为了字面上产生空集,我们必然在世界中带来一个从 w_1 到 w_2 的变化使得相对于固定解释语句 $\exists y(y=\varnothing)$ 在 w_1 中是假的而在 w_2 中是真的。但解释性描述不主张如此的事情。宁可空集的"形成"在于从 w_1 到 w_2 的转移使得该语句在第一种解释下是假的而在第二种解释下是真的,保留情形不变。同样的是真的当我们用指向任意其他集合的项取代项 $\varnothing$。

类似的回应对程序公设(procedural postulation)的倡导是开放的。阶段是否被解释为可容许解释或者被解释为法恩的第三个参数,

阶段参数 s 与掌控情形的参数 w 是正交的(orthogonal)。在这些描述上的假定相对于固定可能世界 w 从一个阶段到另一个阶段在 s—转移下真值的转移是与异议(b)背后关于集合的模态轮廓由理论判断所要求的 w—转移下真值的不变性相容的。关于每个这样的观点存在更多大量要说的东西,但这会离题太远。宁可,无需担忧比通常更认真对待时态不需要承诺我们字面地对待它,我们将继续一般地构建这种观点,在 LST 的边界内部使模态性如何被解释悬而未决。出于这个目的,我们将坚持在非形式解释中使用时态化语言和形成隐喻,根据这些应该最终让路于不管哪种解释最终被选定的理解。当然,所有的形式论证都是在 LST 内部被执行的且决不依赖这种注释。

3. 标准集合论与模态集合论间的关系

集合论是显著地不在模态语言中被标准表述的。所以为了模态阶段理论激发标准集合论我们需要解释照常在恒等和 $\in$ 作为专有非逻辑谓词的一阶语言 $\mathcal{L}_\in$ 中被表述的熟悉的非模态理论和在以 $\square_<$ 和 $\square_>$ 丰富 $\mathcal{L}_\in$ 的双模态语言 $\mathcal{L}_\in^\lozenge$ 中被表述的集合论间的关系是什么。

3.1 把量词嵌入模态算子

这里我们遇到第三个表面的关注。

(c) 不充足一般性(insufficient generality)。根据模态描述,不管沿着层级向上我们上升多远,我们的量词只管辖到目前为止被形成的集合。这使我们不能够以它们的全预期一般性表达集合论声称。例如,当一位集合论者通过说出"每个非空集合有一个 $\in$-极小元"尝试表达基础原则时他只成功说出每个在当前阶段被形成的非空集合都有一个 $\in$-极小元,保留在其他阶段被形成的非良基集的可能性。

208

然而我们的量词永远只管辖在当前阶段被形成集合的事实不阻止我们一般化每个曾经被形成的集合;这是通过把我们的量词嵌入模态算子内部而达到的。根据克里普克模型,当 $\forall v\psi$ 只说当前阶段的每个成员满足 ψ,$\Box\forall v\psi$ 说的是每个阶段的每个元素都满足 ψ。同样地,当 $u\in v$ 的外延从阶段到阶段各不相同,获得新元素—集合对当新集合被形成,$\Diamond(u\in v)$ 常常是由每个元素—集合对所满足的。相应地,我们定义 $\mathcal{L}_\in$—公式 ϕ 的模态化 $|\phi|^\Diamond$ 如下。对原子公式:$[u=v]^\Diamond$ $=_{df}\Diamond(u=v)$ 且 $[u\in v]^\Diamond=_{df}\Diamond(u\in v)$。为整理记法,原子公式的模态化常常被记为 $u\in^\Diamond v$,$u=^\Diamond v$,诸如此类。对复杂公式:$[\neg\phi]^\Diamond=$ $\neg[\phi]^\Diamond$;$[\phi_1\wedge\phi_2]^\Diamond=[\phi_1]^\Diamond\to[\phi_2]^\Diamond$;$[\forall v\phi]^\Diamond=\Box\forall v[\phi]^\Diamond$。那么人们可以实现集合论的预期一般性——作为关注每个曾经被形成集合的理论——通过把集合论者的言语处理为有隐含的模态内容。在非模态语言 $\mathcal{L}_\in$ 中所做出的陈述预期一般性是最显著地通过它的模态化在 $\mathcal{L}_\in^\Diamond$ 中被表达的。比如,基础原则预期一般性是由下述模态化公式所捕获的,它排除曾经被形成的非良基集合:

$$\Box\forall x(\Diamond\exists z(z\in^\Diamond x)\to\Diamond(\exists z\in^\Diamond x)\Box(\forall w\in^\Diamond z)(w\notin^\Diamond x)).$$

当然,只有把数学家的言说或者 $\mathcal{L}_\in$ 中给定的数学理论解释为有如此模态内容才是可行的,若它与如此做的数学实践相符。下面两个小节论证该情况属实。

3.2 阶段不变性与模态坍塌

若模态解释要与数学实践一致我们应该从模态化公式期望的一个特征是让它们的真值成为阶段不变的(stage-invariant)。集合论不是如此狭隘的以致它的定理的真性根据我们碰巧曾经上升到的哪个阶段各不相同,否则我们会期望集合论研究通过确定哪些集合已经被形成而开始。形式地,说只包含自由变元 $v=v_1,\cdots,v_k$ 的公式是阶段不变的,记为 INV$[\phi]$,当 $\Box\forall v(\Box\phi(v)\vee\Box\neg\psi(v))$。例如,$\Box\psi$ 和 $\Diamond\psi$ 都是不变的。然后我们可以在阶段理论逻辑中构建模态化

209

$\mathcal{L}_\in$—公式的不变性。

命题 4：（不变性）$\mathrm{INV}[[\phi]^\diamond]$。

自此以后我们为相同的非模态 $\mathcal{L}_\in$—公式和集合保留 ϕ 和 Γ 以及它们的修饰，有 ψ 和 Δ 作为这些的 $\mathcal{L}_\in$—公式和集合。

证明：通过归纳我们证明 $\mathrm{E}v_1，\cdots，\mathrm{E}v_k \vdash \Box[\phi]^\diamond \vee \Box\neg[\phi]^\diamond$。对原子 Φ，或者 $\diamond\Phi$，根据 E 所以 $\Box\diamond\Phi$，也就是 $\Box[\Phi]^\diamond$，或者 $\neg\diamond\Phi$，所以 $\Box\neg\Phi$，且根据 4 得到 $\Box\Box\neg\Phi$，由此 $\Box\neg[\Phi]^\diamond$。对 $\neg[\phi]^\diamond$，根据归纳假设结果是直接的。对 $[\phi_1\to\phi_2]^\diamond$，如果该公式是真的，T 和归纳假设产生 (i) $\Box\neg[\phi_1]^\diamond$ 或者 (ii) $\Box[\phi_2]^\diamond$，在其情况下 $\Box([\phi_1]^\diamond\to[\phi_2]^\diamond)$；或者，如果该公式是假的，(iii) $\Box[\phi_1]^\diamond$ 且 $\Box\neg[\phi_2]^\diamond$，所以 $\Box\neg([\phi_1]^\diamond\to[\phi_2]^\diamond)$。对 $[\forall v\phi]^\diamond$，或者 $\Box\forall v[\phi]^\diamond$，根据 4 所以 $\Box|\forall v\phi|^\diamond$，或者 $\neg\Box\forall v[\phi]^\diamond$，所以根据 E 得到 $\diamond\neg\forall v[\phi]^\diamond$，由此 $\Box\neg[\forall v\phi]^\diamond$。∎

直接后承在于几乎所有模态区别对模态化公式坍塌；下述确实成立。

命题 5：（模态坍塌）下述根据 $\mathrm{INV}[\psi]$ 的假设在 LST 中是可证明等价的：

$\psi，\Box\psi，\diamond\psi，\Box_\geqslant\psi，\diamond_\geqslant\psi，\Box_>\psi，\diamond_>\psi，\Box_<\psi，\diamond_<\psi$。

两个例外 $\Box_<\psi$ 和 $\diamond_<\psi$ 反映的是下述事实，即在每个起初阶段，第一种形式的所有公式是平凡真的，且第二种形式的所有公式是平凡假的。假设 $\diamond_<\mathrm{T}$ 它们是可证明等价于 ψ 的。

3.3 镜像

我们应该期望模态理论与数学实践一致的第二种方式是通过保

留公式间的逻辑关系。把在 $\mathcal{L}_{\in}$ 中给定的理论解释为有模态内容是可行的仅当如此做不致使完整理论为假，或者致使所使用推理模式无效。就集合论在一阶理论中被实行的范围而言——如同在绝大多数情况下那样——所有可证明性（provability）和非可证明性（non-provability）都是被保留的。我们用 $\Gamma^{\diamond}$ 表示 $\{[\Gamma]^{\diamond} \mid \gamma \in \Gamma\}$。

命题 6： （镜像）$\Gamma \vdash_{FOL} \phi$ 当且仅当 $\Gamma^{\diamond} \vdash_{LST} [\phi]^{\diamond}$。

草证： 假设 FOL 是通过把公理 $E\upsilon$ 加到 LST 的非模态子系统而被公理化的。在 FOL—证明上的容易归纳表明 LST 证明每个 FOL 公理的模态化且在每个 FOL 规则的模态化下是封闭的。例如，当 $\Gamma \vdash_{FOL} \phi_1 \rightarrow \forall \upsilon \phi_2$ 是从 FUG 获得的，$\Gamma, E\upsilon \vdash_{FOL} \phi_2 [u/\upsilon]$ 有较短 FOL—证明，满足 u 上的附加条件。通过归纳假设：$\Gamma^{\diamond}$，$\diamond E\upsilon \vdash_{LST} [\phi_1]^{\diamond} \rightarrow [\phi_2[u/\upsilon]]^{\diamond}$。那么推理如下：

$$\Gamma^{\diamond}, Eu \vdash [\phi_1]^{\diamond} \rightarrow [\phi_2[u/\upsilon]]^{\diamond} \quad \text{T}$$
$$\Gamma^{\diamond} \vdash [\phi_1]^{\diamond} \rightarrow \forall \upsilon [\phi_2]^{\diamond} \quad \text{FUG}$$
$$\{\Box[\Gamma]^{\diamond} \mid \gamma \in \Gamma\} \vdash \Box[\phi_1]^{\diamond} \rightarrow \Box \forall \upsilon [\phi_2]^{\diamond} \quad \text{LST}$$
$$\vdash [\phi_1]^{\diamond} \rightarrow \Box \forall \upsilon [\phi_2]^{\diamond} \quad \text{命题 4 和 5}$$

于是推断出左到右方向由于对 $\gamma \in \Gamma$，$\Gamma^{\diamond} \vdash \Box \gamma^{\diamond}$，根据命题 4 和 5。对右推左方向，首先注意 $[\chi]^{\diamond}$ 在忠实克里普克模型也就是满足(i)—(vii)的模型中是有效的当且仅当 χ 在对应经典模型中是有效的，它的定域是 $M = \bigcup_{s \in S} M_s$ 且指派每个谓词 P 以外延 $|P| = \bigcup_{s \in S} |P|_s$。现在当 $\Gamma^{\diamond} \vdash [\phi]^{\diamond}$，我们有 $\gamma_1, \cdots, \gamma_k \in \Gamma$，使得 $[\gamma_1 \wedge \cdots \wedge \gamma_k \rightarrow \phi]^{\diamond}$ 根据可靠性在每个忠实克里普克模型中成立。然而，清楚地，任意经典模型对应于某个忠实克里普克模型。结果，$\gamma_1 \wedge \cdots \wedge \gamma_k \rightarrow \phi$ 在每个经典模型中成立。结果得自 FOL 的完备性。∎

4. 用双模态阶段理论恢复标准集合论

现在转向真模态阶段理论。为了表述支撑极大性论题的阶段理论——任意集合能形成一个集合的论题——我们首先需要致力于该论题如何应该在双模态语言 $\mathcal{L}_\in^\diamond$ 中被表述。在一阶理论中,我们能期待最好的是模式表述。然而,应该清楚的是仅仅得自模态化朴素概括模式(the **N**aïve **C**omprehension **s**chema)的不协调模式离题太远。

$$(\text{NCS}^\diamond) \quad \diamond\exists x\Box\forall z(z\in^\diamond x\leftrightarrow[\phi(z)]^\diamond)\text{。}$$

与迭代概念完全相反,被当作 $z\notin^\diamond z$ 的 $[\phi(z)]^\diamond$ 这个模式实例说一个集合将最终在某个有作为元素在任意阶段曾经被形成的 $z\notin^\diamond z$ 的每个致满足物(satisfier)的阶段被形成。鉴于镜像结果这导致不协调性正如它的非模态对应物不可避免做的那样。然而这个实例不是任意集合能形成一个集合的极大性论题的结果。理由是简单的。没有各自曾经被形成的集合由 $z\notin^\diamond z$ 的每个将来致满足物组成。反之,给定在任意阶段被形成的任意非自我属于集合,更多的非自我属于集合将在后面阶段被形成。经由不定可扩充性概念的 $\mathcal{L}_\in^\diamond$—系统化该要点可以被一般化。说公式 $\psi(z)$ 是可扩充的当"新的"致满足物也就是不在任意前面阶段被形成的 $\psi(z)$ 的致满足物,将在某个后面阶段被形成:

$$\text{EXT}_z[\psi]=_{df}\diamond_>\exists z(\psi(z)\land\Box_<\neg\text{E}z)\text{,}$$

且不定可扩充的当它常常是可扩充的即 $\Box\text{EXT}_z[\psi]$。那么,对任意不定可扩充公式 $\psi(z)$,没有曾经被形成的集合在它们中间有 $\psi(z)$ 的每个将来致满足物;因为情况常常是 $\psi(z)$ 的某个进一步致满足物尚未被形成。结果极大性论题不蕴涵 $\text{NCS}^\diamond$ 的任意实例在其 $\psi(z)$ 是不定可扩充公式。那么为了表述极大性论题,我们需要把 $\text{NCS}^\diamond$ 限制到"恰恰限制"某些集合的公式 $\psi(z)$,在情况常常是 $\psi(z)$ 的每个致满足物且没有其他集合将是它们中的一个的意义上。对成为它们中一个的 $\psi(z)$ 的每个将来致满足物，如同我们恰好看到的，$\psi(z)$ 并非不定可扩充是必然的。

而且事实上，倘若 $\psi(z)$ 是一个不变公式（an invariant formula），该条件对 $\psi(z)$ 恰恰限制某些集合也是充分的。因为在任意阶段上不变公式 $\psi(z)$ 是不可扩充的即 $\neg \mathrm{EXT}_z[\psi]$ 恰好假使曾经满足 $\psi(z)$ 的每个集合是当时被形成的；而且这个成立恰好假使正是 $\psi(z)$ 限制在那个当时满足 $\psi(z)$ 阶段被形成的那些集合：因为 $\psi(z)$ 的任意最终致满足物在那个阶段被形成而且满足当时的不变公式并且所以是它们中的一个；而且它们中的每个常常满足 $\psi(z)$。因此我们可以在双模态语言 $\mathcal{L}_\in^\diamond$ 中表述极大性论题，通过把 NCS$^\diamond$ 限制到并非不定可扩充的不变公式：

(Max)　　INV$[\psi] \wedge \neg \Box \mathrm{EXT}_z[\psi(z)] \rightarrow \diamond \exists x \Box \forall z$
$(z \in^\diamond x \leftrightarrow \psi(z))$。

4.1　双模态阶段理论的第一条公理：外延公理模态化

令 S 是由外延、基础、空集、对集、并集、分离、幂集和无穷公理组成的 $\mathcal{L}_\in$—理论。策梅洛集合论 Z 把无穷公理加到 S；而且策梅洛—弗兰克尔集合论 ZF 把替换公理模式加到 Z。双模态阶段理论——别名为 MST——由三个公理构成。第一个仅仅是外延公理的模态化性。

(E$xt^\diamond$)　　$\Box \forall z(z \in^\diamond x_1 \leftrightarrow z \in^\diamond x_2) \rightarrow x_1 =^\diamond x_2$。

其他两条公理提供给在迭代概念中被清楚表达的优先性和幅度原则的 $\mathcal{L}_\in^\diamond$—形式化。这三个公理允许极大性模式 Max 的推导和除了无穷的策梅洛集合论的模态化公理，我们将之标为 S$^\diamond$。有进一步公理的加入,其通过告诉我们关于层级范围某些更多事物详细说明迭代概念,我们也可以推出无穷和替换公理,由此恢复策梅洛—弗兰克尔集合论的所有模态化公理,$\mathbf{ZF}^{\diamond}$。我们依次考虑每个公理。

表3 ZF 公理

外延公理	$\forall x_1 \forall x_2 (\forall z(z \in x_1 \leftrightarrow z \in x_2) \rightarrow x_1 = x_2)$
基础公理	$\forall x(\exists z(z \in x) \rightarrow (\exists z \in x)(\forall w \in z)(w \notin x))$
空集公理	$\exists x \forall z(z \notin x)$
配对公理	$\forall x_1 \forall x_2 \exists y \forall z(z \in y \leftrightarrow z = x_1 \vee z = x_2)$
并集公理	$\forall x \exists y \forall z(z \in y \leftrightarrow (\exists w \in x)(z \in w))$
分离公理	$\forall x \exists y \forall z(z \in y \leftrightarrow z \in x \wedge \phi(z))$
幂集公理	$\forall x \exists y \forall z(z \in y \leftrightarrow z \subseteq x)$
无穷公理	$\exists y((\exists x \in y) \forall z(z \notin x) \wedge (\forall z \in y)(\exists w \in y)(w = z^+))$
替换公理	$\mathrm{F}n_{w,z}[\phi] \rightarrow \forall x \exists y \forall z(z \in y \leftrightarrow (\exists w \in x)(\phi(w,z)))$

4.2 双模态阶段理论的第二条公理:优先性原则

优先性原则说的是对在任意阶段被形成的任意集合,它的元素全部是在前面阶段被形成的。由于一个集合是集合 x 的元素恰好假使它满足 $z \in^{\diamond} x$ 而且该公式是不变的,x 的元素全部是在一个阶段被形成的恰好假使 $z \in^{\diamond} x$ 是当时不可扩充的。结果,优先性原则可以在双模态语言 $\mathcal{L}_{\in}^{\diamond}$ 中被形式化如下。

$$(Pri) \quad \Box \forall x \diamondsuit_< \neg \mathrm{EXT}_z[z \in^{\diamond} x]。$$

直接结论在于 $z \in^{\diamond} x$ 是不可扩充的每当 x 是被形成的。每个元素对于它的集合的优先性得自关于可扩充性的引理。

命题7: $Pri, Ex \vdash \neg \mathrm{EXT}_z[z \in^{\diamond} x]$。

引理 8：　$\text{INV}[\psi]$，$\neg\Box\text{EXT}_z[\psi(z)]\vdash\psi(z)\rightarrow Ez$。

证明：注意 $\Diamond\psi\rightarrow\Diamond(\psi\wedge\Box_<\psi)$，是从 Löb 中可推导的，把这个称为 Löb′。假设 $\text{INV}[\psi]$，$\neg\Box\text{EXT}_z[\psi(z)]$ 和 $\psi(z)$。现在 $\Diamond Ez$；所以，应用 Löb′，我们有或者 (i) $\Diamond_\leqslant(Ez\wedge\Box_<\neg Ez)$ 或者 (ii) $\Diamond_>(Ez\wedge\Box_<\neg Ez)$。由于 $\Box_>\psi(z)$，根据命题 5 的模态坍塌，第二种情况作为 $\neg\text{EXT}_z[\psi(z)]$ 被排除由此 $\Box_>\forall z(\psi(z)\rightarrow\Diamond_<Ez)$。结果，(i) 成立，由此 $\Diamond_\leqslant Ez$；所以根据存在的向前必然性得到 Ez。∎

命题 9：　Pri，$Ex\vdash z\in{}^\Diamond x\rightarrow\Diamond_<Ez$。

回顾正则性（regularity）是 **ZF** 的定理即模式，在它们的实例中间是基础公理，陈述的是每当某个集合满足 ϕ，存在满足 ϕ 的相对于 $\in$ 的某个最小集合。

$$(\text{R}gl)\quad\exists x\phi(x)\rightarrow\exists x(\phi(x)\wedge(\forall z\in x)\neg\phi(z)).$$

MST 的合意特征在于该模式的模态化性可以在优先性公理的基础上被证明。

命题 10：　$Pri\vdash \text{R}gl^\Diamond$。

因为假设在某个阶段 $\exists x[\phi(x)]^\Diamond$；那么，由于早于—晚于关系是良基的，存在某个最早阶段 s_0 在其处 $\exists x[\phi(x)]^\Diamond$。所以假设 x 是在那个阶段被形成的且满足 $[\phi]^\Diamond$。根据前述命题 x 的任意元素 z 本来必定在 s_0 之前的某个阶段被形成，且由于 $\forall z\neg[\phi(z)]^\Diamond$ 根据 s_0 的极小性在如此阶段成立，由此推断 $\neg[\phi(z)]^\Diamond$；结果 x 是一个 $[\phi(z)]^\Diamond$—极小致满足物。在模态阶段理论形式化该论证产生正则性的模态化性。

首先注意当不变公式 ψ_1 是不可扩充的（inextensible），它的扩充（extension）不随着我们向前或者向后移动而增加；由此巴肯公式的向前、向后和绝对版本可以为被限制到 ψ_1 的量词推导出来。

引理 11： 当 L 是 $\square_<$，$\square_\leqslant$，$\square_>$，$\square_\geqslant$ 或者 $\square$ 的任意一个：

$$\text{INV}[\psi_1]，\neg\text{EXT}_v[\psi_1] \vdash \forall v(\psi_1 \rightarrow L\psi_2) \rightarrow L\forall v(\psi_1 \rightarrow \psi_2)。$$

命题 10 的证明： 假设 Pri，在 LST 中推理如下。

$$\square_< \forall z \neg [\phi(z)]^\diamond，Ex \vdash z \in^\diamond x \rightarrow \diamond_< \qquad \text{命题 9}$$
$$\vdash z \in^\diamond x \rightarrow \diamond_\leqslant \neg [\phi(z)]^\diamond \qquad \text{LST}$$
$$\vdash z \in^\diamond x \rightarrow \square \neg [\phi(z)]^\diamond \qquad \text{模态坍塌}$$
$$\vdash (\forall z \in^\diamond x) \square \neg [\phi(z)]^\diamond \qquad z \text{ 上一般化}$$
$$\vdash \square (\forall z \in^\diamond x) \neg [\phi(z)]^\diamond \qquad \text{引理 11，命题 7}$$

由此推断 $Rgl^\diamond$ 的后件可以根据 $\diamond(\exists x[\phi(x)]^\diamond \wedge \square_< \forall z \neg [\phi(z)]^\diamond)$ 的假设从 Pri 中被证明出来。根据引理 8 的证明结果得自 $Löb'$ 的应用。■

表 4　定义集合条件

公　理	集　合	定义条件
$EmpSet^\diamond$	$\varnothing$	$z \neq^\diamond z$
$Par^\diamond$	$\{x, y\}$	$z =^\diamond x \vee z =^\diamond y$
$Uni^\diamond$	$\bigcup x$	$\diamond(\exists w \in^\diamond x)(z \in^\diamond w)$
$Sep^\diamond$	$\{z \in^\diamond x | [\phi(z)]^\diamond\}$	$z \in^\diamond x \wedge [\phi(z)]^\diamond$

4.3　双模态阶段理论的第三条公理：幅度原则

MST 的第三个也是最有一条公理表达的是幅度原则：曾经被形成的任意集合将在每个后来阶段形成一个集合。这条原则可以在 $\mathcal{L}_\in^\diamond$ 中通过沿着类似路线到达极大性模式的模式被表述。当曾经满足不变公式 $\psi(z)$ 的每个集合被形成——也就是，当 $\psi(z)$ 不再是可扩充的

216

(extensible)——$\psi(z)$的致满足物集在每个后来阶段被形成。

$$(Plen) \quad \text{INV}[\psi] \wedge \neg \text{EXT}_v[\psi_1] \rightarrow \Box_> \exists x \Box \forall z (z \in^\Diamond x \leftrightarrow$$
$$\psi(z))。$$

极大性模式的每个实例是该模式的一个直接后承而且不存在最后阶段的事实被表达在 D 中。

命题 12： $Plen \vdash Max$。

连同优先性公理,极大性模式足以证明除了幂集公理的 $S^\Diamond$ 的所有剩余公理。

命题 13：

(a) $Max \vdash \text{ES}^\Diamond$　　（ES 是空集（Empty Set）的缩写）；

(b) $Max \vdash \text{P}r^\Diamond$　　（Pr 是配对（Paring）的缩写）；

(c) $Max, Pri \vdash \text{U}n^\Diamond$　　（Un 是并集（Union）的缩写）；

(d) $Max, Pri \vdash \text{S}p^\Diamond$　　（Sp 是分离（Separation）是缩写）。

在每种情况下,为应用该模式以表明由曾经被形成的每个致满足物组成的集合是在某个阶段被形成的,它需要表明它的下定义条件不是不定可扩充的。这是基于关于不可扩充性的某些更多初等事实容易达到的。

引理 14：　令 $\Delta = \{\delta_1, \cdots, \delta_k\}$ 是不带自由变元 v 的 $\mathcal{L}_{\in}^{\Diamond}$—公式集。如果 $\Delta \vdash \text{INV}[\psi]$ 且 $\Delta \vdash \psi(v) \rightarrow Ev$,那么 $\Delta \vdash \neg \text{EXT}_v[\psi(v)]$。

证明：假设 $\Delta \vdash \psi(v) \rightarrow Ev$ 且 $T \rightarrow \Delta$。

$$\diamondsuit_<(\delta_1 \wedge \cdots \wedge \delta_k) \vdash (\square_<\psi(v) \rightarrow \diamondsuit_< Ev) \quad \text{LST}$$

$$\text{INV}[\psi], \diamondsuit_<(\delta_1 \wedge \cdots \wedge \delta_k) \vdash (\psi(v) \rightarrow \diamondsuit_< Ev) \quad \text{模态坍塌}$$

$$\text{INV}[\psi], \diamondsuit_<(\delta_1 \wedge \cdots \wedge \delta_k) \vdash \forall v(\psi(v) \rightarrow \diamondsuit_< Ev) \quad \text{UG}$$

$$\square_>\text{INV}[\psi], \square_> \diamondsuit_< (\delta_1 \wedge \cdots \wedge \delta_k) \vdash \square_> \forall v(\psi(v) \rightarrow$$
$$\diamondsuit_< Ev) \quad \text{LST}$$

由于 $\Delta \vdash \square_>\text{INV}[\psi]$ 和 $\Delta \vdash \square_>\diamondsuit_<(\delta_1 \wedge \cdots \wedge \delta_k)$ 得到我们的结果。∎

命题 15：

(a) $\vdash \neg \text{EXT}_z[z \neq^\diamondsuit z]$；

(b) $Ex \vdash \neg \text{EXT}_z[z =^\diamondsuit z]$；

(c) $\neg \text{EXT}_v[\psi_1] \vdash \neg \text{EXT}_v[\psi_1 \wedge \psi_2]$；

(d) $\text{INV}[\psi_1], \text{INV}[\psi_2], \neg \text{EXT}_z[\psi_1], \neg \text{EXT}_z[\psi_2] \vdash \neg \text{EXT}_z[\psi_1 \wedge \psi_2]$。

命题 13 的证明： ES$^\diamondsuit$ 和 Pr$^\diamondsuit$ 从命题 15 直接得到。S$p^\diamondsuit$ 且在此公理中用 $[\phi]^\diamondsuit$ 取代不变 ψ 的结果得自命题 7 和 15。对 U$n^\diamondsuit$，推理如下，注意 $Ex \vdash w \in^\diamondsuit x \rightarrow Ew$，且 $Ew \vdash z \in^\diamondsuit w \rightarrow Ez$。

$$Ex \vdash w \in^\diamondsuit x \wedge z \in^\diamondsuit w \rightarrow Ez$$

$$\vdash (w \in^\diamondsuit x)(z \in^\diamondsuit w) \rightarrow Ez$$

$$\vdash \diamondsuit(\exists w \in^\diamondsuit x)(z \in^\diamondsuit w) \rightarrow Ez \quad \text{引理 11 和命题 7}$$

应用引理 14，这产生 $Ex \vdash \neg \text{EXT}_z[\diamondsuit(\exists w \in^\diamondsuit x)(z \in^\diamondsuit w)]$。∎

然而对强于极大性模式的公理的需要变得明显当我们来到幂集公理，比如，考虑作为有限序数集的 ω。当 ω 在一个阶段被形成，优先性公理确保它的元素 0，1，2，… 被更早地形成；而且结果地，ω 的任意子集 y 的元素当时被形成。然后极大性模式确保 y 最终将在某个阶段被形成。但它无法保证将存在某一个阶段（some one stage）当 ω

的所有子集被形成。相比之下丰富度公理确保每个子集在 ω 的元素被形成之后的非常起初阶段被形成,且所以 ω 的所有子集当时被形成,且它的幂集其后被形成。在双模态中一般化该论证我们得到下述。

命题 16: $MST \vdash Ps^{\diamond}$(Ps 是幂集(Powerset)的缩写)。

证明:注意 $y \subseteq^{\diamond} x \vdash \neg EXT_z[z \in^{\diamond} x] \twoheadrightarrow \neg EXT_z[z \in^{\diamond} y]$ 且推理如下。

$$y \subseteq^{\diamond} x, Ex \vdash \diamondsuit_< \neg EXT_z[z \in^{\diamond} x] \quad Pri$$
$$\vdash \diamondsuit_< \neg EXT_z[z \in^{\diamond} y] \quad LST$$
$$\vdash \diamondsuit_{<\square>} \exists y' \square \forall z(z \in^{\diamond} y' \leftrightarrow z \in^{\diamond} y) \quad Plen$$
$$\vdash Ey \quad Ext^{\diamond}$$

从 DT、引理 14 和 Max 得到我们的结果。∎

4.4 双模态阶段理论证明秩公理模态化

MST 恢复除了无穷性的策梅洛集合论。但没有替换,甚至有无穷性的策梅洛集合论是出人意料地弱。当然,替换给我们更高高度,允许我们到达层级上更高层的集合。但该公理在确保集合层级与它应该处于早期阶段一样宽上起着重要作用。给定基础公理,回顾集合 x 的秩 $\rho(x)$ 可以被递归地定义为大于 x 的每个元素的秩的最小序数。在 **ZF** 中等价地,$\rho(x)$ 是最小序数使得 $x \subseteq V_{\rho(x)}$。没有替换,我们不能够表明每个集合是某个 V_α 的子集;事实上,我们甚至不能够表明每个集合 x 是传递集的子集。论域可能无法在诸如 $x \mapsto V_{\rho(x)}$ 或者 $x \mapsto tcl(x)$ 的保秩运算(rank-preserving)下是封闭的,这里 $tcl(x)$ 是 x 的传递闭包(the transitive closure),所有 x 的传递超集(transitive supersets)的交集。

克服这种缺陷的一种方式是对层级高度做出更多假设。在下一小节中我们将看到如此假设如何允许我们恢复替换和无穷。这也会使我们能够填充低秩处层级中的缺口。然而，在迭代概念的语境中，如此路径是不令人满意的。因为据此概念，在早期阶段层级的宽度不是由迭代继续多远决定的：秩为 $\rho(x)$ 的每个集合是在阶段 $\rho(x)+1$ 处沿着 x 第一次被形成。尤其，$V_{\rho(x)}$ 或者 $\mathrm{tcl}(x)$ 是每当 x 被形成而被形成的。结果，据此概念，我们应该期望集合论宇宙在保秩运算下封闭而无需关于它的范围的强假设。在非模态环境中，乌斯基亚诺曾经论证 **Z** 的潜在狭窄性(the potential narrowness)如何可以用进一步公理的加入而克服。如同他表明的，我们可以描绘 V_α 的潜在狭窄性而不使用替换，通过把谓词 $R_\alpha(x)$ 定义为对集合 x 和序数 α 成立恰好假设存在满足条件的函数 f：

$$\mathrm{Dom}(f)=\alpha+1 \wedge f(\alpha)=x \wedge (\forall \beta \leqslant \alpha)\, \forall y(y \in f(\beta) \leftrightarrow$$
$$(\exists \gamma < \beta)(y \subseteq f(\gamma)))\,.$$

非形式地 $R_\alpha(x)$ 告诉我们 $x=R_\alpha$。那么策梅洛集合论可以补充以下述公理，陈述的是每个集合是某个累积秩的子集，且允许我们恢复 V_α —层级：

（ρ） $\forall x \exists y \exists \alpha (R_\alpha(y) \wedge x \subseteq y)$。

在此基础上人们容易看到集合论宇宙在诸如 $x \mapsto V_{\rho(x)}$ 或者 $x \mapsto \mathrm{tcl}(x)$ 的运算下是封闭的。双模态阶段理论 MST 的另一个合意特征在于它给予论域以它的预期宽度，确保论域在保秩运算下是封闭的，无需特别的加入。MST 证明秩公理 ρ 的模态化性。

命题 17： $\mathrm{MST} \vdash \rho^{\diamond}$。

本小节的剩余部分关注该命题的证明。首先注意 $\mathcal{L}_{\in}^{\diamond}$ 的双模态表达资源允许我们把将来的集合 M 描绘成为目前阶段的论域。对 M 具有如此论域就是对它有恰恰在目前阶段被形成的集合作为元素;或者等价的,对 M 包含每个当时被形成的集合且当时成为不可扩充的。这可以在 $\mathcal{L}_{\in}^{\diamond}$ 中被形式化如下:

$$\mathrm{U(M)} =_{df} \forall z (z \in {}^{\diamond}\mathrm{M}) \land \neg\, \mathrm{EXT}_z [z \in {}^{\diamond}\mathrm{M}].$$

类似地,说 M 是第 α 个阶段的目前论域可以被定义如下:

$$\mathrm{U_{\alpha}(M)} =_{df} \mathrm{U(M)} \land [\forall z (z \in \alpha \leftrightarrow z \in \mathrm{M} \land On(z))]^{\diamond}.$$

注意这两个概念无法成为不变的;是否将来的集合 M 是当前论域各不相同根据哪个阶段曾经被到达;但成为某个阶段或者第 α 个论域的不变概念可以通过把 $\diamond$ 加到公式前缀而获得。从该定义直接得到的是目前阶段论域和它的序数指标不存在但将在每个后来阶段存在。

命题 18: MST,$\mathrm{U_{\alpha}(M)} \vdash \neg\, \mathrm{EM} \land \Box_{>}\mathrm{EM} \land \neg\, \mathrm{E}\alpha \land \Box_{>}\mathrm{E}\alpha$ $\land\, On^{\diamond}(\alpha)$。

秩公理的模态化性 $\rho^{\diamond}$ 是两个命题的后承。第一个陈述的是每个集合是某个论域的一个子集;第二个陈述的是论域与秩相符。

命题 19: $\mathrm{MST} \vdash \Box\, \forall x \diamond \exists \mathrm{M} \diamond \exists \alpha (\diamond \mathrm{U_{\alpha}(M)} \land x \subseteq {}^{\diamond}\mathrm{M})$。

命题 20: $\mathrm{MST} \vdash \Box\, \forall x \Box\, \forall \alpha (\diamond \mathrm{U_{\alpha}}(x) \leftrightarrow \mathrm{R}_{\alpha}^{\diamond}(x))$。

为构建第一个我们表明每个集合 x 是阶段论域的子集当它的元素首先被形成——等价地,第一个阶段当 $z \in {}^{\diamond}x$ 变为不可扩充的。在序数 α 的情况下此外我们可以表明当 α 的元素被形成时第一个阶段是第 α 个论域。出于此目的,说 M 是最早阶段的论域当 ψ 成立被定义

如下,这里 ψ 是没有自由变元 z 的公式:

$$\mathrm{F}_{\psi}(\mathrm{M}) =_{df} \square \forall z (z \in \Diamond \mathrm{M} \leftrightarrow \Diamond(\mathrm{E}z \wedge \psi \wedge \square_{<} \neg \psi)).$$

命题 19 经由下述引理被证明。

引理 21:

(a) MST, $\Diamond \psi \vdash \Diamond \exists \mathrm{M} \mathrm{F}_{\psi}(\mathrm{M})$;

(b) MST, $\mathrm{F}_{\psi}(\mathrm{M})$, $\Diamond \psi \vdash \mathrm{U}(\mathrm{M}) \leftrightarrow (\psi \wedge \square_{<} \neg \psi)$;

(c) MST, $\mathrm{F}_{\psi}(\mathrm{M})$, $\Diamond \psi \vdash \Diamond \mathrm{U}(\mathrm{M})$。

证明:

(a) 假设 $\Diamond(\mathrm{E}z \wedge \psi \wedge \square_{<} \neg \psi)$ 缩写为 $\chi(z)$ 和 ψ;那么或者 $\Diamond_{>}(\mathrm{E}z \wedge \psi \wedge \square_{<} \neg \psi)$,这是由第二个假设排除的,或者 $\Diamond_{\leqslant}(\mathrm{E}z \wedge \psi \wedge \square_{<} \neg \psi)$,由此 $\mathrm{E}z$;结果,$\psi \vdash \chi(z) \rightarrow \mathrm{E}z$。根据 14 得到 $\Diamond \psi \vdash \neg \square \mathrm{EXT}_{z}[\chi(z)]$。根据 Max 得到 $\Diamond \psi \vdash \Diamond \exists \mathrm{M} \mathrm{F}_{\psi}(\mathrm{M})$。

(b) 右推左:无疑我们有 $\psi \wedge \square_{<} \neg \psi \vdash \forall z \chi(z)$;根据对(a)的论证,结果我也有 $\psi \wedge \square_{<} \neg \psi \vdash \forall z \chi(z) \wedge \neg \mathrm{EXT}_{z}[\chi(z)]$;由此推出我们想要的结果。左推右,我们表明下述:

$$\mathrm{F}_{\psi}(\mathrm{M}), \Diamond \psi, \neg(\psi \wedge \square_{<} \neg \psi) \vdash \neg \mathrm{U}(\mathrm{M}).$$

假设 $\mathrm{F}_{\psi}(\mathrm{M})$。注意下述成立:

$$\Diamond \psi, \neg(\psi \wedge \square_{<} \neg \psi) \vdash \Diamond_{<}(\psi \wedge \square_{<} \neg \psi) \vee \Diamond_{>}(\psi \wedge \square_{<} \neg \psi).$$

依次考虑每个析取支。如果 $\Diamond_{<}(\psi \wedge \square_{<} \neg \psi)$,那么根据右推左得到 $\Diamond_{<} \mathrm{U}(\mathrm{M})$;所以 $\Diamond_{<} \square \mathrm{EM}$,且从而 EM;所以根据命题 18 得到 $\neg \mathrm{U}(\mathrm{M})$。类似地,如果 $\Diamond_{>}(\psi \wedge \square_{<} \neg \psi)$,那么 $\Diamond_{>} \mathrm{U}(\mathrm{M})$;所以 $\Diamond_{>} \neg \mathrm{U}(\mathrm{M})$,且 $\neg \mathrm{U}(\mathrm{M})$。

(c) 直接从(b)和 $L\ddot{o}b'$ 推断出来,参见引理 8 的证明。∎

命题 19 的证明:从引理 21(a, c)需要表明:

$$\text{MST}, \text{F}_{\neg \text{EXT}_z[z \in \diamond x]}(\text{M}) \vdash x \subseteq^{\diamond} \text{M}。$$

假设 $\text{F}_{\neg \text{EXT}_z[z \in \diamond x]}(\text{M})$ 且 $\text{U}(\text{M})$ 且 $z \diamond x$。那么根据引理 21(b) 得到 $\neg \text{EXT}_z[z \in \diamond x]$；所以根据引理 8 得到 $\text{E}z$；所以根据 $\text{U}(\text{M})$ 的定义得到 $z \in^{\diamond} \text{M}$。从 LST 和引理 21(c) 得到我们的结果。■

为完成 $\rho^{\diamond}$ 的恢复，仍需要表明秩和论域相符。首先我们表明阶段上的早于—晚于排序引出论域上的 $\in$—排序。

命题 22:

(a) $\diamond \text{U}(\text{M}), \diamond \text{U}(\text{N}) \vdash \text{M} =^{\diamond} \text{N} \leftrightarrow \diamond(\text{U}(\text{M}) \wedge \text{U}(\text{N}))$;

(b) $\diamond \text{U}(\text{M}), \diamond \text{U}(\text{N}) \vdash \text{M} \in^{\diamond} \text{N} \leftrightarrow \diamond(\diamond_{<} \text{U}(\text{M}) \wedge \text{U}(\text{N}))$;

(c) $\diamond \text{U}(\text{M}), \diamond \text{U}(\text{N}) \vdash \text{M} \ni^{\diamond} \text{N} \leftrightarrow \diamond(\diamond_{>} \text{U}(\text{M}) \wedge \text{U}(\text{N}))$。

证明: 对 (c) 的右推左方向, 如果 $\diamond_{>} \text{U}(\text{M}) \wedge \text{U}(\text{N})$, 那么根据命题 18 得到 $\diamond_{>} \text{U}(\text{M}) \wedge \text{EN}$; 所以 $\diamond_{>}(\text{N} \in^{\diamond} \text{M})$。结果 $\diamond(\diamond_{>} \text{U}(\text{M}) \wedge \text{U}(\text{N}))$ 证明 $\text{N} \in^{\diamond} \text{M}$。(a) 和 (b) 中的右推左方向类似地是直接的。相反, 对 (c) 的左推右方向, 假设 $\text{N} \in^{\diamond} \text{M}$。如果 $\diamond \text{U}(\text{M})$ 和 $\diamond \text{U}(\text{N})$ 那么或者 (i) $\diamond(\text{U}(\text{M}) \wedge \text{U}(\text{N}))$, 或者 (ii) $\diamond(\diamond_{<} \text{U}(\text{M}) \wedge \text{U}(\text{N}))$, 或者 (iii) $\diamond(\diamond_{>} \text{U}(\text{M}) \wedge \text{U}(\text{N}))$; (i) 和 (ii) 蕴涵 $\text{M} =^{\diamond} \text{N}$ 和 $\text{M} \in^{\diamond} \text{N}$, 其是由基础公理被排除的。结果, (iii) 成立。类似地对 (a) 和 (b)。■

命题 20 的草证: 首先注意下述在引理 21 和命题 22 的基础上可以从 MST 中推导出来。

(a) $\diamond \text{U}_{\alpha}(\text{M}) \leftrightarrow \forall x(x \in \text{M} \leftrightarrow (\beta \in \alpha) \exists \text{N}(\mathcal{U}(\text{N}, \beta) \wedge x \subseteq \text{N}))$;

(b) $\square \forall \alpha \diamond \exists \text{M} \diamond \text{U}_{\alpha}(\text{M})$。

其次, 用进一步的二元谓词 $\mathcal{U}$ 扩大 $\mathcal{L}_{\in}$ 且考虑把下述加到 S 的公理且把分离公理扩充到已扩充语言的集合论 $S_{\mathcal{U}}^{+}$。

(a′) $\mathcal{U}(M, \alpha) \leftrightarrow \forall x (x \in M \leftrightarrow (\exists \beta \in \alpha) \exists N(\mathcal{U}(N, \beta) \wedge x \subseteq N))$;

(b′) $\forall \alpha \exists M \mathcal{U}(M, \alpha)$。

容易证实的是 $S_{\mathcal{U}}^+ \vdash \forall M \forall \alpha \mathcal{U}((M, \alpha) \leftrightarrow R_\alpha(M))$。最后,经由镜像结果即命题 6 的加强版我们可以完成本**证明**:$S_{\mathcal{U}}^+ \vdash \phi$ 仅当 MST $\vdash$ $[\phi]^\diamond [U/\mathcal{U}]$,在 ϕ 的模态化性中用 $U_\alpha(M)$ 一致取代 $\mathcal{U}(M, \alpha)$。逻辑公理和规则可以像以前那样被处理,这是由于 $[\phi]^\diamond [U/\mathcal{U}]$ 无疑是不变的。(a′)和(b′)变为(a)和(b)。需要检查的仅有的其他数学公理是如同在命题 13 的证明中对 $[\phi]^\diamond [U/\mathcal{U}]$ 的分离公理有效。∎

$\rho^\diamond$ **的证明**:那么命题 17 是直接得自命题 19 和 20。∎

4.5　集合论后承

集合论不仅仅在于它的公理,而且也在于它们的结论。由于 MST 证明 $S+\rho$ 的公理的模态化性那么镜像结果保证我们该理论在 LST 中证明它们的经典结论的模态化性。但我们也可能构建这个结果的逆命题:模态阶段理论证明公式的模态化性仅当它在 $S+\rho$ 中是可推导的。

定理 23：　MST $\vdash_{LST} [\phi]^\diamond$ 当且仅当 $S+\rho \vdash_{FOL} \phi$。

为证明该定理我们首先定义从 $\mathcal{L}_\in^\diamond$ 到 $\mathcal{L}_\in$ 的逆翻译(a reverse-translation),其免除模态算子从而支持量词化管辖秩如下。

$$\langle x = y \rangle^M =_{df} x = y \wedge x \in M \wedge y \in M;$$
$$\langle x \in y \rangle^M =_{df} x \in y \wedge x \in M \wedge y \in M;$$
$$\langle \neg \psi \rangle^M =_{df} \neg \langle \psi \rangle^M;$$
$$\langle \psi_1 \to \psi_2 \rangle^M =_{df} \langle \psi_1 \rangle^M \to \langle \psi_1 \rangle^M;$$
$$\langle \forall x \psi \rangle^M =_{df} (x \in M) \langle \psi \rangle^M;$$
$$\langle \square_> \psi \rangle^M =_{df} (\forall N \exists M)(R(N) \to \langle \psi \rangle^M;$$

$$\langle \Box_< \psi \rangle^M =_{df} (\forall N \in M)(R(N) \rightarrow \langle \psi \rangle^M)。$$

这里 R(M) 缩写的是 ∃αR_α(M)。该定理是在两个引理的基础上被证明的。

引理 24： $S + \rho \vdash_{FOL} \langle [\phi]^\diamond \rangle^M \leftrightarrow \phi$。

证明： 简单归纳。∎

引理 25： MST $\vdash_{LST} \psi$ 当且仅当 $S + \rho, R(M) \vdash_{FOL} \langle \psi \rangle^M$。

证明： 常规归纳证实 MST 的每个逻辑的和数学的定理逆翻译到 $S + \rho$ 的定理。∎

定理 23 的证明： 右推左方向从命题 10，13，16，17 和镜像推断出来。对左推右方向：如果 MST $\vdash [\phi]^\diamond$，根据引理 25 推断 $S + \rho, R(V_0) \vdash \langle [\phi]^\diamond \rangle^{V_0}$ 且根据引理 24 所以 $S + \rho \vdash \phi$，这是由于 $S + \rho \vdash R(V_0)$。∎

定理 23 定界根据标准集合论片段作为 MST 的定理的模态化 $\mathcal{L}_\in$—公式。但模态阶段理论的定理不全都是这种典型形式。该定理使得下述问题悬而未决，即铸造 MST 的更丰富模态语言是否允许我们框定新的不可约的在 $S + \rho$ 中没有非模态类似物的模态定理。然而，根据使该问题变得精确的一种自然方式，MST 允许我们给出否定答案。模态阶段理论允许我们表明每个不变公式是等价于一个模态化公式。结果，MST 的任意定理在该理论中是等价于 $S + \rho$ 的定理的模态化性。

定理 26： 下述根据 INV[ψ] 的假设在 MST 中是等价的：ψ，$[\exists M(R(M) \land \langle \psi \rangle^M)]^\diamond$，$[\forall M(R(M) \rightarrow \langle \psi \rangle^M)]^\diamond$。

推论 27： 如果 MST $\vdash \psi$，那么存在非模态公式 φ 使得 MST

225

$\vdash[\phi]^{\diamond}\leftrightarrow\psi$ 且 $S+\rho\vdash\phi$。

证明:如果 MST $\vdash\psi$，MST $\vdash$ INV$[\psi]$。所以根据定理 26 推断 ψ 和 $[\exists M(R(M)\wedge\langle\psi\rangle^{M})]^{\diamond}$ 在 MST 中是等价的;根据定理 23 推断 $S+\rho\vdash\exists M(R(M)\wedge\langle\psi\rangle^{M})$。■

定理 26 的证明:结果是下述的直接结论:

$$\text{MST, U(M)}\vdash\psi\leftrightarrow[\langle\psi\rangle^{M}]^{\diamond}$$

这是通过在复杂度上做归纳而证明的。原子公式的情况得自稳定性;联结词的情况是平凡的;且量词的情况从引理 11 推断出来。对 $\square_{>}\psi$，需要构建下述:

$$\text{MST, U(M)}\vdash\diamondsuit_{>}\neg\psi\leftrightarrow\diamondsuit(\exists N\exists^{\diamond}M)(R^{\diamond}(N)\wedge\neg[\langle\psi\rangle^{M}]^{\diamond})。$$

对右推左方向,注意命题 20 和 22 产生 U(M), $M\in^{\diamond}N$, $R^{\diamond}(N)\vdash\diamondsuit_{>}U(N)$ 且推理如下:

$$\diamondsuit_{>}U(N)，\neg[\langle\psi\rangle^{N}]^{\diamond}\vdash\diamondsuit_{>}\neg\psi \qquad \text{IH, LST}$$

$$U(M)，M\in^{\diamond}N，R^{\diamond}(N)，\neg[\langle\psi\rangle^{N}]^{\diamond}\vdash\diamondsuit_{>}\neg\psi \qquad \text{命题 20 和 22}$$

$$U(M)，\diamondsuit(\exists N\exists^{\diamond}M)(R^{\diamond}(N)\wedge$$
$$\neg[\langle\psi\rangle^{N}]^{\diamond})\vdash\diamondsuit_{>}\neg\psi \qquad \text{LST}$$

对左推右方向,推理如下:

$$\diamondsuit_{>}(U(N)\wedge\neg\psi)\vdash\neg[\langle\psi\rangle^{N}]^{\diamond} \qquad \text{IH, LST}$$

$$U(M)，\diamondsuit_{>}(U(N)\wedge\neg\psi)\vdash M\in^{\diamond}N\wedge$$
$$R^{\diamond}(N)\wedge\neg[\langle\psi\rangle^{N}]^{\diamond} \qquad \text{命题 20 和 22}$$

$$\vdash\diamondsuit(\exists N\exists^{\diamond}M)(R^{\diamond}(N)\wedge\neg[\langle\psi\rangle^{N}]^{\diamond}) \qquad \text{LST}$$

$$U(M)，\diamondsuit(U(N)\wedge EM\wedge\neg\psi)\vdash$$
$$\diamondsuit(\exists N\exists^{\diamond}M)(R^{\diamond}(N)\wedge\neg[\langle\psi\rangle^{N}]^{\diamond}) \qquad \text{命题 18}$$

$$U(M), \Diamond \exists N \Diamond (U(N) \wedge EM \wedge \neg \phi) \vdash$$
$$\Diamond (\exists N \exists^{\Diamond} M)(R^{\Diamond}(N) \vee \neg [\langle \psi \rangle^{N}]^{\Diamond}) \qquad\qquad LST$$

所以需要表明 $U(M)$, $\Diamond_> \neg \phi \vdash \Diamond \exists N \Diamond (U(N) \wedge EM \wedge \neg \phi)$。这从引理 21 推断出来,这是由于 $U(M)$, $\Diamond_> \neg \phi \vdash \Diamond (EM \wedge \neg \phi)$。类似的论证风格构建$\Box_< \phi$的情况。∎

4.6 把模态反射模式加入双模态阶段理论

当双模态阶段理论的三条公理描绘层级的形状(shape),确保它接收它的预期宽度,然而对它的范围几乎什么都没说。MST 既不证明无穷公理也不证明替换公路。不管迭代概念是否支撑这些公理依赖迭代继续多远。如同刚开始所呈现的略图中的那样,层次与序数是长的一样高的延伸的禁令(injunction)似乎很少告诉我们关于它的范围除非我们来到有不与冯诺依曼序数等同的优先序数概念用作标尺的迭代概念。虽然如此,理解这个禁令或者使用序数标出阶段(the use of ordinals to index stages)的一种自然方式是指向层级的"绝对"无穷的手段。像序数那样,阶段在数量上是绝对无穷的。模态环境提供自然手段使关于层级范围的未形成论题变得精确不利用先前序数理论。我们用下述模态反射模式邻接双模态阶段理论:

$$(Refl) \qquad \Diamond_> \forall v([\phi]^{\Diamond} \leftrightarrow \phi)$$

这里 ϕ 至多有自由变元 $v = v_1, \cdots, v_n$。这里的思想在于阶段层级扩充远到通过任意 $\mathcal{L}_{\in}$—公式避开描绘。当在一个阶段如此公式 ϕ 的真性表达直到那个阶段的层级有某个特征,它的模态化性$[\phi]^{\Diamond}$的真性表达整个层级有相应的特征。反射确保我们决不到达一个阶段当层级的如此特征不是被反射到它的后面阶段的一个:情况常常是将存在一个阶段当相对于当时被形成的任意参数 $v_1, \cdots, v_k$ 整个层级有通过$[\phi]^{\Diamond}$所表达的特征恰好假使目前阶段有着通过 ϕ 所表达的特征。

无疑有空间质疑阶段层级绝对无穷的如此系统化是否能仅仅被看作进一步展开迭代概念，而非修饰它。但是，它似乎至少是迭代概念的自然构建（a natural elaboration）。而且当该反射模式被加到模态阶段理论，它允许无穷公理和替换公理两者的恢复。首先注意在 MST 中，对反射的更熟悉的集合论表述的模态化可以从 $\mathrm{R}efl$ 中恢复过来。

命题 28：$\mathrm{MST}, \mathrm{R}efl \vdash [\forall \alpha(\exists \lambda > \alpha) \exists \mathrm{N}(\mathrm{R}_\lambda(\mathrm{N}) \wedge (\forall v \in \mathrm{N})(\phi(v) \leftrightarrow \phi^\mathrm{N}(v)))]^\diamond$。

证明：应用定理 26。下述（†）的模态化得自 $[\langle \mathrm{R}efl \rangle^\mathrm{M}]^\diamond$：

(†)　　$\forall \mathrm{M}(\mathrm{R}(\mathrm{M}) \to (\exists \mathrm{N} \ni \mathrm{M})(\mathrm{R}(\mathrm{N}) \wedge (\forall v \in \mathrm{N})(\langle [\phi]^\diamond \rangle^\mathrm{N} \leftrightarrow \langle \phi \rangle^\mathrm{N})))$。

应用引理 24 且 $v \in \mathrm{N} \vdash_{\mathrm{FOL}} \langle \phi \rangle^\mathrm{N} \leftrightarrow \phi^\mathrm{N}$ 的事实，（†）在 $\mathrm{S} + \rho$ 中产生下述，经由秩的初等性质：

(‡)　　$\forall \alpha(\beta > \alpha) \exists \mathrm{N}(\mathrm{R}_\beta(\mathrm{N}) \wedge (\forall v \in \mathrm{N})(\phi \leftrightarrow \phi^\mathrm{N}))$。

应用利维（1960）的技巧我们可以用极限序数 λ 取代（‡）中的任意序数 β。对 $(u = \varnothing \wedge \phi(v)) \vee (u = \{\varnothing\} \wedge \exists \gamma(\gamma = \varnothing) \wedge \forall \gamma \exists \delta(\gamma \in \delta))$ 的（‡）的实例允许我们在 $\mathrm{S} + \rho$ 中导出 $\phi(v)$ 的 λ—版本。最后结构得自镜像和定理 26。∎

那么无穷和替换公理通过把镜像应用到它们熟悉的非模态的从集合论反射原则来的推导被恢复过来。

命题 29：

(a) $\mathrm{MST} + \mathrm{R}efl \vdash \mathrm{In}f^\diamond$，$\mathrm{In}f$ 是无穷（**Infinity**）的缩写；

228

（b）MST＋Refl ⊢ R$pl^{\diamond}$，Rpl 是替换（**Replacement**）的缩写。

前面小节论证的直接改编表明 MST＋Refl 的模态化定理恰恰对应 **ZF** 的定理且 MST＋Refl 的每个定理是等价于 **ZF** 的定理的模态化。

定理 30： MST＋Refl ⊢$_{LST}$ $[\phi]^{\diamond}$ 当且仅当 ZF ⊢$_{LST}$ ϕ。

推论 31： 如果 MST＋Refl ⊢ ψ，那么存在非模态公式 ϕ 使得 MST ⊢ $[\phi]^{\diamond} \leftrightarrow \psi$ 且 **ZF** ⊢ ϕ。

5．比较两种模态化策略

比起曾经的典型情况我们已经认真对待迭代概念非形式勾画中的时态。结果是在双模态语言 $\mathcal{L}_{\in}^{\diamond}$ 中被表述的阶段理论 MST，它的三个公理提供迭代概念非形式勾画中被发现的外延性、优先性和丰富度原则的自然形式化（natural formalisations）。以在第 2 小节被陈述的类时态（tense-like）逻辑 LST 为背景，该阶段理论恢复大量模态化集合论：MST 足以证明 S＋ρ 的所有定理的模态化性，它是除了无穷的策梅洛集合论但用资源扩充以证明每个集合是某个秩 V_{α} 的子集。而且有模态反射原则 Refl 的加入，MST 证明 **ZF** 的所有定理的模态化性。集合论的如此模态解释在第 3 小节中被论证与数学实践非常适合。如同在第 1 小节中被论证的，比更熟悉的非模态阶段理论模态阶段理论的关键优势在于它允许我们支撑极大性论题。我们能允许任意集合能形成一个集合，防止关于取什么以便某些集合形成另一个集合的难题。但它的模态对手（its modal rivals）怎么样？刚刚声称的优势由帕森斯（1983）和林内波（2013）给出通过单模态公理化性被分享。

独自在二阶和复数环境中工作，而且把单个弱向前看算子当作基元，每个是能够在极大性论题的单模态形式化性基础上解释 **ZF**。我们从相等的所有其他事物中选择较少观念论上浪费的观点（the less ideologically profligate views）。但所有其他的不是相等的。首先，存在关于帕森斯的理论和林内波的理论是否确实使用精简观念论（a leaner ideology）的问题。因为不像目前的公理化性，这两个理论使用不同于单个一阶量词的量词化资源。它不是一个模态算子或者两个模态算子间的直接选择而是一个模态算子和高阶（higher-order）或者复数量词化（plural quantification）或者两个模态算子间的选择。而且，事实上，我们认为某些哲学家将发现后面的组合对迭代集合概念的基础性描述是更适意的。因为一旦我们已经接受一个模态算子的可理解性和可接受性——如同我们必须的那样当或者单模态或者双模态路径要起作用——关于加入第二个不存在更严肃的怀疑。奇偶性考虑建议将存在第二个算子的信誉良好的对称情况。

但对朝向高阶和复数量词化的奎因主义观点的支持者而言，他们把这个当做不过是隐蔽的量词化管辖集合，对极大性论题的高阶或者复数表述存在密切的关注。一旦量词的集合论意义变得明确起来，极大性论题作为平凡真性出现，说的是对任意集合能存在有相同元素的集合。而且如此的真实性（truism）不能做认真的解释性工作。复数或者高阶单模态描述预设既朝向原始模态性也朝向复数或者高阶量词化的反奎因主义立场，反之 MST 只需要前者。其次，即使有复数或者高阶资源，单模态语言导致表达力上的下降（a substantial drop in expressive power）。没有严格向前看模态算子我们不能表述 Plen。相反帕森斯和林内波每人配置作为公理的较弱极大性模式的类似物。但如同上述我们看到的，更强原则在幂集推导中起着重要作用。

没有幅度公理，我们不能够证明条件"x 的子集"是不可扩充的当 x 是被形成的，如同我们在命题 16 的证明中做的那样。反而帕森斯和林内波两人诉诸假定如此不可扩充性作为额外公理以恢复幂集。此外，没有只包含严格或者弱向前看算子的公式是可证明等价于优先性原则 Pri。也非任意如此公式集能够描绘良基模型如同洛布在命题

1 中做的那样。相反帕森斯和林内波每个添加陈述成为已形成集合的元素是不可扩充的公理。这确保元素是不晚于它们的集合被形成的但不确保元素是先于它们的集合被形成的。而且没有早于—晚于关系的优先性或者良基性，我们不能够如同在命题 10 中恢复基础公理。反而帕森斯和林内波每个仅仅诉诸把基础公理加入作为进一步的公理。

这提供清楚的理由以选择迭代概念的双模态可公理化性而不是它的单模态对手：双模态描述有着更大的解释力（explanatory power）。仅仅规定元素—集合关系的子集关系或者良基性的不可扩充性是要放弃解释为什么这些性质来自迭代概念背后的核心原则。通过采用双模态语言我们有表达力完全清楚表达这些原则，而且由此证明不然我们必须把什么当作基本物。

文献推荐：

布劳斯在论文《集合的迭代概念》中使用阶段理论公理推导集合论公理，但无法推出外延公理、替换公理和选择公理。布劳斯在论文《再次迭代》中使用大小限制观念改造弗雷格的第五基本定律，从而得到新第五基本定律。从新第五基本定律出发推出外延公理、替换公理和选择公理，但推不出无穷公理和幂集公理。库克在论文《再来一次迭代》中从更新第五定律出发推导集合论公理。不像第五基本定律，更新第五基本定律无法蕴涵替换公理但保证幂集公理。像第五基本定律，更新第五基本定律无法蕴涵无穷公理。斯塔德在论文《集合的迭代概念：双模态公理化》中使用双模态阶段理论推导除了无穷公理的策梅洛集合论的自然扩充。

第三章
新逻辑主义实分析

第一节　新弗雷格主义实数抽象原则

本节的目的是把新弗雷格主义立场从算术扩充到实数理论,使用的工具不是限制性第五基本定律这样的集合概念,而是使用休谟原则,这是扩充新弗雷格主义立场的最直接和自然的方式。弗雷格处理实数的两个特征是:首先,把实数定义为量比;其次在对量概念的分析中更关心概念有什么性质而不是对象有什么性质。与第一个特征相关的是,弗雷格把数定义为量比源自他的作为量测量的实数应用的信念。与第二个特征相关的是弗雷格的定量域。黑尔不同意弗雷格对定量域的分析,他提出一种不同的定量域描述。我们在实体与量间做出区分,这样就引出量抽象。定量域是由抽象量组成的,一共有四种定量域:极小定量域、正规定量域、全正规定量域和完全定量域。在第二类定量域中我们引出名称为等倍数 EM 的比例抽象,在第三类定量域中我们引出名称为差抽象的公分母 CD。

倘若至少存在一个完全定量域,通过抽象作为完全定量域上的比例我们能引入正实数。那么如何引入负实数呢?这里我们通过正实数的差对 D 来实现。通过量抽象得到的实数预设至少存在一个完全定量域。那么我们如何能保证定量域的存在性呢?通过引入分割抽

232

象,我们能得到完全定域。在我们已经提到的抽象原则中,等倍数和公分母是一阶的,休谟原则和分割原则是二阶的。休谟原则和第五基本定律是无限制抽象原则,分割原则是限制性抽象原则。抽象原则的定域会出现膨胀的情况。这里有弱膨胀和强膨胀。如果抽象原则是可接受的,那么它既不是弱膨胀的也不是强膨胀的。坚持无限制抽象不是抢膨胀的是必要的。然而对于有限制的分割模式来说,即使它是强膨胀的,我们可以把它的定域限制到真类概念。

1. 新弗雷格主义从算术扩充到实数的策略

1.1. 一阶抽象和二阶抽象

弗雷格主义抽象原则(a Fregean abstraction principle)是一般形式为下述的原则:

$$\forall \alpha \forall \beta (\S \alpha = \S \beta \leftrightarrow \alpha \approx \beta)$$

这里 $\approx$ 是用 α 和 β 的类型表达式来表示的实体上的等价关系且 $\S$ 是当被应用到同类型的常项表达式时形成单项(singular terms)的算子。在弗雷格自己的著作中最突出的例子分别是方向等价(the Direction Equivalence):

线条 a 的方向=线条 b 的方向当且仅当线条 a 和 b 是平行的

加上现在被标准地称为休谟原则(Hume's Principle)的东西:

F 的数=G 的数当且仅当 F 和 G 是被 1—1 关联的

和他的不幸的第五基本定律(Basic Law V):

F 的外延=G 的外延当且仅当 F 和 G 是共延的。

一般而言,抽象原则寻求给出左手边所提及对象恒等的充要条件,根据某个其他种类实体间的适合等价关系的成立。方向等价是一阶抽象,因为它的等价关系是对象上的第一层关系(a first-level relation on objects），反之休谟原则和第五基本定律是二阶的，它们的等价关系成为概念上的第二层关系（second-level relations on concepts）。

1.2. 弗雷格的逻辑主义纲领失败的原因

弗雷格在《算术基础》第 60—67 节讨论数可以凭借休谟原则语境地被定义的建议，最后拒绝它因为他看不到解决现在被称为恺撒难题（the Caesar Problem）的办法。它说的是当休谟原则提供手段至少从原则上解决连接数项恒等命题的真值如果这些项具有"Fs 的数"的形式，似乎不能回答数恒等问题，当这些项中的一个没有那种形式，比如是否木星的卫星数＝朱利叶斯·恺撒。然后弗雷格立即转换到他的根据外延或者类对数的显定义（explicit definition）：Fs 的数＝与 F1—1 关联的对象类。这需要他提供外延或者类理论，凭借第五基本定律他完成任务。

众所周知的是，第五基本定律是不协调的。弗雷格自己尝试一种关于类的限制公理，其既协调有能充当从逻辑推导算术的基础，是不成功的且他最终放弃他的算术能用纯粹逻辑基础（a purely logical foundation）被提供的信念。而且，当现在我们知道如何表述协调集合理论，这没为同情弗雷格逻辑主义纲领的任何人提供安慰，出于两个原因。一个是这个理论——比如，策梅洛—弗兰克尔集合论——不被看作纯粹逻辑理论，由于它涉及的实质存在性假设。另一个是弗雷格的数定义不能被协调地嵌入这个理论，因为它辨认为基数的对象太大以致无法被处理为集合。

1.3. 从算术到实数

就初等算术而言，在《算术基础》和《算术基本定律》中弗雷格仅有的不可或缺的对数的显定义且由此对第五基本定律的诉求，是从它证明休谟原则。也就是，一旦休谟原则被构建为定理，在把算术的戴德金—皮亚诺公理（the Dedekind-Peano axioms for arithmetic）推导为定理的过程中，不需要进一步或者对显定义或者对第五基本定律的诉求。这些包括断言每个自然数都有另一个自然数作为它的后继的公

234

理,其相当于存在无穷多个自然数的断言。根据布劳斯的建议,现在这个事实被称为弗雷格定理(Frege's Theorem)。实际上弗雷格定理断言的是如果把休谟原则添加到二阶逻辑的标准表述作为进一步的公理,作为结果的系统足以推导初等算术。

已知的是这个系统是协调的——或者如果二阶算术是协调的,那么至少它是协调的。是否这个事实支持关于算术的任意种类的逻辑主义依赖休谟原则的地位。布劳斯,连同许多其他人一起,否认它能被当作逻辑真性(a truth of logic)。而且,在任何严格的意义上休谟原则不能被当作定义,因为它不允许在所有语境中消除数项。然而,这没有解决问题,由于在某个比或者逻辑真性或者凭借定义可归约到一个真性的更宽泛意义上,人们可以声称这个原则是分析的,或者是概念真性。能被如此认作的就是怀特和黑尔的观点,现在经常被称作新弗雷格主义的逻辑主义(neo-Fregean logicism)。

目前我们不打算防卫这种算术观点以免于对我们的休谟原则是关于数的概念真性声称的许多异议。我们也不提供恺撒难题的解答——尽管我们必行能完成它如果我们的观点是可行的。我们也不提供对这个观念的一般哲学辩护——其对我们的观点是至关重要的——即抽象原则以如此方式为引入抽象对象的种种概念提供合法手段使得这些对象的存在性只依赖存在它们右手边的真实例。相反,我们想做的是解释用某种方式有可能扩充我们的观点超出初等算术以包含实数理论。这里的"某种方式",从字面上判断,意味着存在几种不同的扩充方式。

1.4. 不使用限制性第五基本定律而使用休谟原则

在某种程度上,最明显的路径——在最近著作中受到最多关注的那个——是集合论的路径。这会涉及表述协调的弗雷格主义集合公理以取代第五基本定律——这个公理能形成集合理论的基础强到足以支持通常集合论实数构造的一个或另一个,这里的构造或者是戴德金的或者是康托尔的。做这个的最明显方式是凭借第五基本定律的适合限制版本,而且关于此类的某个特殊公理的大量工作已完成,它嵌入遵守外延原则允许有集合与它们对应的概念"尺寸"上的限制。我们这里不讨论这个工作,然而黑尔评论说沿着此路线处理实数的前景是不确定的。尤其,如同布劳斯观察到的,基于二阶逻辑加这个公理的理论,没有进一步的概括或者存在性假设,不使我们能证明或者无穷公理或者幂集公理。所以它不产生足够大的集合以构造实数。这不是反对广义集合论路径的决定性证据,由于表述某个其他更强大而仍然协调的弗雷格主义集合公理是可能的,其给我们以足够大的集合。

或者再次,有可能证实用其他原则补充这个特别的第五基本定律限制版本以获得足够强的理论。我们这里对这个问题不表态。相反,我们想推进一种相当不同的路径,它在某些方面更像由弗雷格在《算术基本定律》中对实数的不完全处理所取的路径,尽管它至少以一种相当基础的方式区别于弗雷格的路径。我们把这个路径描述为(i)它尝试不依赖集合论;(ii)凭借抽象原则它尝试直接获得实数,不用任何形式的集合—抽象(set-abstraction)。在这些方面,黑尔认为这种路径可以被看作把新弗雷格主义立场扩充到实数的最直接和自然的方式。正如把初等算术基于休谟原则通过避免把基数定义为特定等价类极小化且消除对集合论的依赖,相反经由特定数抽象引入它们——所以我们通向实数算术的路径将极小化而且消除对集合论的依赖,通过避免把实数定义为这类或者那类的集合,相反经由抽象原则引入它们——即使不被描述为纯数的(purely numerical)——不是特殊地集合论的。

1.5. 两种不同的定量域描述

弗雷格在《算术基本定律》第三部分中对实数的实际不完全处理是不令人满意的——仅当因为它依赖不协调外延理论,如同他的基数理论那样,且不能单单被重置在任意标准且协调集合论内部,比如 **ZF** 或者 **NBG**,因为他提议辨认为实数的对象太大无法被处理为集合。在任何情况下,如此重置会背叛弗雷格的哲学目标,由于它无法使我们说明这个理论的实质存在性承诺(the substantial existential commitments)。从哲学立足点看,弗雷格处理实数最显著和最重要的特征有两个:(i)实数被定义为量比(§§73, 157)且(ii)关于量概念的分析,需要被回答的基础问题不是:对象必须有什么性质,如果它要成为量?而是:概念必须有什么性质,如果归入它的对象要构成单类的量?(§§160—1)。

简而言之,他的实数被定义为量比的主张源自他的实数用作量的测量对它们的性质是实质的信念,且所以应该被嵌入它们的充分定义。正是这个成为他不满意于康托尔和戴德金理论的基础,根据弗雷格的观点,在其上实数的可应用性仅仅显现为偶然的额外事物(an incidental extra)。至于第二点,对任何人都明显的是存在多个不同种类的量,比如长度,质量,体积,角度等等,且加法和比较,比如大于或者小于,仅仅当被应用到同种的量才讲得通。由于我们不仅仅认为量种类概念是理所当然的,我们不能解释量是什么通过说它是能被添加到,或者大于或者小于,同种其他量的某物。弗雷格认为,如果量的解释不是以此方式被循环性(circularity)削弱,它必定把量种类概念作为它的目标,而且实体收集作为整体必须占有的什么特性当它要形成他称为定量域(a quantitative domain)的东西。当完成这个时,成为量的东西能容易被陈述——对象是量当它连同其他对象属于定量域。我们相信弗雷格关于这两个点是正确的。这里我们将只做假设,而不做论证。我们不同意弗雷格的地方是关于他称为定量域的分析。

出于我们将不探究的原因,弗雷格判定定量域的元素自身应该是关系而且——深受高斯的影响——分析诸如基底集上的置换有序群这样的定域,有复合(composition)作为它的加法运算。根据他的路径,由于量自身是特定种类的关系,实数,当被定义为量比,结果是关系的关系。弗雷格路径的一个优势在于它非常容易提供负实数还有正实数。当弗雷格批评早前作者仅仅自行取用成为同种的量概念,我们认为加法和定量比较性的概念是处于核心位置的且以弗雷格无法承认的方式对一般量概念处于基础位置。因此，我们提出定量域的不同描述——其给予下述观念以核心地位，即如此定域的元素经常被添加以产生更多的元素。

2. 量与实数

2.1. 等倍数与公分母

我们区别实体和量间的差异，前者通常是具体对象，它们彼此处于各种定量关系中——比如长于，或者等长，后者是由定量等价关系上的抽象引入的抽象对象，例如：

$$a \text{ 的长度} = b \text{ 的长度} \leftrightarrow a \text{ 与 } b \text{ 一样长。}$$

这种引入量项（terms for quantities）的方式不明确提到加法。然而，对定量关系概念的全分析会表明加法概念对量概念是极为重要的。在定量关系中间，我们可以把被称为简单定量比较关系的东西从数值限定或者确定比较关系中区分出来，前者比如长于/等于，重于/等重等等，后者比如两倍长于，2.4 公斤重于等等。ϕ 表示一种量的必要条件是与它联系在一起的是简单定量比较关系对："比……更 ϕ" 和 "与……一样 ϕ"。由于这个，是 ϕ 的事物相对于 ϕ—性是偏序化的。然而，相关的如此关系对的存在性——严格偏序关系和同源等价关系——对 ϕ—性成为一种量是不充分的。在日常用法中存在非常多个形容词，在模式中不破坏含义和句法就可以替代它们："比……更 ϕ" 和 "与……一样 ϕ"——"甜的"，"高雅的"，"优雅的"，"漂亮的"，"笨拙的"，"野心勃勃的"，"不耐烦的"，"急躁的"，"很可能的"，……明显只是潜在非常长列表的开始。

但在它们数量极少的情况下，它们表示可描述为量的某物是不可行的。因此询问需要被满足的进一步条件是必然的，当如此关系对被视作定量的。我们主张在定量序关系和其他间做出区分的是在定量

238

序关系的情况下,能被断言处于这种关系中的实体至少在原则上能以如此方式被结合使得复合物必须在相关序中晚于它们的成分。换句话说,对"比……更 ϕ"成为定量序关系,必定在位于"比……更 ϕ"域中的项上存在复合运算©,类似于加法,使得对"比……更 ϕ"域中的任意 a, b, a © b 是"比 a 更 ϕ"且 a © b 是"比 b 更 ϕ"。定量域是由量组成的。目前我们的目标是为如此定域提供非形式公理性描绘,基于其将有可能凭借抽象原则引入实数。与其规定某物成为定量域的单个公理集,我们将区分几类定量域。这在后面是有帮助的,当我们开始考虑定量域存在性问题。

    i. 极小 q—定域是在加法运算⊕下封闭的非空实体收集 Q,其交换,结合且满足强三分律,即对任意 a, $b \in$ Q 我们恰好有下述中的一个:$\exists c(a = b \oplus c)$,$\exists c(b = a \oplus c)$,或者 $a = b$。任意极小 q—定域是由<严格全序化的,由下述定义:$a < b \leftrightarrow \exists c(a \oplus c = b)$。Q 元素乘以正整数是容易被定义的,归纳地根据⊕。

    ii. 正规 q—定域是满足阿基米德主义可比较性条件的任意极小 q—定域:$\forall a$, $b \in$ Q$\exists m(ma > b)$,这里 m 管辖正整数。这需要量为有限的,在没有量是无穷大于或小于任意其他量的意义上——它排除无穷小量(infinitesimal quantities)。注意到欧几里得《几何原本》第五书定义 4,斯坦恩(Howard Stein)把它描述为 a 和 b 有比例的充要条件。可以比较的是由休谟原则所预设的概念上的要求,它所量化的概念是种类的(sortal)——其可以被描述为概念有基数的条件。这里 Q, Q* 是任意正规 q—定域,不必是不同的,我们由抽象原则引入量比:

    EM:$\forall a$, $b \in$ Q$\forall c$, $d \in$ Q* $[a : b = c : d] \leftrightarrow \forall m$, $n(ma \Leftrightarrow nb \leftrightarrow mc \Leftrightarrow nd)]$。

也就是,比例 $a : b$ 和 $c : d$ 是相同的恰若它们分子的等倍数(equimultiples)与它们分母的等倍数处于相同序关系中。比例恒等的条件是被框定的为了允许同一个比例可以同时是不同种类量对比例——属于不同定域——比如质量和长度。根据哪个可比较性是最终可定义的运算,比如,量的加法,当然是定域—规定的(domain-specific)——例如,不给出含义以增加长度和质量。但这不排除比例的引入以便相同比例可以在,比如,质量和长度中间被发现。

iii. 正规 q—定域 Q 是全的当 $\forall a, b, c \in Q \exists q \in Q (a:b = q:c)$。这个条件,是古代"第四个比例"公设的限制形式,确保当给定比例对 $a:b$ 和 $c:d$,存在量 c' 使得 $c':b$ 和 $c:d$,以便我们可以经常把注意力限制到带有公分母的比例(ratios with common denominators)。我们把它称为 CD。容易看到 CD 确保不存在最小量。

iv. 全 q—定域可以是不完全的,在它只包括有理可测量(rationally measurable)的量的意义上;因此,全定域上的所有比例集不被保证包括对应于任意的,更不用说全部正有理数的比例。如果比例—抽象(ratio-abstraction)是要产生所有正实数,我们需要完全定域。沉浸于集合论语言中,我们说属于 q—定域 Q 的量的子集 S 是由 b 上有界的当且仅当对 S 中的每个量 a,$a \leqslant b$。量 $b \in Q$ 是 $S \subseteq Q$ 的最小上界当且仅当 b 上有界 S& $\forall c (c$ 上有界 $S \rightarrow b \leqslant c)$,且最后 q—定域 Q 是完全的当且仅当 Q 是全的且非空 $S \subseteq Q$ 的每个上有界都有一个最小上界。

2.2. 差对

我们可以为比例径直定义"上有界","最小上界",和"序完全",以平行于这些量概念的定义的方式,且然后证明,作为基底定域(the underlying domain)完全性的结论,即 Q 上的比例集 R^Q 是序完全的(order-complete),这里 Q 是任意完全 q—定域。能表明的是如果 Q 和 Q^* 是任意完全 q—定域,它们是同构的,以便 $R^Q = R^{Q^*}$,也就是 Q

上的比例集是等同于 Q^* 上的比例集的。因此倘若至少存在一个完全 q—定域，我们能通过抽象引入正实数作为这个定域上的比例。在各种数系统的标准构造中，负数在较早阶段入场。然而，完成这个的方法——引入包括负数的新的扩大定域（enlarged domain）作为属于基底定域的特定有序数对——是完全一般的，在基底定域中的数应该是自然数对它非实质的意义上。当然，我们必须以自然数开始当我们想恰好得到整数——但一般而言，这个方法自身所需要的全部是属于基底定域的对象有必备的算术性质（arithmetic properties）。就我们能看到的而言，没有理由，或者哲学上的或者技术上的，为什么这一步不可能被当作后面的阶段。尤其，实质上相同的构造能被用来得到负实数，从正实数开始，作为正实数差对。令 x, y, z 管辖正实数，且 $\oplus$ 代表正实数的加法，我们根据抽象获得正实数差对（difference pairs of positive reals）：

$$D: (x, y) = (z, w) \leftrightarrow x \oplus w = y \oplus z。$$

以明显方式为 d—对（d-pairs）定义 $<, >$，加法，减法，乘法和零，能表明的是 d—对收集 R 形成有运算 $+$ 和 $\times$ 的域。而且，存在 R 的子集 P，也就是所有对集 (x, y) 使得 $(z, z) < (x, y)$，满足下述条件：

(i) 如果 (x, y), $(z, w) \in P$ 那么 $(x, y) + (z, w) \in P \wedge (x, y) \times (z, w) \in P$，

且

(ii) 如果 $(x, y) \in R$，那么恰好 $(x, y) \in P$, $(y, x) \in P$ 或者 $(x, y) = (z, z)$ 中的一个成立。

因此 R 是有序域(an ordered field)。在 R 的严格正子集 P 和前述已定义的正实数间存在明显的同构。使用这个,能表明的是 R 是完全的。

3. 分割抽象

到目前为止我们的结构是有条件的:我们可以通过量上的抽象获得实数,当至少存在一个完全 q—定域。即使这是能被获得的最好结果,这会标志通向基础的新弗雷格抽象主义路径的倒塌不是完全明显的。为采取对于实数和自然数的存在性问题的不同态度提供有原则的理由是可能的,主张当后者承认先天的以肯定方式的解,实数的存在性是在其上没有类似的先天保证要被期望。根据如此观点,至少有限基数(finite cardinal numbers)的存在性会是具有必然性的问题——不管论域可能像什么,它的成分对象对可区分种类或者类型是可指派的(assignable);会存在某个种类概念或者其他概念,对象归入其下,以便对各种概念 F 和基数 n,会存在下述形式的事实:Fs 的数 $= n$。更重要的是,对如此类概念 F,将存在逻辑上保证没有对象归入的类概念——F—且—非—F,据其 0 可以被定义,因此对有限基数的无穷收集存在性的弗雷格主义证明给出必要立足点。但不能存在物理宇宙由实值量组成类似的先天保证——物理世界应该是不连续的是完全可想象的,即使事实上是假的。所以实际上说的是如果它确实表现出连续性那么实数是可用的以测量它的结果可能不完全是无法容忍的。

为这个立场辩护自然会责备相反的直觉,即当它以某种方式可以是物理宇宙是否是连续的经验问题,且由此实数是否有"客观"应用的经验问题,在实际存在实质量的意义上——对比仅仅使用实数为应用数学提供有用简化的观念,实数的存在性自身应该不是经验的、后天的问题。然而,重要的是询问新弗雷格主义能否保证更强的结果。这个问题的最大兴趣是能否证明存在完全的 q—定域(a complete q-domain)。但值得强调的是这个问题不仅为完全 q—定域的情况出现，也为更适度种类的 q—定域而出现——到目前为止，尚未构建全 q—定域(a full q-domain)的存在性，甚或正规的(normal)，更甚或极小的(minimal)一个的存在性。甚至极小定域存在性问题是除了平凡的任意事物。根据定义，极小定域是非空的。由于如此定域在它的加法运算下是封闭的且满足加性三分条件(the additive trichotomy condition)，它必定由任意大量组成，且因此至少是可数无穷的。对把量认作某类物理实体的任何人来说，如此定域的存在性必定对严肃的问题是开放的。

根据我们自己的观点，诸如长度，质量，角度等等的量不应该被认作物理实体；它们宁可是使用有长度，质量等等的具体对象上的等价关系经由抽象原则而"被引入"的抽象对象。但这没做出实质的区分，就目前的问题而言。至少，它没做出区分当比如给定长度的存在性被当作依靠有长度的具体实体的存在性；因为在这种情况下，怀疑任意给定种类的任意大量(arbitrarily large quantities)存在性的根据依然存在。必定存在对任意小量(arbitrarily small quantities)存在性的类似怀疑，且由此对全 q—定域的怀疑。然而，对我们来说这些怀疑是可以减轻的且实际上我们能证明我们所区分的种类中每个至少一个定域的存在性，包括完全定域。这里要注意的关键点是当如此的量不是以我们的路径被认作数，q—定域的描绘中没有任何事物排除如此由数组成的定域。如同前述所评论的，休谟原则足以推导初等算术的戴德金—皮亚诺公理，且由此足以证明无穷自然数序列的存在性——0，1，2…删除 0 以获得严格正自然数，N^+，且调整匹配＋和×的通常递归定义，我们轻易能表明 N^+ 构成极小的——且确实正规的——q—定域。

清楚的是 N^+ 自身不是全定域(a full domain)，也就是，它不满足 CD。然而，N^+ 上比例的收集 R^{N^+} 确实构成全定域。为看到这个，首先注意由于 N^+ 是正规的，对 N^+ 中的每个 a 和 b 存在 $a:b$。令 $a, b,$

c，d，e，f 是 N^+ 的任意元素。那么我们必须表明的是存在比例 g：h 使得 $[a:b]:[c:d]=[g:h]:[e:f]$。径直证实的是

$$[a:b]:[c:d]=ad:bc=ade:bce=$$
$$[ade:bcf]:[bce:bcf]=[ade:bcf]:[e:f]$$

以便 $[ade:bcf]$ 是我们所需要的比例。在 CD 在场的情况下，由极小性和正规性条件的 R^{N^+} 而来的满足从它们的由基底定域 N^+ 而来的满足推断出来。因此 R^{N^+} 是全定域。实际上我们有的是根据正自然数上的抽象而获得正有理数的自然方式——每个正有理数仅仅是正自然数的比例。因此 3/4 恰好是 3：4。当然，它也是比例 6：8 和比例 9：12，等等，但这不是问题，由于这些全部仅仅是我们意义上的相同比例，也就是，根据 EM。清楚的是从 N^+ 产生 R^{N^+} 的抽象程序迭代（iteration of the abstractive procedure）不产生任何 q—定域的新种类。关键点在上述出现，在 $[a:b]:[c:d]=ad:bc$ 的观察中。这在一般意义上成立——正自然数的比例的任意比例仅仅是正自然数的比例。

以相同方式，正自然数的比例的比例坍塌到正自然数的比例。因此抽象到高阶比例的迭代再次仅仅给我们正有理数。因此，凭其我们从基底正规定域中获得的全域的运算，当重新应用到全域，不能产生完全定域。这是关于一阶抽象（first-order abstraction）一般事实的特殊情况：无穷定域上没有一阶抽象能生成比被抽象的事物基数更大的"新"定域。由此推断如果完全定域是由抽象所获得的，我们必须调用二阶抽象（a second-order abstraction）。以此方式——且只以此方式——我们可以从给定势的对象定域进行到严格更大抽象定域（a strictly larger domain of abstracts）。给定由 κ 个对象组成的初始定域，将存在这些对象的 2^κ 个性质。通过这些性质当作抽象基底定域，而非有这些性质的对象，我们可以获得严格更大抽象收集——直到但不大于它们的 2^κ 个。

我们把 N^+ 上比例的至少可数无穷个全域 R^{N^+} 当作初始定域。我们的目标是要通过分割构造(cut abstraction)获得完全定域 $Q\#$,如此称呼因为它与戴德金构造(Dedekind's construction)的明显对应。正如预期的那样,分割抽象不直接在 R^{N^+} 自身上起作用,而在它元素上定义的特种性质上起作用,我们把其称为分割—性质(cut-properties)。这些是由指向 R^{N^+} 上的序而定义的。非形式地,分割—性质是非空性质,它的外延是 R^{N^+} 的真子集且它是向下封闭的(downwards closed)——也就是,$\forall a \forall b(Fa \to (b<a \to Fb))$——且没有最大实例——也就是,$\forall a(Fa \to \exists b(b>a \wedge Fb))$。我们现在由下述抽象原则引入对象——分割(cuts)——对应于分割—性质:

Cut:$\#F = \#G \leftrightarrow \forall a(Fa \leftrightarrow Ga)$ 这里 F,G 是 R^{N^+} 上的任意分割性质且 a 管辖 R^{N^+}。

$Q\#$ 是所有分割的收集,$\#F$ 是 R^{N^+} 上的分割—性质 F。可以表明的是 $Q\#$ 构成前述已解释意义上的完全定域。这里主要的事情是证实 $Q\#$ 有最小上界性质,也就是,这里 ϕ 随着 R^{N^+} 上分割性质而改变,而且上有界和最小上界 *lub* 都是以明显方式被定义的,即如果 $\exists F\phi(\#F)$ 且 ϕ 是上有界的那么 ϕ 有一个最小上界。这个能被完成,模仿通常的证明,通过定义性质 H 由:$Ha \leftrightarrow \exists F(\phi(\#F) \wedge Fa)$——然后我们能表明 H 是分割—性质且 $\#H$ 是 ϕ 的最小上界 *lub*。我们可以定义 $\#F + \#G = \#H$,这里 $Ha \leftrightarrow \exists b \exists c(Fb \wedge Gc \wedge a = b \oplus c)$,且 $\#F \times \#G = \#P$,这里 $Pa \leftrightarrow \exists b \exists c(Fb \wedge Gc \wedge a = b \otimes c)$。有了这些和某些补充定义的帮助,那么能证明的是 $Q\#$ 是全的,也就是,它是极小 q—定域,其也满足正规性和公分母条件。

4. 抽象、弱膨胀与强膨胀

我们使用的抽象原则全部都是够格的吗?这个问题是紧急的,由于我们知道不是所有抽象原则都是可接受的仅当因为某个——第五基本定律是最明显的例子——是不协调的。而且，除了协调性，可能存在好的抽象必须遵守的其他的约束。在我们已使用的抽象原则中，两个——比例抽象 EM 和差抽象 D——都是一阶的，而另两个——休谟原则和分割 Cut——都是二阶的。在一阶抽象的情况下，我们在某种对象定域上抽象，且由此开始认出另一种对象；用二阶抽象，相比之下，我们在概念定域上抽象，自身在对象的某个基底定域上被定义，且开始认出"新"对象，也就是不同于属于这个基底定域的对象的属于另一种的对象。我们将把抽象的等价关系的域称为抽象定域（the domain for the abstraction），且在这是第一层概念定域的情况下，我们将把在其上定义这些概念的对象定域称为基底定域（the underlying domian）。

在二阶抽象的情况下，基底定域——如果它有确定尺寸——比抽象定域要小得多；如果基底定域的势为 κ，那么抽象定域的势为 2^{κ}，假设它由在基底定域上被定义的所有概念组成，且假设概念是被外延地个体化的（to be individuated extensionally）。因此，抽象可以"生成"直到 2^{κ} 个抽象——由此比起基底中的对象存在多得多的抽象。正是二阶抽象的这个特征导致某些作者认为正是这些抽象——与一阶抽象相比——造成最大的烦恼，就不协调性的风险而言。我们认为这是正确的，而且我们将因此把注意力集中在二阶抽象上。事实上，由于已知休谟原则是协调的，我们将专心于我们已使用的另一个二阶抽象——分割抽象。分割——与休谟原则和第五基本定律相比——是受限制抽象原则（a restricted abstraction principle），在抽象定域只由对象的某些已规定基底定域上的分割—性质组成的意义上。明显的是如果忽视分割上的边际约束（the side constraints），那么它恰好是第五基本定律的记法变体（a notational variant）。那么，从无限制的分割（unrestricted cut），我们能推出罗素悖论。如果我们由下述定义罗素性质 R：$Rx \leftrightarrow \exists F(x = \#F \wedge \neg Fx)$，那么根据无限制分割我们有：$\#R = \#R \leftrightarrow \forall x(Rx \leftrightarrow Rx)$，由此：$\#R = \#R$——所以 $\#R$ 存在，且我们可以继续进行：

$$(1) \ R(\#R) \qquad\qquad\qquad\qquad assn$$

$$(2) \ \exists F(\#R = \#F \land \neg F(\#R)) \qquad 1, DefR$$

$$(3) \ \#R = \#F \land \neg F(\#R) \qquad\qquad assn$$

$$(4) \ \#R = \#F \qquad\qquad\qquad\qquad 3 \land E$$

$$(5) \ \#R = \#F \leftrightarrow \forall x(Rx \leftrightarrow Fx) \quad \text{无限制分割}$$

$$(6) \ \forall x(Rx \leftrightarrow Fx) \qquad\qquad\qquad 4, 5 \leftrightarrow E$$

$$(7) \ R(\#R) \leftrightarrow F(\#R) \qquad\qquad 6 \forall E$$

$$(8) \ \neg F(\#R) \qquad\qquad\qquad\qquad 3 \land E$$

$$(9) \ \neg R(\#R) \qquad\qquad\qquad\qquad 7, 8 \leftrightarrow E$$

$$(10) \ \neg R(\#R) \qquad\qquad\qquad\quad 2, 3, 9 \exists E$$

$$(11) \ R(\#R) \to \neg R(\#R) \qquad\quad 1, 10 \to I$$

$$(12) \ \neg R(\#R) \qquad\qquad\qquad\qquad assn$$

$$(13) \ \#R = \#R \qquad\qquad\qquad\qquad = I$$

$$(14) \ \#R = \#R \land \neg R(\#R) \qquad 12, 13, \land I$$

$$(15) \ \exists F(\#R = \#F \land \neg F(\#R)) \quad 14 \exists I$$

$$(16) \ R(\#R) \qquad\qquad\qquad\qquad 15 DefR$$

$$(17) \ \neg R(\#R) \to R(\#R) \qquad\quad 12, 16 \to I$$

$$(18) \ R(\#R) \to \neg R(\#R) \qquad 11, 17, \leftrightarrow I$$

然而,有分割上的约束在适当的地方,这个推导没有两个更多的假设不能继续下去:为构建 $\#R$ 的存在性,且证实第(5)处所涉及的二阶 $\forall E$ 步,我们必须假设 R 是 R^{N^+} 上的分割—性质;且为第(7)处 $\forall E$ 的应用,我们必须进一步假设 $\#R$ 是在 R^{N^+} 中。由于第(18)处的矛盾依赖这些更多的假设,我们可以应用归谬法以推断或者 R 不是 R^{N^+} 上的分割—性质,或者 $\#R$ 不是 R^{N^+} 的元素。这能解决问题吗?答案是不。这个特殊的分割—抽象原则可以被视作一般模式的特殊情况,其运转如下:

（＃）＃F＝＃G↔∀a(Fa↔Ga)这里 F，G 是适当定域 Q 上的任意分割性质且 a 管辖 Q。

这里适当定域 Q 将是至少由稠密线序的任意定域，相对于哪些分割—性质是可定义的。关于这个一般模式可能提出的两个明显问题是：所有它的实例都是安全的吗？如果不安全，是什么把安全的从不安全的区分开？我们大概有下述猜测。我们想说的第一个事情是我们不承诺支持（＃）的所有实例，也就是，不承诺为相对于 Q 的（＃）的全称闭包（universal closure）辩护，尽管我们会认为，如果应该证明的是它的某些实例或者易于造成罗素麻烦（Russell trouble）或者否则不安全，那么应该可能的是在这里提供关于限度的某个原则上的描绘或者解释。清楚的是只要对（＃）实例的基底定域 Q 不包含所有无论什么的对象，对罗素悖论的任意推导都不能被看作表明这个实例（＃）的不协调性，而被看作表明或者罗素性质 R 不能是 Q 上的分割—性质或者罗素分割＃R 不能是 Q 的元素。如果所有无论什么对象的论域（the universe of all objects whatever）构成分割—抽象的可容许基底定域（an admissible underlying domain），那么罗素分割，如果存在如此对象的话，必定属于这个定域——所有第二个选项失效。但第一个选项仍是开放的。将存在诸如罗素分割这样的对象仅当罗素性质是这个论域上的分割—性质。但是，至少在认为（＃）有缺陷的任意令人信服的独立的理由缺场的情况下，对罗素悖论的推导似乎会给我们丰富的理由认为罗素性质不能是这个论域上的分割—性质。

如果我们所说的是正确的，不用挑战论域构成可容许分割—抽象基底定域的假设是可能阻止罗素麻烦的。然而，要点是有点学术的由于存在其他担心——比起罗素悖论与康托尔悖论（Cantor's paradox）更有关系——我们认为通过拒绝这个假设其得到最好答案。简略地，分割—抽象，对到目前为止我们所说的所有事物而言，可以被应用到分割—性质在其上可定义的任意定域——也就是，至少有稠密线序的任意定

248

域。如果已选择定域是严格稠密的，也就是稠密的——像有理数那样——但不是完全的——像实数那样，那么分割—抽象的实例将膨胀（inflate），在比起基底定域中存在的对象存在更多"已生成"抽象的意义上，也就是分割—性质在其上被定义的定域。

如果它是稠密的但是完全的，那么将不存在膨胀（inflation）——抽象收集将是同构于基底对象定域的。如果无论什么所有对象的论域承认严格稠密线序且能被当作分割—抽象定域，我们将以比总共存在的对象更多的抽象由此更多的对象而结束！我们应该如何避免这种灾难性的结论？我们将试验性地称赞的答案强调我们先前做出的比较，一个是无限制抽象，比如休谟原则，另一个是受限制抽象，比如分割—抽象。在休谟原则的情况下，实质的是右手边的一阶量词被允许无限制地管辖无论什么的所有对象，包括数自身。在此意义上，休谟原则中的一阶量词必须被非直谓地（impredicatively）理解。反之如果这些量词是受限制的以便只管辖不同于数的对象，我们不能证明有限数序列的无穷——至少，不无存在某个其他种类无穷多个对象的额外假设。

相比之下，有了分割—抽象，为了确保抽象（the abstraction）给出我们需要的所有抽象物（the abtracts），不必要的是以此方式非直谓地解释它的一阶量词。此外，如果我们确实允许——尤其，如果我们允许分割—模型的实例，它的一阶量词管辖无论什么的所有对象——那么我们将遭遇康托尔—类型的麻烦（Cantor-type trouble），倘若论域承认严格稠密序。但我们不必允许这个。如通过我们已解释过的，分割—抽象是——与休谟原则和第五基本定律相比——受限制抽象，在分割—模式（♯）的每个实例涉及限制到在其上它的一阶量词管辖的已规定基底定域。到目前为止关于什么构成适当基底定域我们所说的所有事物在于它将是对象的某个稠密有序收集。

但就我们能看到的而言，没有什么阻碍提出将排除把分割—抽象应用到作为整体的论域的进一步限制。似乎完成这个的最明显方式是在适当的分割—抽象定域的条件中吸收"大小限制"要求——这个观念要求任意适当的分割—抽象定域 Q 比论域更小。这会把分割—抽象带到更接近于第五基本定律的修正版本，布劳斯把其称为新五(New V)。遵循布劳斯，说概念 F 是概念 G 的子概念当且仅当 $\forall x$ ($Fx \rightarrow Gx$)，且 F 进入 G 当且仅当 F$\approx$H 对 G 的某个子概念 H。令 V 是概念$[x:x=x]$，且说 F 是小的当且仅当 V 不进入 F。定义 F 类似于 G 当且仅当(F 是小的 $\vee$ G 是小的$\rightarrow \forall x(Fx \leftrightarrow Gx)$)。相似性是一个等价关系。那么新五是下述抽象：

新五　$^*F = {}^*G \leftrightarrow$F 是类似于 G 的。

如果我们同意数只可以被指派到真正类概念(genuine sortal concepts)——也就是，与概念 F 相关联的不仅是应用标准(criteria of application)而是恒等标准(criteria of identity)——那么我们应该为或者分割—抽象或者第五基本定律的修正感到高兴仅当我们被说服自恒等(self-identity)是一个真类(a genuine sortal)。因为当概念 F 能有一个数仅当 F 是种类，那么假设休谟原则，F 与自身是等数的(equinumerous)仅当它是种类的。而且如果它与自身不是等数的，它几乎不与任意其他概念是等数的。由于小的被如此定域以致 F 是小的当且仅当自恒等不进入 F，新五是第五基本定律的真限制(a real restriction)仅当自恒等是真类。我们不认为它是。归于怀特(Crispin Wright)的简单论证实际上表明如果自恒等是真类，不是种类的许多概念有成为如此的资格。这个论证取决于下述要点，即每当概念 G 是真类，它的由任意其他概念 F 而来的限制——也就是合取概念：F—且—G——将是种类的。

　　例如，由于马是真类的，所以白马也是，尽管限制概念白的不是种类。因此当自恒等是真类，它的任意限制也是，比如白—且—自恒等(white-and-self-identical)。然而，由于白—且—自恒等等价于白的，会推出白的是类概念。由于白的或者白的事物不是真类，自恒等也不是。处于相同的原因，没有普遍应用的概念是真类概念（a genuine sortal concept）。如果这是正确的，表述所需限制的某些其他手段是需要的。存在明显的紧接在后的思想。为什么我们应该不仅仅规定谓词 Q 决定适当分割—抽象定域仅当 Q 是真类？由于既非自恒等，也非任意其他谓词，比如"F∨¬F"，其被保证应用到无论什么的所有对象，是真类，这将确保作为整体的对象论域——即使它承认严格稠密序——不是可容许的分割—抽象定域。对这个提议的彻底辩护实际上需要比我们这里有的更多的空间。总之，我们愿意在三个要点上简略地做出评论。

（i）可以观察的是把可容许定域限制到由类概念可规定的那些将不排除诸如由所有序数，或者所有基数，或者所有集合组成的极大定域（very large domains），由于相关概念似乎取得真类的资格——引起悖论仍可以是从分割—抽象中可推导的（derivable）关注，通过把这些收集的一个或者另一个作为基底定域。我们认为这可以由下述两种方式中的任何一个得以满足。首先，从（＃）生成悖论的任意尝试，比如通过取序数作为定域，将依赖所有序数的收集是全域—大小（universe-sized）的观念。这需要序数这个概念是等数于在其下每个对象都归入的某个概念，不管是序数或者不是。但如果我们所说的是正确的，概念可以是等数的仅当两者都是类的，且不能存在全类概念（universal sortal concept），以便能拒绝这个假设，且将不需要加强分割—抽象上的限制以排除把序数等等当作定域。

但其次，即使应该证明排除把序数等等作为可容许分割—抽象定域是必然的，也存在相当自然的方式完成这个。不用单单需要可容许定域是由类概念给出的，我们可能需要如此定域应该有确定基数大小（a determinate cardinal size）。由于成为类概念外延至少是收集有确定大小的必要条件，这个限制会包含已提出的那个。如果这个必要条件不是充分的，也就是，如果某些类概念无法有确定大小外延（determinately sized extensions），那么这些概念将由已修正限制所排除。尤其，达米特（Michael Dummett）称为不定可扩充概念（indefinitely extensible concepts）的东西，诸如序数，基数和集合自身，将被排除。

（ii）可以反对的是以所建议方式的任何一个限制可容许分割—抽象定域是任意的（arbitrary）或者特别的。而且可以认为这个反对从新弗雷格主义者使用诸如休谟原则这样的无限制抽象的意愿中汲取力量。我们将快速做出两个要点作为回应，当然还有很多话要说。首先，如同到目前为止应该清楚的，休谟原则是完全无限制抽象事实上是假的——尽管它的一阶量词是无限制的，但它初始的二阶量词是受限制到类概念的。其次，我们提议的分割—抽象上的限制似乎与新五寻找嵌入第五基本定律的限制一样不是任意的或者特别的。以其限制被强加在（#）上的方式形式上（formally）不同于新五上发生的事情是真的——这里所完成的东西不是限制任意量词的范围，而是使等价关系复杂化——也就是当 F 和 G 都不是小的，*F 和 *G 存在，但被看成一样的不管是否它们的概念是共延的。但我们认为这种差异是表面的。倘若第一层概念成为类的条件在二阶也许三阶语言中仅仅使用逻辑词汇能被表达，我们看不到为什么应该不以与新五相同的模具重铸（#）的原因。而且如果它们不能被如此表达，这不仅对（#）而且对新五也是坏消息。但没人说服我们它会是坏消息——由于我们没看到假设下述的根据，即每个哲学上重要的概念必定能够在二阶或者三阶语言的纯粹逻辑词汇中做出限定表达式（definitive expression）。

（iii）最后，我们对节约状态（the state of the economy）做出快速评论。某些近期的作者比如法恩（Kit Fine）声称——考虑到康托尔悖论的某个形式带来的风险——可接受抽象在某种意义上应该是非膨胀的（non-inflationary）。在任何会引起反对的意义上，分割—抽象是膨胀的吗？在描绘膨胀性的相关概念中需要加以小心，由于要点的大部分且抽象的兴趣在于它们"生成"其是"新的"对象的事实，由此，在特定意义上，"扩张"基底定域。以便以某种方式，膨胀——或者至少定域—扩张（domain-expansion）——恰好是新弗雷格主义者想要的东西。当然，这种表达事物的方式是非常误导人的，由于它给出本体论变戏法（ontological prestigitation）的整个错误印象——在其抽象从无中创造对象，就像熟练的魔术师从稀薄空气中拉出鸽子一样。

新弗雷格主义者能而且应该坚持对到底发生什么的更清醒描述。如果一切顺利的话，抽象做的是构建概念——方向概念，或者基数概念，或者不管什么的概念——通过提供连接项的恒等陈述的真性的充要条件，其声称指向归入它的对象。它引起我们注意重述（redescribing）事态的可能性——或者再概念化（reconceptualizing）——其在于线条 a 平行于线条 b，根据特定对象间恒等关系的成立，a 的方向和 b 的方向。接受所提议的再概念化性（reconceptualization）不涉及承认这些对象的存在性。宁可，它所涉及的是接受是否存在如此对象的问题还原到是否抽象原则右手边的适当实例确实是真的问题。所以抽象做的事情不是"创造"对象，而是让我们认出，识别且区分我们以前不能认出，识别和区分的对象，也就是，提前领会抽象引入的概念。如果这种膨胀是可接受的，什么种类的膨胀不是可接受的？法恩（1998）写道：

> 抽象原则真性的两个必然条件作为逻辑的事情而成立……。首先，从抽象原则的真性推断它在概念上的基底恒等标准应该是等价关系……。其次，从抽象原则的真性推断恒等标准应该不是膨胀的，等价类的数量必定不超过对象的数量。在所有等价类，或者它们的代表，和某些对象或者全部对象间必定存在 1—1 对应。当然，正是由于这个理由第五定律才证明是不可接受的；因为存在 n 个对象的地方，要求存在 2^n 个抽象。

我们认为在这些评论中存在某个我们需要解决的歧义性或者模糊性，当可避免的混淆需要被避免的时候。让我们说抽象 A 在基底定域 D

上膨胀当 A 的等价关系把 D 分割为比它的元素更多的等价关系。那么人们可以说抽象是弱膨胀的当存在某个在其上它膨胀的定域，且强膨胀的当它在每个定域上膨胀，或者在势为 κ 的某个定域上，对每个基数 κ。为要求甚至应该不是弱膨胀的可接受抽象会突然停止新弗雷格主义者在它的轨道上的计划，在它甚至行动起来以前。清楚的是我们认为不存在好的根据强加如此要求，而且我们将不做进一步讨论。要求可接受抽象应该不是强膨胀的是更可行的。

某些新弗雷格主义者的关键抽象，包括另一个关键的二阶抽象，休谟原则，满足这个要求。但当抽象不是强膨胀的要求是更可行的，我们看到没有以完全一般性接受(in full generality)它的令人信服的理由——也就是，如同既应用到无限制抽象也应用到受限制抽象。坚持没有无限制抽象可以是强膨胀的是必然的。但如同我们已尝试的那样，这样要求受限制抽象不是必然的。尤其，分割模式在下述意义上是强膨胀的，即对每个势 κ，存在在其上(#)的实例膨胀的势为 κ 的可容许定域。但就我们能看到的而言，这是无害的，倘若可容许定义被限制到由真类概念给定的那些，或者确定基数大小的那些。

5. 两个要点

我们在这里的目标是陈述一种可行的方式在其新弗雷格主义者对算术的描述可以被扩充以包含实数。我们遵循弗雷格本人建议实数应该作为量比而被引入。这种路径要求对量概念的优先分析(a prior analysis)。我们也同意弗雷格，认为这应该由提供对他称为定量定域的一般描绘而完成，但我们提供的对它们的描述有点不同于弗雷格在《算术基本定律》中给定的那个。量比是由抽象原则引入的，其基于从欧多克索斯到达我们的古代比例理论。那么正实数是在完全定量定域中作为量比可获得的，且零和负实数是通过把整数构造为自然数差对的策略而做到的。我们的构造只构建一个有条件的结果(a conditional result)：如果存在完全定量定域，那么实数可以作为它上面的量比而引入。然而，如同我们已论述过的那样，存在一种凭其新弗雷格主义者可以构建石少一个完全定域存在性的路径，以自然数开始，通过连续应用比例—抽象以获得全定域且从这个完全定域获得适当调整版本的戴德金分割方法（Dedekind's method of cuts）。

值得强调两个要点：首先，根据我们的描述，尽管从其彼此处于各种定量关系的具体实体中被区分出来的抽象对象，量（quantities）本身不等同于数（numbers）；其次，尽管我们使用戴德金方法的版本以证明完全定域的存在性，根据目前的路径，把实数定义为戴德金分割或者根据戴德金分割定义实数不存在问题。第一点对我们的辩护是不可或缺的，即我们的路径对把实数处理为从具体实体中间的定量关系直接抽取的较老尝试的几个或多或少异议的反对——但这个辩护最好在对量概念的更透彻分析的语境中进行。如此的分析也会激发对定量定域的公理性描绘，我们不得不有点独断地陈述它，不用它当然需要的哲学辩护。第二点对目前遵守弗雷格信念的路径的声称是实质的，即对实数的令人满意的基础性描述应该以一种清楚地为它们提供应用的方式而引入它们。

第二节　基于黑尔的对膨胀抽象原则的分析

哥德尔认为集合论公理是先天可知的。怀特和黑尔认为弗雷格逻辑主义纲领的主要目的不是把数学还原到逻辑，而是使用还原策略保证数学的先天性或者分析性。我们这里主要考虑可接受抽象原则的非膨胀的标准。从历史上来讲这条标准源自冯诺依曼。冯诺依曼认为避免集合论悖论的方式在于避免过于大的收集也就是真类。由于新逻辑主义路径依赖适度膨胀的抽象原则，因而库克主张某些可接受抽象原则可以是膨胀的。不过这种定域膨胀不要太猖獗，也就是可接受抽象原则不应该蕴涵太多对象的存在性。我们需要对"不要太多"进行界定。由此引出膨胀家族：严格非膨胀、局部膨胀、有界膨胀、无界膨胀和普遍膨胀。从这些膨胀成员的定义出发,库克认为休谟原则是严格非膨胀的。而夏皮罗认为休谟原则是有界膨胀的。库克与夏皮罗都认为新第五基本是无界膨胀的。用来获取实数的任意抽象原则至少是局部膨胀的,因为我们需要从可数定域扩充到不可数定域。新逻辑主义者应该提防无界膨胀和普遍膨胀抽象原则。黑尔对实数作出了全面的新逻辑主义描述,这也是膨胀抽象原则的案例研究。黑尔的抽象原则 CA 既对保证存在不可数多个量负责也对产生完全定量域负责。

我们可以在抽象过程和抽象原则间做出区分,这相当于类型与记号间的区分。照此理解的话,休谟原则是把数当作对象的一般过程的唯一实例,而分割抽象是在线序上取分割的更一般抽象过程的一个特殊实例。与定域膨胀相关联,我们能看到分割抽象过程是膨胀的,而分割抽象原则不是膨胀的。测试抽象原则可接受性的最容易方式是表述一次生成所有可能抽象物的二阶公式,这就是广义分割抽象原则。然而,休谟原则加广义抽象原则是普遍膨胀的,对广义抽象原则有四种限制方式。第一种方式是采用广义抽象原则模式。这种方式的不足在于只能减轻问题而不能消除问题。第二种方式是把分割抽象应用到可定义线序。这种方式的麻烦在于为了解决定域膨胀问题,需要付出方法论的代价。第三种方式是采纳黑尔的建议,把分割抽象限制到定量域。然而,如果我们把广义抽象原则限制到极小定域,它依旧是普遍膨胀的。如果把分割抽象限制到正规定量域或者全定量域,那么它是有界膨胀的。第四种方式源自布劳斯的新第五基本定律,也就是提出大小受限分割抽象原则。不过这个原则对新逻辑主义者重构实数起不到任何作用。

1. 黑尔构造实分析出现的问题

在近些年已出现作为可行数学哲学的在逻辑主义兴趣上的回潮,在很大程度上起源于怀特的《弗雷格的作为对象的数概念》(1983)和布劳斯的形式的与哲学的工作。在这个工作之前人们普遍认为弗雷格的把数学还原到纯粹逻辑的计划是凭借罗素对由弗雷格的声名狼藉的第五基本定律产生的悖论的发现而遭到严重破坏。弗雷格的计划最近重新焕发生机,伴随某些修正。我们要探索围绕这个计划的某些局面,集中精力于对实数的成功新逻辑主义重构的前景。我们专注于黑尔的《根据抽象的实数》(2000)和他对分割抽象原则的使用,当这个路径似乎最有可能一般化到复分析、泛函分析等等。存在严重的折磨黑尔计划的问题。需要构造实数的原则种类的自然一般化蕴涵比起人们从强调它的认识论保守性的立场存在多得多的对象。换句话说,需要获得实数理论的抽象种类是猖獗膨胀的(rampantly inflationary)。在论证相对于黑尔处理的这个声称之后,我们将表明为什么这个问题很有可能在任意的对实分析的新逻辑主义重建中再现。

2. 弗雷格逻辑主义的真正目的

抽象原则是形式为下述的任意二阶公式

$$(\forall P)(\forall Q)[@(P)=@(Q)\leftrightarrow E(P,\ Q)]。$$

这里的"@"是从性质或关系到对象的函数,且 E 是性质或关系上的等价关系。抽象原则允许我们把性质或关系共有的特征作为对象。弗雷格的第五基本定律是

$$\text{BLV}: (\forall P)(\forall Q)[\text{EXT}(P)=\text{EXT}(Q)\leftrightarrow(\forall x)(Px\leftrightarrow Qx)]。$$

弗雷格从 BLV 加二阶逻辑推出所有算术,但罗素发现 BLV 与二阶概括公理是不协调的从而致使这个结构不值得关注。逻辑主义的复兴起源于下述观察,即弗雷格仅有的对 BLV 的不可消除的使用出现在他对下述休谟原则的推导中:

$$\text{HP：}(\forall P)(\forall Q)[NUM(P)=NUM(Q)\leftrightarrow P\approx Q]。$$

$P\approx Q$ 是断言在 Ps 和 Qs 间存在 1—1 对应的二阶公式。实际上"NUM"算子是数生成函数(a number generating function),把性质映射到对应于性质外延基数的数上。不像上述的 BLV,HP 是协调的。我们能把它加到有无穷模型的任意理论,而且新理论与最初理论一样有相同基数的无穷模型。弗雷格的在《算术基本定律》对算术的推导能从二阶逻辑加 HP 中被重构出来,由此避免使人苦恼的 BLV。这个结果,作为数学事实相当显著的独立于任意哲学意蕴,逐渐被称为弗雷格定理。当然,HP,经由"NUM"函数明确指向数,不是逻辑真性。因此,新逻辑主义者必须放弃人们能把所有数学还原到纯粹逻辑真性的希望,但这不是令人惊讶的。罗素悖论的发现,外加在《数学原理》(1913)中怀特海和罗素后续逻辑主义尝试的失败,足以致使最初的逻辑主义计划不可行。另外,布劳斯争论说这种数学到纯粹逻辑的还原在原则上是不可能的:数学有本体论承诺,而根据当代概念逻辑没有。然而,人们能论证弗雷格逻辑主义的关键方面不是所有数学到逻辑真性的还原。相反,弗雷格的主要目标是论证数学的可分析性,把它从康德的先天而综合的指控中挽救出来:

> 事实上问题变为发现命题的证明,而且继续下去回到原始真性。在执行这个过程中,如果我们只要求逻辑定律和定义,那么真性是分析的一个……然而,如果不使用并非具有一般逻辑性质的真性而给出证明是不可能的,但属于某个特殊科学的范围,那么命题是综合的一个(弗雷格 1884)。

根据弗雷格,数学的先天性是它的分析性的直接后承:

> 对成为后天的真性,不包括诉诸事实构造对它的证明必定是

258

抽象主义集合论(上卷):从布劳斯到斯塔德

不可能的,也就是,诉诸不能被证明且不是一般的真性。反之,如果它的证明能从一般定律中推导出来,自身既不需要也不承认证明,那么真性是先天的(弗雷格1884)。

因此,数学到逻辑的还原恰好是弗雷格采用的保证数学分析性和先天性的特别策略。尽管弗雷格放弃了他的计划,而怀特复活了它,强调有趣的部分弗雷格计划不是数学到逻辑的还原而是对分析性的论证,或者至少是对大部分数学先天性的论证:

> 弗雷格定理仍将确保……算术基本定律能在由下述原则加强的二阶逻辑系统内部推导出来,它的作为是解释而不是定义基数恒等的一般概念,且这个解释根据由二阶逻辑观念能被定义的概念继续进行。如果如此的解释原则……能被当作分析的,那么这应该足以……论证算术的分析性。即使人们发现这个项是令人烦恼的,保持不变的是休谟原则——像隐性地有助于定义特定概念的任意原则那样——没有重要的认识论预设也将是可用的……所以通向对算术基本定律……真性识别的先天路线将被制造出来。而且如果人们把休谟原则认作完全的解释——当表明基数概念如何在纯粹逻辑基础上可以被完全理解——那么算术将由休谟原则被揭露出来……当仅在它使用逻辑抽象原则的程度上超越逻辑——人们只部署逻辑概念。所以,倘若根据抽象而来的概念形成是可接受的,将存在从对二阶逻辑的掌握到对算术基本定律真性的全面理解和领会的先天路线。如此的认识论路线……会是仍值得描述为逻辑主义的成果(怀特1997)。

尽管新逻辑主义者关于抽象原则的特使地位是什么是模糊的,一般观念似乎是沿着下述路线的某物:可接受抽象原则提供近似由这个原则生成的抽象物隐定义的某物,尽管不必然为完全的解释,提供的是对什么成为相关种类抽象物的解释。这个解释为我们提供的方法凭借其我们能逐渐认识关于这些先天抽象物的真性。因此，抽象原则意味着提供某种认识论优势——想法是我们能从认识论上毫无问题的HP中得到所有算术。最后，尽管抽象原则不是逻辑真性，它们在双条件句的右手边上只调用逻辑术语从而给出左手边上恒等的真值条件的事实支持新逻辑主义提供"成果仍值得描述为逻辑主义"的声称。当然，众所周知，大多数现代数学能在策梅洛—弗兰克尔集合论中被重构。另外，诸如哥德尔这样的哲学家争论说集合论公理是先天知识。那么新逻辑主义计划的兴趣取决于以 ZFC 的公理不是认识论"廉价"的方式人们争论必然抽象原则是认识论上"廉价"的程度。迈向这个目标的第一步是对哪些抽象原则是新逻辑主义地可接受的描述。仅仅协调性对抽象原则成为可接受的不是足够的。

想必如果两个抽象原则都是可接受的，那么它们的合取也应该是可接受的，然而我们能表述仅在有限定域上可满足的协调性抽象原则。如此原则和 HP 不是联合可满足的；所以我们需要更严格的要求据其抽象原则是可接受的。在继续前进之前，需要注意与抽象原则可满足性相关的技术事实：如果抽象原则中双条件句的右手边不包含非逻辑词汇，那么抽象原则在尺寸为 κ 的定域上是可满足的当且仅当它在尺寸为 κ 的任意定域上是可满足的。我们可以在法恩(1998)中找到这个结果的证明，尽管它背后的推理应该是清楚的一旦人们意识到抽象原则只需要对每个性质或关系的等价类存在一个不同的对象。它不蕴涵关于哪个对象与哪个类相关联的任何事物。

3. 膨胀家族

人们已提出抽象原则上的许多要求。我们这里关心的约束是适当抽象原则应该是非膨胀的观念。非形式地这恰好是抽象原则不应该蕴涵太多对象存在性的要求，由于冯诺依曼，对下述知觉进行反思，即避免集合论悖论的方式是避免太大的收集，也就是现在被称为真类的东西。考虑 BLV。人们能把它的不协调来源追溯到它把不同对象指派到定域中每个对象收集的事实,破坏了康托尔定理。为避免此类矛盾,要求可接受抽象原则不涉及把定域分割为比所存在对象更多收集的等价关系是好的开始。法恩争论说:

> ……恒等标准不应该是膨胀的,等价类的数量不能超过对象的数量。也就是说,在所有等价类或者它们的代表和某些或者所有对象间必定存在 1—1 对应(法恩 1998)。

沿着相似的路线,怀特写道:

> 相关等价关系把概念论域分割到的细胞必定不超过对象的粒子布居其构成抽象原则中一阶变元的范围(怀特 1997)。

这种表达定域膨胀(domain inflation)上禁令的方式太强,由于这个策略是要把适当的抽象原则加到由可数定域所满足的理论以得到只由不可数定域所满足的理论。新逻辑主义路径依赖某些至少成为有点膨胀的抽象原则。用近似于布劳斯的态度我们能理解膨胀抽象原则上禁令的精神:

> 正是逻辑实证主义的核心信条才使得数学真性是分析的。实证主义亡于 1960 年且更传统的观点,即分析真性不能蕴含或者特殊对象的存在性或者太多对象的存在性,从那以后处于支配地位。

忽视是否分析原则应该蕴含特殊对象存在性的问题,为论证起见我们能假设某些可接受抽象原则可以是膨胀的,也就是它们加到尺寸为 κ 的模型理论可能导致模型有大于 κ 的定域的模型理论。然而,这个定域膨胀不应该太猖獗。可接受抽象原则不应该蕴涵太多对象的存在性,至少不当它们成为"认识论上廉价的"。可能没有办法描绘前面语句中"太多"意味着什么。相反,像模糊的谓词"红的",可能不存在划分出"太多"的外延从哪里开始的清晰线。即便如此,我们能规定许多准确的在其抽象原则可能是膨胀的方式,即使我们不能决定它们中的哪些是新逻辑主义地可接受的其哪些不是。给定抽象原则 AP 和对象集 S,把 AP 限制到 S 是用"$\forall x \in S$"和"$\exists x \in S$"取代每个一阶量词"$\forall x$"和"$\exists x$"且用"$\forall X \subseteq S$"和"$\exists X \subseteq S$"取代每个二阶量词"$\forall X$"和"$\exists X$"的结果。抽象原则 AP 生成 κ 个对象当被应用到定域 S 当且仅当对每个定域 D 使得 $S \subseteq D$ 且 D 满足 AP 到 S 的限制,D—S 的基数 $\geqslant \kappa$。这里以及下面的 κ, γ, λ 都是无穷基数。我们现在定域 κ—膨胀的概念:

抽象原则 AP 是 κ—膨胀的当对基数为 κ 的任意定域 S, AP 到 S 的应用生成 γ 个对象这里 $\gamma > \kappa$。

使用 κ—膨胀概念,我们现在能在更一般意义上定义抽象原则是膨胀的:

严格非膨胀的:抽象原则 AP 是严格非膨胀的当不存在对其 AP 是 κ—膨胀的 κ。

局部膨胀的:抽象原则 AP 是局部膨胀的当只存在有限多个 κs 使得 AP 是 κ—膨胀的。

有界膨胀的:抽象原则 AP 是有界膨胀的当存在无穷多个 κs 使得 AP 是 κ—膨胀的但存在某个 γ 使得对所有 $\lambda > \gamma$, AP 不是 λ—膨胀的。

无界膨胀的:抽象原则 AP 是无界膨胀的当对每个 κ,存在 $\gamma > \kappa$,使得 AP 是 γ—膨胀的。

普遍膨胀的：抽象原则 AP 是普遍膨胀的当对每个 κ，AP 是 κ—膨胀的。

HP 是严格非膨胀的，由于能把它加到有无穷模型的任意理论且结果是有相同基数的模型。夏皮罗和韦尔(1999)表明，如果广义连续统假设成立，那么新五是无界膨胀的，由于根据这个假设它在每个后继基数是可满足的而在奇异基数不是可满足的。最后，清楚的是用来获取实数的任意抽象原则必定至少是局部膨胀的，由于抽象的要点是要把我们从可数定域带到能表述实分析的不可数定域。因此问题变为：我们应该在哪里划定与定域膨胀有关的界线？如同已经指出的那样，局部膨胀的抽象原则必定是可接受的。另外，我们能同等处理局部膨胀原则和有界膨胀原则，由于在两种情况下我们要面临抽象可能爆破我们的本体论的情况，但仅此而已。在某种情况下我们到达超出哪个抽象原则不膨胀的上界。沿着类似的路线，我们能把无界膨胀和普遍膨胀原则认作同等有问题的，由于在两种情况下问题与下述问题有关，即它的重复应用可能无限制繁殖潜在的本体论。因此，我们需要决定是否无界或者普遍膨胀抽象原则是新逻辑主义地可接受的。

人们能带来许多考虑来应对无界和普遍膨胀抽象原则，除了更一般地对膨胀细究已有的要点。我们将给出对每种膨胀的不同论证，尽管无界和普遍膨胀是足够相似的以致这个的问题可能指明另一个的问题。新逻辑主义者声称抽象原则隐性地定义，或者至少是我们使用数学概念和理论的基础。抽象数学对象的定义，甚至隐性的一个，应当决定必然归入定义的唯一对象群。然而，如果这个"定义性"抽象原则是无界膨胀的，那么新逻辑主义者无法完成他的任务。假设我们有某个无界膨胀抽象原则 AP 且论域中存在 κ 个对象，包括由 AP 保证存在的抽象物。令 γ 是 $>\kappa$ 的最小基数使得 AP 是 γ—膨胀的。那么如果论域中存在 γ 个对象，根据 AP，那么本来会存在多于 γ 个由此多于 κ 个抽象物。

不过最初的抽象物不是恒等条件由 AP 给定的所有事物。这个过程能被不定地且超限地重复，所以我们从未有归入 AP 范围的所有对象。换句话说，如果 AP 是无界膨胀的那么它无法保证作为它的抽象算子定域的确定对象收集。反之给我们相对于存在多少个对象的不同抽象物。这个反对无界膨胀的论证是相当引人注目的，尤其当我们认为抽象原则应该生成必然存在的抽象数学对象，而非提供未定的大量对象，它们的存在性依赖论域中呈现的非抽象物对象的数量。反对普遍膨胀的情况有一点不同，但同等令人担忧。在从无界膨胀的抽象原则移到普遍膨胀的抽象原则中我们曾用后一个问题取代前一个问题。有了无界膨胀不存在由抽象生成的唯一抽象物收集。

在普遍膨胀的情况下，可能存在由抽象原则生成的唯一对象收集，但如果这样，那么它是表现极其坏的收集。换句话说，如果抽象原则是普遍膨胀的，那么它只凭借至少是真类尺寸的结构就是满足的。假设 AP 有集合尺寸的模型 M。那么存在某个 κ 使得 M 的定域有基数 κ。如果 AP 是普遍膨胀的，那么 AP 到尺寸为 κ 的定域的应用产生 γ 个对象，对某个 $\gamma>\kappa$。M 满足 AP，所以 M 的定域包含至少 γ 个对象，但那么定域的技术是大于 κ 的。矛盾！这类问题似乎是黑尔在写作下述时在心中所想的东西，尽管有界膨胀抽象原则是新逻辑主义地可接受的，

> 要求可接受抽象原则不是强膨胀是更加可行的。新弗雷格主义的某些关键抽象，包括另一个至关重要的二阶抽象，即休谟原则，满足这个要求（黑尔 2000）。

黑尔这里谈及两个主要的担忧，每个都值得更仔细的审查。首先，存在普遍膨胀抽象原则有可能对集合论悖论敏感的声称，诸如康托尔悖论，或者罗素悖论，或者布拉利—福蒂悖论。观念是简单的：对任意 κ—尺寸的收集，如果普遍膨胀原则 AP 生成 2^{κ} 个新对象，那么似乎可

行的是当被应用到真类，或者任意其他结构种类，它也会膨胀。这是解释弗雷格的第五基本定律哪里出错的一种方式。然而，这个推理不是一般的。能存在在所有集合上膨胀的抽象原则但不在真类上膨胀。例如，原则 AP 可能在任意能被良序化的收集上膨胀，但不在不能被良序化的结构上。那么，如果情况如此，只要存在太大以致无法被良序化的真类，AP 可能是可满足的即使它是普遍膨胀的。我们将看到如此可满足的仍然普遍膨胀的抽象原则的潜在候选者。

黑尔的第二个担忧是我们可能面对不能克服的困难当尝试证明普遍膨胀抽象原则的协调性或可满足性。标准定义陈述语句是可满足的当且仅当存在集合论模型使得语句在这个模型中是真的。任意普遍膨胀抽象原则在此意义上无法成为可满足的，然而仍可能的是某个结构，诸如真类，可能使得这个语句为真。这是新逻辑主义者是严重的问题。如同我们曾看到的，某些抽象原则是协调的而类似前者的其他抽象原则不是协调的。因此，为可接受新逻辑主义抽象原则辩护的最重要的一个部分是要论证它的可满足性。这对普遍膨胀抽象原则来说证明是困难的，由于我们研究和操作真类的方法没有我们的集合论机制强有力和安全。

这里存在令人不安的来自历史上的讽刺。真类概念是作为，在其他事物中间，对弗雷格《算术基本定律》中哪里出错反思的结果而引入的。观念是在逻辑安全集合成问题真类间作出区分，其在某种意义上太大以致无法成为像集合那样安全操作的。如果弗雷格计划的新逻辑主义重构把我们再次推入真类领域，历史敏感性应该造成某个担忧。因此，新逻辑主义者应该对无界和普遍膨胀抽象原则极其谨慎。当抽象的这些种类不必然易受通常与"坏的"抽象原则相关联的悖论种类的影响，而且甚至是可满足的，虽然如此它们带领我们远离认识论上无辜的隐性定义，而这是新逻辑主义者争论说可接受抽象应该提供的。

4. 膨胀抽象原则案例研究

我们把下述当作成功的数学哲学的必需品,即它必须解释足够的数学以处理科学应用。由此推断新逻辑主义者至少需要能够重构实数理论。事实上,新逻辑主义计划的成败似乎取决于他们对实数的成功处理。如果这个困难的情况能被处理,那么可行的是当代数学的大多数其他领域能由相对不成问题的以连续统为基础的新逻辑主义构造被处理。另一方面,如果新逻辑主义者不能够解释实数,那么计划无法为数学提供基础。从不成问题的抽象原则重构算术可能是有趣的,而且甚至数学上重要的,但算术作为理论太简单以致无法允许我们得出关于作为整体的数学的任何有趣的东西。正是这时候黑尔(2000)的工作才变为相关的。尽管其他人,包括西蒙斯(1987)和达米特(1991)曾写过弗雷格对实数的处理,黑尔是第一个尝试全面的新逻辑主义描述的人。因此黑尔的工作在对新逻辑主义重构分析前景的研究中具有独立的兴趣。更为重要的是,给定我们这里的目标,黑尔的描述为我们提供对膨胀性抽象原则有用的案例研究。黑尔相信下述事实,即实数不仅仅是任意种类的数学对象而是像自然数和有理数那样的量:

> 弗雷格处理实数的方式有两个最显著和最重要的特征:(i)把实数定义为量比⋯⋯且(ii)至于对量概念的分析,需要回答的基本问题不是:对象必须有什么性质当它要成为量?而是:概念必须有什么性质当归入它的对象要构成单个种类的量?(黑尔2000,第104页)

黑尔的策略是要首先创立一般量理论;其次要争论如果量的特定种类存在,那么这些量上的比例能充当实数;且最后使用新的抽象原则证明必备的量种类存在。黑尔由给出各种"定量定域"的定义开始。他提议的定义序列打算具体化弗雷格对实数处理的第二个特征——决

定概念必须有什么性质当归入这个概念的对象是量。最小的定量定域是

　　……在加法运算下封闭的非空实体收集 Q 交换,结合且满足强三分律,对任意 $a,b \in$ Q,我们恰好有下述的一个:$\exists c(a=b \oplus c)$,$\exists c(b=a \oplus c)$,或者 $a=b$。任意最小 q—定域是由 $<$ 严格序化的,由 $a<b \leftrightarrow \exists c(a \oplus c=b)$ 定义。由正整数相乘的 Q 的元素是根据 $\oplus$ 被演绎地定义的。(黑尔 2000,第 106 页)

接下来是正规 q—定域概念,被定义为

　　……满足阿基米德可比较性条件的任意最小 q—定域:$\forall a,b \in$ Q $\exists (ma>b)$……m 管辖正整数(黑尔 2000,第 106—107 页)。

一旦我们有正规 q—定域,黑尔引入比例使用定量定域 Q 和 Q^* 的抽象原则:

　　EM:$\forall a,b \in$ Q $\forall c,d \in Q^*[RAT(a,b)=RAT(c,d) \leftrightarrow (\forall m,n(ma=nb \leftrightarrow mc=nd) \wedge \forall m,n(ma<nb \leftrightarrow mc=nd) \wedge \forall m,n(ma>nb \leftrightarrow mc>nd))]$。

由 EM 到正规 q—定域 Q 的应用所致的新结构被称为 R^Q。黑尔把全 q—定域定义为正规 q—定域这里我们有

　　$\forall a,b,c \in$ Q $\exists q \in$ Q$(RAT(a,b)=RAT(q,c))$。(黑尔 2000,第 107 页)

我们说 q—定域 Q 是完全的当且仅当

······每个上有界非空 S⊑Q 都有一个最小上界。（黑尔
2000，第 108 页）

这就完成了黑尔的第一个任务——规定概念 Q 必须满足什么条件为
归入 Q 的对象以成为各种各样的量。黑尔接下来指出任意两个完全
q—定域是同构的。应用上述的抽象原则 EM，我们得到下述的结果，
即对任意两个完全定域 Q 和 Q*，$R^Q = R^{Q^*}$。因此，根据黑尔，我们能
获得作为任意完全定域比例的实数，只要某些如此定域存在。所有剩
下的是黑尔论证中的第三步——存在完全 q—定域的证明。黑尔的论
证是相对直接的：新逻辑主义者有经由 HP 通向正自然数 N^+ 的入口。
自然数构成正规 q—定域，但不是全的一个。然而，抽象原则 EM 到
N^+ 的应用给我们正自然数上的比例 R^{N^+}，这是全定域，尽管不是完全
的，且是充当正有理数的显然候选者。下面的行动是把下述分割抽象
原则应用到 R^{N^+}：

$$CA：(\forall P)(\forall Q)[CUT(P) = CUT(Q) \leftrightarrow ((\forall x)((x \in R^{N^+}$$
$$\wedge P \text{ 和 } Q \text{ 都是 } R^{N^+} \text{ 上的分割性质}) \rightarrow (Px \leftrightarrow Qx)))]。$$

这为我们给出所需的完全 q—定域，且我们只需要再次应用 EM 以
得到实数。到目前为止新逻辑主义者计划看上去很好，只要 HP，EM
和 CA 都是可接受的。我们将假设 HP 和 EM 都是可接受的，且集中
精力于 CA，由于 CA 既保证存在不可数多个量且给出完全 q—定域。

5. 抽象过程膨胀而抽象原则不膨胀

我们已看到 CA 如何从有理数生成完全的不可数 q—定域。然
而，似乎不存在限制这个程序的原则性理由。乍看我们应该能够把分
割原则应用到由前面已接受原则保证存在的任意线序。为改述克雷
泽尔（Georg Kreisel），人们争论说 CA 可应用性的证据来自分割能在

268

任意线序上被呈现的更一般观念。换句话说,我们需要区分诸如 CA 的抽象原则和实例化它们的更一般抽象过程。比较 HP 和 CA 将有助于使这个区分更清楚。HP 到特殊定域的应用把每个性质指派到要充当这个性质数量的对象。根据 HP 被指派到性质的特殊数单单依赖性质自身的特征,即它的基数。另一方面,根据 CA 哪个对象被指派到哪个性质不仅依赖内在于性质自身的特征也依赖定域对象的序。换句话说,诸如 CA 这样的分割原则不指派分割到性质自身,反之把分割指派到相对于定域上特殊序的性质。

我们能推断 CA 是分割呈现在任意线序更一般过程的实例,或者至少某个可分辨类型的任意线序。因此,HP 是把数当作对象的一般过程的仅有实例。然而,CA 是分割呈现在线序上某个更一般过程的特殊实例。当然,争论说原则 CA 是更一般抽象过程的实例与辨认相关过程不是相同的。另外,"过程"的非常概念自身充满困难。我们至少能接受抽象过程是在先前给定的本体论上生成相对于等价关系的新数学本体论的一般程序或者操作,不必然是构造的或者算法的。当这个过程为不同初始本体论给出不同输入那么有趣的情况发生。CA 背后的过程就是这个种类。当我们试图辨认关于哪个特殊过程 CA 是实例时主要的困难便来临。存在多个潜在的候选者,它们中的某些是:

[p_1] 取任意线序上的分割。

[p_2] 取任意稠密线序上的分割。

[p_3] 取由黑尔构造的任意线序上的分割。

[p_4] 取它的名称中有"R"的任意线序上的分割。

这些中的某些作为相关过程的标识比其他那些是更可行的。然而,指定这些中的一个作为对过程的正确描述是极其困难的,当我们应用 CA 我们实际上正在实例化。然而,我们在这里不必解决这个问题,由于新逻辑主义者面临的关于定域膨胀的问题出现在许多更可行的选择上。一旦我们区分抽象过程和抽象原则,清楚的是关于不同种类抽象的可接受性的重要问题,也就是,膨胀,可保守性等等,关系的不是原则而是过程。如果某个抽象原则是更一般过程的实例那么与这个过程相关联的任何问题应当对这个原则不利。因此,关于定域膨胀某个诸如 CA 这样的特殊抽象原则是否是膨胀的我们是不感兴趣的。反之我们感兴趣的是在这个特殊实例中所具体化的过程是否一般而言是膨胀的。存在好的证据即成为 CA 基础的过程事实上是不可接受地膨胀的,即使 CA 自身不是。

6. 广义抽象原则与大小受限分割抽象原则

尽管辨认特殊抽象原则实例化的过程是困难的,我们能给出试探性的建议,即所有其他是相等的,我们应该尝试成为尽可能一般的。因此,在手头边的情况下,我们需要决定是否分割抽象是不可接受地膨胀的,被考虑为应用到任意线序的一般过程。测试抽象过程可接受性的最容易方式是要表述立刻生成所有可能抽象物的二阶公式。我们将把这个原则称为广义分割抽象(the Generalized Cut Abstraction Principle),关于其 CA 是特别情况:

$$GCA:(\forall P)(\forall Q)(\forall\{H,<\})[CUT(P,\{H,<\})=CUT(Q,\{H,<\})\leftrightarrow((\forall x)((Hx\wedge P,Q\text{ 都是}\{H,<\}\text{上的分割性质})\to(Px\leftrightarrow Qx)))].$$

这个原则说的是,给定任意线序,我们应当能够使用分割抽象以形成这个线序上的"戴德金"分割。在研究是否 GCA 是可接受的之前,我们需要说服自己它至少是可满足的。然而,就这么些是平凡的,因为 GCA 根据简单有限模型是可满足的。更严重关切在于是否 HP+GCA 是可满足的。困难是由 HP 仅由无穷模型满足的事实造成的,而且无穷模型有比有限模型更有趣的线序。这里我们将彻底弄明白，通过注意没有纠缠 BLV 的标准悖论是从 HP＋GCA 可推导的。因此，似乎没有理由怀疑 HP＋GCA 的可满足性。尽管我们没有明确理由怀疑 HP＋GCA 是可满足的，它的可满足性是实质的数学假定，如同下述结果阐明的：对线序$(A, <)$，令 $Comp(A, <)$是$(A, <)$上的戴德金分割：

定理 1(AC)： 给定无穷基数 κ，存在线序$(A, <)$使得

$$|A| \leqslant \kappa \text{ 且 } |Comp(A, <)| > \kappa。$$

证明： 给定无穷基数 κ，令 λ 是 $\leqslant \kappa$ 的最小基数使得 $2^{\lambda} > \kappa$。令 A 是从 λ 到$\{0, 1\}$的函数集使得 $f \in A$ 当且仅当存在序数 $\gamma < \lambda$ 使得对所有序数 $\alpha \geqslant \gamma$，$f(\alpha) = 0$。对 $f, g \in A$，令 $f < g$ 当且仅当在 γ 最小的地方 $f(\gamma) \neq g(\gamma)$，$f(\gamma) = 0$。那么$|A| \leqslant \kappa$ 根据下述计算：

$$|A| = \bigcup_{\gamma < \lambda} 2^{\gamma} \leqslant \sum_{\gamma < \lambda} 2^{|\gamma|} \leqslant \sum_{\gamma < \lambda} \kappa \leqslant \lambda \times \kappa = \kappa。$$

但是：$|Comp(A, <)| = 2^{\lambda} > \kappa$，由于 $|Comp(A, <)|$是同构于从 λ 到 $\{0, 1\}$的所有函数集。∎

由此推断 HP＋GCA 是普遍膨胀的。因此，如果 HP＋GCA 是可满足的，那么满足它的任意结构都有一个至少真类尺寸的定域。这时候新逻辑主义者可能回避我们的他接受 GCA 的主张。毕竟，GCA 不是抽象原则，而是特殊抽象原则的更强二阶全称一般化。他能争论说从新逻辑主义者视角出发限制分割抽象的可应用性，只有 GCA 的某些应用是认识论上"廉价的"。能排除许多如此限制。一条路线是用模式取代二阶一般化 GCA，因此避免全二阶版本的强度：

GCA—模式：形式为下述的所有公式$(\forall P)(\forall Q)[CUT(P, \{H, <\}) = CUT(P, \{H, <\}) \leftrightarrow ((\forall x)((Hx \wedge P, Q \text{ 是 } \{H,$

$<$}上的分割性质$)\rightarrow(Px\leftrightarrow Qx)))$],这里$<$是 H 上的线序。

然而,这条路径只减轻问题;它不消除问题。有一条模式路径我们能避免相当无吸引力的结论,即这个原则只能由定域大于任何集合的结构所满足,但我们得到的结果不是更吸引人的。令 κ_1 是 $2^{\aleph_0}$,且把 κ_{n+1} 定义为最小 γ 使得 $\gamma > \kappa_n$ 且 $\gamma = 2^\lambda$ 对某个基数 γ。如果我们允许 GCA—模式的记号以包含任意二阶变元,那么 HP＋GCA—模式只能由在其定域至少有 $\lim_{i \to \omega} \kappa_i$ 多个对象的结构所满足。换句话说,存在大于连续统的无穷多个基数而小于满足 HP＋GCA—模式的最小定域。思路如下:我们使用 HP 以证明存在无穷多个对象。那么,由于定理 1 以纯粹二阶术语是可表达的,它是二阶逻辑的真性。因此,我们得到在目前为止现存对象上存在线序使得在这个序上存在 $2^{\aleph_0}$ 个分割,且根据 GCA—模式的应用,我们得到至少存在 $2^{\aleph_0}$ 个对象。

把存在消除应用到这个陈述,与恰当的分割抽象模式相结合,而且我们至少有 2^κ 个对象这里 $2^\kappa > 2^{\aleph_0}$。重复这个过程以证明至少存在 2^λ 个对象这里 $2^\lambda > 2^\kappa$。诸如此类。对任意自然数 n,恰好使用 HP,GCA—模式和二阶逻辑我们能证明至少存在 κ_n 多个对象。因此,不像普遍膨胀 HP＋GCA,满足 HP＋GCA—模式的最小结构可能是集合,但要是这样它是巨大的集合。限定分割抽象的另一种方式就是限制它到明确可定义线序的应用。当这个可能解决定域膨胀的问题,存在要付出的认识论代价。新逻辑主义者计划依赖二阶量词提供无法在一阶理论中发现的表达力的事实。算术或实分析的推导是不值得考虑的当 HP 或 CA 是由模式所取代的或者被限制到可定义谓词。为躲开这个表达丰富度当它引起的麻烦有点特别,给定正是相同的丰富度使得计划起初看似可行。

这不是说新逻辑主义者不能提出限制分割抽象的原则性理由,但如此描述的前景看上去令人沮丧。存在有关如此限制的额外担忧。如果有人想沿着新逻辑主义路线重构拓扑那么能采用的这种分割上的限制将是一个不利条件。在拓扑中新拓扑是通过把结构极限点收集加入现存结构而得到的,且这恰好是取分割的一般化。如果我们想在新逻辑主义框架内部保留拓扑那么当假设极限点或分割存在上的限制看似成问题的。这是保证进一步研究的技术问题,但它几乎没减轻我们目前的担忧。存在新逻辑主义者可能尝试猖獗的定域膨胀的另一种方式。我们能从黑尔对数量的强调得到暗示且把分割抽象限制到定量定域的一个或另一个种类。然而,把分割原则限制到最小 q—定域无济于事,如同下述结果阐明的:

定理 2(AC): 给定无穷基数 κ,存在最小 q—定域(A,$\oplus$)使得

$$|A| \leqslant \kappa \text{ 且 } |Comp(A, \oplus)| > \kappa。$$

证明:给定无穷基数 κ,令 λ 是 $\leqslant \kappa$ 的最小基数使得 $2^{\lambda} > \kappa$。令 A 是从 λ 到有理数集合 Q 的函数子集使得 $f \in A$ 当且仅当存在序数 $\gamma < \lambda$ 使得对所有序数 $\alpha \geqslant \gamma$, $f(a) = 0$。对 f, $g \in A$,令 $h = f \oplus_{\gamma}$ 当且仅当对每个 $\alpha \in \lambda$, $h(\alpha) = f(\alpha) + g(\alpha)$。容易证实的是 A 是最小 q—定域。$|A| \leqslant \kappa$ 和 $|Comp(A, \oplus)| > \kappa$ 的证明类似于定理 1 的证明。■

因此,如果我们把 GCA 限制到最小定域,它仍是普遍膨胀的。把分割抽象限制到正规或全 q—定域黑尔会更舒适由于(i)分割抽象只在稠密定域上膨胀且(ii)任意稠密正规的 q—定域包含同构于有理数的子结构且自身是同构于实数的某些子集。换句话说,限制到这些类型的定量定域是有界膨胀的,而且问题中的上界是相对低的,即 $2^{\aleph_0}$。如果我们修改定量定域的定义那么令人烦恼的膨胀会回来。把最小 q^*—定域定义为

非空收集 Q 有(i)在交换和结合的加法运算 $\oplus$ 下是封闭的且

(ii)满足强三分法由关系＜序化：对任意 $a,b\in\mathbf{Q}$,恰好 $a<b$, $a>b$ 或 $a=b$ 中的一个成立。

注意除了它明显的与黑尔对最小 q—定域最初定义的相似性,这个定义遵循黑尔的直觉

> ……在定量有序关系和其他关系间做出区分的是在定量有序关系的情况下,而不是相反,能断言处于关系中的实体以诸如复合物必须在相关序列中晚于它们的成分出现的方式被结合起来。换句话说,对于比 Φ 多的东西要成为定量有序关系,在多于 Φ 的域中必定存在类似于加法的结合运算 © 使得对于比 Φ 多的域中的任意 a,b,是 $a © b$ 比 a 多 Φ 的且是 $a © b$ 比 b 多 Φ 的。 (黑尔 2000,第 106 页)

换句话说,定量定域的两个元素的和必须大于任意一个元素。有了最小 q^*—定域的这个定义,我们得到下述结果：

定理 3(AC)：给定无穷基数 κ,存在最小 q^*—定域(A, $\oplus$)使得

$$|\mathrm{A}|\leqslant\kappa \text{ 且 } |Comp(\mathrm{A},\oplus)|>\kappa。$$

证明：给定无穷基数 κ,令 λ 是 $\leqslant\kappa$ 的最小基数使得 $2^\lambda>\kappa$。令 A 是从 λ 到正有理数集合 $\mathbf{Q}^+$ 的函数子集使得 $f\in\mathrm{A}$ 当且仅当存在序数 $\gamma<\lambda$ 使得对所有序数 $\alpha,\beta\geqslant\gamma$, $f(\alpha)=f(\beta)$。对 $f,g\in\mathrm{A}$,令 $h=f\oplus g$ 当且仅当对每个 $\alpha\in\lambda$, $h(\alpha)=f(\alpha)+g(\alpha)$。容易证实的是 A 是最小 q^*—定域。$|\mathrm{A}|\leqslant\kappa$ 和 $|Comp(\mathrm{A},\oplus)|>\kappa$ 的证明类似于定理 1 的证明。■

如果我们定义正规 q^*—定域通过在黑尔对正规 q—定域的定义中用"最小 q^*—定域"替代"最小 q—定域",且相似地定义全 q^*—定域通过用"正规 q^*—定域"取代"正规 q—定域",那么定理 3 的类似物对正规和全 q^*—定域成立。给定定理 3 证明中 q^*—定域 A 中的 f，g，h，令 q 被定义如下：

$$\text{对所有 } \alpha < \lambda, \ q(\alpha) = [f(\alpha) \times h(\alpha)] \div g(\alpha)。$$

由此推断 $q \in A$ 且 $f : g = q : h$；所以 A 是全 q^*—定域。普遍膨胀会回来。如果新逻辑主义者希望把分割抽象应用到全 q—定域但禁止取全 q^*—定域上的分割，那么两种结构间的相同相关区分需要被解释。没有一个定义看似更另一个更自然或直观作为对我们前形式量概念的阐明，且两个定义间的技术区分是精致的。新逻辑主义者可能尝试的最后一个行动以便避免盘旋在分割抽象上的问题。由于最初的把外延当作对象的弗雷格主义观念是通过使用"大"—性(Big-ness)概念经由新五挽救的，也许新逻辑主义者能把分割抽象限制到并非"大"的线序，表述像下述尺寸受限分割抽象原则(size-restricted cut abstraction principle)的某物：

$$\text{SCA：} (\forall P)(\forall Q)(\forall H)(\forall <)[\text{CUT}(P, H, <) = \text{CUT}(Q, H, <) \leftrightarrow ((< \text{ 是 H 上的线序且 P, Q 在} \{H, <\} \text{上定义分割且} (\forall x)(Hx \text{ 且 H 不是"大"的})) \rightarrow (Px \leftrightarrow Qx))]。$$

这个限制击败起初把分割当作对象的整个目标。新五＋HP 是由遗传有限集 V_ω 的可数无穷个收集满足的。在此模型上，所有非—"大"(non-Big)性质有着有限扩充。分割抽象不在有限收集上膨胀；所以 V_ω 也满足 HP＋SCA。但引入分割抽象的要点是要生成仅有不可数模型的理论。因此 SCA 在寻找新逻辑主义者的实数重构中是没有用的。

7. 追求认识论廉价性的四个举措面对的困难

这些结果对下述观念产生怀疑,即新逻辑主义者在实数的认识论"廉价"重构中能使用像分割抽象的某物。尽管 CA 不是猖獗地膨胀的,我们已看到 CA 的自然一般化如此。对新逻辑主义者的挑战是要解释 CA 如何给予受欢迎的认识论"廉价性"。在尝试回答这个问题的过程中,至少存在新逻辑主义者能做出的四个行动。我们将把对这些的辩护留给新逻辑主义者们,而且只提到每个可要面对的主要障碍。

第一个回应是咬紧牙关接受广义分割抽象原则和作为结果的猖獗膨胀。然而,如果这是新逻辑主义者采用的路径,那么他欠我们无界或普遍膨胀抽象如何能有为它们声称的优先认识论地位的描述。上述对膨胀的讨论本来已弄清楚如此的描述所面临的困难。

其次,新逻辑主义者能放弃抽象过程的概念,争论说有问题的是特殊抽象原则的可接受性。这里,新逻辑主义者会指出 CA 不是不可接受地膨胀的,也不是限制到特殊定域和序列的任意其他原则,且那么会声称仅有的相关考虑是特殊原则。在这个反应上新逻辑主义者欠我们对为什么分割抽象的特定应用是正当的解释,当成为这些应用基础的一般过程是不相关的、不合法的、不连贯的或者不管什么。

第三个选项沿着相似路线继续进行,而且面临类似的担忧。新逻辑主义者可能把分割抽象的一般化限制到特殊种类的线序,以定理 1 和它的变体被阻止的方式。换句话说,新逻辑主义者能争论说由 CA 所实例化的抽象过程比 GCA 是更受限制的。如此的行动需要伴随的是原则性理由,解释分割抽象为什么在特定线序上是可接受的而不是在其他序上,而且这些理由必须独立于关于膨胀的考虑。当我们不声称已表明对 CA 的如此辩护是不可能的,我们相信前节的结果致使它变得不可能。

最后,新逻辑主义者能接受 GCA 的每个实例,但不是同时地,凭借通向抽象的构造性路径避免成问题的膨胀。新逻辑主义者会接受分割抽象的每个实例都是真的,且许多这些实例是有界膨胀的,但把分割抽象的每个应用看作近似于一个构造由此阻止他自己突然考虑它们他能避免存在任意无界或普遍膨胀的异议。然而,这个行动似乎与现存的对新逻辑主义的辩护精神相反,在于它是反实在论的。如果数学的主题是客观的且独立于我们的研究那么是否我们个体地或共同地考虑抽象原则似乎与它们的真性或与它们的可接受性无关。

第三节　从结构主义出发对实分析的新逻辑主义处理

我们可以从两个角度去观察新逻辑主义纲领。一种角度是外部视角。这是从数学家的视角出发的。数学家们感兴趣的是决定新逻辑主义者能再捕获哪些数学结构而且他们关注新逻辑主义系统的元数学性质。另一种角度是内部视角。这是数学哲学家们的视角。他们关注在标准二阶逻辑演绎系统加抽象原则能陈述和推断各种数学原则。从内部视角来看,新逻辑主义实际上是一种认识论纲领。新逻辑主义者尝试提供什么是数学的认识基础。夏皮罗与黑尔有着相同的目标,他们都要从抽象原则出发构造实数。但他们所使用的方法有所不同。夏皮罗采用的是戴德金处理实数的方式。弗雷格的抽象是柏拉图主义的,而戴德金的抽象是亚里士多德主义的。夏皮罗使用弗雷格的抽象对戴德金的抽象进行改造。像黑尔那样,我们提出一种配对抽象原则,它的特点是一次取两个变元。

紧接着的两个抽象原则是差抽象和商抽象。从差抽象原则我们能得到整数,从商抽象原则我们能得到有理数。由于上述的抽象只能得到至多可数多个抽象物,我们需要新的抽象原则重构实数。构造实数的抽象原则是分割抽象原则。它说的是 P 的分割恒等于 Q 的分割当且仅当 P 和 Q 共享所有它们的上界。从这个原则出发,我们能得到实数构成完全有序域。这是对实分析公理的内部推导。从数学家们的外部视角来看,由于二阶分析的可公理化是范畴的,所以新逻辑主义者重构的是实数结构的实例。人们普遍认为元数学尤其模型论是与弗雷格纲领无关的。然而，新逻辑主义者能表明实数是完全有序域而且能表明任意两个完全有序域是同构的。布劳斯曾经表明休谟原则是与二阶算术等协调的。据此我们能表明休谟原则、差抽象原则、商抽象原则和分割抽象原则一起是二阶实分析等协调的。

有了这么多抽象原则，接下来我们需要考虑哪些原则是可接受的且哪些原则是不可接受的。这需要我们找出可接受抽象原则的标准。第一条标准是协调性标准。但是光有协调性是不够的，我们还需要考虑两个理论是否相容。这从而引出保守性标准。由于二阶逻辑不是完备的，我们需要区分演绎保守性标准和语义保守性标准。演绎保守性对新逻辑主义者来说是内在的。然而强理论在弱理论上不是演绎保守的，因为演绎保守性不是恰当的。语义保守性对于新逻辑主义者来说是外在的。既然两种保守性都有问题，一种解决办法就是我们要从直观的前理论层次去把握逻辑后承概念。接下来我们考虑抽象原则模型的定域。这里主要涉及定域是否膨胀的问题。我们考虑四种膨胀性质：严格非膨胀、有界膨胀、无界膨胀和普遍膨胀。

与库克的结果不同，夏皮罗的结果是第五基本定律是普遍膨胀的，休谟原则是有界膨胀的，而新第五基本定律是无界膨胀的。与无界膨胀相关的概念是无界可满足性。这里的问题是：多少膨胀是太多？库克的回答是只有严格非膨胀和有界膨胀对新逻辑主义者是可接受的。这样的答案造成的后果就是新逻辑主义者无法完成为所有数学提供给基础的目标。它只能完成部分目标，比如对算术、实分析和复分析的描述，而无法描绘新逻辑主义集合论。夏皮罗对库克的整个论证提出了诸多质疑。在分析无界膨胀抽象原则的时候，夏皮罗引用了韦尔的分散原则，它说的是两个原则每个都是无界可满足的，然而是两两不协调的。在重构实分析的过程中，我们主要得到了差抽象原则、商抽象原则和分割抽象原则。现在我们来分析这三个抽象的膨胀和可满足性。差抽象原则是普遍可满足的且不膨胀。商抽象原则在包含整数的任意定域上是可满足的。分割抽象原则在有理数上膨胀，从而是有界膨胀的。

我们要引出分割抽象家族。第一个成员当然是基于戴德金的分割抽象。把分割抽象右边的小于等于变为线序，得到第二个成员$(h, <)-(CP)$。由于它生成比 h 的元素更多的分割，因而膨胀。第三个成员是由库克表述的广义分割抽象原则 GCP。关于 GCP 有两个事实：首先，我们不知道它是否协调；其次，即使它是协调的，它大量膨胀。第二个成员考虑的是集合，我们来看考虑真类的第四个成员$(\Pi, <)-(CP)$。在二阶策梅洛弗兰克尔集合论的语境下，GCP 蕴涵$(\Pi, <)-(CP)$。关于$(\Pi, <)-(CP)$的事实有：首先，我们不知道它是否协调，然而它确实超出策梅洛弗兰克尔集合论；其次，它蕴含的结果与全局选择公理相矛盾。第五个成员与达米特的不定可扩充概念相关。如果我们把 GCP 的初始二阶变元限制到限定性质，那么我们就得到GCP－。关于 GCP－的事实有：首先，它没超出带有选择公理的策梅洛弗兰克尔集合论；其次，它在迭代概念上是可满足的。我们应该把达米特的不定可扩充性摆放在核心的位置。抽象主义数学的整体进程也印证了这一点，后来有大量数学哲学家参与到对这个问题的讨论。到目前为止的所有构造有两个缺陷：首先是没有考虑连续性问题；其次是没有考虑弗雷格约束。关于连续性问题，后面赫尔曼、夏皮罗和林内波等人从抽象主义的角度做出了考察。关于弗雷格约束，这是两条路线各自的特点造成的。黑尔的构造是基于弗雷格的并且考虑应用问题，这归功于黑尔的新逻辑主义实在论立场。而夏皮罗持一种结构主义实在论立场，很难考虑弗雷格约束。怀特曾经对这个问题做出了详尽的讨论。

1. 从内外两个视角观察新逻辑主义纲领

这个工作以持续的对算术的新逻辑主义发展（neologicist development of arithmetic）为出发点，它开始于怀特（1983）且以许多推广，

反对和对反对的回应持续下去。基本计划是以下述形式使用抽象原则发展已确立数学的分支

$$(ABS) \quad \forall a \forall b(\Sigma(a)=\Sigma(b)\equiv E(a,b)),$$

这里 a 和 b 是给定类型的变元,或者是个体对象或者是性质,Σ 是指示从给定类型项到一阶变元范围中对象的函数的高阶算子(a higher-order operator),且 E 是给定类型项上的等价关系。在下文中,我们将删除最初的全称量词。弗雷格本人使用三个抽象原则。被用作例证的它们中的一个来自几何:l_1 的方向是等同于 l_2 的方向当且仅当 l_1 是平行于 l_2 的。把这个称为抽象原则。第二个在怀特(1983)中被起名为 $N^=$ 且现在被称为休谟原则:

$$(Nx:Fx=Nx:Gx)\equiv(F\approx G),$$

这里 $F\approx G$ 是二阶陈述的缩写,即存在从 F 映射到 G 的 1—1 关系。休谟原则陈述的是 F 的数是等同于 G 的数当且仅当 F 是等数于 G 的。不像方向原则,相关变元 F,G 是二阶的。让我们把抽象原则称为逻辑的当它的右手边只包含逻辑术语和自身经由逻辑抽象引入的算子。休谟原则是逻辑的而方向原则不是。下面实分析的发展只调用逻辑抽象。弗雷格的《算术基础》包含从休谟原则推导皮亚诺公式的精要。这个演绎,现在被称为弗雷格定理,揭露休谟原则蕴含存在无穷多个自然数。人们普遍认为这是强有力的数学定理。谁本来认为能从如此简单的、明显的关于基数的真性推出如此多的东西?第三个例子是著名的第五基本定律:

$$(Ex:Fx=Ex:Gx)\equiv\forall x(Fx\equiv Gx)。$$

像休谟原则,第五基本定律是二阶的逻辑抽象,但不像休谟原则,它是不协调的(inconsistent)。新逻辑主义议程上的本质项是要清楚表达指示哪些抽象原则是合法的和哪些不是合法的原则。对现在来说,我

们只假设休谟原则是产生自然数的可接受抽象原则。我们的目的是要呈现其他逻辑抽象原则，能使用它来发展实数理论，以与休谟原则产生自然数理论相同的方式。这种处理的关键方面——这里实数术语被引入——粗略地遵循在戴德金著名的《连续性和无理数》中的发展，但我们把相关存在性原则表述为弗雷格主义抽象而非戴德金类型结构主义原则。戴德金认为自己是一个逻辑主义者，以逻辑术语给出对连续性的分析。他企图反驳连续性是成为我们时空概念基础的康德主义观点。戴德金争辩说我们不仅不用调用直觉能描绘连续性，而且我们必须如此。连续性不是直观概念，由于直觉不决定是否空间是连续的。

戴德金自己的方法调用一种相当不同种类的抽象。以当代术语，戴德金给出例示目标数学结构即算术和分析的系统然后抽象结构自身，作为一种"自由的创造"。这似乎是传统的也许亚里士多德主义过程的实例，这里人们从一个或者多个它的实例中抽象出共相。弗雷格发动对像这样的抽象程序的持续的、尖刻的攻击。存在朝向新逻辑主义寻求的两种不同视角。一个是著名数学家的定位，观察新逻辑主义计划。他感兴趣的是决定哪些数学结构是由新逻辑主义者夺回的且他询问新逻辑主义系统的元理论性质。让我们把这种称为外部视角。这个定位的显著实例是布劳斯的证明，即休谟原则与二阶算术是等协调的（equiconsistent），还有他的结果，即休谟原则在每个无穷定域上是可满足的。

从这个视角出发，数学家使用由他支配的每个工具决定是否新逻辑主义者能够重构它。外部目的是要看到新逻辑主义者已经产生什么结构。这个视角对确保新逻辑主义重构平稳与既有数学合并——例如，为避免对修正主义的不必要指控——且对评估新逻辑主义纲领的范围和界限都是重要的。这里追踪的另一个定位是新逻辑主义者自身的定位。我们专注于能在用各种抽象原则增大的标准二阶逻辑演绎系统陈述和推导数学原则。把这个称为内部视角。演绎系统可以是在弗雷格的《概念文字》中呈现的那个。就新逻辑主义的哲学议程而言,内部视角无疑是更重要的一个。

实际上,新逻辑主义是认识论纲领。新逻辑主义者尝试提供什么是,或者什么能是数学的认识基础(an epistemic foundation of mathematics)。他想知道数学家如何开始知道,或能开始知道关于抽象对象的命题。他沿途不预设任何既有数学,由于会乞求论点。弗雷格定理是内部视角的主要例子。怀特和黑尔争辩说抽象原则是或者像隐定义(implicit definitions)。人们规定某个新词汇的真值条件,而且当取得成功,我们引入概指抽象对象的项。因此弗雷格定理表明人们如何从数算子的隐定义能开始知道皮亚诺算术——假设休谟原则符合作为可接受抽象的要求。这里所使用的某些抽象原则不完全是上述的(ABS)形式由于它们用一次取两个变元操作。为举例说明,考虑引入有序对术语的原则:

$$(\text{PAIRS}) \quad \forall x \forall y \forall z \forall w (\pi(x, y) = \pi(z, w) \equiv E(x, y, z, w)),$$

这里 $E(x, y, z, w)$ 恰好是 $(x=z \& y=w)$。原则(PAIRS)不同于形式(ABS)由于它有四个约束变元而非两个,且右手边的关系 E 不是等价由于它是四位关系。然而,当一次取两个变元,E 有对应于等价关系的性质。尤其,关系是

> 自反的:$\forall x \forall y E(x, y, x, y)$,也就是 $\forall x \forall y (x=x \& y=y)$,
> 对称的:$\forall x \forall y \forall z \forall w E(x, y, z, w) \rightarrow E(z, w, x, y)$,
> 传递的:$\forall x \forall y \forall z \forall w \forall r \forall s ((E(x, y, z, w) \& E(z, w, r, s) \rightarrow E(x, y, r, s))$。

因此,(PAIRS)是作为抽象原则的同种类事物,用一次取两个变元。黑

尔(2000)在他自己对实分析的发展中使用四位抽象。原则(PAIRS)位于像方向原则的一阶抽象和像休谟原则或者第五基本定律的二阶抽象中间。像方向原则那样,(PAIRS)中的约束变元是一阶的,但像休谟原则那样,在有多于一个元素的任意有限定域上不是可满足的。由此它是一个无穷原则。如果定域有尺寸 n,那么我们会需要 n^2 个不同的有序对。在尺寸为 κ 的无穷定域上,(PAIRS)原则的可满足性是等价于作为选择公理结论的 $\kappa^2 = \kappa$。所以像休谟原则那样,如果选择公理成立,那么(PAIRS)在任意无穷定域上是可满足的。在下文中我们不直接使用但被调用的许多抽象原则确实一次取两个在对象上操作。作为一个选择项,我们能首先调用(PAIRS)然后只使用定义上对上的日常抽象。

2. 差抽象、商抽象与恺撒问题

接下来首先是要经由自然数对间差上的抽象定义整数:

$$(\text{DIF}) \quad \text{INT}(a, b) = \text{INT}(c, d) \equiv (a+d) = (b+c)。$$

我们直接有自反性,对称性和传递性的相关类似物对右手边的等式成立。紧接着我们以直接的方式定义整数上的加法:

$$\text{INT}(a, b) + \text{INT}(c, d) = \text{INT}(a+c, b+d)。$$

定义不是循环的,尽管外观如此。左手边的"+"符号表示整数上的加法而右手边的"+"符号表示自然数上的加法。直接表明的是加法是良定义的:如果 $\text{INT}(a, b) = \text{INT}(a', b')$ 且 $\text{INT}(c, d) = \text{INT}(c', d')$,那么 $\text{INT}(a+c, b+d) = \text{INT}(a'+c', b'+d')$。此外,整数上的加法是结合的且交换的。存在整数上的恒等元素,也就是,$\text{INT}(0, 0)$,且整数是阿贝尔群(an abelian group)。因此我们定义整数上的乘法:

$$\mathrm{INT}(a, b) \cdot \mathrm{INT}(c, d) = \mathrm{INT}(a \cdot c + b \cdot d, b \cdot c + a \cdot d).$$

繁琐的但直接证实的是这个函数是良定义的,乘法是结合的和交换的,且乘法在加法上分配。整数形成整环(an integral domain)。这里的要点是相关定理在二阶逻辑的典型演绎系统中是休谟原则,抽象(DIF)和其他定义的演绎结论。换句话说,数学发展只使用弗雷格主义资源能被执行,由此它对新逻辑主义纲领是内在的。唯一开放的问题在于是否抽象作为隐定义是合法的。当然,在整数中存在自然数的自然嵌入:如果 a 是自然数,那么定义 I(a),整数 a,成为 INT(a, 0)。从(DIF)中立刻推断这个嵌入是 1—1 的且是同态。我们能仅仅认为自然数等同于相应的整数吗?例如,我们能说自然数 6 恰好是整数 INT(6, 0)吗?

数学家们典型地按此方式谈话,说整数是自然数的扩充(an extension)。然而,罗素声称我们不能做出这个恒等:"整数+m 决不能够被认为等同于自然数 m⋯确实,+m 从头至尾不同于 m 如同−m 那样"(罗素 1919,64)。当然,理由是对罗素来说自然数和整数出现在类型层级(the type hierarchy)中的不同位置。在罗素的系统中说整数+m 与自然数 m 相同不仅仅是假的而且是无意义的。恒等陈述有意义仅当被应用到相同类型的项。所以不管罗素的说辞,他主张说+m不同于 m 也是无意义的。相比之下,弗雷格和新逻辑主义者把自然数和整数当作个体对象,所有都在一阶变元范围内部。在弗雷格主义和新逻辑主义框架内部,恒等关系是无限制的。所以 6=INT(6, 0)是合式的(well formed),由此或者 6=INT(6, 0)或者 6≠INT(6,0)。它是哪个?

逻辑主义和新逻辑主义的学生将把这个认作恺撒问题的实例。一般问题是挑选决定是否由抽象原则产生的对象与不由抽象原则产生的对象是相同的或者是不同的标准。这里的实例涉及决定是否一个抽象算子的值与另一个抽象算子的值是相同的或者不同的标准。话虽如此,我们提议避免这里的问题且谈到作为自然嵌入(a natural embedding)的函数 I。如果语境使它清楚,我们将有时暧昧地使用项

284

"自然数"以指向自然数和非负整数两者,且我们将使用诸如"6"这样的数字(a numeral)指称自然数 6 和整数 INT(6, 0)。我们移到有理数。这里是另一个抽象原则,给出商(quotients):

(QUOT) $Q(m, n) = Q(p, q) \equiv (n = 0 \& q = 0) \lor (n \neq 0 \& q \neq 0 \& m \cdot q = n \cdot p)$,

这里 m, n, p, q 都是整数。我们把有理数定义为商 $Q(m, n)$,这里 $n \neq 0$,也就是,$n \neq INT(0, 0)$。再次,直接得到的是自反性,对称性和传递性的相关类似物对右手边的等式成立——由于整数上的乘法结合和交换性质。因此我们定义加法和乘法:

$$Q(m, n) + Q(p, q) \equiv Q(m, n) = Q(m \cdot q + p \cdot n, n \cdot q),$$
$$Q(m, n) \cdot Q(p, q) = Q(m \cdot p, n \cdot q).$$

像往常一样,表明加法和乘法在有理数上是合式的,加法和乘法是结合的且是交换的,且乘法在加法上是分配的是直接的但是繁琐的。加法恒等是 $Q(0, 1)$ 也就是 $Q(INT(0, 0), INT(1, 0))$ 且乘法恒等是 $Q(1, 1)$。能构建的是有理数是有序域。所有这些结果是各种抽象原则和其他定义的演绎结论。也就是,到目前为止的每个事物都是内部的。再次,在有理数中存在整数的自然嵌入。如果 m 是整数,那么定义 $I(m) = Q(m, 1)$。这个嵌入是 1—1 且保留加法,乘法和序。所以整数是同构于有理数的子集。正如自然数和整数,我们躲避恺撒问题的这个版本,但我们确实有时暧昧地谈论作为"整数"的某些有理数,且我们暧昧地使用像"0"和"—1"这样的项指称表明的整数和有理数。

3. 从内外两个视角看待实分析公理

如果我们以可数本体论开始且应用在一阶变元对上操作的任意

抽象原则,那么我们将以至多可数多个抽象结束。所以我们不能使用上述技术重构实数。这里我们把戴德金的洞悉转变成经由有理数性质上等价关系的二阶抽象原则。令 P 是有理数的性质且 r 是有理数。说 r 是 P 的上界,记为 P$\leqslant r$,当对人有有理数 s,如果 Ps 那么或者 $s<r$ 或者 $s=r$。换句话说,P$\leqslant r$ 当 r 是大于或者等于 P 应用到的任意有理数。考虑分割抽象原则:

$$(CP) \quad \forall P \forall Q(C(P)=C(Q) \equiv \forall r(P\leqslant r \equiv Q\leqslant r)).$$

换句话说,P 的分割是等同于 Q 的分割当且仅当 P 和 Q 共享所有它们的上界。容易构建的是(CP)右手边的关系是等价关系。注意(CP)是逻辑抽象,由于它右手边的所有术语或者是逻辑的或者是在另一个逻辑抽象中所引入的算子,也就是(DIF),(QUOT)。定义性质 P 成为有界的当存在有理数 r 使得 P$\leqslant r$。也就是,P 是有界的当存在大于或者等于 P 应用到的每个数的有理数。定义性质 P 为实例化的(instantiated)当存在有理数 s 使得 Ps。据此我们定义实数成为分割 C(P)这里 P 是有界的且实例化的。当然,这是作为有界的、非空有理数集分割的实数通常"定义"的类似物。

作为离题的话,注意新逻辑主义者也能通过使用柯西序列而不是分割产生实分析的版本:定义"序列"成为自然数和有理数间的二元关系 R 使得对每个自然数 a 恰好存在一个有理数 r 使得 Rar。然后引入序列上的极限抽象(a limit abstraction)如下:L(R$_1$)=L(R$_2$)当且仅当对每个有理数 r,如果 $0<r$ 那么存在自然数 a 使得对每个自然数 $b>a$,和有理数 s_1, s_2,如果 R$_1bs_1$ 且 R$_2bs_2$,那么 $-r<(s_1-s_2)<r$。定义什么对如此解释的序列成为柯西是直接的。因此我们的新逻辑主义者能定义"实数"成为"柯西序列的极限"。

回到戴德金,如果 C(P)和 C(Q)是实数,那么定义 C(P)<C(Q)当 C(P)$\neq$C(Q)且对每个有理数 r,如果 Q$\leqslant r$ 那么 P$\leqslant r$。证实

这是良定义的是直接的：如果 C(P)＝C(P′)，C(Q)＝C(Q′)，且 C(P)＜C(Q)那么 C(P)＜C(P′)。根据排中律，我们看到这个关系是实数上的线序。从概括模式的实例出发，存在性质大零 ZERO 对有理数 r 成立当且仅当 $r＜0$。把实数 C(P)定义为小零 zero 当 C(P)＝C(ZERO)。只存在一个如此的实数。把实数 C(P)定义为正的当存在有理数 $r＞0$ 使得 Pr，由此 C(ZERO)＜C(P)。把实数 C(P)定义为负的当存在有理数 r 使得 $r＜0$ 使得 P$\leqslant r$。

直接的是对每个实数 C(P)恰好下述的一个成立：C(P)是正的，C(P)是负的，或者 C(P)是小零 zero。如果 P 和 Q 是有理数的性质，那么定义 P＋Q 成为对有理数 r 成立的性质恰好假使 r 是小于对其 P 成立的有理数和对其 Q 成立的有理数的和：$(P＋Q)r \equiv \exists x \exists y (Px \& r＜x＋y)$。P＋Q 的存在性从二阶语言概括模式的实例中推断。如果 C(P)和 C(Q)是实数，那么 C(P＋Q)也是实数。我们定义实数上的加法：

$$C(P)＋C(Q)＝C(P＋Q)。$$

加法是良定义的，且 C(ZERO)是加法恒等。如果 P 是有理数性质，那么令－P 是对有理数 r 成立的性质 P$\leqslant-r$。也就是－Pr 当且仅当 $-r$ 是 P 的上界。注意如果 C(P)＝C(P′)那么－P 与－P′是共延的。如果 P$\leqslant r$ 那么－P($-r$)。所以如果 P 是有界的那么－P 是实例化的。假设 Ps。那么对任意有理数 r，如果－Pr 那么 P$\leqslant-r$。所以或者 $s＝-r$ 或者 $s＜-r$。所以或者 $r＝-s$ 或者 $r＜-s$。所以－P$\leqslant-s$。因此，如果 P 是实例化的，那么－P 是有界的。因此，如果 C(P)是实数那么 C(－P)也是实数。

我们现在表明如果 C(P)是实数，那么 C(－P)是它的加法逆（additive inverse）。如果$(P＋-P)r$ 那么存在有理数 s_1，s_2 使得 Ps_1，－Ps_2 且 $r＜s_1＋s_2$。所以 P$\leqslant-s_2$。所以或者 $s_1＝-s_2$ 或者 $s_1＜-s_2$。所以或者 $s_1＋-s_2＝0$ 或者 $s_1＋-s_2＜0$。因此 $r＜0$。对于逆

命题,假设 $r<0$。那么 $0<-r$。挑选有理数 s_1 和 s_2 使得 Ps_1,$P\leqslant s_2$,且 $s_2-s_1<-r$。我们有 $-P-(s_2)$ 且 $r<s_1+(-s_2)$。所以 $(P+-P)r$。因此,$(P+-P)r$ 当且仅当 $r<0$。所以 $C(P+-P)$ 是 $C(ZERO)$。因此,实数是加法下的阿贝尔群。议程上的下一项是实数上的乘法。我们担心事情变得更繁琐,大部分因为我们正在处理正有理数和负有理数乘积的序。戴德金自己给出实数加法的合理严格描述然后补充道:

> 正如加法是被定义的,所以所谓的初等算术的其他运算能被定义,即差、乘、商、幂、根、对数的形成,且以此方式我们到达定理的真正证明……其据我所知以前从未被构建。在更复杂运算的顶一下要被担心的过多长度部分是内在于主体的性质但多半能被避免。(戴德金《连续性和无理数》,§6)

然而,戴德金几乎不提供关于如何避免"过多长度"的任意细节,除了关于连续性的一些评论。如果 P 和 Q 是有理数的性质,那么定义 $P\cdot Q$ 成为对有理数 r 成立的性质当且仅当

$$\exists s\,\exists t(Ps\,\&\,Qt\,\&\,0<s\,\&\,0<t\,\&\,r<s\cdot t)\vee\exists s\,\exists t(P\leqslant s\,\&\,Q\leqslant t\,\&\,(s<0\vee s=0)\,\&\,(t<0\vee t=0)\,\&\,r<s\cdot t)\vee P\leqslant 0\,\&\,\exists t(Qt\,\&\,0<t)\,\&\,\forall u\,\forall v(P\leqslant u\,\&\,Qv\,\&\,(u<0\vee u=0)\,\&\,0<v)\rightarrow r<u\cdot v))\vee Q\leqslant 0\,\&\,\exists t(Pt\,\&\,0<t)\,\&\,\forall u\,\forall v((Q\leqslant u\,\&\,Pv\,\&\,(u<0\vee u=0)\,\&\,0<v)\rightarrow r<u\cdot v)).$$

第一个析取支是对 $C(P)$ 和 $C(Q)$ 都是正的情况;第二个析取支是对既非 $C(P)$ 也非 $C(Q)$ 是正的情况;第三个析取支是对 $C(P)$ 不是正的而 $C(Q)$ 是正的情况;且最后一个析取支是对 $C(P)$ 是正的而 $C(Q)$ 不是正的情况。使用经典逻辑,证实乘法是良定义的且是实数上的函数是

288

繁琐的但是直接的。定义对有理数 r 成立的大一 ONE 当且仅当 $r<$ 1。直接证实的是对任意实数 C(P)，C(P)·C(ONE)＝C(P)，由此 C(ONE) 是乘法单位(the multiplicative identity)。如果 P 是有理数性质，那么令 P^{-1} 是对有理数 r 成立的性质当且仅当

$$\exists s\exists t(Ps\&0<s\&P\leqslant t\&t\cdot u=1\&r<u)\vee\exists t\exists u(P\leqslant t\&t<0\&t\cdot u=1\&r<u)。$$

注意如果 P 是有界的且由正有理数实例化，那么根据第一个析取支，P^{-1} 是实例化的。此外，如果 Ps 且 $0<s$，那么 P^{-1} 是由 s^{-1} 有界的。相似地，如果 P 是以负有理数有界的，那么根据第二个析取支 P^{-1} 是实例化的。也在此情况下，如果 Ps，那么 P^{-1} 是由 s^{-1} 有界的。所以如果 C(P) 是不同于零的实数，那么 P^{-1} 是实例化的且有界的，由此 C(P^{-1}) 是实数。直接证实的是如果 C(P) 是不同于零的实数，那么 C(P)·C(P^{-1})＝C(ONE)。所以实数是一个域。由于正实数在加法和乘法下是封闭的，实数是一个有序域。我们有内在于新逻辑主义框架的所有这些。把有理数嵌入实数是直接的。如果 r 是有理数，那么令 P_r 是对有理数 q 成立的性质当且仅当 $q<r$。清楚地，P_r 是实例化的且有界的。

令 I(r) 是相应的 C(P_r)。注意 I(0)＝C(ZERO) 且 I(1)＝C(ONE)。这个嵌入 I 是 1—1 且保持加法，乘法和"小于"关系。因此有理数是同构于实数的子集。再次，我们既非断言也非否定 I 是恒等映射，但我们仍把某些实数认作"有理数"，注意可能的歧义性，且我们将歧义性地令诸如".5"这样的项指称所指明的有理数和相应的实数。2 的平方根是无理数的通常证明能在所指明的新逻辑主义演绎系统中能被执行。令 Q 是对有理数 q 成立的性质恰好假使存在有理数 r 使得 $r\cdot r<2$ 且 $q<r$。那么 Q 是实例化的且有界的，然后不存在有理数 s 使得 C(Q)＝C(P_s)。对实数的剩余公理是完全性原则(the com-

pleteness principle),陈述的是如果实数的非空集合 S 是上有界的 (bounded from above),那么 S 有最小上界。它有作为二阶语句的直接表述：

$$\forall X\{(\exists y Xy \,\&\, \exists x \forall y (Xy \rightarrow (y<x \vee y=x))) \rightarrow \exists x[\forall y$$
$$(Xy \rightarrow (y<x \vee y=x)) \,\&\, \forall z (\forall y (Xy \rightarrow (y<z \vee y=z)) \rightarrow$$
$$(x<z \vee x=z))]\}\,.$$

这里二阶变元 X 管辖实数的所有性质或者集合。标准推理构建的是完全性原则对这里所呈现的实数成立。我们用一些细节呈现这个论证以便表明完全性原则在典型二阶演绎系统中从上述抽象原则和其他定义是可推导的。也就是，完全性原则是内在地可推导的。非形式地继续进行，令 Π 是实数的性质或者集合且假设 Π 是非空的且上有界的。也就是，存在实数 C(A) 使得 Π(C(A)) 且存在实数 C(B) 使得对任意实数 C(P)，如果 Π(C(P)) 那么或者 C(P)＝C(B) 或者 C(P)＜C(B)。我们需要表明 Π 有最小上界。定义对给定有理数 r 成立的性质 Q 当且仅当存在实数 C(P) 使得 Π(C(P)) 且 Pr。也就是，Qr 成立当且仅当 r 实例化对其 Π 成立的实数。

我们首先表明 C(Q) 是实数，也就是，Q 是实例化的且有界的。我们有 Π(C(P))。由于 C(A) 是实数，存在有理数 q 使得 Aq。因此 Qq 由此 Q 是实例化的。由于 C(B) 是实数，B 是有界的。令 B≤s。假设 Qq。那么存在实数 C(P) 使得 Π(C(P)) 且 Pq。由于 C(B) 对 Π 是上界，或者 C(P)＝C(B) 或者 C(P)＜C(B)。所以我们有或者 $q<s$ 或者 $q=s$。所以 Q≤s 且 Q 是有界的。因此，C(Q) 是实数。接下来我们表明 C(Q) 对 Π 是上界。假设 Π(C(P))。对任意有理数 r，如果 Pr 那么 Qr；所以 Q 的每个上界也是 P 的上界。因此，或者 C(P)＝C(Q) 或者 C(P)＜C(Q)。最后，我们表明 Q 对 Π 是最小上界。所以假设 C(S) 对 Π 是上界。且假设 S≤t。我们必须表明 Q≤t。假设 Qr。那么存在

实数 C(P)使得 Π(C(P))且 Pr。由于 C(S)对 Π 是上界，我们有 C(P)是小于或者等于 C(S)。所以 P≤t，由此 r 是小于或者等于 t。所以我们有 Q≤t。因此，或者 C(Q)＝C(S)或者 C(Q)＜C(S)。

回顾二阶分析的可公理化性是范畴性的。因此，从经典数学家的外部视角看，新逻辑主义者已重构熟悉的实数结构的实例。如同这里所呈现的那样，实数是同构于连续统，如同传统上理解的，且尤其，存在不可数多个实数。我们假定这是新逻辑主义纲领当前版本的受欢迎的证实。然而，最后一点的信息，有关实数的尺寸和结构，来自"外部"。它依赖实数是不可数的集合论定理即康托尔定理且它依赖出名的事实即所有完全的有序域是同构的。如同上述注意到的那样，新逻辑主义者试图捕获尽可能多的传动数学，可以说是来自"内部"。所以新逻辑主义者不想依赖外部的集合论元理论（set-theoretical metatheory）以便构建这个声称。

但至少外部地，我们知道新逻辑主义者曾击中同构于结构的目标——当然，假设所有已调用的抽象原则是可接受的。幸运地，相关的基数能被内部地构建。在由抽象算子增大的纯粹二阶语言内部，人们能表述新逻辑主义者的实数是不可数的这个陈述，且人们在典型演绎系统中能推导这个陈述：首先，把二元关系 R 定义成为实数—计数器（a real-counter）当对每个自然数 n 恰好存在一个实数 C(P)使得 RnC(P)。也就是，R 是实数—计数器当它构建从自然数到实数的函数。实数是不可数的当且仅当在它的"范围"内不存在有每个实数的实数—计数器。对角线论证构建下述结果。

定理 3.1 在二阶逻辑标准演绎系统中，人们能从已指明抽象原则和显定义中演绎下述：对每个实数—计数器 R，存在实数 C(Q)使得对每个自然数 n，情况并非 RnC(Q)。

草证：下述是在典型二阶演绎系统内部推导的梗概。它是对角线论证的重制。假设 R 是实数—计数器。为固定记法，对每个自然数 n，令 $C(P_n)$ 是唯一的实数使得 $RnC(P_n)$。所以由 R"计数"的实数是 $C(P_0)$，$C(P_1)$，…我们现在定义自然数和有理数间的关系 S。关系 S 要成为函数，在下述意义上，即对每个自然数 n，恰好存在一个有理数 r 使得 Snr。所以我们把 Snr 记为 $S(n)=r$。我们能以递归继续进行，由于戴德金的和弗雷格的在二阶语言中把根据递归定义（definition by recursion）转化成显定义的技术，使用概括模式的实例。如果 $P_0 \leqslant 1$ 那么令 $S(0)=2$；否则令 $S(0)=0$。如果 $P_1 \leqslant (S(0)+.1)$ 那么令 $S(1)=S(0)+.2$；否则令 $S(1)=S(0)$。如果 $P_2 \leqslant (S(1)+.01)$ 那么令 $S(2)=S(1)+.02$；否则令 $S(2)=S(1)$。一般而言，假设 $S(n)$ 是已被定义的。如果 $P_{n+1} \leqslant (S(n)+10^{-(n+1)})$ 那么令 $S(n+1)=S(n)+2 \cdot 10^{-(n+1)})$；否则令 $S(n+1)=S(n)$。

现在把 Q 定义为对有理数 r 成立的性质当且仅当存在自然数 n 使得 $S(n)=r$。清楚地 Q 是实例化的由于或者 Q0 或者 Q2。人们能通过归纳表明对每个自然数 n，$S(n)<4-10^{-n}$。更不细说，对每个自然数 n，$S(n)<4$，由此 Q 是有界的。因此，$C(Q)$ 是实数。所有剩下的是要表明 $C(Q)$ 不在 R 的"范围"中。这相当于表明对每个自然数 n，$C(Q) \neq C(P_n)$。我们根据归纳继续进行。回顾如果 $P_0 \leqslant 1$ 那么 $S(0)=2$。在此情况下，我们有 Q2，由此情况并不是 $Q \leqslant 1$ 由此 $C(Q) \neq C(P_0)$。如果情况不是 $P_0 \leqslant 1$ 那么 $S(0)=0$。

在此情况下，我们通过归纳表明对每个自然数 n，如果 $1<n$ 那么 $S(n)<.5-10^{-n}$。所以 $Q \leqslant .5$ 由此 $Q \leqslant 1$。因此 $C(Q) \neq C(P_0)$。归纳步骤是类似的。如果 $P_{n+1} \leqslant (S(n)+10^{-(n+1)})$ 那么 $S(n+1)=S(n)+2 \cdot 10^{-(n+1)}$。在此情况下我们有 $Q(S(n)+2 \cdot 10^{-(n+1)})$ 由此情况不是 $Q \leqslant (S(n)+10^{-(n+1)})$，且 $C(Q) \neq C(P_{n+1})$。如果情况不是 $P_{n+1} \leqslant (S(n)+10^{-(n+1)})$ 那么 $S(n+1)=S(n)$。那么如同上述我们通过归纳表明对所有 m，$S(m)<(S(n)+10^{-(n+1)})$。所以 $Q \leqslant (S(n)+10^{-(n+1)})$，因此 $C(Q) \neq C(P_{n+1})$。■

292

上述结果是康托尔定理的内在版本。它表明分割原则(CP)已加大本体论的尺寸。以有理数的可数无穷定域开始,它产生不可数多个分割。如果新逻辑主义者扩张到三阶语言,那么他能内在地陈述和证明实数与自然数的性质是"等数的"。也就是,在共延性下人们能表明从实数到自然数性质等价类上的"1—1"关系。这对应于下述集合论定理,即存在与自然数集一样多的实数。人们普遍同意模型论以及一般意义上的元数学与弗雷格纲领无关。然而,弗雷格能够使用他的逻辑系统以概括足够类似元理论的某物。具备特有的严格性,弗雷格预料现在归于拉姆塞的技术:人们用第二层概念的显定义,也就是,关系上的关系取代公理化。

我们在这里能做同样的事情。在新逻辑主义的语言中,我们能表述对应于下述陈述的三阶公式,即给定的性质、对象、函数和关系序列是完全有序域,也就是,实分析的模型。新逻辑主义者能证明上述已定义的实数连同给定的函数和关系满足这个公式。此外,新逻辑主义者能证明满足这个公式的任意两个序列是同构的。也就是,新逻辑主义者能内在地表明实数是完全有序域,且他能表明任意两个完全有序域是同构的。这就完成了内在发展。上述我们注意到布劳斯表明休谟原则与二阶算术是等协调的。能使用类似的技术构建休谟原则,(DIF),(QUOT)和(CP)一起与二阶实分析是等协调的。这个定理对新逻辑主义框架自身是"外在的"在于这个结构是在作为背景的集合论中被证明的。

不像上述范畴性结构,必备的作为背景的模型论在新逻辑主义框架中尚未完全被重新捕获。症结是布劳斯的休谟原则在任意无穷定域上是可满足的结果。在它的完全一般性中,这个结果使用选择公理,尤其任意集合是与阿列夫序列(aleph-series)中的基数等数的。结果是这个对选择公理的使用是必要的由于它们是策梅洛—弗兰克尔集合论的模型,在其休谟原则在连续统上不是可满足的。然而,为捕获实分析,新逻辑主义者不需要调用休谟原则的全部力量,由于用来发展实分析的仅有"基数"是自然数。所以为了发展实分析的目的,新逻辑主义者可以用休谟原则的受限版本勉强对付过去。涉及协调性和选择公理的问题是相当精细的,且我们不试探性地提出关于是否等协调性能被内在地被陈述和被证明的猜想。

4. 从内外两个角度理解保守性标准

一个重要的、未解决的哲学问题涉及上述调用的(CP)和其他抽象原则哪个是可接受的新逻辑主义原则。悲惨的第五基本定律的例子提醒我们并非每个抽象原则能充当数学理论的认识基础。新逻辑主义者必须清楚表达且辩护把合法抽象原则从它们的句法相似假冒者中区分出来的标准。对这个"良莠不齐"异议(bad company objection)的回应仍是议程上的正在进行的计划。这里我们测试(CP)和相关的抽象原则,反对文献中提出的某些观念,且我们建议根据目前框架精化这些标准。第五基本定律和休谟原则间的一个显眼差异在于后者是协调的而前者不是协调的。协调性无疑对抽象原则成为可接受的是必然的但它不是充分的。布劳斯强调存在没有无穷模型的协调性抽象原则。如此的一个是公害原则(the nuisance principle),呈现在怀特(1997)中,其在任意有限定域而非任意无穷定域上是可满足的。如果我们假设休谟原则是可接受抽象,那么公害原则不是可接受的。当然,如果公害原则不是可接受的,那么休谟原则是可接受的抽象。公害原则在任意包括自然数的定域上不能是满足的。休谟原则不能在任意满足公害原则的定域上是满足的。

一个自然的建议在于合法的抽象原则应该是被加入新东西的任意理论的保守扩充(a conservative extension)。形式地,令 A 是抽象原则且令 T 是它的语言不包含由 A 所引入算子的理论。那么 A 在 T 上是保守的当对 T 的语言中的任意语句 Φ,Φ 是 T+A 的后承仅当 Φ 单单是 T 的后承。也就是,把 A 添加到理论 T 若不已经是旧理论的后承则在旧语言中没有任何后承。假设 A 在每个基础理论上是保守

的且假设 Φ 不包含非逻辑术语。那么 Φ 是 A 的后承仅当 Φ 是逻辑地真的。尽管这对把自己称为逻辑主义者的观点是一个好特征,然而这个要求太强,如果新逻辑主义要有任何成功的机会。令 INF 是没有非逻辑术语的二阶陈述,蕴含着论域是戴德金无穷的。令 T 是不蕴含论域是戴德金无穷的任意理论。那么休谟原则蕴含 INF 但根据假设,T 自身不蕴含它。所以休谟原则不是任意协调性的并非已经蕴含无穷多个对象存在性的理论保守扩充。

怀特指出这种对保守性的破坏仅仅是由于自然数的存在性且与基础理论 T 的本体论中的项无关。因此他提议对保守性要求(the conservativeness requirement)进行修正:可接受抽象原则 A 不应该有任意不同于从由 A 产生的抽象对象存在性中推断出的东西的后承。也就是,合法的抽象原则应该没有新的涉及已经处于基础理论本体论中任意对象的后承。当然,第五基本定律破坏这个保守性要求。如果 T 是协调的,那么它加上第五基本定律有关于 T 本体论的不单单从 T 推断出来的大量后承。尽管它是协调的,公害原则也破坏这个要求。回顾这个特别的抽象在任意无穷定域中不是可满足的。假设我们把公害原则添加到关于摇滚明星的协调性理论。在已结合的理论中,我们推断只存在有限多个摇滚明星。所以不像休谟原则,公害原则有关于基础理论本体论的后承。也许足够可行的是只存在有限多个摇滚明星,但这本来可能不是我们先前关于摇滚明星理论的后承。调用抽象原则应该不自行告诉人们存在多少个摇滚明星。

令 κ 是基数。似乎合法的抽象原则应该不蕴含至多存在 κ 多个事物除非先前的理论已经蕴含这个对处于本体论中的对象。怀特提供已修正保守性要求严格表述的第一个逼近。假设 A 是抽象原则且令 Sx 是对新引入项"指称物为真"的谓词。在休谟原则的情况下,Sx 陈述 x 是基数,也就是,$\exists F(x = Ny : Fy))$。如果 Φ 是基础理论语言中的语句,那么令 Φ^{Σ} 是把 Φ 中的量词限制到 ¬S 的结果。所以在休谟原则的情况下,Φ^{Σ} 陈述 Φ 对非数(nonnumber)成立。令 T 是任意理论。保守性要求是对 T 的语言中的任意语句 Φ，A＋T 蕴含 Φ^Σ 仅当 T 蕴含 Φ。换句话说，如果已结合理论蕴含某些关于非抽象物（nonabtract）的事物，那么这必定单单是基础理论的后承。这个表述不是完全正确的，处于两个理由。

首先，令 Φ 是语句"托尼·布莱尔比乔治·布什更聪明"。由于 Φ 没有量词，Φ^Σ 恰好是 Φ。令 U 是有单个公理的理论："如果论域是戴德金无穷，那么布莱尔比布什更聪明"：$\{(INF \to \Phi)\}$。那么 U 加上休谟原则蕴涵 Φ^Σ。然而，U 自身不蕴含 Φ。所以休谟原则不满足保守性要求目前表达的字面意义。到底哪里出了错误？这个要求背后的直观观念是抽象原则应该没有有关"旧"对象的后承，这个项不由这个抽象原则产生且不处于基础理论一阶变元的范围中。但如同基础理论 U 被表述的，它的量词不被限制到非抽象物。这就建议这个要求的下述表述，如同下一个逼近：对 T 的语言中的任意语句 Φ，T^Σ 加抽象原则蕴含 Φ^Σ 仅当 T 蕴含 Φ。这处理的是上述的反例。回顾理论是"如果论域是戴德金无穷，那么布莱尔比布什更聪明"。所以 T^Σ 是"如果非抽象物是戴德金无穷，那么布莱尔比布什更聪明"。休谟原则没有关于这个命题的不良后承。保守性要求需要更多一点的调整。像怀特的保守性原初表述那样，这个最后的、校正的表述最有意义当 T 是关于具体对象的理论。

假设没有抽象对象是具体的，我们能确定基础理论 T 的量词的预期范围中没有项包括由抽象原则 A 所产生的对象。所以在此情况下，把基础理论的量词限制到非抽象物是恰当的，由于基础理论仅仅是关于非抽象物的。但这不是最一般的情况。例如，在上述处理中，我们引入已经是关于抽象对象的理论上的（DIF），（QUOT）和（CP）——分别是自然数、整数和有理数。在每个情况下，基础理论的量词管辖抽象对象。回顾我们未决定是否某些被引入的抽象物已经处于基础理论量词的范围中。例如，我们未决定是否实数 2 等同于或者区别于有理数 2，整数 2，和自然数 2。依赖恺撒问题的这些实例如何被解决，把基础理论的量词限制到并非由问题中抽象原则所引入的项可能不是正确的,因为这些项中的某些可能已经处于基础理论量词的范围内。

相反,当人们把抽象原则 A 添加到基础理论 T,他应该把 T 的量词限制到它以前有的不管什么范围,未决定是否在这个范围和由 A 所产生的抽象物间存在任意重叠。形式地,令 O 是并非处于抽象原则 A 或者基础理论 T 的语言中的一元谓词。直观地,O 的外延是要成为基础理论量词的预期范围——它的变元被假设要管辖的对象类。如果 Φ 是公式,那么令 Φ^O 是把 Φ 中的量词限制到 O 的结果。我们最后对保守性的表述如下:对 T 的语言中的任意语句 Φ,$T^O + A$ 蕴含 Φ^O 仅当 T 蕴含 Φ。由于 O 是新谓词,不存在它的外延上的形式约束。所以如果 $T^O + A$ 蕴含 Φ^O 那么它正是如此不管恺撒问题是如何被解决的。如果新逻辑主义者有恺撒问题的一般解,我们能进一步轻微调整这个要求以致 O 的外延是基础理论 T 的确切本体论,根据恺撒问题的最终解决。出于当前目的将作出更强的一般要求。我们没完成对保守性要求的清楚表达。仍存在关于逻辑后承如何在这个语境中被理解的有趣的和重要的问题。首先存在一条演绎路径。说抽象原则 A 在基础理论 T 上是演绎保守的当

对 T 的语言中的任意语句 Φ,如果 T^O 能从 $T^O + A$ 中被演绎,那么 Φ 能单单从 T 中被演绎。

不幸的是,根据二阶逻辑标准演绎系统,相关结果对该保守性概念不是即将来临的。

定理 4.1 分割原则在它自己的由休谟原则连同(DIF)、(QUOT)和显性定域构成的基理论上不是演绎保守的。

297

草证:回顾弗雷格定理是从休谟原则加显定义出发对二阶皮亚诺算术公理的推导。令 G 是二阶 PA 的标准哥德尔语句,使得 G 对自然数是真的,但 G 不能从二阶皮亚诺算术中推导出来。布劳斯的论证表明休谟原则加显定义在二阶皮亚诺算术上是保守的。所以 G 不能从休谟原则中推导出来。用来引入整数和有理数的抽象原则(DIF)和(QUOT)在休谟原则上是保守的,由于人们能在自然数中用配对函数定义这些结构的模型。所以 G 不能从(CP)的基理论出发推导出来。然而,上述我们看到(CP)蕴含二阶实分析公理。后者是等价于三阶皮亚诺算术的,而且在二阶皮亚诺算术上不是演绎保守的。尤其从(CP)出发人们能定义二阶皮亚诺算术的真谓词且为该理论证明哥德尔语句 G^o。∎

我们主张如果新逻辑主义要有任何成功机会,那么演绎保守性是错误要求。不管这里的纲领或者黑尔的纲领能否成功,在某一时刻新逻辑主义者将要尝试从抽象原则引入实数且从抽象原则推导二阶实分析公理。因此作为结果的理论无法在休谟原则上是演绎保守的。一般而言,强理论在弱理论上不是演绎保守的。如果新逻辑主义者想要发展与经典实分析一样强的理论,那么他必定避开演绎保守性。在数学中通过把数学结构嵌入更丰富数学结构对学习更多关于数学结构是共同的。在手头的情况中,指向新抽象物也就是实数允许我们定义不能在算术语言中被定义的自然数集或者性质。把归纳原则应用到这些性质产生新定理。然而我们坚持存在关于保守性的某个正确的事物。对新逻辑主义者一个选项是要表述更精致的把概括实例限制到在推导中被使用的演绎概念。例如,他可能强调已结合理论的所有直谓后承从最初理论中是可证明的。然而,除了看上去是特制的,这种拉卡托斯主义怪物阻拦茫无头绪。解决方案是要使用逻辑后承概念,据其 $T^o + A$ 的新定理仍是由基理论 T 所蕴含的。由于二阶逻辑不是完备的,模型论后承不匹配演绎后承。说抽象原则 A 在基理论 T 上是模型论保守的当:

在 T 的语言中对任意语句 Φ,如果 $Φ^O$ 在 T^O+A 的每个模型中是真的,那么 Φ 在 T 的每个模型中是真的。

假设 A 在基础理论 T 上是模型论保守的但不是演绎保守的。那么通过添加抽象原则,我们能在 T 的语言中推出新的理论,但这些定理事实上单单是 T 的逻辑后承。人们可能争论说抽象原则 A 允许我们看到这些新定理事实上单单是 T 的逻辑后承。存在对这个事情有影响的有趣模型论性质。令 P 是抽象 A 和基础理论 T 的结合语言的解释,且令 d 是在 T 的函数下封闭的 P 的定域的子集。把 P 的 d—限制定义为定域为 d 的解释,在其 T 的非逻辑术语的扩充是 P 中它们扩充的限制。令 M 是基础理论 T 的解释。

说 P 是 M 的扩充,记为 M≤P,当存在 P 的定域的子集 d 使得 M 是同构于 P 的 d—限制。换句话说,P 是 M 的扩充当 M 是同构于 P 的子模型。把抽象原则 A 定义为与基础理论 T 一致相容的当对 T 的每个模型 M 存在 A 的模型 P 使得 M≤P。一致相容性是已提议抽象原则享有的好特征:如果 A 与 T 是一致相容的那么 T 的每个模型能被扩充到抽象 A 的模型,通过把元素添加到论域(the domain discourse)。当然,新元素是抽象物,或者抽象物的某些,取决于恺撒问题如何被解决。这似乎是新逻辑主义纲领背后的主要观念。一致相容性对模型论保守性是充分的。

定理 4.2 如果 A 与 T 是一致相容的那么 A 在 T 上是模型论保守的。

证明:假设语句 Φ 在 T 的某个模型 M 中是假的。令 P 是 A 的模型使得 M≤P。那么 M 是同构于 P 的子模型。令 O 的扩充是这个子模型的定域。所以 P 满足 T^O+A。由于 Φ 在 M 中是假的,那么 $Φ^O$ 在 P 中是假的。■

想要的结果现在即将来临,有时出于相当平凡和无启发性的理由。

定理 4.3　休谟原则与任意理论 T 是一致相容的,由此在 T 上是模型论保守的。

证明: 令 M 是 T 的模型。首先假设 M 的定域是有限的。令 P 的定域由 M 的定域连同自然数和一个附加的集合 $\aleph_0$ 组成。把 P 中 T 的非逻辑术语解释为如同它在 M 中那样。对 P 的定域的每个子集 F,定义 $Nx : Fx$ 成为 F 的基数。直接证实的是 P 使得休谟原则在这个解释下为真,且 M≤P。现在假设 M 的定域是无穷的。那么根据布劳斯(1987)中注意到的众所周知的结果,在 P 上解释 $Nx : Fx$ 算子以使得休谟原则为真是可能的。所以 M≤P,即使没有增加新元素。因此,休谟原则与 T 是一致相容的。■

定理 4.4　(DIF)与二阶皮亚诺算术是一致相容的,由此在其上是模型论保守的。(QUOT)与二阶整数理论是一致相容的,由此在其上是模型论保守的。(CP)与二阶有理分析是一致相容的,由此在其上是模型论保守的。

证明: 皮亚诺算术、整数和有理数的二阶理论全都是范畴的。每个理论只有一个模型,直到同构。前述处理表明如何把每个理论的标准模型扩充到相关抽象原则的模型。■

模型论保守性(model-theoretic conservativeness)不像它看上去的那样有启发性。由于二阶皮亚诺算术是范畴的,它是语义完全的(semantically complete)。对皮亚诺算术语言中的任意语句 Φ,或者 Φ 是公理的模型论后承或者 ¬Φ 是公理的模型论后承。因此,每个算术真性已经是这个理论的模型论后承。所以抽象原则能产生"新"算术后承的唯一方式对它而言会是没有包含二阶皮亚诺算术模型的模型。也就是，A 无法成为二阶皮亚诺算术上模型论保守的唯一方式对 A 而言没有任何的戴德金无穷模型，在这种情况下它与算术是不相容的。一般而言，令 T 是语义完全的基础理论。那么已提议抽象原则 A 无法与 T 模型论地相容的唯一方式对 $T^o + A$ 而言没有模型。相似地，令 T 是范畴的。那么已提议抽象 A 无法与 T 一致相容的唯一方式是无法成为 $T^o + A$ 的模型以致 A 事实上与 T 是逻辑不相容的（logically incompatible）。

因此，对语义完全基础理论，模型论保守性不是有辨别能力的要求；且对范畴性基础理论，一致相容性不是有辨别能力的。它恰好达到联合可满足性（joint satisfiability）。就它们而言，模型论保守性和一致相容性直接指向各种理论的模型由此预设相当实质的集合论，给定语言是高阶的。如果新逻辑主义者设法重构足够强集合论，他能内在地表述约束且从这个要点向前调用它们。然后这些约束可能充当用来发展集合论的原则上的时候核对和看上去沿路的其他数学理论。然而，目前我们以外在视角采用模型论保守性和一致相容性。我们使用可用的不管什么技术研究它们。它们充当对直观的新逻辑主义强加于抽象原则的约束的来自数学家阐明。到目前总结起来，保守性的演绎表达对新逻辑主义者是内在可用的但不适当由于强有力的目标理论比如实分析在相对弱的基础理论比如算术上不是演绎保守的。模型论表达是外在的。所以新逻辑主义者自身应该如何内在地理解保守性要求？对新逻辑主义者来说一个选项会是简单地把逻辑后承留在直观的、前理论层次。说结论 Φ 是由前提集 Γ 所蕴含就是说 Γ 的元素为真且 Φ 为假不是可能的，或者 Φ 是隐含在 Γ 的元素中。

诚然，保守性的这个"表达"使得新逻辑主义者更难证明已提议抽象原则是可接受的。但新逻辑主义者不是没有资源。对 Φ 要被 Γ 蕴含，必要但不充分的是对 Φ 在 Γ 的所有集合论模型中成为真的；且充分但不必要的是 Φ 从 Γ 中是可演绎的。如果已提议抽象事实上在相关基础理论或者诸理论上模型论保守的,新逻辑主义者可能把它认作可行假设,即抽象原则在适当的直观意义上是保守的。他可能采用这个原则是可接受的态度直到表明相反的理由,把证明负担转移到希望挑战这个原则的某人。新逻辑主义者余下的责任是要处理任意对演绎保守性的破坏,也许在就事论事的基础上。例如,假设新逻辑主义者设想分割原则(CP)在皮亚诺算术上保守的,在"保守性"的相关直观意义上。由此推断二阶皮亚诺算术标准哥德尔语句 G 是基础理论二阶皮亚诺算术的后承。新逻辑主义者必然会辩护这个结论且争论说哥德尔语句事实上在最初理论中是隐含的,尽管不从它里面演绎出来。

5. 从内外两个视角分析定域膨胀

布劳斯重申至少从康德(《纯粹理性批判》,B622—623)以来普遍认为的观点,即在分析真性邻域内没有任何事物有本体论推论:

> 逻辑实证主义者的核心信条在于数学真性是分析的。实证主义亡于1960年且更传统的观点从那时起占据主导地位,即分析真性不能蕴含或者特殊对象的存在性或者太多对象的存在性。

问题中的普遍认为的观念是人们不能单单从意义或者概念分析中获悉什么对象存在。接受数学对象存在性的任意逻辑主义风格的描述必须拒绝,或者至少削弱这个观点。新逻辑主义者声称数学对象的存在性由抽象原则和逻辑真性推断。他可能避开可接受抽象原则是分析的论题,或者仅仅根据项的意义是真的,但他主张可接受抽象有特许的认识地位,至少某些近似隐定义的事物。反对的观点是我们不能以如此认识上廉价的方式了解对象的存在性。布劳斯的措辞"或者关于特殊对象或者关于太多对象"建议达成妥协。也许可接受抽象原则能蕴含某些对象而非"太多"对象的存在性。然后我们能专注于多少

302

是太多的问题。库克(2002)是对像分割原则(CP)这样的抽象原则的"膨胀"方面的详细研究。下面我们要对这篇论文做出回应。

在极大程度上这里的讨论是外在于新逻辑主义框架的。我们调用实质的本体论以便比较各种原则的各种模型的尺寸。有时给定抽象原则的不可接受性是由于它的当然是内在的不协调。但也不经常如此。首先考虑第五基本定律。当然,这个抽象是不协调的由此它没有模型。假设我们基础理论的预期模型有尺寸为 κ 的定域。那么存在由这些项组成的 2^{κ} 多个外延。所以第五基本定律在基础理论中蕴涵比对象更多的抽象物的存在性。这种"膨胀"不停在这里。由于第五基本定律的量词是不受限的,它在最初定域中蕴涵对象外延性质扩充的存在性。这些存在 $2^{2^{\kappa}}$ 多个。而且第五基本定律蕴含由这些外延组成的扩充的存在性;如此继续下去。当然,问题是这种膨胀不停下来。现在考虑休谟原则。假设基础理论的预期解释是有限的,尺寸为 n。那么休谟原则蕴含 $n+1$ 个基数的存在性——零和一对来自基础理论的对象的每个非空尺寸。

所以存在某种温和型膨胀(mild inflation)。由于休谟原则中的量词是不受限的,它蕴涵这些数的性质的数的存在性。存在 $n+2$ 个如此基数等等。但是在某种意义上,这种膨胀确实会终止。如同上述那样,把自然数和 $\aleph_0$ 加到最初模型定域的结果是满足休谟原则的结构。不存在更多膨胀——至少不在这个模型上。把休谟原则加到任意可数无穷定域不会膨胀。在这个语境中,休谟原则只蕴含可数多个基数的存在性,与我们开始时的定域尺寸相同。假设基础理论的预期定域有基数 $\aleph_\alpha$。那么休谟原则的加入产生 $\aleph_0 + |\alpha| \leqslant \aleph_\alpha$ 个基数。所以休谟原则也不在这个定域上膨胀。所以在选择公理下,休谟原则不在任意戴德金无穷集合上膨胀。下述是对库克有用的处理抽象原则膨胀方面的框架的修正。令 A 是抽象原则且,如同上述那样,令 O 是不在 A 中出现的一元谓词。

令 A^O 是把 A 中所有量词限制到 O 的结果。例如,如果 B 是第五

基本定律,那么 B^O 说的是有 O 的对象的所有性质都有外延。它不蕴含这些外延的性质有外延。事实上,B^O 是可满足的。令 d 是集合。把 A 的 d—模型定义为 A^O 的模型在其 O 的外延是 d。所以 A^O 有助于测量在 d 上由 A 产生的抽象物。令 κ 是基数。如果 $|d|=\kappa$,那么第五基本定律的每个 d—模型至少有 2^κ 个元素,且休谟原则的每个 d—模型至少有 $\kappa+1$ 个元素。说抽象原则 A 是 κ—膨胀的当对尺寸为 κ 的每个集合 d,A 的每个 d—模型定域基数是大于 κ 的。换句话说,A 是 κ—膨胀的,如果以尺寸为 κ 的定域开始,A 在这个定域上产生多于 κ—多个抽象物,如果它在这个定域上是可满足的。如果 κ 是有限的,那么休谟原则是 κ—膨胀的,且如果 κ 是无穷的且良序的那么休谟原则不是 κ—膨胀的。

休谟原则是否在连续统上膨胀是独立于策梅洛—弗兰克尔集合论的。把抽象原则 A 定义为严格非膨胀的(strictly noninflationary)当不存在 κ 使得 A 是 κ—膨胀的。所以如果 A 是严格非膨胀的,那么对任意定域 d, A 不产生多于 $|d|$ 个抽象物。我们假定这是最好的。说抽象 A 是有界膨胀的当存在某个基数 λ 使得对所有 $\kappa>\lambda$, A 不是 κ—膨胀的。这是次好的。如果 A 是有界膨胀的,那么当起始定域是足够大的,那么 A 在它上面不膨胀。把 A 定义为无界膨胀的(unboundedly inflationary)当它不是有界膨胀的,而且说 A 是普遍膨胀的当对每个 κ, A 是 κ—膨胀的。这是最坏的。

当然,第五基本定律是普遍膨胀的——最坏的情况。如果我们假设选择公理,那么休谟原则是有界膨胀的——这是次好的情况。夏皮罗和韦尔(1999)表明布劳斯的是无界膨胀的——它在所有奇异基数(singular cardinal)上是膨胀的。回顾由于考虑中的多个抽象原则的量词是受限制的,它们的范围包括由这个非常原则产生的抽象物。至少在如此情况下,我们对 A 自身更感兴趣而不是受限制的 A^O。注意 A 不是 κ—膨胀的当且仅当存在 A^O 的模型在其 O 的外延和模型的定域两者都有基数 κ。如果 κ 是有限的,那么 O 的外延必然会成为整个定域,在其情况下 A^O 的模型也是 A 的模型。假设选择公理,我们能构建一般而言的某些相似物:A 不是 κ—膨胀的当且仅当 A 自身,不仅仅 A^O,有尺寸为 κ 的模型。所以如果 A 不是 κ—膨胀的,那么与 A 协调的是论域尺寸恰好为 κ。如果 A 是有界膨胀的,那么存在某个基数 λ 使得对所有 $\kappa>\lambda$,A 有尺寸为 κ 的模型。

所以如果 A 是无界膨胀的那么对每个 λ 存在 $\kappa>\lambda$ 使得 A 没有尺寸为 κ 的模型。说 A 是无界可满足的当对每个基数 λ,存在 $\kappa>\lambda$ 使得 A 有尺寸为 κ 的模型。注意如果 A 是无界可满足的,假设选择公理,那么通过增加更多元素我们能把任意集合变成 A 的模型:对每个集合 d,存在定域包含 d 的 A 的模型。在最好情况下,"新"元素将是新的抽象物。夏皮罗和韦尔表明如果广义连续统假设是真的,那么新五在所有正则基数上是可满足的,由此它是无界可满足的。然而,新五是否实际上是无界可满足的是独立于策梅洛—弗兰克尔集合论加选择公理的。它本来可能没有任何的不可数模型。所以再次,多少膨胀是太多?库克争论说只有严格非膨胀和有界膨胀抽象原则对新逻辑主义者来说应该是可接受的。让我们检验这些论证,由于它们直指新逻辑主义的目标。关于无界膨胀,库克写道:

> 新逻辑主义者声称抽象原则隐性地定义或者至少是我们使用数学概念和理论的基础。数学抽象对象的定义,甚至隐性的那些,应该决定必然归纳定义的唯一对象群。然而,如果这个"定义性"抽象原则是无界膨胀的,那新逻辑主义者无法完成他的任务。

比如,假设抽象原则 A 是无界膨胀的,且假设 M 既是 A 也是背景理论 T 的模型。令 κ 是 M 定域的基数且令 γ 是大于 κ 的最小基数使得 A 是 γ—膨胀的。库克继续说:

> 如果论域里存在 γ 个对象,根据[A],那么本来会存在多于 γ

305

个抽象物，由此多于 κ 个抽象物。但那么最初的抽象物不是恒等条件由[A]给定的所有对象。这个过程能被不定地且超限地重复，以致我们从未有归入[A]范围的所有对象。换句话说，如果[A]是无界膨胀的那么它无法保证作为它的抽象算子定域的限定对象收集，但相反给我们相对于多少对象存在的不同抽象物。

在注释中，库克增加到"充分的定义应该决定唯一的独立于任意其他对象存在性的外延"。某些抽象原则确实描绘唯一的对象定域，至少直到同构。例如，目前的分割抽象原则（CP）产生所有且只有实数外加两个抽象物。另一个例子是把休谟原则限制到有限概念。这产生所有且只有自然数的同构复制。库克是正确的当想要抽象原则 A 描绘唯一一个结构，诸如自然数或者实数，那么它不应该是无界膨胀的。在此情况下，A 应该产生所需对象且没有其他对象。它不应该在任意的等于或者大于必备结构的定域上膨胀。然而，每个合法抽象原则把"限定对象收集"确定为被定义算子的范围不是真的。

某些原则确实产生"相对于多少个对象存在的不同抽象物"。考虑休谟原则。幸亏弗雷格定理，它蕴涵自然数的存在性和自然数的基数，也就是，$\aleph_0$。但其他基数的情况呢？由于休谟原则有可数的模型，它不自动蕴含连续统的基数存在。但休谟原则确实蕴含如果存在对连续统多个对象成立的性质，那么连续统的基数存在。所以，例如，休谟原则和（CP）一起蕴含连续统的基数存在。一般而言，哪些基数存在取决于存在多少个对象。我们至少没把这个看作休谟原则作为抽象的问题。某些可接受抽象是开放式的，在它们产生的抽象物依赖背景理论本体论的意义上。增加本体论可能增加抽象物。

无界膨胀抽象原则的不同问题在于它们可能彼此冲突。韦尔表述一对"分散"原则 B, B′ 使得 B 和 B′ 每个都是无界可满足的，但是互相不协调的（mutually inconsistent）。假设背景理论有尺寸为 κ_0 的模型。为扩充这个以满足 B，我们增加 $\kappa_1 > \kappa_0$ 个抽象物。但这个新模型不满足 B′。为满足 B′,我们增加 $\kappa_2 > \kappa_1$ 个抽象物。但一旦我们添加这些抽象物以满足 B′,我们不再满足 B。为再次满足 B,我们必须添加 $\kappa_3 > \kappa_2$ 个更多抽象物。但那么我们不再满足 B′。简言之,合取 B&B′ 是普遍膨胀的。面临如此一对抽象物,新逻辑主义者必须找到从它们中间做选择的原则性方式。要不然他只能稳扎稳打而且拒绝任意无界膨胀抽象原则且需要所有可接受抽象是有界膨胀的。

那么,一旦我们满足于论域是足够大的,抽象将是满足的不管我们继续认出多么更大的论域。让我们回到库克对普遍膨胀原则的处理——在每个基数上膨胀的那些。当然,如果抽象 A 是不协调的,那么它是不可接受的。假设 A 是协调的,但是普遍膨胀的。令 b 是集合且 $\kappa = |b|$。由于 A 是 κ—膨胀的,那么 A 不能在 b 上满足。由于 b 是任意的,A 没有定域为集合的模型。如同库克表达的那样,A"将是满足的仅根据至少为真类尺寸的结构"。库克说,这是成问题的,由于真类是"表现极其不好的"。观念是如果 A 只能在真类上满足,那么它产生抽象物的真类。因此,抽象"带我们远离认识上无辜的新逻辑主义者争论说可接受抽象应该提供的隐性定义"。

大体上,库克的声称是抽象物真类的"生成"与新逻辑主义的认识论目标是不相容的。注意这个判断来自外部视角。内在地,新逻辑主义者声称我们能在隐性定义或者分析真性的邻域中凭借原则演绎逐渐了解某些对象的存在性。外在地,我们使用集合论元理论,已由著名数学家所接受,以表明比起集合论层级的任意元素存在的成员,特定抽象原则产生更多对象。库克似乎认为抽象物真类确实确实"太多"对象无法按此方式获得。如同上述所注意的,对新逻辑主义来说有一个机会,我们必须调和普遍认为的观点,即定义,或者像定义的原则,没有本体论后承。实际上库克的声称是要适可而止。他预设从提倡策梅洛—弗兰克尔集合论的外部视角来看,抽象物必须构成集合,或者与集合等数。但事实是数学对象不构成集合,处于众所周知的原因。所以库克的论题蕴含新逻辑主义必定达不到它的为所有数学提

307

供认识基础的宏大目标。

新逻辑主义集合论和新逻辑主义序数和基数理论是根本谈不上的。因此,新逻辑主义者必须满足于对算术,实分析,复分析以及也许稍多一点的描述。仍然存在的主要外在问题恰好是新逻辑主义者的本体论能有多大。由所有可接受抽象一起产生的对象基数是什么?想必它将是 $\aleph_\alpha$ 对某个序数 α。如果新逻辑主义者想避免对既有数学的苛求修正,他必须为数学的这些分支提供某个其他的认知基础——诸如集合论,序数理论和基数理论——它的本体论不是集合。无论如何,我们相信库克的观点乞求反对新逻辑主义追求的问题。就我们知道的而言,尚未给出对下述的论证,即由抽象原则产生的对象必定构成限定的、集合尺寸的总体性。新逻辑主义者的论题是可接受抽象类似于隐性定义,提供它产生的对象理论的认识基础。不存在以任何方式限定对象的要求,或者它们构成限定总体性。也许对此进一步的讨论应该等待或者涉及抽象原则界限的具体论证或者确实产生抽象物真类的特别候选原则的呈现。稍后我们会简单地重访这个问题。

6. 从内外两个角度解析分割抽象家族

我们现在转向这里所呈现的抽象原则的膨胀和可满足性:(DIF)(QUOT)和(CP)。不像第五基本定律和休谟原则,所有这三个原则中的量词都是受限制的。由于差原则(DIF)的右手边明确调用自然数上的加法,(DIF)蕴含每对自然数差抽象的存在性,但仅此而已。关于其他对象对的"差"它什么都没说,而且尤其,它不产生差抽象对的差抽象。相似地,商原则(QUOT)产生每对整数的比例,但没有别的东西。且(CP)产生有理数每个性质的分割,但没有别的东西。由于只存在可数多个整数,差原则在任意包含自然数的定域上是可满足的。在某种意义上,(DIF)是普遍可满足的在于它在被定义的任意定域上是可满足的,如有必要使用标准的编码技术。由此它不在任意如此的定域上膨胀。由于只存在可数多个有理数,商原则(QUOT)在包含整数的任意定域上是可满足的,也就是,在它被定义的任意定域上。

由于存在连续统多个不同的分割,(CP)在有理数上膨胀,但这是它的膨胀的终结。所以(CP)是有界膨胀的,在于它在任意的至少是连续统尺寸且包含有理数的定域上是可满足的。涉及膨胀和可满足性,新逻辑主义者不能做得比这个更好。如果他希望重新捕获实分析,他将需要产生连续统多个抽象物的原则。分割原则能做到这一点,但不会更多。也许我们不应该满怀希望。(CP)为什么不超出实数膨胀的主要原因在于它只定义有理数性质上的分割。但对定义在集合或者类 h 上的任意线序"$<$"我们能模仿(CP)的发展。令 P 是 h 中的项的性质且假设 $r \in h$。说 r 是 P 的上界,记为 P$\leqslant$$r$,当对任意 $s \in h$,如果 Ps 那么或者 $s<r$ 或者 $s=r$。换句话说,P$\leqslant$$r$ 当 r 是大于或者等于 P 应用到的任意对象。考虑下述抽象原则。

$$(h, <)-(CP): \forall P \forall Q(C(P)=C(Q)\equiv \forall r(P\leqslant r\equiv Q\leqslant r)).$$

严格类比于(CP),P 的分割等同于 Q 的分割当且仅当 P 和 Q 共享它们的所有上界。抽象$(h, <)-(CP)$可能在它产生比 h 的元素更多分割的意义上膨胀。如果 h 的基数是 κ,那么能存在与 2^{κ} 一样多的分割。但根据上述,这是为这个原则膨胀的程度。当然,存在实数上的线序,其在有理数到实数的自然嵌入下扩充有理数上的线序。实数自然线序上所表述的分割原则版本不膨胀。它是实数完备性的后承,即实数的非空的、有界性质的"分割"是同构于实数自身的:这是合意的、众所周知的结果,且在膨胀方面是更好的消息。某个类似物对一般意义上的$(h, <)-(CP)$成立。令 h' 是非空有界性质分割的收集。存在从 h 到 h' 的自然嵌入,和 h 上的线序"$<$"到 h' 上线序"$<'$"的扩充。

但在这个线序上不存在新的膨胀。由$(h', <')-(CP)$产生的分割是同构于由$(h, <)-(CP)$产生的那些。所以各种分割抽象原则的每个至少是相对无害的。某些分割原则确实膨胀,但在每种情况下,

膨胀是被包含的。问题是分割抽象原则一起的总体性可能生成太多膨胀。声称最初(CP)是此形式下仅有的合法抽象原则似乎是特别的。如果(CP)是可接受的,那么至少某些其他的是可接受的。也许它们全都是可接受的。库克表述黑尔所使用的的分割抽象原则的一般化,这是第五基本定律的受限制版本。在目前语境下,类似的原则是断言每个线序分割存在性的单个二阶语句:

(GCP) $\forall$H$\forall$R[如果 R 是 H 上的线序那么 $\forall$P$\forall$Q[$\forall x$ $((Px \to Hx) \,\&\, \forall x (Qx \to Hx)) \to (C(P, H, R) = C(Q, H, R) \equiv \forall r (\forall x (Px \to (x = r \lor Rxr)) \equiv \forall x (Qx \to (x = r \lor Rxr)))))]]$。

也就是,对任意性质 H 和任意关系 R,如果 R 是有 H 的对象上的线序,那么如果 P 和 Q 都是 H 的子性质,那么 P 的分割是等同于 Q 的分割,相对于 H 和 R,当且仅当 P 和 Q 在 R 下有相同的上界。再次,接受(CP)的新逻辑主义者可能承诺任意线序上分割的存在性。语句(GCP)是这个承诺的表述。当然,可选项是要清楚表达有分割的线序和没分割的线序间的原则性区分。库克构建对分割原则膨胀产生影响的有趣结果。

定理 6.1 (库克)假设元理论中的选择公理。令 κ 是无穷基数。存在集合 h 使得 $|h| \leqslant \kappa$,且 h 上的线序"$\prec$"使得$(h, \prec)$—(CP)产生多于 κ 个分割。

证明:令 λ 是最小基数使得 $2^\lambda > \kappa$。当然,$\lambda \leqslant \kappa$。令 h 是作为序数的 λ 的子集集,小于 λ。所以 $h = \{b \subseteq \lambda : |b| < \lambda\}$。直接的计算表明 $|h| \leqslant \kappa$。定义线序如下:

310

$$a \prec b \equiv \exists \alpha(\alpha \in b \,\&\, \alpha \notin a \,\&\, \forall \beta < \alpha(\beta \in a \equiv \beta \in b)).$$

换句话说，$a \prec b$ 当它们在其上不同的第一个序数是在 b 中。由 $(h, \prec)$－(CP) 所产生的分割是同构于 λ 的子集：如果 $x \subseteq \lambda$，那么 x 对应于作为 x 初始段性质的分割。所以存在 $2^\lambda > \kappa$ 个如此分割。■

最初的分割原则(CP)产生连续统多个实数。根据定理 6.1，存在这些实数子集上的线序，且这个线序上的分割原则产生多于连续统多个抽象对象。存在产生甚至更多抽象对象的这些对象子集上的线序。如此继续下去。能把这个过程带进超限：存在由这些抽象物的第一个，第二个，第三个，……所产生的对象并集子集上的线序，使得这个大线序(big linear order)上的分割原则比由前述原则产生的对象全体性产生更多抽象对象。新逻辑主义者承诺下述论题，即经由类似于隐定义的先天可知原则我们能知道所有这些对象存在吗？可能遭受反对的是人们不能精确定义这些内在于新逻辑主义纲领的线序，除非背景理论 T 包括相当实质的集合论。也就是，新逻辑主义者不能定义各种线序 $(h, \prec)$ 除非他给出足以操作序数集的集合论。如果新逻辑主义者能够做到，那么关于膨胀的任何担忧应该被集中于集合论。

幂集公理给出至少与各种分割原则一样多的膨胀，可能会更多，取决于广义连续统假设。所以也许新逻辑主义者不承诺广义分割原则(GCP)。他最多只承诺这些分割原则 $(h, \prec)$－(CP) 的可接受性在其线序是内在可定义的。新逻辑主义毕竟是认识论纲领。目标是表明数学原则如何能以最小认识预设变为可知的。纳入数学定域的范围当它的公理能从近似于隐定义的抽象原则中推导出来，除了分析性的那些。为达到这个目标，抽象原则必须在可接受语言中被显性表述。在目前语境中，这蕴含线序必须是可定义的。然而，如果最初分割原则(CP)是可接受的，那么人们会认为对逻辑主义者来说，任意其他的分割原则 $(h, \prec)$－(CP) 至少在相对的意义上是可接受的。观念是如果定域 h 中的对象存在且如同已表明的那样被排序，那么所表明的分割存在。

是否 h 中的对象自身是凭借抽象原则所捕获的是无关紧要的。新逻辑主义者在本体论上是实在主义者，主张数学对象独立于数学家而存在。如果数学对象不是由我们制作的，那么为什么认为论域是由人类语言的有限表达资源所约束？目前回顾我们处于外部视角，看看各种抽象原则如何与已接受数学相啮合。所以看到发生什么是公平的当形式为 $(h, <)-(CP)$ 的原则被添加到各种数学定域。(GCP)自身的情况呢？我们不知道是否(GCP)是协调的，但即使它是，它膨胀很多。从定理 6.1 推出(GCP)不能在任意集合上满足。它普遍地膨胀。我们不知道是否(GCP)能在真类上满足，或者在集合论层级自身上满足。可能存在定义在真类上线序的问题。令 Ⅱ 是所有序数集的类且从定理 6.1 考虑线序的对应变体，定义在 Ⅱ 上：

$$a < b \equiv \exists \alpha(\alpha \in b \,\&\, \alpha \notin a \,\&\, \forall \beta < \alpha(\beta \in a \equiv \beta \in b)).$$

再次，$a < b$ 当它们在其上不同的第一个序数是在 b 中。把这个原则称为 $(\mathrm{II}, <)-(CP)$。注意在二阶策梅洛—弗兰克尔集合论的语境中，广义分割原则(GCP)蕴含 $(\mathrm{II}, <)-(CP)$。我们不知道是否 $(\mathrm{II}, <)-(CP)$ 是协调的，但它确实超过策梅洛—弗兰克尔集合论。存在与由 $(\mathrm{II}, <)-(CP)$ 产生的作为序数性质或类一样多的分割：如果 P 是序数性质，那么令 P′ 是成为 P 的初始段的集合性质。$(\mathrm{II}, <)-(CP)$ 下 P′ 的分割对应于 P。所以存在比序数更多的分割。实数是不可数的上述内部证明能被扩充到 $(\mathrm{II}, <)-(CP)$。也就是，内在于新逻辑主义框架，我们能表明产生自 $(\mathrm{II}, <)-(CP)$ 的分割不能被 1—1 映射到序数。外在地，如果策梅洛—弗兰克尔集合论是元理论，那么 $(\mathrm{II}, <)-(CP)$ 蕴含存在比序数多的集合。

更不必说，分割不能被良序化。这与全局选择公理(global choice)相矛盾。这可能是麻烦的由于许多理论家，包括希尔伯特和策梅洛，主张全局选择公理是逻辑真性。另一方面，$(\mathrm{II}, <)-(CP)$ 超出既有集

合论的事实可能自身不是成问题的。新逻辑主义有助于对集合论自身进行制作。存在已识别出的把不受限抽象应用到实际上什么是真类的问题。布劳斯曾经指出休谟原则蕴含成为自我同一的性质有基数。这会是不管什么所有对象的数。相似地，休谟原则蕴含存在所有基数的数，且在背景集合论的语境中，休谟原则蕴含存在所有集合的数和所有序数的数。布劳斯注意到乍看起来，这呈现与日常策梅洛—弗兰克尔集合论的冲突：

> 存在诸如不管什么所有对象的数这样的数吗？根据 ZF 不存在所有存在的集合数的基数。担忧是基于休谟原则的数理论与策梅洛—弗兰克尔集合论加标准定义是不相容的(布劳斯 1997)。

怀特接受这个异议的推力，且承认"可行原则……存在 F 的确定数恰好倘若 F 组成集合"。由于"策梅洛—弗兰克尔集合论蕴涵不存在所有集合的集合…它会推断不存在集合的数"。怀特所提议的回应是要限制休谟原则中的二阶变元，以致某些性质没有数——这些就是达米特称为"不定可扩充的"。根据达米特，"不定可扩充概念说的是如果我们能形成所有它的元素归入的总体性的确定概念，那么通过指向总体性我们能描绘所有它的元素都归入的更大总体性"(达米特 1993)。序数和基数都是不定可扩充概念的范式案例。怀特写道：

> 我们不知道如何最好加重不定可扩充性的概念……但达米特能……强调涉及特定非常大总体性的重要洞见——序数，基数，集合和"每个绝对事物"。如果在不定可扩充总体性概念中存在任何事物……休谟原则上的原则性限制将是基数不与如此总体性相关联(怀特 1999)。

因此，怀特建议休谟原则中的二阶变元被限制到确定限制——不是不

定可扩充的那些。黑尔(2000)跟着怀特的这个思路做下去。如果这是可靠的,它建议可接受抽象中的二阶变元被限制到确定性质的一般论题。这会排除(Ⅱ, $<$)－(CP),由于序数集构成不定可扩充总体性。此外,令(GCP－)是把(GCP)初始二阶变元限制到确定性质的结果。作为结果的原则仍然是普遍膨胀的,幸亏定理6.1:给定任意结合 b 有 $|b|=\kappa$,存在有多于 κ 个分割的 b 的子集上的线序。如同库克注意到的那样,定理6.1表明成为线序分割的概念自身是不定可扩充的。

然而,策梅洛—弗兰克尔集合论的定理是如果"$<$"是集合 h 上的线序,那么存在定义在满足(GCP)后承的 h 幂集上的函数。所以受限制(GCP)没超出策梅洛—弗兰克尔集合论加选择公理。它在迭代层级(iterative hierarchy)上是可满足的。现在问题是要更严格地表述对像休谟原则和(GCP)这样的抽象原则的限制。成为不定可扩充的性质是什么?怀特让步说他没有对不定可扩充性概念的更严格、内在的清楚表达。我们同意库克提议把抽象限制到确定性质"也许是最有前途的……在分割抽象可应用性上的限制"。目前的状态是纲领性的。清楚表达达米特主义的不定可扩充性概念是新逻辑主义议程上的核心项目。

7. 需要考虑的两个问题

赫克在分析真理论中解释理论和表明理论自身能从抽象原则中推导出来间做出区分。弗雷格本人无疑知道欧几里得几何能在实分析中被解释,然而他不主张欧几里得几何是分析的。赫克的论题是弗雷格定理自身不为算术提供认识基础。我们需要确保相关抽象物确实是我们所知道的且喜爱的自然数。关于目前的情况能说些什么呢?人们能声称有理数有界实例化性质上的分割是我们所知道和喜爱的实数吗?我们甚至不知道如何开始这个问题的定解,但能做出一个或两个要点。对我们来说似乎连续性对实数是实质的。所以他们的新逻辑主义描述应该有被嵌入的连续性。而且目前的描述和黑尔的对抗性描述两者都如此。这也是我们最感激戴德金的地方，他为我们表明连续性是什么且在过程中只使用逻辑资源。

与赫克的要求相关的另一个黏性的哲学事件，是弗雷格坚持对数学结构应用的描述必须被植入它的描绘中。例如，休谟原则重述对自然数的应用——为测量类性质的基数。与之比较的是戴德金对自然数的描述，在它的第二重要的基础性工作中。戴德金提供自然数结构的直接描述，而且之后提供这个结构的应用的描述——到基数和序数两者上。弗雷格会抱怨说应用的这个描述来得太晚。它应该被嵌入到自然数的非常构成中。弗雷格的约束在目前的描述中是完全被忽视的。到目前为止，我们知道我们正在寻找哪个结构，而且目前的描述对准这个非常的结构。诚然，附添应用到这个结构的描述会是容易的——量的测量。我们知道对任意完全有序域如何完成这个。

但对弗雷格来说，这个对应用的描述来得太晚。它应该被嵌入应用中。黑尔对实数的对抗性描述与弗雷格的约束是更一致的，由于他从它的一个应用中发展实数结构，即没有负的或者零的量和不"循环的"完全定量定域比例的测量。若作为结构主义者，我们不知道什么形成弗雷格的约束。黑尔的描述和目前的描述最终给予相同的结构。同戴德金一起，我们要说它们都是对实数结构的描述。如果我们认真对待涉及应用的弗雷格约束，那么至少我们中的一个给予同构的冒充者，也许在是欧几里得空间的同构冒充者的意义上。怀特（2000）推进了这个形而上学问题。

第四节　作为抽象主义实分析基础的弗雷格约束

夏皮罗对实数构造持一种戴德金主义观点。沿着戴德金主义路线，相继抽象把我们从 1—1 对应概念带到基数，从基数带到基数对，从有限基数对带到整数，从整数对带到有理数，从有理数对带到实数。黑尔和怀特对实数构造持一种抽象主义的观点。这种构造源自休谟原则的下述特点：把概念当作自变量引入基数算子；使用基数算子形成的项是单项；数是概念共享的事物类型当且仅当存在 1—1 对应。休谟原则实际上完成两个独立的任务：首先是在数学中解释对象性质的形而上学任务；其次是为这些对象的标准数学理论提供基础的认识论任务。我们可以比较从概念 1—1 对应来的基数抽象和从量对等比例性来的实数抽象。有了这个类比，新弗雷格主义就要面临三个子任务：对量是什么进行哲学描述；使用二阶逻辑资源描绘量和等价关系；表明存在足够多的真性类型以成为实数连续统存在性的基础。这里能看到与实数相关的三种抽象类型：戴德金式分割抽象；一阶实数抽象；黑尔分割抽象。

现在来看弗雷格约束。赫克认为我们应该在理论与理论解释间做出区分。而这是区分可以吸收进弗雷格约束。它说的是令人满意的数学理论基础必须考虑它实际的潜在的数学应用。在这方面，抽象主义者与结构主义者间存在差别。结构主义者也关注应用问题。但由于结构主义者关注的真正对象是结构，他们的应用源自对结构亲和性的鉴别。抽象主义和结构主义有什么关联呢？对于消除性结构主义来说，由于他们在本体论上持一种节俭的观点，因而是抽象主义相冲突。对于在本体论上持自由观点的结构主义者来说，他们是与抽象主义相符的。怀特认为夏皮罗的先物结构主义是一种广义希尔伯特主义。他非常重视理论的协调性和连贯性。这就为抽象主义和结构主义间的合作提供提供了可能。于是我们就有了结构抽象。它说的是两个结构相等当且仅当处于关系 R 下的概念与处于关系 S 下的概念是同构的。

1. 通向实数的戴德金主义和抽象主义路径

成功的新弗雷格主义数学理论基础的基本形式先决条件——有时我们把持这种观点的人称为抽象主义者（abstractionist）——是要假定地设计协调的抽象原则（consistent abstraction principles）足够强

到确保有预期理论对象结构的各种类对象的存在性。在数论的情况下，比如，任务是要假定地设计协调的抽象原则足以确保有自然数结构的一连串对象的存在性：构成 ω—序列的一连串对象。如同现在熟悉的那样，二阶逻辑，由当个抽象休谟原则所加强，完成这种形式的先决条件。因此显著的问题是，超出假定地协调，休谟原则是否以更全的、哲学上有趣的意义被认作可接受的。新弗雷格主义纲领从弗雷格继承的前信念即在主流经典数学中，我们经营大量关于其我们有先天知识的必然真性。所以为了使休谟原则达到新弗雷格达到目的，至少必须争论的是它也是必然的和先天可知的，且二阶逻辑能充当传输这些特性的媒介。这引起形而上学和认识论问题的迷人情结——但我们在这里不主要关注它。与此同时，成功抽象主义者的实分析基础的基本形式先决条件必须要假定地发现协调的抽象原则，其再次与适当的二阶逻辑合取，对共同地像经典实数那样适合自身的大量对象的存在性足够；也就是，构成完全的有序域。近期出现达到这个结果的相当多的方式。我们把夏皮罗描述的一个称为戴德金主义方式（the Dedekindian way）。我们以弗雷格主义算术开始，也就是，休谟原则加二阶逻辑。那么我们使用配对抽象（pairs abstraction）：

$$(\forall x)(\forall y)(\forall z)(\forall w)(\langle x, y\rangle = \langle z, w\rangle \leftrightarrow x = z \,\&\, y = w)$$

以到达如此提供的有限基数的有序对。接着我们在如此配对间的差进行抽象，

$$\mathrm{D}iff(\langle x, y\rangle) = \mathrm{D}iff(\langle z, w\rangle) \leftrightarrow x + w = y + z,$$

且继续进行以把整数辨认为这些差。我们继续定义如此被辨认的整数上的加法和乘法且然后，这里 m, n, p 和 q 是任意整数，形成与这个抽象一致的整数对的商：

$$Q\langle m, n\rangle = Q\langle p, q\rangle \leftrightarrow (n = 0 \,\&\, q = 0) \vee$$
$$(n \neq 0 \,\&\, q \neq 0 \,\&\, m \times q = n \times p).$$

317

现在我们把有理数辨认为任意商 $Q\langle m, n\rangle$，它的第二个项 n 是非零的。那么，在如此生成的有理数上定义加法和乘法以及自然线序（the natural linear order），我们能移到要构成所寻求的完全有序域的对象，经由戴德金所启发的分割抽象：

$$(\forall P)(\forall Q)(Cut(P) = Cut(Q) \leftrightarrow \forall r(P \leqslant r \leftrightarrow Q \leqslant r))$$

这里的 'r' 管辖有理数且关系 '$\leqslant$' 在有理数的性质 P 和特定有理数 r 间仅仅假使在有理数上所构造的线序下 P 的任意实例是小于或者等于 r 的。相应地，分割是相同的，仅仅假使它们的相关联性质恰好有相同的有理数上界。最后我们把实数辨认为这些性质 P 的分割，其既是上有界的（bounded above）且在有理数中是被实例化的（instantiated）。那么根据戴德金主义方式，逐次抽象（successive abstractions）把我们从概念上的 1—1 对应带到基数，从基数到基数对，从有限基数对到整数，从整数对到有理数，且最后从有理数概念到实数。尽管道路在细节上是相当复杂的且它确实成功构造完全有序域的证明至少与弗雷格定理（Frege's Theorem）一样是不平凡的，它确实有助于几近完美的从抽象主义者的视角捕获作为上有界非空有理数集分割的戴德金主义实数概念。

确实，抽象序列不共同地提供关于实数的任何命题的可变换性（transformability），如此被引入，回到我们以其开始的纯粹二阶逻辑的词汇。但纯粹逻辑主义者在刚开始阶段就对急需物做出妥协，在休谟原则的基础上对数论的构造中。某个更弱的但有趣的仍是可期望的。假设我们被说服逐次抽象的每个都有助于固定左手边被模式化类型语境的意义仅仅倘若有人已理解相应的右手边：那么我们允许存在逐次概念形成（successive concept formations）的路线，以二阶逻辑开始且以对分割和关于分割的标准数学理论的理解而结束。如果抽象原则能被当作认识论上类定义的（epistemologically definition-like）——作为语境类型的隐定义种类它们有助于在左手边引入——

那么戴德金主义方式的影响是在二阶逻辑和隐定义中为分析提供基础。但似乎他的逻辑主义同情本来会称赞这种构造和它的哲学潜力。

然而,戴德金主义方式显著地与黑尔(Bob Hale)所遵循的路线形成对比。在声称为分析提供基础中——尤其,在声称抽象序列有效地导致实数中——可以把戴德金主义方式看作依赖实质上实数是什么的结构概念;实际上,实数作为完全有序序列特定种类中的位置(location)。对于遵循戴德金主义方式的人,成功恰好在于对象域(a field of objects)的构造——如同所定义的分割——有经典连续统的结构。针对这个,对比在为数论提供新弗雷格主义基础中由休谟原则所完成的东西。对应的形式结果是休谟原则加二阶逻辑足以构造 ω—序列。这是有数学趣味的。但它不把这种情形从在由二阶逻辑和布劳斯的公理新五构成的系统中能完成的东西区分出来。给弗雷格定理以有特色的哲学趣味的东西在于休谟原则也声称概述对什么是基数的描述。哲学负载(the philosophical payload)不取决于如此的数学归约(the mathematical reduction)而取决于凭其影响归约的抽象特点。休谟原则有效地吸收关于数性质的各种声称,对其弗雷格在《算术基础》的章节中先于它的初次露面准备根据——例如,下述这些声称:

(i) 数是第二层性质——概念的性质;概念是有数的事物,

其是由基数算子(the cardinality operator)作为取概念作为它的自变量被引入所吸收的;且

(ii) 数自身是对象;

其是由使用基数算子所形成的项都是单项的特征所吸收的。且另外,休谟原则声称解释

（iii）数是什么种类的事物。

它如此做通过框定对它们的恒等标准的描述，根据有它们的事物也有相同的一个：根据休谟原则，数是当1—1对应时概念分享的事物种类。现在人们能从以戴德金方式起重要作用的分割抽象原则中读取关于实数的相应声称集。然后人们会推断实数是对象，有实数的事物是有理数的性质，实数是有理数性质分享的事物种类正当它们的实例有相同的有理数上界（rational upper bounds）。人们能得出这些结论。但是——除了第一个——它们是要得出的看似奇怪的（strange-seeming）结论。不存在哲学上的情况使得实数是有理数的性质的性质其比得上弗雷格的情况，即基数是类概念（sortal concepts）的性质。正相反，直观的情况是实数属于像长度，质量，温度，角度和时段（periods of time）这样的事物。

我们能推断戴德金主义方式包含对这些问题的可怜回答，它的关于自然数的类似物休谟原则回答得比较好。但更好的结论是戴德金主义方式不是被设计来承担这些问题的。事实是休谟原则完成两个相当单独的任务。不存在特别的理由为什么一个原则要吸收对特别种类数学实体性质的描述也为这个种类实体的标准数学理论提供充分的公理性基础。描绘我们所关注的什么种类实体是一件事情，表明为什么存在我们标准地认为这个种类的所有实体且它们组成我们直观理解它们要做的结构种类是另一件事情。当然我们能期望这两个计划互相作用。但新弗雷格主义数论基础的显著特征是这一个核心原则，休谟原则释放两个角色。这不是我们应该期望一般地被复制的特征，当它开始为其他经典数学理论提供抽象主义基础。而且刚刚的反思建议的是戴德金主义方式，就起本身而言，最好是被设想为只表达第二个计划。

正是这两个计划间的区分——在给定数学询问领域解释对象性质的形而上学计划和为这些对象的标准数学理论提供基础的认识论

计划——才驱使由黑尔且由弗雷格本人所采用的路径——就人们能从《算术基本定律》不完全讨论中判断出来的而言。如果我们以形而上学问题开始：什么种类的事物是实数，实数是什么事物的性质——有实数的事物是什么——且什么是实数的恒等标准，我们被直接带到黑尔所致力于的他的讨论的初始部分的领地。实数是由长度，质量，重量，速度等等所占有的事物——这是允许某个量级（magnitude）种类的事物，或者，根据黑尔所选择的术语，量（quantity）。尽管为强调量或者量级自身不是实数，而是实数测量的事物。如同弗雷格说的那样，

> 在线条间成立的相同关系在时段，质量，光强等等间也成立。由此实数脱离这些特定种类的量且有点漂浮在它们上面。（《算术基本定律》，§185）

在以其休谟原则包含形而上学问题答案的样式之后，即基数是什么种类的事物，如果我们想表述包含形而上学问题答案的抽象原则，即实数是什么种类的事物，那么量将不作为抽象将引入的新单项指称定域（the domain of reference of the new singular terms）而作为抽象性定域（the abstractive domain）起重要作用：作为右手边抽象关系的项。另一方面，清楚的是个体量没有它们的实数在以其特别概念有它的基数的样式之后，例如 2001 年圣母逻辑主义重估会议上的发言者。我们熟悉不同的测量系统，比如长度、体积和重量的英制和公制，或者温度的法伦海特和摄尔西乌斯系统（the Fahrenheit and Celsius systems for temperature），但不存在相应不同计数系统的概念空间（conceptual space）。

当然，能存在不同的技术记法系统（systems of counting notation）：例如，我们能以十进制或者二进制计数，或者以罗马或者阿拉伯数字。但如果正确地使用它们，它们不在交付到任意特定概念的基数中相

异,而在命名那个数的方式上相异。相比之下,英制和公制确实在指派到特定对象长度的实数中相异。1英寸是2.54公分。被指派到长度的实数依赖前面固定的比较单位(a fixed unit of comparison)。所以实数是量的关系,正像弗雷格说的那样。这些反思似乎加强关于原则必然像什么的观点,它的对实数的形而上学成就比得上休谟原则对基数的形而上学成就。休谟原则引入概念上一元算子(a monadic operator on concepts)的地方,我们对实数的抽象将起到二元算子(a dyadic operator)的作用,在每种情况下,把代表相同类型量的项对当作它的自变量;更具体地,它将是一阶抽象:

实数抽象 $R\langle a, b\rangle = R\langle c, d\rangle \leftrightarrow E(\langle a, b\rangle\langle c, d\rangle)$

这里 a 和 b 是相同类型的量,c 和 d 是相同类型的量,且 E 是量对上的等价关系,它的成立保证 a 对 b 是成比例地如同 c 对 d 那样。实际上,类比是来自概念上 1—1 对应的基数抽象,和来自适当量对上等比例性的实数抽象两者间的。有了适当的初步类比,清楚的是现在新弗雷格主义有他的被分为三个大的子任务的工作:

1. 哲学描述是由于首先量是什么——实数抽象原则右手边上抽象关系的成分项(the ingredient terms)是什么。

2. 如果抱负是在其休谟原则提供数论的逻辑主义处理的意义上给出逻辑主义处理,必须表明的是,平行于恰好使用二阶逻辑资源 1—1 对应的可定义性,量的概念和相关等价关系 E 两者用二阶逻辑术语允许祖先描绘(ancestral characterization)。本来应该证明不可能完成它,这不会必然剥夺抽象主义者的计划。但本来必然要面对的要点是抽象主义者对分析的处理会必然源于特殊的非逻辑主题,可能对这个计划的认识论清楚有着重要的影响。

3. 类似于弗雷格定理需要构建一个结果:具体地,需要表明的是存在由实数抽象右手边所描绘的足够多独立真性类型,基于实数的全连续统(a full continuum of real numbers)的存在性。而且当休谟原则自身对自然数的相应推导足够,这里清楚的是将需要额外的输入以加强实数抽象原则。

尽管不是由分离这三个问题而构造的,黑尔讨论的成就在于它包含回应它们中每个的要点。通过认真关注弗雷格的禁令(Frege's injunction)被告知的是要迎面考虑什么是量的问题就是表达

> 错误的问题。存在许多不同种类的量:长度,角度,时段,质量,温度等等,且凭借各种量的元素不同于不属于任何量的种类的对象的东西几乎不可能规定。而且由此不管以何种方式不会获得任何事物;因为我们会缺乏认出这些量的哪些属于相同量域(realm of quntities)的手段。相反问道:对象必须由哪些性质以便成为量?人们必须提问:概念必须像什么以便它的外延成为量域?为简洁起见,现在让我们使用"类"而不是"概念外延"。那么我们能把问题表达如下:类必须有哪些性质以便成为量域?某物全凭自身不是量,宁可仅就它属于其为量域的类而言,与其他对象一起它是一个量。(弗雷格1893,§161)

黑尔(2000)中的主要观念是要区分大量不同种类的定量定域——'量的范围'——用从更简单种类通过在其上逐次抽象可获得的更复杂种类,以对其实数抽象原则能被应用以便生成实数的全连续统的一种定量定域而告终。我们这里将不尝试处理细节,但基本的策略不是与那些以戴德金主义方式推断而来的不相似。路线再次经由自然数,如同由休谟原则所提供的那样,且然后经由比例抽象原则到达黑尔称为全定量定域的东西,在其成分呈现对应于正有理数的结构。由于如此定域是可数的,且由于实数抽象原则是一阶的由此交付不可数多个实数

仅当被应用到它右手边的不可数量域(an uncountable domain of quanti-
ties),黑尔的构造中需要中间的步骤把我们从全定量定域(a full quanti-
tative domain)带到他称为完全定量定域(a complete quantitative do-
main)的东西,在其上有界的每个元素类都有一个最小上界。黑尔要
表演这个小把戏的提议是他也称为分割的抽象原则。我们考虑全定
量定域——像有理数那样——且把我们的注意力限制到它的元素的
特殊性质种类——黑尔称为分割性质的东西。如此定域的元素分割
性质是非空的,没有最大的实例,且使得小于它们的任意实例的定域
中的任意事物同样是实例。有 F 和 G 限制到如此性质,且右手边对象
变元范围被限制到问题中定域的元素,相关原则——黑尔分割抽
象——结果是第五基本定律的句法幽灵(a syntactic doppelganger):

$$(\forall P)(\forall Q)(Cut(P)=Cut(Q)\leftrightarrow(\forall x)(Px\leftrightarrow Qx))。$$

由新弗雷格主义的有理数构造所提供的被应用到全定域,黑尔分割抽
象恰好以戴德金主义方式分割抽象原则相同的方式将生成完全有序
域。确实,黑尔本来在他构造的这个阶段也能使用后者。但反之,根
据戴德金主义方式,一旦提供导致如此定域的可接受抽象原则游戏便
结束,根据黑尔的路线,他的构造有助于达到的所有事物都是实数抽
象原则自身右手边所需要的原材料。经由这个原则,它仍要发展到实
数自身,且证明它们相应地组成完全有序域,由此把数学构造带到与
实数是什么的支配性形而上学描述厮混在一起。

2. 对弗雷格约束的不同理解

现在我们到达主要的问题。在前述的比较中我们谨慎地支持下
述印象,即戴德金主义方式最好被视作越过特定的合法一般形而上学
问题(certain legitimate general metaphysical questions):实数的性质
是什么且实数具有的特征是什么——有实数的事物是什么——对其
弗雷格/黑尔路径(the Frege/Hale approach)恰当地给出核心位置。

324

但这些问题被恰当地给出核心位置了吗？两个出名的思路集中于它们所是的争论。首先存在由赫克（Richard Heck）所例示的倾向，认为在新弗雷格主义允许解释为数论，或者分析，或者几何的理论递送（delivery of a theory）和数论，或者分析，或者几何自身的递送间存在要被引出的好区分。赫克写道：

> 如果要维护逻辑主义需要的东西不仅仅是存在某个概念真性或者其他真性从其推出看上去像算术公理的东西，给定某些定义：这不会表明如同我们日常理解它们那样算术真性是分析的，而是算术能在某个分析的真理论中得以解释。换句话说，如果我们要评估逻辑主义，首先我们必须揭露'算术基本定律'，不仅仅是足以允许我们证明算术真性翻译的定律，而是从其算术真性自身能被证明的定律。区分不是数学上的，而是哲学上的。（赫克1997，596—597）

至少在某些情况下有可能做出这个区分。例如，不存在理由为什么允许几何解释的在 ZFC 内部的理论推导应该想方设法阐明几何的地位（the status of geometry）——它全部依赖从其推导继续进行的原则地位（the status of the principles），在它们收到可以是相应解释的无论什么东西。但如果我们把注意力限制到二阶可公理化性（second-order axiomatizations），那么理论将允许尤其作为数论的解释当且仅当它是范畴的（categorical）：当所有它的标准模型有组成 ω—序列的定域。所以遵循由赫克的评论所例示倾向的人极力主张一种由如此范畴的二阶理论和超出它有点真正关注有限基数自身的理论间所阐明的区分类型。如此区分毫无意义除非有限基数有超出 ω—序列共同合成物（collective composition）的性质。推进赫克区分的人相应地承诺严肃对待关于数性质的一般问题，其应该被戴德金主义方式所忽视。比较在《算术基本定律》§159 中弗雷格自己的思想。他写道：

因此这里要推进的道路介于构建无理数理论的旧方式，汉克尔曾经喜欢的那个，在其几何量（geometrical quantities）是主导性的，和最近由康托尔和戴德金所遵循的道路。我们保留前者的作为量关系的实数概念……，但使它从几何的或者任意其他的特殊量种类分离出来且由此着手处理最近的努力。同时，另一方面，我们避免在后一条路径中露面的缺点，也就是对测量的任意关系或者完全是被忽视的或者单单从外部被修补不用基于数自身性质的任意内部联系……因为我们的希望既不是在特定知识领域中失去对分析可应用性（the applicability of analysis）的控制也不用从这些领域中所取的对象，概念和关系污染它由此以威胁它的独特性质和独立性。如此应用可能性的显示是人们应该有权利从分析中期望的某物，尽管应用自身不是它的主题。我们的计划能否被执行是尝试必须表明的某物。

这是在其弗雷格给出表达我们称为弗雷格约束（Frege's Constraint）的某物的最清楚段落中的一个：数学理论的令人满意的基础必须把它的实际的和潜在的应用置入它的核心——进入它指派到理论陈述的内容——而非仅仅"从外部修补它们"。达米特在（1991）中反复强调这个约束。典型的段落如下：

根据弗雷格的观点，自然数的正确定义必须表明如此数如何能被用来说盒子或者书架上的数有多个根火柴。然而数论与火柴或者书没有任何关系：它在这方面的事情仅仅是表明，一般而言，陈述归入某个概念的对象，不管什么资源的基数包含什么东西且自然数如何能被用来作为它们的目的。以相同方式，分析与电荷（electric charge）或者机械功（mechanical work）没有任何关系，有长度或者时距（temporal duration）；但它必须表现成为实数使用基础的一般原则以描绘这些和其他种类的量的量级（the magnitude of quantities)。实数不直接表示量的量级，而只是表示一个量与另一个相同类型量的比例；而且这对所有各种类型是共有的。正是因为一个质量能以相同比例承受另一个质量如同一个长度承受另一个长度使得支配对实数的使用以陈述相对于单位的量的量级的原则无需指向任意特殊类型的量而能被表现。真实对所有如此使用共有的东西，且只有它，才必定被吸入作为数学对象对实数的描述：也就是关于它们的陈述如何能被分配解释它们应用的意义，针对任意特定类型的经验应用（empirical application）而不用破坏算术一般性（the generality of arithmetic）。（达米特 1991，272—273）

观察弗雷格约束是为了什么？为坚持从开始就被置入它们描绘的支配数类型应用的一般原则，实际上恰好要坚持由指向原则所描绘的如此数，其解释它们应用到什么实体种类——关于什么的——且对如此实体要与相同或者不同如此数联系起来的是什么。而且当然这恰好是适当抽象原则将要做的事情。这是由休谟原则和实数抽象原则所共享的特征。把如此原则看作哲学上基础性的且数学上基础性的（philosophically and mathematically foundational）是要相应地把它们所关注的数学对象种类的应用看作属于这些种类对象的实质。

　　让我们评估状况。弗雷格约束和对构建数学理论与仅仅构建允许解释为这个理论的理论间比较的坚持有着共同的思想，例如，自然数或者实数经典理论的对象，或者经典几何的对象，有超越由这些理论的甚至范畴性二阶表述模型的相关类型所分享的实质。弗雷格约束明确吸收额外的思想，即这个实质要被定位于应用中；而且如此多被置入上述我们对基本形而上学问题的描绘，其应该由特殊纯粹数学理论的令人满意的基础表达，尤其在核心角色中，根据问题中的数是关于什么种类事物的数的问题？赫克的区分——推导数论或者分析公理和仅仅推导允许解释为这些公理的陈述体（a body of statements）间——

原则上可能被基于什么导致自然数或者实数实质的某个其他种类概念。但候选者不是公开的除了被吸收进弗雷格约束。且难以看到能存在什么选择项。因为这些实体的纯粹数学理论不在它们和任何其他同构结构间做出区分——所以什么能区分它们除了与应用有关的某物？

现在应该清楚地显出关于弗雷格，黑尔，赫克和达米特的立场什么是可争辩有倾向的(arguably tendentious)。实际上，正是这个预设才使得比对它们的任意广义结构主义观点(broadly structuralist view)能容纳的必然存在对自然数，或者实数更多的东西。对结构主义来说，不存在由超过它们的 ω—序列合成物的自然数所分享的实质；且不存在由超过它们的完全有序域合成物的实数所分享的实质。出于特定目的，我们可以具体化在这些相关结构类型中的'元素'仿佛它们凭自身实力是实体。但对结构主义而言，纯粹数学询问的真实'对象'是结构自身；而且相关纯粹数学理论的应用源自对纯粹结构的分段和取自应用定域的特定结构性实体收集间结构亲和性(structural affinities)的领会。从这个视角出发，戴德金主义方式不被看作忽视弗雷格/黑尔路径认真对待的一系列真实的形而上学问题，而是被看作忽视它们——或者更好地，被看作以他们仅有的合法形式回答它们，通过提供描绘分析的真主题的共有结构的理论推导。

无疑关于什么提供纯粹数学理论的可应用性存在好的哲学问题——什么使它能够赋予我们对其我们确实应用它的定域的某些特征的知识。但结构主义可以坚持它没忽视这个问题；与之相反，它提供一般量规(a general rubric)以回应它——再次，纯粹数学理论的应用是基于我们认出他们关注的纯粹结构分段和它们被应用到的情形间特定结构亲和性。例如，被设想为 ω—序列的纯粹科学，为把算术应用吸收到日常对象收集的简单计数的目的，我们把后者设想为以某种方式按照序列排序的且问除了 0 的自然数的哪个初始段是同构于这个序的。结构主义没无论如何有意地忽视应用问题。它的论点宁可是——同弗雷格，达米特，赫克和黑尔相矛盾——把自然数或者实数认作有客观实质（an objectual essence）是哲学上的错误，不管是否基于它们的应用，哪个令人满意的对它们的描述必须从开始就嵌入，而不是"事后修补"（patch on as an afterthought）。

3. 从结构上弗雷格约束

这时候似乎戴德金主义方式和类似于黑尔构造的某物间的决策最终必须依赖关于广义结构主义经典连续统概念充足性的裁决。更一般地，似乎是否抽象主义者在恢复给定数学范围中应该遵守弗雷格约束依赖是否我们应该结构性地考虑这个范围。如果我们应该考虑——如果对问题中数学理论的全理解不调用实体种类的特定概念除了作为结构中特殊结点的占有者（occupants of particular nodes in the structure）——那么对抽象主义者来说无需观察弗雷格约束，不管由如此做的描述所占有的什么审美或者其他优点（aesthetic or other merits）。但如果理解这个理论需要领会它的特有对象有超过结构中位置占有的一种有区别特征——尤其，如果它需要领会它们是关于特定项种类的，对弗雷格来说，以自然数属于概念，方向属于线条和几何形状（geometrical shapes）属于图形（figures）的方式——那么忽视弗雷格约束的抽象主义描述将不成功恢复目标陈述的整个描述，且由此它的提供基础的声称将是妥协的。

前述中隐含的是弗雷格约束的紧急情况可以随着域函数（a function of field）而变化。但我们应该如何判定是否我们应该"结构性地考虑数学范围"？让我们结束不让我们如此做的一类考虑——关键的问题将是它覆盖多大范围的情况。根据结构主义，对任何纯粹数学真性的鉴别是把它的陈述鉴别为对目标种类结构任意特殊实例依然有效；那么纯粹数学的应用将依赖任意如此实例和预期应用领域间的结构亲和性的额外鉴别。因为额外的，理解这个陈述的人可能缺少这种鉴别。所以，结构主义者应该声称，对纯粹数学陈述内容的领会本身绝不需要涉及它的应用的知识。但这个声称难以以全一般性的方式得到维持。似乎清楚的是通向简单算术真性的一种入口恰好凭借它们的应用而继续进行。

有人能——且儿童无疑能——首先学会初等算术概念通过基于他们的简单经验应用,且然后,在由此所获取的理解基础上,发展到简单算术真性的先天识别(an a priori recognition)。我们说'先天的'因为找不到理由否认用手指,或者用图表推理 4＋3＝7 的儿童确实以与一般几何直觉能凭借纸和笔的构造而便利的相同方式获得先天知识。但如果这是正确的,那么存在一种先天算术知识,其来自对算术概念被应用方式的先行理解。不是首先要考虑纯粹知识,作为关于结构的先天真性的理解(apprehension),有如此获得的仅仅一个接着一个被理解的知识可应用性领会特定经验情形实际上如何能被视作这个结构的建模方面。宁可问题中先天知识的内容已经使直接得自应用的概念成形。

图1

最后一点是相当重要的。在如此情况下对结构主义描述的异议不是它歪曲所获得至少某个基本算术知识的实际典型次序和性质——来自新弗雷格主义,会是相当丰富的,因为实际上没人从休谟原则由二阶推理得到他们的算术知识！宁可,有意义的考虑在于如此获得的简单算术知识必须有在其应用潜能绝对在表面上的内容,由于知识恰好是由在样本或者模式应用上反思所诱导的。相比之下,结构主义者对这个知识的重构将涉及对它的内容的表示,从其对潜在应用的鉴别将是额外的一步,依赖意识到特定结构亲和性。所以结构主义者将对改变主题的控诉是开放的:不管他的关于最简单算术真性的认识论故事的细节是什么,由此被解释的知识内容将不是我们实际上有的知识内容——因为，再次，这能被基于对样本或者模式应用的反思中。

这个要点也通过几何知识支撑可行的阐明。如同结构性设想的那样，把它认作与空间图形有关的事物不是领会解析几何的部分。所以如此的结构主义理论能提供的对几何空间特征知识的这种描述将必然经由对空间提供纯粹理论模型的识别。再次，要点不是人们不能以此方式到达几何知识，尽管一般上我们不能是显然的。宁可，正是存在经受几何概念上反思的路线——凭借所有手段，图表辅助反思（diagram-assisted reflection）——如同由日常经验说明给定的那样且导致由此被理解的在概念基础上的简单几何真性的先天知识。考虑你首先如何说服自身"直线恰好在两个点划分圆"。再次，关键的考虑是这关于知识内容（the content of the knowledge）表明的东西由此已完成。这建议一种区分，不管在哪里支持它，将授权接近弗雷格约束的某物。

它是解释如何能获得系统的先天知识的一件事情，连同取特定的补充反思，那么如同确立的数学理论那样能以相同的方式被应用。但这不足以提供在认识这个理论中对我们实际知道内容的正确重构，当恰好通过在日常计数（ordinary counting）和计算（calculation），测量，以及在细木工作中所使用的的几何路径种类所获取和应用的反思性概念运用至少能达到这个知识的部分。因为在这种情况下由此得知的简单纯粹数学陈述具有使这些应用变直接的内容。相应地它不是关于其我们给出描述的这些内容的知识——甚至理想化描述——当对其给定理论重构导致的陈述是，即使先天可知道的，不用它们应用的任意暗示能整个被领会的那个。也许正是通过这个思想的发展弗雷格约束才能被用来打败抵抗它的实质上结构主义根源的东西。但如果这是正确的，那么——为再次强调——没有理由认为它应该全面获胜——而且尤其怀疑是否它应该如此做在我们现在全神贯注于实分析的情况下。

直接的障碍在于它单单不是区别性的实分析概念能被基于它们

的应用的情况,在以其至少在原则上算术概念和简单几何概念能被基于的样式以后。例如,当群的基数是能经验上被决定的,且在思想中被模式化的至少小基数的应用,没有实数能作为任意特殊经验上给定量的测量被给出。单单不存在诸如通过测量或者通过任何其他经验程序决定量的实数值的事物——我们取的任何测量集将是有限的,甚至在最好的情况将不存在它们的收敛于特殊实数值间的经验区分,与足够接近它但不同于它的不可数多个其他值截然相反。那么类似物如何能紧握思想实验或者想象路径种类的实数,其能融入算术和几何的对象且形成它们的反思知识的最简单种类的基础?而且如果没有如此类似物是可能的,那么存在什么理由假设我们任意的分析知识是关于它的应用是直接的命题?无论如何,这就是问题所在。

弗雷格约束是被证实的,当我们关注再造数学分支,至少它们的区别性概念的某些恰好能由解释它们的经验应用所传达。然而,事实是我们的特殊实数恒等性概念和整个支配性的连续性概念两者——由测量决定的参数内部的可能值范围的稠密性和完全性——在经验应用中不是显然的。宁可,所以人们会认为,概念形成流(the flow of concept-formation)走另一个方向:用连续性的经典数学告知对其他被应用的经验定域中的潜力变种的参数的非经验再概念化性(nonempirical reconceptualization)。如果这个思想是好的,且如果弗雷格约束的唯一真正的令人信服的动机是我们曾经评论的那个,那么从新弗雷格主义的观点来看,在遵循戴德金主义方式对实数作抽象主义再造(an abstractionist reconstruction of the reals)的过程中将不存在重大缺陷。

4. 结构抽象

我们曾建议纯粹数学理论的抽象主义再构造可以从弗雷格约束中被免除,在对理论内容采用结构主义观点是适当的任意情况下。这似乎是不稳定的声称。毕竟,抽象主义整个存在的理由是恢复对被预想为某些特定种类数学对象知识的东西的描述。相比之下,典型的结构主义者起初不把数学看作对象定向的（object-directed）而把数学家的关注看作有对象收集可以作为例证的结构性特征，而它们的性质是不相关的。所以似乎弗雷格约束必须至少在抽象主义有任何指向的所有情况下生效（in force）——这里存在一系列特定的数学对象，有真内在性质（a proper intrinsic nature），其正是定向理论关注的；而且在不应用弗雷格约束的情况下，不存在它本来约束的指向抽象主义计划的任何方式。让我们简要地解释为什么不认为情况如此——解释为什么和如何抽象主义和结构主义能合作。

存在一种结构主义它的整个目的就是本体论节约（ontological frugality）。对这种消除性结构主义，在纯粹数学结构性关注上强调的要点是经由对抗且由此从被视作真正关注对象的成问题概念的东西中解救一个出来——就是存在诸如特定数学存在性（mathematical existence）任意此类的事物。这种结构主义确实是与新弗雷格主义（neo-Fregeanim）相冲突的。但它的精神是相当不同于由诸如雷斯尼克和夏皮罗这样的作者所提倡的第二种结构主义的精神。对这些理论家来说，用特定的区别性结构种类以强调对数论或者实分析的关心，伴随的观念不是我们应该把如此理论考虑为无辜的本体论承诺（innocent of ontological commitments）而是它们恰好是关于清晰的结构且在结构内部我们用什么对象来构形是不要紧的只要它们共同组成恰当种类的结构。数学乐趣就在于这个对象——在于清晰的结构自身。

正是这种本体论自由（ontologically liberal）的结构主义——夏皮罗把它称为先物的（ante rem）——才潜在地与新弗雷格主义基础的纲领一致。本体论节约结构主义者（ontologically frugal structuralism）不需要实际上存在各种结构类型的任意例子在其他表示数学家感兴趣的东西。实际上可能不存在完全有序域；甚至可能不存在 ω—序列；但对节约的结构主义来说，我们仍然能研究当它们存在如此结构会像什么。据此观点，数学是关于假设结构的科学。它描述事物会怎么样当存在各个相关种类的结构化实体收集。相比之下，先物结构主义者对结构采用一种柏拉图式的观点：它们存在且凭借自身对数学描述作为复杂对象是可用的，不管是否由任何独立的对象收集所例示。因此先物结构主义者必须设法解决下述问题：能给出什么保证使得如此被设想的经典数学结构确实存在，像连续统那样？而且我们如何得到关于它们的知识？

夏皮罗的回答是有细微差别的但最终是广义希尔伯特主义的（broadly Hilbertian）。在最好的情况下，他认为，它是根据给出我们领会的预期结构的范畴描述——使它作为思考对象变得可用。而且一旦可用，我们可以通过探索凭其他被传递的描绘的演绎和模型论结论研究它。适当描绘的可理解性是足够的——不只是对传达所涉及的结构概念而且对把非常对象呈现给心灵足够。例如，二阶范畴性戴德金—皮亚诺公理自身呈现结构：ω—序列。因此在夏皮罗最后的观点中，理论家需要做的所有东西以便解释特殊数学结构如何作为数学研究的对象对我们是可通达的就是唤起对我们能够领会它的标准公理化描述的事实的注意。数学通达仅仅由数学理解就是被完成的。在我们看来存在两种抽象主义可以补足和促进这个观点的方式。一个是完全与提议一致且实际上是由夏皮罗本人评论的。我们前面说过夏皮罗的立场是广义希尔伯特主义。

但对希尔伯特来说协调性是足够的：仅仅公理集的协调性足以确保对这些公理要探讨的数学主题的实在性。夏皮罗的观点是更有资格的。他不接受仅仅任意旧的协调性描述有助于传达先物结构——使作为思考的对象对我们是可通达的。我们想要更紧的约束，而且他在他的连贯性概念中标记它们。可以说，当他意指这个概念，描绘是连贯的恰好假使它在集合的标准迭代层级中是可满足的。无论如何，这是连贯概念的预期外延：它对夏皮罗的描述来说是一个深切关注当解释连贯性的最好办法是自用集合的假定的先备本体论和认识论（an assumed prior ontology and epistemology），由于人们不会留下对 **ZFC**

公理连贯性的描述。现在以其抽象主义可以与这种形式的结构主义结合的第一种方式恰好是通过交付对给定公理化描绘连贯性的确保。因为无论适合夏皮罗目的的连贯性概念如何应该一般地被阐明，它应该对公理集和的连贯性足够当我们能追求独立给定的可以识别这些公理以描绘的对象定域。因此不应该有关于公理连贯性的问题，在与夏皮罗的目的协调的意义上，我们能在由通过适当抽象原则提供的独立对象组成的定域中以其为模型。

互补性的第二个要点没那么友好。抽象主义对夏皮罗的路径所持的主要保留意见涉及他的观念：仅仅通过给出连贯的公理化，我们能做比传达概念更多的事情。夏皮罗认为我们能引起对清晰的原型对象（archetypal object）的警觉，立刻表示问题中的概念且具体表达对它的说明。但存在什么理由做出如此假设？写小说的某个人，甚至最连贯的小说，由此不创造一系列实体它的性质和关系正如小说描写的那样。宁可他仅仅创造概念，这是对可能在其不管是真实的还是想象的特定事物可能是如此有资格的和有关系的情境的描述。相比之下，隐含在夏皮罗观点中的是不能存在诸如虚构化结构（a fictionalized structure）的事物。试着只写出想象的结构，如同关于想象的人，且关于你的虚构的非常描述，如果连贯，将达不到你的目的。只有连贯地写作和柏拉图式实体——夏皮罗主义结构（a Shapironian structure）——向前迈进履行描述性要求（descriptive demand）。

自然地，夏皮罗是完全自觉的且就他的观点的这个方面予以仔细考虑。如果他是正确的，数学虚构主义仅仅是从开始就不连贯的数学哲学。有了结构，描述的连贯性对实在者的存在性足够。相反，抽象主义将确立由弗雷格本人反复强调的正统观念，即在数学中，如同在其他地方，在概念和对象间存在缺口，也就是一个事情是给出无论如何精确的和连贯的描绘且另一个事情是有理由认为它实际上是被实现的。如果人们接受这个观点，下述问题就很迫切：如果不是夏皮罗的'快速通道'，什么能构成对把结构存在性设想为凭借自身的纯粹对象的识别，以先物结构主义的样式？而且在目前语境中明显的建议是尝试通过抽象到达结构的观点，把纯粹结构实际上当作与给定对象定域和特定序关系有关联的序型。比如，因此结构，ω—序列，是与在小于关系下的自然数相关联的序型。而且一般地，

> 结构抽象 结构(F, R)＝结构(G, S)当且仅当关系 R 下的 F 是同构于关系 S 下的 G 的。

行家会直接抗议我们不能恰好有这种形式的抽象，由于在全一般性下，它将蕴涵布拉利—福蒂悖论(the Burali-Forti paradox)的一种形式。然而它确实正确地编码先物结构主义者对纯粹结构恒等条件的隐概念，且对伴随悖论的解决，类似于第五基本定律，必须相应地在于识别并非每对(F, R)都决定一个结构。除了这些这些问题，结构主义者尚未找到一种支配性结构以容纳序数，或者集合的迭代层级。怀特建议结构主义者要直面这些问题，而不是用作为对存在性充分的连贯神话掩饰它们。把关于'巨大'结构的这些问题放到一边，对我们似乎先物结构主义者应该欢迎每当抽象主义纲领局部行得通的情形且能表明如何可能到达例示给定有趣结构的特定抽象物收集，且认出它们确实例示它；因为这是应该被需要构建抽象到结构自身的全部。非常简单地，存在全部的——本体论的和认识论的——理由尝试对结构的抽象主义处理，如同对任意其他种类的数学对象那样。在恢复结构理解所有序数或者集合的过程中可预知的困难不应该被看作揭露路径中的不合需要的限度，而应该被看作指向在于把适当综合结构的有效概念指派到我们的一般困难。

文献推荐：

黑尔在论文《根据抽象来的实数》中假设关于初等算术的新弗雷格主义立场的正确性且凭借更多适当的抽象原则引入作为量比的实

数,试图解释把它扩充到包含实数理论的一种方式。库克在论文《节约状态:新逻辑主义与膨胀》中审视成功的新逻辑主义实数构造的前景,聚焦于黑尔的对分割抽象原则的使用。夏皮罗在论文《弗雷格会面戴德金:新逻辑主义的实分析处理》中使用新弗雷格主义风格的抽象原则从自然数发展整数,从整数发展有理数,从有理数发展实数。夏皮罗考虑分割抽象原则,从该原则出发推导二阶皮亚诺算术的公理。怀特在论文《新弗雷格主义实分析基础:关于弗雷格约束的某些反思》总结在抽象原则和二阶逻辑的基础上发展实分析的两种方式:一种是黑尔的方式,他提出所谓的弗雷格约束,着重考虑应用问题;一种是夏皮罗的方式,模仿戴德金把实数认作在自然序下的有理数序列中的实数。这种结果实质上是结构主义的实数概念。怀特关心的是黑尔的弗雷格约束的意义和动机。

第四章
新逻辑主义集合论

第一节　启蒙版本第五基本定律模型

我们要讨论的是怀特把他的通向算术的新弗雷格主义路径扩充到分析和集合论的纲领。帕森斯同意怀特用抽象替换语境定义的做法。布劳斯把二阶逻辑加休谟原则称为弗雷格算术,帕森斯认为可以把它称为纯粹二阶基数理论。帕森斯认为基于启蒙版第五基本定律的理论不仅仅是冯诺依曼类型集合论的记法变体也是带有全集的集合论版本。帕森斯首先为二阶策梅洛—弗兰克尔集合论找到模型,然后为启蒙版第五基本定律找到模型。在发展集合论的过程中会碰到三个问题:首先,从启蒙版第五基本定律推不出无穷公理和幂集公理;其次,我们无法消除人们对休谟原则分析性的怀疑;最后,我们很难扫除把启蒙版第五基本定律看作再概念化性的障碍。

1. 帕森斯同意怀特用"抽象"取代"语境定义"

我们要讨论通过使用分析与集合论抽象公理扩充怀特的通向算术基础的新弗雷格主义路径的纲领。在转向我们的主题前,我们将评论一个术语的要点,尽管怀特已经解决它。我们赞同他对像休谟原则这样的词项"语境定义"原则的拒绝,而且我们认为他的词项"抽象"是

338

出色的替换而且值得投入广泛使用。帕森斯把弗雷格的基数恒等标准称为"部分语境定义",根据它允许从形式为"Fs 的数"的词项出现的某些语境消除它们。若要推广此观念,语境类是至关重要的。因为包含词项的已知真值的任意命题允许从某些语境消除它,也就是它出现在该命题语境中的地方,自此以后我们能用 T 或者 F 取代该命题。但在休谟原则与某些其他语境定义的情况下,语境类是显著的一个。在休谟原则的情况下,语境具有形式 $^\#F = {}^\#G$ 的语境,这里既非 F 也非 G 包含数算子。

帕森斯认为他的词项是不幸的,而且不仅仅因为他没尝试说什么是重要的语境类。相关的考虑在于我们不知道使休谟原则或者任意其他二阶抽象成为定义的合乎情理的定义理论。显然休谟原则不能满足使消除它引入的记号成为可能的条件,由于把它加入纯粹二阶逻辑产生只带有无穷模型的理论。让我们考虑若有人尝试在古普塔(Anil Gupta)和贝尔纳普(Nuel Belnap)的意义上把休谟原则重组为循环定义会发生什么。人们能给出看似合理的第二层谓词 N(F, y)的循环定义,读作 y 是 Fs 的数。循环定义的工作方式在于有人在假设中放入被定义谓词的外延。该定义输出新外延,而且通过把该外延用作新假设人们能迭代这个过程。

会出现各种现象:迭代最终可以产生固定值,也就是,再次产生相同外延的假设,而且它对某些初始假设而非其他假设才如此做。对于 N 的一个定义,人们想要休谟—相容性假设,凭其我们指的是它们不把相同数指派到非等数概念或者它们不把不同数指派到等数概念。关于它们把数指派到什么概念休谟—相容性假设仍有异议。但我们不需要沿着此路线的任何事物。把 N 当作空的,也就是,没有数指派到任意概念明显是休谟—相容的。给定休谟—相容性假设,我们的定义会输出有着下述性质的假设:根据给定假设令 N(F, y)成立,且假设 F≈G。那么根据新假设,N(G, y)也成立。但它不会引入任意新数,换句话说,根据给定假设,如果没有与 F 等数的概念有一个数,根据输出 F 仍不会有一个数。

另一个循环定义给出某些新数。但对此存在限制。给定谓词 $N(F, y)$ 的定义和休谟—相容性假设，让我们把它称为数封闭的（numerically closed）。当 $\forall F \exists y N(F, y)$ 时，如果我们把 $\sharp F$ 定义为"y 使得 $N(F, y)$"，那么容易看到休谟原则是满足的。但随后定域必定是无穷的。然而，由古普塔和贝尔纳普所理解的循环定义不增加本体论。如果我们以带有有限模型的理论开始，而且把它添加到某些循环定义，我们会增加新谓词，而且他们描述的修正过程把不同意义指派到这些谓词。但对起始理论的给定模型，它们是最初定域中对象的谓词。因此与休谟—相容性假设运行的修正过程引出数封闭的一个仅当人们以无穷模型开始。

2. 纯粹二阶基数理论与启蒙版第五基本定律

现在转到我们的主题。由弗雷格所理解的逻辑主义不只是关于算术的观点也是关于它进一步发展到分析的观点。就他反思集合论而言当集合论在他打时代逐步形成的时候，他也把它理解为逻辑的一部分。不管在其他方面多么不同于弗雷格的版本，在弗雷格之后所表述的逻辑主义观点，关于他们要包含什么数学的辖域继续持有全面的看法。事实上会更多，由于人们不以弗雷格维护它的形式维护他把几何排除在外的做法。即使我们给予怀特他关于休谟原则地位要求的所有事物，导致的理论仅仅是作为相当有限数学部分的框架。我们将追随布劳斯把该理论尤其二阶逻辑加休谟原则称为弗雷格算术，尽管帕森斯曾经使用过的没那么简练的指示词"纯粹二阶基数理论"似乎对我们来说更好地捕获它具备的特征。

我们需要一种理解数学家们也考虑作为对象的实数和各种函数空间的元素的方式。尽管我们能在证明论的弱于二阶算术的理论中能完成且因此能在弗雷格算术中解释大量这种数学，如此解释是根据编码进行的且不直接传达理解所涉及概念以及与概念有关公理的基

340

础方式。我们需要的是比弗雷格算术有的带着更多集合论内容的理论。如果它是集合理论，那么我们能利用已知的其他数学对象的集合论构造。怀特使用曾经由布劳斯给出的建议，实际上通过引入大小限制观念限定弗雷格的第五基本定律。布劳斯称为对向的 F 的外延是良态仅当它不是太大的，也就是当不存在太多 Fs。使用布劳斯的记法，通过下述关系上的抽象我们引入对象 *F：

$$\mathrm{B}ig(\mathrm{F}) \wedge \mathrm{B}ig(\mathrm{G}) \vee \forall x(\mathrm{F}x \leftrightarrow \mathrm{G}x)。$$

如同布劳斯解释它的那样，效果在于 *F 刚好是 F 的外延当不存在太多 Fs，但所有太大概念对向都是恒等的。追随怀特，我们将把这个抽象原则称为 VE。什么是"太大的"？集合论给出一个答案：与全域等数。如同布劳斯评论的那样，这是在二阶逻辑语境中蕴含一般集合论基础公理的抽象公理形式。他没谈论的某个事物在于 VE 是与由冯诺依曼所提议的公理紧密相联的。这是强公理，在于在引入它的集合论语境中它蕴涵全局选择公理，这说的是存在对全域的单个选择函数：

$$\exists \mathrm{F}\{\mathrm{F}nc(\mathrm{F}) \wedge \forall x[\exists y(y \in x) \rightarrow \exists z(\mathrm{F}xz \wedge z \in x)]\}。$$

这为什么成立的原因在于布拉利—福蒂悖论告诉我们不能存在所有序数的集合，由此序数必定是与全域等数的。所以令 h 是每个事物到序数的 1—1 映射。任意非空集合的选定元素恰好是通过 h 有最小序数指派到它的元素。然而，通过 VE 引入对向不产生冯诺依曼集合论的另一个表述。如果我们用集合论术语考虑 VE 的模型，那么不太大的概念对向似乎对应集合，概念对应类，太大的概念对应真类。但额外对向 $^*[x:x=x]$ 怎么样？它不能与任意集合相一致，也不与任意个体相一致，由于后者没有元素但每个事物属于 $^*[x:x=x]$。处于后一个原因我们把该对象称为 V。不过我们看到我们缺少标准集合—类理论的特征，看到只有个体和集合属于类。因为 V 是一个对象，而且存在在其下 V 归入的概念，例如与 V 恒等的概念，不是太大的概念。

这些概念有着良态的对向，而且人们能从它们进一步增进良态对向。

从这个我们推断可以把 V 当作一个集合。基于 VE 的理论不是冯诺依曼类型集合论的记法变体，宁可是带有全集的集合论版本。通过考虑它的模型的下述简单构造我们将更好地理解它。以二阶 ZF 的良基标准模型开始，例如对强不可达基数 κ，秩 $<\kappa$ 的集合集 V_κ 作为集合，它的子集也就是秩 $\leqslant\kappa$ 的集合作为概念。现在构造有着一个附加个体 u 的新模型，但有相同的秩。令 V'_α 在新模型中是秩为 α 的集合。对 VE 的模型，选择 V'_κ 成为对象定域。概念是 V'_κ 的子集。概念是太大的仅当不存在对象归入它的秩上的 $<\kappa$ 的边界。我们令 $^*F$ 是 u 当 F 是太大的，否则就是对象归入它的通常意义下的集合。然而，我们将推断根据弗雷格的定义每个事物是 u 的一个元素，而且在它的传递闭包中包含 u 的集合将在它的传递闭包中包含每个事物。通过修改属于关系的定义使得 $x \in y$ 仅当存在 F 使得 $^*F=x$，Fx，且 F 不是太大的，那么没有任何事物是 V 的一个元素，使得 V 表现得像一个个体。那么在属于关系的意义不存在变化，当我们从由 u 加强的集合论模型进入 VE 的模型。

3. 重构集合论遇到的三个问题

到目前为止的注释过程中存在一个严肃的问题。从我们已经说过的可以看出 VE 提供集合论的公理化，在其所有余下的工作是通过二阶逻辑完成的。事实并非如此。如同布劳斯自身评论的那样不能推出无穷公理。在我们的模型构造中我们可以把 κ 当作 ω 而且把所有集合当作遗传有限的。我们不知道是否推出并集公理。让我们假设能推出它。确定不能推出的另一个公理是幂集公理，因为我们能在上述构造中把遗传可数集当作初始模型。并集公理对集合论实践是必然的。无穷公理是必然的当人们要执行实数的传统构造。若无这两条公理人们不能得到超出算术的东西。而且当然幂集公理对集合论的进一步发展是实质的。根据新抽象存在得到缺失公理的希望，使得通过怀特纲领设想的概念步骤种类我们将获得集合论吗？我们不知道，但下述考虑似乎对我们是一个障碍。我们有这些公理要求作为概念对向的集合。概念是足够良态的即使我们不能证明它们的对向是良态的。例如对无穷公理，我们必须说服自己自然数不是与全域等数的。通过增加新抽象公理我们能做到这一点吗？

不使用冯诺依曼的序数解释，通过某个可数序数理论也许我们能做到这一点，但我们必然会避免与下述事实相冲突，也就是二元关系同构抽象原则是非协调的。我们没有着手处理幂集公理的思路。假设我们有确实的公理，基于 VE 的集合论在各个方面是有趣的。在其该可公理化使用二阶逻辑的方式区分于在其根据休谟原则在公理化算术过程中使用二阶逻辑的方式，或者从自然数定义获得归纳的任意其他办法。冯诺依曼的可公理化明显不是基于二阶逻辑的而是基于二类一阶逻辑的。如果人们以二阶术语表述它，非直谓概括不是必然的。尽管我们没有为 VE 验证细节，我们不知道怀疑在此情况下相同的会是真的任意理由。那么看似可能的是通过使用此工具生成集合论我们已获得优于弗雷格主义算术表述的某个事物。粗略地讲，我们的概念理论会是直谓的，在它之前是非直谓的地方。由于常常对我们来说经由谓项弗雷格的对概念观念的解释不产生他使用非直谓二阶逻辑的动机，这会是哲学上重要的收获。

反思表明该收获要付出高代价，关于其冯诺依曼公理和 VE 蕴涵全局选择的事实应该警告我们。在二阶变元范围内这些公理假定对任意无法有集合作为外延的概念的到全域的 1—1 映射。不存在认为我们能定义如此映射的理由。我们不认为如此映射存在的假设与类或者概念的直谓概念一致。把直谓性放置一旁，我们认为我们可能完全相信这些映射当我们采用本来对弗雷格不会是同质的概念，而且我们怀疑它对怀特是同质的。也就是在量词化集合时我们从未捕获所有集合的绝对全域。我们的量词常常是能够成为再解释的使得它们管辖一个集合。那么全局选择的假设是透支未来的一类在其我们的全域本来将被再解释为一个有着它的幂集的集合。我们继续来看基于把 VE 当作公理的理论。它确实显露自身为反常集合论但根据标准集合论术语是完全可理解的，由此作为主体框架是可使用的。给定缺失公理的问题，我们猜测进一步推进怀特纲领的更有前途的方式是去寻求毫无瞄准集合论的通向分析的某条独立路径。

但这只是一种预感而非一种成熟观念。我们关于什么是分析的直觉不强于布劳斯的直觉。存在使算术和分析成为分析的且全集合论不成为分析的分析性定义并非是不可能的，至少对适当的分析表述。布劳斯提到哥德尔的分析性概念。尽管在他提到哥德尔的意义上支持集合论成为分析的，他认为这并不表明对当时成熟的部分集合论成立当哥德尔评论这个事情的时候：也就是什么依赖非常强无穷公理，包括可测度基数的存在性甚或更大基数的存在性。哥德尔的评论允许下述可能性：对某些数学公理可能不存在任意令人信服的辩护，除了后天的辩护也就是它们在产生同意数学家们的直觉且与现存数学理论连贯的后承中是富有成效的。我们自己的观点在于这最后对幂集公理终究是真的。即使怀特能够解决我们的关于休谟原则分析性的怀疑，他可能必须让步说在某一个时刻数学原则开始有此特征。

我们想要评论的第三个要点是怀特的抽象产生再概念化的观念。我们猜测改变他的是与像弗雷格的方向例子那样的一阶抽象匹配的画面。在这些情况下似乎我们正在做的是以一种更粗糙的方式个体化我们有的对象，人们可能说划分定域或者部分定域有一点不同。重要的是在如此情况下我们能产生一种还原：我们能把方向谓词转化为对其平行主义是全等的线条谓词。似乎能论证的唯一事物在于是否要把等价关系成为对象种类的恒等。我们对此不持反对意见，但显然事情不同于二阶抽象，这里等价关系是关于概念的且据称在对象中间得到恒等。

布劳斯的问题由此从概念到对象的映射有效。在集合论的情况下，我们将不能够根据抽象获得我们的理论，由于下述事实：我们能表述的集合存在性原则的任意系统将引出建议新的更强原则的反射。在此考虑中我们看到把 VE 看作再概念化的额外障碍。对有着一个自由变元的任意公式 A,我们有对向$^*[x:A]$。问题常常是:是满足 A 与全域等数的对象吗? 在集合论的发展历程中我们将逐渐设想越来越多的集合。这个的结果在于在越来越多的情况下对给出否定答案将是可能的。结果在于我们将用时间在对向中间作出越来越多的区分。这是设想将获得越来越多的形式。如何把此看作"认识先验真种类的再概念化"对我们来说是神秘的,但那时怀特的容纳这种基础集合论特征的纲领扩充不是他明确自身承诺的某个事物。

第二节　关于新第五基本定律的哲学争论与数学推进

布劳斯对休谟原则的研究结果表明它与二阶皮亚诺算术是等协调的,在二阶逻辑中从它推导出二阶皮亚诺算术。后者是著名的弗雷格定理。弗雷格定理是一项数学上的成就,这是没有争议的。有争议的是关于弗雷格定理的哲学意蕴。既然弗雷格定理由二阶逻辑和休谟原则组成,那么所有的争议都是围绕这两个议题展开的。怀特认为弗雷格定理是对新逻辑主义有关自然数的辩护。他的纲领要取得成功,要保证二阶逻辑是语义中立和认识中立的。二阶逻辑的公理和规则要保持休谟原则的语义和认识的优先性地位不变。布劳斯认为逻辑不应该有本体论后承。然而休谟原则蕴涵无穷个多个数存在的本体论后承。要从没有本体论后承的逻辑推出有本体论后承的算术,这在根本上是不可能的。怀特的策略是把休谟原则当作用逻辑术语表述的一种解释。当从这个解释出发得出本体论后承时我们不再使用逻辑。怀特认为他的逻辑主义接受根据抽象而来的概念形成。

而布劳斯不接受概念形成。这是怀特与布劳斯争论的症结所在。布劳斯反对的理由就是著名的良莠不齐异议。布劳斯认为光从协调性出发把好的抽象原则从坏的抽象原则中区分出来是不够的,因为存在两个协调抽象原则不相容的情况。谓词怀特提出它的保守性标准，但这里会出现反例。夏皮罗和韦尔提出怀特保守性标准的修正版本。如果要把数学还原到逻辑，光有弗雷格定理和休谟原则是不够的。因为我们还需要对实分析、复分析、泛函分析等等做新逻辑主义处理。这就需要新的抽象原则，这种原则要保证至少存在连续统多个对象而且保证产生二阶分析的标准公理化。为此，怀特考虑了布劳斯的提议，这就是对第五基本定律进行限制。按照自由逻辑，我们把第五公理限制到安全性质，不安全性质不指派外延。这就是好外延原则。好外延原则里的一个性质是概念 F 是坏的。我们有理解坏性质的两种方式。首先把坏性质理解为概念 F 应用到至少 κ 多个对象。

这种理解方式有两个缺点。第一个缺点是它用盗窃取代辛勤的劳作。第二个缺点是它破坏了怀特的几乎—矛盾约束。其次把坏性质理解为概念 F 是与论域等数的。由此引出的原则就是布劳斯的新第五基本定律。我们不能在外延理论中执行弗雷格的自己对算术的发展。然而通过遵循策梅洛、冯诺依曼或者戴德金我们能在成为新第五基本定律基础的集合论中发展算术。新第五基本定律自身是协调的。不过它甚至达不到策梅洛集合论。尽管新第五基本定律的所有模型都是无穷的，然而我们从它推不出存在一个无穷集。因此，我们不能从新第五基本定律推出无穷公理。而且，从它我们也推不出幂集公理。新第五基本定律的模型是可数的，我们不能再捕获实分析。所以它不是新逻辑主义唯一的解决方案。不过我们可以对它进行补救，补救的结果就是能发展出实分析和复分析。如果我们继续补救，它甚至能发展出全部经典数学。尽管能取得如此多数学上的成就，不过关于新第五基本定律的哲学意蕴也有着争议。

接下来要做的事情就是推进布劳斯对集合论基础的兴趣，这里主要是对新第五基本定律的研究。在这方面夏皮罗支持的是布劳斯而不是怀特。我们从三个不同视角接近新第五基本定律。首先使用二阶逻辑处理新第五基本定律的演绎和语义后承。其次评估把新第五基本定律加入更多标准集合论的前景。这有两方面的目标。一个目标与集合论基础相关。另一个与新逻辑主义相关。最后是考虑新第五基本定律的集合大小模型。这是经典模型论者考察新逻辑主义者工作的视角，尝试从模型论者的角度出发判定他们工作的前景。夏皮罗认为，大量的布劳斯—怀特争论预设的是从集合论做模型论的框架。从第一个视角出发，夏皮罗表明新第五基本定律与怀特的保守性要求、改进版保守性要求和近—悖论约束相冲突。从第二个视角出发，我们要区分两个集合概念 Z—集合和 V—集合。两者间的区别是前者是良基的而后者不是良基的。纯粹 V—集合是良基的，然而并非每个 V—集合都是纯粹的。Z—集合和 V—集合间的关系是由恺撒问题的解析度决定的。通过把第五基本定律加入迭代集合论，我们证实布劳斯的当代集合概念是迭代概念和大小限制概念的混合的说法。

迭代概念产生除了替换公理和选择公理的所有策梅洛集合论，而当我们把量词限制到纯粹 V—集合时大小限制概念产生除了无穷和幂集的所有 **ZFC** 公理。当我们把这两个理论结合起来时，迭代概念和大小限制概念有相同的结构。替换公理和选择公理在 Z—集合上成立，而无穷公理和幂集公理在纯粹 V—集合上成立。对新逻辑主义者来说良序原则是把新第五基本定律加入二阶策梅洛—弗兰克尔集合论的充要条件且由此在集合论层级上解释新第五基本定律。从第三个视角出发，我们要来审视新第五基本定律和其他抽象原则的集合—大小模型。这是评估新逻辑主义者追求数学前景并且新第五基本定律的演绎后承和语义后承的集合论者的视角。在布劳斯—帕森斯构造的基础上，夏皮罗和韦尔得到的最好结果是新第五基本定律在广义连续统假设下成立。在此情况下，每个弱不可达基数都是强不可达基数。因此，新第五基本定律在所有后继基数处和所有不可达基数处成立，而在所有奇异基数处无效。

1. 弗雷格定理与新第五基本定律的数学成就与哲学意蕴

布劳斯关于弗雷格和算术基础的许多工作集中在由弗雷格所提出的抽象原则,而且现在以休谟原则而著称。它陈述的是对任意性质 F, G, F 的数是 G 的数当且仅当 F 和 G 是等数的:

$$\sharp F = \sharp G \equiv (F \approx G),$$

这里"F≈G"缩写的是下述的二阶公式,即存在从 F 的外延到 G 的外延上的 1—1 函数:

$$(F \approx G): \exists R[\forall x(Fx \rightarrow \exists ! y(Gy \ \& \ Rxy)) \rightarrow \exists ! x(Fx \ \& \ Rxy))].$$

因此休谟原则是用表示从性质到对象的函数的符号"♯"所增大的二阶语言中的公式。包括布劳斯和怀特的许多作者已指出弗雷格对算术的发展包含二阶逻辑中从休谟原则推导全二阶皮亚诺算术的精要。这个推导现在被称为弗雷格定理。最近的工作揭示休谟原则是协调的当二阶算术是协调的。赫克表明在弗雷格对算术的处理中,对注定以失败告终的第五公理的仅有的实质使用是推出休谟原则。没人怀疑弗雷格定理是实质性的数学成就,它阐明自然数和它们的基础。谁本来会认为能从关于计数的如此简单且明显的事实推出这么多结果?多年依赖,布劳斯、怀特和其他人参与到关于弗雷格哲学意义的激烈讨论。

把新逻辑主义者或者新弗雷格主义者定义为持下述两个论题的某个人。(i)数学真性的重要核心是先天可知的,是从分析的或者意义构成的规则中推导出来的;且(ii)这种数学关心抽象的对象领域,其在某种意义上是客观的,或者不依赖于心灵的。新逻辑主义可能对那些同情作为先天、客观真性体的传统数学观点是有吸引力的,但担心柏拉图主义所面对的标准认识论问题。我们如何知道关于因果惰性抽象对象领域的任何事物?新逻辑主义者回答说:凭借我们的当使用数学语言时我们意指什么的知识。新逻辑主义者是科法(Alberto Coffa)称为"语义传统"东西的当代继承人。开始于《弗雷格的作为对

348

象的数概念》，怀特认为弗雷格定理维护涉及自然数的新逻辑主义版本。他退让说休谟原则可能不是"基数"或者"基数恒等"的定义。然而

> 弗雷格定理仍将确保……算术基本定律能在由下述原则增大的二阶逻辑系统内部推导出来，它的角色是解释，如果不是定义，基数恒等的一般定义，且这个解释根据能被二阶逻辑定义的概念继续进行。如果如此的解释原则……能被当作分析的，那么它应该足以……论证算术的分析性。即使人们发现这个项是令人烦恼的，休谟原则将是可用的没有有意义的认识论预设……所以进入到对……算术基本定律…真性辨认的先天路径将被构想出来。且如果休谟原则被看作完全的解释——如同表明基数概念如何在纯粹逻辑基础上被完全理解——那么算术将由休谟原则揭露出来……仅在它使用逻辑抽象原则的程度上超越逻辑——只配置逻辑概念的一个。所以，倘若根据抽象的概念形成是可接受的，那么将存在从掌握二阶逻辑到全部理解和掌握算术基本定律真性的先天路径。如此的认识论路径……会是仍值得描述为逻辑主义的成果……（怀特 1997，第 210—211 页）

像最初的弗雷格逻辑主义那样，怀特纲领有机会成功仅当二阶逻辑是语义且认识论中立的，对比奎因的二阶逻辑是伪装成集合论，"披着羊皮的狼"的声称。如果大量的数学已被嵌入逻辑，那么就逻辑主义而言，弗雷格定理乞求论点。当然，边界争端不是特别有趣或者有启发性的。这里要紧的是二阶逻辑的公理和规则是否保留为休谟原则所声称的特许语义学和认识论地位。对逻辑主义计划绝对实质的是当尝试构建数学真性时，我们不需要调用康德主义或者哥德尔主义直觉，经验结实性（empirical fruitfulness），等等。这应用到出发点且被用来追求纲领的逻辑。出于论证的目的，我们不质疑二阶逻辑的地

位。我们还有其他的事要做。

反对新逻辑主义的论证是休谟原则有本体论后承：无穷多个数的存在性。布劳斯争论说逻辑不应该有本体论后承。我们不应该单单从意义的考虑中推出任何事物的存在性。如果注意到这个限制，且如果我们追随弗雷格从面值（face value）上理解算术，那么逻辑主义是不值得考虑的方案。算术有本体论后承；而逻辑没有。不是在它开始前就结束这个争论，我们注意到逻辑没有本体论的论题乞求反对逻辑主义者的论点。怀特提出紧缩逻辑主义者的声称。他争论说休谟原则是对"基数恒等"概念的"解释"——可能是"完全解释"，且这个解释是用逻辑术语表述的。我们离开逻辑，当我们从这个解释得出本体论后承，但怀特认为有弗雷格定理我们仍有某些"值得描述为逻辑主义"的事物。怀特让步说他的逻辑主义取决于"根据抽象的概念形成"是被接受的限制性条款。这是他与布劳斯争论的关键。休谟原则是形式为下述的抽象原则种属的一个：

$$@\alpha = @\beta \equiv E(\alpha, \beta),$$

这里 α 和 β 是相同类型的变元，$E(\alpha, \beta)$ 是等价关系，且"$@$"是新函数符号，以致"$@\alpha$"和"$@\beta$"都是单项。弗雷格调用两个其他抽象原则。一个至少是相对无害的：l 的方向等同于 l' 当且仅当 l 平行于 l'。另一个例子是弗雷格的第五公理：

$$Ext(F) = Ext(G) \equiv \forall x(Fx \equiv Gx),$$

这是他的外延理论的部分。当然，第五公理与经典或者直觉主义二阶逻辑的概括原则是不协调的。追随怀特海和罗素的回应会是禁止非直谓定义，以致我们不能用根据外延定义的性质实例化第五公理。这个限制会恢复协调性，但它也会用以♯—符号定义的性质阻止我们实例化休谟原则。因此这个限制会阻止弗雷格定理，期望中的通向逻辑主义的路径。所以为希望调用弗雷格定理的新弗雷格主义，禁止非直谓性会把婴儿连同洗澡水一起倒掉。布劳斯不接受"根据抽象的概念形成"作为有希望的逻辑主义者的合法策略。他的最盛行的论证是"良莠不齐异议"。布劳斯提议不存在非特设的把像休谟原则这样好的抽象原则从像第五公理这样坏的抽象原则中区分出来的办法。诚然，休谟原则是协调的而第五公理不是协调的，但这个区分是太粗颗粒的。在它仅在无穷定域中可满足的意义上休谟原则是"无穷公理"。布劳斯指出存在协调的抽象原则，有着与休谟原则一样的形式，仅仅在有限模型中是可满足的。如果休谟原则是可接受的，那么这些其他的也是可接受的但它们不能都是正确的。那么如何区分合法的抽象原则呢？

怀特接受挑战且提议好抽象原则必须满足的某些保守性要求。令 A 是抽象原则且令 T 是语言不包含由 A 引出的算子的任意理论。直接的保守性要求会是如果 Φ 是 T 的语言中的语句，那么 Φ 是 T+A 的后承仅当 Φ 单单是 T 的后承。也就是，把 A 添加到给定理论 T 不应该给出旧语言中不是旧理论后承的任意后承。由于某些合法的抽象原则的本体论后承，这个要求是太强的。例如，休谟原则不是任意协调的不蕴涵无穷多个对象存在性理论的保守扩充。怀特的提议是好的抽象原则不应该有任意的不同于从新引入对象存在性推出来的后承。例如，我们从休谟原则构建论域的无限量仅仅因为存在无穷多个自然数。怀特的保守性要求是合法的抽象原则不应该有关于任何的在前述本体论中被认出的对象的新后承。例如，如果我们把休谟原则添加到关于猫的理论，那么不应该有关于猫的新后承。当然，第五公理破坏这个保守性要求。

现在假设 A 只在有限定域中是可满足的而在无穷定域中不是可满足的。那么如果我们把 A 添加到关于猫的理论，我们能推出只存在有限多只猫的陈述。这是足够可行的，但它本来可能不是我们前面猫理论的后承。经由抽象调用理论不应该自动告诉我们存在多少只猫。令 κ 是基数。怀特发现蕴含存在至少 κ 个事物的抽象原则是合适的，而蕴含存在至多 κ 个事物的抽象原则不是合适的。他提供保守性要求的严格表述:令 Sx 是对恰好新引入项"指称物为真"的谓词。在休谟原则的情况下,Sx 陈述的是 x 是一个数,也就是,Sx 是 $\exists F(x = \#F)$)。令 Φ 是新语言中的语句。把 Φ 的 Σ—限制,记为 Φ^Σ,定义为把 Φ 中量词的范围限制到 $\neg S$ 的结果。所以在休谟原则的情况下,Φ^Σ 陈述的是 Φ 对非数成立。

令 T 是任意理论。保守性要求是对语言 T 的任意语句 Φ,T 加抽象原则蕴含 Φ^Σ 仅当 T 蕴含 Φ。所以,例如,对任意与休谟原则协调的理论且这个理论语言中的任意 Φ,如果理论加休谟原则蕴含把 Φ 限制到非数,那么最初的理论应该蕴含 Φ 自身。如同表述的那样,这个保守性要求不是完全正确的。令 Φ 是语句"克林顿在誓言下撒谎",且令 T 是有单个公理的理论:"如果论域是无穷的,那么克林顿在誓言下撒谎"。那么 T 加休谟原则蕴含 Φ 且 Φ^Σ 恰好是 Φ。所以 T 加休谟原则蕴含 Φ^Σ。然而,T 自身不蕴含 Φ。所以休谟原则不满足怀特的保守性要求的字面意义。对好—扩充原则"F 是坏的"另一个自然描绘是"F 与论域是等数的"。把如此性质称为"大的":

$$F \text{ 是大的}: \exists R[\forall x(Fx \to \exists ! yRxy) \,\&\, \forall y \,\exists ! x(Fx \,\&\, Rxy)].$$

把性质定义为"小的"当它不是大的。要考虑的抽象是:

$$Ext(F) = Ext(G) \equiv [('F \text{ 是大的}' \,\&\, 'G \text{ 是大的}') \lor \forall x(Fx \equiv Gx)].$$

布劳斯给这个作为结果的原则起名为"新五",且怀特把它称为"VE",作为加强版第五定律的缩写。怀特把公理只是新五的二阶理论称为"SOLVE"。有了新五,布劳斯把 $Ext(F)$ 称为 F 的"对向",但我们将继续把它称为"外延"。在新五下,所有大性质的外延是相同的。小性质外延间的恒等是在第五公理中被制成的。在新五的情况下,"坏"性质的存在性恰好是与论域等数性质的存在性。当然,这是无害的逻辑真性,由此"坏"性质的存在性"独立的好声望"。所以怀特的近一悖论约束的要旨似乎是得到满足的。到目前为止一切顺利。布劳斯对新五的关心比起弗雷格逻辑主义是与长时间的对集合论哲学基础的兴趣更相关的。新五是应归于冯诺依曼的"大小限制"观念的直接表达式。布劳斯表明如何从新五中发展出一种集合论。首先以直接方式定义属于关系:x 是 y 的元素当 y 是对 x 成立的性质的外延。也就是,

$$x \in y \equiv \exists F(Fx \ \& \ y = Ext(F))。$$

布劳斯把 y 定义为集合当 y 是小性质的外延。当被限制到集合,外延性、分离和替换公理是从新五中推出来的。令 b 是普遍性质的外延,由 $(x=x)$ 所定义。那么 b 也是每个大性质的外延,且我们有 $\forall x(x \in b)$,尤其 $b \in b$。当然,b 不是集合。令 $\{b\}$ 是由 $(x=b)$ 所定义的性质的外延。人们能表明新五蕴含论域是无穷的。由此推断 $\{b\}$ 是集合。因此某个集合有不是集合的元素。此外,$\{b\}$ 和 b 有共同的元素,由此基础原则甚至对集合无效。被限制到集合的并集公理也无效。$\{b\}$ 的并集是 b,它不是集合。追随利维,布劳斯给出"纯粹集"的严格定义。集合是纯粹的当它,它的元素,它的元素的元素,等等,全都是集合。所以 $\{b\}$ 不是纯粹的。当量词被限制到纯粹集,外延性、分离、配对、并集、基础、选择和替换全都从新五中推出来。

弗雷格自己对算术的发展不能在外延理论中被执行下去。假设我们把数 1 定义为成为单元素集性质的外延且我们把数 2 定义为成为双元素集性质的外延。这两个性质都是大的由此 $1=2=b$。然而,通过追随策梅洛、冯诺依曼或者戴德金算术能在以新五为基础的集合论中得以发展。把数零定义为由 $(x \neq x)$ 所定义性质的外延。把数一定义为 $(x=0)$ 的外延,等等。二阶皮亚诺公设即将来临。这是几乎与弗雷格定理一样使人兴奋的。谁本来会认为如此多的东西能从如此少的东西中推导出来? 此外,新五是协调的。令论域是遗传有限集的收集,V_ω。令 f 是从 V_ω 到 V_ω 的任意 1—1 函数使得某个集合 c 不在 f

的值域中。令 A 是定域的子集。如果 A 是无穷的,那么令 $Ext(A)$ 是 c。如果 A 是有限的,那么令 $Ext(A)$ 是 fA。容易看到的是新五在这个解释下成立。

这个结果蕴含新五甚至达不到策梅洛集合论。尽管新五的所有模型是无穷的,从新五中推不出存在无穷集。因此无穷公理不是从新五可推导的。人们也不能推出幂集原则,即对每个集合,即对每个集合,存在一个幂集。由于 V_{ω} 是可数的,人们不能单单经由新五再捕获实分析。所以新五不是对新逻辑主义唯一的拯救。然而,如果我们用蕴含存在无穷外延的原则加强新五,那么实分析和复分析能沿着标准路线得以发展——例如追随戴德金。如果我们用幂集原则进一步加强这个理论,全策梅洛—弗兰克尔集合论公理会对纯粹集是真的,由此能发展所有经典数学。对三个简单的公理不是坏的。再次这里的问题是它的哲学意义,尤其它与逻辑主义的关系。怀特让步说规定无穷和幂集原则成立是处理不公的:

> 对于对 SOLVE 的数学能力感兴趣的人来说,不能够推出无穷和幂集原则将招致补充性公理的加入……但对于新弗雷格主义来说,如此的行动相当于束手无策。计划是解释对由经典数学理论要求的对象域存在性的识别如何可能得以完成。未决议的额外公理对这个计划没有任何贡献:它们仅仅相当于关于预期定域尺寸的规定——如此定域如何起先可能被认出的基础问题会是完全不被知道的。

怀特提议说我们通过把新五和某个其他抽象原则结合起来的方式得到无穷扩充:

> 受欢迎的抽象不必直接导致实数。任意的不可数群体将提供对着其自然数在 VE 的意义上不太大的背景幕。所以在如此

354

背景本体论的语境下啊，SOLVE 会提供分析的标准集合论构造的资源。换句话说，通过任意其他的可接受抽象增强 SOLVE——它甚至不需要成为逻辑抽象——其要求不可数的对象群体且你将有资源沿着经过试验测试的路线贯彻分析的集合论构造，而不直接使用新的对象。在如此的情境下，实数仍能被看作逻辑对象——由于它们会被认为等同于由 VE 引出的某些抽象——但对它们存在性的识别，与对自然数的识别相比，不会是被基于纯粹的逻辑抽象中的。（怀特 1997，第 243—244 页）

成为整个提议基础的假设是新五自身对自称弗雷格逻辑主义者来说是声誉良好的，且这个原则提供发展实分析且超出实分析的结构性背景。逻辑主义者要在别处寻找本体论。

2. 推进布劳斯的集合论基础研究

这最终为我们进入争论作好准备。我们提议推进新五和 **ZF** 作为可选择基础的技术比较，和"集合"概念的可选择概念——继续布劳斯对集合论基础的兴趣。我们的结果引起对新五是可接受抽象原则的预设的怀疑，给定新逻辑主义的标准和目标。因此站在布劳斯的以便反对怀特。以二阶语言开始，它的逻辑包含概括模式：

$$\exists R \forall x_1 \cdots x_n (R x_1 \cdots x_n \equiv \Phi),$$

对每个不包含自由 R 的公式 Φ 的实例。这个概括模式背后的观念是每个公式定义论域上的关系。有标准语义学的情况下，在每个解释中一元谓词变元管辖定域的整个幂集，且相似地对另一个高阶变元。在这种语义学下，概括模式是逻辑真性，即使它是非直谓的。用 λ—项加强这个语言，以致如果 Φ 是公式且 x 是一阶变元，那么 $(\lambda x \Phi)$ 是谓词项，且能在原子公式中占据谓词的位置。我们允许 λ—项在其被嵌入的公式 Φ 自身包含 λ—项。如果 t 是单项，那么 $(\lambda x \Phi)(t)$ 是等价于在

Φ中用 t 替代 x 的所有自由出现的公式。这个语言也包含二元和 n—位 λ—项。根据概括模式,有 λ—项的语言是没有它们的相应语言的保守扩充。λ—项$(\lambda x\Phi)$是由 Φ 所定义的性质的方便名称。如上,我们进一步用高阶函数常项 Ext 增强这个语言,以致 P 是谓词项,那么 $Ext(P)$ 是在一阶变元范围中指称某物的单项。回顾新五是这个语言中的下述语句:

$$\forall F\forall G[Ext(F)=Ext(G)\equiv$$
$$((\text{'F 是大的'}\&\text{'G 是大的'})\forall x(Fx\equiv Gx))],$$

这里"F 是大的"是下述的缩写:

$$\exists R[\forall x(Fx\rightarrow\exists!yRxy)\&\forall y\exists!x(Fx\;\&\;Rxy)].$$

作为一个选项,我们能把"F 是大的"定义为"F 与$(\lambda x(x=x))$是等数的"。在下面,我们从几个不同的视角靠近新五。首先我们处理新五的演绎和语义后承,使用通常的二阶逻辑。根据怀特的建议,这是发展数学且维持大多数逻辑主义洞见的框架。我们表明新五与怀特的保守性要求、修正的保守性要求和近—悖论约束发生冲突。紧接着我们评估把新五加入更标准集合论的前景。我们的目的是两个维度的。第一个关注集合论的基础。如同上述注意到的,布劳斯声称存在"集合"的两个不同概念,迭代概念和大小限制概念。新五捕获后者。我们表明被结合的理论比全 **ZFC** 是更丰富的,由此比单单的任何一个理论更强大。这加重布劳斯的没有单个集合概念成为 **ZFC** 基础的论题。我们的第二个目的关注新逻辑主义。如果新五要充当所有数学的部分基础,它应该与现有最强力的理论是相容的。即使新逻辑主义者能够使用新五再捕获分析和泛函分析,它对这个纲领来说是个打击当新五不顺利地适应现在舒适的但非逻辑主义的集合论数学基础。

简言之,为决定新逻辑主义者能否有蛋糕为自己享用,我们必须看到定义在整个集合论层级上的 Ext—函数的存在性中所涉及的是什么,所有集合论性质的"定域"。我们表明新五能为真当且仅当强力的选择公理是被假设的。我们最后的关注是模型论的。我们检测新五的集合—尺寸模型。我们构建的是新五的某些核心方面是独立于**ZFC**的。尤其，我们表明与**ZFC**协调的是不存在新五的不可数模型。因此，协调的是怀特使用二阶逻辑和新五以再捕获实分析的纲领在数学上是不可能的。这个方向预设的是一个背景理论——通常的集合论——从其我们从事模型论。布劳斯—怀特的许多讨论预设像这个的框架。例如，他们两个都指出休谟原则在任意无穷模型中且不在有限定域中是可满足的，而且他们指出新五在可数定域中是可满足的。在某种意义上，这种第三个视角是经典模型论者检测新逻辑主义工作的视角，试图从模型论者的视角决定这个前景。想必，怀特设想当模型论梯子被踢开或者经由抽象原则在对象语言中被再捕获的时机。

3. 布劳斯的新第五基本定律与怀特的三个要点相冲突

这里主要的结果是格外强的选择原则是新五的演绎后承。如上，或多或少标准的集合理论能在新五的语言中得以发展。回顾我们把对象 x 定义为集合当它是小性质的外延，且以直接的方式定义属于关系，根据断定：

$$\mathrm{SET}(x) \equiv \exists F(x = \mathrm{Ext}(F) \,\&\, \text{‘F 不是大的’}),$$
$$y \in x \equiv \exists F(x = \mathrm{Ext}(F) \,\&\, Fy).$$

所以集合是不与论域有相同尺寸的性质的外延。把集合定义为纯粹的当它、它的元素、它的元素的元素等等全都是小的。布劳斯表明对象 x 是纯粹集当 x 是集合且当 x 的所有元素都是纯粹的。像往常一样，把 x 定义为传递的当 x 的每个元素的每个元素是 x 的元素：

$$\forall y \forall z((z \in y \,\&\, y \in x) \rightarrow z \in x),$$

且把 x 定义为序数当 x 是纯粹集，x 是传递的且 x 的每个元素是传递的。令 On(x) 是新五语言中陈述 x 是序数的公式。通常的集合论论证构建的是序数的每个元素是序数且每个序数根据属于关系是良序化的。布劳斯表明序数的每个非空性质都有一个最小元：

$$\forall G[\exists x(On(x) \ \& \ Gx) \rightarrow \exists x(On(x) \ \& \ G(x)$$
$$\& \ \forall y(y \in x \rightarrow \neg Gy))].$$

由此推断序数自身在属于关系下是被强良序化的。令 On 是性质 $\lambda x (On(x))$。成为布拉利—福蒂悖论基础的推理构建的是 On 是大的：

定理 1：从新五中演绎推理出的是存在从序数到论域的1—1函数。

草证：令 $o = Ext(On)$。假设 On 是小的。那么 o 是一个集合。o 的每个元素是一个序数由此 o 的每个元素是纯粹集。由此推断 o 自身是纯粹集。此外，如果 x 是 o 的元素且 y 是 x 的元素那么 y 是一个序数由此 y 是 o 的元素。再次，o 的每个元素是传递的，由于它是一个序数。因此 o 自身是一个序数由此 $o \in o$。这与纯粹集的良基性相矛盾。因此，On 是大的，其蕴含存在从序数到论域的1—1函数。∎

定理 1 的显著结果是序数的良序引出论域的良序：

推论 2：从新五中演绎推出的是存在论域的良序。

证明：令 R 是从序数到论域的1—1函数。定义关系 $x < y$ 如下：

$$x < y \equiv \exists u \exists v(On(u) \ \& \ On(v) \ \& \ Rux \ \& \ Rvy \ \& \ u \in v).$$

由于属于关系是序数上的良序且 R 是1—1的，那么关系"$<$"是论域的良序。∎

全局选择原则从良序原则中推出来：

358

$$\forall R(\forall x\exists yRxy\rightarrow\exists f\forall xRxfx).$$

各种局部选择原则,像一阶 **ZFC** 的选择公理那样,是从全局选择中推出来的。一个如此的原则是对两两不交非空集的每个集合 s,存在恰好由 s 的每个元素的一个元素构成的集合。推论 2 指明新五破坏怀特的最初保守性要求、上述修正的版本和近—悖论约束。让我们以最后一个开始。怀特指出新五在它的一个析取支是弗雷格最初第五公理关键子句的意义上"嵌入一个悖论"。这里我们调用的是另一个悖论。定理 1 的证明再生导致布拉利—福蒂悖论的推理,然后形成一个析取三段论以推断 On 是大的。因此,对怀特来说,证明和它的推论开发新五的"悖论性成分"。近—悖论约束在于任意如此的后承应该是"先天的,有着独立的良好声誉"。论域良序的存在性分享独立的良好声誉吗?人们能表明论域是"天真地"被良序化的,不用"开发悖论性成分"吗?

相同的问题以更高关注出现在保守性要求中。怀特断言可接受抽象原则应该在最初语言中没有不同于从新的被定义对象单单的存在性推出来的东西的后承。回顾准确的要求:令 Sx 是"对新的被引入项指称物恰好为真"的谓词。这里 Sx 是 $\exists F(x=Ext(F))$,陈述的是 x 是一个外延。令 Φ 是新语言中的语句。把 Φ 的 Σ—限制,记为 Φ^{Σ},定义为在 Φ 中把量词范围限制到 $\neg S$ 的结果,以致 Φ^{Σ} 陈述的是 Φ 对非—外延成立。令 T 是任意理论。最初的要求是对任意语句 Φ,T 加新五蕴含 Φ^{Σ} 仅当 T 蕴含 Φ。修正的要求在于对任意语句 Φ,T^{Σ} 加新五蕴含 Φ^{Σ} 仅当 T 蕴含 Φ。新五对这两个无效,当根据演绎后承表述它们。令 WO 是断言论域良序存在性的二阶语句且令 T 是任意理论使得 WO 不是 T 的定理也不是 T^{Σ} 的定理。

推论 2 在于 WO 能从新五中演绎出来。语句 WO^{Σ} 是 WO 的直接后承,由于全局良序限制到非—外延是非—外延的良序。所以 WO^{Σ} 是 T 加新五的定理。根据假设,WO 不单单是 T 或者 T^{Σ} 的定理由此保守性定理无效。我们能模仿怀特的说抽象原则不是保守的声称。

假设我们把新五加入关于猫、时空点和时空区域的理论。在新理论中,结果就是存在猫、时空点和时空区域的良序。可能在原初理论中不存在任何事物蕴含这个良序的存在性。当然,没有人将发现难以置信的猫的良序存在性,由于猫是一次生一个。然而,回顾怀特由于非—保守性拒绝某些抽象原则正因为它们蕴含存在有限多只猫,它是相似地可行的。此外,给定普通物理学,时空点和时空区域的良序一点都不是显然的。例如,塔斯基—巴拿赫悖论从如此的良序推导出来。当然,人们能在时空加 ZFC 的理论中证明时空良序的存在性,但这里的选择原则是一个显性公理。

它从按照推测的分析真性,或者概念的解释,或者无需有意义的认识论预设中推理出来。作为回应,怀特可能抗辩对演绎后承的谈论且争论说良序原则是任意理论 T 的语义后承。这相当于 WO 是逻辑真的声称。沿着这条路线的某物也会被需要论证说良序原则处于"独立的良好声誉"以维持近—悖论约束。当然,这里我们不能是同样精确的,但我们确实主张这个原则不处于独立的良好声誉中。至少,WO是实质性的数学假设。良序原则是与选择公理有关的,根据策梅洛的选择公理蕴含任意集合能被良序化的著名证明。这是既有的论证选择公理是逻辑真的先例。例如,策梅洛把他的推导认作任意集合能被良序化原则的证明,不仅仅是假设性推理。他指出选择原则是隐含在大多数数学中的,如同在他的时代所发展的那样。如果有什么不同的话,选择原则甚至在当代数学中得到巩固。

希尔伯特类似地争论过,且全局选择原则是希尔伯特和阿克尔曼对二阶逻辑处理过程中的公理。辛提卡声称等价于全局选择的一个原则是隐含在量词的非常意义中的——尤其"∀x∃y"这样的组合。这会使全局选择变为逻辑真性。充其量这些论证指明某些选择原则是逻辑真性,但它们不构建二阶语句 WO 是逻辑真性,它们也不表明它是"处于独立的良好声誉"。策梅洛的任意集合能被良序化的定理是等价于所谓的一阶集合论的局部选择公理。全局选择是强于局部选择的,且 WO 甚至强于全局选择。也就是,策梅洛定理确实不构建全局选择且对我们更重要的是,全局选择确实不蕴含 WO。诚然,根据集合良序原则从局部选择公理推出来的事实这看上去是奇怪的,也就是集合选择(choice for sets)。为什么全局良序原则(WO)不从全局选择推出来,也就是性质选择(choice for properties)?

对策梅洛证明的分析解决这个难题。为"构造"给定集合 s 的良序,策梅洛调用 s 幂集上的选择函数。由于 s 是集合——预期定域的元素——假设幂集公理 s 的幂集是集合由此选择公理产生必备的选择函数。尽管全局选择原则给出论域上的选择函数,为良序化论域我们需要什么会是论域幂类的选择函数——沿着全局选择原则的三阶版本路线的某物。这个强力选择原则是隐含在二阶语言逻辑术语的意义中是要求过多的,或者不然是分析的或者没有有意义的认识论预设。也许新逻辑主义者将无论如何调用策梅洛定理,声称他在设想新五的集合—尺寸大小的定域。如果选择公理在集合论层级中是真的那么原则 WO 和全局选择在技术上是语义逻辑真性由于它在定域为集合的任意集合中成立。然而,这个策略会放弃主要的弗雷格主义成分。相关抽象原则的一阶变元被假设管辖整个论域,不仅仅是某个集合—尺寸收集。逻辑主义和新逻辑主义的目标是要表明算术和分析真性是几乎逻辑真的,通过表明它们如何单单从抽象原则推出来。为调用外部集合论,和整个集合论层级,会削弱旧的逻辑主义和新的新逻辑主义的认识论收益。保守性的失效指明集合论的梯子不能被踢开,且逻辑主义必须用非逻辑的集合理论被加强。

我们在后面会回到整个模型论视角。更符合弗雷格逻辑主义的更好回应,对怀特会是重述他的保守性原则以致像 WO 的后承是可接受的。论域的无限量是休谟原则的可接受后承,所以为什么 WO 应该取消新五的资格?如果怀特希望主张新五是可接受的抽象原则,他将需要争论说全局良序原则有它归到算术真性的相同地位。为采纳他关于算术所说的东西,怀特将必须主张是"由它的作用是要解释,如果

第四章 新逻辑主义集合论

恰好不是定义一般概念的原则所加强的二阶逻辑系统……如果如此的解释性原则……能被认作分析的,那么这应该足以……论证 WO 的分析性"的后承。此外,新五"像任意原则那样隐含地充当定义特定的概念……将是可用的无需有意义的认识论预设……所以通向识别WO 真性的先天路径……将被制造出来"。这是逻辑主义者要承担的负担。回顾新五的目的是要允许把逻辑主义扩充到实分析和复分析。我们主张认识论代价太高。难以表明的是 WO 如何恰好被知道"无需有意义的认识论预设"。

4. 策梅洛集合和冯诺依曼集合

这里我们审查把新五加入既有集合论公理的前景。如果新五有怀特声称的优先认识论地位,那么它应该与任意既有的数学理论混合起来。因此值得审查的是新五和某些更强力理论间的互相关系。集合论者与新五在一起如何会感到舒适? 当然,新逻辑主义者有拒绝任意的他不能用新五再捕获的集合论的选项,但也许能避免这种令人绝望的策略。一个潜在的令人困惑的事情在于存在两个不同的"集合"概念和两个不同的属于关系。一个在集合论语言中是用原始"∈"—符号所表示的且另一个是从新五的 Ext 运算所定义的。这里,我们设想两个"集合"概念和相同论域上的两个属于关系。暂时地,我们使用"$\in_z$"作为集合论原始项且我们把集合论的相关集合称为"Z—集合"。我们使用"$\in_v$"作为新五的已定义关系且"V—集合"作为新五的集合,小性质的外延。两个属于关系是不同的,因为人们假设 $\in_z$ 是良基的而从新五中推出的是 $\in_v$ 不是良基的。在新五下,存在一个对象 b 使得$\forall x(x \in_v b)$ 由此 $b \in_v b$。策梅洛集合论的一个定理就是 $\forall x(x \notin_z x)$。当然,纯粹 V—集合是良基的,但并非所有 V—集合是纯粹的。Z—集合和 V—集合间的关系是由所谓的恺撒问题的解决所决定的。我们从根据 $\in_v$ 定义的 V—序数中区分出在集合论内部定义的 Z—序数。同样适用于所有其他的集合论构造。

4.1 当代集合概念是迭代概念和大小限制概念的混合

如同上述注意到的,布劳斯的一个计划是描绘"集合"的两个概念,以看到从每个支持和推断的什么基础性质。这里我们通过看看这两个概念如何互相作用而追求这个。大小限制概念是由新五捕获的。如果量词被限制到纯粹 V—集,那么新五蕴含 ZFC 的每个公理除了无穷和幂集。迭代概念是 Z—集合被安排在"阶段"中,非常像秩的概念。布劳斯争论说迭代概念产生所有的策梅洛集合论除了选择公理,当假设超限"极限"阶段的存在性。迭代概念的预期模型是同构于秩 V_λ 的,这里 $\lambda > \omega$ 是极限序数,且每个如此的秩满足二阶策梅洛集合论。然而,与可能是流行的信念相反,二阶策梅洛集合论不是集合的迭代概念的充分形式化性。乌斯基亚诺(Gabriel Uzquiano)已表明二阶策梅洛集合论有标准模型在其 Z—属于关系不是良基的。此外,如果无穷公理是被表述为包含策梅洛数字的 Z—集合的存在性,也就是 $\{\varnothing, \{\varnothing\}, \{\{\varnothing\}\}, \cdots\}$,那么人们不能证明 Z—$\omega$ 的存在性。确实,存在不包含对应于 Z—ω 集合的标准模型。反之,如果无穷公理被认作陈述 Z—ω 的存在性,那么推不出包含策梅洛数字的 Z—集合的存在性。简而言之,替换公理比人们可能认为的是更有用的。

幸运的是,存在对集合迭代概念的充分公理化,归功于斯科特(Dana Scott)。根本的动机与布劳斯一致。这里我们仅仅用陈述超限阶段存在性的公理取代斯科特的"反射"公理,其蕴含无穷公理和替换公理。把这个结果称为迭代集合论(iterative set theory)。为强调起见我们注意替换公理不是被假设的。我们不需要在迭代集合论公理中包括选择公理,由于它从良序原则中推出来,一旦新五被加入的话。策梅洛和策梅洛—弗兰克尔集合论的大多数当代版本蕴含的是不存在本元,以致每个事物都是 Z—集合。如果我们追随这个路线的话,我们必须坚持所有外延都是 Z—集合,其会预先判断恺撒问题。反之,我们允许本元,如同策梅洛自己做的那样。在这里我们采用共同的公理,即存在元素包括全部 Z—本元的 Z—集合。在这个假设下,迭代集合论的所有标准模型是同构于 V_λ 的,这里 λ 是大于 ω 的极限序数,且恰当的公理化能从策梅洛集合论中得到,通过用每个 Z—集合是秩 V_α 的子集的陈述取代基础公理。

在新逻辑主义的语境中,存在由所有 Z—本元构成的 Z—集合的假设可能是不正当的。它蕴含的是几乎所有的 V—集合也是 Z—集合,也许有着不同的数量,由此这个假设预先判断恺撒问题。就我们能分辨的而言,到目前为止在新逻辑主义纲领中不存在任何事物阻止包括 V—集合的抽象物与包括 Z—集合的原初本体论不交。在此情况下,V—集合将全部是 Z—本元且可能构成 Z—真类。这里更多关心的是集合论基础而非新逻辑主义。有了这个背景,我们考虑把新五加入迭代集合论的结果。由于迭代集合论的量词不是被限制到非—抽象物,也就是,非—外延,我们现在追求的不是怀特保守性要求的修正版本。我们表明新五是强力的集合论原则,有着严肃的本体论后承。第一个项关注的是 Z—序数。

定理 3: 令 O 是 Z—序数的任意无界性质,也就是,对每个 Z—序数 α,存在 Z—序数 β 使得 $\alpha \in_z \beta$ 且 Oβ。二阶迭代集合论加新五蕴含 O 是大的。更不用说,成为 Z—序数的性质自身是大的。

草证: 我们在迭代集合论加作为附加公理的新五内部非形式地工作。假设 O 是小的。令 F 是任意的性质且令 α 是 Z—序数。分离原则蕴含存在 Z—集合 α_F,它的 Z—元素全部且仅仅是 z 使得(Fz & $z \in_z V_\alpha$)。定义性质 F′ 如下:F′x 当且仅当 x 是 Z—有序对 $\langle \alpha, \alpha_F \rangle$ 使得 Oα。注意 F′ 是等数于 O 的由此 F′ 是小的。所以对任意性质 F,G,$Ext(F') = Ext(G')$ 当且仅当 $\forall x(F'x \equiv G'x)$。然而,由于 O 是无界的,直接证实的是 $\forall x(Fx \equiv Gx)$ 当且仅当 $\forall x(F'x \equiv G'x)$。因此,

$$\forall F \forall G[(Fx \equiv Gx) \equiv Ext(F') = Ext(G')].$$

364

但这是第五公理的版本且产生矛盾。所以 O 是大的。∎

　　与迭代集合论协调的是 Z—ω 只只有的无穷极限 Z—序数。然而，我们看到迭代集合论加新五蕴含存在大量不可数 Z—序数。集合 $V_{2\omega}$ 是迭代集合论的模型，而不是迭代集合论加新五的模型。有超限归纳，从定理 3 推出 Z—序数是同构于 V—序数，在它们相关的属于关系下。所以在迭代集合论加新五内部，Z—序数有着与 V—序数一样的结构。我们假定这么多使新逻辑主义者感到愉快。我们注意到新五蕴含 V—集合的替换原则。我们的下一个定理是同样的适用于 Z—集合。也就是，新五把相对温和的迭代集合论提高到它的强力策梅洛—弗兰克尔表亲。

　　定理 4：从二阶迭代集合论和新五推出的是替换原则对 Z—集合成立。

　　草证：令 x 是 Z—集合且 f 是定义在论域上的函数。我们必须表明存在 Z—集合，它的元素全部且仅仅是 fy 这里 $y \in_Z x$。令 O 是 Z—序数的性质，定义如下：Oβ 当且仅当存在 $y \in_Z x$ 使得 β 是 fy 的 Z—秩，也就是，β 是最小 Z—序数 γ 使得 $fy \in_Z V_\gamma$。O 是与 x 的 Z—子集等数的由此 O 是小的。从定理 3 推出存在大于每个序数 β 的 Z—序数 α 使得 Oβ。所以我们有对所有 $y \in_Z x$，$fy \in_Z V_\alpha$。必备的收集是 V_α 的子集由此根据分离公理是 Z—集合。∎

　　在前文中，我们在单个理论中结合了"集合"的两个概念，但没结合它们的不同于存在包含所有 Z—本元的 Z—集合假设的"本体论"。除了这个，我们使 Z—集合和 V—集合的范围悬而未决。推论 2 和定理 4 表明这两个概念互相作用以致全 **ZFC** 在 Z—集合上成立。定理 4 的一个推论是性质 P 是小的当且仅当存在等数于 P 的 Z—集合。这蕴含全 **ZFC** 在纯粹 V—集合上也成立：

定理 5：从二阶迭代集合论和新五推出无穷公理和幂集公理在纯粹 V—集合上成立。

像往常一样，把"集合论层级"定义为所有的在它们的传递闭包中没有本元的 Z—集合真类。集合论层级是大多数当代集合论的预期解释。超限归纳构建下述：

定理 6：在二阶迭代集合论和新五下，$\in_V$ 下的纯粹集与 $\in_Z$ 下的集合论层级是同构的。

这加重布劳斯的当代"集合"概念是迭代和大小限制概念的混合物的声称。回顾基于阶段理论的迭代概念产生所有策梅洛集合论除了替换公理和选择公理，而且大小限制概念产生所有的 **ZFC** 除了无穷公理和幂集公理，一旦量词被限制到纯粹 V—集合。这里我们看到当这些理论被结合在一起，两个概念有着相同的结构。替换公理和选择公理在 Z—集合上成立；无穷公理和幂集公理在纯粹 V—集合上成立。

4.2 良序原则对于新逻辑主义者的重要意义

我们的下一个事项是集合论者能接受新五的范围，是否新五被认作分析的，一个定义，概念的解释，等等。被包含在存在集合论层级上的 Ext 算子解释使得新五是真的假设中的是什么？如果新五有某个实质性的集合论预设，那么它不无有意义的认识论预设，与怀特相反。为简单起见，我们集中于普通 **ZFC**，其蕴含不存在本元。因为新五是单个二阶语句，新五在集合论层级上为真的陈述是在三阶集合论语言中被表述的。令 $\mathfrak{T}$ 是管辖从集合论性质到集合的函数变元。下述语句相当于人们能解释 Ext 算子的陈述以致新五是真的：

$$(\text{INT}) \quad \exists \mathfrak{T} \forall F \forall G [\mathfrak{T}(F) \rightarrow \mathfrak{T}(G) \equiv ((\text{'F 是大的'} \& \text{'G 是大的'}) \lor \forall x (Fx \equiv Gx))].$$

(INT)对集合论层级是真的吗？从(INT)推出什么且什么蕴含它？这些对自称新逻辑主义者的人来说是重要的问题,如果他希望说服集合论者通过采用新五他的数学没有遗失。根据推论2,新五蕴含存在论域的良序,WO。相似地,(INT)蕴含WO。我们的下一个定理构建的是它的逆命题:

定理7:(WO→(INT))是三阶策梅洛—弗兰克尔集合论的定理。

草证:首先,两个引理:

引理A:从二阶策梅洛—弗兰克尔集合论和WO推出Z—序数与论域是等数的。

草证:令R是论域的良序。说$x \prec y$当在$\in_z$下或者x的秩小于y的秩,或者x的秩与y的秩是相同的且Rxy。关系"$\prec$"是论域的良序。通过秩上的超限归纳,我们能表明对每个y,存在同构于$\{x \mid x \prec y\}$的唯一Z—序数。把这个序数称为fy。函数f是从论域到Z—序数的双射。∎

引理B:从二阶策梅洛—弗兰克尔集合论推出WO是等价于

$$\forall F(F \text{ 是大的 } \vee \exists x \forall y(y \in_z x \equiv Fy))。$$

换句话说,WO是等价于每个小性质与Z—集合共延的陈述。

草证:从右到左的方向类似于定理1和它的推论的证明。对从左到右的方向,令R是论域的良序。令F是性质且定义Z—序数上的函数g使得$g\alpha$是R下的最小x使得(Fx & $\forall \beta < \alpha(x \neq g\beta)$),所以F是与$\alpha$的

元素等价的。根据替换公理存在 Z—集合 x 使得 $\forall y(y\in_z x\equiv Fy)$。■

所以，为回到定理 7 的证明，假设 WO 且定义函数 $\mathfrak{T}$ 如下。如果性质 F 是大的那么令 $\mathfrak{T}(F)$ 是 Z—空集。如果 F 不是大的，那么根据引理 B，存在 Z—集合 x 使得 $\forall y(y\in_z x\equiv Fy)$。令 $\mathfrak{T}(F)=x\bigcup\{x\}$。直接证实的是这使得(INT)为真。■

由此推断良序原则对新逻辑主义者把新五加到二阶策梅洛—弗兰克尔集合论由此在集合论层级上解释新五是充要的。也许新逻辑主义者的最好选项是要让步说新五在集合论上不是保守的，且表述和辩护规定恰好应该在哪类理论上保守的抽象原则的条件。在最后我们检测新五和其他抽象原则的集合—尺寸模型。

5. 布劳斯—帕森斯构造

这是评估新逻辑主义者探索数学前景以及新五的演绎和语义后承的集合论者的视角。如同注意到的那样，可数模型的存在性排除单单使用新五以发展实分析的可能性。怀特设想用其他抽象原则加强新五以便确保模型是不可数的。那么这些可能性是什么？存在新五的不可数模型吗？这是等价于是否存在新五的任意模型的问题，在其至少一个 V—集合有无穷多个元素？存在新五的模型它的尺寸恰好是连续统大小的尺寸？如果情况属实，新逻辑主义者能在有着不多于实数的对象结构中发展实分析。存在新五的模型它的尺寸恰好是连续统幂集的尺寸吗？这将表明泛函分析的平稳发展。我们表明策梅洛—弗兰克尔集合论不决定对这些问题的回答，由此在某种意义上怀特纲领的数学可行性是独立于集合论的。大多数情况下，我们需要调用的集合、序数、基数和属于关系是来自集合论的元理论的。也就是，它们是 Z—集合，Z—基数等等。所以我们删除"Z"，除非存在混淆的危险。令 κ 是基数。无疑，存在 κ 的至少 κ 个小子集。说基数 κ 有小子集性质当存在 κ 的恰好 κ 个小子集。存在尺寸为 κ 的新五模型当且仅当 κ 有小子集性质。我们首先着手处理后继基数：

定理 8: 令 κ 是基数且令 κ^+ 是它的后继。那么(INT)在尺寸为 κ^+ 的定域中是真的当且仅当 $2^\kappa = \kappa^+$。换句话说,存在尺寸为 κ^+ 的新五模型当且仅当广义连续统假设的实例在 κ 处成立。

草证: κ^+ 的子集是小的当且仅当它的基数至多是 κ。存在至少 2^κ 个如此子集由于 κ 的每个子集是 κ^+ 的小子集。从选择公理推出 κ^+ 是正则的,由此 κ^+ 的每个小子集是有界的。因此存在 κ^+ 的至多 $(\kappa^+) \cdot 2^\kappa$ 个小子集,但最后的这个是 2^κ。所以存在 κ^+ 的恰好 2^κ 个小子集。新五能在尺寸为 κ^+ 的定域上是满足的当且仅当 κ^+ 有小子集性质,也就是,不存在定域的多于 κ^+ 个小子集。当然,存在 κ^+ 个如此元素。所以新五能在尺寸为 κ^+ 的定域上是满足的当且仅当 $2^\kappa = \kappa^+$。∎

对任意无穷基数 κ,独立于 **ZFC** 的是 GCH 的相关实例是否成立,由此小子集性质是否对 κ^+ 成立。因此

推论 9: 对任意无穷基数 κ,是否存在尺寸为 κ^+ 的新五模型是独立于 **ZFC** 的。

如果 GCH 一般成立,那么每个后继基数是新五的模型。如果连续统假设成立,那么存在尺寸为连续统的新五模型,且实分析和复分析能在这个模型中得以发展。然而,如果连续统假设无效,新逻辑主义者必须继续向上攀登。布劳斯陈述 V—集合上的幂集公理不从新五加无穷 V—集合的存在性推出来。他建议这能由"修补遗传可数集"的方式表示出来。帕森斯直接声称新五能在遗传可数 Z—集合上得到满足。由于遗传可数集的集合是连续统大小,帕森斯是正确的当连续统假设成立。然而,如果连续统是 $\aleph_2$ 且 $\aleph_1$ 的幂集是大于 $\aleph_2$ 的,那么根据定理 8,新五不能在遗传可数集上成立。会存在遗传可数集的太多小子集。

人们能采纳布劳斯—帕森斯构造用以提供亨钦模型。令模型 M

的一阶定域是所有可构成遗传可数 Z—集合的集合，且令 n—位关系变元管辖这个定域上的可构成 n—位关系。令 P 是 M—"性质"——一阶定域的可构成子集。那么 P 在 M 中是小的当且仅当不存在从 P 到定域上的可构成函数。由于连续统假设在可构成论域中成立，P 在 M 中是小的仅当存在从 ω 到 P 的可构成函数。因此，P 在 M 中是小的仅当 P 是可数的或者有限的。在此情况下 P 是遗传可数的由此 P 是在 M 的一阶定域中。因此，M 满足小子集性质由此这个模型满足新五。模型 M 也满足 V—集合上的无穷公理，但 M 不满足 V—集合上的幂集公理。因此

定理 10：幂集原则不能从新五和无穷原则中推出来。

接下来我们转到极限基数。回顾基数 κ 是弱不可达当它是正则极限基数。如果 κ 是弱不可达且如果对每个基数 $\lambda<\kappa$，$2^\lambda<\kappa$，那么 κ 是强不可达且 V_κ 是二阶 **ZFC** 的标准模型。说 κ 是几乎强不可达的当 κ 是弱不可达的且对每个基数 $\lambda<\kappa$，$2^\lambda\leq\kappa$。

定理 11：令 κ 是弱不可达。那么 κ 满足新五当且仅当 κ 是几乎强的。

草证：假设 κ 不是几乎强的，以致存在 $\lambda<\kappa$ 这里 $2^\lambda>\kappa$。那么存在 κ 的多于 κ 个 λ—尺寸的子集，由此 κ 没有小子集性质且新五不是在 κ 上可满足的。现在假设 κ 是几乎强的。由于 κ 是正则的，κ 的每个小子集也是某个 $\lambda<\kappa$ 的子集。存在每个如此 λ 的至多 $2^\lambda\leq\kappa$ 个子集，且存在恰好 κ 个如此的基数 λ。因此存在 κ 的至多 $\kappa \cdot \kappa$ 个小子集。所以 κ 有小子集性质且新五能在 κ 出得以满足。∎

在这个长的且曲折的路途中最后的情况是奇异基数。这里 **ZFC** 确实决定以否定的方式判定这个问题：

定理 12：令 κ 是奇异基数。那么(INT)在尺寸为 κ 的任意模型中是假的，由此不存在尺寸为 κ 的新五模型。

草证：首先假设存在基数 $\lambda < \kappa$ 使得 $2^\lambda > \kappa$。那么由于 λ 的每个子集是 κ 的小子集，存在 κ 的多于 κ 个小子集，由此 κ 没有小子集性质。这排除在 κ 上满足新五的能力。所以现在假设对每个基数 $\lambda < \kappa$，$2^\lambda \leqslant \kappa$。由于 κ 是奇异的，令 o 是基数集使得 o 在 κ 中是共尾的且 o 的基数是 $\lambda < \kappa$。对每个 $\alpha \in o$，令 f_α 是从 α 的幂集到 κ 的 1—1 函数且假设如果 α 和 β 是 o 的不同元素，那么 f_α 和 f_β 的范围是不同的。现在如果 d 是 κ 的任意子集那么令 d' 是集合 $\{f_\alpha(d \cap \alpha) \mid \alpha \in o\}$。所以 d' 是 κ 的子集，它的基数是 λ。此外，通过各种条件，我们有 $d_1 = d_2$ 当且仅当 $d_1' = d_2'$。所以存在恰好与 κ 子集一样多的 κ 的 λ—尺寸子集，也就是它们的 2^κ 个。更不必说，κ 没有小子集性质，由此新五不能在尺寸为 κ 的任意模型中得到满足。∎

例如，对任意序数 α 新五没有尺寸为 $\aleph_{\alpha+\omega}$ 的模型。所以我们有：

推论 13：对每个基数 κ 存在基数 $\lambda > \kappa$ 使得不存在尺寸恰好为 λ 的新五模型。也就是，无法满足新五的基数是无界的。

因此，存在尺寸恰好为连续统的新五模型当且仅当或者连续统是后续基数这里 GCH 应用到它的前趋或者连续统是几乎强不可达的。与 **ZFC** 协调的是对连续统无法成为新五的模型。为总结上述结果，新五的从最佳情况考虑的方案是对 GCH 成立。在此情况下，每个弱不可达是强不可达。因此，新五在所有后继基数处成立且在所有不可达基数处成立，而且它在所有奇异基数处无效。从最坏情况考虑的方案是对 GCH 在下述意义上"全局"无效，即对每个无穷基数 κ，$2^\kappa > \kappa^+$ 且对没有不同于强不可达的不可数、几乎强不可达基数。这种最坏的情况是与 **ZFC** 协调的，假设某些大基数原则的话。尤其，存在 **ZFC** 的模型

在其对每个无穷 κ，$2^{\kappa}=\kappa^{++}$（福尔曼和武丁，1991）。在这个模型中每个弱不可达是强不可达。如果我们把模型限制到秩小于第一个不可达基数的元素，我们得到所有中最坏的情况：

推论 14：不存在新五的不可数模型是协调的。

在这个世界末日设想中，不存在集合—尺寸的模型在其新逻辑主义者能经由新五发展实分析。推论 13 标注出新五和休谟原则间的重要区别。赫克建议抽象原则上"有前景的必要条件"在于存在基数 κ 使得对每个 $\lambda \geqslant \kappa$，抽象原则在基数为 λ 的每个定域中是可满足的。把这个称为强无界条件，由于它要求无法满足抽象原则的基数上的不动下界。人们能把抽象原则认作像它引入的对算子的隐性定义。隐定义的直接条件在于基础理论的任意模型可扩张到基础理论加定义的模型。如果逻辑主义有机会成功的话，这个"可扩充性要求"对抽象原则来说太高，由于休谟原则没有有限模型。新五也没有有限模型。强无界条件是对可扩性要求来说次最好的事情。它要求足够大尺寸的任意结构能用来满足这个原则。布劳斯和怀特已表明休谟原则满足强无界条件。推论 13 是新五无法满足它。同样适用于大量的其他抽象原则。回顾新五有下述形式：

$$\mathrm{Ext}(\mathrm{F})=\mathrm{Ext}(\mathrm{G})\equiv[(\text{"F 是坏的"}\&\text{"G 是坏的"})\vee \forall x(Fx\equiv Gx)]。$$

这里我们把"坏的"解释为"与论域等数"。如同上述已注意到的那样，怀特考虑在其以其他方式解释"是坏的"的条件，诸如"是无穷的"或者"是连续统大小的"。令 κ 是任意的无穷基数且把"κ—原则"定义为上述用"F 是坏的"作为"存在至少 κ 个 F"的上述抽象。因此 κ—原则要求尺寸小于 κ 的定域每个子集有着不同的外延。于是，κ—原则在尺寸为 λ 的模型中是可满足的当且仅当 λ 没有小于 κ 的多于 λ 个的子集。令 α 是任意序数。定理 12 证明中的构造能被采纳以表明存在与

$\beth_{\alpha+\omega}$子集一样多的$\beth_{\alpha+\omega}$的可数子集。更不必说,如果κ是不可数的,那么κ—原则在尺寸为$\beth_{\alpha+\omega}$的任意定域中不是可满足的。因此,对任意不可数基数κ来说,κ—原则无法满足强无界条件。也许抽象原则上更合理的条件在于对每个基数κ这个原则应该在尺寸至少为κ的定域中是可满足的。也就是,对任意κ,存在$\lambda > \kappa$使得抽象原则有尺寸为λ的模型。把这个称为弱无界条件。

想法是我们能要求抽象原则最多的是它没设置论域基数上的上界。这是与下述想法一致的,即合法的抽象能蕴含对某个κ至少存在κ个对象,但它不能蕴含至多存在κ个对象。令 A 是以纯粹逻辑术语表述的抽象对象。那么如果 A 满足弱无界条件,那么它也满足修正的保守性要求。可能通过增加新的对象,能扩充任意结构以变为抽象原则的模型。新五满足这个弱无界条件当且仅当或者成为 GCH 实例或者成为几乎强不可达的性质是无界的。尽管 **ZFC** 不决定是否这个成立,与 **ZFC** 至少协调的是新五满足弱无界条件。好奇地,新五满足弱无界条件的陈述从限制性公理 **V=L** 推出来,也从几乎强不可达是无界的极大化性原则推出来。然而,现在的问题在于存在满足弱无界条件的抽象原则,但彼此是不相容的。例如,考虑仅仅在形式为$\beth_{\alpha+\omega}$的基数处是可满足的抽象原则。这满足弱无界条件,但它是新五不是相容的,也不对任意不可数κ的κ—原则不是相容的。这里是两者都具有下述形式的不相容抽象原则对:

$$\mathrm{Ext}(F) = \mathrm{Ext}(G) \equiv \big[(\text{'F 是坏的'} \,\&\, \text{'G 是坏的'}) \lor \forall x (Fx \equiv Gx) \big].$$

对原则 A,把"是坏的"定义为"在不可达系列中有极限尺寸"且对原则 B 把"是坏的"定义为"在不可达序列中有后继尺寸"。如果不可达是无界的,那么两个原则都满足弱无界条件,但它们彼此是不相容的。原则 A 仅在不可达序列的极限处是可满足的且原则 B 仅在不可达序列的后继处是可满足的。良莠不齐异议已刚刚回归,由此我们回到接近我们开始的地方。新逻辑主义者是如何决定哪个抽象原则是可接受的？什么条件承认好的那个而拒绝坏的那个？

第三节　新逻辑主义者无法构建数学的认识无罪性

以怀特和黑尔为代表的新逻辑主义者持有两个信条：首先我们的数学知识来自我们从分析的或意义构成的或者对关键数学概念解释性的规则或者原则推断数学真性的能力；其次这种数学知识是关于独立于心灵的或者客观的世界的知识。新逻辑主义者认为凭借我们的当我们使用数学表达式时我们意指什么的知识我们来认识因果惰性抽象对象世界的知识。我们通过遵循规则理解数学概念而且遵循规则构成对表达这些概念的表达式的理解。这些规则是像数学对象的实体，而不是具体的物理世界的组成部分。通过探寻这些原则的后承我们能找出有关抽象对象的真性。夏皮罗和韦尔把这样得到的知识称为认识无罪的。处于论证的目的，我们假设抽象原则是认识无罪的。同样认识无罪的是简单逻辑原则、条件性定理和量词规则。我们考虑应用到二阶变元的规则。弗雷格定理需要使用并非认识无罪的一阶逻辑原则和二阶逻辑原则。我们主要考察的案例有两个：第一个是应用到非实例化性质的二阶概括公理；第二个是在标准非自由经典逻辑中应用的二阶存在实例化和全称消除原则。

新逻辑主义者把数学理论认作是由通过把新算子加到经验的二阶语言外延引起的，生成与经验语言有相同客观性的存在性命题。这种处理方式的优势在于数学语言与经验语言是语义同质的从而减轻解释从纯粹数学的认识无罪领域到认识有罪经验领域的可应用性的问题。新逻辑主义者有着形形色色的反对者。亚里士多德主义者拒绝接受单凭逻辑就告诉我们存在非实例化性质，所以拒绝推断某些特殊谓词对应一个性质。而新逻辑主义者认为任意实例化谓词都对应一个性质。对解决这个争端，我们考虑亚里士多德主义二阶逻辑A2L。这里碰到的问题是在亚里士多德主义二阶逻辑中算术尤其是无穷定理从休谟原则出发不是可推导的。修补方法在于把零公理模式的每个实例加入休谟原则，我们把由此形成的理论称为修补版休谟原则 HPP。然而存在什么理由假设无限理论 HPP 是认识无罪的呢？这时候我们需要找到在亚里士多德主义二阶逻辑中产生弗雷格定理的与理论 HPP 有关的单个公式，这就是 HPP*。

如果 HPP* 是认识无罪的，那么我们能再次提问存在什么理由认为 HPP* 是认识无罪的。布劳斯使用复数量词解释二阶量词而不用考虑性质或者类。如果新逻辑主义者使用复数量词多元主义地解释休谟原则以保留它的认识无罪性那么新逻辑主义者就能避开有关哪些性质存在的问题。二阶逻辑在两个地方进入休谟原则和弗雷格定理。第一个地方是休谟原则的右手边，它说的是等数性。通过表明自然数存在，新逻辑主义者想用休谟原则和弗雷格定理构建论域是无穷的。然而经由带有配对的复数量词，若非首先表明论域或者是非复数的或者无穷的他甚至不能表述休谟原则。每个无穷定域上的配对函数存在性是等价于选择公理的。我们的多元论新逻辑主义者如何能声称配对存在性是认识无罪的？这相当于全选择公理的认识无罪性。

由此引出配对原则。这个抽象原则位于一阶抽象和二阶抽象中间。如果我们的新逻辑主义者能维护配对原则是认识无罪的，那么我们能产生等数性的可接受复数表述。第二个地方是休谟原则的左手边，它说的是概念数相等。这样我们就得到休谟原则的复数量词版本，也就是复数休谟。不过对于复数休谟来说它推不出皮亚诺公设。对复数休谟改进的结果就是修正版复数休谟 APH。APH 实际上就是前面提到的非模式版的 HPP*。休谟原则的复数版本不能给出弗雷格定理。复数 HPP* 能给出弗雷格定理但不能给出我们想要的应用。这里我们再次提问：为什么认为并非抽象原则的复数 HPP* 是无罪地真？如果新逻辑主义纲领推导弗雷格定理，那么需要使用非直谓概括公理模式的最强形式。

但是这条原则与根据认识无罪对皮亚诺戴德金或者策梅洛弗兰

克尔公理的完全规定同等。上面考察的是二阶逻辑的情况,下面我们来考察一阶逻辑的情况。绝大多数当代逻辑学家都会否认标准非自由逻辑是认识无罪的。自由逻辑的问题在于会陷入两难困境:或者休谟原则是认识无罪的但是弗雷格定理无效;或者弗雷格定理成立而休谟原则不是认识无罪的。存在不同于内外框架的其他框架下的自由逻辑,这是带有存在性恒等的自由逻辑,由此形成另一个休谟原则变体 HP*。尽管有新的变体出现,我们更容易获得休谟原则的认识无罪性。这时候我们就可以考虑再概念化性。然而,夏皮罗和韦尔认为再概念化性要想完成任务,除了指向概念革新或者创造过程它也要有认识效力。由此新逻辑主义的通向柏拉图主义数学存在性声称的认识无罪路径最终不是成功的。

1. 规则与真性

近年来若干哲学家,最显著的是怀特(Crispin Wright)和黑尔(Bob Hale),曾尝试复活近似于逻辑主义纲领的某些事物,表明数学真性在某种意义上是分析的,先天的或者无论如何"认识无罪的"(epi-stemically innocent)。他们如此做要面对相对于"先天"尤其相对于存在性先天证明观念的普遍怀疑。他们的新逻辑主义似乎包含两个主要的信条:首先是数学真性不是后天可知的,以经验真性被知道的方式,但没有一个是经由某种康德主义的直觉形式可知;宁可我们的数学知识起因于有能力从"分析的"或者"意义构成"(meaning-constitutive)的规则或者原则中推出数学真性,或者在某种意义上对诸如自然数的关键数学概念是解释性的。其次是实在论者的论题,说的是这种数学知识在某种意义上是独立于心灵的或者客观的关于世界的知识。无疑新逻辑主义对同情传统数学观点作为先天可知客观真性体的任何人是非常有吸引力的立场,但他们受到由柏拉图主义数学所面对标准认识论问题的困扰:我们如何能获得因果惰性抽象对象等等世界的知识?

新弗雷格主义的回答大致如下:凭借我们意指什么的知识当我们

使用数学表达式。更全面地，我们理解数学概念，在某种意义上通过遵循规则且遵循这些规则构成理解表达这些概念的表达式。这些规则是实体，像数学对象那样，其不是具体的物理世界的一个部分；通过探寻这些规则的后承我们能找出涉及抽象对象的真性。甚至如同由实证主义者注释的对分析性概念有敌意的诸如奎因这样的人们承认我们对诸如"如果约翰是高的，那么或者约翰是高的或者玛丽是矮的"且"约翰是高的且玛丽是矮的"语句真性的知识蕴含"约翰是高的"不通过普通的经验手段继续进行，也不通过任意特别的直觉能力而宁可起因于我们对诸如条件句、析取和合取这样算子的理解，在后两种情况中理解奎因声称的东西被包含在他的语句联结词裁定基质（verdict matrix）中。

我们将把如此的知识称为"认识无罪的"。这个短语是蓄意有点模糊的，等待新逻辑主义者的详述。如果存在实证主义意义上的分析真性，这将算作认识无罪的；相反需要经验证实或者经由某种康德主义直觉证实的任意真性不算作认知无罪的。但我们允许这个词项可以应用即使根据意义实证主义者把分析性处理为真性的描述无效。那么我们认为的新逻辑主义的声称就是存在认识无罪的原则，以与在其"如果约翰是高的，那么或者约翰是高的或者玛丽是矮的"相同方式，但其足够强到生成至少相当大的标准数学体，也许足够满足物理科学的要求。包含在命题逻辑的初等片段中的简单原则当然是不足以推出算术的。反之，新逻辑主义者求助于下述形式的二阶抽象原则：

$$\alpha x(\phi x) = \alpha x(\psi x) \leftrightarrow \Xi(\phi, \psi)$$

这里 α 是从开语句形成单项的某个项　形成变元—约束算子（term-forming variable-binding operator），$\{x:\phi x\}$ 和 $nx\phi x$——ϕ 的类和 ϕ 的数——都是经典例子，且 Ξ 是性质上的等价关系。对这两个情况中的头一个，相应的抽象原则是"休谟原则"：

$$\forall F \forall G(nxFx = nxGx \leftrightarrow F1-1G)$$

有二阶语句F1—1G表达的是 F 和 G 间 1—1 对应的存在性。从这个原则加上适当的"桥接"定义,在标准二阶逻辑中人们能推出二阶算术理论的通常皮亚诺—戴德金表述的所有定理——包括表达自然数无限量的定理。这个结果——从休谟原则到二阶皮亚诺算术的可推导性——现在已"弗雷格定理"著称。对于第二种情况,使用类算子的抽象我们得到弗雷格的臭名昭著的第五公理,其对弗雷格主义概念的外延取下述形式:

$$\forall F \forall G(\{x:Fx\} = \{x:Gx\} \leftrightarrow \forall z(Fz \leftrightarrow Gz))。$$

为了论证起见我们接受诸如休谟原则这样的抽象原则确实是认识无罪的,至少在某些自然的解读上。我们进一步接受不仅简单的逻辑原则,诸如∨I和&E,或者相关联的条件性定理,是认识无罪的;至少某些量词规则也是认识无罪的,例如全称一般化和存在消除的自然演绎规则。此外我们这里包括被应用到二阶变元的规则;也就是,当诸如奎因这样的人会在刚开始通过拒绝接受二阶逻辑的合法性阻止弗雷格定理的推导,我们不反对二阶逻辑自身。不过,我们的声称将是弗雷格定理需要使用不是认识无罪的一阶和二阶逻辑原则。更准确地讲,对无穷性定理推导实质的某些逻辑原则,当这是被解释为表达无穷多个独立于实体的存在性,至少是与被规定为公设的无穷公理一样在认识论上成问题的。我们所假设的对这些原则的知识是从头到尾与对数的无穷性的康德主义直觉一样神秘的。我们将依次看到两个主要的情况:把二阶概括公理应用到非实例化性质且被应用在标准非自由经典逻辑中的一阶存在实例化和全称消除原则。最后我们以整体结论的总结而结束。

2. 亚里士多德主义二阶逻辑下的修补版休谟原则与修补版休谟原则变体

在弗雷格定理的推导中所需要的标准二阶逻辑包括一阶量词规

则的一般化外加概括公理模式。因此,全称消除和存在引入变为

$$\frac{\forall F\exists F}{\exists F/P} \qquad \frac{\exists F/P}{\forall F\exists F}$$

这里 P 是任意简单的谓词常项或者参数且 $\exists$ 是由 F 自由的任意开语句。非直谓概括模式由形式为下述的所有实例组成:

$$\exists R\forall x_1\cdots\forall x_n(Rx_1,\cdots, x_n\leftrightarrow\phi x_1,\cdots, x_n),$$

这里 R 是 n—位关系变元且 ϕ 是语言的任意公式在其 R 不自由出现。最后我们增加替代规则允许共延谓词的替代:

$$\frac{\forall x(\phi x\leftrightarrow\psi x),\Theta}{\Theta[\phi/\psi]}。$$

现在从它的字面上看,在把二阶逻辑当作认识无罪真性体的过程中,我们的新逻辑主义者由概括公理模式承诺关于性质的强实在论,此外承诺这个强实在论的先天可论证性。无论如何,新逻辑主义者似乎承诺它的成为可论证的是二阶变元管辖的不管什么存在,确实以独立于心灵的方式存在。因为新逻辑主义者把诸如数论这样的数学理论看作起因于"经验的"或者非数学二阶语言的扩充,通过加入诸如 $nxPx$ 这样的新算子,由此生成与从属于最初"经验"语言有着相同客观性度的存在性断言。这有着把语言的数学和经验子片段处理为语义同质的优势,由此缓解解释从纯粹数学领域的所谓的"认识无罪"到认识上沾满罪行(guilt-stained)的经验领域的可应用性难题。

　　衰落到此对新逻辑主义者来说在于必须假设非直谓概括公理不仅在与最初经验领域的其他语句的相同客观意义上成为真的,我们也必须能够以认识无罪的样式知道或者证实它的真性。如果概括经由直觉是可知的或者后天可知的,那么没有数学真性的论证能是无罪的当它实质上依赖概括正如没有论证是无罪的当它依赖整体论地根据它的经验后承结实性推测上被证实的集合论公理。我们已同意对诸如 &E 和 ∨I 这样的简单规则有效性的知识是认识无罪的;我们也期

望能存在其他没那么简单的认识无罪情况,其不分享 $\&$E 和 $\lor$I 的所有特征。但人们禁不住注意从上述类型的简单规则到诸如下述的复杂原则的巨大跳跃:

$$\exists R \forall x_1 \cdots \forall x_n (Rx_1, \cdots, x_n \leftrightarrow \phi x_1, \cdots, x_n)$$

尤其当人们反思这些非直谓情况这里的 ϕ 能包含二阶约束变元。对如何知道 $\&$E 是可靠的我们能给出相当可行的描述,也许基于不多于对 $\&$ 的奎因主义裁定基质的任何事物;新逻辑主义者需要想出沿着相似路线的某物,其将解释关于上述的每个实例我们如何知道它是真的。奎因主义者可能单单出于这些根据驳回新逻辑主义:如果人们假设先天或者无罪可论证的是性质领域独立于心灵而存在,那么你能推出抽象对象的存在性。但同情人们不能单单从概念推出存在性的"反安瑟伦主义"直觉的任何人将拒绝接受上述概括公理模式作为认识无罪的。因为每个实例蕴含性质的存在性且奎因争论说二阶逻辑根本不是逻辑,而是伪装的集合论。早在 1941 年,他声称性质太模糊以致无法为逻辑所用,且应该用像类这样的项取代它。然而,一旦我们调用类,我们就跨出逻辑的边界且进入真正的数学领域。后来,奎因写道:

> 集合论惊人的存在性假设是⋯被隐藏⋯在从模式谓词字母到量词化集合变元的默许转移。

那么,对奎因来说,二阶逻辑是披着羊皮的狼。集合论被设计出来看起来像逻辑,通过用变元管辖性质/集合。但重要的是注意到奎因主义者是新逻辑主义者所面对的最极端的反对者且即使新逻辑主义者能驳倒奎因主义立场,他也远不能高枕无忧(far from home and dry)。为看到这个,让我们为论证起见假设性质以如同科学实体那样独立于心灵的方式存在,但尽可能少地假设关于性质的其他事物以致我们能在关于什么恰好是性质本性上是中立的,也许它们恰好是对象类。现在考虑一位哲学家——比如说,玛卡莉(Macari)——它接受二阶逻辑为正确的服从于某人,而非次要的需要修正的东西。她只接受下述形式的概括模式作为逻辑有效的:

$$\exists x_1 \cdots \exists x_n \phi x_1, \cdots, x_n \rightarrow \exists R \forall x_1 \cdots$$
$$\forall x_n(Rx_1, \cdots, x_n \leftrightarrow \phi x_1, \cdots, x_n)_\circ$$

也就是,为简单起见聚焦于1—位开语句,玛卡莉同意下述是一个逻辑真性,即对每个如此的被某物或者其他事物实例化的语句,存在一个共延的性质相对应。但她拒绝接受单单逻辑告诉我们存在非实例化性质,所以拒绝推断对诸如 $x \neq x$ 的谓词存在一个性质与它相对应。玛卡莉的态度不全是古怪的或者缺乏动机。玛卡莉可能有人们称为"亚里士多德主义"理由的东西怀疑非实例化性质。因为苏格拉底是智慧的,让我们假设玛卡莉接受如同它要推断苏格拉底存在恰好一样可靠的是推断智慧存在,因为这个相同的命题是真的。但假设下述是极具争议的,即如果包含谓词 P 的语句是真的那么独立于心灵的性质对应于 P,即使 P 是谓词 $x \neq x$。对玛卡莉来说,这是与抽象对象存在性假设一样真实的假设。当然难以看到的是这个假设如何能以与 &E 和 $\vee$I 的可靠性能被认识一样的无罪样式被认识。

我们主张,玛卡莉的观点站在对新逻辑主义包容的一边上犯错,在于允许对任意的实例化谓词存在着相对应的性质。因此,如果他们要说服玛卡莉能表明抽象对象以类似先天的样式存在,新逻辑主义者必须通过把抽象对象加到逻辑如此做下去,其不体现非实例化性质存在的假设,也就是一种不强于玛卡莉的"亚里士多德主义"的二阶逻辑的逻辑,我们称为"A2L",它是标准二阶逻辑外加上述的受限概括。但这里他们面对一个大难题:算术,尤其是无穷性定理,在 A2L 中从休谟原则中不是可推导的。绊脚石是数零,被新逻辑主义者定义为 $nxPx$ 对某个谓词 Px 有 $\vdash \forall x \sim Px$,例如有 $x \neq x$ 对 Px。从它的字面上看,玛卡莉应当坚持 $nx(x\neq x)$ 是代表无的空项而不是代表某个事物,也就数数零。因为数算子 $nx\phi x$ 的预期解释是作为以特定方式从性质映射到对象的函数;而且这里 ϕx 是 $x\neq x$ 不存在可用的性质作为函数的自变量。

但为了保持与新逻辑主义的许多不同难题的分离我们将把对自由逻辑的讨论放到后面且假设所有的单项,不管是简单的还是复杂的,都有一个指称。因此我们将保证至少存在被指派到形式为 $nx\phi x$ 的所有数项的"虚设"指称(a dummy referent),甚至这里没有任何事物满足 ϕx。对数算子的亚里士多德主义解释如下。为简单起见令作为一元二阶量词范围的性质恰好是个体定域的非空子集。在每个模型中,经由递归定理的语义学将确保每个开语句以把定域子集指派为它的外延而结束。为了对包含数算子的语言完成这个任务,首先我们把所有非空集分割为等数性关系下的等价类且经由 1—1 函数 f 把这些等价类映射到个体定域。

那么我们选择个体定域的任意元素 d 作为等价类的像,它独有的元素是空外延 Ø 由此把 f 扩充到从 $\{Ø\}$ 映射到 d 的函数 N。由于 d 是任意的,不存在 d 不出现在 f 值域中的要求;例如,可能结果是 f 的像被应用到所有单元集合的等价类 A。那么数算子被解释为从每个开语句 ϕx 的外延 E 映射到在我们的 E 所属于的分割中的等价类的 N—像。那么,在所设想的模型中,N(A) 也就是 d 是下述对象,即在这个模型中其是数一以致 d 既可以数数空集也可以数数每个单元集。在从 A2L 到包括数算子语言的扩充上,当然我们能证明零存在——在弗雷格主义的定义上 $nx(x\neq x)$。因为 $\exists x(x=nx(x\neq x)$ 是在 A2L 中成立的恒等公理模式恰当实例的简单后承。但障碍在于我们不能证明关于零的标准事实,我们需要其以便证明无穷性定理。尤其,我们不能证明 $\sim\exists x Suc(x,0)$,这里 $Suc(x,y)$ 是对 x 紧接 y 的标准弗雷格主义定义的缩写:

$$Suc(x, y) \equiv_{df} \exists F \exists G(x = nwFw \& y =$$
$$nwGw \& \exists z(Fz \& nw(Fw \& w \neq z) = nwGw));$$

且我们不能排除下述的可能性,即对某个正数 j,$0 = S^j 0$,这里 $S^j 0$ 是数 j 的标准弗雷格主义数字。尤其,在亚里士多德主义模型中我们能有 $0 = S0$ 为真,也就是 $0 = 1$。假设 $0 = S^j 0$ 不导致与休谟原则发生冲突由于在 A2L 中,把它限制到概括模式,我们不能从休谟原则推出:

$$nx(x \neq x) = nxJx \leftrightarrow 1-1((x \neq x), Jx)$$

这里 Jx 是 $(x = 0 \lor \cdots \lor x = S^{j-1}0)$。由于 Jx 是可证明实例化的,我们将能够从概括模式的相关实例证明:

(i) $\exists G \forall x(Gx \leftrightarrow Jx)$。

如果我们有可用的全概括,对实例 $(x \neq x)$ 我们也会有

(ii) $\exists F \forall x(Fx \leftrightarrow x \neq x)$,

在对 $\exists E$ 的应用使用初始二阶存在量词后,要不然在存在性实例化后,从其我们得到:

(iii) $\forall x(Gx \leftrightarrow Jx)$。
(iv) $\forall x(Fx \leftrightarrow x \neq x)$。

在休谟原则上用 $\lor E$ 产生:

(v) $nxFx = nxGx \leftrightarrow F1-1G$。

$S^j 0$ 缩写的是 $nxJx$ 以致替代规则的两个应用把我们从 (iii)、(iv) 和

383

(v)带到：

$$0 = S^j 0 \leftrightarrow 1-1((x \neq x), Jx)。$$

由于我们能否证右手边,(ii)连同逻辑工具剩余部分一起会产生 $0=S^j 0$ 的归谬证法。但由于(ii)在亚里士多德主义二阶逻辑中不是即将来临的,两者都不是这个标准证法。因此,弗雷格主义的无穷性证明在 A2L 中无效因为我们不能证明存在 $n+1$ 个数小于或者等于 n;对所有的亚里士多德主义者知道的而言,零碰巧是恒等于零和 n 间的某个数 $S^k 0$。如同我们已看到的,在亚里士多德主义框架内的模型中 $0=1$ 成立是可能的,在其情况下小于或者等于一的数的数量恰好是一个。新逻辑主义者也不能希望仅仅无穷性定理的标准证明无效,亚里士多德主义者就能发现某些到达无穷性的更复杂方式。因为存在休谟原则的任意有限尺寸的亚里士多德模型。为看到这一点,取个体 $D=\{d_1, \cdots, d_n\}$ 的任意有限定域。如上,通过分割 D 的子集我们把数算子解释为等数类的类:将存在包括含有 D 的单个零—尺寸子集的类的这些中的 $n+1$ 个,也就是 $\varnothing$,且有二阶量词的范围作为 D 的非空子集。用取 $X \subseteq D$ 到 d_k 的映射 N 解释 $nx\phi x$,这里 X 是 ϕ 的外延且尺寸为 $k \neq 0$ 且其取空外延到 d_j 对某个 j,其对折为"零"(double up as zero)。那么休谟原则:

$$\forall F \forall G(nxFx = nxGx \leftrightarrow F1-1G)$$

是满足的因为对被指派到 F 和 G 的 D 的任意非空子集 S_1 和 S_2 双条件的左手边是真的当且仅当 M 把相同的元素 d_i 指派到 F 和 G 当且仅当 F 和 G 在等数性等价关系下属于相同的分割类当且仅当右手边是真的。在给定的模型中,二阶逻辑的所有其他原则,包括亚里士多德主义概括和替代规则的所有实例都是可靠的。因此在对 A2L 可靠的模型中休谟原则,缩写为 HP,不语义地蕴含无穷性定理由此如此的定理在 A2L 中从 HP 中不是可推导的。那么,新逻辑主义者不能声称无穷多个数的存在性以认识无罪的样式是可论证的除非他们能表

384

明以如此认识无罪的样式可论证的是存在非实例化性质,换句话说,除非他们能表明关于性质的亚里士多德主义能由认识无罪论证(an epistemically innocent argument)被表明是错误的。真实的是"亚里士多德主义的新逻辑主义者"将能够证明

$$(\exists F \forall y \sim Fy) \rightarrow \mathrm{I}nf,$$

这里 $\mathrm{I}nf$ 是无穷性定理;也就是,如果空性质存在那么存在无穷多个数。即使这个条件句以认识无罪的样式是可论证的,这对新逻辑主义者几乎是没用的当我们对空性质存在性的知识比起我们关于无穷多个数存在性的知识不是更好放置的或者可解释的。当然新逻辑主义者不能争论说存在空性质的假设是整体论的由它使我们能够发展由科学所需要的书序的事实而证实的。如果我们取这种奎因主义的路线,我们不妨自用数论、分析等等的标准公理系统。比起使我们相信对无穷多个数的直观掌握,甚或对无穷多个数存在事实的直观掌握,也许人们感觉到为使我们相信对空性质存在性的直觉知识是更可行的。但新康德主义者不需要诉诸于对每个数的直接直觉,也不似乎存在承认非具体实体的直接直觉和承认对多个的直接直觉间的任意相关差异;任意如此的诉诸于直觉表示对新逻辑主义的放弃。新逻辑主义者可能尝试的一个修补是把下述"零"公理模式的每个实例加到休谟原则:

$$\sim \exists x \phi x \leftrightarrow (nx \phi x = 0)。$$

这确保如果 ϕ 和 ψ 都是不满足的,那么 $nx\phi x = nx\psi x = 0$,反之如果 θ 是满足的那么 $nx\theta x \neq 0$。把由 HP 加上述模式的所有实例构成的理论称为 HPP。HPP 蕴涵论域是无穷的。模型论地我们能表明它如下:如果在定域中仅仅存在有限多个个体 k,那么在非空集定域上的等数性下存在 k 个等价类;所以我们需要全部 k 个不同的个体以数数非空性质以便满足 HP。但我们也需要为 $nx\theta x$ 指称物的个体,这里 θ 有着空外延且这个个体,即 0 的指称物,是由零公理模式约束的以便

区分于数数实例化性质的 k 个个体;因此不能存在 HPP 的有限模型。这里需要注意的显著要点是遇到困难当我们用二阶变元取代模式变元 ϕ 因为在我们的亚里士多德主义理论中如此变元管辖非空性质且我们这里希望捕获的情况是在其 ϕ 是非实例化的一个。这使理论 HPP 是多么笨拙处于显要地位;在形式上它与可表述为单个语句的抽象原则多么不同,诸如 HP,更不用提及简单的推理规则诸如 &E。存在什么理由假设无限理论 HPP 是认识无罪的? 由于 HPP 包含无穷多个语句,不存在我们能把它认作基于推理实践的方式,以 &E 基于 & 的裁定基质的方式。然而存在与理论 HPP 相关联的单个公式,其甚至在亚里士多德主义二阶逻辑中将产生弗雷格定理且这就是 HPP* :

$$\forall F \forall G((n x F x = n x G x \leftrightarrow F 1-1 G) \& (\sim \exists x F x \leftrightarrow (n x F x = 0))).$$

换句话说,我们把零公理模式实例结合到 HP 但用普通变元(ordinary variable)取代模式变元,由我们初始量词中的一个约束的变元。从 HPP* 的右合取支推出没有性质有数零;由于所有性质在我们的亚里士多德主义模型中都是被实例化的,所有都证明右合取支的左边 $\sim \exists x F x$ 为假。因此,就 HPP 来说,必定存在无穷多个数。以把零定义为 $n x(x \neq x)$ 开始,然后我们能使用后继或者前趋如此等等的其他"桥接"定义证明皮亚诺公设。尽管我们不能证明的且这里是与 HPP 的关键区分的是恰好存在一个"零",在所有非实例化性质有一个数的意义上。我们能看到这一点,通过把"虚拟"的性质还有"真实"的性质加入我们的解释,其穷尽二阶量词的范围且令在外延为空的只有一个个体变元的公式被指派到任意如此的虚拟性质。然后数算子被解释为性质上的函数,不管是真实的还是虚拟的,在其等数实在性质被赋予相同的值但不同的虚拟性质能被赋予不同的值。例如,假设我们能证明 $\sim \exists x \phi x$。公式 ϕx 可能是 $x < 0$。我们不能继续证明 $n x(x < 0)$ 因为我们不能把休谟原则应用到空性质上。如果我们有全概括那

么我们能证明：

$$\exists F \forall x(Fx \leftrightarrow x < 0)$$

由此为存在消除假设(i) $\forall x(Fx \leftrightarrow x < 0)$。我们实例化 HPP* 且用 $\&E$ 推出右合取支。从(i)我们的一般化替代规则产生：

$$(\sim \exists x \phi x \leftrightarrow (\mathrm{n} x \phi x = 0))。$$

已证明的是 $\sim \exists x x < 0$，那么我们本来能够推断 $\mathrm{n} x(x < 0) = 0$。但我们没有全概括！我们仅有，对问题中的实例：

$$\exists x x < 0 \to \exists F \forall x(Fx \leftrightarrow x < 0)，$$

且我们不能免除前件。这种"零"的复数性对新逻辑主义者是一个难题，即使弗雷格定理从 HPP* 推出来。因为 **PA** 只是算术的一种可能的表述，这里我们通过"算术"理解由数学家所研究的理论；此外数学家不单单处理形式化的算术理论，而且使用算术原则以便在不同领域中证明定理，不管是纯粹的还是应用的。正是凭借他们能够描述且解释实在的数学理论数学哲学且他们利用的形式系统才必定被判断出来。在"真实算术"中我们说像"小于零的数的数量自身是零"的事物；"P 的数量是零"的如此应用在真实情况下对算术的应用中是常见的。如果数学哲学不能描述如此断言的真性，那么就是一个严重的缺陷。所有这个关于 HPP* 和概括模式的亚里士多德主义版本的假设都是认识无罪的。但在此我们能提问存在什么根据认为 HPP* 是无罪的。它甚至不是一个抽象原则。我们将再次提出这个相对于相关的当新逻辑主义被设定在复数量词化框架中而出现的原则的问题。

3. 复数量词下的配对原则、复数休谟与修正版复数休谟

布劳斯(George Boolos)，复数量词化最有影响力的提倡者，提议它的一个价值在于我们能用它来解释二阶量词化而不用调用性质或者类。也许新逻辑主义者能用它绕过有关哪些性质存在的问题。如

果休谟原则也能以如此的"复数性"方式被解释使得以便保留它的无罪那么新逻辑主义者会看起来大功告成的(home and dry)。布劳斯建议在自然语言中一元二阶存在量词被考虑对复数量词的对应物,"存在诸对象"(there are objects)。下述阐释被称为吉奇—卡普兰语句(the Geach-Kaplan sentence):

<blockquote>某些评论家只彼此钦佩。</blockquote>

它有一个或多或少直接的二阶翻译,把评论家的类当作定域:

$$\exists F(\exists x F x \,\&\, \forall x \forall y((Fx \,\&\, Axy) \rightarrow (x \neq y \,\&\, Fy)))。$$

根据通常的解读,这个公式会对应于"存在诸评论家的非空类或者非空性质 F 使得对 F 中的任意 x 和任意 y,如果 x 钦佩 y,那么 $x \neq y$ 且 y 在 F 中"。但这蕴涵类或者性质的存在性,而最初的"某些评论家只彼此钦佩"不蕴涵其存在性。布劳斯用这些术语发展出一元二阶量词的严格模型论语义学。有唯名论倾向的某些哲学家已调用布劳斯语义学(the Boolos semantics)以便获得二阶量词化的好处而自身不受二阶本体论的牵累。这是一个好的交易。我们的逻辑主义者可能尝试一种相似的策略,以便使这种逻辑更易处理。然而,在这种情况下到处都会碰到麻烦。二阶逻辑在两个地方进入休谟原则和弗雷格定理。像任意的二阶抽象那样,休谟原则由约束一元性质变元的前束全称量词。最初布劳斯复数性构造被限制到二阶存在性量词但布劳斯把它扩充到全称量词。他沿着下述路线注释形式为 $\forall F(\Phi F)$ 的二阶全称量词:

<blockquote>不管 F 是哪些事物,Φ 对 F 成立。</blockquote>

我们将在后面给出例子阐释他如何注释模式短语:「Φ 对 Fs 成立」。然而在休谟原则的右手边我们找到等数性概念,且等数性定义调用定域上的二元关系变元:两个一元性质是等数的当存在从它们中的一个的外延到另一个上的 1—1 关系。所以我们的第一个难题在于布劳斯

复数构造是被限制到一元性质变元,而等数性的二阶定义有二元关系变元。然而,如果在这个语言中存在可定义的配对函数,那么能以通常的方式引入关系。二元关系变元是用管辖成对一元变元取代的:∃RΦ 是被翻译为 ∃FΦ′,这里 Φ′ 是从 Φ 获得的,通过用 F⟨t, u⟩ 取代 Rtu 的每个出现,这里 ⟨t, u⟩ 是 t 和 u 的有序对。这个举措在这里不是可用的,至少不无乞求关键的论点。不能存在有多于一个元素的有限定域上的配对函数。如果定域尺寸为 n,那么存在 n^2 个有序对。

所以我们的逻辑主义者不能引入配对函数直到他已表明论域或者在它里面至多有一个对象或者是无穷的。这会阻止事情的发展。新逻辑主义者想使用休谟原则和弗雷格定理以构建论域是无穷的,通过表明自然数存在且是不同的。但根据当前的计划,他甚至不能经由带配对的复数量词化表述休谟原则若非首先表明论域或者是非复数的或者无穷的。由于作为非黑格尔主义的我们知道第一个合取支是假的,这意味着表明论域是无穷的。计划甚至在它开始前就是受挫的。在每个无穷定域上的配对函数的存在性是等价于全选择公理的,由于它相当于 $\kappa^2 = \kappa$,对每个基数 κ。我们的“多元论”新柏拉图主义者(pluralist neo-logicist)如何能声称配对存在性是认识无罪的? 这相当于全选择的认识无罪。也许在这里我们是有帮助的。新逻辑主义者可能经由抽象原则引入配对:

$$\forall x \forall y \forall z \forall w(\Pi(x, y) = \Pi(z, w) \equiv (x = z \,\&\, y = w))。$$

把这个称为配对原则。严格来讲,它不与其他抽象原则具有相同的形式,由于等式右手边表示四位关系由此不是等价关系。但它至少有等价关系的神韵,即自反性、对称性和传递性,由此是本来其他抽象原则的精神。配对原则位于二阶抽象和二阶抽象中间。如果我们的新逻辑主义者能维持它是认识无罪的,那么能给出对等数性的可接受“复数”表述。前件表示相当大的“如果”由于这个原则实际上将为新逻辑主义者给出无穷论域。但我们将做出让步且假设休谟原则的右手边是合法的。假使在这个原则的左手边我们发现抽象算子自身——"……的数"将会怎么样？

根据标准的解读，这是从性质或者类到对象的函数，但我们正在考虑试图不用承认性质或者类而勉强对付过去的哲学家。因此我们不能把抽象词项认作表示一个函数，因为不存在任何事物供它操作。这不是不能克服的绊脚石：带定冠词构造的英语和其他自然语言允许相对于复数的构造。例如，我们谈及"房间中的狗狗们"或者"小于12的诸数"。所以使用带有二阶变元的复数定冠词以给出惯用语「Fs」或者「Fs 的数」似乎是有意义的。当然布劳斯发现把数算子应用到复数短语是非常明智的。这里是他对休谟原则注释中的一个，也阐释他的复数地解读二阶全称量词的方式：

> 休谟原则是不管 Fs 和 Gs 可能是哪些事物的陈述，Fs 的数与 Gs 的数是相同的恰好假使 Fs 和 Gs 处于 1—1 对应。

所以我们最后有休谟原则的复数版本。把这个称为复数休谟。让我们假设复数休谟是认识无罪的。它说的是什么呢？尤其，假使初始复数量词将会怎么样？人们将回顾，玛卡莉同意实例化性质存在，由此实例化性质能是二阶变元范围中的对象；但玛卡莉否认空性质存在，或者至少我们能无罪地证明它们确实存在。我们在前面已看到在玛卡莉的假设下，弗雷格定理单单使用休谟原则是无法完成的。在玛卡莉的系统中，休谟原则在有限定域上是满足的。但如果新逻辑主义者走复数的路线，且表述复数休谟，那么弗雷格定理处于相同原因无法完成：如果我们的新逻辑主义者依赖于复数，那么他有利于玛卡莉。这个的原因是相当简单的。普通惯用语，「存在 Fs 的数使得……」蕴含至少存在一个 F。确实，这正是这个惯用语要表达的东西。根据传统的术语，复数量词宣布确定谓词是实例化的。例如，我们不能宣布在我们的后院有着邪恶的大象们，除非我们有理由相信确实存在某些。空性质不能实例化复数存在量词。相似地如果我们说不管 Fs 是什么事物，如果每个是 F 的事物也是 G，那么哈米什是 F，也就是，不管 Fs 是什么：

$$(\forall x(Fx \rightarrow Gx) \rightarrow Fh)$$

那么我们似乎不承诺哈米什成为非—自我—恒等的（non-self-identical）且我们所说的似乎是完全连贯的，例如当只有哈米什是 G。因此复数量词只是玛卡莉的亚里士多德主义量词的类似物，而不是标准的二阶量词。因此，如果布劳斯纲领（the Boolos program）是成功的，它消除对实例化性质或者对非空集合的承诺。出于这个理由与我们不能以新逻辑主义者所要求的方式证实全概括公理模式有价值；只有对玛卡莉可用的受限制形式对复数量词是可靠的。由此弗雷格定理从开始就被阻止了。根据平行于在玛卡莉情况中的推理我们能表明存在在其数形成无穷定域有限子集的模型，有 $0=S^n 0$，对某个数 n。

　　确实将存在尺寸为一的模型，在其配对公理成立的一个。复数休谟不蕴含皮亚诺公设。然而，布劳斯的多元论议程包括把标准"非亚里士多德主义"二阶语言翻译为复数量词的纲领。这个语言类似于律师英语，有索引代词和相关的构造起着类似于"丙方当事人"如此等等的作用。在翻译中通过包括处理什么会是空性质的子句他做到这一点。令 $\Phi(F)$ 是有一元二阶变元 F 自由的公式。令 Φ^* 是在 $\Phi(F)$ 用 $t \neq t$ 取代 Ft 的每个出现的结果。使用标准术语，Φ^* 陈述的是 Φ 对空性质成立。那么布劳斯把二阶 $\exists F \Phi(F)$ 翻译为类似下述的某物：

　　　　或者存在某 Fs 使得 $\Phi(F)$，或者 Φ^*。

例如，他把二阶集合论真性 $\exists F \forall x(Fx \equiv x \notin x)$ "翻译"为"或者存在某些集合使得每个集合是它们中的一个当且仅当它不是自身的一个元素或者每个集合是自身的一个元素"。在此情况下，第二个析取支不起作用，但它是"翻译"的一个部分。把相同观念应用到 $\forall F \Phi(F)$ 我们得到：

$$不管 Fs 是什么, \Phi(F) 且 \Phi^*。$$

用合取取代析取。由于复数英语能得到相当复杂的我们将执行某些翻译到它的形式化版本但为了复数解读铭记在心我们将使用(F)表示「不管 Fs 是什么」且(EF)表示「存在 Fs 使得」。所以我们把语句 $\forall F\ Ft$，其在标准二阶逻辑中是假的，翻译为：

$$((Ft) \& t \neq t)$$

其甚至在一个元素的无非实例化性质存在的论域中是假的。我们能沿着这些路线修正休谟原则吗？问题在目前的语境中有点复杂。由于我们已引入高阶算子「Fs 的数」，我们不能用像「$t \neq t$」的某物取代"F"以处理非实例化情况。短语「$t \neq t$」不是语法的。围绕此的一种方法是要引入 λ 项并由此一个翻译 $^*\lambda$ 在其

$$[\forall F\Phi(F)]^{*\lambda} = ((F)\Phi(F)) \& \Phi(\lambda x(x \neq x))。$$

有 $\exists F$ 的双重子句；因此 $\forall F\ Ft$ 变为 $(F)Ft \& \lambda x(x \neq x)t$。但由于我们经常能由 λ 转换消除 λ 项，从有着最狭窄范围的 λ 开始且向外工作用等价式替代等价式，以此方式我们能到达翻译 τ 其是把 λ 转换应用到 $^*\lambda$ 翻译的结果。因此把 $^*\lambda$ 应用到 $\exists F(nxFx \neq nx(x \neq x))$，也就是存在某个非零数，给我们：

$$(EF)(nxFx \neq nx(x \neq x)) \lor n(\lambda x(x \neq x)) \neq n(\lambda x(x \neq x))$$

然后 λ 转换产生 τ 翻译：

$$(EF)(nxFx \neq nx(x \neq x)) \lor nx(x \neq x) \neq nx(x \neq x)$$

在其第二个析取支是逻辑假。一元概括：

$$\exists F\forall y(Fy \leftrightarrow \phi y)（这里 F 不出现在 \phi 中）$$

在 λ 转换后变为：

$$(EF)(\forall y)(Fy \leftrightarrow \phi y) \lor (\forall y)(y \neq y \leftrightarrow \phi y)$$

392

其是等价于

$$(\exists y)\phi y \to (\mathrm{EF})(\forall y)(\mathrm{F}y \leftrightarrow \phi y)$$

也就是,

> 如果存在 ϕ 那么存在某 Fs 使得任意事物是 F 当它是 ϕ 且是
> ϕ 当它是 F。

我们主张如果这是形式化的以便在可推导系统中使用,它必定被形式化为玛卡莉的亚里士多德主义一元概括公理,它不应当被形式化为标准概括。从某种意义上讲,布劳斯纲领使全二阶概括生效:每个实例是被翻译为复数量词化框架的真性。但玛卡莉从未对真性诡辩。例如,概括模式中 ϕ 出现的地方是由 $y \neq y$ 实例化的,翻译产生

$$(\exists y)y \neq y \to (\mathrm{EF})(\forall y)(\mathrm{F}y \leftrightarrow y \neq y)。$$

在布劳斯翻译下复数休谟会发生什么? 这里事情是由我们有继续从事的两个初始全称量词的事实被复杂化的。使用关于"复数性"的约定,复数休谟是:

$$(\mathrm{F})(\mathrm{G})(\mathrm{n}x\mathrm{F}x = \mathrm{n}x\mathrm{G}x \leftrightarrow \mathrm{F}1 - 1\mathrm{G})$$

把 τ 应用到(F)我们得到:

$$((\mathrm{F})[(\mathrm{G})(\mathrm{n}x\mathrm{F}x = \mathrm{n}x\mathrm{G}x \leftrightarrow \mathrm{F}1-1\mathrm{G})]) \&$$
$$[(\mathrm{G})(\mathrm{n}x(x \neq x) = \mathrm{n}x\mathrm{G}x \leftrightarrow (x \neq x)1-1\mathrm{G})]。$$

现在我们必须把 τ 应用到方括号中的两个(G)公式。对于第一个,它产生:

$$((\mathrm{G})(\mathrm{n}x\mathrm{F}x = \mathrm{n}x\mathrm{G}x \leftrightarrow \mathrm{F}1-1\mathrm{G})) \& (\mathrm{n}x\mathrm{F}x = 0 \leftrightarrow \mathrm{F}1-1x \neq x)。$$

对第二个我们得到

$$((\mathrm{G})(0 = \mathrm{n}x\mathrm{G}x \leftrightarrow (x \neq x)1-1\mathrm{G})) \& (0 = 0 \leftrightarrow (x \neq x)1-1(x \neq x))。$$

把所有放在一起结果是：

$$((F)((G)(nxFx=nxGx\leftrightarrow F1-1G)\&(nxFx=0\leftrightarrow$$
$$F1-1x\neq x)))\&(G)((0=nxGx\leftrightarrow(x\neq x)1-1G)\&$$
$$(0=0\leftrightarrow(x\neq x)1-1(x\neq x)))\text{。}$$

把这个称为修正复数休谟。现在最后的合取支是逻辑真性且第二个和第三个都是对称的以致我们能删除它们中的一个，经过进一步简化，其给出：

$$(F)(G)((nxFx=nxGx\leftrightarrow F1-1G)\&(\sim\exists xFx\leftrightarrow nxFx=0))\text{。}$$

也就是：

> 不管 Fs 是什么且不管 Gs 是什么，Fs 的数＝Gs 的数恰好假使在它们间存在 1—1 对应且不存在 Fs 当且仅当 Fs 的数＝零。

但这正是非模式 HPP*。我们结合到复数休谟的是一个子句，规定 Fs 的数是零当且仅当不存在 Fs。HPP* 产生弗雷格定理但无法通过允许过多的零捕获数算子的许多应用。这是复数量词化的支持者不太热衷的复数性形式。总而言之，HP 的复数版本不为给我们给出弗雷格定理。复数 HPP* 给出弗雷格定理但不给出我们想要的应用。此外我们能再次问为什么认为复数 HPP*，其不是抽象原则，是无罪地真(innocently true)。毕竟，没有 HP 的形式版本能被假定为由日常话语者甚或大多数数学家占有的数概念部分；确实可疑的是任意一个是否甚至由大众(hoi polloi)隐含地成立得到支持。HP 的认识无罪最佳情况无疑是类似下述的某物：

"苹果的数量等于橘子的数量当且仅当苹果和橘子能被 1—1 配对"

是有能力用户默许的对数理解的一个部分，对其他类概念亦如此。如果布劳斯对量词的复数解读是在正确的路线上，联合构成我们的数概

394

念的这些"陈词滥调"最如实的解读,对比概念功能主义者的我们的民间心理学概念起因于心理学陈词滥调的观念,是最初的复数休谟而不是修正复数休谟,且最初的是太弱的以致无法完成逻辑主义者对它要求的工作。新逻辑主义者可能放弃使用休谟原则重构算术的计划且考虑其他的抽象原则,也许不是由任意上手概念(ready-to-hand notion)构成的原则。但给定在复数量词化和亚里士多德主义二阶逻辑影响下的等价,且第五公理的一个元素模型的存在性,这个策略也讲不起作用。

为结束对逻辑主义使用二阶逻辑的审查:我们已考虑通过仅仅允许任意实例化性质假设为认识无罪弱化二阶逻辑的影响,或者等价地,仅仅允许对二阶量词化的多元论解释。但结合休谟原则的这个结果不产生弗雷格定理。此外到目前为止我们曾对新逻辑主义者是宽厚的。对性质持实在论的许多人只假设"稀疏的"而非"丰富"的性质理论:也就是,他们不假设为每个任意的谓词——x 是一个电子或者 x 是一只棒球或者 x 是一个好梦——对应的是一个性质。而且甚至支持丰富理论的人不常常声称他们先天地知道它是真的。这建议没有概括公理模型的形式是认识无罪的。但如果我们完全放弃它,那么容易给出 HP 和第五公理的有限模型,在其任意数以与在弗雷格主义算术的亚里士多德主义版本中零是劣种数相同方式能是"劣种"数。

取任意的有限个体集 D 和 D 的幂集的任意子集 S 使得在等数性的等价关系下的 S 上至多存在 n 个等价类。因此存在从这个等价类集合到 D 的 1—1 函数 f。我们令 S 为一元谓词量词的范围且选择 D 的某个元素 d 作为我们的行为异常的数;那么我们把数算子解释如下:ϕx 的外延 s 属于 S 的地方,$n x \phi x$ 的指称是 $f(E(s))$,这里 $E(s)$ 是 s 属于的等价类;否则 $n x \phi x$ 的指称是 d。如以前那样,这给我们二阶逻辑减概括加休谟原则的模型,这次在其($\exists F \forall y \sim F y) \rightarrow \mathrm{Inf}$ 无效的一个,如果空集属于 S。那么,我们的整体结论是新逻辑主义者纲领需要使用非直谓概括公理模式的最强形式,如果它是要达成它的目标,比如,对弗雷格定理的推导,但这个原则与根据认识无罪对皮亚诺—戴德金或者 **ZF** 公理的直接规定是同等的。

4. 自由逻辑的两难困境与内外框架

现在我们从新逻辑主义者做出的相对于二阶逻辑的预设转向相对于一阶逻辑的做出的假设。如果人们接受标准经典一阶逻辑是认识无罪的,那么人们已接受能无罪证明存在性声称,因为人们能证明 $\exists x(Fx \vee \sim Fx)$,或者在一阶逻辑加恒等中,$\exists x(x = x)$。虽然这不证明关于哪个存在不管是什么,新逻辑主义者可能把这些标准定理当作至少揭露人身攻击难题,对拒绝先天或者认识无罪存在性证明的观念但尽管如此接受一阶逻辑的反对者。然而我们猜测大多数当代逻辑学家会通过否认标准非自由逻辑是认识无罪作出回应。定理 $\exists x$ $(x = x)$ 是无害的,由于我们知道某些事物存在。而且量词规则 $\forall$ E 和 $\exists$ I

$$\frac{\forall x \phi x}{\phi x / t} \qquad \frac{\phi x / t}{\exists x \phi x}$$

是无害的当被应用到的语言在其人们能合理地设想或者假设没有单项是空的,它是非所指的。做出这些假设确实简化证明论和模型论。然而,如果人们对单单由纯粹逻辑能被推出什么感兴趣,或者如果人们在可能不有所指的包含复杂单项的语言中工作——例如,摹状词项或者使用代表偏函数的函数项所构造的项——那么上述的简单规则由支持诸如下述的更复杂规则而必定被拒绝:

$$\frac{\forall x \phi x, E(t)}{\phi x / t} \qquad \frac{\phi x / t, E(t)}{\exists x \phi x}$$

这里 Et 表示表达 t 存在声称的某种方式。不管是否这会是"反安瑟伦主义"逻辑学家的通常回应,我们主张这是对新逻辑主义者做出的正确回应。此外怀特自己似乎预设至少在允许空定域意义上的某种自由逻辑背景。此外,支持诸如 $nx(x \neq x)$ 这样的数项是真正的单项且∃I对所有复杂项是无限制有效给新逻辑主义者以付出极大代价而获得的胜利由于关键论点是如此显然地被乞求的。那么，让我们考虑休谟原则和反对自由逻辑背景的无穷定理。以非自由一阶背景阻止无穷性证明的二阶∀E和∃I上的限制将在自由逻辑背景中完成这个。为了把自由逻辑的难题分离出来，出于这些目标我们为新逻辑主义者支持标准二阶规则和公理模式，我们唯一的修正就是改变上述的一阶∀E和∃I，也就是对

$$\frac{\forall x \phi x, \mathrm{E}(t)}{\phi x/t} \qquad\qquad \frac{\phi x/t, \mathrm{E}(t)}{\exists x \phi x}。$$

关于"E"的不同决策和语义学将产生自由逻辑的不同框架。新逻辑主义的难题是在这些中的某个对自然数无穷性的关键证明从休谟原则不是即将来临的。当然我们不能考虑所有可能的自由逻辑；宁可我们将考虑在其下可行的是休谟原则是认识无罪的但在其下弗雷格定理无效的一个框架且考虑相当不同的后者成立但非常不可行的是休谟原则是认识无罪的一个框架。那么由新逻辑主义者决定反驳我们的这两条路径在任意自由逻辑将落到进退两难的一个或者另一个角的意义上是可表示的主张。对第一个例子，我们采用内部定域/外部定域框架。人们把个体定域，即个体常项指称定域，划分为两个类，首先是"真实"个体内部定域，这个定域成为个体量词的范围，和"哑的"或者"虚的"个体外部定域，其不应归于这个范围，所以直观上不存在，尽管它们能被指派到作为指称的非变元项。那么人们能为原子语句 Pt 的值采用许多决策，以在其 t 被仅仅指派虚拟指称的解释。人们能常常把如此语句设定为有缺口的，既非确定为真也非确定为假；否则常常把它们设定为假，或者常常为真，或者令它们随着在其不存在无效"真实"指称的语句而自由地变化。那么谓词外延被指派为正的和负的外延，每个被划分为真实的和虚拟的成分其一起穷尽特殊的外延。

由于我们在二阶框架中工作，其他的并发症出现当我们想瞄准谓词无法代表性质。在一般的处理过程中我们会有性质个体定域和 n-

397

第四章　新逻辑主义集合论

元关系定域。然后我们问是否 Pt 中仅仅虚拟性质指派到 P 会引起真值—缺口（truth-gaps）；语义学将通过指派外延将继续进行：或者关于对诸性质的个体正的和负的满足因子的任意一个，或者对偶地，对每个个体而言个体有性质集和它缺少负的性质集。为了尽可能与标准情况紧密联系，让我们假设二价且把自由逻辑成分限制到单单一阶逻辑的情况。所以个体定域 D 划分为排他的和穷尽的子域 I 和 O，即内部定域和外部定域；让我们取恒等为基元，对 D 中的 α，它的外延成为所有对 $\langle \alpha, \alpha \rangle$，也就是，$\alpha$ 是虚拟的或者真实的。所以如果项 t 和 u 代表相同的实在或者虚拟个体，$t=u$ 是真的，当它们代表不同的实在或者虚拟个体，语句是假的。这就产生相当多的标准恒等理论：$t=t$ 对所有 t 有效，莱布尼兹定律——从 $\phi x/t$ 和 $t=u$ 推断 $\phi x/u$——是可靠的，由此这两个被加入为公理模式和推理规则。这产生包含恒等成为等价关系的标准定理：

$$\forall x\, x=x;$$

$$\forall x\, \forall y\, (x=y \rightarrow y=x);$$

$$\forall x\, \forall y\, \forall z\, ((x=y\ \&\ y=z) \rightarrow x=z).$$

主要的区别在于，由于我们正在自由逻辑背景中工作，我们不能像以前那样自由地从全称移到存在一般化，也就是，不能从 $\forall x\, x=x$ 推断 $\exists x\, x=x$。如同评论的那样，我们正假设二阶量词被尽可能与标准方式紧密联系而得到解释。因此我们能把这些量词范围当作 D 的幂集，因此允许由实个体非实例化的"柏拉图式"的"性质"情况。事实上，如果虚拟定域不是空的那么我们得到许多不同的空性质甚至这里我们认为性质等同于个体定域的子集；如果 v 在 O 中，那么 $\varnothing$ 和 $\{v\}$ 是两个不同的都满足 $\sim\!\exists y Fy$ 的性质。现在在这个框架中我们不能证明 $\exists x(x=x)$，或者 $\exists x(\phi x)$ 对任意 ϕ，由于存在在其 I 是空集且所有个体是虚拟的解释。那么，这个框架不使存在先天存在性证明的新逻辑主义假设成为基础逻辑的组成部分，至少对个体存在性来说。单单从认识无罪原则出发,那么我们能表明通过用抽象原则增强它我们尽管如此能证明某些事物存在,确实如不同数的无穷个性存在吗?

答案是否定的,出于类似于亚里士多德主义情况的理由。在这个框架中存在休谟原则的有限的、确实空的模型,也就是,在其 I 是有限的或者空的模型。对于后一种情况,取"全称自由"的模型在其 $D=O=\{v\}$ 且 $I=\emptyset$ 由此 $\exists x(x=x)$ 甚至不是真的远不及无穷性定理是真的。自然数无穷性的弗雷格主义证明从刚开始就分解:我们没有 $\exists x(x=nx(x\neq x))$。为看到在这个模型中对休谟原则发生了什么,注意只存在两个性质:$\{v\}$ 和 $\emptyset$,它们的两个都是空的,也就是两者都有空的真实子外延。因此,两个性质都是等数的:有 $\{v\}$ 被指派到 F 且 $\emptyset$ 到 G 表达 F 和 G 间成立的 1—1 对应的条件的公式,也就是

$$\exists R\forall x((Fx\rightarrow\exists!y(Rxy\ \&\ Gy))\&(Gx\rightarrow\exists!y(Ryx\ \&\ Fy)))$$

在这个模型中是真的。要记住量词 $\forall x$ 和右手边的唯一性量词 $\exists!y$ 两者都管辖内部定域 I,在此情况下为空的定域。因此把人们喜欢的 D 上的任意关系指派到 R 满足双条件的右手边。每个到 x 的指派平凡地致使 $Fx\rightarrow\exists!y(Rxy\&Gy)$ 为真;因为没有一个致使它为假,由于不存在从 I 到 x 的指派;类似地对第二个条件句。通过用空的真实外延把 v 指派为每个性质的数,由此对每个 ϕ 我们确保左手边的 $nx\phi x$ 为真,以致这个模型中的休谟原则的实例:

$$nxFx=nxGx\leftrightarrow\exists R\forall x((Fx\rightarrow\exists!y(Rxy\ \&\ Gy))$$
$$\&(Gx\rightarrow\exists!y(Ryx\&Fy)))$$

是真的;而且同样适用于其他三个可能的性质对指派到 F 和 G。更一般地说,确保至少存在一个虚拟的个体且在性质的真实外延等数性下把论域的性质,也就是 D 的子集,分割为等价类。如果内部定域的尺寸是 k,将存在这些中的 $k+1$ 个;由于 D 的尺寸至少是 $k+1$,存在把这些等价类映射到内部加外部的整体定域的函数 N。然后如果我经由 N 解释 $nx\phi x$,也就是,那么把被应用到 ϕx 的外延属于的分割的元

素的 N 的值指派到它,那么容易看到休谟原则结果是成为真的。注意我们能增加作为可允许模型上的额外要求,即所有简单的单项都有真实指称。如果存在简单单项的某个有限数 n,那么将能够构造休谟原则的有限模型在其标准的 $\forall E$ 和 $\exists I$ 都是可靠的这里实例化是对简单项而言的,有限模型可以是 $\geq n$ 的任意尺寸。人们也可能注意到第五公理在这个框架下也是可满足的;事实上,存在第五公理的每个基数的模型且确实任意抽象原则的每个基数的模型。对任意抽象原则集合的宽容不提供对新逻辑主义者的安慰由于我们仍然不能证明任意集合、任意非真类存在。换句话说,"虚拟"对象的外部定域最好被看作技术工具。它给我们一种语义学在其一阶 $\forall E$ 和 $\exists I$ 的自由逻辑版本是可靠的。而且即使我们准备容忍形怪样的本体论贫民区在其虚拟对象有某种类型的存在,这仍然不会帮到新逻辑主义者因为存在包括虚拟个体的整体定域 D 是有限的模型。

5. 自由逻辑变体下的休谟原则变体

然而存在自由逻辑的其他框架而非上述的内部/外部框架。例如,存在在其存在性前提 $E(t)$ 被当作自我恒等的自由逻辑:$t = t$ 是真的仅当项 t 有所指。这个框架似乎更适合新逻辑主义立场。新逻辑主义者能支持 $t = t$ 蕴含 $\exists x(x = x)$ 而否认 $t = t$ 对每个 t 有效。然而,在某些特殊情况下,如此的恒等可能是可证明的。例如,$nx(x \neq x) = nx(x \neq x)$ 从休谟原则的实例中是可证明的,在其我们用 $x \neq x$ 实例化两个谓词变元,因为这个实例的右手边是逻辑真性。那么,让我们取 $E(t)$ 为 $t = t$。但为了预防混淆恒等关系在其「t 与 t 相同」常常是真的,我们将用上述给出的解释保留"$=$"且扩张我们的语言以加之包括这第二种"存在性"恒等关系,我们将把其表达为"$t \cong t$",在模型中评估如此语句为真当且仅当 t 的指称属于这个模型的内在定域。那么需要修正的标准规则是:

400

$$\frac{\forall x\phi x,\ t\cong t}{\phi x/t} \qquad\qquad \frac{\phi x/t,\ t\cong t}{\exists x\phi x}\text{。}$$

我们也能在语义学中规定个体参数只能在 I 中被指派真实指称。这确保标准 $\forall$ I 和 $\exists$ E 的可靠性和 $a\cong a$ 的逻辑真性，这里 a 是任意参数。由于莱布尼兹定律的 $\cong$ 版本在这个语义学中也是可靠的——前提 $t\cong u$ 只能是真的当 t 和 u 两者都是非空的且代表相同的指称——恒等的自反性、对称性和传递性仍在上述的一般化形式中成立。所以我们仍有看上去相当标准的恒等理论。然后新逻辑主义者能争论说仅仅引入数项和类项不证明数和类存在以致从一开始就不存在乞求论点的假设，即存在性定理的"廉价"证明是可用的。然而在这个框架中仍然为真的是恒等关系是从非自我恒等到自身的 1—1 映射，把恒等性解读为"广义的"非存在性恒等，也就是，$(\lambda x(x\neq x)1\text{—}1\lambda x(x\neq x)$ 凭借关系 $\lambda x(\lambda y(x=y))$ 成立。更完全的是如下：

$$\forall x((x\neq x\rightarrow\exists!y(x=y\&y\neq y))\&$$
$$(x\neq x\rightarrow\exists!y(y=x\ \&\ y\neq y)))\text{。}$$

确实我们也有 $\lambda x\sim(x\cong x)1\text{—}1^*\lambda x\sim(x\cong x)$，这里 $*$ 指明根据 $\cong$ 而非 $=$ 所表达的 1—1 函数。因为尽管我们没有 $\vdash(t\cong t)$，但我们确实有 $\vdash(a\cong a)$，这里 a 是参数；因此我们有下面两者

$$\vdash(a\neq a)\rightarrow\exists!y(a=y\ \&\ y\neq y)$$

且

$$\vdash\sim(a\cong a)\rightarrow\exists!^*y(a\cong y\ \&\ y\cong y)$$

且一般地根据爆炸原则（the Principle of Explosion，拉丁文为 ex contradiction quodlibet）能从 $a\neq a$ 中证明任意事物，例如 $\exists!^*y(a\cong y\ \&\ y\cong y)$，以及从 $\sim(a\cong a)$ 证明任意事物，例如 $\exists!y(a=y\ \&\ y\neq y)$。因此根据关系 $\lambda x(\lambda y(x=y))$ 前面的 $\lambda x\sim(x\cong x)1\text{—}1^*\lambda x\sim(x\cong x)$ 也成立。既然我们有两个不同的恒等概念，那么我们有休谟原则的许多不同版本，例如 HP*：

$$\forall F \forall G(nxFx \cong nxGx \leftrightarrow \exists R \forall x((Fx \rightarrow \exists !^* y(Rxy \& Gy)) \&$$
$$(Gx \rightarrow \exists !^* y(Ryx \& Fy))),$$

这里 $\exists !^* y(Rxy \& Gy)$ 是 $\exists y((Rxy \& Gy) \& \forall z((Rxz \& Gz) \rightarrow z \cong y))$。为了比较,我们最初的 HP 在自由逻辑设置中以广义的非存在样式解释＝后为下述这种形式:

$$\forall F \forall G(nxFx = nxGx \leftrightarrow \exists R \forall x((Fx \rightarrow \exists !y(Rxy \& Gy)) \&$$
$$(Gx \rightarrow \exists !y(Ryx \& Fy))),$$

$\exists !y(Rxy \& Gy)$ 是 $\exists y((Rxy \& Gy) \& \forall z((Rxz \& Gz) \rightarrow z = y))$。聚焦于 HP^*,由 $\lambda x(\sim(x \cong x))$ 通过实例化 F 和 G,且使用可替代性规则,我们能证明下述:

$$nx \sim(x \cong x) \cong nx \sim(x \cong x) \leftrightarrow \exists R \forall x((\sim(x \cong x) \rightarrow \exists !^* y(Rxy \&$$
$$\sim(y \cong y))) \& (\sim(x \cong x) \rightarrow \exists !^* y(Ryx \& \sim(y \cong y)))).$$

由于双条件的右手边是可证明的,我们能演绎 $(nx \sim(x \cong x) \cong nx \sim (x \cong x))$ 由此证明 $\exists x(x \cong nx \sim(x \cong x))$ 使用 $\exists I$ 的最新自由版本这里 $E(t) = _{df} t \cong t$。而且从这里自然数无穷性的弗雷格主义证明能像以前那样继续进行。所以 HP^* 甚至在有存在性恒等的自由逻辑中相当于无穷公理。然而这是另外的地方,在其我们必须离开我们的不反驳新逻辑主义的诸如休谟原则这样的抽象原则是认识无罪声称的决策。因为无罪的辩护比起 HP^* 对 HP 是更可行的。新逻辑主义者用来论证休谟原则的无罪且反对在从如此抽象原则梳理本体论承诺的过程中他们乞求任意论点观念的关键概念是"再概念化"的观念。把《算术基础》第 64 节看作他们的文本,新逻辑主义者不声称一般而言人们能从概念生成对象;宁可人们表明如何"再概念化"某些思想以便生成新的概念,其以不同方式划分(carve up)表示在思想中的"事态"。更一般地,新逻辑主义者争论说人们能"再划分"(recarve)包含在考虑事态的概念,在其以如此方式获得等价关系以便生成新的概念,适合

抽象物。此外,使用弗雷格的方向例子:

决不存在方向存在性和线条间性质与关系实例化间的缺口。

但怀特在这里必定指的是决不存在方向存在性和对象最初定域中间
性质和关系的实例化间的认识缺口。再概念化不能完成它想要做的
工作,除非另外指向它也携带认识效力的概念革新或者创造过程。因
为假设数确实必然存在。那么"0 存在"和"0≅0"将是语义等价于"存
在从非自我恒等到自身的 1—1 映射"。确实"0 存在"将语义等价于
「P→P」对任意 P。但新逻辑主义者需要比这更多的东西,如果新逻辑
主义要回答通常瞄准柏拉图主义的认识论担忧。新逻辑主义者需要
存在一种认识等价以致我们能知道 0≅0,知道 HP* 相关实例左手边
的真性,在我们关于右手边真性的知识的基础上。所有说我们把根据
性质中间的关系所描述的"事态""再概念化"为包含诸如数这样对象
的一个,恰好就是断言基于我们关于性质中间关系的知识我们能知道
对象存在。我们将不表明如何知道这个。

在诸如 0＝0 这样的广义恒等情况下,认知缺口确实可能是小的。
但 $x=x$ 不是存在性谓词且在认识 0＝0 的真性的过程中我们并不逐
渐知道关于对象存在性的任何事物。另一方面,恒等 $t≅t$ 有 t 存在的
含义或者信息性内容,或者非常接近它的含义:有能力的言说者是要
使用如此恒等作为 ∃I 和 ∀E 规则的存在性前提。所以在这种情况下
我们被要求接受由存在从存在性恒等关系 $\lambda x(x≅x)$ 到自身的 1—1 映
射构成的事态能以如此方式被再概念化到思想使得甚至在后一个命
题中间不存在任何的认识缺口,这相当于"数零存在"且前一个被支持
成为二阶逻辑真性。但这要求我们在一开始就正确接受某些认识无
罪真性是等价于存在性声称的。这恰好是在其上我们仍然将要被说
服的要点:在我们关于非自我恒等 1—1 映射知识的基础上我们如何
知道零存在不比我们能知道它在我们下述知识的基础上存在更清楚,

即如果月球是由生干酪制成的,那它是由生干酪制成的。

似乎在"0＝0"和"从非自我恒等到自身存在 1—1 映射"间存在比"0≅0"和「P→P⌉间更紧密的关联。零的存在性是性质上的 1—1 映射的事态"要素",且不是条件性事态上的,如果存在如此的事物。除去隐喻,休谟原则双条件句双实例化的两边间的尤为紧密的认识关联的声称无疑依赖这个原则是分析的或者在某种意义上构成我们关于数的概念的观念。当这对 HP 来说是可行的,被应用到 HP* 它蕴含在标准二阶逻辑真性和存在性声称间存在纯粹的概念关联的声称,也就是,它蕴含人们能单单从意义得到存在性,必须被论证的不当作前提的非常事物。远非在 HP* 的实例左边和右边间不存在认识缺口,根据新逻辑主义者,存在由"再概念化"所桥接的巨大裂口。但对没被意义构成原则能生成独立于心灵的存在性声称所说服的任何人来说,到目前为止这是一条桥梁。

6. 新逻辑主义者通向数学存在性的认识无罪路径是无效的

总的说来我们已看到新逻辑主义者需要表明不仅某些二阶原则是认识无罪的,如果全逻辑主义纲领要成功完成的话;新逻辑主义需要全概括公理模式,其体现实质的非无罪本体论承诺。此外,如果新逻辑主义者假设标准非自由一阶逻辑的无罪,那么他乞求反对新逻辑主义对手的论点。如果不是,那么如果恒等性没有存在性意义,弗雷格定理无效。反之如果它确实有存在性意义,那么弗雷格定理成立但对诸如 HP* 这样的所需要的抽象原则的解释将以相同方式乞求论点。因此,我们的结论是新逻辑主义者没有对如何能存在认识无罪路径以论证柏拉图主义式解释的数学存在性声称的非乞求论点(non-question-begging)的描述。

第四节　探寻作为新弗雷格主义集合论基础的抽象原则

我们要沿着抽象主义路线探索发展集合论的前景。主要方案是考虑对第五基本定律的限制。这里有两条限制：第一条限制结果是条件化受限第五基本定律；第二条限制结果是无条件化受限第五基本定律。需要强调的是，在无条件化受限第五基本定律中，我们只对好概念产生作用。我们要对好的概念作出界定。根据大小限制原则也就是好的概念是小的概念的一个版本，概念是小的当它小于所有事物归入的某个概念。如果我们采用无条件化首先第五基本定律，那么结果就是新第五基本定律。新五的问题在于，如果把它加入二阶逻辑，它无法推出无穷公理和幂集公理，以致无法成为实数的集合论基础。我们需要把好的或者可接受的抽象原则从坏的或者不可接受的原则中区分出来。首先考虑的是协调性，但只有协调性是不够的，因为会有各自协调但两两不相容的抽象原则。怀特给出的是公害原则和休谟原则。公害原则是协调的，但只在包含有限多个对象的定域中是可满足的。休谟原则也是协调的，但只在包含至少可数无穷多个对象的定域中是可满足的。

　　这时候需要保守性约束。公害原则不是保守的，休谟原则是保守的。根据夏皮罗和韦尔的结果，新第五基本定律不是保守的。既然新五遭遇到这些困难，我们需要对小性再定义。根据好性是小性的原则，我们把条件化受限第五基本定律变为小五原则。但我们仍然会碰到全局良序问题。改变的策略是把好性解释为双小性。我们说概念是双小的当且仅当它严格小于某个自身严格小于某个概念的概念。我们可以用双小性和双小第五基本定律尝试解决新五碰到的两个问题。新五碰到的第一个问题与怀特的第一保守性约束有关，而双小性碰到的第一个问题与怀特的第二保守性约束有关。这里得到的是肯定的结果，双小性并不破坏怀特的第二保守性约束。双小性不能解决的是第二个问题，也就是如何得到更多的集合论公理的问题。为了尝试解决第二类问题，我们来看分割原则。结合休谟原则和分割抽象的小第五基本定律能给出无穷公理。然而对于双小第五基本定律，在能得到自然数集前我们需要表明自然数是双小的。

405

第四章　新逻辑主义集合论

我们来看分割原则与休谟原则的异同。它们的共同点在于都是二阶抽象原则。它们的不同点与定域是否膨胀有关。休谟原则在有限定域上膨胀而在无穷定域上不膨胀。分割原则在严格稠密定域上膨胀，但不是猖獗膨胀的。库克定理表明，当把分割原则再应用到通过把分割原则应用到严格稠密定域生成的抽象物定域不膨胀，将存在由此生成的分割原则确实膨胀的分割抽象物定域的严格稠密序。库克认为这对新逻辑主义是不利的。黑尔对此作出辩护。首先，黑尔认为库克没有给出新弗雷格主义者或者支持广义分割原则或者支持广义分割模式所有实例的理由。其次，黑尔认为库克对认识论适度性的理解有缺陷而且乞求论点。由于库克使用幂集公理，我们来看没有幂集公理的情况。这样我们就得到受限形式的康托尔定理。最后我们再来考虑限制康托尔悖论和布拉利—福蒂悖论的两种方式。第一种方式考虑作为好性解释的小于自我恒等的适当性。这里需要考虑的问题是类不确定性是否与不定可扩充性相符。第二种方式是对双小性和双小五进行限制，以期得到令人满意的和强有力的抽象主义集合论。

1. 有条件集合抽象与无条件集合抽象

数学哲学中的新弗雷格主义纲领目的是在抽象原则中为数学的实质部分提供基础，其能被认作对基础数学概念是隐性定义性的。由抽象原则我们概略地指形状为下述的原则：

$$\forall \alpha \forall \beta(\Sigma(\alpha) = \Sigma(\beta) \leftrightarrow \alpha \approx \beta)$$

这里 $\approx$ 是类型为 $\alpha, \beta, \cdots$ 的实体上的等价关系，且 Σ 是从这个类型的实体到对象。著名的例子是

方向等价：线条 a 的方向＝线条 b 的方向 $\leftrightarrow a$ 和 b 是平行的。

406

据其弗雷格对如此原则的许多最初讨论是被传导的；

$$休谟原则：\forall F\forall G[Nx:Fx=Nx:Gx\leftrightarrow\exists R(F1_RG)],$$

这是弗雷格考虑的但最终拒绝的作为定义基数的手段；而且，

$$第五基本定律：\forall F\forall G[\{x:Fx\}=\{x:Gx\}\leftrightarrow\forall x(Fx\leftrightarrow Gx)]$$

——弗雷格不幸的关于值域（value-ranges）公理的集合或者类形式。众所周知，根据新逻辑主义者的观点，休谟原则可以被当作隐性定义数概念的手段且能充当初等算术的基础。在它的哲学方面，这个声称当然是有争议的。但我们的目的不是这里进一步参与这场争论。反之我们宁愿探索沿着抽象主义路线发展集合论版本的前景。我们能找到可能充当有趣集合理论基础的抽象原则吗？能被看作隐性定义集合概念的抽象原则将通过固定它的实例的恒定条件而如此做下去，而且将认为集合恒等在于它们有着相同的元素。如果我们假设任意可行的候选将是高阶抽象，也就是，将涉及概念间而不是对象间等价关系上的抽象，那么似乎清楚的是所涉及的等价关系将必须成为或者概念的共延性或者它的近亲。换句话说，我们正在寻找的东西是第五基本定律的协调性保持限制（a consistency-preserving restriction）。我们认为我们也能假设适当的限制将是关于什么概念能有对应于它们的集合的限制。如果我们使用第二层谓词"好的"（Good）模式地表示要追求的限制，那么限制第五基本定律 BLV 的最明显方式是：

$$(A)\quad \forall F\forall G[Gd(F)\lor Gd(G)\rightarrow(\{x\,|\,Fx\}=\{x\,|\,Gx\}\leftrightarrow\forall x(Fx\leftrightarrow Gx))]$$

和

(B) $\forall F \forall G[\{x \mid Fx\} = \{x \mid Gx\} \leftrightarrow (Gd(F) \vee Gd(G) \rightarrow \forall x(Fx \leftrightarrow Gx))]$。

这些间的主要区分是(A)是条件化的抽象原则,而(B)是无条件的,有限制成为所需要关系的组成部分以在 F 和 G 间成立为它们产生相同的集合——相当明显的是,作为结果的关系是等价关系。结果,(B)产生对每个 F 的"集合",不管是否它是好的,反之(A)产生 $\{x \mid Fx\}$ 仅当我们有额外的前提集 F 是好的。如果既非 F 也非 G 是好的,(B)的右手边空成立(holds vacuously),所以我们得到 $\{x \mid Fx\} = \{x \mid Gx\}$——不管是否 F 和 G 是共延的。也就是,我们从所有坏的概念得到相同的"集合"。我们经由(B)仅从好的概念得到真实集——也就是,对象的恒等是由它们的属于关系决定的。

2. 新第五基本定律遭遇的两个问题

概念成为好的是什么?人们已细究过各种建议。一条普遍的路径与根深蒂固的大小限制观念熟悉起来,即集合论悖论起源于把集合处理为在某种意义上"太大"的"收集"——所有集合的收集,不是它们自身元素所有集合的收集,所有序数的收集,等等。根据这条好性是小性(Goodness is Smallness)路径的一个版本,我们定义概念为小的(Small)当它比在其下每个事物,或者至少每个对象归入的某个概念是更小的。而且受到优待的全称概念曾经是自我恒等的概念。追随布劳斯,我们说概念 G"进入"概念 F 当且仅当存在从 Gs 到 Fs 的1—1函数,且 F 是小的当且仅当自我恒等的概念不进入 F。如果我们以(B)的风格框定我们的受限集合抽象,结果是布劳斯称为新五(New V)且怀特称为 VE 的东西:

NV:$\forall F \forall G[\{x \mid Fx\} = \{x \mid Gx\} \leftrightarrow (Sm(F) \vee Sm(G) \rightarrow \forall x(Fx \leftrightarrow Gx))]$。

408

现在众所周知的是,尽管能通过把新五加入二阶逻辑获得特定数量的集合论,但存在某些与它相关的问题。这些中最严重的是我们没有足够的集合论。如同布劳斯表明的那样,既非无穷公理也非幂集公理能在此基础上作为定理而被获得,所以理论是相当弱的——且无疑弱于新弗雷格主义需要的,当他要有分析的集合论基础。我们将下面回到这一点。相当不同的进一步困难涉及需要分清好的或者可接受抽象原则与坏的或者不可接受抽象原则所需要的约束。清楚的是某些约束被需要由于并非所有抽象都是可接受的——如同由第五基本定律所阐释的那样。明显的是协调性是一个要求。但它似乎不是唯一的一个由于——如同布劳斯也表明的——人们能表述各自协调的而互相不相容的抽象原则。例如,我们能把概念 F 和 G 间成立的关系当作等价关系正当它们的对称关系是有限的,也就是,当恰好存在有限多个对象其或者是 F 而不是 G 或者是 G 而不是 F。把这个记为 $\Delta(F, G)$,我们能框定怀特称为下述的抽象:

$$NP: \forall F \forall G[\nu(F) = \nu(G) \leftrightarrow \Delta(F, G)]。$$

如同怀特表明的那样,这是协调性抽象但只在包含有限多个对象的定域上是可满足的。相比之下休谟原则,尽管也可证明地协调,仅在至少包含对象的可数无穷性的定域中是可满足的。由于它们是互相不相容的,休谟原则和公害原则不能都是可接受的。新弗雷格主义的难题是要证实拒绝后者是不可接受的。为了这个目的,怀特提议一种约束——他的第一条保守性约束——其对由菲尔德在他对唯名论辩护中所部署的保守性概念有明显的亲和力。他的可行思想是令人满意的对概念的解释——是否凭借抽象原则或者二其他定义形式——应该仅仅固定包含这个概念的陈述的真值条件。它应该关于陈述的真值无话可说,其已经有独立于引入这个概念的确定真值条件,尤其,它应该对这个解释力图引入的概念无关联的其他概念外延没有任何

第四章　新逻辑主义集合论

暗示。

如果我们把抽象原则认作加入到现存理论，要求能被表达为抽象关于"旧"本体论应该没有任何暗示——给定理论的本体论；相对于这个理论它应该是保守的，在它加入到理论不解决在旧语言中可表达的任意陈述的真值的意义上，其根据这个理论仍是悬而未决的。恰好因为它仅仅在有限论域中是可满足的，公害原则确实有如此的暗示——例如，它蕴涵至多存在有限多只食蚁兽或者亚原子粒子，或者时空点，如此等等——它使这个约束无效且因此应该被拒绝为不可接受的，即使是协调的。相比之下，当蕴涵至少存在可数无穷多个对象，休谟原则不在不同于它打算隐性要定义的概念的概念外延上设置限制——不管是上界还是下界。它不设置上界是显然的。

但关键的是它也不设置下界，由于至少存在无穷多个对象的要求不是由抽象物而满足的——数——它自身有助于引入，以致它没作出任意其他概念应该有无穷多个实例的要求。到目前为止一切顺利。但与新五相关的实际情况如何？夏皮罗和韦尔，探索最初由布劳斯作出的要点，曾争论说新五破坏怀特自己的第一条约束。本质上，这个论证是足够简单的。如果序数这个概念是小的，那么新五产生所有序数的集合且我们有布拉利—福蒂矛盾。因此序数必定是大的。但在这种情况下它刚好和论域一样大，也就是，存在序数和任意全称概念，比如自我恒等，间的 1—1 对应。但这个连同序数由属于关系良序化的事实，蕴含全局良序——论域良序的存在性。给定如此良序可以被当作独立于现存理论的存在性，或者相反，那么新五必定被非保守地（nonconservative）估算。

3. 双小第五基本定律替代新第五基本定律

由于新五的困难在于探索把小定义为小于全称概念，可能的是它能由适当的小性再定义（redefinition）得以避免。作为这个方向的第一步，优先于根据比起某个已规定全称概念为更小的定义小性，人们说概念是小的当它是小于某个概念或者其他概念——这里 F＜G 当存在从 F 到 G 而非—(F～G)的双射——且把或者有小性被如此定义的新五或者也许下述的(A)—类型条件性抽象当作我们的集合—抽象：

$$SV: \forall F \forall G [Sm(F) \vee Sm(G) \rightarrow (\{x \mid Fx\} = \{x \mid Gx\} \leftrightarrow \forall x(Fx \leftrightarrow Gx))]。$$

然而,明显的是,至少只要某个全称概念 V 在起作用且能有助于在概念的潜在尺寸上提供上界,这个简单的建议不像最初理解的那样在新五上取得进步。那时由于任意概念不能大于全称概念 V,概念 F 将小于某个概念 G 仅当小于 V,且如果小于 V,将无疑小于某个概念或者其他概念——所以 ∃GF＜G 当且仅当 F＜V。但现在如果序数在此意义上是小的,由此是好的,我们将有布拉利—福蒂悖论,以致序数必定是坏的,也就是,序数～V,且我们有全局良序,恰如以前一样。如同我们的简单提议有瑕疵的那样,存在它的提纯(refinement)其实际上避免全局良序问题。这是要把好性解释为双重小性,这里概念是双重小的当且仅当它是严格小于某个概念,其自身是严格小于某个概念,也就是,

$$Sm^2(F) = \exists G \exists H(F＜G＜H)。$$

把好性解释为 Smn^2 阻止表明新五的推理,如同最初用小的理解为意指"小于论域",蕴涵全局良序。当然,我们仍能表明序数不能是好的——也就是,现在为 Sm^2——由于如果它是的话,我们会有布拉利—福蒂悖论,正如以前那样。所以我们必须同意序数是坏的。但这仅仅意指它不是 Sm^2,且从这个我们不能推出它是双射到任意的全称概念,或者确实到任意概念。如同以指明的那样,怀特的第一个保守性约束是一对中的一个。他提议的第二个约束涉及嵌入悖论性成分

的抽象原则——核心地,类型为下述的抽象:

$$(D) \quad \forall F \forall G[\Sigma(F) = \Sigma(G) \rightarrow ((\varphi(F) \wedge \varphi(G)) \vee \forall x(Fx \leftrightarrow Gx)))],$$

关于其新五是一个实例。一般而言,通过探索从 BLV 导致矛盾的推理,从(D)的任意实例,我们能证明 $\exists F\varphi(F)$。例如,从新五经由罗素悖论人们能证明存在坏的概念,也就是,并非所有概念都是小的。尤其,我们能证明自我恒等是大的。但如同怀特观察到的,这是我们能证明独立于新五的作为二阶逻辑定理的结果。第二个约束提议最后这个条件应该是由任意的(D)—类型抽象所满足,或者,也许更为一般地,嵌入悖论成分的任意抽象。如同怀特在一个点上表达它的那样:"通过探索它的悖论性成分从抽象引出的任意结论应该是先天的处于独立的良好信誉"。这个约束的精确力量明显依赖由处于独立的良好声誉的结论要被理解的事物。单单在逻辑中称为独立可证明的显然足够,但怀特不希望把这个接受为必要条件:"……'独立的良好声誉'也可以被当作覆盖下述的情况,这里结论通过'可疑的'——悖论—开发的——手段从如此抽象引出的结论也能不单单从逻辑获得,而是从由这个非常的抽象提供的额外资源中无罪地获得"。

给定这个限制条件,至少不清楚的是经由布拉利—福蒂的全局良序可推导性在怀特第二种意义上构成对保守性的破坏,如同区别于他的第一个的那样。而且处于相同的理由,尽管不蕴涵全局良序,但 SmV^2 确实蕴涵不能存在大于序数的概念但小于论域的事实也不是违反第二条约束的。但是,至少搁置对独立良好声誉关键概念的进一步澄清——且尤其仅仅以恶性悖论—开发方式成为可构建结果的是什么——无论如何不清楚的是第二条约束的什么形式应该是被遵守的。无疑"悖论—开发"最好不如此自由地被理解以便把由归谬法而来的任意证明转化为如此的东西。没有可接受的约束——且任意一个都不是怀特想要的——应该要求我们可以接受由归谬法所构建的一个结果仅当我们能通过构造手段独立地证明它。新五面对的两个问题中的另一个，且几乎更严重的是它仅仅对一个相当弱的集合论（a rather weak set theory）足够。尤其，它不给我们或者无穷公理或者幂集公理作为定理。且同样适用于用好的把新五再解释为 Sm^2 和 SmV^2。

然而，如同怀特已观察到的那样，从新弗雷格主义者的角度这不需要是造成严重后果的障碍，当他用其他原则补充新五，或者 SmV^2 能证实的话——也许其他的抽象原则——其弥补它的弱点。根据这种更为广泛的路径，我们分开两种不同的人们可能要求集合—抽象原则履行的角色——一方面固定集合的概念，且另一方面，充当概括原则。声称会是作为概括原则的新五的——或者 SmV^2 的——不足不需要阻止它成功地履行概念—固定的充当引入概念手段的角色，而把它的外延留给其他原则来决定。我们想讨论一对方式，在其这是可能被完成的。我们将把精力集中于用其他抽象原则补充 SmV^2 的可能性——我们不认为新弗雷格主义者不能用不同于抽象的补充性原则证实是明显的。那么一般的策略就是寻找可能被用来设置类概念的其他抽象原则，其在场的情况下我们得到有趣的 SmV^2 的类概念的范围，有对应于它们的集合。

4. 分割原则、库克定理与黑尔对库克的反驳

我们想考虑的第一条路径实质上使用一种抽象原则，其在新弗雷格主义对实数的构造中扮演关键的角色。概括地，主要的观念是要以广义的弗雷格曾提出做的方式得到实数，通过把它们定义为量比。量比概念自身是凭借对应古代的等倍数原则（the ancient equimultiples principle）的抽象而被引入的：

EM：比例 $a:b＝$ 比例 $c:d$ 当且仅当对所有正整数 m 和 n，ma 是等于、大于或者小于 nb，根据 mc 是等于、大于或者小

于 nd。

这里 a，b 是某单个种类的量，且 c，d 是同样地。关键地，c 和 d 不需要与 a 和 b 是相同种类。量自身是抽象对象，由定量等价关系上的抽象而定义的。为得到所有的正实数，比例抽象必须被应用到足够丰富的抽象结构——我们把它称为完备定量定域(a complete quantitative domain)。一种量 Q 构成完备定域当且仅当它是在交换的和结合的运算$\oplus$下是封闭的使得恰好 $a=b$，$\exists c(a=b\oplus c)$，$\exists c(b=a\oplus c)$中的一个对 Q 的任意"元素"成立且满足下述的进一步条件：

> 阿基米德主义条件：$\forall a$，$b\in Q\exists m(ma>b)$，
> 第四个比例：$\forall a$，b，$c\in Q\exists d\in Q(a:b=d:c)$，
> 完备性：Q 上的每个有界非空性质 P 都有最小上界。

给定完备的量定域，几乎不意外的是在它上面由比例抽象人们得到正实数。明显的问题是：新弗雷格主义者能证实至少存在一个如此定域的假设？如果注意力被限制到物理量的定域，也就是，"属于"物理对象的量，那么回答几乎是确定否定的。但在量的定义中，或者定量定域的定义中没有任何事物排除把数自身认作量的种类。尤其，正自然数——它的存在性新弗雷格主义诉诸休谟原则能证实——形成定量定域满足所有除了最后两个条件。而且正自然数的比例，R^{N^+}，形成满足所有除了最后一个条件的定域——完备性。为先天论证完备定域的存在性，新弗雷格主义者能模仿戴德金的构造。把正自然数的比例的性质 P 定义为分割性质恰好假使 P 是非空的，上有界的，向下封闭的且没有最大实例。那么我们能在 R^{N^+} 上使用下述对分割性质作抽象：

$$CA：\forall F\forall G[Cut(F)=Cut(G)\leftrightarrow\forall x(Fx\leftrightarrow Gx)]$$这里 x 恰

好在 R^{N^+} 上不同且 F, G 在 R^{N^+} 上的分割性质不同。

那么由此获得的分割能被表明形成完备的定域。对于目前的目的而言，正是分割抽象才是我们的首要兴趣。在休谟原则的基础上，我们能定义成为自然数的性质，且表明它有无数的实例。然后诉诸分割抽象，我们能定义 R^{N^+} 上成为分割的性质且表明成为自然数的性质是小于这个性质的，由此是小性的(Small)。如果抽象主义集合论能被基于小五上，这会足以给我们一个无穷集——自然数集。也就是，结合休谟原则和分割抽象的小五会给我们无穷公理的效果。然而，如果我们用 $Sm\,V^2$ 工作，我们需要表明自然数是双重小的在我们能获得对应集合之前。我们能如此做吗？对曾被提出以反对我们使用分割抽象的考虑建议我们可能采用的一种方式。分割抽象可以被看作下述一般模式的实例：

$$CS: \forall F \forall G[Cut\,(F) = Cut\,(G) \leftrightarrow \forall x (Fx \leftrightarrow Gx)]$$ 这里 x 在适当定域 Q 上不同且 F, G 在 Q 上的分割性质不同。

当然，什么算作这个模式的实例是不清楚的直到我们说什么算作适当的定域。尽管分割性质的定义使我们假设的不管什么定域有意义，但只存在分割性质当这个定域是适当有结构的——它将需要至少是稠密序化的。无疑假设我们已使用的特殊分割原则是这个模式仅有的可接受实例是不可行的。像休谟原则且不像方向等价那样，分割原则是二阶抽象的——它们对概念而非对象上的等价关系进行抽象。但在其他方面，它们显著地不同于休谟原则。让我们假设我们关注把抽象原则应用到限定基数尺寸的定域，不管是有限的还是无穷的。有休谟原则和分割原则，基础定域是概念的定域。比起存在的对象概念将是更多的，不管概念是如何被个体化的。如果存在 κ 个对象，且概念是纯粹外延地被个体化的，那么将恰好存在 2^κ 个概念。因此二阶抽象能"生成"直到 2^κ 个抽象物,当对象初始定域是 κ—尺寸的。被应用到任意的概念定域,BLV 生成极大的抽象物收集——一个对每个概念。相比之下,休谟原则是相当适度的。

因为它的等价关系根据等数性把概念分割为等价类,且恰好存在 $\kappa+1$ 个如此类当存在 κ 个在其上概念被定义的对象,休谟原则生成比存在其他对象更多的抽象物当且仅当 κ 是有限的。当 κ 是无穷的,休谟原则从 2^κ 个概念生成 $\kappa+1$ 个抽象物,且 $\kappa+1=\kappa$。休谟原则在有限定域上膨胀而不在无穷定域上膨胀。这确保休谟没有有限模型。但它在无穷基数上是稳定的(stable)。分割原则表现得相当不同。如同已注意到的那样,如果分割原则是被应用到有限定域,它不生成抽象物,如同在定域上不存在分割性质那样。如果基础定域是无穷的且至少稠密序化的,发生的事情取决于是否这个定域是稠密序化的,像有理数那样,或者完全序化的,像实数那样。被应用到严格稠密定域,分割抽象会膨胀,给出完全序化的抽象物定域的话。

然而,被应用到完全序化定域,它给出同构于基础定域的抽象物定域,由此不会膨胀。也就是,当分割抽象是被应用的然后被再应用的,在有理数和实数上发生的事情表示的是一般而言发生的事情。所以任意一个分割原则在严格稠密定域上膨胀,而不是猖獗地膨胀,在它的迭代应用导致无限制膨胀的意义上。不同的人已观察到根据特定的标准集合论假设,限定基数尺寸的任意集合能被放在严格稠密线序,以致当分割原则再应用到由它应用到严格稠密定域生成的完全由此非严格稠密的抽象物定域是真的,那么将存在分割抽象物定域的严格稠密序,因此在分割原则确实在其上膨胀而生成。以致如果我们以可数严格稠密序开始且应用分割原则以得到 $2^{\aleph_0}$—尺寸的分割定域 C,那么存在 C 的严格稠密序,把它称为 C^*,对其另一个分割原则可能被应用以得到尺寸为的新分割定域,如此等等。尤其,库克已证明下述:

抽象主义集合论(上卷):从布劳斯到斯塔德

定理 4.1 （库克定理）对任意无穷基数 κ，存在线序 $(A, <)$ 使得 $|A| \leqslant \kappa$ 且 $|Comp(A, <)| > \kappa$，这里 $Comp(A, <)$ 是 $(A, <)$ 上的戴德金分割集。

证明： 给定无穷基数 κ，令 λ 是 $\leqslant \kappa$ 的最小基数使得 $2^\lambda > \kappa$。令 A 是从 λ 到 $\{0, 1\}$ 的函数的子集使得 $f \in A$ 当且仅当存在序数 $\gamma < \lambda$ 使得对所有序数 $\alpha \geqslant \gamma$，$f(\alpha) = 0$。对 $f, g \in A$，令 $f < g$ 当且仅当，在最小的 γ 出这里 $f(\gamma) \neq g(\gamma)$，$f(\gamma) = 0$。那么通过下述计算 $|A| \leqslant \kappa$：

$$|A| = |\bigcup_{\gamma < \lambda}^{\gamma} 2| \leqslant \sum_{\gamma < \lambda} 2^{|\gamma|} \leqslant \sum_{\gamma < \lambda} \kappa \leqslant \lambda \times \kappa = \kappa.$$

但 $|Comp(A, <)| = 2^\lambda > \kappa$，由于 $Comp(A, <)$ 是同构于从 λ 到 $\{0, 1\}$ 的所有函数集。■

库克认为他的结果对新弗雷格逻辑主义者是灾难性的因为他认为新弗雷格主义者只应该支持"认识适度"的抽象原则，但我们的分割原则的特定"自然一般化"明显是认识过度的。更确切地说，他争论说休谟原则与广义分割原则（a generalized cut principle）的合取，

GCA　$\forall P \forall Q \forall \{H, <\} [Cut(P, \{H, <\}) = Cut(Q, \{H, <\}) \leftrightarrow \forall x(Hx \wedge P$ 和 Q 都是 $\{H, <\}$ 上的分割性) $\rightarrow (Px \leftrightarrow Qx))]$，

最好只有真类—尺寸的（proper class-sized）模型，且它与广义分割模式的合取

SGCA：形式为 $\forall P \forall Q [Cut(P, \{H, <\}) = Cut(Q, \{H, <\}) \leftrightarrow \forall x(Hx \wedge P$ 和 Q 都是 $\{H, <\}$ 上的分割性 $\rightarrow (Px \leftrightarrow Qx))]$ 的所有公式

可能有集合—尺寸的模型,但如果是这样,只能有从连续统大小的模型向上的无穷多倍基数的模型。我们不打算详细地讨论这个异议,所以我们将是简短的且有点独断。出于两个主要的理由我们不为它所动摇。首先,在我们看来库克没给出令人信服的理由为什么新弗雷格抽象主义者必须支持或者他的广义分割原则甚或他的广义分割模式的所有实例。GCA 自身不是抽象原则,且不清楚的是为什么抽象主义者应该对它所有承诺。无疑存在一般化的许多实例对其抽象主义者应该没有异议,但不相当于有理由认为他必须断言一般化自身。毕竟,存在一般抽象模式的许多实例,

$$\forall\,\alpha\,\forall\,\beta(\Sigma(\alpha)=\Sigma(\beta)\leftrightarrow\alpha\approx\beta),$$

与其抽象主义者应该没有争吵,但他几乎不能被期望支持它的一般化,

$$\forall\approx\forall\Sigma\forall\,\alpha\,\forall\,\beta(\Sigma(\alpha)=\Sigma(\beta)\leftrightarrow\alpha\approx\beta),$$

其蕴涵 BLV 且因此是完全不协调的! 我们当然会同意抽象主义者不应该没有好的理由而拒绝 GCA 模式的任意实例,但这与对所有实例的承诺不是相同的事情。其次,库克对认识论适度性的理解在我们看来是有缺陷的,而且是乞求论点的。库克认为抽象将是非适度的当它"生成太多对象"。如果"太多"意味着"太多以致无法避免不协调性",那么不能不同意他。但他没有——如果他这样做,他会招致异议仅当他已表明与 HP 相结合的一般化导致矛盾。事实上,不清楚的是比"根据集合论者的标准相当多"更精确的任意事物。对此的简短回答是一个问题:为什么这应该是有异议的? 从新弗雷格主义者的视角出发,如果它结果是他的原则是数学上相当强力的那么,它不会是相当好的结果吗?

确实——以回到我们的主线——似乎可能的是新弗雷格主义者能把库克的结果转到他自己的优势。通过诉诸自然数(Natural number)这个概念是小于 R^{N^+} 上分割这个概念的事实,我们看到他如

何能表明前一个概念至少是小的。但如果足够接近库克结果的某物是由他自行支配的，为什么应该他不把它应用到 R^{N^+} 上分割，连同适当的线序，以获得严格大于 R^{N^+} 上分割的进一步分割概念？那么他会有资格应用 $Sm\,V^2$ 以获得可数无穷自然数集。而且如果它一旦被完成，它为什么不应该再被完成一次，如此继续下去，以获得越来越大的不可数无穷集？

　　然而，在他为相当强力 Sm^2 集合论前景的狂喜所驱使前，新弗雷格主义者应该提醒自己他不会免费得到库克的结果。我们已经注意到它的证明依赖选择公理。不明显的是选择公理必须逾越新弗雷格主义者的界限——即他不能作为逻辑原则论证它，或者凭借适当抽象保证它的效应。但同样不显然的是他能如此做。我们尚未能够得到这个事情的清楚观点，由此必须把这个问题留给进一步的研究。但无论如何存在另一个——耀目地明显且看似更麻烦——美中不足。库克的证明开始于："给定无穷基数 κ，令 λ 是 $\leqslant\kappa$ 的最小基数使得 $2^{\lambda}>\kappa$ ……"但我们如何知道存在如此的 λ？换句话说，什么证实存在 $>\kappa$ 基数的假设？我们能看到没有证实它的方法若不诉诸幂集公理和康托尔定理，或者至少同样有问题的某物，从新弗雷格主义者的视角看的话。如果这是正确的，那么似乎库克的结果毕竟不能是它起初看上去的那样因祸得福。

　　这个困境不是决定性的。人们可以建议的是对库克的证明持否定态度的新弗雷格主义者是过度挑剔的，因为它是集合论中的证明。考虑布劳斯的对弗雷格算术即 HP＋二阶逻辑与二阶算术等协调性的证明——这也是集合论中的证明，但它不需要意指它提供的保证对新弗雷格主义者来说是不可用的。我们需要下述两者间的区分，即"内部视角"——其关心仅仅使用对新弗雷格主义者可用的资源能获得什么结果——和"外部视角"——其关心也许使用其他资源能获得关于新弗雷格主义者事业的什么结果。为什么新弗雷格主义者不应该欢迎按照实际情况来说的库克的结果，如同"从外部"论证基于 $Sm\,V^2＋$

HP＋适当受限分割模式的新弗雷格主义集合论是容易强力的？

这个建议提出棘手的问题。这个解决至少部分依赖新弗雷格主义者能带向推理的什么有原则态度实质使用不能在新弗雷格主义基础上被证实的原则，且在什么程度上他能证实对如此推理的依赖。我们不认为我们知道多少数学——且尤其多少集合论——顺从新弗雷格主义者的重建。我们的猜测——且我们想象每个人的——在于可能存在关于什么能被如此重建的相当严苛的限制。这乞求论点：关于新弗雷格主义没有触及的部分新弗雷格主义者应该说什么？我们认为他必定把它们认作从可触及的部分有着显著不同的认识论的和本体论的地位。但这不需要意指他必须驳回它们为无价值的。也许他能发现依赖它们的间接证实。要是这样，那么可能存在支撑目前建议的一种方式。但即使存在，困境足够严重到保证对可选择策略的探索。

5. 不使用幂集公理得到受限康托尔定理

由于是否新弗雷格主义者能探索库克结果的怀疑取决于需要诉诸幂集公理(the Power Set Axiom)，人们可能怀疑是否有人能在高阶逻辑中保证康托尔定理的某些效应而不使用幂集公理——足以保证如同 Sm^2 那样的重要概念范围，正如有对应于它们的集合。对任意第一层概念 F，我们能形成第二层概念 F^p——概念：F 的子概念——由 $F^p(G) \leftrightarrow \forall x(Gx \leftrightarrow Fx)$ 所定义。定义 $F \leqslant G$ 当且仅当 $F \sim H$ 对 G 的某个子概念 H，且定义 $F < G$ 当且仅当 $F \leqslant G$ 但 $\neg F \sim G$。那么，通过对康托尔定理通常证明的明显改编，我们能证明 $\forall F < F^p$。

证明：(i) 对归入 F 的每个 x，存在 F 的酉性子概念——概念：$=x$——在其下单单 x 归入。把在其下所有这些酉性子概念归入的第二层概念记为 F^{Unit}。明显地 $\forall G(F^{Unit}(G) \rightarrow F^p(G))$。用下述定义关系 S：

$$S(x, G) \leftrightarrow Fx \wedge \forall y(Gy \leftrightarrow y = x)。$$

那么 x 把 S 施加到 G 当且仅当 G 是 F 的这个酉性子概念在其下单单 x 归入，而且，由于 S 显然是 1—1 的，我们在 R 下有 F～F^{Unit}。所以 F≤F^P。

(ii) 假设某个 1—1R 下的 F～F^P。通过下述定义 F 的子概念 D：

$$Dx \leftrightarrow Fx \wedge \forall G(R(x, G) \rightarrow \neg Gx)。$$

通过 R 下 F～F^P 的假设，我们有 R(x, d)对归纳 F 的 x。假设 R(d, D)。假设 Dd。那么根据 D 的定义，我们有

$$Fd \wedge \forall G(R(x, G) \rightarrow \neg Gx))$$

由此 R(d, D)→¬Dd

由此 ¬Dd。

那么，假设 ¬Dd。由于 R(d, D)且 R 是 1—1 的，R(d, G)当且仅当 G 是 D，也就是，R(d, G)↔∀x(Gx↔Dx))，由此推断 ∀G(R(x, G)→¬Gx)。因此，再次根据 D 的定义，Dd。所以 Dd↔¬Dd。矛盾！因此 ¬(F～F^P)。∎

这是康托尔定理的受限制形式，断言任意的第一层概念是严格小于它的第二层幂概念。为陈述且证明它，我们需要三阶逻辑。如果我们上升到四阶逻辑，我们能证明任意的第二层概念是严格小于它的第三层幂概念的，如此等等。这个前景开始获得康托尔定理的每个有限限制——也就是，下述模式的每个实例，

$$\forall \varphi \varphi < \varphi^P \text{ 对第 } n \text{ 层的 } \varphi \text{ 和第 } n+1 \text{ 层的 } \varphi^P$$

在序为 ω 的逻辑中。当然，甚至上升到目前为止没给我们任何事物靠近幂集公理的全强度，但它确实建议构建重要的越来越大概念序列的 Sm^2 的方法，通过注意它们是双重小于它们自己幂概念的幂概念。在我们转向什么困难可能阻止这条路径前，值得注意的是求助于序为 ω

的逻辑可能是可避免的——我们可能不需要超过五阶逻辑。令 F 是第一层概念对其我们能表明 $F < F^P < F^{PP}$。那么 F 是 Sm^2。由于 Sm^2 概念的任意子概念是 Sm^2，F 的任意子概念是 Sm^2，由此根据 SmV^2 有对应它的集合。把 F^{P*} 定义为对象 y 有的第一层性质当且仅当 $y = \{x \mid Gx\}$ 对 F 的某个子概念 G。令 R 是在 x 和 y 间成立的关系当且仅当 x 是 G 且 $y = \{x \mid Gx\}$ 对 $G \subseteq F$。那么 $F^P \sim_R F^{P*}$。由于我们能在五阶逻辑中证明 $F^P < F^{PP} < ((F)^{PP})^P$，$F^P$ 是 Sm^2，以致 F^{P*} 也是 Sm^2。所以根据 SmV^2，我们有 $\{x \mid F^{P*}(x)\}$——对应于 F^P 的幂集，也就是，$\{x \mid F(x)\}$ 的所有子集的集合。

由于 F^{P*} 是第一层，我们在三阶逻辑中有它是小于它的幂概念 F^{P*P}，其转而在四阶逻辑中能被表明是小于它的幂概念。存在第一层概念，F^{P**}，对应于 F^{P*P} 如同 F^{P*} 对应于 F^P。所以我们能重复前述推理以得到对应于 F^{P*P} 的幂集 $\{x \mid F^{P**}(x)\}$，也就是，$\{x \mid F^{P*}(x)\}$ 的所有子集的集合。而且一般地，对任意对象集 X，我们有幂集上升序列的每个—— $\wp(X)$，$\wp(\wp(x))$，$\wp(\wp(\wp(X)))$，……。由于 Nat 是小于 Nat^P 的，其依次小于 Nat^{PP}，Nat 是 Sm^2，所以我们有 $N = \{x \mid Nat(x)\}$，$\wp(N)$，$\wp(\wp(\wp(N)))$，……。所以，以 Nat 作为我们的出发点，我们能获得第一层概念和递增超限基数的对应集合 $\aleph_0$，$2^{\aleph_0}$，$2^{2^{\aleph_0}}$，……。那么，用 SmV^2 补充五阶逻辑也许我们能够得到小的但不可忽视的集合理论。也许…，但再次存在或多或少明显的美中不足。

因为从它的字面上看，我们的高阶逻辑中康托尔定理的特殊情况在某个关键的方面是完全一般的。当我们在三阶逻辑中证明第一层概念 F 是严格小于它的第二层幂概念 F^P，F 可以是任意的第一层概念。但在我们对 F 的选择上没有限制，我们能让它是自我恒等的，且遵循我们的路径，表明概念是 Sm^2，由于它是两次小于它的幂概念的幂概念。所以应用 SmV^2，我们有所有自我恒等物的全集。但是，通过相同路径，我们也将能够表明 Sid^P 是 Sm^2，由此我们也将有这个集合的幂集,和康托尔悖论。而且与序数相似的提议将为我们得到布拉利—福蒂悖论。那么,某个进一步的限制是需要的,当像上一个提议的任意事物是要有随时随地有用的任意机会。接下来我们想指明两种相当不同的方式,在其人们可能尝试框定且激发适当的限制。

6. 类不确定性、不定扩充性与受限双小性

我们将讨论的第一个建议,在人们关于新五正如最初理解那样可能感觉的第三个根本疑虑中有着它的起源。初始地,这聚焦于"小于自我—恒等性"作为好性的解释。从它的字面上看,把概念 F 认作有着同另一个概念 G 一样多的,或者较少的实例仅当 F 和 G 都是类概念是讲得通的——也就是,既与应用标准也与恒等标准联系起来的概念。因此根据棕色的仅仅是形容词的而非类概念的普遍接受的假设,认为棕色对象的数量,或者认为存在与 Fs 一样多的棕色对象是讲不通的,对任意真实的类 F。对"小于自我—恒等性"的担忧源自对这个理由的怀疑。为聚焦于它,短暂离题以重新考虑由布劳斯提出的对休谟原则的异议将是有益的,取决于全数(the universal number)的存在——反零(antizero)——存在的所有对象的数量,被定义为 $Nx : x = x$。布劳斯声称由于新弗雷格主义者满足于把零定义为 $Nx : x \neq x$,他们几乎不能拒绝承认反零的存在性。但这是灾难性的,由于它把新弗雷格主义者对算术的重建置于与 **ZF** 加标准定义的直接冲突,从其推断不能存在如此的数。

与布劳斯所声称的相反,怀特对这个异议回应的关键部分是新弗雷格主义者有非常好的理由否认存在作为反零的如此一个数。对情况良好的存在多少个 Fs 这样的问题,由此对"Fs 的数"以有确定的指称,F 必定是类概念。但怀特争论说自我—恒等不是类的。似乎不可否认的是如果 F 是任意的类概念,那么根据其他概念 G 它的限制也将如此,不管是否 G 是类的或者仅仅是形容词的。例如,给定马是类的,比如,棕色的马必定也是类的,即使棕色的或者棕色的事物自身不是

类的。但现在如果自我—恒等是类的，棕色的自我—恒等也必然会是如此。但由于每个对象必然是自我—恒等的，棕色的自我—恒等是等价于完全棕色——必然地对象是棕色的且自我—恒等恰好假使它是棕色的。由于棕色不是类的，棕色的自我—恒等也不能是这样的一个。因此自我—恒等也不能是这样的一个。如果这是正确的，那么存在多少个自我—恒等这样看似好的问题没有确定的答案，且"$Nx : x = x$"没有确定的指称。不存在全数。

我们认为作为进一步的怀疑，也存在空间关于是否语境"恰好存在与 Gs 一样多的 Fs"和"存在 Fs 少于 Gs"是良定义的，或者有确定的真值条件，当 F 和 G 的一个或者两个是非类的，由此不管自我—恒等在这些语境中对 G 来说能是适当的填充物。如果不是，那么存在进一步的理由否认所提议的把好性解释为小于自我—恒等是令人满意的。我们认为反对者可能让步说概念 F 对多少的问题必定是类的且谈论 Fs 的数量处于良好的情况，且同意说自我—恒等因此是不适当的，但争论说我们能有办法应付这个且使反零恢复，通过稍微不同地定义它。首先注意如果 F 是类的，那么自我—恒等 F 也是类的，也就是，代表谓词"x 与 x 是相同的 F"的概念——简略地"$x =_F x$"。

当然，人们不能有办法应付怀特对反零的异议，或者我们以提出的相关困难，恰好通过挑选某个特殊的类概念 F 且使用自我—恒等 F 取代自我—恒等。更准确地讲，自我—恒等 F 将——尽管是类的——无法应用到每个对象除非 F 自身如此做；但如果 F 自身是一个全类，那么绕道自我—恒等是浪费时间，由于反零恰好能被定义为 $Nx : Fx$，且我们能简单地把好的解释为小于 F。然而，我们能形成复杂谓词"对所有 F，$x =_F y$"和"对某个 F，$x =_F y$"。而且从这些我们依次可以形成"对所有 F，$x =_F x$"和"对某个 F，$x =_F x$"。推测起来后面两个中的第一个不对不管什么的对象是真的，且似乎不管什么的每个事物必定满足第二个。而且这个——大概可以假设的是——给我们解决两个困境的方式：恰好把反零定义为 $Nx : \exists F x =_F x$，且把"小于论域"定义为小于概念"$\exists Fx =_F x$"。

当然,这种解决方式是好的仅当概念 $\exists Fx =_F x$ 自身是真正的类概念。"对某个 F, $x =_F x$"对每个对象是真的这个仅有的事实无疑与"x 有质量"对每个物理对象是真的的事实不足以使它成为物理对象的类谓词一样,不足以使它成为一个类谓词。因为对某个 F,成为与自身相同的 F 要变为真类,需要存在对象归入它的恒等标准。但似乎确实存在。让我们把我们的谓词"对某个 F, $x =_F x$"缩写为"Vx"。假设 b 和 c 都满足"Vx"。什么条件对 b 和 c 成为同一个 V 既是必要的又是充分的? 显然的答案是 b 和 c 是一个恰好假使对某单个 F, $b =_F c$。因此"V"既有应用标准,即 Vx 当且仅当对某个 F, $x =_F x$,也有恒等标准,即 $x =_V y$ 当且仅当对某个 F, $x =_F y$。因此看上去 V 是真正的类概念(a genuine sortal concept)。

这表明布劳斯终究是正确的,而怀特是错误的吗? 我们不这样认为。概念 F 成为类是多少个问题处于良好情况且对应项"$Nx : Fx$"有确定指称的必要条件。但我们认为它不是充分的。确实它是相当明显不充分的,当在达米特的意义上是类的但不定可扩充的概念。序数、基数和集合概念全部看起来属于这种情况。而且,由于序数、基数和集合都在存在的对象中间,可行的是任意全类概念必定也是不定可扩充的。但无论如何,存在怀疑"$Nx : Vx$"能有确定指称的特殊理由。因为——给定我们所提议的全概念 V 的定义涉及类概念上的量词化——它能如此做仅当存在什么类概念已经是确定的。决不能的是存在对问题存在多少个对象的确定答案——这里它是被解释为"对多少 x 我们有 $\exists Fx =_F x$"——除非这是对问题存在什么类概念的确定答案。至少不明显的是能存在对这个问题的确定回答。

有人可能抗议,"这上面不存在困难。对任意给定的对象定域,对应的概念定域是被固定的。对划分对象定域的每种方式,存在一个概念,且这些全都是概念。如果对象定域由 k 个对象组成,因此存在 2^k 个概念"。但对这个回答存在明显的困境。使用短语"对任意给定的

425

对象定域"露出马脚。是否存在或者不存在确定的对象定域正好是我们的问题——如果存在,在它有限定基数的假设中不出现任何差错,即使我们不能决定这个基数是什么。因此为假设对象定域"给定的"是无法从事这个难题的,或者无法假设它以某种方式被解决。我们不能既假设给定的对象定域作为固定量词"对某个 F"范围的手段,且同时使用这个量词以定义类概念"Vx",也就是,"x 是一个对象"。如果对象定域已以某种方式被固定为由 k 个对象组成,那么相当正确的是存在定域上的 2^k 个概念——至少倘若概念是外延地被个体化的。然而,当对外延地处理概念不存在一般的异议——如同实际上仅仅由什么对象归入它们而决定的——是否它们在当前语境中被如此恰当地处理是有疑问的,出于至少两个,也许三个原因。

第一个原因是外延地考虑概念是讲得通的仅当什么对象珊瑚玉在其上它们被考虑为已定义的定域是确定的。这个条件很可能是在特殊情况中被满足的——例如,它将被满足当我们正在考虑恰好由自然数组成的定域。但无疑它不能在目前情况中被假设得以满足。第二个原因是坚持恒等命题 $x=y$ 必须被理解为断言 x 和 y 是同一个 F,对某个适当的类 F,的整个要点是丢失的当覆盖性类 F 被考虑为纯粹外延地被决定的。要点是对象不能是被个体化的除了作为某个类概念或者其他类概念的实例,以致除非某个适当类从语境中被规定或者被理解,仅仅不确定的是被断言的是什么,当人们说 $x=y$。第三个原因——其应该对新弗雷格主义者有影响,但可能由其他人感觉不是令人信服的——是认为类概念恰好由在某些已假设固定的对象定域上外延地被个体化概念组成,实际上似乎乞求反对下述的论点,即抽象原则给出引入"新"类概念的方式,用归入它们的"新"对象范围。

如果我们已说的是正确的,对某个类 F,F 下自我—恒等的全概念表现出类似于不定可扩充性的某物。我们不确定的是在通常意义上它是不定可扩充的,对概念 G 成为不定可扩充的,其需要给定 Gs 的任意限定收集,存在满足成为 G 的直观要求的对象,其不能是收集中的一个。但即使全概念不是严格不定可扩充的，似乎清楚的是它有不确定性的相似种类——留下是否这与不定可扩充性相符的问题悬而未决，我们说它是类不确定的（sortally indeterminate），且为简洁起见说概念是不定的当它或者不定可扩充的或者类不确定的。像怀特那样，我们认为没有确定的数能与任意的不定可扩充概念相联。而且同样适用于像全概念这样的类不确定概念，即使它们在通常意义上不是不定可扩充的。即使没有确定的数能被指派到任意不定概念是正确的，它不直接从这个推出这里的 F 是不定概念，不能存在从 F 到其他概念的函数。

下述当然是真的，即如果概念 F 是不定可扩充的，那么不能存在从 F 到其他概念的函数，其自身不是不定扩充的。但这是唯一被期望的且不构成对可能存在从不定可扩充概念对其他的函数的观念的清楚异议——接受存在不定可扩充概念的任何人将没有原则性理由以否认存在不定可扩充关系，包括不定可扩充函数。如果类不确定性与不定可扩充性相符，那么要点应用到相当一般的不定概念。但不清楚的是或者类不确定性恰好在另一个名称下是不定可扩充性，或者如果不是，那么无论如何原则上对从类不确定概念出发的函数观念毫无困难。在我们仅有的对类不确定性的推定例子中——对某个类 F 的 F 下的自我—恒等——不确定性的资源在于二阶量词范围的不确定性，而且在这个程度上是高阶的问题，相比不定可扩充性，其在于没有限定第一层概念在它的外延中能有不定可扩充概念的所有实例的事实。也许能表明的是这没做出实质的区分，以致我们可以有类不确定函数正如我们能有不定可扩充函数那样。

我们不在这里尝试决定上述表达的担忧是否是良基的。同情它们的任何人应当怀疑地看待随心所欲的、无限制的对双重小性的谈论，其包含在我们最初对 $Sm\,V^2$ 的表述中，除非至少他能把 F＜G＜H 这样的无条件陈述仅仅看作表达 F 是限定概念的观念的启发性有用的方式。但甚至不能这些担忧所动摇的人应当能够觉察出 $Sm\,V^2$ 应用上可能限制的形状——以便我们可以把对某些概念 G 和 H，F＜G＜H 的事实当作授权我们推断存在 Fs 的集合仅当 G，因此 F，是限定概念。如果能加强如此的限制，它将直接阻止悖论——康托尔悖论和布拉利—福蒂悖论两者——其威胁我们在前面所勾画的提议。然而，在集合论抽象的应用中通过强加限制到限定概念，如果这些悖论是被阻止的，不再清楚的是转向把好的解释为 Sm^2 是在做有用的工作。这个转向的最初要点是要阻止全局良序的推导，其证明新五对怀特第一保守性约束的破坏。但把好的概念限制到限定概念凭自身似乎足够达成这个结果，由于从序数是限定的假设对布拉利—福蒂悖论的推导会迫使仅仅推断序数是不定的，其不产生全局良序。

相比之下，我们想提到的两个已建议限制的第二个使 $Sm V^2$ 在这个事业中扮演重要的角色且被相当简略地陈述。这探索的是两个思想。首先是对一个概念小于另一个概念是什么的概念，包含在 Sm^2 定义中，不需要被当作实现固定的且独立于新弗雷格主义的事业。就我们目前能看到的而言，新弗雷格主义者完全自由规定它的适合他的目的的意义。根据我们在前面已探索过的通向集合论的新弗雷格主义路径，第二个是不渴望把这个理论发展为不需要依靠支撑物的理论，排他性地基于这个理论的不同集合论抽象原则。相反，我们已经怀有这个理论的许多本体论由此许多它的动力是由其他抽象原则提供的观念——诸如休谟原则和分割原则——其不关心集合，而是其他种类的对象。关键地，当可接受时，这些其他的抽象是被设想为处于良好的情况而独立于任何抽象主义集合论的发展。它们的可接受性宁可是被认为它们遵守不管什么约束一般地掌控合法抽象的事情——某些我们在上述已有所涉及。

在这两个思想的语境中，一个自然的提议是新弗雷格主义者可以进一步把经由独立可接受抽象原则引入的类概念当作他的辨认优先概念类的基础，其可能有助于固定受限制＜关系，出于 $Sm V^2$ 的目的。详细地，在相关受限制的意义上，观念会是 F＜G＜H 成立，仅当蒙其

428

他可接受抽象原则的好意，G 和 H 是独立处于良好声誉的概念，或者如此概念的幂概念，或者如此概念的幂概念的幂概念，如此等等。显然这里提出的两个建议仅仅是进一步研究的方向，没有它们人们几乎没有信心它们中的任意一个讲禁得住仔细审查或者导致令人满意的且强力的抽象主义集合理论。而且可能存在其他可能的方式加强 $\mathrm{S}m\,\mathrm{V}^2$ 上的限制。我们要把这个工作留给另一个时机。至少，我们希望目前的谈论将有助于辨认面向抽象主义者对集合论发展的某些困难而且辨认值得进一步思考的处理它们的某些策略。

第五节　坏性作为不定可扩充性的抽象主义集合论

新逻辑主义者使用休谟原则成功地再捕获算术。黑尔曾经尝试使用抽象原则再捕获实分析，夏皮罗尝试再捕获实分析和复分析。接下来就是要评估新逻辑主义者再捕获集合论的前景。由于新逻辑主义者的背景逻辑是二阶逻辑，关于二阶逻辑是有争议的。争议的核心在于它到底是逻辑还是数学。这种关于边界的争论固然重要，但是在新逻辑主义者那里数学与逻辑是纠缠在一起的。实际上更需要关注的问题是认识论相关的。高阶逻辑的问题在于无法表明存在无穷原则。在集合论中，集合是对象。集合论有着强有力的存在性公理，比如无穷公理、并集公理、幂集公理和替换公理。我们关注的问题在于新逻辑主义者是否使用抽象原则捕获如此强力的集合论。我们来考虑对第五基本定律的限制。对弗雷格的 BLV 进行限制有着悠久的历史，这可以追溯到罗素和冯诺依曼的工作。我们的工作是建立在新算子 GOOD(P) 基础上的。它表示一位谓词的三阶谓词构成一个集合。我们把 BAD(P) 定义为 GOOD(P) 的否定。

这里涉及如何理解谓词外延的问题。一种方案是使用自由逻辑，认为谓词外延不指称任何事物。另一种方案是使用哑外延。我们有三种表述受限第五基本定律的方式：第一种的前件是两个合取的好性质;第二个的前件是两个析取的好性质;第三个是等价式右边的左析取支是两个合取的坏性质。第三个蕴含所有坏的性质都有相同外延,我们称之为受限第五基本定律,简称 RV。由此把⊗当作所有怀性质共同外延的名称并命名为坏事物。RV 的常见版本是基于大小限制的新五原则。理解新五的关键在于理解什么是太多这个与基数有关的问题。在此期间,我们做简要的历史回顾。首先要从布拉利—福蒂悖论与罗素悖论谈起。罗素提出解决矛盾的三种方式:曲折理论、大小限制理论和无类理论。大小限制理论就是用来处理不定可扩充性质的。我们来看使用类似不定可扩充性的哲学家代表和数学家代表。达米特说二价性和排中律应用到量化命题仅当量词范围是限定的。

据此达米特认为不定可扩充概念理论的真逻辑是直觉主义的。策梅洛提出无本元的无界模型序列的存在性。这样的每个模型都有并非该模型元素的子集。在这个模型内部,这些子集都是真类而且担当坏的性质。不定可扩充性是在布劳斯和怀特关于休谟原则的争论才进入新逻辑主义者视野的。假设空性质是好的而且全性质是坏的。单单从 RV 能推出外延性。基础公理无效,但是当把量词限制到纯粹集合,能从 RV 推出基础公理。零集在于空性质是好的。在 RV 语境下我们能得到配对公理、限制到集合的分离公理、限制到集合的替换公理、限制到集合的并集公理、无穷公理、选择公理和幂集公理。最后我们考虑的是反射公理。它的一条模式是充裕原则。反射的推论包括许多小的大基数的存在性。而且反射是与利维的一条强无穷公理等价的。

1. 高阶逻辑与集合论的异同

我们要做的工作是有助于数学哲学中的正在进行的纲领,它开始于怀特,由黑尔改善,而且限制凭借许多扩充、反对和对反对的回应继续下去。新逻辑主义者的计划是以下述形式使用抽象原则要发展既有数学的分支:

430

$$\forall a\,\forall b(\Sigma(a)=\Sigma(b)\equiv E(a,b))$$

这里 a 和 b 是给定类型的变元,管辖或者个体对象或者性质;Σ 是高阶算子,表示从给定类型范围中的项到一阶变元范围中的对象的函数;而且 E 是给定类型的项上的等价关系。新逻辑主义的主要论题关心某些抽象原则的认识地位(the epistemic status)。新逻辑主义者声称某些抽象原则是或者像隐定义,且根据规定为真。因此,这个纲领为这些原则的结论提供认识论基础。黑尔和怀特(2001)的论文集不仅包含对新逻辑主义纲领宗旨和目标,而且包含对某些抽象原则所提议地位的详尽表述。我们不需要提出最初的逻辑主义者弗雷格(Gottlob Frege)在何种程度上接受新逻辑主义取向的注释性问题。弗雷格曾至少使用三种抽象原则。它们中的一个来自几何:

l_1 的方向与 l_2 的方向相同当且仅当 l_1 平行于 l_2。

怀特(1983)把弗雷格的第二个抽象原则起名为 N$^=$ 而且现在被称为休谟原则:

$$(Nx:Fx=Nx:Gx)\equiv(F\approx G)$$

这里 F$\approx$G 是下述二阶陈述的缩写,即存在从 Fs 1—1 映射到 Gs 的关系。因此休谟原则陈述的是 F 的数与 G 的数相同当且仅当 Fs 与 Gs 等数。不像涉及方向的原则,这个抽象是二阶的,由于相关的变元,F 和 G,管辖不管什么处于一阶变元范围中的概念或者性质。休谟原则不同于方向原则的另外一点是右边的等价只包含逻辑术语,假设二阶变元和量词都是逻辑的。弗雷格(1884)包含从休谟原则对皮亚诺公设推导的精要。现在被称为弗雷格定理的这个演绎揭露休谟原则蕴含存在无穷多个自然数。那么,根据新逻辑主义者纲领,休谟原则为算术提供认识论基础。弗雷格的第三个抽象是声名狼藉的第五基本定律:

$$Ext(\mathrm{F})=Ext(\mathrm{G})\equiv\forall x(\mathrm{F}x\equiv\mathrm{G}x)。$$

像休谟原则那样,第五基本定律是二阶的逻辑抽闲,而不像休谟原则那样,它是不协调的。进行中的新逻辑主义纲领的精华部分是清楚表达下述原则,即指出哪些抽象原则充当数学理论的合法认识基础。所提议的抽象原则必须是协调的,但协调性不是充分的。存在单个协调的,但互不相容的抽象原则。这里我们不进入这个问题的精妙细节。新逻辑主义议程上的重要项目是要把弗雷格定理的成功扩大到数学的其他更丰富的分支。想法是表述再捕获这些分支的可接受抽象原则,以与休谟原则再捕获算术的相同方式。黑尔(2000)对实分析进行了尝试,如同夏皮罗(2000)那样,其包括对复分析的简短描述。我们的目的是要评估新逻辑主义者再捕获集合论的前景。我们建议集合论是特别重要的情况,当新逻辑主义是要与当代的和历史上的数学相衔接。"集合"概念在许多分支内部扮演着核心角色,而且集合论自身逐渐享有一种基础的重要性。由于实际上每个现存的数学结构在集合论层级中都是有模型的,集合论为比较和关联不同的数学结构提供一种天然的环境。

此外,集合论层级是解决数学内部存在性或者协调性问题事实上的舞台(de facto arena),且同上为比较和关联不同数学结构提供自然环境。因此,如果新逻辑主义者无法捕获相当丰富的集合论,那么这个纲领遗漏当代数学的关键部分,有着特殊基础重要性的一个。另一方面,有人可能认为集合论是已经隐含在新逻辑主义系统中的。现存的发展——包括从休谟原则推出皮亚诺公设的弗雷格定理——本质上使用的是二阶逻辑。正式地,一元高阶变元管辖一阶变元范围中不管是什么的性质或者命题函数,但性质有与集合结构上的密切关系。例如,罗素(1903)写道"命题函数的研究似乎与类的研究是严格同等,而且确实从此绝不可区分的"。在他后期的无类阶段期间,罗素(1919)提议用高阶变元取代管辖类的变元消除谈论类。在另一个语境中,奎因(1986)争论说二阶逻辑根本不是逻辑,而是伪装的集合论,

"披着羊皮的狼"。

所以人们可能认为某个集合论已经被偷偷带进新逻辑主义纲领，伪装存在于高阶逻辑中。例如，注意休谟原则不与经典算术是等协调的，而与经典分析、自然数理论和自然数集合等协调。我们不需要提出是否二阶逻辑真正是逻辑的一部分还是伪装数学的边界争端。逻辑主义和新逻辑主义的主旋律是数学和逻辑缠绕在一起的。这里根本的问题是认识相关的。奎因主义者可能认为弗雷格定理只表明如何从休谟原则加某个集合论推出皮亚诺公设。当这么说的时候，结果没有深刻的哲学意义，由于我们已经知道集合论是比算术数学地丰富的，且能充当它的基础。弗雷格定理仅仅重述我们已经知道的东西，即我们能从集合论的基本原则再捕获算术。这里我们能安全地排除这个基础性问题。即使二阶逻辑是伪装的集合论，它也是相当弱的一个。让我们把一阶变元范围中的项称为"对象"。一元二阶变元管辖这些对象的性质——或者也许集合。我们不能把所有这些性质或者集合当作一阶变元范围中的对象，违者以悖论论处。

康托尔定理是存在比对象多的性质或者集合。一般二阶变元管辖 n—元组对象集的类似物。但这是二阶逻辑的限度。如果新逻辑主义者冒险进入三阶逻辑，那么他有对象集合集的类似物，而且四阶逻辑带来对象集合集的集合的类似物。也许新逻辑主义者会审慎保持"序"为低的，以最小化偷偷进入数学的指控。然而，即使新逻辑主义者一直爬行到 ω—阶逻辑，或者更多，仍不存在无穷原则，表明存在无穷多个对象。与高阶逻辑相比，诸集合论在预期的一阶变元范围内部有着集合。所以在集合论中，集合是对象。典型地诸理论有着强力存在性公理，诸如无穷、并集、幂集和替换。我们的经历集中在是否如此强力的集合论能为新逻辑主义者的抽象原则所捕获。我们想探索产生通常强的存在性原则的某些假设。沿着这条路，我们不能明确关注已调用的二阶逻辑公理和规则。推测起来，这会在随后出现，在新逻辑主义者已为我们提供完整的集合论之后。最后，新逻辑主义者可以避开如此强力的集合论,而且在发展数学其他分支的过程中仅用二阶或者高阶逻辑尝试勉强对付过去。我们的目的就在于评估这个紧缩的必要性。

2. 表述受限第五基本定律的三种方式

回顾弗雷格的第五基本定律:

$$\forall P \forall Q[Ext(P) = Ext(Q) \equiv \forall x(Px \equiv Qx)]$$

其当然是不协调的。这里的计划是以某种方式限制这条规则。这么做不是什么新鲜事物。例如,第五基本定律的受限版本是由罗素(1906)和冯诺依曼(1925)提出的。人们可能甚至把策梅洛的分离公理认作第五基本定律的限制。这里我们将不对这个限制是什么下结论。宁可,我们只主张存在如此的限制,然后探索作为结果原则的结论。我们根本的问题关心被需要批准各种公理的限制上的假设。所以我们引入新的基元 GOOD(P),其是一元谓词的三阶谓词。"GOOD(P)"的预期解释是像"Ps 构成一个集合",或者"P 有非平凡外延"的某物。把 BAD(P)定义为"¬GOOD(P)"。

一个初步的、半术语问题关心惯用语"$Ext(P)$",当 P 没有非平凡外延,也就是,P 是坏的。这个问题关心什么形成短语"P 的外延",当 Ps 没构成集合。一个选项会是调用自由逻辑(a free logic),以致如此表达式不指向任何事物。如果不存在 Ps 的集合,那么"$Ext(P)$"类似于"总统的第十二个孩子"和"当今法国的国王"。反之,我们这里引入虚拟"外延"。当表达式"$Ext(P)$"是良构的,它指向某些事物,但坏性质的"外延"不需要服从第五基本定律第五基本定律的右手边。如果人们能忍受显然的矛盾修饰法(oxymoron),坏性质的外延不满足外延性。在其他的新逻辑主义语境中,自由逻辑的问题显得重要起来。例如,夏皮罗和韦尔(2000)表明弗雷格定理不能在背景的自由二阶逻辑中单单从休谟原则被推导出来。弗雷格定理的通常非自由语境有下述假设或者结论,即对任意性质 F, Fs 的数即 $\mathrm{N}x : \mathrm{F}x$ 存在,且所有如此的数服从休谟原则的右手边。在这个语境中,也许假设应当被弄明白的。

然而,这里不存在有关目前选择以避开逻辑的类似问题。在当前语境中,每个性质存在一个"外延"的"隐藏假设"是无罪的。由于我们无论如何限制第五基本定律,真正要紧的不是哪些性质有"外延",而是哪些"外延"服从外延性,即第五基本定律的右手边。不管我们调用自由逻辑与否,第五基本定律的右手边是被限制到好性质,而且这才是真正要紧的。从现在开始,我们放弃围绕"外延"的引起惊慌的"外延"。读者被要求把它牢记心里的是只有好性质的外延是外延性的,由此只有这些外延表现得像集合。康托尔(1899)把所有集合的总体性称为"不协调多数"(inconsistent multitude),由于人们不能把这个收集设想为"完结的事物"。这是表述某些性质没有服从第五基本定律右手边的外延的另一种方式。罗素(1903)写道基础问题是"要决定哪些命题函数定义单项类还有多项类,且哪些不是"。在当前的术语中,罗素的问题是要决定哪些性质是好的。

我们主张如果新逻辑主义者要再捕获集合论,那么第五基本定律的受限版本至少是它真基础的一部分。外延性对集合概念是分析的。不管集合是其他什么,正是"集合"的部分意义才使有相同元素的集合是恒等的。第五基本定律的受限版本聚焦于集合的这个方面。出于这个理由,如果有人已经相信集合,而且采用对性质的足够充分的描述,那么第五基本定律的受限版本是必然真性,或者分析的或者几乎分析的。令 p 是一个集合。那么定义成为—p—元素的性质 M_p 为:$\mathrm{M}_p x \equiv x \in p$。对相信集合的某个人,性质 M_p 是典型的好性质。更形式地,让我们说性质 Q 是好的当存在集合 p 使得对每个对象 a,Qa 当且仅当 $a \in p$。也就是,Q 是好的当 Qs 构成一个集合。那么第五基本定律的受限版本从这个推出来。所以每个集合论者应该接受第五基本定律的首先版本。

存在有关休谟原则的类似情形。新逻辑主义者使用这个原则以引入基数作为抽象对象。但已相信数的某人仍坚持休谟原则是必然真性，几乎分析的。在弗雷格本人放弃休谟原则作为算术基础后，根据外延他给出"数"和"……的数"的明确定义，然后证明把休谟原则证明为一个定理。相似地，在对集合论的典型处理中，我们把集合 s 的基数定义为与 s 等数的最小序数。那么人们证明被限制到集合的休谟原则的一阶版本。新逻辑主义者对算术的计划是要使用这个关于数的必然真性经由抽象以引入必备的对象。在目前的语境中，新逻辑主义者使用关于集合的必然真性以引入作为必备对象的集合。存在表述第五基本定律受限版本的几种方式：

$$\forall P \forall Q[(GOOD(P)\&GOOD(Q))\rightarrow(Ext(P)=Ext(Q)\equiv\forall x(Px\equiv Qx))],$$
$$\forall P \forall Q[(GOOD(P)\vee GOOD(Q))\rightarrow(Ext(P)=Ext(Q)\equiv\forall x(Px\equiv Qx))],$$
$$\forall P \forall Q[Ext(P)=Ext(Q)\equiv[(BAD(P)\&BAD(Q))\vee\forall x(Px\equiv Qx)]],$$

这些中的第一个使坏性质外延的个体化完全开放。与第一条原则协调的是某些坏性质有空集作为它们的外延，其他坏性质有 ω 作为它们的外延，而且还有其他怀性质有白宫作为它们的外延。相比之下，第二个版本蕴含如果 P 是好的且 Q 是坏的，那么 $Ext(P)$ 不同于 $Ext(Q)$。所以如果空性质是好的，且存在空集合，那么这个集合也不是任意坏性质的外延。然而这个原则涉及坏性质外延如何被个体化没说任何东西。它们中的某些能有白宫作为外延，且其他的能有埃菲尔铁塔作为外延。第五基本定律的第三个首先版本蕴含所有怀性质都有相同的外延，且这个外延也不是任意好性质的外延。出于便利我们更喜欢这个版本，但没有任何事物取决于这个。让我们把下述受限—五形式

$$\forall P \forall Q[Ext(P)=Ext(Q)\equiv[(BAD(P)\&BAD(Q))\vee\forall x(Px\equiv Qx)]]$$

称为(RV)。我们使用哭脸"☹"作为所有怀性质共同外延的名称，而且把☹命名为"坏事物"。

3. 不定可扩充性对大小性质的可行性解释

如同上述注意到的那样,在目前的研究中我们公开地把好的当作诸性质的原始性质。我们正探索的是可用的可能性。对集合论实际上的新逻辑主义处理会描绘形成成为好的是什么东西。理想地,好的应该仅仅使用逻辑术语下定义,也许补充以其他合法的抽象原则。接下来我们提供好性的某些例子。我们不声称(RV)的所有作为结果的版本都是合法的新逻辑主义抽象,而且在某些情况下,作为结果的集合论不是非常有趣的。某些例子是(RV)正经的哲学候选;其他后面被用来反驳某些推理。对于完全平凡的玩具例子,我们可能宣布没有性质是好的: $\forall P(\neg GOOD(P))$。那么从(RV)推出存在单个外延,这是坏的事物。对每个性质 P, P 的外延是☹。对不那么平凡的玩具例子而言,假设只有"空"性质是好的: $\forall P(\neg GOOD(P)) \equiv \forall x(\neg Px)$。那么从(RV)推出恰好存在两个不同的外延,空集合 $\varnothing$,即空性质的外延,和坏事物☹,即每个其他性质的外延。这恰好是由夏皮罗和韦尔(2000)所提出"亚里士多德主义"原则的反面。第三,我们可能声称性质是好的当且仅当它只应用到有限多个对象。人们能只使用逻辑术语在二阶语言中陈述这个。从(RV)推出在普通意义上每个有限性质都有一个外延,且每个无穷性质的外延是☹。

接下来,我们可能声称性质是好的当且仅当它是可数的,在其情况下每个不可数性质的外延是☹。一般而言,对任意基数 κ,存在(RV)的实例在其性质是好的当且仅当它应用到少于 κ——多个对象。根据这些实例中的一个,如果性质对少于 κ——多个对象成立,那么它有普通意义上的外延,且对外延性适用。如果性质应用到至少 κ——多个对象,它的外延是☹。(RV)的这个版本在尺寸为 V_λ 的任意定域上是可满足的,只要 λ 的共尾性至少是 κ。韦尔(2003)把(RV)的这些实例起名为"分散原则"(distraction principles)。在许多个这种情况下,好性能在二阶语言中被定义,只使用逻辑术语。值得注意的(RV)的一个实例遵循曾经由冯诺依曼(1925)所作出的建议。想法是性质是好的，当且仅当它不是与论域等数。只使用二阶逻辑术语，我们能把它严格地表述如下：

$$\text{GOOD}(P) \equiv \neg \exists R(\forall x \exists! y(Py \& Rxy) \& \forall y(Py \rightarrow \exists! x Rxy))$$

布劳斯（1989）把（RV）的这个作为结果的实例称为"新五"且相当详细地发展作为结果的集合论，拿它与现在更常见的迭代路径相比较。新五捕获对有时被称为"大小限制"集合概念的显现。怀特（1997）把新五称为"VE"，作为"启蒙版第五基本定律"（V enlightened）的简称，而且建议它可能充当实分析的部分基础。新五在可数集合 V_ω 中是可满足的，由此它不蕴含存在不可数多个抽象对象。然而，怀特建议新五可能用其他抽象原则补充以提供必备的本体论。新五会帮助描绘实数的结构。作为新逻辑主义者的抽象原则，新五充满难题。它蕴含存在论域的良序，由此与怀特在可接受抽象原则上怀特的保守性要求发生冲突。它的命运似乎与广义连续统难题关系密切。

与策梅洛——弗兰克尔集合论协调的是不存在新五的不可数模型。然而，可行的是"大小限制"的集合概念的某个版本符合新逻辑主义的需要。粗略的想法是性质是好的当它不应用到太多对象。难题是要说清楚"太多"是什么。在固定的基数处确立"太多"似乎是特别的且在本体论上放置界限。此外，这种举措似乎乞求论点，由于集合论被假设成为我们的基数理论。反之，我们依赖二阶逻辑作为我们对基数的描述。达米特的不定可扩充性概念导致一种可行的"大小限制"的解释。这个概念有着相当历史上的趣味，而且有助于在这里所呈现的框架内部考虑新逻辑主义集合论的正经候选。罗素（1906）以对标准悖论的审查开始，且推断：

> 矛盾起因于……存在我们可以称为自我再生过程和类的东西的事实。也就是，存在某些性质使得，给定全有如此性质的任意项的类，我们常常能定义也有问题中性质的新项。因此我们决

438

不能把有所说性质的所有项收进一个整体；因为，每当我们希望我们有它们的全部，我们立即有的收集继续生成也有所说性质的新项。

引用这个段落，达米特写道"不定可扩充概念是如此的一个使得，如果我们能形成总体性的限定概念，它的所有元素都归入这个概念，通过指向这个总体性我们能描绘所有元素归入的更大总体性"（达米特1993，第441页）。根据达米特，不定可扩充性质 P 有取任意限定的对象总体性 t 的"外延原则"，它们中的每个都有 P，且给出也有 P 的对象，但不在 t 中。让我们说性质 P 是限定的当它不是不定可扩充的。下面我们对熟悉的材料做一个简要的复述，以便构建罗素和达米特觉察出的模式。首先考虑布拉利—福蒂悖论。令 O 是任意限定的序数收集。令 O′是所有序数 α 的收集使得存在 $\beta \in O$ 且 $\alpha \leqslant \beta$。令 γ 是 O′的序型。注意 γ 自身是一个序数。令 γ' 是 $O' \cup \{\gamma\}$ 的序型。那么 γ'不是 O 的元素。所以成为序数的性质是不定可扩充的，如通过达米特表达的那样：

> 如果我们对任意的序数总体性有着清楚的把握，由此我们有什么是直观上大于总体性任意成员的序数的概念。因此任意限定的序数总体性必须是如此受限制的以便放弃综合性，否认覆盖所有我们可能直观认作为成为序数的声称。

接下来考虑罗素悖论。令 R 是不包含自身的集合集；所以如果 $r \in R$ 那么 $r \notin r$。那么 R 不包含自身。所以不包含自身的成为集合的性质是不定可扩充的。我们的第三个例子是康托尔悖论。令 C 是基数的收集。令 C′是用尺寸为 κ 的集合取代每个 $\kappa \in C$ 的结果的并集。C′的幂集的基数是大于 C 中的任意基数。所以成为基数的性质是不定可扩充的。诚然，人们能挑战在上述构造中被调用的集合论原则，比如并集、替换、幂集等等，或者人们能修补逻辑，但同意罗素和达米特问题中的性质是不定可扩充的是自然的。罗素(1906)写道如果 P 是没有外延的任意性质是"可能的"，那么"实际上我们能构造一个序列，序数地相似于所有序数的序列，完全由有性质 P 的项组成"。在目前的术语中，罗素的猜想是如果 P 是坏的，那么存在从序数到 P 的 1—1 函数。如果"坏的"是"不定可扩充的"，那么我们能为罗素猜想提供论证：

> 令 α 是序数且假设我们有从小于 α 的序数到有性质 P 的对象的 1—1 函数 f。考虑收集 $\{f\beta \mid \beta < \alpha\}$。由于 P 是不定可扩充的，存在对象 a 使得 P 对 a 成立，但 a 不在这个集合中。设定 $f\alpha = a$。

我们只能推测是否罗素在心目中有像这个论证的某物。这个论证在序数上使用超限归纳，替换的一个版本，即如果总体性 t 与一个序数是等数的，那么 t 是限定的，而且也许最显著地，全局选择原则，或者至少给定不定可扩充性质的子总体性上的选择函数。罗素提出避免自相矛盾的三种方式：曲折理论、大小限制理论和无类理论。中间的一个是由他对不定可扩充性质的处理所建议的。罗素注意到如此的性质伴随"似乎不能终止的过程"。罗素建议"假设由如此过程生成的项不形成一个集合是自然的"。

换句话说，如此的性质是坏的。所以"将存在没有集合能到达的特定大小限度；而且到达或者超过这个限度的任意被假设的集合是……非真的，也就是，是非实体的"。罗素推断说每个集合"必定常常能够被安排在良序化序列中，按大小序(in order of magnitude)序数地类似于序数序列的分段"。这么多在 ZFC 中成立，幸亏每个集合都能被良序化的策梅洛定理。然而，注意最后这个只依赖局部选择公理。在目前的术语中，策梅洛定理只需要每个限定性质有一个选择函

抽象主义集合论(上卷)：从布劳斯到斯塔德

数。我们将在下面对选择和幂集公理的讨论中回到这个区分。这里的提议是要用(RV)的实例表达大小限制的显现，以致成为限定的是对性质有服从外延性的外延既是必要的又是充分的。对他而言，罗素一提出它他几乎就驳回大小限制概念：

> 这个理论的困难在于它没告诉我们序数序列上升多远是合法的。可能发生的是 ω 已经是不合法的：在这种情况下所有真集合会是有限的。因为在这种情况下序数地类似于序数分段的序列必然会是有限序列。或者可能发生的是 ω² 是不合法的，或者 ωᵂ，或者 ω₁ 或者任意其他的极限序数……我们的一般原则不告诉我们在什么状况下性质是好的。
>
> 毫无疑问由提倡这个理论的人所预期的是所有序数应该是被承认的，可以说，其能是自下(from below)被定义的，也就是，无需引入整个序数序列的概念。因此，他们会承认所有的康托尔序数，而且他们只会避免承认极大序数。但准确地陈述如此的限制不是容易的：至少我们尚未如此完成过。

罗素无疑是正确的，即希望提出一种沿着目前路线的集合论的任何人面临定界恰好一个性质木系应用到"多少"个对象的概念问题，以便性质是太大的由此是坏的。达米特(1991)似乎承认这个，写道"由不定可扩充概念构成的可扩充性原则是独立于对有总体性概念被认作多么不严格或者多么严格的要求，尽管这将影响哪些概念被承认为不定可扩充的"。我们能获得对这个问题的感受，当我们考虑调用像不定可扩充性概念的某些哲学家和数学家。达米特占据一个极端。首先，他争论说二价性和排中律合法地应用到量词化陈述仅当量词的范围是限定的。根据达米特，不定可扩充概念理论的真逻辑是直觉主义的。他采纳罗素假定的轻率建议，即甚至 ω 是太大以致无法成为限定的。换句话说，达米特声称成为有限序数的性质已经是不定可扩充个的。他注意到对数学家们退让说像"集合"和"序数"这样的概念是不定可扩充的是常见的,但大多数坚持像自然数和实数这样的定域是完全限定的。他争论说后一个信念乞求论点:

> 我们有强烈的信念即我们确实对自然数的总体性有着清楚的把握;但实际上我们用如此的清晰度把握的东西是外延原则,给定任意自然数的话,据其我们能立刻引用凭借 1 大于它的一个。因此外延是内在无穷的概念是不定可扩充一个的特殊情况。假设它的外延以构成限定总体性……可能不导致不协调性;但它必然导致我们假设我们已提供不能被合法地如此解释陈述的限定真值条件……(达米特 1991,第 318 页;达米特 1993,第 442—443 页)。

这里达米特似乎追随莱布尼兹,他调用非常像不定可扩充性的概念:

> 人们很有可能论证的是,由于在任意的十个项中间存在最后一个数,这也是这些数中最大的,由此推断在所有数中间存在最后一个数,其也是所有数中最大的。但我认为如此的数蕴涵一个矛盾……当人们说存在不可数多个项,人们不说它们中存在某个特殊的数,但存在多于任意特殊数的。(给伯努利的信,莱布尼兹 1863,III 566,列维翻译,1998,第 76—77 页,第 87 页)。

> 我们断定……不存在无穷多数(infinite multitude),从其将推出也不存在事物的无穷性。或者人们必须说事物的无穷性不是一个整体,或者不存在它们的集合体。(莱布尼兹 1980,6.3,第 503 页,列维翻译,1998,第 86 页)。

> 然而笛卡尔和他的追随者,把世界理解为不定的以致我们不能设想到达它的任意目的,曾说物质没有界限。他们有某个理由用"不定"取代项"无穷",因为在世界上从未存在无穷整体,尽管

常常无止境地存在大于其他事物的整体。如同我们在其他地方已表明的那样，论域不能被当作一个整体（莱布尼兹 1996，第 151 页）。

对于另一个极端，我们转向策梅洛，几乎以它的当代形式他呈现带有本元的二阶 **ZFC** 的一个版本。这里我们把注意力限制到没有本元的模型。每个如此的模型是同构于秩 V_κ 的，在其 κ 是强不可达的。策梅洛提议陈述如此模型"无界序列"存在性的公理。每个如此的模型 V_κ 都有不是这个模型元素的子集，像 κ 那样，模型中的序数收集。在模型 V_κ 内部，这些子集是真类，而且表现为坏的性质。然而，

> 在一个模型中看上去作为"超有限（ultra-finte）的非集合（non-set）或者超集合（super-set）"在后续模型中是非常好的、有效的既带有基数又带有序型的集合……对康托尔序数的无界序列对应实质上不同的集合论模型……的相似无界……序列。这个序列在它的不受限增长中没达到真正的完结，而只占有相对的停止点……因此当正确理解集合论的"自相矛盾"时，……把……导向一个至今仍未观察的对这门科学的披露和充实（策梅洛 1930，第 1233 页）。

那么，根据目前的术语，策梅洛所提议的公理是二阶 **ZFC** 的模型序列——由此强不可达基数序列——自身不定可扩充的。每个强不可达是一个限定收集，但每个不可达集引出进一步的更大强不可达集，基数和序数。所以不存在所有如此模型或者所有如此基数的集合。像罗素那样，关于如何进一步清楚表达不定可扩充性概念我们没有具体建议，由此我们不能解决是否 ω，或者实数，或者第无数个不可达基数，或者第无数个超紧基数是限定的。当前的计划是把好性质（a GOOD property）概念当作基元，而且探索什么对它必须是真的，以便

有基于(RV)的可行集合论。不定可扩充性概念已出现在新逻辑主义的文献中,以回应由布劳斯(1997)所表述的批评。布劳斯指出休谟原则蕴含每个性质都有一个基数。尤其,从休谟原则推出成为自我—恒等的性质有一个基数。这会是不管什么的所有对象的数。相似地,休谟原则蕴含存在所有基数的数,存在所有序数的数,而且存在所有集合的数。布劳斯注意到,乍看起来,这呈现的是与普通策梅洛—弗兰克尔集合论的冲突:

> 存在诸如不管什么的所有对象的数这样的数吗?根据 **ZF** 不存在基数,其是存在的所有集合的数。担忧在于基于休谟原则的数理论与策梅洛—弗兰克尔集合论加标准定义是不协调的。(布劳斯 1997,第 260 页)。

怀特(1999)接受这个反对的推力。他似乎支持"可行原则……存在 F*s* 的确定数恰好倘若 F*s* 构成一个集合"。然后他指出"策梅洛—弗兰克尔集合论蕴涵不存在所有集合的集合。所以它会推出不存在集合的数"。怀特的回应是要限制休谟原则中的二阶变元,以致某些性质没有数。这正是罗素—达米特的不定可扩充性概念出现的地方:

> 我不知道如何最好地增强不定可扩充性概念,更不用说它的最好描述如何可能表明达米特是正确的,双方都建议不定可扩充总体性上量词化的证明论应该是一致直觉主义的且基础的古典数学定域,诸如自然数的或者实数的,也应该被当作不定可扩充的。但达米特关于这两个要点是错误的且仍然强调关于特定非常大总体性的重要洞见——序数,基数,集合和"每个绝对事物"(absolutely everything)。如果在不定可扩充总体性的概念中存在任何事物……那么休谟原则上的有原则限制将无疑是不与如此总体性相联系的这个基数。(怀特 1999,第 13—14 页)。

因此,怀特建议休谟原则中的二阶变元被限制到限定性质中。他让步说他对不定可扩充性概念没有更严格的清楚表达,但不像罗素,怀特没对进一步的清楚表达绝望。这种纲领性的建议激起当前的计划。如果我们能以怀特建议的方式限制休谟原则——以避免说存在所有序数的数,所有集合的数,等等——那么为什么不相似地限制第五基本定律,而且也许沿着新逻辑主义路线复活集合论?想必,或者有希望地,不定可扩充性的最终概念将以更接近策梅洛的概念而不是达米特的或者莱布尼兹的概念而结束。对怀特的提议作出回应,克拉克(Peter Clark,2000)争论说"限定的"最佳候选是"集合尺寸的",这里"集合"是由策梅洛—弗兰克尔集合论所给定的概念。也就是,克拉克争论说"限定"恰好意味着像"与迭代层级的元素等数"的某物。所以如果不定可扩充性概念对新逻辑主义纲领确实是被需要的,那么这个纲领是没有希望的。它需要我们清楚表达迭代层级在我们能给出甚至算术的真基础之前。我们的计划是阐明这场争论,通过概述坏性质概念应该分型的性质,以便为(RV)给出数学上可行的集合论。新逻辑主义者身上的负担是给出有必备性质的坏性的描绘,不乞求任何论点或者预设先备的数学(prior mathematics),而且只使用逻辑术语就能有希望地被表述。

4. 关于空性质与全性质的两个假设

回顾被用来发展集合论的基础形式:

(RV) $\quad \forall P \forall Q[Ext(P)=Ext(Q) \equiv [(BAD(P) \& BAD(Q)) \lor \forall x(Px \equiv Qx)]]$。

这个原则陈述的是好性质的外延是被外延地个体化的,而且所有的坏性质都有相同的外延。我们使用"☺"作为所有坏性质共同外延的名称。坏性质和好性质的某些特征单单从(RV)中推出来。首先注意

(RV)加所有性质都是好的陈述 $\forall P(GOOD(P))$ 蕴含最初的第五基本定律，由此直接导致罗素悖论。对换后，从(RV)推出某些性质是坏的。从任意抽象原则推出它的右手边的关系是一个等价。所以从(RV)推出的是：

$$(BAD(P) \& BAD(Q)) \lor \forall x(Px \equiv Qx)$$

是性质上的等价关系。自反性和对称性是直接的，但关系是传递的当且仅当

$$(GOOD(P) \& \forall x(Px \equiv Qx)) \rightarrow GOOD(Q)。$$

所以(RV)蕴含好性是共延性质上的全等(congruence)。如果两个性质恰好应用到相同对象，那么或者两者都是好的或者两者都不是好的。新弗雷格主义者必须确保好性有这个特征。令 U 是"全称性质"$\lambda x(x=x)$，以致 $\forall x Ux$ 成立；且令 E 是空性质 $\lambda x(x \neq x)$，以致 $\forall x \neg Ex$ 成立。从(RV)推不出 U 是坏的，也推不出 E 是好的。为看到这一点，考虑下述模型：定域是自然数且 GOOD(P) 当且仅当 P 是余有限的(co-finite)。我们能解释"Ext"算子以致(RV)在这种解释下成立。根据这种解释，U 是好的且 E 是坏的。当然，根据(RV)的择优解释，性质是好的当它是不定可扩充的，不然不是太大的。在这些情况下，空性质 E 是好的当任何事物都是好的，且全称性质 U 是坏的。在下文中，我们做出这两个假设。布劳斯(1989)表明如何在新五的语境中发展集合论的装置，这是在其好性"不是与论域 U 等数"的(RV)版本。结果是许多框架不依赖"好性"的这个特殊实例，且能被(RV)的任意实例所调用。这正是我们手头上要做的事情。第一个项目是要定义属于关系：

$$x \in y : \exists P(y = Ext(P) \& Px)$$

也就是，x 是 y 的元素当 y 是 x 对其成立的性质的外延。回顾"⊗"是所有坏性质共同外延的名称。从运转着的全称性质 U 是坏的假设，我

们有 $Ext(U)=⊗$。由此推出 $\forall x(x\in⊗)$。下述是直接的：

$$\forall P[\text{GOOD}(P)\to\forall x(x\in Ext(P)\equiv Px)]。$$

也就是，好性质 P 的元素恰好是对 P 成立的那些对象。所以性质 P 是坏的当且仅当 $\exists x(x\notin Ext(P))$。因此，运转着的 U 是坏的假设允许好性和坏性的显定义。我们把(RV)重写为：

$$\forall P\forall Q[Ext(P)=Ext(Q)\equiv[(\forall x(x\in Ext(P))\&$$
$$\forall x(x\in Ext(Q)))\vee\forall x(Px\equiv Qx)]],$$

或者更完全地，

$$\forall P\forall Q[Ext(P)=Ext(Q)\equiv[(\exists R(\forall xRx\&Ext(P)=Ext(R))\&$$
$$\exists R(\forall xRx\&Ext(Q)=Ext(R)))\vee\forall x(Px\equiv Qx)]]。$$

当然，以这些公式开始会是相当不自然的。外延性原则成立是直接的：

$$\forall x\forall y[(\exists P(x=Ext(P))\&\exists Q(y=Ext(Q))\&$$
$$(\forall z(z\in x\equiv z\in y)))\to x=y]。$$

注意二阶量词的范围包括性性质，且一阶量词的范围包括坏事物 ⊗ 还有任意的非外延(non-extensions)。我们有包括 ⊗ 的所有外延都是由它们的元素外延地被个体化的。令 ϕ 是 $Ext(E)$，空性质的外延。如果 E 是好的那么 $\phi\neq⊗$。如果 x 是任一对象，那么令 S_x 是单单对 x 成立的性质，以致 $\forall z(S_xz\equiv z=x)$。把 $\{x\}$ 定义为 $Ext(S_x)$。从(RV)和运转着的假设推不出 S_x 是好的。确实，在上述的一个玩具例子中，我们把"坏性"定义为"非空的"(non-empty)。的作为结果的版本在自然数上是可满足的。在这个模型中，对任意对象 x，S_x 是坏的，由此 $\{x\}=⊗$。对另一个例子，假设存在某个对象 b 使得"感染"它有的任意性质。也就是，如果 Pb 那么 P 是坏的。在此情况下，S_b 是坏的，且 $\{b\}=⊗$。下面我们把集合定义为好性质的外延：

$$set(x): \exists P(GOOD(P) \& x = Ext(P))。$$

从(RV)推出☹是仅有的不是集合的外延。注意我们不假设每个对象都是一个外延,由此我们允许本元。我们的一个运转着的假设是如果存在任意的好性质,那么空性质 E 是好的。由此推断如果存在任意的集合,那么∅是它们中的一个。从运转着的全称性质 U 是坏的假设,我们有 $Ext(U) = ☹$。从属于关系的定义推出 $\forall x(x \in ☹)$。尤其,☹$\in$☹。所以属于关系不是良基的。考虑性质单单对☹成立的性质 $S_{☹}$,所以 $\forall x(S_{☹} x \equiv x = ☹)$。坚持 $S_{☹}$ 是好的似乎是合理的,由于它只对一个事物成立。要是这样,那么{☹}是一个集合。当然,☹$\in$ {☹}。但由于每个对象是☹的元素,我们有{☹}$\in$☹。所以如果 $S_{☹}$ 是好的,那么甚至集合不是良基的。

再次,根据到目前为止所提出的大多数例子,{☹}是一个集合,但在运行着的全称性质 U 是坏的假设下,每个事物是{☹}的元素的元素,由此性质"☹的元素的元素"是坏的。因此,这个性质的外延是☹,其不是一个集合。所以存在并集不是集合的集合。为有再捕获迭代层级的机会,我们需要纯粹集的概念——一个集合使得它的元素全都是集合,这些集合的元素全都是集合,这些集合的元素是所有集合,以此类推"一直下去"。布劳斯(1989)表明如何定义这个概念,使用弗雷格风格的祖先。把性质 F 定义为封闭的当:

$$\forall y[[\exists P(y = Ext(P)) \& \forall z(z \in y \rightarrow Fz)] \rightarrow Fy]。$$

也就是说,F 是封闭的如果每当它对外延的元素成立,那么它对这个外延成立。我们有时把"P 是封闭的"记为"$cl(P)$"。现在我们定义纯粹性:

$$x \text{ 是纯粹的当且仅当 } \forall F(cl(F) \rightarrow Fx)。$$

也就是说,对象是纯粹的当每个封闭性质对它成立。我们有时将"x

是纯粹的"记为"$pu(x)$"。假设空性质 E 是好的。令 F 是封闭的。由于 F 对空集 ϕ 的每个元素成立，我们有 $F\phi$。因此 ϕ 是纯粹的。让我们用一组玩具例子阐明整个概念。假设我们把性质 P 定义为好的当且仅当 P 对至多一个对象成立。作为结果的集合论不是非常有趣的，但根据这个解释我们确实有 ϕ 和 $\{\phi\}$ 两者都是集合。令 T 是对 ϕ，$\{\phi\}$ 成立的性质，而不是其他。那么 T 是封闭的。根据这个解释，仅有的纯粹对象是 ϕ 和 $\{\phi\}$。现在把好性定义为"有限的"。那么成为遗传有限的性质是封闭的，且仅有的纯粹对象是遗传有限集。回到一般的情况，令 T 是成为外延的性质，以致 $\forall x(Tx\equiv\exists P(x=Ext(P)))$。直接的是 T 是封闭的。所以每个纯粹对象是一个外延。

现在令 S 是成为非全称(non-universal)的性质：$\forall x(Sx\equiv\neg\forall w(w\in x))$。假设 S 不是封闭的。那么存在对象 y 使得 $\exists P(y=Ext(P))$ 且 $\forall z(z\in y\to\neg\forall w(w\in z))$，但 $\forall w(w\in y)$。从这些子句的第一个和第三个，y 是一个外延且每个事物都是 y 的元素。所以 $y=\odot$。在中间的子句中把 z 换成 $\odot$，我们有 $\neg\forall w(w\in\odot)$，这与 $\odot$ 的性质相矛盾。所以 S 是封闭的。因此每个纯粹对象是非全称外延。换句话说，每个纯粹对象都是一个集合。由此我们将有时把"纯粹对象"写成"纯粹集"。令 R 是不成为自身元素的性质，以致 $\forall x(Rx\to z\notin z)$。所以如果 $y\in y$ 那么 $y\notin y$。由此，$y\notin y$。因此，R 是封闭的。所以我们有如果 x 是纯粹的，那么 $x\notin x$。布劳斯证明有关新五的一对定理，其在这里的更一般语境中也成立：

定理 I　如果 y 是一个外延且 y 的每个元素是纯粹的，那么 y 是纯粹的。用符号表示如下：

$$(\exists P(y=Ext(P))\,\&\,\forall x(x\in y\to pu(x)))\to pu(y)。$$

证明：假设 y 是一个外延且 y 的每个元素是纯粹的。令 F 是封闭的。我们需要表明 Fy。我们有对每个 $z\in y$，z 是纯粹的。因为对每

个 $z\in y$，Fz。由于 F 是封闭的，我们有 Fy。∎

定理 II 假设 y 是纯粹的。那么 y 是一个集合且 y 的所有元素都是纯粹的。

证明：令 G 是成为一个集合的性质，所有它的元素都是纯粹的。所以

$$\forall x\big[Gx\equiv(x \text{ 是一个集合 } \& \forall z(z\in x\rightarrow pu(z)))\big]。$$

我们表明 G 是封闭的。假设 w 是一个外延且 $\forall z(z\in w\rightarrow Gz)$。我们需要表明 Gw。首先假设 w 不是一个集合。由于 w 是一个外延，我们有 $w=\odot$，由此 $\odot\in w$。所以 $G\odot$ 由此 $\odot$ 是一个集合。矛盾！所以 w 是一个集合。现在假设 $z\in w$。那么 Gz。所以 z 是一个集合且 z 的每个元素都是纯粹的。所以根据定理 I，z 自身是纯粹的。因此，Gw，由此 G 是封闭的。现在假设 y 是纯粹的。那么 Gy 由此 y 的每个元素都是纯粹的。那么，简言之，对象 y 是纯粹的当且仅当 y 是一个集合而且 y 的所有元素都是纯粹的。∎

上述我们看到外延性原则对所有外延成立。由于纯粹集合的元素自身是纯粹集合，我们有外延性成立当量词被限制到纯粹集合。布劳斯(1989)证明一个定理，即新五蕴含基础公理的强形式对纯粹集合成立。他的附注建议在一般语境中相同结果的证明。

定理 III 令 G 是任意性质。如果 G 对至少一个纯粹集合成立，那么存在纯粹集合 x 使得 Gx 且 G 不对 x 的任意元素成立。用符号表示如下：

$$\exists x(pu(x)\&Gx)\rightarrow\exists x(pu(x)\&Gx\&(y\in x\rightarrow\neg Gy))。$$

证明：假设 $\exists x(pu(x)\&Gx)$。考虑下述形式：

$(*)\ \forall x(\forall y(y\in x)\rightarrow Fy)\rightarrow Fx)$。

如果（ * ）成立，那么 F 是封闭的，由此 $\forall x(pu(x)\rightarrow Fx)$。现在用 $\neg(pu(x)\&Gx)$ 替代 Fx。假设在此情况下（ * ）成立。那么 $\forall x(pu(x)\rightarrow Fx)$，也就是 $\forall x(pu(x)\rightarrow\neg(pu(x)\&Gx))$。但这与我们的假设 $\exists x(pu(x)\&Gx)$ 相矛盾，即 G 对至少一个纯粹集成立。所以（ * ）的否定在此情况下成立。重写为下述：

$$\exists x(pu(x)\&Gx\&(y\in x\rightarrow\neg Gy))，$$

而这正是我们要表明的结论。∎

基础公理是：

$$\forall x[\exists y(y\in x)\rightarrow\exists y(y\in x\&\exists z(z\in x\ \&\ z\in y))]。$$

上述我们看到一般而言这是假的，但从定理 III 推出基础公理成立，当量词被限制到纯粹集：给定非空纯粹集合 x，在定理 III 中用成为 x 的元素的性质替代 G。我们的定理也蕴含成为纯粹的性质是坏的。确实，假设成为纯粹的性质是好的。令 g 是这个性质的外延。由此推断 g 是一个集合且 g 的所有元素都是纯粹的。根据定理 I，所以我们有 g 是纯粹的，由此 $g\in g$。这与基础公理相矛盾，由于上述我已看到对每个纯粹集 x，$x\notin x$。我们能用上述的两个玩具例子阐明这个。在第一个例子中，仅有的纯粹集合是 ϕ 或者 $\{\phi\}$。但成为 ϕ 或者 $\{\phi\}$ 的性质有两个不同的实例，由此在（RV）的这个解释下它是坏的。在第二个例子中，成为遗传有限的性质是无穷的，由此是坏的。把对象 x 定义为传递的，当 x 的每个元素的每个元素自身是 x 的一个元素：

$$\forall y\forall z((z\in y\ \&\ y\in x)\rightarrow z\in x))$$

且把 x 定义为序数当 x 是纯粹的，x 是传递的，且 x 的每个元素是传递的。练习表明如果 x 是一个序数且 $y\in x$，那么 y 是一个序数。布劳斯表明这些序数是由∈所强良序化的,由此每个序数都是由∈所良序化的。直接的是这持续到目前更一般的情况。布拉利—福蒂类型的推理表明成为序数的性质是坏的。确实,假设成为序数的性质是好的。那么令 o 是这个性质的外延。由此推出 o 是纯粹的,所以 o 自身是一个序数。那么 $o \in o$,而这与基础公理相矛盾。我们想要有对每个好良序化类型的一个序数,但这不单单从(RV)推出来,甚至以运转着的假设。这个问题必须等到把替换公理摆到台面上。

5. 从受限第五基本定律推导集合论公理

有趣的是多少基于新五的集合论单单从(RV)中推出来,而且不依赖坏性作为"与论域等数"的特殊解释。对外延而言外延性公理一般地成立,且基础公理对纯粹集成立。从我们运转着的假设,即空性质是好的当任意性质是好的,推出的是如果存在任意好的性质,那么零集公理成立。此外,零集 φ 是纯粹的当它是一个集合。这里我们审查必须为好性做出什么假设以便另一个常见的集合论公理成立,或者一般地或者当变元被限制到集合或者纯粹集合。我们的掩护是把"好性"解释为限定的,也就是,不是不定可扩充的。

配对公理:$\forall x \forall y \exists z \forall w (w \in z (w = x \lor w = y))$。

令 a 是定域中的任意对象。配对公理蕴含存在外延 $\{a\}$,它仅有的元素是 a。如果没有性质是好的,那么只存在一个外延,即坏事物☹。所以 $\{a\} = ☹$。但我们有 $\forall x (x \in ☹)$,由此 $☹ \in ☹$。所以,$a = ☹$。由于 a 是任意的,如果没有性质是好的,那么配对定理蕴含☹是论域中仅有的对象。当然,我们从(RV)得不到有趣的集合论,当不存在好性质,出于不会存在集合的简单理由。如果至少存在一个好性质,那么配对公理陈述的是对任意 x 和 y,存在对 x,y 成立的好性质,而不是其他。这个性质的外延 $\{x, y\}$ 是一个集合。因此被限制到集合的配对公理从不受限配对中推理出来。此外,如果 x 和 y 都是纯粹的,根据定理I,那么$\{x,y\}$也是纯粹的。因此,当被限制到纯粹集能推出配对公理。

上述,我们引出对(RV)的解释,在其某个对象 b '感染'它有的任意性质。也就是,如果 Pb 那么 P 是坏的。如果存在至少一个好性质,配对公理排除这个解释。对任意对象 a,单单应用到 a 的性质 S_a 是好的。在集合论中,配对公理是无害的。然而,注意如果至少一个性质是好的,那么(RV)和配对公理蕴含存在无穷多个集合,在运转着的全称性质 U 是坏的假设下。首先,如果至少一个性质是好的,那么在论域中至少存在两个对象:集合和坏事物☹。我们有☹和$\{☹\}$是不同的,由于前者至少有两个元素且后者只有一个。此外,这两者都与$\{\{☹\}\}$不同。根据归纳,我们能表明下述序列的元素☹,$\{☹\}$,$\{\{☹\}\}$,$\{\{\{☹\}\}\}$,…是两两不同的。

分离公理:$\forall P \forall x \exists y \forall z(z \in y \equiv (z \in x \& Pz))$。

如果全称性质是坏的,那么不受限分离与(RV)是不协调的。令 P 是任意性质且令 x 是坏事物☹。回顾$\forall z(z \in ☹)$。因此分离和(RV)蕴含存在一个外延,它的元素全部且只有对象 z 使得 Pz。由于 P 是任意的,这导致罗素悖论。从现在开始,我们使用短语"分离公理"作为在其一阶变元被限制到集合的分离版本。二阶变元仍不受限制。如此解释,分离公理相当于下述论题,即如果性质 Q 是好的,那么对任意性质 P,不管 P 是好的或者坏的,性质 $\lambda x(Px \& Qx)$ 是好的。换句话说,如果 Q 是好的,那么 Q 的每个子性质(sub-property)都是好的。根据定理I,从此推出被限制到纯粹集合的分离版本也成立。也就是,如果 x 是纯粹的且 P 是任意性质,那么存在一个纯粹集,它的元素恰好都是 x 的元素使得 Px。分离公理无疑对(RV)的这些实例成立在其 GOOD(Q) 和 BAD(Q) 是 Qs 大小的事情。根据这些概念,性质 Q

是好的恰好假使它没应用到太多对象。

清楚地,$\lambda x(\mathrm{P}x\,\&\,\mathrm{Q}x)$ 应用到的对象不比 Q 更多。所以如果 Q 不是太大,那么 $\lambda x(\mathrm{P}x\,\&\,\mathrm{Q}x)$ 也不是太大。尤其,分离公理对(RV)的下述实例成立,在其性质是好的当且仅当它应用到少于 κ—多个对象,对某个固定的基数 κ。它也对新五成立,(RV)的这个实例在其"坏性"是"数论域等数的"。根据在其"坏的"是"不定可扩充的"(RV)的主要实例,分离公理是不存在其是限定性质子—性质(sub-properties)的不定可扩充性质的陈述。这听上去是足够可行的。如同上述所注意到的那样,罗素(1906)把总体性是一个集合恰好假使它是限定的论题称为"大小限制理论"。他把它注释如下:"将存在没有集合能达到的特定大小限制;而且到达或者超越这个界限的任意假定集合是……非真的……,也就是,是非实体的(non-entity)"。分离公理是这个的逆命题。它说的是如果总体性不超这个界限,那么它决定一个集合。这与罗素的框架是相符的。

上述我们已看到策梅洛调用像这个解释的某物而且策梅洛接受分离公理。对他而言,达米特明确支持成为分离公理基础的原则:"人们必须允许每个在限定总体性上被定义的概念决定一个限定的子总体性(subtotality)"。达米特(1993)表达同样的观念:"应用到确定总体性的自身是确定的概念必须挑出归入它的元素的确定子总体性"。在这个语境中,达米特以给定的限定对象总体性开始,然后应用"成为不是自身元素的类"的不定可扩充性质,推断作为结果的子—总体性是限定的。尽管我们看似已达成一个共识,但回想起达米特的限定概念是高度衰减的。他主张每个无穷总体性是不定可扩充。所以对达米特来说,分离公理只是下述的一个论题,即如果性质是有限的,那么每个子—性质(sub-property)也是有限的。

如果我们放宽达米特的限定概念——如同我们必须的当我们要获得一个可行的丰富集合论——但保留达米特框架的剩余部分,那么我们损失的是分离公理。达米特(1963)引入不定可扩充性概念,这里他争论说算术真性(arithmetic truth)概念是不定可扩充的。对此的论证取决于不完全性定理,而且不依赖他后来的每个无穷总体性是不定可扩充的观点,它也不依赖达米特的只有直觉主义逻辑应用到不定可扩充总体性的理论的论题。从达米特的结论得出成为算术真性哥德尔编码的性质是不定可扩充的。然而每个如此的哥德尔编码也是一个自然数。所以如果自然数是限定总体性,与达米特相反,但达米特以他的早期"算术真性"是不定可扩充的论证是正确的,那么分离公理无效。存在自然数集,但不是算术真性哥德尔数集。

总之,如果我们的新逻辑主义者将要调用(RV)以"坏的"作为"不定可扩充的",那么他必定或者放弃无穷集的存在性,放弃分离公理,或者削弱达米特的算术真性是不定可扩充的声称。这些中的第一个是必须吞下去的苦药丸,而且给定当代集合论中分离公理的核心角色,我们用第二个选项得不到可行的理论。当然,这不相当于达米特主义困境第三个角(the third horn)的论证。语义悖论导致不定可扩充性和分离公理的相似难题。例如,考虑"成为在英语中用少于三千个字母能被唯一描绘的自然数"的性质 D。假设 D 是限定的。由于只存在三千个拉丁字母的有限多个组合,存在无穷多个自然数 x 使得 Dx 的情况并非如此。令 n 是最小数 x 使得 Dx 是假的。所以 Dn 是假的。但我们恰好已定义 n,且使用少于三千个字母这么做。所以我们应该有 Dn——矛盾!这建议 D 是不定可扩充的。而且 D 甚至不是无穷的。这当然是熟悉的根据。我们把它留给新逻辑主义者,他们受当前路径的诱惑以清楚表达不定可扩充性概念进而避免这些不良结果,而且获得一种可行的集合论。

$$替换公理:\forall R[(\forall z \forall y \forall w(Rzy \& Rzw) \rightarrow y=w) \rightarrow \forall x \exists y \forall z \forall w((z \in x \& Rzw) \rightarrow w \in y)]。$$

也就是说,替换公理说的是如果关系 R 是多对一的,也就是,R 是函数性的,那么对每个 x 存在一个外延 y,它的元素包括每个 w 使得存在 $z\in x$ 有 Rzw。不受限的替换公理是(RV)的平凡后承——在运转着的全称性质 U 是坏的假设下。对任意 x,恰好令 y 是☹。所以从现在开始,我们使用短语"替换公理"作为在其一阶变元被限制到集合的替换版本。它说的是如果关系 R 是多对一的,那么对每个集合 x 存在集合 y,它的元素包括每个 w 使得存在 $z\in x$ 有 Rzw。替换公理和分离公理一起蕴含如果 R 是多对一的,那么对每个集合 x 存在一个集合 y 使得 $w\in y$ 当且仅当存在 $z\in x$ 有 Rzw。换句话说,如果 P 是好的且 Q 与 P 的一个子—性质等数,那么 Q 也是好的。替换和分离一起大致上表达集合论的"大小限制"概念。如果 P 不是太大的且 Q 与 P 的子—性质是等数的,那么 Q 不是太大的——出于 Q 不是大于 P 的简单理由。

替换在(RV)的这些实例上成立,在其性质是好的当且仅当它应用到少于 κ—多个对象,对某个固定的基数 κ,而且它也对新五成立。人们会认为替换也应该当"坏的"也是"不定可扩充的"。如果 R 是多对一的,而且如果总体性 P 是限定的,那么在 R 下用它的相关物取代每个 P 的结果应该也是限定的。假设 R 是多对一的,而且如果 z 是纯粹的且 Rzw 那么 w 是纯粹的。令 P 是纯粹集合的任意性质。替换和分离蕴含 $\lambda x(\exists z(\mathrm{P}z\,\&\,\mathrm{R}zw))$ 是好的由此它的扩充是集合 s。根据假设,s 的每个元素是纯粹的,由此从上述的定理 I,s 自身是纯粹的。所以替换和分离蕴含在其一阶变元被限制到纯粹集的替换公理版本。众所周知替换公理不是从其他公理中推出来的。这仍然适用甚至当(RV)作为一个公理被添加。

实际上,我们能在策梅洛集合论的模型上定义 Ext 算子以给出(RV)的模型。例如,令 c 是并非集合的任意对象。令 $C_0=\{c\}$。对每个序数 α,令 $C_{\alpha+1}$ 是 C_α 的幂集,而且如果 β 是极限序数,那么令 C_β 是 C_α 的并集对 $\alpha<\beta$。令 C 是 $C_{2\omega}$。换句话说,C 是直到第 2ω 层的迭代层级,以单个本元 c 开始。在 C 上,把性质 P 定义为好的当它的外延

是 C 的一个元素。也就是，P 是好的当且仅当 $\{x \mid Px\} \in C$。现在，如果 P 是好的，那么令 $Ext(P) = \{x \mid Px\}$；而且如果 P 是坏的，那么令 $Ext(P) = c$。也就是，我们把 c 解释为坏事物☹。直接的是在这个解释下成立。所有的策梅洛集合论的公理——被限制到集合——在这个解释上成立，而替换公理无效。

并集公理：$\forall x \exists y \forall z (z \in y \equiv \exists w (z \in w \ \& \ w \in x))$。

在目前的语境中，这个公理可能是技术上最有趣的。如果头两个量词被限制到集合，那么并集公理说的是如果性质 P 是好的，那么性质 $\lambda x (\exists Q (P(Ext(Q) \& Qx))$ 也是好的。上述我们已看到这在 (RV) 的每个严肃解释中无效。如果全称性质是坏的而且单元素集是好的，那么 $\{☹\}$ 是一个集合，但不存在元素为 $\{☹\}$ 的元素的集合。这个不愉快的事实发生因为坏事物☹不然可以是正经集合的元素。让我们把集合—并集 (set-union) 定义为把并集公理中的所有量词限制到集合的结果。所以集合—并集说的是如果 x 是一个集合那么存在一个集合它的元素是 x 的集合—元素 (set-members) 的集合—元素。类似地，把纯粹—并集 (pure-union) 定义为把并集公理中的所有量词限制到纯粹集的结果。假设 x 是纯粹的。那么 x 的元素的元素全都是纯粹的。所以纯粹—并集相当于下述论题，即如果 x 是纯粹的，那么成为 x 的元素的元素的性质是好的。纯粹—并集是从集合—并集中推出来的。

存在满足被限制到纯粹集的其他公理的 (RV) 模型，但纯粹—并集由此集合—并集无效。确实，回顾上述我们注意到对任意基数 κ，存在 (RV) 的实例在其性质是好的当且仅当它应用到少于 κ—多个对象。假设 λ 的共尾性至少是 κ，且令 c 是并非集合的任意对象。令 $C_0 = \{c\}$。如同上述，对每个序数 α，令 $C_{\alpha+1}$ 是 C_α 的幂集，而且如果 β 是极限序数，那么令 C_β 是 C_α 的并集对 $\alpha < \beta$。令 C 是 C_λ。在 C 上，把性质

P 定义为好的当它在 C 中应用到少于 κ——多个对象。由于 λ 的共尾性至少是 κ，P 是好的仅当 $\{x \mid Px\} \in C$。所以如果 P 是好的，那么令 $\mathrm{Ext}(P) = \{x \mid Px\}$。如果 P 是坏的，那么令 $\mathrm{Ext}(P) = c$。再次，我们把 c 解释为坏事物⊗。直接的是(RV)在这个解释上成立。一个集合是纯粹的当它是 V_κ 的一个元素且它的基数是小于 κ 的。

令 $\beth_0 = \aleph_0$；对每个序数 α，令 $\beth_{\alpha+1}$ 是 $\beth_\alpha$ 的幂集的基数；而且如果 β 是极限序数，那么令 β_α 是 $\beth_\alpha$ 的并集对 $\alpha < \beta$。现在令 κ 是 $\beth_\omega$ 且令 λ 是共尾性大于 $\beth_\omega$ 的任意基数。那么 C_λ 是(RV)的模型在其"好性"是"对少于 $\beth_\omega$——多个对象成立"。然而，注意"成为 $\beth_n$，对某个 $n \in \omega$"的性质是好的，由于它仅仅对可数多个对象成立。所以存在集合 $b = \{\beth_0, \beth_1, \beth_2, \cdots\}$。然而，成为 b 的元素的元素的性质对 $\beth_\omega$ 的每个元素成立。所以这个性质是好的。因此 b 在 C 中没有并集，在(RV)的这个版本下。因此，纯粹——并集和集合——并集在 C 中都是无效的。这个例子也驳斥并集公理的不受限版本。在 C 中不存在元素为 b 的元素的元素的对象。注意被限制到集合的策梅洛—弗兰克尔集合论的其他公理在 C 中(RV)的这个版本下成立，如同被限制到纯粹集合的其他公理。配对、分离、替换、无穷和选择都是直接的，或者从前述考虑中推出来。

这会遗漏幂集公理。如果 x 是一个集合，那么 x 的基数性是小于 $\beth_\omega$ 的，由此存在自然数 n 使得 x 的基数是小于 $\beth_n$ 的。因此，x 的幂集的基数是小于或者等于 $\beth_{n+1}$ 的，由此 x 的幂集的基数是小于 $\beth_\omega$ 的。所以成为 x 的子集的性质是好的，由此 x 的幂集在这个模型中是一个集合。当然，这里的反例是人造的。它取决于在 $\beth$——序列中成为奇异基数的 κ，且有足够大共尾性的 λ。要点恰好是表明并集、纯粹——并集和集合——并集不是从(RV)加集合论的其他公理中推出来。布劳斯表明如何从利维(1968)采纳论证以构建新五的纯粹——并集，这是(RV)的实例在其"坏的"是"与论域等数的"。在"坏的"作为"不定可扩充的"优先解释上的集合——并集和纯粹——并集情况如何？集合——并集相当于下述陈述,即如果 t 是限定诸总体性的限定总体性,那么成为 t 的元素的元素的性质自身是限定的。

如同我们恰好看到的那样,集合 s 的并集的尺寸是大于 s 的尺寸而且大于 s 的任意元素的尺寸。这里的问题涉及是否这个并集能如此更大以致它变为不定可扩充的。把对不定可扩充性概念的进一步清楚表达悬置起来,我们不知道如何裁定这个问题。如同我们已看到的那样,配对公理蕴含这个论域是无穷的,但(RV)和其他公理一起不蕴含存在一个无穷集。也就是,从这些公理推不出存在好的应用到无穷多个对象的性质。为看到这个,把"坏的"解释为"应用到无穷多个对象"而且解释"$\mathrm{E}x\mathrm{t}$"算子以致被限制到集合的(RV)和其他公理在 V_ω 即遗传—有限集论域上成立。我们的下一个事项是断言无穷集存在性的公理。令 x 是任意对象。令 $\mathrm{s}x$ 是 $\lambda y(y\in x \vee y=x)$ 的外延。从配对和集合—并集推出如果 x 是一个集合,那么 $\mathrm{s}x$ 也是一个集合。同时,如果 x 是纯粹的且 $\mathrm{s}x$ 是一个集合,那么 $\mathrm{s}x$ 是纯粹的。

无穷公理:$\exists x(\phi\in x \ \& \ \forall y(y\in x \rightarrow \mathrm{s}y\in x))$。

这是从(RV)连同我们运转着的全称性质是坏的假设推出来的。恰好令 x 是 $\otimes$。当然,这个"公理"与这个论域尺寸一点关系都没有——它成立当 $\otimes$ 是这个定域中仅有的对象。然而,如果无穷公理的开始量词被限制到集合,那么这个公理陈述的是存在包含 ϕ 且在 s 下封闭的集合。伴随分离公理,无穷公理的这个版本蕴含成为有限序数的性质是好的。因此,ω 是一个集合。根据替换公理,这个公理是等价于下述陈述,即存在好的应用到无穷多个事物的性质。如果我们把坏性定义为"不定可扩充的",那么必备论题是存在应用到无穷多个对象的限定性质。如同注意到的那样,达米特拒绝这个,也许与莱布尼兹一起,但大多数调用不定可扩充性的其他人接受它。再次,达米特必定输掉这种争辩,当存在沿着目前路线发展的强的、可行的新逻辑主义集合论。

459

选择公理:$\forall x[(y \in x \exists w \in y \ \& \ \forall y \in x \forall z \in x \neg \exists w(w$
$\in y \ \& \ w \in z)) \rightarrow \exists v \forall y \in x \exists ! z(z \in y \ \& \ z \in v)]$。

这说的是如果 x 的每个元素是非空的,而且如果 x 的元素是两两不交的,那么存在恰好包含 x 的每个元素的一个元素的 v。在流行的全称性质 U 是坏的假设下,不需要限制这个公理。如果 x 是坏事物☹,那么条件句的前件是假的,除非☹是仅有的对象,而且如果 x 不是一个外延,那么后件是空真的。目前的版本有时被称为局部选择(local choice),由于它只蕴含集合上"选择"的存在性,也就是,好性质的外延。如果我们追随策梅洛(1930)且假设全局选择作为一般的逻辑原则,也许来自夏皮罗(1991)的形式 $\forall R(\forall x \exists y(Rxy) \rightarrow \exists f \forall x(Rxfx))$,那么局部选择是从集合—并集和分离中推出来的。全局选择从新五中推出来:上述我们已注意到从推出成为序数的性质是坏的。所以从新五出发,推出的是序数与论域是等数的。

这产生论域上的良序,而且全局因而局部选择从这个推出来。在一般设定中,没有选择公理的版本从(RV)和其他公理中推出来,除非如同在策梅洛(1930)中那样它是被假设的。遵循当前纲领的新逻辑主义者应该或者明确假设选择公理,为它辩护,或者放弃这个原则。局部选择公理是弱于全局选择公理的。也许新逻辑主义者可能发现局部选择比全局选择更可辩护,由于某些坏性质可能是对要成立的选择公理行为太拙劣。至少局部选择现在在数学家中间被普遍接受。根本原因似乎是实际的。在长达几十年的紧张研究之后,我们知道大多数的数学核心分支会是如何被削弱的——实分析,拓扑等——若无这个原则的话。我们不知道在对先天数学基础的新逻辑主义追求中如此的实际考虑能起到多少权重,基于可接受的抽象原则。

幂集公理:$\forall x \exists y \forall z(z \in y \equiv \forall w(w \in z \rightarrow w \in x))$。

也不需要限制这个原则。如果 x 是 ☹,那么相关的 y 也是 ☹。如果 x 不是外延,那么它的"幂集"与空集的幂集是相同的。仅有的有趣情况是出现 x 是好性质外延的地方。令 P 和 Q 都是性质。把 Q 称为 P 的子—性质当 $\forall x(Qx \rightarrow Px)$。分离公理蕴含如果 P 是好的且 Q 是 P 的子—性质,那么 Q 是好的。而且如果 x 是纯粹的且 $y \subseteq x$,那么 y 是纯粹的。现在把幂集—性质 P,记为 $\Pi(P)$,定义为成为 P 的子—性质外延的性质。也就是,

$$\Pi(P)x \equiv \exists Q(x = Ext(Q) \ \& \ \forall y(Qy \rightarrow Py))。$$

幂集公理相当于下述论题,即如果 P 是好的,那么 P 的幂—性质也是好的。这个原则蕴含幂集的版本这里变元是被限制到纯粹集合。伴随无穷公理和通常的集合论定义,幂集公理蕴含成为实数的性质是好的。根据"坏的"作为"不定可扩充的"优先解释,幂集可能是新逻辑主义者要证实的最难公理。某些集合论者从独立性结果的财富推断特定的不确定性对任意无穷集的幂集成立,而且这种不确定性至少有不定可扩充性的风味。例如,给定任意集合 x,是否 x 是 ω 的子集是确定的,因为这恰好是对 x 的每个元素要成为有限序数。但是,这个论证继续下去,存在关于 ω 子集总体性的不定性。根据目前的术语,这建议即使自然数形成限定总体性,而实数可能不会。因此这些集合论者坚持达米特和莱布尼兹关于可数无穷可能是错误的——这些是限定的——但关于连续统和任意其他假定的更大收集它们是正确的。

策梅洛的良序定理滤去直觉的首要位置是实数,或者等价地,ω 的幂集。策梅洛表明如此良序的存在性从实数上的选择函数中推出来,也就是,从每个非空实数集挑出元素的函数。前面提及的集合论者,或者达米特主义者,可能通过坚持上述正式的选择公理字面意义作出回应,也就是限定总体性有选择函数。我们不能推断实数是良序化的直到我们已表明它们构成限定总体性。如果这是正确的,它对在 (RV) 的这个版本上成为幂集基础的论题不利。当然,大多数当代集

合论者不回避幂集公理,也不回避良序定理当被应用到无穷幂集。没有至少某些无穷幂集,我们没有可行的集合论。然而,就我们目前所知,这些集合论者和数学家不是新逻辑主义者,而且不企图根据可接受抽象原则证实这些公理。理论是出于实际的根据而被接受的。再次,新逻辑主义者意图捕获可行集合论的责任是要为幂集原则提供先天证实。

6. 作为反射公理模式的充裕原则

简而言之,假设空性质是好的且全称性质是坏的。外延性单单从(RV)中就可以推出来。基础公理失效,但当量词被限制到纯粹集合,基础公理可以从(RV)中推出来。零集是空性质是好的假设。我们下述在(RV)的语境中注释其他公理:

配对:对任意 x, y,性质对 x, y 成立,且没有任何其他事物是好的。

被限制到集合的分离:对集合的任意好性质 Q, Q 的每个子—性质都是好的。

被限制到集合的替换:对集合的任意好性质 Q,与 Q 的子—性质等数的集合的每个性质都是好的。

被限制到集合的并集:对任意的好性质 Q,成为一个集合是另一个集合的元素而后一个集合是 Ext (Q) 的元素的性质是好的。

无穷:存在好的应用到无穷多个对象的性质。

选择:对任意的好性质 Q,如果对每个 x, y,当 Qx 且 Qy,那么 x 和 y 都是非空的且没有共同元素,那么存在好的性质 P 使得对每个 x 使得 Qx 存在唯一的 z 使得 Pz 且 $z \in x$。

幂集:对任意的好性质 Q,成为 Q 的子—性质外延的性质是好的。

上述的路径是长的，但我们的结论是短的。前述我们争论说像（RV）的某物必定是新逻辑主义集合论基础的一部分。确实，（RV）差不多是集合被外延地个体化的陈述，而且外延性是集合的实质性质，如果有任何事物是的话。想发展集合论的新逻辑主义者需要清楚表达坏性质的概念。如果他能表明（RV）的作为结果的实例是一个可接受的抽象，而且能维持成为上述各种公理基础的论题，那么他有与 **ZFC** 一样强力的理论。这实质上就是在这个接合点决定使用肯定前件还是否定后件。假设新逻辑主义者把"坏的"清楚表达为像"不定可扩充"的某物，而且成功证实 **ZFC** 的公理。我们有成为纯粹集的性质是坏的由此是不定可扩充的。这建议另一个公理，其有着进一步的本体论后承：

> 反射：令 Φ 是二阶集合论语言中的任意语句，其在纯粹集的"总体性"上成立。那么存在好性质 P 使得 Φ 成立当量词被限制到 P。

这个模式有时也被称为"充裕原则"（principle of plentitude）。想法是迭代层级——纯粹集的"总体性"——是如此不定以致它是不可能唯一地描绘它。对迭代层级为真的任意语句在某个集合中是真的。像这个的某物似乎成为策梅洛（1930）的基础。在其 Φ 是一阶的反射实例自身是 **ZFC** 的定理。然而，高阶实例有着关于迭代层级"尺寸"的后承。由于二阶 **ZFC** 是有限可公理化的，反射蕴含存在满足二阶 **ZFC** 公理的集合 s。令 c 是 s 中的基数收集。根据分离，c 是一个集合。由于幂集在 s 中成立，c 是大于它的任意元素的幂集的。由丁替换在 s 中成立，c 中没有基数在 c 中是共尾的。

因此，c 是强不可达的。也就是，二阶 **ZFC** 加反射蕴含成为强不可达的性质自身是坏的——强不可达的"总体性"太大以致无法成为一个集合。这仅仅是一个开始。反射的后承包括许多所谓的"小的大基数"的存在性,诸如马洛基数而超—马洛基数。反射是等价于利维的"强无穷公理"中的一个(利维 1960a,1960b;夏皮罗 1987;1991)。总而言之,有关不定可扩充性范围的事物是完全开放的。有些传说,比如达米特也许还有莱布尼兹,坚持只有有限总体性是限定的。其他人坚持存在不可估量大的限定总体性——至少对把马洛基数认为小的大基数有麻烦的那些人来说。我们不知道新逻辑主义者应该指向这个连续统的哪个地方,但 ZFC 的邻域中的理论需要保持与达米特—莱布尼兹终端的距离。

第六节　抽象原则、认识无罪与富有窘境异议

富有窘境异议说的是存在多个协调的但两两不协调的抽象原则。与之相关的是由布劳斯、达米特和菲尔德提出的良莠不齐异议,它说的是休谟原则形式上非常类似于体现在弗雷格的第五公理中的朴素类规则。如果休谟原则是分析的,那么第五公理也是分析的。但由于第五公理是不协调的,它不能是分析的。因此休谟原则也不是分析的,任意类似的抽象原则也不是分析的。触发富有窘境异议的抽象原则是由赫克提出的。在赫克和法恩工作的基础上,韦尔给出析取化第五公理并称之为分散原则。由此导致的集合论体现的是大小限制原则,而这是限制朴素集合论和避免悖论的方法。然而,赫克问题再次出现,也就是存在不相容的分散原则。新弗雷格主义者需要区分各种分散原则。

进一步的约束在于这些原则不仅是证明论协调的而且在标准全二阶模型中是可满足的。但这里也容易产生每个是满足的但不相容的原则。除了协调性,我们尝试其他的可接受标准。首先考虑的是保守性。这条标准来自菲尔德与新弗雷格主义者的长期论证。韦尔在双方论证的基础上总结出了菲尔德保守性原则和恺撒—中立保守性原则。两者的区别在于相对化的对象的差异。菲尔德保守性相对化

的是非数学理论,而恺撒—中立保守性相对化的是经验理论。其次考虑的是无界性。无界性与保守性的关系在于所有无界原则都是保守的。然而我们还是继续找到无界的但两两不可满足的原则。也就是无界性也会声称富有窘境异议。对保守性的进一步改进在于加入适度性,从而与反射原则联系起来,这就是适度反射原则。

从它得到的结果在于每个好的单元性质的逻辑分散原则都是适度反射的。根据怀特和法恩,存在保守的且与任意其他保守抽象相容的抽象原则。我们把这样的抽象原则称为和平的。与之相关的抽象原则是稳定的。我们得到的一个重要结果就是稳定抽象是和平抽象。但从稳定抽象出发我们得不到集合论,也无法在科学中应用它。这告诉我们的是稳定性不可能成为抽象原则可接受性的必要条件。有了这么多抽象原则标准,那么我们如何认识它们呢?我们需要把抽象原则的可接受性与认识无罪性联系起来。这里同样会出现富有窘境异议。尽管新逻辑主义纲领遭遇到各种困难,但不能否认的是它在很多方面取得了成功。而且我们还可以对新逻辑主义纲领进行修正。激进的方式有普里斯特和韦尔,而温和的方式有帕森斯和赫克。

1. 抽象原则的无罪性或者有罪性

二十世纪八十年代和九十年代这二十年出现了对逻辑主义兴趣的复活,不是重塑为数学是逻辑的学说,而是作为数学真性有着像被逻辑主义者指派它们地位的某物。新逻辑主义者的论点是数学真性是可知的,这里它们既不得自某种神秘的直接直觉形式也不得自经由它们促成的科学理论的间接的和整体样式的经验证实。宁可数学知识仅仅在对基础数学和逻辑概念理解的基础上出现,这些是捕获数学真性的任何人有的东西。这个观点可能被解释为说的是数学真性是分析的,凭借意义是真的,类似地基本的数学推理规则是意义构成的(meaning-constitutive)。由于分析性概念在某些领域仍是受嫌疑的,对新逻辑主义者更广泛的可接受目标可能要尝试构建数学公理是隐定义，因为这不向人们承诺分析性概念；这确实是近期工作所从事的方向。有"像被逻辑主义者指派它们地位的某物"是一个模糊的概念，新逻辑主义者需要澄清它如果他们的观点要被全面评估的话。

但我们认为它是足够清楚从而继续下去。尤其，如果它能构建数学真性是通过不同于由新康德柏拉图主义者（the neo-Kantian platonists）或者由奎因经验论者（Quinean empiricists）所提议的过程而可知的，这个过程的材料实质上只包含诉诸对数学语言的捕获，那么这会构成数学认识论（the epistemology of mathematics）中的重要进展。它会构建数学的"认知无罪"（epistemic innocence）。所以接下来我们将假设"认知无罪"的观念对与新逻辑主义者要发生的富有成效的辩论是足够清楚的，而注意到新逻辑主义者亏欠更广阔的哲学共同体对它相当于什么的全面描述。这个纲领的主要支持者，诸如怀特和黑尔这样的哲学家，认为他们是继续和发展由弗雷格所创始的纲领由此把这个纲领描绘为新弗雷格主义（neo-Fregean）或者新逻辑主义（neologicist）。

新弗雷格主义者也想支撑弗雷格的柏拉图主义，至少在主张纯粹数学中的真性与经验科学中的真性一样客观的程度，不管人们如何希望在科学中分析客观性概念。此外，他们拒绝数学中任意形式的相对主义。他们也拒绝存在不同集合论数学定域多数性的观念，或者集合、数和范畴等不同定域，其不能全都积聚到当个的巨大论域（megauniverse）。明显地，新弗雷格主义的立场对同情下述传统观点的任何人都是高度吸引人的，即数学是先天可知的客观真性系统，但他对被引出反对柏拉图主义数学的通常认识论问题也是敏感的，最突出的迷惑与我们如何能获得因果惰性抽象对象世界的知识相关。但对数学语言的捕获如何能产生关于丰富的独立于我们的语言或者概念系统存在的抽象实体领域存在性的知识？为试图解释这个问题，新弗雷格主义者聚焦于抽象原则。抽象原则是形式为下述的原则：

$$\alpha x(\varphi x) = \alpha x(\psi x) \leftrightarrow \Xi(\varphi, \psi)$$

这里 α 是某个项—形成变元—约束算子,其从开语句形成单项,而且 Ξ 是性质上的等价关系。一个关键的例子是休谟原则 HP:

$$\forall X \forall Y((nx\,Xx = nx\,Yx) \leftrightarrow X1{-}1Y)$$

有二阶语句 $X1{-}1Y$,其表达 Xs 和 Ys 间 $1{-}1$ 对应的存在性。新弗雷格主义复活的一个重要推动力是由怀特(1983)对被称为弗雷格定理东西的详细勾画——它说的是从二阶逻辑加休谟原则出发二阶算术的可推导性。例如,从这个原则出发人们能在标准二阶逻辑中推导,这个理论甚至强于通常的对二阶算术的皮亚诺—戴德金表述,尽管两者是等协调的。更高一般的新弗雷格主义目标,因这个结果而起,是要表明存在抽象原则 A 使得 A 加二阶逻辑产生所有数学真性,或者无论如何所有那些我们需要完成科学和元数学的真性。除了形式目标,新弗雷格主义者试图说服我们抽象原则 A 和二阶逻辑两者都是认识无罪的。兑现这个的一种方式是声称从 A 和二阶逻辑掌握数学结果 R 证明的任何人由此是处于知道 R 以有点像先天的方式是真的状态。这指的是我们的数学家必定能够先天地或者以某种认识无罪的方式知道 A 的真性,而且类似地以某种无罪的方式知道公理的真性和在推导中所使用的推理规则的可靠性。

正是伴随抽象原则以及当有人既主张它们是客观真的且它们是认识无罪出现的问题才是我们所关心的。当然存在新弗雷格主义面对的大量其他挑战,例如,反安瑟伦主义者(anti-Anselmian)坚决主张人们不能先天地证明客观的存在性声称,或者表明在弗雷格定理的推导中和在任意更强的数学结果中所使用的标准二阶逻辑是认识无罪真性系统的挑战。因为这个逻辑是经典的"非自由"逻辑,其包括全非直谓概括公理模式由此二阶量词被解释为包括在它们范围中的是个体定域的每个子集 S,或者包括每个如此外延的性质。然而,这里我们单单聚焦于新弗雷格主义者诉诸的抽象原则的无罪或者有罪(innocence or guilt)。

我们这个单节的结构如下。第 2 小节陈述我们将关注的主要异议，即富有窘境即 ER 异议，而第 3 小节着眼于怀特的第一个主要回应，诉诸于保守性原则。第 4 小节表明这个回应是不充分的而第 5 小节考虑怀特勾画的一对额外的标准，争论说它们也不是充分的。第 6 小节我们发展出第三个概念进入更强的标准，即稳定性，其似乎为新弗雷格主义者提供最好的希望，而他们为富有窘境异议提供答案。在第 7 小节我们争论说 ER 异议在元理论层次重现。在最后的第 8 小节，我们争论说这表明全新弗雷格主义纲领是有致命缺陷的但可能存在不那么"弗雷格主义"的变体能救活这些异议。

2. 分散原则生成富有窘境

由于我们的精力集中在抽象原则，而不是逻辑，出于当前论证的目的我们将假设先天的存在性证明不能被排斥在外，存在分析的或者意义—构成的，或者更为广泛地也许认识无罪的原则或者规则而且如此原则和规则的系统包括标准二阶逻辑。富有窘境异议意思是比所有在一起为真的更多原则能通过新弗雷格主义方法得以确认。通过以相关的怀特称为"良莠不齐"即 BC 异议的一个开始，这是由布劳斯、达米特和菲尔德提出的，我们从而引入 ER 异议：BC 异议是休谟原则在形式上非常类似于素朴类规则，以一种形式被体现在弗雷格臭名昭著的第五公理中：

$$\forall X \forall Y(\{x : Xx\} = \{x : Yx\} \leftrightarrow \forall z(Xz \leftrightarrow Yz))。$$

如果前者是分析的，那么后者也是分析的。但由于后者是不协调的，它不能是分析的，因此休谟原则也不是分析的，任意类似的抽象原则也不是分析的。按照实际情况来说，这个良莠不齐异议不都是那么强的。一个可能的回应是否认第五公理是不协调的，或者至少否认第五公理理论是平凡的。这会涉及对经典逻辑相当广泛的限制：第五公理不仅在直觉主义逻辑中是不协调的而且在诸如 T 或者 RWX 的相干逻辑中也是不协调的,这些弱于著名的 E 和 R。然而,使用非经典逻辑的一个共同策略是如此设置运算规则和结构规则间的分割以致给定经典结构规则运算规则产生经典逻辑,然后仅仅在特殊情况中通过允许经典结构规则阻止自相矛盾。确实,通过容纳拒绝康托尔幂集定理到有趣抽象理论的可应用性的可能性,怀特对某些相当非正统思路表达同情,康托尔自己认为这个定理不应用到"不协调多重性"。尽管如此,把纯粹的第五公理接受为真的是要接受的非常激进的回应。但人们不需要如此激进以便有效地回应良莠不齐。

因为即使人们接受第五公理是平凡地不协调的,把有着相同总体结构的抽象原则谈论为休谟原则,这仍不对新弗雷格主义不利。新弗雷格主义者仅仅通过把协调性规定为认识无罪的标准能否认第五公理是认识无罪的,以致仍断言休谟原则是无罪的。由于隐藏的不协调性能潜伏在许多其他的抽象原则,那么新弗雷格主义将必须让步说分析性或者认知无罪不是纯粹的形式上的事情,也不是可判定的一个。但这是出于独立的根据要采纳的可行立场:在这个意义上,分析规则对遵循它们的那些人不需要是显然可分析的(transparently analytic)。毕竟,新弗雷格主义者想主张不定多个目前未决定的数学论题是先天为真的,即使它可能带来一个精灵想出对它们中的某个的证明。然而,存在一个相关的但更强的要点:存在不定多个协调的两两不协调的抽象原则。如果所有协调的分析原则都是分析的,那么两个如此的原则也是分析的且想必是真的而这是荒谬的(法恩,1998)。这种风格的异议就是我们通过富有窘境 ER 异议所意指的东西。这个要点是由赫克(1992)利用下述形式的抽象原则提出的:

$$\forall X \forall Y(\alpha x Xx = \alpha x Yx \leftrightarrow (P \lor \forall x(Xx \leftrightarrow Yx)))$$

这里 P 不包含 α 抽象算子的出现。这个原则是可满足的当且仅当 P 是可满足的。因此对 P 的不相容值,例如,P_0 = 论域大小是 $\aleph_0$ 对比 P_1 = 论域大小是 $\aleph_1$,我们得到可满足的但不相容的原则,确实是可证明的不相容原则，如同刚刚给定的两个例子中的那样，这里我们有两个原则 P_i，P_j 使得 P_i，$P_j \vdash \bot$。接下来有特殊趣味的情况出现当 P 取形式 $Bad(X) \& Bad(Y)$，这里坏性是对其等数性是一个全等性质的二阶性质，即基数性质（a cardinality property）。那么我们得到下述形式的第五公理的析取一般化：

$$\forall X \forall Y(\{x:Xx\} = \{x:Yx\} \leftrightarrow ((Bad(X) \& Bad(Y)) \vee \forall x(Xx \leftrightarrow Yx))).$$

我们将把这种类型的析取化第五公理原则称为分散原则。例如，作为坏性的实例我们能选择有限、无穷、不可数无穷，或者大性（Big），这里性质是大的当且仅当从它到整个论域的函数。后一个版本事实上是布劳斯的新五且分散原则的观念仅仅是他的概念的一般化。模式性的"坏性"进一步的实例化包括诸如成为尺寸至少为 $\aleph_n$ 的性质，或者至少 $\beth_n$，或者至少 θ_n，这里 θ_n 是第 n 个不可达基数，n 是有限的。我们也能在坏性上设置精确的基数界限，例如，可数无穷或者恰好 $\aleph_n / \beth_n /$ θ_n，或者弱化这些子句到至多 $\aleph_n / \beth_n / \theta_n$ 如此等等。所有这些概念以及更多在二阶逻辑中是可定义的。其所导致的集合论是有趣的在于它们体现的是大小限制原则，被广泛视作限制素朴集合论且避免悖论的非—专设（non-ad hoc）方法。如果两个性质尺寸相同那么或者两个都是坏的，或者两者都是好的。把集合定义为好性质的外延：

$$Sx \text{ 当且仅当 } \exists X(Good(X) \& x = \{x:Xx\}).$$

那么使用通过下述 $\in$ 的定义

$$x \in y \text{ 当且仅当 } \exists X(y = \{x:Xx\} \& Xx),$$

容易从问题中的抽象原则证明集合的概括原则：

$$\forall X(Good\,X \to \forall x(x \in \{x:Xx\} \leftrightarrow Xx)),$$

而且推出如果 X 的外延是一个集合且 X 与 Y 是等数的，那么 Y 也确定一个集合作为它的外延。然而赫克难题甚至出现在特殊情况中——存在不相容的分散原则。尤其，令 φ 和 ψ 是基数性质，它们是：

(a) 可证明不相容的在于 $\vdash \sim \exists X(\varphi(X) \& \psi(X))$，而且

(b) 使得两者都是可证明性质，对其等数性是一个全等，也就是，$\vdash \forall X, Y((\varphi X \& X1-1Y) \rightarrow \varphi Y)$，对 ψ 情况类似。

满足(a)和(b)两者的一对性质的例子是"恰好尺寸为 $\aleph_0$"和"至少尺寸为 $\aleph_1$"这一对。然后考虑两个分散原则 D_1，在其坏性质是 $Bad_1 = (Big \& \varphi)$，和 D_2，在其 $Bad_2 = (Big \& \psi)$，φ 和 ψ 如同(a)和(b)中的那样。

定理 2.1 D_1，$D_2 \vdash \bot$。

证明：首先注意对任意的分散原则 D_i 我们有 $\exists X(Bad_i(X))$ 对出现在原则中的坏性质。使用归谬法进行论证：若非原则坍塌为第五公理。所以根据存在实例化，或者根据存在消除假设，从 D_1 和 D_2 可推导的两个如此存在一般化出发，我们有

(1) $\vdash Big(F) \& \varphi(F) \& Big(G) \& \psi(G)$。

从(1)根据函数复合我们得到 $\vdash F1-1G$，因此，再次从(1)连同上述的性质(b)我们得到，$\vdash \varphi(F) \& \psi(F)$，而这同上述的(a)相矛盾。∎

所以新弗雷格主义者需要在诸分散原则中间进一步辨别。一个进一步的约束可能是如此的原则必须不仅是证明论协调的（prooftheoretically consistent），也就是，我们没有 $D \vdash \bot$ 对分散原则 D，而且在全标准二阶模型中是可满足的。但这里再次容易给出不相容原则，它们中的每个是可满足的，例如，有坏性作为戴德金有限的 D^{Fin} 对比有坏性作为戴德金无穷的 D^{Inf}。这两个原则都有模型。因为分散原则模型存在当且仅当我们能把好性质类双射到个体定域 D_0 的真子集 Ss，范围成为好类或者集合；我们把所有坏性质映射到坏家伙，一个哑

的真类对象,即♠∈D_0−Ss。为简单起见且不承诺唯名论形而上学,我们将把个体定域 D 上的性质等同于 D 的子集。

在各种假设上,我们能找到上述给定的坏性所有变体的模型。直接表明的是所有且仅有非空的有限模型满足作为有限的坏性,尽管这些模型是一种退化的情况,在其不存在集合,没有好类,且所有性质都被映射到一个哑的对象♠。使用 **ZFC** 我们能表明作为无穷个的坏性在所有且仅有的无穷基数中有着模型,因为基数为 $\aleph_a$ 的论域的好的,也就是有限的子集数量恰好是 $\aleph_a$。所以我们选择 D_0 的 $\aleph_a$—尺寸的真子集,把所有有限性质双射到它而且把剩余的双射到♠∈D_0−Ss。但无疑没有标准的模型能同时满足这两个原则。而且当然存在只在无穷模型中成立的其他抽象原则,由此与 D^{Fin} 是不相容的,比如,在布劳斯的新五中坏的就是大的。这在 $\aleph_0$ 处有模型且在所有几乎强的不可达基数处也有模型,如果我们把如此基数存在的假设加入到 **ZFC**。

定理 2.2　几乎强不可达基数 θ 的集合 S 的较小子集的数量恰好是 θ。

证明: 我们能考虑基数 θ 自身而非 S。由于 θ 是正则的,θ 的每个小子集也是某个 λ<θ 的子集。每个如此的 λ 至多存在 $2^λ≤θ$ 个子集而且恰好存在 θ 个如此的基数 λ。因此存在 θ 的至多 θ×θ=θ 个小子集,而且明显至少存在那么多个。■

所以这次我们选择个体定域的 θ—尺寸的真子集而且把基数为 <θ 的性质双射到它并且把剩余的双射到哑真类。通过类似的技术,**ZFC** 加不可达公理证明以坏性作为"不可达",坏性作为"至少或者恰好第 n 个不可达尺寸"如此等等的抽象原则模型的存在性。这些模型是有趣的,因为 Ss 成为具有不可达的尺寸,我们得到似 **ZF** 的理论。一般我们得不到选择公理但我们确实为坏性的某些实例化得到它,例如,作为"恰好尺寸为 α"或者用坏性=大性如同新五中的分散原则那

472

样。我们得不到基础公理。为看到这一点,在 **ZFC** 中工作把 Ss 分割为两个不交的 θ—尺寸集合 S$_1$ 和 S$_2$ 使得从性质到个体的双射把$\{\alpha\}$映射到 α,对所有 α∈S$_1$ 而且把余下的小性质映射到 S$_2$。那么将存在 Ss 的大性的、全尺寸子定域,在其每个元素是等于它的单元集;也就是,在对变元的指派中在其 α 被指派到 y,项$\{x:x=y\}$自身被指派 α 由于 $\lambda x(x=y)$是被$\{\alpha\}$解释的。但是我们能由下述定义良基类(the well-founded classes):

$$\text{WC}x\equiv_{def}\forall X((X\varnothing\&\forall y(\forall z(z\in y\rightarrow Xz)\rightarrow Xy))\rightarrow Xx)$$

也就是在属于关系运算下从空集来的归纳闭包,而且从这个证明 WC 类形成良基层级。所以在这些以坏性作为恰好第 n 个不可达的理论中,通过限制到良基集我们能得到 **ZFC**。总体上看,分散原则类产生丰富且有趣的理论集,这是抽象原则的重要子类。新弗雷格主义的问题正好在于它是太丰富的,以致我们有富有的窘境。甚至在相当弱的假设上,存在不相容的分散原则,例如作为有限的坏性对比作为无穷的坏性,使得两者都是可满足的;如果两者能以认识无罪的方式被认识,那么它们两者必定是真的,而这是荒谬的。对赫克的协调但两两不协调抽象例子的评论后,布劳斯立即断言:

> 他的文章在我看来耗尽下述观念,即像休谟原则或者第五基本定律这样的"语境定义"一般有任意特许的逻辑地位(布劳斯 1998,第 231 页)。

3. 菲尔德保守性原则、恺撒—中立保守性原则与富有窘境异议

然而,怀特不接受赫克"耗尽"上述观念。他考虑像 D^{Fin} 这样的原则只在有限模型中是真的但他发现休谟原则与如此原则的不相容性不比所有抽象原则有的与第五公理的形式相似性更令人担心。但给

定两个原则的可满足性，这个态度能被证实吗？我们这里没有一对原则每个有相同的头衔以被分类为认识无罪的但使得至少一个必定是假的。当然新弗雷格主义者不能从 D^{Fin} 拒绝分析或者无罪的头衔，由于经由与数学对象世界的直观熟识他们知道这个世界，因此作为整体的论域，是无穷的。他们也不能排除 D^{Fin} 由于作为经验科学的基础它似乎是无效果的。如果诉诸直觉或者实际效用是被允许决定哪些抽象原则是合法的且哪些不是，那么新弗雷格主义者对康德主义数学认识论或者奎因不然普特南经验主义认识论没有原则性异议；而且如果经验主义认识论的这种类型是可接受的，那么使用抽象原则，而非诸如 **ZFC** 的公理系统在数学的发展中大部分会是品味或者便利的问题。

在这个联系中我们必定记得数学相对于逻辑不是中立的，无论如何相对于二阶逻辑不是中立的。因此 CH⊨⊥ 对集合论地定义⊨和对相信连续统假设的二阶表述 CH 是假的任何人成立。类似地这个蕴涵对主张 CH 为真的那些人无效。对于前一个理论者，连续统假设在语义意义上不是逻辑可能性，这里这个有点模糊的概念是模型论地被精确化的。它不是逻辑可能性由于在其连续统假设成立的集合论宇宙根据这种观点是数学上不可用的，因此推测起来是数学上不可能的，尽管连续统假设成立的陈述是证明论地协调的（consistent proof-theoretically），当 **ZF** 是证明论协调的，给定标准的有限主义证明概念的话。类似地 WO⊨⊥ 对接受 WO 的柏拉图主义者无效，而对接受决策公理的任意柏拉图主义者成立，其蕴含良序公理 WO 的假性，如此等等。

对于后一个理论者来说，数学排除表示 WO 逻辑可能性结构的存在性。由于逻辑后承是如此丰富且结构复杂的概念，不可避免的是超越盲目接受某个原始规则系统的任意立场将必须在对逻辑系统性质的研究中使用数学，不管目前受支持还是不受支持。就逻辑而言，不能存在中立的、不结盟的数学。此外，数学与逻辑一样基础——对新弗雷格主义者而言。说逻辑诸原则比数学诸原则可应用到项—形成而非语句算子是更意义—构成的、更分析的和更认识无罪的似乎不大讲得通。那么新弗雷格主义者如何排除规定所有结构,因此所有经验结构,必须是有限的?为什么这是不合法的,当要求不用证明论不协调性规定的其他数学不可能"结构"被忽视是合法的?

然而,怀特对诸如 D^{Fin} 主义的抽象原则和抽象原则的整个范围有着一般的和原则性的异议,在其坏性取形式"尺寸恰好为 α"或者"尺寸至多为 β"。如此的原则是非保守的因为它们在全个体论域的尺寸上放置上界由此在可接受经验理论范围上放置上界,而且这是没有真正的数学理论能完成的某物,假定数学是先天的话。所以对 D^{Fin} 的有效异议不是说它对经验科学是无用的而是它有这没有理论能有的性质,甚至不是在现实世界中碰巧为经验上富有成果的理论,当它是一个真正的数学理论。这是怀特对 ER 异议的主要回应。为评估这个回应我们必须更紧密地考虑保守性。上述的表述太松散:数学确实在可接受经验理论上设置约束,例如,它排除表达时空区域数量既是连续统一尺寸的又是 $\aleph_0$ 尺寸的理论。

宁可想法是数学理论应该与任意的自然可能性是相容的;否则我们需要后天地知道物理世界在一种可能的与数学不协调的方式中不是有结构的,以便表明数学实际上是真的。而且这会与数学真性的先天地位冲突。因此把真数学理论加到经验理论 T 应该能使我们证明比已从 T 推出的那些更多的物理猜想。如果 T 不蕴涵 C,如果存在 T 为真且 C 为假的可能性,那么数学不应该与这种可能性冲突。所以类似应该存在 T 连同任意的数学真性体成立然而 C 仍为假的可能性。那么,也许如果我们只承认保守抽象原则,那么如此的保守原则集将是协调集而且我们将打破每个敌对的协调而两两不协调抽象原则对中的至少一个。存在许多的自然方式描绘上述的保守性概念,它们所有都通过某些公式使用合式公式的相对化。令 P^A 表示在合式公式 P 中通过自由个体变元公式 Ax 限制量词的结果。例如,

1. $P^A = P$ 对原子 P；

2. 相对化变元在语句算子上分配；而且

3. (a) $(\forall y\varphi)^A = \forall y(Ay \rightarrow \varphi^A)$；

   (b) $(\exists y\varphi)^A = \exists y(Ay \& \varphi^A)$；

   (c) $(\forall X\varphi)^A = \forall X(\forall y(Xy \rightarrow Ay) \rightarrow \varphi^A)$；

   (d) $(\exists X\varphi)^A = \exists X(\forall y(Xy \rightarrow Ay) \& \varphi^A)$。

在紧跟着的对保守性的讨论中，我们假设从语句 $\mathcal{L}$ 开始，通过加入类抽象把其扩大到 $\mathcal{L}^+$——例如，$\mathcal{L}^+$ 是在下述运算下封闭的，即把类括弧应用到合式公式 φx 以形成新的单项 $\{x : \varphi x\}$。由于我们将考虑抽象原则，其产生类理论足以定义服从有序对定律的有序对，

$$(\langle x, y\rangle = \langle w, z\rangle \leftrightarrow (x = w \& y = z)),$$

我们只能考虑一元二阶逻辑（monadic second-order logic），有关系被表示为有序对的性质。也许保守性原则最自然的形式是由菲尔德所利用的类型。他的标准的句法版本是：

> 令 T 是 $\mathcal{L}$ 中的理论且 A 是 $\mathcal{L}^+$ 中的抽象主义理论。T，A 不需要是协调的。令 $\sim Mx$ 是 $\sim \exists X(x = \{x : Xx\})$ 以致 Mx 的外延由理论 A 的抽象组成。那么如果 $T^{\sim M}$，$A \vdash C^{\sim M}$，那么 $T \vdash C$。

因此我们把理论和后承相对化到 $\sim Ms$，也就是非数学的、具体的子宇宙。用 $\models$ 取代 $\vdash$ 而且我们得到菲尔德标准的语义版本。然而，怀特最初利用下述的保守性原则：

> 令 θ 是任意理论，以其 Σ 是协调的。那么 Σ 相对于 θ 是保守的恰好假使，对在 θ 语言中可表达的任意 T，$\theta \bigcup \{\Sigma\}$ 蕴含 T 的 Σ——限制仅当 θ 蕴含 T（怀特 1997，第 297 页，第 49 个脚注）。

在预期解释中 Σ—受限公式把一阶量词限制到个体定域的元素,其不是抽象项的指称。然而,令 θ 是

> 如果存在无穷性质那么克林顿不是一个通奸者。

休谟原则加 θ 演绎地因此也语义地蕴含克林顿不是一个通奸者但 θ 不演绎地或者语义地蕴含克林顿不是一个通奸者,即使克林顿自己认为"克林顿不是一个通奸者"仅仅凭借意义是真的。而且"克林顿不是一个通奸者"是"克林顿不是一个通奸者"的 Σ—限制。因此甚至休谟原则的有限版本,在其初始二阶全称量词被限制到有限性质,根据怀特标准不是保守的。对有限休谟来说,像 HP 那样,也蕴含在一阶量词定域中存在无穷多个个体。处于这种理由,怀特放弃他初始的保守性概念转而支持菲尔德类型的标准。我们将考虑进一步的保守性原则群组,其通过令限制谓词是简单的意愿谓词 Ex 而出现。那么标准是与菲尔德的是一样的,除了我们相对化到 E 而非 $\sim\exists X(x=\{x:Xx\})$,以致 $\mathcal{L}^+$ 抽象主义理论 A 是保守的当且仅当 T^E, $A \vdash C^E$ 仅当 $T \vdash C$。

这里主要的想法是 E 挑出经验项或者物理项,且受限制二阶量词管辖物理项的性质或者集合,但我们关于不管是否数学项是物理世界的一部分仍保持中立。因此,上述有 T 作为我们的经验理论,$T^{\sim M}$ 把最初的物理结构嵌入一个子结构,与满足数学理论的子结构不交,但 T^E 既与重叠的相容也与不交的相容。我们把这种类型的原则称为恺撒—中立的(Caesar-neutral)由于如此原则同等好地应用不管是否数学抽象与经验项必然不交。但也注意 $\mathcal{L}$ 可能已经包含数学语言,可能包含某些抽象算子,比如说数值算子,而且在 $\mathcal{L}^+$ 中我们引入新的一个,比如集合论算子。这里再次恺撒—中立原则似乎是合理的由于它允许我们成为中立的,关于不管是否新抽象与老抽象重叠;是否某些数也是集合。

如同上述引入的那样,这两条保守性原则,菲尔德和恺撒—中立,自身到达两个子品牌——句法和语义。我们有更喜欢一个而不是另

一个的根据吗？当然对新弗雷格主义者不舒服的是诉诸作为纲领一部分的语义后承被设计以表明数学是分析的。因为弗雷格的最初观念是数学应该是从逻辑加上某些定义是可证明的，并非它应该是它的语义后承。此外，最近更多的合法化分析性概念的尝试诉诸诸如意义—构成推理规则这样的观念，所以似乎在分析性概念与证明和推导概念间存在紧密的联系。另一方面，除非人们准备接受无限证明是与有着 $10^{10^{300}}$ 步证明一样合法的实际推理实践理想化，那么证明必须满足哥德尔主义证明中的限制。在这种情况下，利用证明论蕴含概念的新弗雷格主义者必须放弃分析真数学的完备性。

保守性句法概念的进一步问题在于它是严重依赖证明架构的；在某些证明系统上甚至逻辑不是句法保守的。因此在标准的自然演绎系统中，把否定规则加入到命题逻辑的→片段在旧语言中产生新的定理，比如，皮尔士律——$(((P{\rightarrow}Q){\rightarrow}P){\rightarrow}P)$——而在其他的，例如，根岑的 LK，否定规则相对于免否定片段是保守的。但我们不想什么是保守的概念，如果哪些数学原则是真或假的问题要取决于它们，要依赖诸如特殊证明架构洁净度这样的美感质素。此外，对在恺撒—中立形式变体中句法地被定义的保守性甚至存在更麻烦的前景。为简单起见，暂时只考虑二阶抽象。假设我们加到这个语言的不仅有简单的一阶谓词 E，我们把其设想为挑出经验定域，而且也有二阶谓词 F，我们用其还进一步相对化二阶量词如下：

$$(\forall X\varphi)^{E,\,F} = \forall X(\forall y(Xy{\rightarrow}Ey)\,\&\,F(X)){\rightarrow}\varphi^{E,\,F});$$
$$(\exists X\varphi)^{E,\,F} = \exists X(\forall y(Xy{\rightarrow}Ey)\,\&\,F(X))\,\&\,\varphi^{E,\,F}).$$

对新弗雷格主义者来说似乎几乎没有理由反对把一阶谓词当作主目的二阶谓词。毕竟，抽象算子是把一阶谓词当作主目的二阶函数表达式。这个修改恺撒—中立标准的动机是要容纳相信并非所有谓词代表真正性质的那些人。例如，许多科学实在论者不相信所有外延都决定一个性质；只有某些是"在接头分割"真正自然种类的外延。那么，如果我们把 F 认作在预期解释中挑出真正的性质，那么在相对化理论 T——在由引入抽象算子所扩充的语言中——到 $T^{E,F}$ 的过程中我们正确保 $T^{E,F}$ 中的量词只管辖最初的经验定域和这个定域中项的经验性质。因此我们应该期望抽象原则在这里也成为保守的。它们应该不能够使我们证明关于最初经验定域的任何事物或者这个定域中的经验性质，我们不能已证明它在我们增加这个原则前。如果我们句法地解释这个保守性原则，我们得到：

如果 $T^{E,F}$, $A \vdash C^{E,F}$ 那么 $T \vdash C$，E 且 F 如同上述。这里 T，C 都是 $\mathcal{L}$ 的合式公式。

定理 3.1 对某个给定的无穷基数 α，在尺寸为 α 的所有定域中成立的任意原则在修正恺撒—中立标准上是句法保守的。

证明： 假设 $\sim[T \vdash C]$；因此根据亨钦完备性和亨钦模型的勒文海姆—斯科伦定理，存在可数的亨钦模型 H 满足概括公理模式的每个实例，有可数个体定域 d，可数性质定域 D，D 为 d 的子集集，使得 $\vDash_H T$，$\sim C$。假设原则 A 在尺寸为 α 的所有定域中是真的，对某个无穷 α。把足够个体加入到 d 以得到尺寸为 α 的定域 d^* 且把谓词定域扩大到全二阶定域 $P(d^*)$。A 在新模型 H^* 中是真的，在其我们从最初语言解释所有常项正如它们在 H 中被解释那样。现在恰好因为存在满足 T，$\sim C$ 的亨钦模型，推不出存在满足它的全二阶模型。但我们关心的是 $T^{E,F}$，$\sim C^{E,F}$。令 H^* 中 E 的外延是 d 且 F 的外延是 D 使得在 $T^{E,F}$，$\sim C^{E,F}$ 中一阶量词被相对化以致它们管辖 d，二阶相对化量词管辖 D。那么合式公式上的归纳构建的是 $T^{E,F}$，$\sim C^{E,F}$ 中的每个合式公式在 H^* 中有着相同的值，相对于任意指派到 d 和 D 的元素的一阶和二阶自由变元，如同 T，$\sim C$ 中相应合式公式在 H 中有的那样。由此推断 $T^{E,F}$，$\sim C^{E,F}$ 中的每个合式公式在 H^* 中是真的当且仅当 T，～C 中相应合式公式在 H 中是真的。因此～[$T^{E, F}$，A ⊨ $C^{E, F}$]。因此根据可靠性～[$T^{E, F}$，A ⊢ $C^{E, F}$]。∎

因此尽管恺撒—中立标准是看上去非常合理的在有二阶谓词常项的语言中在数学原则 A 上放置的要求，在此意义上发现保守的但句法不相容原则是没有问题的，例如，以坏性作为恰好 $\aleph_0$ 的分散原则对比以坏性作为至少 $\aleph_1$ 的分散原则。

4. 无界原则与富有窘境异议

所以接下来我们将聚焦于语义保守性，删除限定词"语义"除非希望与句法保守性比较。现在我们列出某些适当的结果。

定理 4.1　休谟原则在菲尔德和恺撒—中立的意义上即纯粹 **ZFC** 中是保守的。

这里指向纯粹 **ZFC** 的意义在于假设我们元语言中的 **ZFC**，我们能证明休谟原则在菲尔德和恺撒—中立的意义上是保守的。当然这正符合新弗雷格主义者的意思。使用无界抽象原则概念我们能得到更一般的结果，把这个定义为一个原则使得对每个基数 κ，存在更大的基数 λ 使得这个原则在基数为 λ 的所有定域中是可满足的。

定理 4.2　所有无界原则在菲尔德和恺撒—中立两者的意义上即 **ZFC** 中是保守的。

定理 4.1 的证明：假设～[T ⊢ C]。那么存在基数为 κ 全集合模型 M，在其所有的 T 都是真的且 C 是假的。把 M 扩大到 M^*，通过把 $\aleph_\alpha$—尺寸的新元素，这里 $\aleph_\alpha \geq \kappa$——诸数——集合 ℕ 加到 M 的个体定域 D_0 且取 $D_0^* = D_0 \cup ℕ$ 的全幂集 $P(D_0^*)$ 作为性质定域，在 M^* 中有所有非逻辑常项被指派相同解释如同在 M 中那样。$P(D_0^*)$ 中的每个集合

X 有一个基数 $card\ X$ 且这些基数的数量是基数为 γ 的数 β，$0\leqslant\gamma\leqslant$ $\aleph_\alpha$，且 $\beta\leqslant\aleph_\alpha$。因此通过函数 f 我们能把 $P(D_0^*)$ 中集合的基数映射到 $\mathbb{N}\subseteq D_0^*$，用 $f(card\ X)$ 解释 $nx\varphi x$ 这里 X 是 φx 的外延；这产生一个解释在其休谟原则在 M^* 中是真的。

由 $\exists X(x=nx(Xx))$ 定义 $\mathbb{N}x$ 以致 $\sim\mathbb{N}x$ 的外延是定域的非数集，因此是 D_0 的子集。把到自由变元的指派称为 M—指派当且仅当 σ 只把 D_0 的元素指派到个体自由变元且只把 $P(D_0)$ 的元素指派到谓词自由变元。那么在合式公式复杂度上的归纳证明构建的是对所有 $P\in\mathcal{L}$，$P^{\sim\mathbb{N}}$ 在模型 M^* 中根据 M—指派 σ 是满足的当且仅当 P 在 M 中由这个相同的指派是满足的。由此推断 $P^{\sim\mathbb{N}}$ 在 M^* 中是真的当且仅当 P 在 M 中是真的，因此 M^* 是蕴含 $[T^{\sim\mathbb{N}}, HP\vDash C^{\sim\mathbb{N}}]$ 的反例模型。这个论证的变体构建的是恺撒—中立标准的结果。■

这里将有用的是一般化超出二阶抽象到高阶情况。与其以简单类型论的基础语言开始，累积类型论将更好满足我们的目的。这里我们假设对每个有限阶我们有这个阶的谓词和变元而且一个原子 F(G) 是合式性的当且仅当 F 的阶大于 G 的阶。在这个语义学中，一个标准模型是一对 $\langle d, I\rangle$ 这里 d 是个体定域，第 0—阶变元的范围。这个模型的基数是 d 的基数。模型的第二个成分 I 是恰当定域中所有常项的解释。第 n—阶量词管辖第 n—阶定域。如上所述，我们将用一元谓词对付过去由于我们能引入有序对一旦我们有某个集合论。第 $n+1$—阶定域 D_{n+1} 是 $D_n\cup P(D_n)$，D_n 与它的幂集的并集。更一般地，在 $s\subseteq d$ 的地方，定义 $s_0=s$，$s_{n+1}=s_n\cup P(s_n)$ 且由 $\bigcup_{i\in\omega}s_i$ 定义通过 s 生成的累积层级。那么通过添加第 $i+1$—阶抽象算子累积类型论的这个语言 $\mathcal{L}_C$ 被扩大到语言 $\mathcal{L}^+$。我们把 $\mathcal{L}_C$ 认作层级的基础语言 $\mathcal{L}_0$。在 $\mathcal{L}_{n+1}$ 处我们把问题中的算子例如类括弧应用到 $\mathcal{L}_n$ 的 1—位开语句 $\varphi^{i+1}X^i$ 以得到 $\mathcal{L}_{n+1}$ 的新单项 $\{X^i:\varphi^{i+1}X^i\}_{i+1}$ 而且扩大原子集以包括这些。那么 $\mathcal{L}^+$ 是 $\bigcup_{i\in\omega}\mathcal{L}_i$。然后对这些类算子的解释将是它们表示从第 n—阶性质到个体的函数。因此 4—阶抽象将取下述形式：

481

$$\forall X^3 \forall Y^3 (\mathrm{o} x X^3 x = \mathrm{o} x Y^3 x \leftrightarrow \mathrm{E}(X^3, Y^3))$$

这里 E 是三阶谓词上的等价关系。在这个语义学中我们通过归纳表明解释凭借层次是稳定的(stable),在于一个合式公式相对于指派在所有在其他出现的子语言中有着相同的值;因此它能在 $\mathcal{L}^+$ 中被指派唯一的值。进一步的有用扩充是加入抽象量词(abstractor quantifiers)。第 $n+1$ 阶抽象算子是形式函数项,其取第 n—阶开语句作为自变量且产生单项作为输出。因此在语言的每个阶我们能在如此的项上加量词。在如此被加强的语言中,因此能出现诸如下述的语句:

$$\exists f^4 (\forall X^3 \forall Y^3 (f^4 X^3 = f^4 Y^3 \leftrightarrow \mathrm{E}(X^3, Y^3)))。$$

第 $n+1$ 阶抽象量词 f 的范围是从 D_n 到 D_0 的所有函数集。通过添加进一步的抽象算子我们能迭代这整个过程以生成语言 $\mathcal{L}^{++}$ 如此下去。为证明定理 4.2 我们需要把公式的相对化概念一般化到更复杂的语言。通过归纳定域元理论项 $\mathrm{A}^n[X]$,这里 X 是第 n—阶变元,根据

$$\mathrm{A}^1[X^1] \equiv_{def} \forall y (X^1 y \to \mathrm{A}y),$$
$$\mathrm{A}^{n+1}[X^{n+1}] \equiv_{def} \forall Y^n (X^{n+1} Y^n \to \mathrm{A}^n[Y^n]),$$

然后在 φ^{A} 的定义中把谓词量词化子句一般化到

$$(\forall X^n \varphi)^{\mathrm{A}} = \forall X^n (\mathrm{A}^n[X^n] \to \varphi^{\mathrm{A}}),$$
$$(\exists X^n \varphi)^{\mathrm{A}} = \exists X^n (\mathrm{A}^n[X^n] \& \varphi^{\mathrm{A}}),$$

对抽象量词化,加入下述

$$(\forall f^n \varphi)^{\mathrm{A}} = \forall f^n \forall X^n \forall y ((f^n X = y \to (\mathrm{A}^n[X^n] \to \mathrm{A}y)) \to \varphi^{\mathrm{A}}),$$
$$(\exists f^n \varphi)^{\mathrm{A}} = \exists f^n \forall X^n \forall y ((f^n X = y \to (\mathrm{A}^n[X^n] \to \mathrm{A}y)) \& \varphi^{\mathrm{A}})。$$

因此相对化抽象量词在函数上一般化,它们的范围也是 d_{A} 的元素,对累积层级中从 d 的子集 d_{A} 生成的其满足 A 的任意性质来说。现在我们能回到定理 4.2 的证明——所有无界原则在菲尔德和恺撒—中立两者的意义上都是保守的——在其我们正在考虑语言 $\mathcal{L}^+$ 中的任意阶

的抽象原则,其通过加入算子扩充 $\mathcal{L}$,其自身可能包含其他的抽象算子与其他的非逻辑名称和谓词。

证明:那么假设第 n—阶抽象原则 A 是无界的且 $\sim(T \vDash C)$ 这里 T, C 中的所有合式公式都属于 $\mathcal{L}$。令 M 是带有尺寸为 α 的个体定域 d 的蕴含的反例模型。由于 A 是无界的,它在某个基数 $\beta \geqslant \alpha$ 的所有模型中是真的。如果需要的话,扩大 M 的个体定域以创造新标准模型 M^* 的尺寸为 β 的定域 d^*。M^* 的解释函数 I^* 与 I 在所有名称和谓词常项上相一致。此外,$\mathcal{L}$ 中每个第 n—阶抽象算子是被解释的,正如它在 $\mathcal{L}$ 中那样,对来自 D_n 的输入。对 $D_n^* - D_n$ 的元素我们令所有算子映射到 d 中的某个虚拟对象。这意味着不同于 A 的抽象原则可能在 $\mathcal{L}^+$ 失效。然而,令 $|D_n^*|$ 是在 A 的右手边上由等价关系所影响的 D_n^* 的分割,这里 D_n^* 是 M^* 中第 n—阶谓词变元的范围。由于 A 在基数为 β 的所有模型中成立,存在从 $|D_n^*|$ 到 d^* 的函数 g。

用 g 解释 A 的抽象算子 $\{x : \varphi x\}$,A 在 M^* 是真的。在 $S \subseteq D_n^*$ 是 $\mathcal{L}_n$ 中 φx 的解释且 s 是对其 S 属于 $|D_n^*|$ 的元素的地方,我们在 $\mathcal{L}_{n+1}$ 中把 $g(s)$ 指派为 $\{x : \varphi x\}$ 的指称物且表明语义值是稳定的当我们通过层级。最后我们通过任意合式公式 P 复杂度上的归纳证明 P 在 M 中相对于 M—指派 σ 有着与 P^* 在 M^* 中有的相同的值,这里 P^* 是 P 的菲尔德或者恺撒—中立相对化。在恺撒—中立的情况下,我们指派 d 作为 Ex 的外延。M—赋值指派到每个变元的是从累积层级中由 d 生成的恰当阶的项。证明是定理 4.1 证明中类似阶段的相对直接一般化。例如,如果我们假设定理对 φx 成立且我们正在考虑个体全称量词化的归纳情况,那么对恺撒—中立标准我们论证如下,菲尔德情况的论证是类似的:

$\forall x \varphi x$ 在 M 中相对于 σ 是真的当且仅当

对所有 x—变体 M—指派 $\sigma[x/\alpha]$,φx 在 M 中相对于 $\sigma[x/\alpha]$ 是真的当且仅当

$\varphi^E x$ 在 M^* 中相对于 $\sigma[x/\alpha]$ 是真的,对所有 $\alpha \in d$ 当且仅当

$\forall x(\sim Mx \to \varphi^E x)$ 在 M^* 中相对于 σ 是真的,因为任意非——
M—指派 x—变体 $\sigma[x/\beta]$ 空满足 $Ex \to \varphi^E x$ 由于 β 不满足 Ex。

因此 P 在 M 中是真的当且仅当 P^* 在 M^* 中是真的以致 $\sim(T^*,$ $A \vDash C^*)$。∎

我们已看到至少存在某个无界抽象原则——休谟原则是其中一个——而且容易看到也存在无界分散原则,比如 D^{Inf} 这里坏性＝戴德金—无穷。但存在太多无界抽象原则吗? 答案是肯定的。比如,假设广义连续统假设 GCH 是真的。那么坏性作为"后继基数的尺寸"是在每个后继基数 $\aleph_{\alpha+1}$ 处满足的由于小子集的数量是 $\aleph_{\alpha+1}$——更不用说并非后继基数尺寸的子集数量是 $\leqslant \aleph_{\alpha+1}$。但通过类似推理有坏性作为"奇后继尺寸"的分散原则,这里奇后继指的是形式为 $\aleph_{\alpha+2n+1}$ 的基数,在所有奇后继基数处是真的;且类似地有坏性作为"偶后继基数尺寸"的分散原则在所有偶后继基数处是真的,假定 GCH 的话。这两条原则是无界的,因此是保守,但无疑在全标准模型中不是同时可满足的(法恩 1998,第 514 页)。

或者在背景元理论中放弃 GCH 但增加强不可达公理——对每个基数 κ 存在更大的强不可达——我们能表明取作为"在不可达序列中有后继尺寸"的坏性产生无界因此保守的分散原则,与取作为"在不可达序列中有极限的尺寸"的坏性不相容,尽管后者类似地是无界的。新弗雷格主义者很可能拒绝接受 GCH 的真性且可能不接受不可达公理,尽管后者在集合论者中间是广为接受的。但富有窘境在更弱的假设上出现。取任意谓词 φ 使得 φs 和非—φs 是无界的,也就是,φx 可能是"x 是一个后继基数"。存在无穷多个如此的谓词。下一步取任意"至少 κ"分散原则 D,也就是,在原则 D 中,坏性是"尺寸至少为 κ 的",其在任意高 φ 基数处成立且也在任意高非—φ 基数处成立。由于它是一条逻辑原则,那么 D 将在基数为 κ 的所有模型中成立当它在

484

至少一个中成立。"至少可数多个"将常常满足这些条件。现在考虑：

$D_1 : Bad_1(X) = X$ 尺寸至少是 κ 且存在某个 Y 有 $X \subseteq Y$ 使得 $card(Y)$ 是 φ 基数。

$D_2 : Bad_2(X) = X$ 尺寸至少是 κ 且存在某个 Y 有 $X \subseteq Y$ 使得 $card(Y)$ 是非—φ 基数。

定理 4.3 （ZFC）D_1 和 D_2 是无界的、两两不可满足原则。

证明：对任意基数，我们能发现更大的 φ 基数 $\aleph_\alpha$ 使得 D 在 $\aleph_\alpha$ 处成立；由此推断任意的 $\aleph_\alpha$—尺寸定域的尺寸 $< \kappa$ 的子集数量必定是 $\leqslant \aleph_\alpha$。然而，尺寸为 β 的所有子集都是 Bad_1，这里 $\kappa \leqslant \beta \leqslant \aleph_\alpha$，由于它们的尺寸至少是 κ 且性质 $\lambda x(x=x)$ 的子集基数满足 φ。因此所有这些 Bad_1 能被映射到虚拟真类且余下的 $Good_1$ 性质被双射到个体定域。因此 D_1 在每个尺寸为 $\aleph_\alpha$ 的模型中是可满足的。但 D_2 不在 φ 基数—尺寸模型中是可满足的。因为定域的任意论域—尺寸子集是 $Good_2$，由于它不是尺寸为 φ 基数的集合的子集。但存在 $2^{\aleph_\beta}$ 个如此的论域—尺寸 $Good_2$ 子集，这里 $\aleph_\beta$ 是定域的尺寸，所以 D_2 在如此模型中不是可满足的。类似地 D_2 在任意高非—φ 基数处是可满足的而 D_1 不在它们中的任何一个是可满足的。∎

所以再次我们看到不仅存在协调的但两两不协调的抽象原则二重奏；也能存在两两不相容的但语义保守的抽象原则。怀特的从好原则排除坏原则的第一条标准——保守性——不能独自完成过滤的工作。也许新弗雷格主义者甚至将拒绝这种元理论的构建联合不相容但保守理论存在性的论证，尽管看似如此做新弗雷格主义者需要同 **ZFC** 集合论毫无关系。当然，会存在实际的不协调或者自我—反驳，当在他们立场的元理论确认中新弗雷格主义者依赖不能从新弗雷格主义者发现的的抽象原则中被推出来的结果而且可能的是新弗雷格

主义者将选定与 **ZFC** 不相容的抽象原则。

另一方面，**ZFC** 是由大多数集合论者所接受的富有成效的数学理论。这不排除从哲学家的角度对这个理论作彻底批判的可能性，但除非这个理论能被表明是不协调的，对这个标准数学理论新弗雷格主义者拒绝得越多，他们的立场就变得越不可行。因此，尽管他们应当最后瞄准丢弃 **ZFC** 和类似集合论的梯子，新弗雷格主义者将想降落于一个地点，从其这个理论的大部分能被再捕获，无疑足以完成当代物理学且产生这个理论真部分的保守性结果，诸如休谟原则。

5. 适度反射原则

当我们进一步紧缩抽象原则可接受性上的条件那么我们能有办法应付上节中提出的问题吗？怀特（1997）提议他后来描绘如下的第二条保守性标准：

分散蕴含形式为下述的条件句：

$$\neg(\exists F)(\phi F) \to (\forall F)(\forall G)(\Sigma F = \Sigma G \leftrightarrow (\forall x)(Fx \leftrightarrow Gx)).$$

所提议约束的直接意图是由它的悖论性后承所提供的通过如此条件句前件的归谬法可推导的任何事物应该有着独立良好的声誉……。所以，抽象是好的，仅当任意所蕴含的后件为第五基本定律的条件句使得所有进一步的通过解除前件能获得的后承有着独立的良好声誉，如通过在纯粹高阶逻辑中通过它们的推导而证实的，像新五的情况，或者从问题中的抽象由它们的独立可推导性而证实的，像休谟原则的情况（怀特 1999，第 326 页）。

所以令 A 是任意抽象且 C 是 A 的任意后承。经典地，C 是等价于～C→⊥，所以怀特需要～～C，这能通过解除前件而获得，有着"独立良好的声誉"，因此需要从抽象可推导的任意事物是"独立地"可推导的。怀特承认对澄清的需求：

> 但这指的是什么？尤其，如何描绘它以便不取缔任何的归谬
> 法证明？（怀特1999，第327页）

怀特建议"独立推导"必定不是"悖论—开发的"且给出下述对后一个
概念的描述：

> 从保守抽象来的推导是悖论—开发的恰好当存在它的形式
> 的表示，关于其任意实例是有效的而且关于其某个实例相当于另
> 一个抽象的非保守性证明。比如，上述详细讨论的从分散原则来
> 的论域后继—不可达性的推导是悖论—开发的，因为在有效的关
> 于其另一个实例是论域包含144个对象的推导的形式下，从恰当
> 对应的分散原则，它可能是模式化的（怀特1999）。

相应的分散是有坏性＝"刚好有144个实例"的分散但这个分散是不
可满足的。但也许坏性＝"尺寸为$\aleph_0$"幸好对怀特将完成工作，由于
这对物理宇宙加以限制，与保守性相反。所有这些无疑是相当古怪
的。不可能的是公理或者原则P是靠不住的，因为从P存在C的证明
π，其共享从Q推出D的证明π^*的形式，D和Q实例化C和P的相关
模式形式，而且这里D是我们会拒绝的某物："共享形式"的这个种类
不是过错方。怀特需要Q不只是任意的旧公式：它必须通过保守性的
第一条标准。而且下述是真的，即从分散出发以坏性＝"至少后继不
可达"论域至少是后继不可达的最明显证明共享类似的明显证明论域
尺寸刚好是$\aleph_0$的形式，使用分散原则坍塌到第五公理当不存在坏性
质，这个证明的前提是以坏性＝"尺寸刚好是$\aleph_0$"的分散原则。

不过从分散原则D^{Inf}出发在其坏性＝"戴德金无穷"存在类似的
论域是无穷的证明。这个分散被拒绝是因为从D^{Inf}作为前提的证明

和从其他抽象来的善于骗人的诸如论域尺寸刚好是$\aleph_0$的结果间的结构相似性吗？因为D^{Inf}在所有无穷基数处都是可满足的，就像休谟原则那样。怀特可能说存在来自D^{Inf}的论域无穷性的"独立证明"，这些只诉诸抽象自身的性质，比如通过证明存在无穷多个自然数，也就是，以通常的策梅洛或者冯诺依曼方式被定义的自然数的集合论替代物。但"悖论—开发的"被假设把含义给到"独立可推导性"概念；然后我们不能要求后一个概念弄懂前一个概念。此外，如同怀特说的那样，下述不是真的：

> 它们"淘气分散"的唯一来源必须表明…这个论域是极限—不可达的或者后继不可达的，或者不管什么，是由第五基本定律的不协调性和相关条件句上的后件否定式所提供的那些（怀特1999，第326页）。

对从前提 P 来的结果 C 的任意证明存在从这个前提来的这个结果的无穷多个其他证明。考虑下述可应用到任意分散原则的证明模式，即存在抽象物尤其集合的坏性数量（a Bad number）：

> 取 $r=\{x:Sx\,\&\,x\notin x\}$。如果 r 是一个 S，如果性质 $\lambda x(Sx\,\&\,x\notin x)$ 是好的，那么概括公理对 r 成立。也就是，$\forall y(y\in r\leftrightarrow(Sx\,\&\,x\notin x))$，所以尤其，
>
> $$r\in r\leftrightarrow Sr\,\&\,r\notin r,$$
>
> 从其推断 $\sim Sr$。所以 $Sr\rightarrow\sim Sr$ 因此 $\sim Sr$，也就是，根据我们的 S 定义，成为非—自我—属于 S 的性质是坏的。所以，如果坏性是某个基数概念，那么我们能以上述样式证明存在集合的坏数量，也就是，不属于自身的集合。

这个证明似乎是集合论的。然而我们能用它表明论域必定至少是由坏性概念给出的基数,由于集合的子论域有这个基数,不用诉诸关于整个论域基数的任意结果。诚然,由于坏基数是无穷的以致所有的单元素集性质决定单元集,我们能进一步推断论域刚好是由坏性给出的基数,但这种证明结果的方式"起源于分散在它自己抽象上强加"以释义的要求(怀特 1999,第 329 页)。上述证明是悖论—开发的吗? 要是这样,不存在罗素集合的标准证明的情况怎么样,不存在全集的标准证明的情况怎么样,x 的幂集大于 x 的标准证明的情况怎么样——为什么这些结果的标准证明也不是悖论—开发的? 要是这样,这个开发是如此的一个坏事物吗? 怀特建议加入保守性的另一个约束是"适度性"(modesty):

> 抽象是适度的当它加入到与其协调的任意理论不为相结合理论本体论招致后承——不管是证明论地还是模型论地构建的——其不能为它自己的抽象指向它的后承而得以证实。而且再次,证实是关键点:抽象可能使这条约束失效即使它为相结合理论本体论有的每个后承可以被看作从它关于它的真抽象蕴含的事物中推出来;尤其,它将不算数,如同在极限—不可达分散的情况中,当相结合本体论的后承被需要作为下述证明中的引理,即抽象有一个从其推断那个非常后承的性质(怀特 1999,第 330 页)。

怀特对证实的强调这里确实是实质的。因为假设我们放弃对证实问题的所有指向。留下的似乎是我们将称为适度反射的反射原则。令 $\mathcal{L}$ 是抽象算子自由语言,$\mathcal{L}^+$ 是 $\mathcal{L}$ 的扩充,加入由逻辑抽象 A 所掌控的抽象算子和 $\mathcal{L}$ 的一个语句 P 而得到的。

> 适度反射:如果 A ⊨ P 那么 A ⊨ P^M,而且存在句法版本在其⊨为⊢所取代。

也就是,如果一个论题在所有 A 论域中成立,那么抽象子论域反射这个论题——作为相结合本体论的后承 P 成立仅当 P 的受限版本对抽象成立。在如此的情况下让我们说 A 适度地反射;这个原则是保守性的一种逆否:

如果 A, $T^{\sim M} \vDash P^{\sim M}$,那么 $A \vDash P$,

这里 $\sim M$ 限制到非抽象。怀特的文本,尤其指向相结合理论"没有后承",其"不能为它自己的抽象指向它的后承而得以证实"建议更强的原则:

如果 A, $T \vDash P$,那么 $A \vDash P^M$,对与 A 协调的任意 T。

但这个约束似乎太强。假设我们取 HP 且把它加到 **ZF**,但这个要点对经验理论也成立;就我们知道 HP 与 **ZF** 是协调的而言。或者等价地把 HP 加到(HP→**ZF**),这里 **ZF** 是二阶有限可公理化的。HP,(HP→**ZF**)这一对蕴含存在个体的不可数无穷性。但 HP 独自不蕴含存在数的不可数无穷性,所以 HP 在这种解读下作为非适度性出现。也许约束宁可是:

如果 A, $T \vDash P$,那么 $A \vDash P^M$。

但这恰好是适度反射,这里 T 有这有限可公理化或者这里我们允许无限合式公式,因为那时我们只考虑 T→P。

定理 5.1 在其单元性质是好的每个逻辑分散适度地反射。

证明:假设存在 A 蕴含 P^M 的反例模型 M,它的定域为 d。令 $n \subseteq$

d 是 P 中个体常项的所有指称集且 $a \sqsubseteq d$ 是 M 中所有抽象的集合。由于单元性质是好的，A 只在无穷定域中成立且 a，d 和 $n \cup a$ 全都有相同的基数。构造模型 M* 通过令它的定域为 $n \cup a$，所以它的变元管辖由 $n \cup a$ 生成的累积层级 $CH_{n,d}$；把它的个体常项解释为如在 M 中那样而且它的谓词常项通过 M—解释限制到 $CH_{n,d}$。这是对 P 的反例模型——在合式公式复杂度上的归纳证明。由于分散是逻辑的且由于 M* 与 M 尺寸相同，A 也在 M* 中成立。因此 A 不蕴含 P。∎

所以怀特需要所有被"证实"的后承子句而不仅仅从"它关于它的真抽象蕴含的事物"中"推出来"。但这究竟意指什么？它建议某种紧缩的证明论概念，如同当经典主义者可能坚持经典语义后承但特别关注在相干逻辑或者某个如此东西中可推导的后承。即使某物能由这个构成，究竟它与"意义—构成的"或者"先天的"或者"认识无罪原则"有什么关系？人们能看到诸如 &E 或者 ∨I 这样简单的规则如何是意义—构成的。但非常难看到悖论—开发的什么证明论适度性或者复杂定义与这个有关系。整个路径散发一阵临时方针的气味；被生成的本轮发出我们处于一个退化的研究策略的强烈信号，若非纲领的话，如同怀特自己似乎承认的：

> 这看似倾向于比有人所希望的心神不安地复杂且缺乏清楚动机(怀特 1999，第 327 页)。

6. 和平性与稳定性

然而，正像新弗雷格主义纲领似乎深陷困境，怀特提出更强有力的、简单的和直观的观念：任意认识合适的抽象必定不仅是保守的，而且它必定与所有其他保守抽象是相容的：

> 不清楚的是任意目的是由持续强调对给定有效形式推导而达到的。为什么不仅仅说两两不相容但单独的保守抽象是被排

除的——不管不相容性如何被论证——而且要利用它？（怀特1999，第 328 页）

存在既是保守的也是与任意其他保守抽象相容的任意抽象吗，也就是，存在在其两者都是真的模型吗？把任意如此抽象称为和平的；而且说一个抽象是稳定的，当对某个基数 κ，它在基数 $\geqslant\kappa$ 的所有且仅有的模型处是真的（法恩1998，第 511 页）。

定理 6.1 稳定抽象是和平抽象。

证明：

左推右：假设 A 是稳定的；根据定理 4.2 作为无界的它是保守的。由于 A 是稳定的那么它在所有 $\geqslant\kappa$ 的模型中成立，对某个 κ。回忆绝对保守意味着语义保守。现在考虑 A 的"拉姆塞化"版本在其我们用恰当类型的变元取代每个常项，包括名称、谓词和抽象算子，而且通过相应的存在量词串作为结果 $A[x_1, \cdots, x_n]$ 的开始以得到 $\exists(x_1, \cdots, x_n)A[x_1, \cdots, x_n]$，这个纯粹的逻辑公式我们将用 $\exists[A]$ 表示。这个公式在尺寸小于 κ 的模型 M 中不能是真的，否则在其满足 $A[x_1, \cdots, x_n]$ 的赋值中通过被指派到相应变元 x_i 的对象、性质或者算子函数解释每个常项 c 我们会生成尺寸 $<\kappa$ 的满足 A 的模型。现在令 B 是由新抽象算子引入的另一个保守原则且把原则 A 的语言当作新原则的基础语言 $\mathcal{L}$，以致通过把 B 的抽象算子添加到 $\mathcal{L}$ 我们得到新语言 $\mathcal{L}^+$。我们不能有

$$B, (\exists(x_1, \cdots, x_n)A[x_1, \cdots, x_n])^{\sim B} \vDash \bot,$$

否则通过保守性我们会有 $\exists(x_1, \cdots, x_n)A[x_1, \cdots, x_n] \vDash \bot$，因此 $A \vDash \bot$，与 A 的稳定性相反。所以存在 B, $(\exists(x_1, \cdots, x_n)A[x_1, \cdots, x_n])^{\sim B}$ 的模型 N。此外，如果我们把这个归约到有个体定域为非—B

492

的模型 $N^{\sim B}$，结果将是（$\exists(x_1, \cdots, x_n)A[x_1, \cdots, x_n]$）的模型，由于这恰好是一个纯粹的逻辑语句。通过在 A 中解释每个常项 c——名称、谓词或者算子——由被指派到凭借证实（$\exists(x_1, \cdots, x_n)A[x_1, \cdots, x_n]$）的赋值 σ 在 $A[x_1, \cdots, x_n]$ 中实例化 c 的变元的项，我们得到在其 A 是真的模型 $N^{*\sim B}$。因此 $N^{*\sim B}$，进而 $N^{\sim B}$ 进而 N 的尺寸必定是 $\lambda \geqslant \kappa$。但 N 是 B 的模型。根据稳定性的定义，A 在 N 连同 B 中是真的。

右推左：每个和平抽象是稳定的。假设第 n—阶抽象 A：

$$\forall X \forall Y(\alpha x Xx = \alpha x Yx \leftrightarrow E(X, Y))$$

是不稳定的以致对每个基数 κ，存在更高基数 λ 使得 A 在尺寸为 λ 的某个模型处无效。在如此模型中第 $(n+1)$—阶公式

$$\exists f \forall X \forall Y(fX = fY \leftrightarrow E(X, Y))$$

无效。现在考虑抽象 B：

$$\forall W \forall Z(\beta x Wx = \beta x Zx \leftrightarrow [\sim \exists f \forall X \forall Y(fX =$$
$$fY \leftrightarrow E(X, Y)) \lor \forall x(Wx \leftrightarrow Zx)]).$$

右手边是一个等价关系，由于每当左析取支是真的那么每个性质与每个其他的有关系，而当左析取支是假的那么整个公式与等价关系 $\forall x(Wx \leftrightarrow Zx)$ 是共延的。但当左析取支是真的，原则 B 是平凡满足的，通过令 $\beta x Wx = \beta x Zx$ 对到 W 和 Z 的任意赋值，也就是，通过拥有单个的抽象，当原则 A 是不满足的。另一方面，当左析取支是假的那么 B 也是假的，因为在这些语境中它是等价于第五公理，尽管抽象 A 是真的。由于 $\sim \exists f \forall X \forall Y(fX = fY \leftrightarrow E(X, Y))$ 在任意高基数的模型处成立，B 是无界的由此是保守的。但如同我们已看到的那样，A 与 B 是语义不相容的所以 A 不是和平的。■

那么新弗雷格主义者需要的是非平凡稳定原则，所有稳定原则中最好的在连续统下面不成立但在上面的有些 ⊐ 处"开始生效"。因为

493

在这种情况下,稳定的抽象原则对现代科学所需要的数学推导是足够的;它们将提供足够尺寸的抽象本体论以构造实数、复数、实数上的函数如此等等。夏皮罗和韦尔(1999,第 319 页)表明"至少 κ 个"分散原则,$\kappa > \omega$,是不稳定的,在他们那里稳定性被称为"强无界条件",每个如此的分散在无界奇异极限基数序列的每个出无效。但在我们的累积类型论的语境中,我们能找到相当自然的稳定的分散原则。例如,或者从休谟原则开始或者从可比较的但在某些方面更有用的分散 D^{Inf} 开始:

$$\forall X \forall Y (\alpha x Xx = \alpha x Yx \leftrightarrow ((In \, f(X) \,\&\, In \, f(Y)) \lor E(X,\ Y))).$$

这里"无穷"是"戴德金无穷",例如,存在从性质到真子性质的双射。使用 AC 我们能证明 D^{Inf} 在所有无穷基数中是真的,在 $\aleph_\kappa$ 处存在 $\aleph_\kappa$—多个有限集;把其余的映射到哑真类。此外,从这个,从所有有限性质决定集合的事实,清楚的是从语义的角度它至少与被限制到纯粹集以排除莠集集的 SF 是一样强的,这里 SF 指的是 ZF 减掉无穷公理。把我们的初始原则归入 D_1 我们限制进一步增加二阶分散原则,在其坏性或者宁可 Bad^2 是 $\sim Num^2(X^1)$ 这里 $Num \, x$ 是有限数或者它们的集合论替代物的定义而且

$$Num^2(X) \equiv_{def} \forall x (Xx \to Num \, x)。$$

D^2 是

$$\forall F^1 \forall G^1 (\{x : F^1 x\}_1 = \{x : G^1 x\}_1 \leftrightarrow$$

$$((\sim Num^2(F^1) \,\&\, \sim Num^2(G^1)) \lor \forall x (F^1 x \leftrightarrow G^1 x)))。$$

当我们打开 Num^2 凭借右手边数值或者零阶类算子的出现,这是非逻辑抽象。坏的一阶性质,如同由这个分散规定的那样,是 NNu^2 的那些,也就是,不是定域的有限数集的子集。加下来增加三阶分散原则在其 Bad^3 是 $\sim Num^3(F^2)$ 这里

$$Num^3(X^2) \equiv_{def} \forall Y (X^2 Y \to Num^2 Y)。$$

494

那么这个三阶分散 D^3 是

$$\forall F^2 \forall G^2(\{X:F^2X\}_2 = \{X:G^2X\}_2 \leftrightarrow$$

$$((\sim Num^3(F^2) \&\sim Num^3(G^2)) \vee \forall X(F^2X \leftrightarrow G^2X)) \,.$$

坏的二阶性质, 如同由这个分散规定的那样, 是 NNu^3 的那些, 也就是, 并非实例化它们的所有一阶性质是 Nu^2 性质。通过添加四阶分散 D^4 用根据 Num^4 所定义的 Bad^4 继续下去——只有 Num^3 实例——

$$Num^4(X^3) \equiv_{def} \forall Y(X^3Y \to Num^3Y)$$

诸如此类穿过所有有限类型。

定理 6.2 所有这些原则在尺寸 $\geqslant \beth_\omega$ 的所有且仅有的模型中是满足的。它是稳定的和和平的。

证明: 取有着基数 $\geqslant \beth_\omega$ 的个体定域 d 的任意标准模型 M。通过指派某个可数子集作为 Num 的外延 $|Num|$ 这将满足 D^{Inf} 或者 HP。再次在每个标准模型中, $|Num|$ 的连续统—尺寸幂集是 Num^2 的外延 $|Num^2|$, $|Num^2|$ 的 $\beth_2$—尺寸幂集是 Num^3 的外延如此等等。由于存在连续统—多个 $Good^2$, 也就是 Num^2 一阶性质, D^2 是可满足的, 通过把这些映射到 d 的连续统—尺寸子集而且把所有其他性质映射到虚拟类并且使用这个映射以解释算子 $\{x:F^1x\}_1$。注意 D^2 在任意小于连续统的定域中不能是满足的。相似地凭借从 $\beth_2$ 多个 $Good^3$ 性质到定域的映射我们解释 D^3, 而且同样地穿过所有原则 D^i 对 $i \in \omega$。因此 $\bigcup_{i \in \omega} D^i$ 根据 M 是满足的, 尽管在小于 $\beth_\omega$ 的任意定域中, 对某个 k, 所有原则 D^j 对 $j \geqslant k$ 将无法被满足。此外, 我们通过实质上与在定理 6.1 中所使用的相同论证能表明 $\bigcup_{i \in \omega} D^i$ 是和平的。我们拉姆塞化每个 D^i 以产生一个纯粹的逻辑语句,

$$(\exists(x_1, \cdots, x_n)D^i[x_1, \cdots, x_n]) \,.$$

这里 B 是任意的保守抽象,集合

$$\{B, (\exists (x_1, \cdots, x_n)D^i[x_1, \cdots, x_n])^{\sim B}(I \in \omega)\}$$

在模型 N 中是可满足的,否则

$$(\exists (x_1, \cdots, x_n)D^i[x_1, \cdots, x_n])(i \in \omega) \vDash \bot,$$

与 $\bigcup_{i \in \omega}D^i$ 的可满足性相反。通过把 N 缩小到子模型 $N^{\sim B}$ 有诸非—B 作为个体定域我们得到满足所有 $(\exists (x_1, \cdots, x_n)D^i[x_1, \cdots, x_n])$ 的模型由此满足 $\bigcup_{i \in \omega}D^i$ 的相同尺寸的变体模型。这像以前表明 N 必定 是尺寸 $\geqslant \beth_\omega$ 的,由此根据 $\bigcup_{i \in \omega}D^i$ 的稳定性,语句 $\bigcup_{i \in \omega}D^i$,B 的集合是 由 N 所满足的。∎

　　因此理论 $\bigcup_{i \in \omega}D^i$——把它称为 $BETH_\omega$——是从富有窘境中免 除的而且给我们一片累积层级直到 $V_{\beth_\omega}$ 尽管以一种相当受限的方式。 我们有自然数,自然数的所有集合,自然数集幂集的所有子集如此等 等。那么,本体论而言,我们有为当代科学的应用数学需要的所有纯 粹结构,数、实数、实数上的函数诸如此类。然而相当简单的集合论原 则无效。因此如果 $\{x : \varphi x\}$ 是 $n+1$ 阶集合那么无法保证它的单元集 存在,因为无法保证 $\{x : \varphi x\}$ 也是 n 阶集合。同样不清楚的是新弗雷 格主义者如何实际能在科学中应用这个本体论,由于不存在本元集, 只是数集、数集的集合如此等等。也许他能引入进一步的"不纯"集合 算子,例如,由分散原则掌控的用坏性作为"至少 $\beth_\omega$"的一个。这个原 则不是稳定的而且也不是用 $BETH_\omega$ 增强它的结果。但也许新弗雷格 主义者能接受这个:不存在先天的应用集合论,但存在先天的纯粹数 学理论 $BETH_\omega$。而且如果我们在宇宙万物中需要比由 $BETH_\omega$ 提供 的更多事物,我们能把类型论扩充到超限且由此迫使论域尺寸甚至向 上更高。

　　这个前景引发一种担忧。如果存在加入越来越强如此原则的可 能性,整个论域是多大?可能不存在稳定原则真类,在这种情况下,如 果每个原则迫使论域要有的下限是无界的,那么将不存在整个原则集的集合论模型。但这种情形不是如此不同于 **ZF** 理论者要面对的情形，其不能证明作为理论预期解释集合论模型存在。与 **ZF** 协调的是不存在不可达基数，在这种情况下 **ZF** 的公理集不在集合—尺寸的标准模型中成立。此外"预期模型"有一个定域——集合宇宙——其在理论自身中可证明地不是一个集合。这表明稳定性不能是理论可接受性的一个必要条件。尽管人们可能谋求更析取性的标准：原则 A 是可接受的当且仅当它在预期解释中或者是稳定的或者是真的。或者，为避免添加原始真性谓词或者在类型论中国上升更高一个阶以便定义真性，相对于抽象主义理论 A 我们能通过[P 是稳定的或者 P 从 A 是可证明的]定义可接受性。如果抽象主义理论 A 对充分证明论足以让我们表示关系"从 A 在二阶逻辑中可证明的"，那么抽象主义理论将能够证明它自身的可证明性。

7. 抽象原则可接受性、认识无罪与富有窘境

那么新弗雷格主义者获得巨大成功了吗？一个令人担心的原因早先在与悖论—开发和证实适度性标准相连中浮出水面。对新弗雷格主义者找出描述协调抽象原则集标准是不够的，其一起产生与我们认为所需要一样多的数学，比如，为科学中的应用。新弗雷格主义者也需要一个论证表明满足标准的所有原则是分析的或者意义—构成的或者在某种有趣的意义上认识无罪的隐定义。我们逐渐认识到它们的真性无需依靠神秘直觉或者诉诸科学有用性的实用标准。但在前节的意义上，抽象可接受性有什么开始处理它成为意义—构成的或者成为隐定义？

这个异议能被赋予更多强力，通过考虑下述类似于最初富有窘境异议的担忧。考虑一群理论者，每个取分散原则作为他们纯粹数学的基础，除了不同的一个，在每种情况下运用一个不同的坏性定义。安格斯（Angus）是一位有限主义者，他把以坏性＝可数无穷的分散 D^{Cbnf} 接受为他专有的二阶抽象原则。他主张在抽象原则中人们能一般化的

仅有性质是数值限定的某些且继续主张只有有限性质是数值限定的。确实他可能主张只有如此的性质存在。然而，布罗娜（Bronagh）取以坏性＝$\beth_\omega$—尺寸的分散作为她的原则，而对卡卢姆（Calum）来说，坏性＝第一个不可达 θ_0 的尺寸。德乌拉（Dervla）通过下述定义 Bad(F)

$$Big(F)\&F \text{ 是马洛基数的尺寸 } \&\sim GCH$$

以致，由于德乌拉能证明论域是坏的，德乌拉能证明广义连续统假设 GCH 是假的。最后尤恩（Ewan），他认为所有其他的都是无能的，把 Bad(F) 定义为

$$Big(F)\&F \text{ 是可测度基数的尺寸 } \&GCH$$

以致尤恩能证明 GCH。现在假设我们同意卡卢姆。那么我们能排除安格斯的理论，由于它在 $\aleph_0$ 出设置论域的上限且我们知道卡卢姆的论域是大于安格斯的论域的；确实我们可能相信经验宇宙比安格斯的论域有着更多的个体，也许有连续统—多个时空点。安格斯的理论是不稳定的且非保守的。在 P 是存在最少 $\aleph_1$ 个事物的声称的地方而且 Ax 挑出 D^{Cbnf} 的抽象的地方，我们有 P$^{\sim A}$，A$\models\perp$ 但不是 P$\models\perp$。从我们的视角出发，确实安格斯的理论是可证明地假的，由于论域是可证明非可数的；他的理论是不可接受的。类似地布罗娜的理论是非保守的由于它在 $\beth_\omega$ 处为论域设置上限。

德乌拉和尤恩两人有着大规模非保守性理论；二者不管哪个都不存在标准模型，由于不存在马洛—尺寸或者可测度集合。再次两个理论都是可证明为假的（disprovable）。然而，卡卢姆的的理论是平凡可证的由此是可接受的。这里明显的困难在于安格斯、布罗娜、德乌拉和尤恩全能讲述类似的故事。他们全能接收相同的稳定性定义而且每个能以相同的方式而相对于从他们自己的抽象原则来的可证明性定义"可接受的"。此外，从任意一个理论的立足点看，其他的每个是不稳定的或者因为它在某个不可接受低基数处为论域设置上限或者因为它根本没有集合模型。而且由于五个分散是两两不协调的，每个

能证明每个其他的是不可接受的。有限主义者安格斯可能有容纳当代科学的问题，由于它似乎充满对连续统一尺寸和更大论域的承诺。

但如果他坚持理智完整性需要我们摒弃作为理智不连贯的标准物理学，其比较贝克莱关于无穷小而言是运转良好的，那么新弗雷格主义者绝无机会拒绝这个出于经验理论效用的实用根据的论证，以免奎因主义者抓住利用这个许可作为奎因主义数学认识论的可接受性。此外，注意尽管德乌拉和尤恩将认为安格斯、布罗娜和卡卢姆在论域尺寸上设置非保守性上限，这不是这个三人组将如何看待事物的方式。假设基数是集合，在所有这三个理论中，对每个基数尺寸可证明的情况是存在更大的一个。所有三个理论者能否认作为整体的论域有一个尺寸：对安格斯而言，作为合法数的 $\aleph_0$ 的概念是一个神话；它宁可表示绝对无穷；布罗娜对 $\beth_\omega$ 持相同观点，卡卢姆对 θ_0 持相同观点。那么在元理论层次我们有富有窘境的类似物返回萦绕于我们吗？似乎可能不是。甚至协调性和后承的概念实质上是被反驳的。

我们可能发现逻辑 L_1 和 L_2 两者都有成分；每个声称它们自己的逻辑作为蕴含概念的合法形式化但否认另一个逻辑如此。我们也能发现广为接受的数学理论 T 在逻辑 L_1 中蕴含存在性后承而不在逻辑 L_2 中。如果理论者使用 L_1 从 T 适当演绎 E 那么他能不据说知道 E 除非他能进一步证明在蕴含的正确和不正确概念间存在区分且 L_1 是是正确概念的解释吗？显然不是，这为证实和知识设置难以置信的高标准。因此，人们不能主张卡卢姆只能无罪地知道他从他的分散原则推导数学后承除非他能以某种方式拒绝每个人都满足的安格斯、布罗娜、德乌拉和尤恩提供竞争的、合法的立场的声称。为了在有人关于某个话题的声称中被证实，在某个阿基米德舞台上举行的知识竞赛中人们不必能够击倒所有其他的竞争者。

然而，甚至在协调性和逻辑后承的情况下，存在新弗雷格主义者必须回答的合法担忧。如果 L_2 不是正确的逻辑，那么从新弗雷格主义者的视角出发在使用它的这些人的实践中必定存在阻止它的规则成为分析的、意义—构成的或者不然认识无罪的某个事物。类似地L₁的规则和原则必须有这种称心如意的认识无罪地位。L₁的使用者无需能够论证情况就是这样。作为元理论者的我们能够如此做确实也不是必然的。但如果我们不能对某个理论成为正确的而另一个不是正确的是什么提供某个描述，那么L₁中T的存在性后承描写数学实在的真结构，但从T提取出的竞争本体论并非如此的观念根本没有可行性。

只有激进奎因主义者有可能坚持下述论题，即没有逻辑实践据说能是分析的或者意义—构成的而且没有一个能被作为缺乏连贯意义而排除。然而，由新弗雷格主义者所调用的全二阶逻辑是分析规则或者公理体的声称是有更多争议的。从二阶逻辑移动到抽象原则仍是更有争议的。兑现"先天性"作为像分析的或者意义—构成的某物的新弗雷格主义者必须说服我们认为在竞争的抽象主义理论家中间诸如在从安格斯到尤恩群组中发现的那些，至少一个原则是分析的或者意义—构成的是合理的。假设尤恩确实描写实在性的真结构；情况必定是他的推理实践——例如，在他的分散原则从左手边推断右手边实例的过程中而且反之亦然——是分析的而另一些中的那些不是分析的。新弗雷格主义者必须拒绝安格斯、布罗娜、卡卢姆和德乌拉的推理实践关于他们的类概念是分析的，与尤恩的推理实践对他的类概念是分析的完全一样。我们会争论说这是非常难以置信的。

那么，新弗雷格主义者不根据分析性而根据隐定义解释数学知识的先天性质。在经验科学中我们能有两个完全协调但两两不协调理论，两者根据非同构抽象原则是可满足的。但它们只有一个可能隐性定义物理量大小系统，且也许显性定义它，当贝斯定理(Beth's theorem)条件被满足，因为回应一个的实结构存在而回应另一个不存在的基本经验事实。例如，新弗雷格主义者能主张，例如，以基本的外在方式，卡卢姆可能知道他的集合存在和安格斯以及其他人无法知道他们的相同事物存在，正好出于卡卢姆的宇宙是集合的实际宇宙的理由，其他那些理论家的宇宙没有一个是如此？这里危险是明显的。新弗雷格主义者的立场如何不同于奎因主义者的整体论经验主义，在其数学理论是像余下的理论科学那样的假定只间接地被证实或者被证否，到它们有助于良证实的关于世界的整体理论的程度？在什么意义上卡卢姆的知识是先天的？

如果数学宇宙是不同的，他的数学信念本来会是假的，尽管它们本来会以恰好相同的方式出现。当然，从传统的柏拉图主义视角出发，这个反事实是有不可能前件的空的一个：相同的数学论域在所有的可能情况中存在。这建议由新弗雷格主义者作出的可能回应。新弗雷格主义者可能通过拒绝下述声称作出回应，即因为可接受性依赖可证明性和模型论后承概念，所以它依赖迫切需要进一步证实的数学概念。例如，新弗雷格主义者可能模态地解释这些概念。这样做的话，人们据理反对安格斯、布罗娜和卡卢姆如此等等，基于他们全都限定数学实在的理由——能存在多于有限，或者$\beth_n$，或者可达数量的事物，而且说相反面的任意力理论不能是保守的。但这个回应有着明显的问题：如果人们诉诸模态极大性原则，"不管能存在什么尺寸，在数学实在中真实存在吗"，究竟人们如何数学地表示这个？人们将使用什么抽象原则？

人们可能对提供单个原则提出异议，反之诉诸无穷原则集：人们尽可能多地添加抽象直到人们到达一个极大的可接受集。但为什么认为将存在唯一的如此集合？即使人们避开不可数语言且假设我们关于抽象原则集合能是什么尺寸有中立的概念，情况并非如此，即存在中立的抽象原则线性序，根据论域尺寸它们允许作为德乌拉和尤恩表明的情况。不过，所有中最根本的是，这个模态回应亏欠我们对模态性知识的解释且更一般地对模态性性质的描述。我们如何知道能存在无穷集？如果我们不知道这个，我们如何能规定安格斯的有限理论在数学本体论的尺寸上设置不合法的界限？清楚地做出这个模态回应的新弗雷格主义者不能把可能性分析为集合论模型的存在性，由于那样我们假设的能存在无穷集的知识变为包含无穷集的集合真实存在性的知识且我们回到我们开始的问题。也许新弗雷格主义者将取模态性作为基元。

但如果他采纳模态性的实在论描述，我们亏欠对我们如何获得什么是可能的且什么不是的解释。模态实在论（modal realism）的刘易斯主义类型会再次把我们带回非常相同的诸问题：我们如何知道存在包含无穷集的因果地且空间孤立的可能世界——而不靠直觉？也不明显的是模态实在论的竞争对手描述，可能性作为真实实在性性质如此等等，有着比刘易斯有的对这些认识论诸问题的任意更好的回答。或者新弗雷格主义者可能根据分析性或者同族概念分析必然性和可能性。命题是必然的当它只使用分析或者意义—构成推理规则，或者某个如此的东西能被推出。但再次我们从煎锅移动到炉火。我们认为可行的是诸如 HP 这样的抽象原则，当以规则形式被陈述，他们引入算子的意义—构成的规则，正如特定类型的引入和消除规则对逻辑算子而言是可论证分析的。但不存在任何事物从这方面在抽象原则中间作出区分；它们全都能被当作对他们引入的算子而言是分析的。而且在可能性的分析意义上，为了说某些不是真正可能的，因为它们与真实的部分决定什么是可能的和什么不是可能的分析抽象原则相冲突，再次以恶性倒退涉及我们。新弗雷格主义者可能说所有的理智论证和讨论必须从假设的某个框架开始，在船上的纽拉特（Neurath *in his boat*）的样式后，甚至当修改这些假设。

在我们的情况下，大多数数学哲学家的出发点是类—ZFC 理论的出发点，所以在使用这个理论解释稳定性和可接受性中我们是被证实的，即使这个理论是一把当移动到抽象原则可接受性时我们踢开的梯子。但如果，如同前述考虑建议的那样，我们到达的任意合理的抽象主义理论将自身提供有利位置，从其我们能看到许多不同的理论将确认自身作为稳定的和可接受的而其他的是不可接受的，我们如何能证实遵从我们已到达的那个？不是因为它与 **ZFC** 的紧密性。理论怎么可能是先天真的因为它很适合历史上处于支配地位的理论，其是由几乎全部解决新弗雷格主义和它的对先天真性的描述的理论家所发展的？当这些考虑不能具有相当于结论性的没有令人满足的从不可接受抽象原则挑出可接受原则的标准将出现的证明情况的性质，那么它们强烈表明不存在如此的能完成新弗雷格主义者需要它完成的工作标准：概略地，挑选出作为先天的或者认识无罪的协调原则集能以语义同质方式被解释，相对于它们形成部分的物理理论的经验部分而且其产生经典分析和科学所需要的数学。

8. 对新逻辑主义纲领的激进修正与温和修正

然而，即使是这样，仍推不出新弗雷格主义纲领什么都没有做到。例如，可能出现重要的部分成功。因为可能存在诸方式以减弱上述的捕获许多新弗雷格主义者着手要到达什么的困难——某个没有野心的但可辨别的类似纲领可能是能被执行的一个。在对新弗雷格主义纲领的可能修正中间，最激进的行动是在上述勾画的困难序列刚开始处坚持立场而且拒绝让步说某些抽象原则是不可接受的。例如，认为欣然接受所有抽象原则作为意义—构成真性，包括第五公理。如同在第 2 节开始处所评论的，那么人们必须责备不在第五公理上而在生成平凡性的逻辑上经典素朴集合论的平凡性，且由于平凡性在相当弱的诸逻辑中接着发生，这个选项涉及与弗雷格的通向逻辑的完全经典逻辑相当彻底的决裂。但这本质上不是一个反驳。素朴路径的最成熟形式出现在普里斯特（Graham Priest）的双面真理论中（普里斯特1987；1998）。

普里斯特接受第五公理产生矛盾但推断说由于它是分析真的，某些矛盾也是分析真的且采纳弗协调逻辑（a paraconsistent logic）以便避免平凡性。但人们欣然接受真矛盾当人们欣然接受第五公理不是必然的：对这个逻辑的足够彻底的修正将阻止矛盾的推出（韦尔1998a；1998b）。然而，在两种情况下人们必须表明修正不是如此彻底以便阻止从第五公理推出标准数学。如果这些素朴路径的任意一个能行得通,它们会有助于使新弗雷格主义纲领至少一个主要方面生效,也就是数学由意义—构成真性推出的观念。然而,通过同等地且无差别地欣然接受所有的抽象原则,几乎不存在规避富有窘境异议的彻底方式,而且这是要放弃任意的至少有着全非直谓概括公理模式的二阶形式演算是逻辑的声称。宁可人们把逻辑限制到经典一阶逻辑,或者也许直谓二阶诸系统且结合由此外接诸如一阶第五公理的抽象模式的逻辑:

$$\{x:\varphi x\}=\{x:\psi x\}\leftrightarrow\forall x(\varphi x\leftrightarrow\psi x)。$$

如同帕森斯已表明的那样,这是协调的而且赫克把这个结果扩充到直谓二阶逻辑环境中的直谓第五公理(帕森斯 1987;赫克 1996)。这个策略能被扩充以表明所有一阶抽象原则集是协调的。这里的缺点在于作为结果的系统是相当弱的:无疑弱于二阶皮亚诺算术,更不用说分析甚或集合论的下游(the lower reaches of set theory)。尽管如此无穷定理在这个系统中是可证明的;确实,如同赫克表明的那样,直谓理论是强于算术理论 Q 的。以此方式修正他的观点的新弗雷格主义者不在能声称所有数学真性都是分析的或者认识无罪的。他必然会采纳双重路径。存在下述的先天证明,即存在带有围绕在 Q 的强度周围理论中所描述性质的无穷多个抽象对象。至于它们进一步的性质,至于是否存在抽象对象的连续统—尺寸定域,例如,有着分析中所描绘的结构性质——这里人们只能提出要由"它们后承的结实性"被测试的猜想。比起这个人们可能说如果实用证实对部分数学是被允许的为什么不处处都是被允许的?

但也许关于抽象对象领域的猜想是在更好的立足处上当人们有着对象领域自身存在的独立证实。不过这种修正类型确实也带我们远离通常的新弗雷格主义概念。如同在上述的彻底情况中那样,不同的回应是主张所有抽象原则是真的但要避免不连贯性不是通过逻辑的彻底改变而是通过相对化真性。如果人们能把抽象原则,和从它们推出来的存在性声称以某种独立于心灵的方式解释为真的,那么人们能接受每个原则作为分析的而且作为生成概念宇宙,对不同原则有着不同的如此宇宙。经典地,人们不能混合这些宇宙;不过许多反实在论者主张能存在多个独立于心灵的定域,这些定域以某种方式是不相容的或者不可通约的由此不能被积聚或者被归入单个的包罗万象的定域。

如果有人是一般上的实在论者而具体上关于数学是反实在论者,那么这会为经典主义者产生正确的形而上学立场,其希望主张所有协调的抽象原则都是分析的。没有数学定域在现实中存在但多个常常不相容的如此定域虚拟地存在,不管这能意指什么;无疑在解释这个的过程中被提出的观点存在相当多的问题。那么这里我们脱离新弗雷格主义的由黑尔和怀特所区分的两条线——认识论的和本体论的。作为结果的反柏拉图主义的新弗雷格主义不易受任何本体论论证嘲讽的伤害,由于单单从概念不承诺客观存在性声称的可推导性。真实宇宙与人类构造的概念宇宙一点都不相同;据此观点,关于真实宇宙基数的问题是绝对的不由数学理论回答的一个,而宁可是由经验的、非分析系理论所回答的。怀特自己不太认真对待像这种非实在论思路的某物:

> 我们将必须说存在多少个对象,由此存在哪些种类的哪些对象,是我们碰巧使用的相对于概念模式的某物;以致在抽象领域中,我们对特殊概念模式的采纳不仅影响我们将认作存在的哪些对象,而是实际存在的哪些对象。这也许不是一个不连贯的观点(怀特 1997,第 293 页)。

不过,他继续说这个立场"与弗雷格主义的假设保护新逻辑主义的精神是完全无关的"。当然它与弗雷格主义思想中的柏拉图主义路线无关；但它可能是保护下述观念的唯一方式，即我们对数学理论的证实既非取决于直觉也非取决于任何间接的且在某种程度上不确定的对它在科学中效用的评估，宁可来自出现在我们理论中的数学算子的意义。作为结果的观点也许会接近于达米特在他的《弗雷格：数学哲学》中的观点：指向数学项是比指向非数学项更"温和的"概念。是否这是新弗雷格主义者要做出的合理行动将依赖坚持弗雷格主义的本体论多面有多深，与认识论方面相比较的话。不管怎样，我们全面做出的结论在于，以在其他由主要的倡导者所表示的形式——如同以非经验主义、非康德主义样式所维护的，被柏拉图式所解释的数学那样——新弗雷格主义是由富有窘境异议严重伤害的；然而，新弗雷格主义者纲领已对数学真性和认识论产生丰富的洞见而且这个纲领的较少柏拉图式变体也许还能奏效。

第七节　良基和非良基弗雷格主义扩充

近期有许多有趣的在二阶逻辑框架中从对弗雷格最初第五公理的某个协调性修正发展大部分标准集合论的尝试，凭借这些我们指的是策梅洛—弗兰克尔集合论加选择公理即 ZFC。一个突出的例子出现在布劳斯(1989)，这里布劳斯在二阶理论中解释 ZFC 的一个片段，它仅有的公理是基于冯诺依曼大小限制原则的第五公理的变体。夏皮罗(2003)努力扩充发展标准集合论的弗雷格—布劳斯策略，从第五公理的变体出发，而这从由怀特和黑尔所支持的新弗雷格主义的视角出发是可接受的。每个这些尝试曾是由不同的总目标所驱动的，但对我们来说有趣的是如此的发展如何阐明在其作为标准集合论对象的康托尔主义集合站在的关系，相对于由在第五公理上协调性限制所捕获的弗雷格主义扩充。我们的目的是要增进康托尔主义集合和弗雷格主义扩充间的比较。我们的出发点是由大小限制学说所知会的对第五公理的协调性修正。

这些原则决定模型类,在其大多数甚至全部二阶策梅洛—弗兰克尔集合论公理加上选择公理减去基础公理即 ZFC⁻ 是满足的。某些这些模型是良基的且可能对从事新弗雷格主义计划以在外延理论内部保证集合论的那些人是有趣的。是否对第五公理的大小限制修正事实上可能充当集合论的新弗雷格主义基础是不清楚的,但至少对如此修正良基模型的完全结构描述是可用的,如同我们将要表示的那样。然而,康托尔主义集合和弗雷尔主义扩充间的关键区分在于,当康托尔主义集合是良基的,不难激发非良基弗雷格主义扩充的存在性。事实上,几乎不花费精力以提供基于大小性质对第五公理修正的模型,在其并非所有扩充相对于属于关系都是良基的。某些这些模型有着额外的兴趣因为它们以规定的与不同反基础公理一致的方式破坏基础公理。

在这个语境中动机尤为良好的反基础的一个变体是根据其每个外延图是同构于某个传递扩充的一个。但构造阿策尔的反基础公理 **AFA** 的模型也是可能的。因此我们将建议弗雷格主义扩充为我们提供为非良基集合论建模的自然工具。接下来是对内容的简要描述。在第 1 和 2 节我们在外延理论中以布劳斯的对集合论的解释为基础以激发我们的(κ, λ)—模型的概念。如同在第 3 节引入的那样,(κ, λ)—模型是要考虑的自然对象,当一般化布劳斯提议我们以任意合理的方式区分小的和大的概念而且把一个外延只指派到小的那些。我们在第 4 节致力于良基(κ, λ)—模型,对其我们提供完全的结构性描述。最后的三节将致力于构造丰富的非良基(κ, λ)—模型,不像良基的那些,它们是非常多样的。所有我们的工作都在 **ZFC** 中发生。

1. 纯粹外延与良基遗传小外延

弗雷格假设与每个概念 F 联系在一起的是特定对象 $ext(F)$,即 F 的外延。他也假设这个对象到概念的指派是由第五公理所掌控的:

$$\text{AV}: ext(\text{F}) = ext(\text{G}) \leftrightarrow \forall x (\text{F}x \leftrightarrow \text{G}x)。$$

弗雷格的外延理论由公理化二阶逻辑语境中的这个单个公理组成。我们可以在它里面解释集合论通过把集合当作外延且定义属于关系（E）如下：

$$(1) \ u\text{E}x \leftrightarrow \exists \text{F}(x = ext(\text{F}) \leftrightarrow \text{F}u)。$$

在第五公理的帮助下，我们得到：

$$x = ext(\text{F}) \rightarrow \forall u(u\text{E}x \rightarrow \text{F}u)。$$

但那么，如果 a 是由 $\text{F}u \leftrightarrow \neg u\text{E}u$ 所定义的概念 F 的外延，我们推断 $a\text{E}a \leftrightarrow \neg a\text{E}a$，这是一个矛盾！我们将说两个概念是共延的恰好假使相同的对象归入它们。弗雷格的不协调第五公理需要两个概念被指派相同外延当且仅当它们是共延的。根据冯诺依曼的大小限制原则布劳斯(1989)弱化弗雷格的要求。把两个概念 F 和 G 定义为等数的(F～G)当在归入 F 的对象和归入 G 的对象间存在 1—1 对应。把概念成为大的(large)当它与全概念 V 是等数的，也就是，所有对象归入其下的概念，而且把它称为小的(small)当它不是大的。布劳斯用下述取代弗雷格的第五公理：

$$\text{NV}: ext(\text{F}) = ext(\text{G}) \leftrightarrow (\text{F} \sim \text{V} \wedge \text{G} \sim \text{V}) \vee \forall x(\text{F}x \leftrightarrow \text{G}x)。$$

如同在弗雷格的情况中，布劳斯假设每个概念被指派一个外延，他把它称为对向(subtentsion)，但他要求任意两个大的概念被指派相同的外延，不管是否它们是共延的。外延的同一性仅为小的概念蕴涵共延性。布劳斯把仅有的公理是新五的二阶理论称为"FN"，这是弗雷格—冯诺依曼的简称。为看到它是协调的，令 g 是从 ω 的有限子集集

到 $\omega \backslash \{0\}$ 的 1—1 映射。定义外延算子 $ext: \mathcal{P}(\omega) \to \omega$ 通过下述：

$$ext(\mathrm{F}) = \begin{cases} g(\mathrm{F}) \text{ 当 } F \text{ 是有限的,} \\ 0 \text{ 当 } \mathrm{F} \text{ 是无穷的。} \end{cases}$$

清楚的是 $\langle \omega, ext \rangle$ 是 FN 的模型,概念是自然数学集,小概念是有限集,而且 0 是所有大概念的共同外延。为了在 FN 中发展集合论,布劳斯通过(1)定义属于关系,但他把集合认作小外延,也就是,小概念的外延。然而,所有大概念的共同外延使这个选择有点不令人满意,由于单元素集 $\{ext(\mathrm{V})\}$ 的并集不是小的。所以布劳斯把注意力限制到他称为"纯粹集"和我们称为"纯粹外延"的东西。他把概念定义为封闭的若每当外延的所有元素都归入它,外延也是如此,也就是,F 是封闭的当且仅当对每个外延 x,

$$\forall y(y \mathrm{E} x \to \mathrm{F} y) \to \mathrm{F} x。$$

而且他把外延定义为纯粹的当它归入所有的封闭概念。然后他表明纯粹外延是小的且除了幂集和无穷的所有 **ZFC** 公理都成立,当被限制到纯粹外延。更具体地说,外延、分离、空集、对集、并集、替换、选择和基础这些公理在 FN 中对纯粹外延都是可证明的。我们想阐明布劳斯的纯粹外延概念而且尤其阐明当被限制到它们基础公理成立的事实。我们以注解我们不需要把注意力局限到纯粹外延而开始,仅仅出于排除不想要的诸如 $\{ext(\mathrm{V})\}$ 的对象的目标——为了这个目标,考虑遗传小外延是足够的。

概念 F 是传递的若每当外延归入 F 那么所有它的元素也归入 F。外延是传递的当它是传递概念的外延。外延是遗传小的当它归入某个只有小外延归入其下的传递概念。遗传小外延的直观图景是元素是小外延的小外延,元素是小外延的元素的小外延,诸如此类。布劳斯(1989)的论证构建的是除了幂集、无穷和基础的所有 **ZFC** 公理都成立,当被限制到遗传小外延。然而,基础公理不能为它们被证明。因为,令 g 是从 ω 的有限子集集到 $\omega \backslash \{0\}$ 的 1—1 映射,但限制要求

509

$g(\{1\})=1$。如果我们定义 $ext:\mathcal{P}(\omega)\to\omega$ 通过下述：

$$ext(F)=\begin{cases}g(F)\text{ 当 F 是有限的,}\\0\text{ 当 F 是无穷的,}\end{cases}$$

那么新五是满足的。但基础公理无效，因为在从 ext 所定义的属于关系中，1E1 和 1 都是遗传小外延，由于只有 1 归入其下的概念是传递的且小的。所以，尽管我们能在 FN 中证明所有纯粹外延都是遗传小的，那么我们不能证明所有遗传小外延都是纯粹的。

注解 1： 如果小外延的所有元素是遗传小外延，那么外延也是如此。

证明： 令 a 是小外延且假设 a 的所有元素都是遗传小外延。令 F 是对象 x 归入其下的概念当且仅当或者 $x=a$ 或者 x 是遗传小外延。F 明显是传递的，只有小外延归入 F，且 a 归入 F。因此，a 是遗传小外延。∎

冯诺依曼序数是遗传小外延的重要例子，这里为采用通常的定义，一个序数是由 E 所良序化的传递遗传小外延 a。我们令 OR 是成为序数的概念。良基概念是概念 F 使得归入每个非空子概念的是某个 E—极小对象。作为一个例子，OR 是一个良基概念。良基外延是归入某个传递良基概念的外延。由于 OR 是良基概念，每个序数是良基外延。

注解 2： 如果外延的所有元素都是良基的，外延也是如此。

证明： 令 a 是所有它的元素都是良基的外延。令 F 是对象 x 归入其下的概念当且仅当或者 $x=a$ 或者 x 是良基的。F 明显是传递的。它也是良基的而且 a 归入 F。因此，a 是良基外延。∎

如同我们现在表明的,纯粹外延与良基遗传小外延相一致。

注解3:外延是纯粹的当且仅当它是良基遗传小外延。

证明:

左推右:根据注解1,成为遗传小外延的概念是封闭的。根据注解2,成为良基外延的概念也是封闭的。但两个封闭概念的合取也是封闭概念。结果,所有的纯粹概念是良基遗传小外延。

右推左:令 a 是良基遗传小外延且令 F 是一个封闭概念。使用归谬法,为找出矛盾,假设 a 没归入 F。由于 F 是封闭的,存在不归入 F 的 a 的一个元素 b。令 G 和 H 是分别见证 a 是遗传小外延和良基对象的传递概念,且令 J 是由下述所定义的概念:

$$Jx \leftrightarrow Gx \wedge Hx \wedge \neg Fx。$$

由于 J 是 H 的子概念,J 是良基的。由于 b 归入 J,J 是非空的。令 d 是归入 J 的某个 E—极小对象。因此 $\neg Fd$。由于 J 是 G 的子概念,d 是遗传小外延。由于 G 和 H 都是传递的,且 d 在 J 中是 E—极小的,d 的所有元素必定归入 F。但那么,由于 d 是一个外延且 F 是布劳斯—封闭的,d 归入 F。因此,既有 Fd 也有 $\neg Fd$。谬论！■

2. 受限第五基本定律的两个变体

由于 $ext(V)$ 在新五中对解释集合论的目标是不必要的,我们不妨避开它且通过把外延只指派到小概念修正我们的理论。更一般地,无需把我们自身限制到布劳斯的在大的和小的概念间区分的描述,我们提出考虑在其只有在某个规定类中的概念有外延的对弗雷格第五公理的修正。为了这个目的,我们考虑带有外延谓词 EXT 和部分外延算子 ext 的二阶语言,其只为满足 EXT 的概念被定义。如果 EXT(F),我们说 F 有一个外延,而且我们把 $ext(F)$ 称为 F 的外延。外延是由下述第五公理的受限形式所掌控的：

（RV）　如果 EXT(F)和 EXT(G)，那么 $ext(F)=ext(G)\leftrightarrow\forall x$ $(Fx\leftrightarrow Gx)$。

当然，受限第五公理即 RV 必定要补充以什么概念有外延的描述。我们把 RV 的特殊情况称为 NV⁻，在其概念有外延恰好假使它是小的，也就是，EXT(F)↔F≺V：

（NV⁻）　如果 F≺V 且 G≺V，那么 $ext(F)=ext(G)\leftrightarrow$ $\forall x(Fx\leftrightarrow Gx)$。

NV⁻ 和 NV 间一个明显的区分在于在前者中 V 没有外延。注意 NV⁻ 是平凡协调的，由于它有只存在一个对象的模型，这是空概念的外延。这是仅有的有限模型，由于 NV⁻ 蕴涵如果存在多于一个的对象那么存在无穷个多个对象。对 NV⁻ 的可数无穷模型，取遗传有限集合集 HF 且令 ext 是 HF 上的恒等映射。事实上从 HF 到 HF 的任意单射函数能起到 ext 的作用。这产生 NV⁻ 的 $2^{\aleph_0}$ 个两两非—同构可数模型。从布劳斯的 NV 对集合论的发展能以 NV⁻ 的较少修正加存在多于一个对象的假设执行下去，这是我们自始至终做出的假设。换句话说，我们处理的是二阶理论，它的公理是 NV⁻ 和 $\exists x\exists y\, x\neq y$。由于大概念没有外延，NV 的遗传小外延恰好是 NV⁻ 的遗传外延，这些成为归入传递概念的在其下只有外延归入的外延。经过适当的修改，布劳斯(1989)中的论证，构建下述命题：

命题 4： 相对化到外延、分离、空集、配对、并集、选择和替换这些公理的遗传外延是 NV⁻＋$\exists x\exists y\, x\neq y$ 的定理。把这些公理和基础公理相对化到良基遗传外延也是如此。

512

如同新五的情况那样，人们能从 NV⁻ 证明存在良序化论域的关系概念。有人开发布拉利—福蒂悖论背后的推理以表明成为序数的概念 OR 没有外延，这意味着 OR～V。相应地，OR 的标准良序诱导 V 的良序。然而，存在相似于 NV⁻ 的 RV 变体在于它们把外延只指派到在其下相对少对象归入的概念，但其阻止通向论域良序存在性证明的路径。对每个这些变体的每个模型存在无穷基数 λ 使得概念有外延当且仅当少于 λ 个对象归入它。在任意的如此模型中，OR 是在类型 λ 中被良序化，但这个模型的基数能比 λ 更大。如果它是如此，刚刚所勾画的 V 的良序的可证明存在性的论证将被阻止。作为有这些特征的 RV 变体的例子我们定义 EXT 以致概念 F 被指派外延恰好假使存在极大的不可达基数 μ 且 F 有严格小于 μ 的基数：

$$(\text{IN}) \quad \text{EXT}(\text{F}) \leftrightarrow \exists \text{G}(\text{F} \prec \text{G} \wedge \textit{In}(\text{G}) \wedge \forall \text{H}(\textit{In}(\text{H}) \rightarrow \text{H} \leqslant \text{G}))。$$

如同 NV⁻ 的情况那样，由（IN）所定义的带有 EXT 的 RV 是非常弱的，由于它是平凡满足的当没有概念有外延。所以，当用 RV 的这个版本工作我们应该假设某个概念有外延，也就是，我们应该考虑公理为 RV 和 $\exists$F EXT(F) 二阶理论。两个基数与 RV 变体的模型〈M, ext〉是相关的当 EXT 专有地依赖尺寸 κ，这是论域的基数，和基数 λ 使得概念有外延当且仅当它有小于 λ 的基数。我们把这些模型称为"(κ, λ)—模型"。如果我们考虑的 RV 变体是 NV⁻，那么 $\kappa = \lambda$。另一方面，对由（IN）给定的 EXT 的情况，λ 是不可达基数且不存在不可达基数 μ 使得 $\lambda < \mu \leqslant \kappa$。现在我们离开 NV⁻ 且转到对一般 (κ, λ)—模型的研究。

3. 受限第五基本定律变体的双基数模型

从现在开始，κ 和 λ 常常是无穷基数。(κ, λ)—模型一对 $\mathcal{M} = \langle \text{M}, h \rangle$，这里 M 是基数为 κ 的集合且 h 是从基数小于 λ 的基数的 M

所有子集集即$[M]^{<\lambda}$到 M 的 1—1 映射。λ—模型是(κ,λ)—模型,对某个基数 κ。令 $\kappa^{<\lambda}=sup_{\mu<\lambda}\kappa^\mu$。由于对 $\mu<\kappa$ 恰好存在基数为 μ 的 κ 的 κ^μ 个子集,我们推断存在(κ,λ)—模型当且仅当 $\kappa=\kappa^{<\lambda}$。(κ,λ)—模型是我们考虑的 RV 变体模型。尤其,NV^- 模型是(κ,κ)—模型。如果 $\mathcal{M}=\langle M,h\rangle$ 是(κ,λ)—模型,$\mathcal{M}$—概念是 M 的子集,且 $\mathcal{M}$—概念 X 有外延——也就是,$h(X)$——恰好假使它的基数是$<\lambda$,也就是,恰好假使 $X\in[M]^{<\lambda}$。(κ,λ)—模型 $\mathcal{M}=\langle M,h\rangle$ 决定结构$\langle M,E_h,\mathcal{S}_h\rangle$,这里 $\mathcal{S}_h=ran\,h$,h 的范围,且 E_h 是由下述所定义的 M 上的二元关系:

$$xE_hy\leftrightarrow y\in\mathcal{S}_h\wedge x\in h^{-1}(y)。$$

因此每当 $a\in M$ 且 $X\in[M]^{<\lambda}$:

$$aE_hh(X)\leftrightarrow a\in X。$$

我们把 h 的值称为 h—集合。因此 $\mathcal{S}_h$ 是所有的 h—集合集。h—原子是 M 的不是 h—集的元素。我们也把 E_h 称为 h—属于关系。

3.1 免基础公理的二阶 ZFCU 的模型

如果$\langle M,h\rangle$是(κ,λ)—模型,$\langle M,E_h,\mathcal{S}_h\rangle$是带有原子或者本元的集合论语言的结构。这些结构是二阶策梅洛—弗兰克尔集合论加选择公理有本元即 **ZFCU** 的片段的模型,这是策梅洛(1930)所研究的理论。我们尤其感兴趣的是二阶 **ZFCU⁻**,它的公理是 **ZFCU** 的这些公理减去基础公理。除了基础公理以外,二阶集合论的哪些公理在$\langle M,E_h,\mathcal{S}_h\rangle$中是满足的只依赖 λ。

命题 5:令 $\mathcal{M}=\langle M,h\rangle$ 是 λ—模型。结构$\langle M,E_h,\mathcal{S}_h\rangle$满足外延、分离、空集、对集、替换和选择这些二阶公理。此外:

(1)$\langle M,E_h,\mathcal{S}_h\rangle$满足无穷公理当且仅当 λ 是不可数的。

(2)$\langle M,E_h,\mathcal{S}_h\rangle$满足并集公理当且仅当 λ 是正则的。

(3)$\langle M,E_h,\mathcal{S}_h\rangle$满足幂集公理当且仅当 λ 是强极限。

514

证明:见附录1。■

因此$\langle M, E_h, \mathcal{S}_h \rangle$是二阶 **ZFCU⁻** 的模型当且仅当 λ 是不可达基数。因此,如果 λ 是不可达的且 $\mathcal{M}$ 是无原子的的,也就是,如果 $\mathcal{S}_h = M$,那么 $\langle M, E_h \rangle$ 是二阶策梅洛—弗兰克尔集合论加选择公理减基础公理即 **ZFC⁻** 的模型。注意二阶 **ZFCU⁻** 的每个模型对应某个 λ—模型对某个不可达基数 λ。因为令 κ 是无穷基数且假设 $\langle M, E, S \rangle$ 是基数为 κ 的二阶 **ZFCU⁻** 的模型。对每个 $a \in S$,也就是,对每个 E—集合 a,令 $(a)_E = \{x \in M : xEa\}$。注意对没有 $a \in S$,$|(a)_E| = \kappa$。因为不然,根据 $\langle M, E, S \rangle$ 中的二阶替换,会存在 $b \in S$ 使得 $(b)_M = M$,这是不可能的。因此令 λ 是 $\leqslant \kappa$ 的最小基数使得对没有 $a \in S$,$|(a)_E| = \lambda$。根据 λ 的选择,

$$\text{对每个 E—集合 } a \in S, (a)_E \in [M]^{<\lambda}。$$

令 $X \in [M]^{<\lambda}$。根据 λ 的极小性存在 $a \in M$ 使得 $|X| \leqslant |(a)_E|$。令 F 是从 $(a)_E$ 到 X 的函数。根据 $\langle M, E, S \rangle$ 中的二阶替换,存在某个 $b \in M$ 使得 $(a)_E = X$。因此,由于外延性在 $\langle M, E, S \rangle$ 中成立,

$$\text{对每个 } X \in [M]^{<\lambda}, \text{存在唯一的 } a \in M \text{ 使得} (a)_M = X。$$

所以,我们能定义 $h : [M]^{<\lambda} \to M$ 通过下述:
$h(X) = $ 唯一的 $a \in M$ 使得 $(a)_M = X$。
因此$\langle M, h \rangle$是(κ, λ)—模型且$\langle M, E, S \rangle = \langle M, E_h, \mathcal{S}_h \rangle$。结果,

$$\lambda \text{ 是不可达的。}$$

我们以下述命题记录上述结论。

命题 6:令 κ 是基数,M 是基数为 κ 的集合,$E \subseteq M \times M$ 且

$S \subseteq M$。结构$\langle M, E, S \rangle$是**ZFCU**$^-$的模型当且仅当存在不可达基数λ和(κ, λ)—模型$\langle M, h \rangle$使得$\langle M, E, S \rangle = \langle M, E_h, \mathcal{S}_h \rangle$。

这个小节的结果留下是否和何时基础公理在(κ, λ)—模型中是满足的问题。由于**NV**$^-$有非良基模型且**NV**$^-$的所有模型都是λ—模型,存在其基础公理失效的(κ, λ)—模型。另一方面,由于**ZFCU**$^-$的任意模型来自λ—模型,也存在在其基础公理成立的(κ, λ)—模型。我们的下一个目标是要提供对所有良基(κ, λ)—模型的一致描述。在那之后,我们将关注基础公理的失效。但首先我们处理(κ, λ)—模型子型间的同构。

3.2 两个模型间的同构

令$\mathcal{M} = \langle M, h \rangle$和$\mathcal{N} = \langle N, g \rangle$都是$(\kappa, \lambda)$—模型。$\mathcal{M}$和$\mathcal{N}$间的同构是$M$和$N$间的双射使得,对所有$X \in [M]^{<\lambda}$,

$$(2)\ g(F''X) = F(h(X)).$$

这是同构的充分概念,如同我们继续表明的那样。清楚的是集合M上的恒等映射是有定域M的任意模型的自同构。如果F是$\mathcal{M}$和$\mathcal{N}$间的同构,那么F^{-1}是$\mathcal{N}$和$\mathcal{M}$间的同构。因为令$Y \in [N]^{<\lambda}$。我们必须看到$h(F^{-1}''Y) = F^{-1}(g(Y))$。但令$X = F^{-1}''Y$。我们推导如下:

$$
\begin{aligned}
F^{-1}(g(Y)) &= F^{-1}(g(F''X)),\ 由于\ Y = F''X \\
&= F^{-1}(F(h(X)),\ 根据(2) \\
&= h(X), \\
&= h(F^{-1}''Y).
\end{aligned}
$$

如果$\mathcal{K} = \langle K, j \rangle$也是$(\kappa, \lambda)$—模型且$G$是$\mathcal{N}$和$\mathcal{K}$间的同构,因为对每个$Y \in [N]^{<\lambda}$,

(3) $j(G''Y)=G(g(Y))$,

那么 $G \circ F$ 是 $\mathcal{M}$ 和 $\mathcal{K}$ 间的同构。因为如果 $X \in [M]^{<\lambda}$，那么

$$
\begin{aligned}
j((G \circ F)''X) &= j(G''(F''X)), \\
&= G(g(F''X)),\text{根据}(3), \\
&= G(F(h(X))),\text{根据}(2), \\
&= (G \circ F)(h(X))。
\end{aligned}
$$

此外，

引理 7：如果 $\mathcal{M}=\langle M, h\rangle$ 和 $\mathcal{N}=\langle N, g\rangle$ 都是 (κ, λ) —模型且 $F: M \rightarrow N$，那么 F 是 $\mathcal{M}$ 和 $\mathcal{N}$ 间的同构当且仅当它是结构 $\langle M, E_h, \mathcal{S}_h\rangle$ 和 $\langle N, E_g, \mathcal{S}_g\rangle$ 间的同构。

证明：令 F 是从 M 到 N 的函数。

左推右：假设 F 是 $\mathcal{M}$ 和 $\mathcal{N}$ 间的同构。令 $a, b \in M$。我们核对 (i)如果 $a \in \mathcal{S}_h$，那么 $F(a) \in \mathcal{S}_g$ 且(ii)如果 $a E_h b$，那么 $F(a) E_g F(b)$。这将是足够的，由于 F^{-1} 也是 $\mathcal{N}$ 和 $\mathcal{M}$ 间的同构。现在如果 $a \in \mathcal{S}_h$，令 $X = hh^{-1}(a)$。$X \in [M]^{<\lambda}$，而且，根据(2)，$g(F''X) = F(h(X)) = F(a)$，以致 $F(a) \in \mathcal{S}_g$。至于(ii)，如果 $a E_h b$，那么 $b \in \mathcal{S}_h$ 且 $a \in hh^{-1}(b)$。令 $X = hh^{-1}(b)$。因此 $F(a) \in F''X$，而且，根据(2)，$g(F''X) = F(h(X)) = F(b)$。因此，根据 E_g 的定义，$F(a) E_g F(b)$。

右推左：现在假设 F 是 $\langle M, E_h, \mathcal{S}_h\rangle$ 和 $\langle N, E_g, \mathcal{S}_g\rangle$ 间的同构。令 $X \in [M]^{<\lambda}$ 且设置 $a = h(X)$。因此，$a \in \mathcal{S}_h$，而且 $F(a) \in \mathcal{S}_g$，也就是 $F(a) \in ran(g)$。根据 E_h 的定义，$X = \{b \in M : b E_h a\}$。因此，根据我们在 F 上的假设，

$$F''X = \{F(b) : b \in M \wedge F(b) E_g F(a)\} = \{c \in N : c E_g F(a)\}.$$

因此,根据 E_g 的定义,$g(F''X) = F(a)$,也就是,$g(F''X) = F(h(X))$,这是等式(2)。从而,F 是 $\mathcal{M}$ 和 $\mathcal{N}$ 间的同构。 ∎

3.3 子模型与子结构

令 $\langle M, h \rangle$ 是 (κ, λ)—模型。M 的子集 N 是 h—封闭的当 $h''[N]^{<\lambda} \subseteq N$。N 是 h—传递的当对所有 $a \in N \cap S_h$, $hh^{-1}(a) \subseteq N$。因此 N 是 h—传递的当且仅当每当 $a \in N$ 且 $x E_h a$,那么 $x \in N$。令 $\langle M, h \rangle$ 和 $\langle N, g \rangle$ 都是 λ—模型。我们说 $\langle N, g \rangle$ 是 $\langle M, h \rangle$ 的子模型当且仅当 $N \subseteq M$ 且 $g = h \upharpoonright [N]^{<\lambda}$。因此 $\langle M, h \rangle$ 的子模型是由 M 的 h—传递子集决定的。如果 $\langle N, g \rangle$ 是 $\langle M, h \rangle$ 的子模型且 N 是 M 的 h—传递子集,我们说 $\langle N, g \rangle$ 是 $\langle M, h \rangle$ 的传递子模型。注意 $\langle M, h \rangle$ 的子模型 $\langle N, g \rangle$ 是传递的当且仅当 $S_h \cap N = S_g$,也就是,当且仅当没有 g—原子是 h—集合。因此,$\langle M, h \rangle$ 的每个无原子子模型都是传递的。

引理 8: 如果 $\langle M, h \rangle$ 和 $\langle N, g \rangle$ 都是 λ—模型且 N 是 M 的 h—传递子集,那么 $\langle N, g \rangle$ 是 $\langle M, h \rangle$ 的子模型当且仅当 $\langle N, E_g, S_g \rangle$ 是 $\langle M, E_h, S_h \rangle$ 的子结构。

证明: 令 $\langle M, h \rangle$ 和 $\langle N, g \rangle$ 都是 λ—模型,有 N 作为 M 的 h—传递子集。

左推右: 假设 $\langle N, g \rangle$ 是 $\langle M, h \rangle$ 的子模型。由于 N 是 h—传递的,$S_g = S_h \cap N$。所以,需要表明对所有 $a, b \in N$,$a E_g b$ 当且仅当 $a E_h b$。令 $a, b \in N$。如果 $a E_g b$,那么 $b \in ran(g)$ 且 $a \in gh^{-1}(b)$;由于 $gh^{-1}(b) \in [N]^{<\lambda}$,$h(gh^{-1}(b)) = b$,所以 $a E_h b$。相反地,如果 $a E_h b$,$a \in hh^{-1}(b)$ 而且,由于 N 是 h—传递的,$hh^{-1}(b) \in [N]^{<\lambda}$。因此 $g(hh^{-1}(b)) = b$,以致 $a E_g b$。

右推左：假设$\langle N, E_g, \mathcal{S}_g\rangle$是$\langle M, E_h, \mathcal{S}_h\rangle$的子结构。我们必须核对$g = h \upharpoonright [N]^{<\lambda}$，也就是，每当$X \in [N]^{<\lambda}$，$g(X) = h(X)$。令$g(X) = b$。由于$\langle N, E_g\rangle$是$\langle M, E_h\rangle$的子结构，对所有$a \in N$，$aE_gb \leftrightarrow aE_hb$，也就是，$a \in X \leftrightarrow a \in hh^{-1}(b)$。因此$X = hh^{-1}(b) \bigcap N$。由于$N$是$h$—传递的，$hh^{-1}(b) \subseteq N$。因此$X = hh^{-1}(b)$，也就是$h(X) = b$。相反地，假设$h(X) = b$。如以前，对所有$a \in N$，$a \in gh^{-1}(b) \leftrightarrow a \in X$。所以，由于$gh^{-1}(b) \subseteq N$，$gh^{-1}(b) = X$，也就是，$g(X) = b$。∎

N的h—传递性的假设对两个方向的条件是必要的，如同由下述两个例子所表明的。

例1：令$\langle N, g\rangle$是至少有一个原子a的(κ, λ)—模型。令M是包括N的集合有$|M \backslash N| = |M| = |N| = \kappa$且令X是M的子集使得$X \bigcap N \neq \varnothing$且$X \backslash N \neq \varnothing$。令$h$是扩充$g$的从$[M]^{<\lambda}$到M的任意单射函数而且使得$h(X) = a$。N不是$h$—传递的，由于$hh^{-1}(a) \nsubseteq N$。通过构造，$\langle N, g\rangle$是$\langle M, h\rangle$的子模型，但$\langle N, E_g, \mathcal{S}_g\rangle$不是$\langle M, E_h, \mathcal{S}_h\rangle$的子结构，由于$a \in \mathcal{S}_h \bigcap N$，但$a \notin \mathcal{S}_g$。确实，甚至$\langle N, E_g\rangle$不是$\langle M, E_h\rangle$的子结构，由于如果$b \in X \bigcap N$，那么$bE_ha$，而不是$bE_ga$。

例2：令$\langle N, g\rangle$是无原子(κ, λ)—模型。令M是包括N的集合有$|M \backslash N| = |M| = |N| = \kappa$且令$e \in M \backslash N$。令$h$是从$[M]^{<\lambda}$到M的任意单射函数使得对每个$X \in [N]^{<\lambda}$，$h(X \bigcup \{e\}) = g(X)$。N不是$h$—传递的，由于没有$a \in N$是$hh^{-1}(a) \subseteq N$。明显的是$\langle N, g\rangle$不是$\langle M, h\rangle$的子模型。然而，$\langle N, E_g, \mathcal{S}_g\rangle$是$\langle M, E_h, \mathcal{S}_h\rangle$的子结构，由于对每个$a \in N$，$gh^{-1}(a) = hh^{-1}(a) \bigcap N$。

对$a \in M$，令$T_h(a)$是a的h—传递闭包，也就是，包含a的M的最小h—传递子集。a的h—支撑，用符号表示为$supt_h(a)$，是包含在$T_h(a)$中的所有h—原子集。如果A是h—原子集，我们说a是在A中有支撑的对象当$supt_h(a) \subseteq A$。如果$supt_h(a) = \varnothing$，我们说a是遗传h—集合。不难看到在任意给定h—原子集中M中有支撑的所有对象的集合是M的h—封闭的和h—传递的子集。尤其，所有遗传

h—集也是如此。

4. 对良基两基数模型与良基两基数子模型的结构描述

令 λ 是无穷基数且令 $\mathcal{M}=\langle M, h \rangle$ 是 (κ, λ)—模型。M 的任意 h—封闭子集族的交集是 M 的 h—封闭子集。因此,对每个 h—原子集 A 存在包括 A 的 M 的极小 h—封闭子集,我们把它记为"$M_h(A)$",或者,简单记为"$M(A)$"。用"$\mathcal{M}(A)$"我们指论域为 M(A) 的 $\mathcal{M}$ 的子模型。我们用递归描述 M(A)。令

$$A_0 = A,$$
$$A_{\alpha+1} = A_\alpha \bigcup h''([A_\alpha]^{<\lambda}),$$
$$A_\alpha = \bigcup_{\beta<\alpha} A_\beta,\text{对极限 }\alpha。$$

注意每个 A_α 是 h—传递的且 $A_\alpha \subseteq A_\beta$,每当 $\alpha<\beta$。如果 λ 是无穷基数,令 λ^* 是共尾性 $\geq\lambda$ 的最小基数。因此

$$\lambda^* = \begin{cases} \lambda,\text{当 }\lambda\text{ 是正则的} \\ \lambda^+,\text{当 }\lambda\text{ 是奇异的} \end{cases}$$

我们注意到如果 κ 是任意基数使得 $\kappa^{<\lambda}=\kappa$,那么 $\lambda^* \leqslant \kappa$。

引理 9:$M(A) = A_{\lambda^*}$。因此,M(A) 是 h—传递的。

证明:由于 M(A) 是包括 A 的 M 的最小 h—封闭子集而且由于 $A \subseteq A_{\lambda^*}$,我们必须表明 (i) A_{λ^*} 是 h—封闭的,且 (ii) $A_{\lambda^*} \subseteq M(A)$。为表明 (i),令 $X \subseteq [A_{\lambda^*}]^{<\lambda}$。由于 $|X|<\lambda \leqslant cf\lambda^*$,存在 $\alpha<\lambda^*$ 使得 $X \in [A_\alpha]^{<\lambda}$。因此 $h(X) \in A_{\alpha+1} \subseteq A_{\lambda^*}$。为表明 (ii),人们通过归纳证明对每个序数 α,$A_\alpha \subseteq M(A)$。∎

引理 10：E_h 在 M(A)上是良基的。

证明：令 X⊆M(A)，X≠∅。如果 X 包含某个 h—原子，那么证毕。所以假设 X 的每个元素都是 h—集合。我们必须找到 $a∈X$ 使得 $hh^{-1}(a)\bigcap X=∅$。令 α 是最小序数使得 X$\bigcap$A_α≠∅ 且令 $a∈X\bigcap$A_α。存在 β<α 使得 $hh^{-1}(a)⊆$A_β。根据 α 的极小性，A_β$\bigcap$X=∅。所以，$hh^{-1}(a)\bigcap X=∅$。∎

我们说对象 $a∈$M 是遗传 h—良基的当 E_h 在 a 的 h—传递闭包中是良基的。

引理 11：M(A)是 M 中所有遗传 h—良基对象集，在 A 中有支撑。

证明：令 N 是 M 中所有遗传 h—良基对象集，在 A 中有支撑。我们能看到 N 是 h—封闭的，A⊆N 且 E_h 在 N 中是良基的。由于 N 是 h—封闭的且包括 A，M(A)⊆N。对于逆命题，令 $a∈$M(A)。由于 M(A)是 h—传递的，$T_h(a)⊆$M(A)，以致 E_h 在 $T_h(a)$ 上是良基的，也就是，$a∈$N。∎

引理 12：如果〈N，g〉是〈M，h〉的传递子模型，A 是 g—原子集且 E_g 在 N 上是良基的，那么 N＝M(A)。简要地，$\mathcal{M}$(A)是有原子集 A 的〈M，h〉的唯一良基传递子模型。

证明：由于 N 是 h—传递的，A 是 h—原子集。因此，根据 M(A)的极小性，M(A)⊆N。对于逆包含，假设 $a∈$N。由于 N 是 h—传递的，$T_g(a)＝T_h(a)$。由于 E_g 在 N 上是良基的，在 $T_g(a)$ 上它是良基的。但那么，E_h 在 $T_h(a)$ 上是良基的，也就是，a 是遗传 h—良基的。因此 $a∈$M(A)且 N⊆M(A)。∎

521

如同我们将要看到的，$\mathcal{M}(A)$是直到同构的唯一良基λ—模型，有 A 的基数的原子集。首先我们计算 M(A) 的基数。那么我们表明对任意无穷基数 λ 存在良基 λ—模型，有任意规定基数的原子集。最后，我们证明有相同基数的原子集的任意两个良基 λ—模型是同构的。

事实 13： 如果 $|A|=\mu$，$|M(A)|$ 是最小基数 $\kappa\geq\mu$ 使得 $\kappa^{<\lambda}=\kappa$。

证明： 令 $|A|=\mu$，$|M(A)|=\nu$，且令 κ 是最小使得 $\kappa\geq\mu$ 且 $\kappa^{<\lambda}=\kappa$。我们表明 $\kappa=\nu$。由于 M(A) 是 h—封闭的，$\nu^{<\lambda}=\nu$ 且由此，$\lambda\leq\nu$。由于 $A\subseteq M(A)$，$\mu\leq\nu$。因此，根据 κ 的极小性，$\kappa\leq\nu$。由于 $\lambda^*\leq\kappa$，如同 $cf\kappa\geq\lambda$，为知道 $\nu\leq\kappa$ 看到对每个 $\alpha<\lambda^*$，A_α 的基数 $\leq\kappa$ 是足够的。通过在 α 上做归纳我们看到这个：令 $\alpha<\lambda^*$ 且假设 $|A_\beta|\leq\kappa$ 对 $\beta<\alpha$。由于 $\alpha\leq\lambda\leq\kappa$，$|A|=\mu\leq\kappa$ 且 $\kappa^{<\lambda}=\kappa$，A_α 是基数 $\leq\kappa$ 的至多 κ 个集合的并集，因此它的基数至多是 κ。■

命题 14： 如果 λ 和 μ 都是基数，有作为无穷的 λ，至少存在恰好有 μ 个原子的一个良基 λ—模型。

证明： 令 κ 是一个基数使得 $\mu\leq\kappa$ 且 $\kappa^{<\lambda}=\kappa$。令 A 是基数为 μ 的 M 的子集且使得 $|M\backslash A|=\kappa$。令 h 是从 $\kappa^{<\lambda}$ 到 $M\backslash A$ 的任意单射函数。因此 $\mathcal{M}=\langle M,h\rangle$ 是 (κ,λ)—模型有 A 作为 h—原子集。$\mathcal{M}(A)$ 是想要的模型。■

推论 15： 如果 λ 是无穷基数且 κ 是任意基数使得 $\kappa^{<\lambda}=\kappa$，那么存在良基 (κ,λ)—模型。

证明： 根据命题 14 和事实 13。■

命题 16:令 λ 是无穷基数且假设 $\mathcal{M}=\langle \mathrm{M}, h\rangle$ 且 $\mathcal{N}=\langle \mathrm{N}, g\rangle$ 是任意的两个良基 λ—模型。假设 F 是 h—原子集 A_h 和 g—原子集 A_g 间的双射。那么 F 能被唯一扩充到 $\mathcal{M}$ 和 $\mathcal{N}$ 间的同构 F^*。因此,对每个基数 μ 直到同构恰好存在有 μ 个原子的一个良基 λ—模型。

证明:定义 $\mathrm{F}^*: \mathrm{M}\to\mathrm{N}$ 通过下述 E_h—递归:

$$\mathrm{F}^*(a)=\begin{cases} \mathrm{F}(a), & \text{当 } a\in\mathrm{A}_h \\ g(\{\mathrm{F}^*(x): x\mathrm{E}_h a\}), & \text{当 } a\in\mathcal{S}_h \end{cases}$$

首先,我们看到 F^* 根据 E_h—归纳是单射的。F^* 限制到 A_h 明显是单射的,所以令 $a\in\mathcal{S}_h$ 且假设

$$(4)\quad (\forall x\mathrm{E}_h a)(\forall y\in\mathrm{M})(\mathrm{F}^*(x)=\mathrm{F}^*(y)\to x=y).$$

我们必须看到没有 $b\neq a$ 是 $\mathrm{F}^*(a)=\mathrm{F}^*(b)$。所以,假设 $\mathrm{F}^*(a)=\mathrm{F}^*(b)$。由于 g 是单射的,

$$(5)\quad \{\mathrm{F}^*(x): x\mathrm{E}_h a\}=\{\mathrm{F}^*(x): x\mathrm{E}_h b\}.$$

我们必须推断 $a=b$,或者,等价地,$hh^{-1}(a)=hh^{-1}(b)$。假设 $x\in hh^{-1}(a)$,也就是,$x\mathrm{E}_h a$。根据(5),存在 $y\in hh^{-1}(a)$ 使得 $\mathrm{F}^*(x)=\mathrm{F}^*(y)$。根据(4),$x=y$。因此 $x\in hh^{-1}(b)$。结果,$hh^{-1}(a)\subseteq hh^{-1}(b)$。相反地,如果 $y\in hh^{-1}(b)$,根据(5)存在 $x\in hh^{-1}(a)$ 使得 $\mathrm{F}^*(x)=\mathrm{F}^*(y)$。再次根据(4),$x=y$。因此 $hh^{-1}(b)\subseteq hh^{-1}(a)$。因此 $hh^{-1}(a)=hh^{-1}(b)$。现在我们核对 F^* 是根据 E_g—归纳映射到 N 上的。令 $b\in\mathrm{N}$ 且假设 $gh^{-1}(b)\subseteq ran(\mathrm{F}^*)$。根据我们在 b 上的假设,$\mathrm{F}^{*\prime\prime}\mathrm{X}=gh^{-1}(b)$,由此 $g(\mathrm{F}^{*\prime\prime}\mathrm{X})=b$。由于 $|gh^{-1}(b)|<\lambda$ 且 F^*

是单射的，$X \in [M]^{<\lambda}$。令 $a = h(x)$。根据 F^* 的定义，$F^*(a) = g(\{F^*(x) : xE_h a\}) = g(F^{*\prime\prime}X) = b$。因此 $b \in ran(F^*)$。最后，我们表明 F^* 满足同构等式。令 $X \in [M]^{<\lambda}$ 且令 $a = h(X)$。从而，$a \in \mathcal{S}_h$。因此，根据 F^* 的定义，且由于 $hh^{-1}(a) = \{x \in M : xE_h a\}$ 的事实，$F^*(a) = g(F^{*\prime\prime}(hh^{-1}(a)))$。换句话说，$F^*(h(X)) = g(F^{*\prime\prime}X)$；这是对 F^* 的等式(2)。■

因此我们有对所有良基 (κ, λ)—模型和任意 (κ, λ)—模型的所有良基子模型的完整结构性描述。在离开这个话题前，我们给出无原子良基 λ—模型的标准表示。对每个无穷基数 λ，令 H_λ 是传递闭包基数小于 κ 的所有集合，因此 $H_\omega = HF$。

注解 17： 如果 λ 是正则基数且 $\langle M, h \rangle$ 是无原子良基 λ—模型，那么 $\langle M, E_h \rangle \cong \langle H_\lambda, \in \rangle$。

证明： 令 λ 是正则的且假设 $\langle M, h \rangle$ 是无原子的良基 λ—模型。根据 λ 的正则性，$[H_\lambda]^{<\lambda} = H_\lambda$。因此，如果 g 是 H_λ 上的恒等映射，$\langle H_\lambda, g \rangle$ 是无原子的良基 λ—模型。根据如此模型的唯一性，$\langle M, h \rangle$ 是同构于 $\langle H_\lambda, g \rangle$ 的。但那么，根据引理 7，$\langle M, E_h \rangle \cong \langle H_\lambda, \in \rangle$。■

5. 存在大量非良基双基数模型

我们观察到结构 $\langle M, E_h \rangle$ 和 $\langle H_\lambda, \in \rangle$ 间的唯一同构是函数 $F: M \to H_\lambda$，由 $F(a) = \{F(x) : xE_h a\}$ 给定。

注解 18： 如果 λ 是奇异的且 $\langle M, h \rangle$ 是无原子良基 λ—模型，那么 $\langle M, E_h \rangle \cong \langle S_{\lambda^+}, \in \rangle$，这里 $S_0 = \varnothing$，$S_{\alpha+1} = [S_\alpha]^{<\lambda}$，而且，对极限 α，$S_\alpha = \bigcup_{\beta < \alpha} S_\beta$。

证明： 与注解 17 的证明相似。■

既然我们对所有的良基(κ,λ)—模型有着完整的描述，我们把注意力指向非良基模型。我们的目的是双重的。一个目标是要为每对无穷基数κ，λ阐明非良基(κ,λ)—模型的多样性和丰富性使得$\kappa^{<\lambda}=\kappa$。它们中的某些，也就是，对其λ是不可达的那些，将产生二阶**ZFCU$^-$**的非良基模型。其他的目标是要回答鉴于非良基(κ,λ)—模型存在性直接出现的一个问题：以规定的方式构建破坏基础公理的(κ,λ)—模型是可能的吗？而且，尤其，构建满足阿策尔的反基础公理的(κ,λ)—模型是可能的吗？让我们首先应付第一个任务。我们知道每当κ和λ是无穷基数使得$\kappa^{<\lambda}=\kappa$，存在良基(κ,λ)—模型。然而，对相对于λ大的κ，如此模型必定包括很多原子。如果我们要求我们的模型$\langle M,h\rangle$有严格少于λ个的原子，这意味着存在E_h—元素全都是h—原子的h—集，那么存在λ—模型基数的上界，也就是最小基数κ使得$\kappa^{<\lambda}=\kappa$。一般而言，如同我们从命题16看到的那样，良基λ—模型的基数是由原子集的基数所决定的。确实，如果μ是任意基数且κ是最小使得$\mu\leqslant\kappa$且$\kappa^{<\lambda}=\kappa$，那么有μ个原子的任意良基λ—模型有基数κ。

现在我们表明不存在不带有原子的非良基λ—模型基数上的上界。事实上，对每个基数κ使得$\kappa^{<\lambda}=\kappa$存在无原子(κ,λ)—模型：如果$|M|=\kappa=\kappa^{<\lambda}$且$h$是从$[M]^{<\lambda}$到$M$的单射函数，那么$\langle M,h\rangle$是如此的一个模型。如果我们想证实模型是非良基的，我们选择h以致对某个$X\in[M]^{<\lambda}$，$h(X)\in X$。因为如果$h(X)=a\in X$，那么aE_ha。明显地，单射函数$h:[M]^{<\lambda}\to M$产生非良基模型当且仅当存在M的元素序列$\langle a_n:n\in\omega\rangle$使得对所有$n\in\omega$，$a_{n+1}\in hh^{-1}(a_n)$。容易找到像这样的函数。固定基数$\kappa$使得$\kappa=\kappa^{<\lambda}$且令$M$是基数为$\kappa$的任意集合。给定$M$的任意$1$—$1$元素序列$\langle a_n:n\in\omega\rangle$，无疑存在单射函数$h:[M]^{<\lambda}\to M$使得对每个$n$，$h(\{a_{n+1}\})=a_n$。那么$\langle a_n:n\in\omega\rangle$是$\langle M,h\rangle$中的$E_h$—下降序列。如果$h$是映射到$M$，那么模型$\langle M,h\rangle$是无原子的。再次，给定$n>1$和$M$的$n$个不同元素，$a_1,a_2,\cdots,a_n$，令$h:$

$[M]^{<\lambda} \rightarrow M$ 是单射函数使得 $h(\{a_1\}) = a_2$，$h(\{a_2\}) = a_3$，$\cdots$，且 $h(\{a_n\}) = a_1$。那么在 $\langle M, E_h \rangle$ 中，$a_1 E_h a_2 E_h \cdots a_n E_h a_1$。现在我们表明存在多个非良基 (κ, λ)—模型。

命题 19：如果 λ 是无穷基数且 κ 是最小基数使得 $\kappa = \kappa^{<\lambda}$，那么存在 2^λ 个两两非同构非良基 (κ, λ)—模型。

证明：令 S 是 λ 的非空子集且令 M 是基数为 κ 的集合。令 $A \subseteq M$ 是与 S 可双射的集合，$\langle \mu_\alpha : \alpha \in S \rangle$ 是 A 的单射枚举，且令 $h: [M]^{<\lambda} \rightarrow M$ 使得 $\langle M, h \rangle$ 是带有原子集 A 的良基 (κ, λ)—模型，也就是，$M = M(A)$。考虑 "h—序数" 序列 $\langle a_\alpha : \alpha \in \lambda \rangle$ 使得对每个 $\alpha \in \lambda$，$a_\alpha = h(\{a_\beta : \beta < \alpha\})$，这在 $\langle M, E_h \rangle$ 中起着序数序列的作用。现在定义 $g_S : [M]^{<\lambda} \rightarrow M$ 如下且令 $g = g_S$：

如果 $X = \{a_\alpha, \mu_\alpha\}$ 对某个 $\alpha \in S$，$g(X) = \mu_\alpha$，

否则，$g(X) = h(X)$。

由于每个 μ_α 是 h—原子，g 是单射的。此外，$ran(g) = M \backslash \{h(a_\alpha, \mu_\alpha) : \alpha \in S\}$，也就是，$\{h(a_\alpha, \mu_\alpha) : \alpha \in S\}$ 是 g—原子集。令 $\mathcal{M}_s = \langle M, g \rangle$。我们表明对任意 $b \in M$，

(6) $b E_g b \leftrightarrow (\exists \alpha \in S)(b = \mu_\alpha)$。

一方面，如果 $\alpha \in S$，那么 $\mu_\alpha \in g h^{-1}(\mu_\alpha)$，以致 $\mu_\alpha E_g \mu_\alpha$。另一方面，如果 $b \in ran(g)$ 且 $b \neq \mu_\alpha$，对每个 $\alpha \in S$，那么 $b = h(X)$ 对某个 $X \in [M]^{<\lambda}$。但那么 $b = g(X)$，以致 $b E_g b$ 当且仅当 $b E_h b$。由于 E_h 是良基的，那么 $\neg b E_h b$。从(6)出发我们看到能从 $\mathcal{M}_s$ 恢复 S：因为 (i) a_α 在 $\langle M, h \rangle$ 和 $\langle M, g \rangle$ 中都是 "第 α 个序数"，也就是，集合 $\{x \in M : x E_h a_\alpha\} = \{x \in M :$

$x \mathrm{E}_g a_\alpha\}$ 是 h—传递的和 g—传递的且带有序型 α 根据 E_h 和 E_g 是良序的。通过对 E_h 的构造这是真的而且它对 E_g 也是真的,由于恒等映射是无原子良基 λ—模型 $\langle \mathrm{M}(\varnothing), \mathrm{E}_h \rangle$ 和 $\langle \mathrm{M}(\varnothing), \mathrm{E}_g \rangle$ 间的同构。而且(ii)a_α 是不同于 μ_α 的 μ_α 的唯一 E_g—元素。因此:$\alpha \in \mathrm{S}$ 当且仅当存在 $a, b \in \mathrm{M}$ 使得

1. $gh^{-1}(b) = \{a, b\}$,
2. $gh^{-1}(a)$ 是 g—传递的,
3. $\langle gh^{-1}(a), \mathrm{E}_g \rangle$ 是类型为 α 的良序。

由此推断如果 S 和 T 是 λ 的不同非空子集,由此被解释的模型 $\mathcal{M}_s$ 和 $\mathcal{M}_t$ 是非同构的。因此我们有 2^λ 个非良基(κ, λ)—模型。∎

所有这些模型都有原子,$\mathcal{M}_s$ 中的原子成为 $h(\{a_\alpha, \mu_\alpha\})$ 的,对 $\alpha \in \mathrm{S}$。现在我们修改构造以去除它们。

命题 20:如果 λ 是无穷基数且 κ 是最小基数使得 $\kappa = \kappa^{<\lambda}$,那么存在无原子的 2^λ 个两两非同构非良基(κ, λ)—模型。

证明:如果 λ 是不可数的,令 S 是小于 λ 的无穷极限序数集,而如果 $\lambda = \omega$,令 S 是无穷偶数集。如前,令 $\mathrm{A} \subseteq \mathrm{M}$ 是基数为 S 的集合,且令 $\mathcal{M} = \langle \mathrm{M}, h \rangle$ 是有原子集 A 的良基 λ—模型。令 $\mathrm{T} = \{\alpha + 1 : \alpha \in \mathrm{S}\}$,因此 $\mathrm{S} \cap \mathrm{T} = \varnothing$,而且令 $\langle \mu_\alpha : \alpha \in \mathrm{S} \cup \mathrm{T} \rangle$ 是 A 的单射枚举。如前定义 "h—序数"序列 $\langle a_\alpha : \alpha \in \lambda \rangle$,且对每个 $\alpha \in \mathrm{S} \cup \mathrm{T}$,$b_\alpha = h(\{a_\alpha, \mu_\alpha\})$。注意对所有 $\alpha, \beta \in \mathrm{S} \cup \mathrm{T}$,

(i) $b_\alpha \neq \mu_\beta$,由于 $\mu_\beta \notin \mathrm{ran}(h)$,
(ii) $b_\alpha \neq a_\beta$,由于 $supt_h(a_\alpha) = \varnothing$,而 $u_\alpha \in supt_h(b_\alpha)$。

最后令 j 是一个双射

$$j: T \to \{u_\alpha : \alpha \in T\} \cup b_\alpha : \alpha \in S \cup T\}$$

使得 $j(\alpha) \neq \mu_\alpha$,对所有 $\alpha \in T$。现在我们能定义 $g_S: [M]^{<\lambda} \to M$ 如下
且令 $g = g_S$:

$$g(\{a_\alpha, \mu_\alpha\}) = \mu_\alpha, \text{当 } \alpha \in S,$$

$$g(\{a_\alpha, \mu_\alpha\}) = j(\alpha), \text{当 } \alpha \in T,$$

$$g(X) = h(X), \text{对任意其他 } X \in [M]^{<\lambda}。$$

根据(i)和(ii)我们看到 g 是 1—1 的。现在我们证实 g 是满射到 M 的,且由此 $\mathcal{S}_g = M$。无疑,$M = A \cup ran(h)$。现在如果 $a \in A$, $a = \mu_\alpha$,对某个 $\alpha \in S \cup T$。如果 $\alpha \in S$,那么 $\mu_\alpha = g(\{a_\alpha, \mu_\alpha\})$,而如果 $\alpha \in T$,$\mu_\alpha = j(\beta)$ 对某个 $\beta \in T$,且那么 $\mu_\alpha = g(\{a_\beta, \mu_\beta\})$。因此 $A \subseteq ran(g)$。现在假设 $a \in ran(h)$。如果 $a = b_\alpha$,对某个 $\alpha \in S \cup T$,那么 $a = j(\beta)$,对某个 $\beta \in T$,以致 $a = g(\{a_\beta, \mu_\beta\})$。如果,对所有 α, $a \neq b_\alpha$,那么 $a = h(X)$ 对 $X \neq \{a_\alpha, \mu_\alpha\}$, $\alpha \in S \cup T$。但在这种情况下,$a = g(X)$。如前,对每个 $b \in M$, $b E_g b$ 当且仅当 $b = \mu_\alpha$,对某个 $\alpha \in S$。同样如前,S 能从 g 中恢复。因此,存在无原子的 2^λ 个两两非同构非良基 (κ, λ)—模型。∎

例3:前面命题证明中的构造为每个无穷基数 λ 工作。我们现在勾画对不带有原子的 2^ω 个非同构 (ω, ω)—模型的更简单构造。令 A 是正偶数集。如果 S 是无穷自然数集,把 A 分割为 $A = \bigcup_{n \in S} A_n$,这里对每个 $n \in S$, A_n 是一个 n—元素集:

$$A_n = \{a_n^1, a_n^2, \cdots, a_n^n\}。$$

现在令 $h = h_s$ 是任意双射 $h: [\omega]^{<\omega} \to \omega$ 使得

如果 n 是奇数,那么 $h(\{n\}) = 3^n$,

$$h(\{a_n^i\})=a_n^{i+1}, \text{当 } 1 \leqslant i < n,$$

$$h(\{a_n^n\})=a_n^1。$$

不难看到 S 能从 $\mathcal{M}_S = \langle \omega, h_S \rangle$ 中被恢复,因为 $n \in S$ 当且仅当存在 "E_h 单元素集的 n—循环" 即 a_n^1, a_n^2, $\cdots$, a_n^n, 也就是, 存在 x_1, x_2, $\cdots$, $x_n \in \omega$ 使得 $\forall y (y E_g x_2 \leftrightarrow y = x_1)$, $\forall y (y E_g x_3 \leftrightarrow y = x_2)$, $\cdots$, $\forall y (y E_g x_1 \leftrightarrow y = x_n)$。如前,如果 $S \neq T$, $\mathcal{M}_S$ 和 $\mathcal{M}_T$ 不是同构的。

推论 21: 对每个不可达基数 λ, 存在不带原子的 **ZFCU**¯ 的 2^λ 个两两非同构非良基(λ, λ)—模型。

我们推断存在非常丰富的良基 λ—模型。现在我们转向构建有特性的非良基模型的任务。

6. 外延图在无原子双基数模型中的表示

如果 $\langle M, h \rangle$ 是(κ, λ)—模型且 $a \in M$, 我们说 a 是 h—传递 h—集合当 $hh^{-1}(a)$ 是 M 的 h—传递子集。因此, a 是 h—传递的当且仅当每当 $x E_h a$ 且 $y E_h x$, 那么有 $y E_h a$。我们现在要表明对每个无穷基数 λ, 存在无原子的 λ—模型$\langle M, h \rangle$在其基数$< \lambda$ 的集合上的每个外延性关系是同构于某个 h—传递 h—集合上的 E_h—关系。如同在关于非良基集的文献中常见的那样,我们经常谈及图而非关系。因此我们们定义:

图是一对$\langle A, \lhd \rangle$,这里 A 是非空集且 $\lhd$ 是 A 上的二元关系。图$\langle A, \lhd \rangle$是外延性的若每当 $a, b \in A$,

$$(\forall x \in A)(x \lhd a \leftrightarrow x \lhd b) \rightarrow a = b。$$

如果$\langle A, \lhd \rangle$是图且 $a \in A$,令

$$\lhd^{(a)} = \{x \in A : x \lhd a\}。$$

因此$\langle A, \lhd \rangle$是外延性的当且仅当映射$a \mapsto \lhd^{(a)}$是单射的。我们说图$\langle A, \lhd \rangle$在λ—模型$\langle M, h \rangle$中由h—集合$a \in M$是表示的当$\langle A, \lhd \rangle \cong \langle hh^{-1}(a), E_h \rangle$。首先,我们处理一个单图。

引理 22:给定任意的外延图$\langle A, \lhd \rangle$和任意的无穷基数$\lambda > |A|$,存在不带原子的λ—模型$\langle M, h \rangle$在其$\langle A, \lhd \rangle$是由h—传递的h—集合表示的。

证明:令κ有$\kappa = \kappa^{<\lambda}$且令$M$是包括$A$的基数为$\kappa$的集合。令$a \in M \backslash A$。由于$\lhd$是外延的,$\lhd^{(x)} \neq \lhd^{(y)}$,每当$x \neq y$。令$h$是任意双射$h : [M]^{<\lambda} \to M$使得

(1) $h(A) = a$,

(2) $h(\lhd^{(x)}) = x$,对$x \in A$。

由于$|A| < \kappa$,如此的h无疑存在。由于h是满射到M的,M的每个元素是h—集合。根据(1),$A = hh^{-1}(a) = \{x : x E_h a\}$,而且,根据(2),对所有$x, y \in A$,$x \lhd y \leftrightarrow x E_h y$。因此,$\langle hh^{-1}(a), E_g \rangle = \langle A, \lhd \rangle$。最后,$a$是$E_h$传递的,因为如果$y E_h x E_h a$,那么无疑$y \in A$,也就是,$y \in hh^{-1}(a)$;也就是$y E_h a$。■

令$\langle A, \lhd \rangle$是外延图。A的子集B是$\lhd$—传递的若每当$x \in B$且$y \lhd x$,那么$y \in B$。令W是A的所有$\lhd$—传递子集的并集,在其$\lhd$是良基的。不难看到W是$\lhd$—传递的且$\lhd$在W中是良基的;因此W是A的最大$\lhd$—传递子集,在其$\lhd$是良基的。根据莫斯托夫斯基坍塌定理,外延子图$\langle W, \lhd \rangle$是同构于传递集的,也就是,存在传递集B使得$\langle W, \lhd \rangle \cong \langle B, \in \rangle$。从这些注释中,我们容易得到下述引理。

引理 23: 如果 $\langle A, \lhd \rangle$ 是外延图,那么存在集合 B 和 B 上的关系 S 使得(1)$\langle A, \lhd \rangle \cong \langle B, S \rangle$ 且(2)如果 B_0 是 A 的最大 $\lhd$—传递子集,在其上 S 是良基的,那么 B_0 是传递集且 $S \cap (B_0 \times B_0)$ 是 B_0 上的属于关系。

图 $\langle A, \lhd \rangle$ 的顶点是元素 $a \in A$ 使得(1)非 $x \in A$ 是 $a \lhd x$,且(2)对所有 $x \in A$,$x \lhd a$ 当且仅当 $x \neq a$。明显地,$\langle A, \lhd \rangle$ 至多有一个顶点。如果 a 是图 $\langle A, \lhd \rangle$ 的顶点,$\langle A, \lhd \rangle$ 的低位部分是定域为 $A \setminus \{a\}$ 的 $\langle A, \lhd \rangle$ 的子图。

定理 24: 令 λ 是无穷基数且令 κ 是一个基数使得 $\kappa^{<\lambda} = \kappa$。存在无原子的 (κ, λ)—模型 $\langle M, h \rangle$ 使得基数小于 λ 的每个外延图在 $\langle M, h \rangle$ 是由某个 h—传递的 h—集合表示的。

证明: 由于 $\kappa^{<\lambda} = \kappa$,在引理 23 的帮助下,我们看到存在三元组的 κ—序列,

$$\langle \langle X_\xi, \lhd_\xi, a_\xi \rangle : \xi < \kappa \rangle,$$

这里 $|X_\xi| < \lambda$,$\lhd_\xi \subseteq X_\xi \times X_\xi$,$a_\xi \in X_\xi$,而且令 X_ξ^0 是 X_ξ 的最大 $\lhd_\xi$—传递子集在其上 $\lhd_\xi$ 是良基的且 $X_\xi^1 = X_\xi \setminus X_\xi^0$,

1. $\langle X_\xi, \lhd_\xi \rangle$ 是有顶点 a_ξ 的外延图,

2. X_ξ^0 是传递集且被限制到它的 $\lhd_\xi$ 是属于关系,

3. $X_\xi^1 \cap X_\eta^1 = \varnothing$,对 $\xi < \eta < \kappa$,

4. $X_\xi^0 \cap X_\eta^0 = \varnothing$,对 $\xi \leqslant \eta < \kappa$,

5. 每个基数小于 λ 的外延图是同构于某个 $\langle X_\xi, \lhd_\xi \rangle$ 的低位部分。

由于每个图$\langle X_\xi, \lhd_\xi \rangle$是外延的,如果$x$,$y \in X_\xi$,那么$x = y$当且仅当$\lhd_\xi^{(x)} = \lhd_\xi^{(y)}$。所以我们能定义单射函数$f_\xi : \{\lhd_\xi^{(x)} : x \in X_\xi\} \rightarrow X_\xi$根据$f_\xi(\lhd_\xi^{(x)}) = x$。这些函数是互相相容的。因为如果$\xi \neq \eta$且$\lhd_\xi^{(x)} = \lhd_\xi^{(y)}$,那么,根据条件3和4,$x \in X_\xi^0$且$y \in X_\eta^0$;但那么根据条件2,$x = \lhd_\xi^{(x)}$且$y = \lhd_\xi^{(y)}$,以致

$$f_\xi(\lhd_\xi^{(x)}) = x = y = f_\eta(\lhd_\eta^{(x)})。$$

令$X = \bigcup_{\xi < \kappa} X_\xi$且$f = \bigcup_{\xi < \kappa} f_\xi$。所以$|X| \leqslant \kappa$且$f$是从$[X]^{<\lambda}$的子集到X的单射函数。现在令M是包括X的集合且使得$|M \backslash X| = \kappa$。由于$|[M]^{<\lambda} \backslash dom(f)| = \kappa$,我们能把$f$扩充到从$[M]^{<\lambda}$到M的单射函数$h$。$(\kappa, \lambda)$—模型$\langle M, h \rangle$正是我们寻找的一个。因为令$\langle A, \lhd \rangle$是有$|A| < \lambda$的外延图。根据条件5,存在$\xi < \kappa$使得$\langle A, \lhd \rangle$是同构于$\langle X_\xi, \lhd_\xi \rangle$的低位部分。令$b_\xi = h(\lhd_\xi^{(a_\xi)})$。根据$h$的定义,

$$x \in hh^{-1}(b_\xi) \text{ 当且仅当 } x \in X_\xi \backslash \{a_\xi\},$$

而且,对x,$y \in hh^{-1}(b_\xi)$,

$$x E_h y \text{ 当且仅当 } x \in \lhd_\xi^{(y)} \text{ 当且仅当 } x \lhd_\xi y,$$

以致

$$\langle A, \lhd \rangle \cong \langle hh^{-1}(a_\xi), E_h \rangle。$$

我们需要表明b_ξ是h—传递的。假设$x E_h y$且$y E_h b_\xi$。这意味着$x \in \lhd_\xi^{(y)}$且$y \in \lhd_\xi^{(a_\xi)}$。但由于a_ξ是X_ξ的顶点,$x \in \lhd_\xi^{(a_\xi)}$,也就是,$x E_h b_\xi$。∎

    注解25:给定图$\langle A, \lhd \rangle$,存在集合$B \sqsupseteq A$和B上的关系S使得图$\langle B, S \rangle$是外延的且$\lhd = S \cap (A \times A)$。此外,如果A是有限的,那么B也是有限的,而且如果A是无穷的,$|A| = |B|$。

证明:令 B＝A∪A*∪{u},这里 A*＝{a*:a∈A}是与 A 不交的集合,a*≠b*,因为 a≠b,且 u∉A∪A*。另外,令 L 是有极小元 u 的 A*∪{u}上的严格线序。在 B 上定义关系 S 通过下述:

$$S＝◁ \cup \{\langle a^*,a\rangle:a\in A\}\cup L。$$

明显的是 S∩(A×A)＝R,而且例行检查表明⟨B, S⟩是外延的,由于线序是外延的。■

推论 26:如果 κ 和 λ 都是无穷基数使得 $\kappa^{<\lambda}=\kappa$,存在无原子的 (κ,λ)—模型⟨M, h⟩在其基数小于 λ 的每个图都是表示的。

证明:根据定理 24,基于注解 25。■

7. 二阶 ZFA 的模型

如同推论 26 表明的那样,在定理 24 中被证明存在性的 (κ,λ)—模型⟨M, h⟩在非良基 h—集合中是非常丰富的,由于基数小于 λ 的每个图是同构于某个 h—集合上的 E_h—关系。如果 λ 是不可达的,结构⟨M, E_h⟩是二阶 **ZFC**⁻ 加波法的弱公理 BA₁(阿策尔,1988)的模型。这似乎是对我们关于弗雷格主义外延最有效的反基础变体,由于它揭露用其外延能被指派到概念的任意性。尽管这里我们的目标不是研究什么形式的反基础在 (κ,λ)—模型中是可满足的,然而我们打算考虑阿策尔的反基础公理 **AFA**,主要因为它在文献中是被讨论最多的。我们表明如何获得 **AFA** 的 λ—模型从任意的 λ—模型在其小于 λ 的基数的每个图是有表示的。图 $\mathcal{A}=\langle A,◁\rangle$ 上的互模拟是 A 上的关系 R 使得每当 $a\mathrm{R}b$,$(\forall x◁a)(\exists y◁b)x\mathrm{R}y$ 且 $(\forall y◁b)(\forall x◁a)x\mathrm{R}y$。明显的是 $\mathcal{A}$ 上任意互模拟族的并集是 $\mathcal{A}$ 上的互模拟。结果,在 $\mathcal{A}$ 上存在最大的互模拟,也就是,由下述所定义的 $\equiv_{\mathcal{A}}$:

$$a\equiv_{\mathcal{A}}b \text{ 当且仅当在 } \mathcal{A} \text{ 上存在互模拟 R 使得 } a\mathrm{R}b。$$

明显地，Id_A，A 上的恒等关系，是 $\mathcal{A}$ 上的互模拟，而且 $\mathcal{A}$ 上互模拟的逆关系在 $\mathcal{A}$ 上是互模拟。此外，如果 R 和 S 是 $\mathcal{A}$ 上的互模拟，它们的相对乘积 $R|S=\{\langle x, y\rangle:\exists z(xRz \wedge zSy)\}$ 也是互模拟。从这个我们推断 $\equiv_A$ 是 A 上的等价关系。我们说图 $\mathcal{A}$ 是强外延的当 $\equiv_A$ 是 A 上的恒等。换句话说，当 $\mathcal{A}$ 上的每个互模拟都是 Id_A 的子关系。

注解 27：每个强外延图都是外延性的。

证明：令 $\mathcal{A}=\langle A, \lhd \rangle$ 是一个图且通过下述定义 A 上的关系 R：

$$aRb \text{ 当且仅当}(\forall x \in A)(x \lhd a \leftrightarrow x \lhd b)。$$

R 是 $\mathcal{A}$ 上的互模拟。因此，如果 $\mathcal{A}$ 是强外延的且 aRb，那么 $a=b$。因此，$\mathcal{A}$ 是外延性的。■

令 $\mathcal{A}=\langle A, \lhd_A \rangle$ 是一个图且令 B 是带有商函数 π 由 $\equiv_A$ 的 A 的商。这意味着 π 是从 A 到 B 的映射使得对每个 $a, b \in A$，$a \equiv_A b$ 当且仅当 $\pi(a)=\pi(b)$。我们由下述定义 B 上的关系 $\lhd_B$：

(7) $u \lhd_B v$ 当且仅当 $(\exists a, b \in A)(\pi(a)=u \wedge \pi(b)=v \wedge a \lhd_A b)$

且令 $\mathcal{B}=\langle B, \lhd_B \rangle$。

引理 28：对所有 $b \in A$，$\{u \in B: U \lhd_B \pi(b)\}=\{\pi(a):a \lhd_A b\}$。

证明：我们必须表明对所有 $a, b \in A$ 且 $u \in B$，

(i) $a \lhd_A b \rightarrow \pi(a) \lhd_A \pi(b)$，且

(ii) $u \lhd_B \pi(b) \rightarrow (\exists a \lhd_A b)(u=\pi(a))$。

由于(i)根据(7)是直接的,我们转向(ii)。令 $u \lhd_B \pi(b)$。根据(7),存在 a', $b' \in A$ 使得 $u=\pi(a')$, $\pi(b')=\pi(b)$ 且 $a' \lhd_A b'$。由于 $b' \equiv_A b$ 且 $\equiv_A$ 是 $\mathcal{A}$ 上的互模拟,从 $a' \lhd_A b'$ 我们推断存在 $a \lhd_A b$ 使得 $a' \equiv_A a$;因此 $\pi(a)=u$。∎

引理 29: $\mathcal{B}$ 是强外延的。

证明: 如果 R 是 $\mathcal{B}$ 上的互模拟,那么关系 $\{\langle a, b \rangle : \pi(a) R \pi(b)\}$ 是 $\mathcal{A}$ 上的互模拟。相应地,如果 $\pi(a) R \pi(b)$,那么 $a \equiv_A b$;因此 $\pi(a) R \pi(b)$。∎

令 $\langle M, h \rangle$ 是 λ—模型。因此,$\langle M, E_h \rangle$ 是一个图。令 N 是带有商映射 π 由 $\equiv_M$ 的 $\langle M, E_h \rangle$ 的商。如同在(7)那样定义关系 E_N:

(8) $u E_N v$ 当且仅当 $\exists a, b \in M(\pi(a)=u \wedge \pi(b)=v \wedge a E_h b)$。

对每个 $v \in N$,令 $X_v = \{u \in N : u E_N v\}$。根据引理 28,我们知道对每个 $a \in M$,

(9) $X_{\pi(a)} = \{\pi(b) : b E_h a\}$,

以致,对所有 $v \in N$, $|X_v| < \lambda$。根据引理 29,$\langle N, E_N \rangle$ 是强外延的。但关系 $\{\langle u, v \rangle : X_u = X_v\}$ 明显是 $\langle N, E_N \rangle$ 的互模拟。因此

(10) $X_u = X_v \to u = v$。

现在令 X 的基数 $< \lambda$ 的 N 的任意子集。令 $Y \in [M]^{<\lambda}$ 有 $\pi''Y = X$ 且令 $v = h(Y)$。我们有:

$$X=\{\pi(b):b\in Y\}=\{\pi(b):b\,\mathrm{E}_h a\}。$$

因此,根据(9),$X=X_{\pi(a)}$。从而,根据(10),对每个 $X\in[N]^{<\lambda}$ 存在唯一 $v\in N$ 使得 $X=X_v$。我们通过下述定义函数 $g:[N]^{<\lambda}\to N$

$$g(X)=\text{唯一的 } u\in N \text{ 使得 } X=X_u。$$

g 的逆关系成为函数 $u\mapsto X_u$,g 是单射的且满射到 N。因此 $\mathcal{N}=\langle N,g\rangle$ 是无原子的 λ—模型且 $\mathrm{E}_g=\mathrm{E}_N$。我们也把 $\mathcal{N}$ 称为带有商映射 π 由 $\equiv_{\mathcal{M}}$ 的 $\mathcal{M}$ 的商。

引理 30: 每个 g—传递的 g—集合是强外延的。明确地讲,如果 a 是 g—集合且 $h^{-1}(a)$ 是 N 的 g—传递子集,那么图 $\langle h^{-1}(a),\mathrm{E}_g\rangle$ 是强外延的。

证明: 如果 a 是 g—传递的 g—集合,$\langle gh^{-1}(a),\mathrm{E}_g\rangle$ 上的每个互模拟也是 $\langle N,\mathrm{E}_g\rangle$ 上的互模拟,因此是恒等的子关系。∎

引理 31: 如果 $\mathcal{M}=\langle M,h\rangle$ 是 λ—模型在其基数 $<\lambda$ 的每个外延图是由 h—传递的 h—集合表示的,而且 $\mathcal{N}=\langle N,g\rangle$ 是带有商映射 π 由 $\equiv_{\mathcal{M}}$ 的 $\mathcal{M}$ 的商,那么基数 $<\lambda$ 的每个强外延图在 N 中是由 g—传递的 g—集合表示的。

证明: 令 $\mathcal{M},\mathcal{N}$ 和 π 如文所述且令 $\mathcal{A}=\langle A,\lhd\rangle$ 是带有 $|A|<\lambda$ 的强外延图。根据假设,在 $\mathcal{A}$ 和图 $\langle h^{-1}(a),\mathrm{E}_h\rangle$ 间存在同构 σ,对某个 h—集合 a。令 $b=\pi(a)$。由于 $\mathcal{A}$ 是强外延的,$\langle h^{-1}(a),\mathrm{E}_h\rangle$ 也是强外延的,但那么 π 到 $h^{-1}(a)$ 的限制是 $\langle h^{-1}(a),\mathrm{E}_h\rangle$ 和 $\langle g^{-1}(b),\mathrm{E}_g\rangle$ 间的同构。因此 $\pi\circ\sigma$ 是 $\mathcal{A}$ 和 $\langle g^{-1}(b),\mathrm{E}_g\rangle$ 间的同构。∎

定理 32: 对每个无穷基数 λ 存在 λ—模型 $\langle N,g\rangle$ 使得 (i) 每

个 g—传递的 g—集合是强外延的,且(ii)基数$<\lambda$ 的每个强外延图在 N 中是由 g—传递的 g—集合表示的。

证明:根据定理 26 和引理 30 和 31。∎

如同在附录 2 中表明的,阿策尔的反基础公理 **AFA** 在 **ZFC**$^{-}$ 中是等价于下述联合断言:

> (i) 每个传递集都是强外延的,而且
> (ii) 每个强外延图是同构于一个传递集的。

ZFA 是公理为 **ZFC**$^{-}$ 的公理加 **AFA** 的理论。由于每当 λ 是不可达的且$\langle M , h \rangle$是无原子 λ—模型,$\langle M , E_h \rangle$是 **ZFC**$^{-}$ 的模型,前述定理产生下一个定理。

定理 33:对每个不可达基数 λ,存在二阶 **ZFA** 的$\langle \lambda , \lambda \rangle$—模型。

8. 对免基础公理的 ZFU 公理的推导

这里是要提供命题 5 的证明。所以,令 $\mathcal{M} = \langle M , h \rangle$ 是 λ—模型,这里 λ 是无穷。我们必须表明结构$\langle M , E_h , \mathcal{S}_h \rangle$满足外延、分离、空集、对集、替换和选择的二阶公理,而且(1)它满足无穷当且仅当 λ 是不可数的,(2)它满足并集公理当且仅当 λ 是正则的,且(3)它满足幂集公理当且仅当 λ 是强极限基数。让我们依次考虑每个集合:

外延:如果 $a , b \in \mathcal{S}_h$ 且 $\forall x \in M(x E_h a \rightarrow x E_h b)$,那么 $h^{-1}(a) = h^{-1}(b)$。由于 h 是单射,$a = b$。

分离:令 $X \subseteq M$ 且 $a \in \mathcal{S}_h$。我们必须表明存在某个 $b \in \mathcal{S}_h$ 使得:

$$\forall x \in M(x E_h b \leftrightarrow x E_h a \wedge x \in X)。$$

现在，$|h^{-1}(a)\bigcap X|<\lambda$。令 $b=h(h^{-1}(a)\bigcap X)$。我们有：

$$x\mathrm{E}_h b\leftrightarrow x\in h^{-1}(a)\wedge x\in X$$

$$\leftrightarrow x\mathrm{E}_h a\wedge x\in X$$

空集：由于 $\lambda>0$，$\varnothing\in[\mathrm{M}]^{<\lambda}$。令 $a=h(\varnothing)$。那么 $a\in\mathcal{S}_h$ 且非 $x\in\mathcal{S}_h$，$x\mathrm{E}_h a$。

对集：令 a，$b\in\mathrm{M}$。由于 $\lambda>2$，$\{a,b\}\in[\mathrm{M}]^{<\lambda}$。令 $c=h\{a,b\}$。那么 $c\in\mathcal{S}_h$ 且对所有 $x\in\mathcal{S}_h$，$x\mathrm{E}_h c$ 当且仅当 $x=a\vee x=b$。

替换：令 $\mathrm{F}:\mathrm{M}\to\mathrm{M}$ 且 $a\in\mathcal{S}_h$。我们必须表明存在某个 $b\in\mathcal{S}_h$ 使得：

$$\forall y\in\mathrm{M}(y\mathrm{E}_h b\leftrightarrow\exists x(x\mathrm{E}_h a\wedge\mathrm{F}(x)=y))。$$

由于 $|h^{-1}(a)|<\lambda$，$|\mathrm{F''}h^{-1}(a)|<\lambda$。令 $b=h(\mathrm{F''}h^{-1}(a))$。我们有：

$$y\mathrm{E}_h b\to y\in\mathrm{F''}h^{-1}(a)$$

$$\to\exists x(x\in h^{-1}(a)\wedge\mathrm{F}(x)=y)$$

$$\to\exists x(x\mathrm{E}_h a\wedge\mathrm{F}(x)=y)$$

选择：我们应对的选择公理版本，据其如果 a 是非空集的不交集，存在恰好与 a 的每个元素共有的一个元素的集合 b。所以假设 $a\in\mathcal{S}_h$ 有：

1. $\forall x\in\mathrm{M}(x\mathrm{E}_h a\to\exists y x\mathrm{E}_h y)$，而且

2. $\forall x$，$y\in\mathrm{M}(x\mathrm{E}_h a\wedge y\mathrm{E}_h a\wedge x\neq y\leftrightarrow\neg\exists z(z\mathrm{E}_h x\wedge z\mathrm{E}_h y))$。

我们必须表明存在某个 $b\in\mathcal{S}_h$ 使得：

$$\forall x\in\mathrm{M}(x\mathrm{E}_h b\to\exists!z(z\mathrm{E}_h b\wedge z\mathrm{E}_h x))。$$

考虑集合 $\mathrm{A}=\{h^{-1}(x):x\in h^{-1}(a)\}$。根据假设 1 和 2，A 是非空集的不交集且 $|\mathrm{A}|<\lambda$。根据选择公理，存在 $\mathrm{B}\subseteq\mathrm{A}$ 使得 $|\mathrm{B}\bigcap h^{-1}(x)|=1$，对所有 $x\in h^{-1}(a)$。由于 $|\mathrm{A}|<\lambda$，$\mathrm{B}\in[\mathrm{M}]^{<\lambda}$。令 $b=h(\mathrm{B})$。对所

有 $x \in M$,

$$x E_h a \to x \in h^{-1}(a)$$

$$\to \exists ! z(z \in B \bigcap h^{-1}(x))$$

$$\to \exists ! z(z E_h b \bigcap z E_h x)$$

无穷：如果无穷公理在 $\langle M, E_h, \mathcal{S}_h \rangle$ 中成立，那么 $[M]^{<\lambda}$ 包含一个无穷集。所以 λ 必定是不可数的。对于逆命题，假设 λ 是不可数的。首先我们看到每个 h—集合 a 有一个后继，$s(a)$，也就是，存在 h—集合 b 使得

$$\forall x \in M(x E_h b \to x \in a \bigvee x = a).$$

这是因为，由于 $a \in \mathcal{S}_h$，$h^{-1}(a) \in [M]^{<\lambda}$。由于 $\lambda \geqslant \omega$，$h^{-1}(a) \bigcup \{a\}$ $\in [M]^{<\lambda}$。令 $b = h(h^{-1}(a) \bigcup \{a\})$。对所有 $x \in M$，$x E_h b$ 当且仅当 $x \in h^{-1}(a) \bigvee x = a$。因此 $x E_h b$ 当且仅当 $x E_h a \bigvee x = a$。令 $0_h = h(\varnothing)$ 且令 $A \subseteq M$ 在后继下是 $\{0_h\}$ 的闭包。由于 A 是可数的，那么 $A \in [M]^{<\lambda}$。令 $c = h(A)$。我们核对 c 满足无穷公理。由于 $0_h \in A$，$0_h E_h c$。另外，如果 $x E_h c$，那么 $x \in A$；因此 x 的后继，$s(x)$，是 A 的一个元素且 $s(x) E_h c$。

并集：清楚的是如果 λ 是奇异的，并集无效。对于逆命题，假定 λ 是正则的。假设 $a \in \mathcal{S}_h$。我们将表明存在 $b \in \mathcal{S}_h$ 使得对所有 $x \in M$，

$$x E_h b \leftrightarrow \exists y(y E_h a \wedge x E_h y).$$

令 $A = \{h^{-1}(y) : y \in \mathcal{S}_h \wedge y \in h^{-1}(a)\}$。由于 A 和 A 的所有元素的基数 $< \lambda$ 且 λ 是正则的，$\bigcup A \in [M]^{<\lambda}$。令 $b = h(\bigcup A)$。对所有 $x \in M$，

$$x E_h b \leftrightarrow x \in \bigcup A$$

$$\leftrightarrow \exists z(z \in A \wedge x \in z)$$

$$\leftrightarrow \exists z \exists y(y \in \mathcal{S}_h \wedge y \in h^{-1}(a) \wedge z = h^{-1}(y) \wedge x \in z)$$

$$\leftrightarrow \exists z \exists y(y \in \mathcal{S}_h \wedge y \in h^{-1}(a) \wedge x \in h^{-1}(y))$$

$$\leftrightarrow \exists y(y E_h a \wedge x E_h y)$$

幂集:如果存在 $X \in [M]^{<\lambda}$ 的幂集基数 $\geq \lambda$,那么幂集公理对 $\langle M, E_h, \mathcal{S}_h \rangle$ 中的 $h(X)$ 将无效。因此,如果幂集公理成立,那么 λ 是强极限。对于逆命题,假设 λ 是强极限序数。假设 $a \in \mathcal{S}_h$。我们将表明存在 $b \in \mathcal{S}_h$ 使得对所有 $x \in M$,

$$x E_h b \leftrightarrow \forall y(y E_h x \to x E_h a)。$$

令 $B = \{h(X) : X \in \mathcal{P}(h^{-1}(a))\}$。由于 $h^{-1}(a) \in [M]^{<\lambda}$ 且 λ 是强极限,$B \in [M]^{<\lambda}$。令 $b = h(B)$。对所有 $x \in M$,

$$x E_h b \leftrightarrow x \in B$$
$$\leftrightarrow \exists X(X \subseteq h^{-1}(a) \wedge x = h(X))$$
$$\leftrightarrow h^{-1}(x) \subseteq h^{-1}(a)$$
$$\leftrightarrow \forall y(y E_h x \to x E_h a)$$

9. 反基础公理的两种表达方式间的等价

AFA 的通常表述是每个图都有唯一的装饰。现在我们定义一个装饰且表明通常的表述在 **ZFC** 减基础公理中是等价于我们已给出的一个。图 $\mathcal{A} = \langle A, \lhd \rangle$ 的装饰是 A 上的函数 d 使得对每个 $a \in A$,

(11) $d(a) = \{d(b) : b \lhd a\}$。

我们在 **ZFC⁻** 中表明 α_1 当且仅当 β_1,且 α_2 当且仅当 β_2,这里

α_1:每个图至少有一个装饰,

α_2:每个图至多有一个装饰,

β_1:每个强外延图是同构于一个传递集的,

β_2:每个传递集是强外延的。

($\alpha_1 \Rightarrow \beta_1$):如果 $\mathcal{A} = \langle A, \lhd \rangle$ 是图且 d 是 $\mathcal{A}$ 的装饰,那么 $d''A$ 是一个

传递集。如果 $\mathcal{A}$ 是强外延的, d 是单射的,因此它是 $\mathcal{A}$ 和 $\langle d''A, \in \rangle$ 间的同构。

($\alpha_2 \Rightarrow \beta_2$):令 a 是一个传递集且令 R 是 a 上的互模拟。在 R 中通过下述定义关系 $\prec$

$$\langle x, y \rangle \prec \langle u, v \rangle \text{当且仅当} x \in u \wedge y \in v.$$

由于 a 是传递的,R 上的每个映射 d_1 和 d_2 由下述定义

$$d_1(\langle x, y \rangle) = x \text{ 且 } d_2(\langle x, y \rangle) = y$$

是 $\langle R, \prec \rangle$ 的装饰。因此,根据 α_2, $d_1 = d_2$,也就是 $x R y \rightarrow x = y$。也就是, $\langle a, \in \rangle$ 是强外延的。

($\beta_1 \Rightarrow \alpha_1$):令 $\mathcal{A} = \langle A, \triangleleft_A \rangle$ 是图。令 $\mathcal{B} = \langle B, \triangleleft_B \rangle$ 是带有商映射 π 由 $\equiv_A$ 的它的商。根据 β_1,存在传递集 a 并且 $\mathcal{B}$ 和 $\langle a, \in \rangle$ 间的同构 σ。复合 $\sigma \circ \pi$ 是 $\mathcal{A}$ 的装饰。

($\beta_2 \Rightarrow \alpha_2$):假设 d_1 和 d_2 是图 $\mathcal{A} = \langle A, \triangleleft_A \rangle$ 的装饰。令 $a_1 = d_1''A$ 且 $a_2 = d_2''A$。由于 a_1 和 a_2 都是传递集,它们的并集 $a = a_1 \bigcup a_2$ 也是传递集。令 $R = \{\langle d_1(x), d_2(x) \rangle : x \in A\}$。R 是 a 上的互模拟。由于 a 是强外延的, $R \subseteq Id_A$,以致 $d_1(x) = d_2(x)$,对所有 $x \in A$,也就是, $d_1 = d_2$。

第八节　弗雷格会面策梅洛:对不可言喻性和反射的看法

反射原则的两个动机分别是迭代概念和大小限制,它们为集合论宇宙是不可言喻的假设提供舒适的环境。我们要做的是在弗雷格主义外延理论的语境下提供不可言喻性的纯粹版本。我们来看反射原则。这是利维的创造性工作。他给出的是语句反射原则,这是一阶集合论语境下的反射原则。在利维工作的基础上,夏皮罗给出反射原则的二阶形式。伯奈斯对利维工作改造的结果就是在二阶集合论公理的合取形式上反射。伯吉斯在复数逻辑的语境下给出弱形式的反射

原则,这种形式可以推出伯奈斯的反射原则。为了使我们的框架远离有关迭代层级的假设,我们要发展外延理论。弗雷格主义外延是理想的,这是因为我们不能假设外延论域是良基的,也不能假设弗雷格主义外延有近似于累积层级的结构特征。为此我们要对弗雷格的第五基本定律进行限制。我们用好的表示这些限制概念,而用坏的表示限制概念的补集。存在限制第五基本定律的三种方式。采用第一种方式的分别是简恩与乌斯基亚诺、安东内利与梅。他们把外延函数认作从好概念到对象的部分函数。这种方式要预设自由逻辑。采用第二种方式的分别是布劳斯和夏皮罗(2003)。他们把外延函数当作全函数而且把哑对象指派到没有弗雷格主义外延的所有对象。采用第三种方式的是伯吉斯和夏皮罗(2008)。这种方式的特点在于有着自由逻辑的优势而没有非指称单项带来的不便。由于我们关心的是各种概念和外延的相对大小,那么在反射中使用纯粹逻辑语句是讲得通的。作为我们的第一个尝试,我们从策梅洛的关于范畴性的假设得以展开。如果概念 F 缺乏外延,那么 F 不是由纯粹二阶逻辑的任意语句描绘的,这对应于伯吉斯的从大小限制到反射的路径。由于策梅洛的提议存在问题,那么我们需要从一种反射原则进入到另一种反射原则。

后者使我们足够远地表达各种基数。我们来扩充策梅洛的提议。对有界性的成功描述允许我们描述不可描述性,或者言喻不可言喻性。有界性与好性是联系在一起的,对它们间关系的完整表述是所有有界概念是好的。据此夏皮罗提出不同于伯吉斯的 FB 系统的 FZBB 系统。后者是由反射公理模式和受限第五基本定律组成的。从 FZBB 出发我们能推出空外延、单元素集、配对和无穷,能推出有界替换、有界分离、有界幂外延、双重有界并集和有界选择。如果我们把量词限制到遗传良基外延,那么我们推断基础公理成立。使用利维和布劳斯的技术,我们定义遗传良基外延概念。从这个概念出发,我们知道空外延、配对、无穷、幂外延和并集都是遗传良基的。由此看出 FZBB 是相当强的理论。事实上,它为我们提供构造策梅洛集合论模型且由此证明策梅洛集合论协调性的资源。在 FZBB 下,我们推断存在策梅洛集合论的模型。而且推断存在策梅洛集合论加选择公理的模型。有了这些,我们来比较伯吉斯的 FB 集合论与夏皮罗的 FZBB 集合论。伯吉斯在一元二阶语言中表述 FB。不但二阶 ZF 的所有存在性公理而且不可达基数、超不可达基数诸如此类在 FB 中是可推导的。因而 FB 是强于 FZBB 的。我们构造弱于 FB 集合论的 FB⁻ 集合论,表明非相对化并集和幂集形式无效。由于在 FB⁻ 的模型中不能证明并集概念和幂概念,所以 FB⁻ 是相当弱的理论。我们考虑 FZBB 的变体 FZBB+。它是由 RF+和 RV 组成的。FZBB+蕴含 ZFC 的除了并集公理的所有公理。当然还有更多的 FZBB 集合论变体。它们都是由 RF 变体和 RV 组成的。不管我们如何构造,最终体现的都是集合论宇宙是不可言喻的思想。

1. 迭代概念、大小限制、反射与不可言喻性

对标准集合论公理来说,凭其我们通常指的是带有选择公理的二阶策梅洛—弗兰克尔集合论 **ZFC**,至少存在两个启发性动机:迭代概念和大小限制(布劳斯 1989)。每条线为集合论宇宙是不可言喻的假设提供相当舒适的环境,而这正是我们的目标,尽管动机在每种情况下有所不同。当代 **ZFC** 不支持本元。每个集合是某个 V_α 的一个元素,这是一个定理,这里照例:

$$V_0 = \varnothing, \ V_{\alpha+1} = \mathcal{P}(V_\alpha), \text{且 } V_\lambda = \bigcup_{\alpha < \lambda} V_\alpha \text{ 对极限序数 } \lambda.$$

当被划分为累积层级阶段(stages of a cumulative hierarchy)的集合论宇宙图景对标准集合论已变为强力的启发式方法:集合的迭代概念(the iterative conception of set)。根据迭代概念,集合通常被以时间隐喻描述,或者至少我们把它当作一个隐喻。在刚开始,我们有非一

集合或者本元,要不然在纯粹集合论的情况下我们以虚无(nothing)开始——无中生有进行创造。我们以阶段继续进行。为从一个阶段移动下一个阶段,我们从在先阶段形成所有对应任意元素收集的集合。时间隐喻是面目全非可拉伸的,当迭代继续进入超限领域。在极限阶段,我们从早前阶段形成对应于任意项收集的集合。那么我们继续形成对应于这些集合收集的集合(布劳斯,1971,1989)。由此推断属于关系是良基的。这个迭代将继续多远? 存在多少个集合? 俗套而且无益的回答在于迭代一直进行下去,穿过所有序数,也就是,良序的序型。但这是多远?

当在迭代概念的背景下解释,ZFC 的公理反射那些支持对继续进行多远问题的某些部分的但更实质回答的直觉。实际上,无穷公理相当于至少一个超限阶段的存在性,V_ω。另一个俗套的启发式方法在于迭代像它是"宽的"那样"高"。选择公理给我们 V_ω 的幂集大小的良序。替换公理产生这种序型的冯诺依曼序数。所以迭代至少到达那么远。通常公理取迭代到许多人发现让人眼花缭乱的高度。照常,令 $\beth_\alpha = \aleph_0$,最小的无穷序数;对每个序数 α,令 $\beth_{\alpha+1}$ 是与 $\beth_\alpha$ 的幂集等数的最小序数,而且如果 λ 是极限序数,那么 $\beth_\lambda$ 是所有 $\beth_\alpha$ 的并集,对 $\alpha < \lambda$。这些公理蕴含在这个贝斯序列中存在不动点:基数 κ 使得 $\kappa = \beth_\kappa$(布劳斯,1998)。贝斯序列中的每个不动点有着古怪的性质,即它是大于任意更小基数的幂集的。

当提到实际上再捕获所有日常数学,排除诸如集合论、范畴论诸如此类的基础性理论,这有点大材小用。然而,集合论工作者一般不取 ZFC 的公理为序数序列长度设置界限。基数 κ 是强不可达的当它是正则的且大于任意较小基数的幂集,由此每个强不可达是贝斯序列中的不动点。ZFC 的公理不蕴含任意强不可达基数的存在性。确实,如果 κ 是强不可达的,那么迭代层级到阶段 κ 的结果将导致 ZFC 的一个模型。不过,大量强不可达的存在性是集合论的主要部分。但强不可达是小的大基数中最小的。在此语境下,反射给我们继续进行到多远问题的有吸引力的回答。尤其,可以说部分地清楚表达在集合论工作者中间广为接受的观点,据其集合论层级是不可言喻的或者不可描述的。假设我们发现特定摹状词 Φ 应用到迭代层级。由于,据推测,集合论宇宙是不可言喻的,Φ 不能唯一地描绘迭代层级。所以,这个论证推断,在层级中存在满足 Φ 的集合。

例如,从 **ZFC** 的公理推断这个层级是不可达的,在下述意义上,即由于幂集公理它大于它的任意元素幂集且由于替换公理它不是集合—尺寸的集合收集的并集。所以我们经由反射推断存在强不可达集合。迭代至少要到那么远。而且,一旦我们到达那么远,我们继续越它。存在第一个强不可达的幂集,⋯⋯。反射的另一个动机来自某些集合论公理的另一个启发性动机:大小限制。概略地这是下述思想,即某些对象形成一个集合恰好假使它们不是太多。什么是太多?不可数多个集合是太多吗? 强不可达多个集合是太多吗? 存在康托尔主义的回答,据其某些集合是太多的当它们是不确定或者无限定多个。反射能以清楚表达这个回答的方式被激发。例如,在伯吉斯(2004,2005)中这是清楚的,这里下述启发性的一连串互连被提议把我们从存在太多集合,也就是,不确定或者无限定多个的假设带到反射:

(1) ⋯⋯集合是不确定或者无限定多个。

(2) ⋯⋯集合是无法下定义地或者难以形容地多个。

(3) ⋯⋯对它们成立的任意陈述 Φ 无法描述存在多少个。

(4) ⋯⋯对它们成立的任意陈述 Φ 继续成立当再被解释为不是关于它们全部而恰好关于它们中的一部分,少于它们全部。

(5) ⋯⋯对它们成立的任意陈述 Φ 继续成立当再被解释为不是关于它们全部而只是它们中的一部分,太少难以形成集合。

当然,伯吉斯注意到这些转换不是免于挑战的。这些步骤不是用来指像支持反射的演绎论证的任何事物。仍然,反射似乎符合实践集合论者的工作假设,据其集合论宇宙是不可言喻的或者不可描述的。甚至当由大小限制所激发,这个假设以迭代概念为背景许诺阐明累积层级的长度。在对迭代概念的早期清楚表达中,策梅洛(1930)提出"无界不可达基数序列的存在性作为原集合论的新公理"。根据这条原则,对每个序数 α,存在唯一的不可达基数 κ_α。但这不是反射过程的尽头。这个新公理上的反射会蕴涵存在集合 x 使得对每个序数 $\alpha \in x$,$\kappa_\alpha \in x$。反过来这蕴含 κ—序列中不动点的存在性:序数 κ 使得 $\kappa = \kappa_\kappa$。这被称为"超不可达"。反射继续,产生马洛基数,超马洛基数,诸如此类,直到不可描述基数。如同指出的那样,这些有时被称为小的大基数。策梅洛写道:

> 如果我们现在提出一般的假设,即每个范畴决定的定域也能以某种方式被解释,也就是,能表现为正规定域的元素,那么推出对每个正规定域存在有着同基的更高定域(策梅洛 1930,第 1232 页)。

王浩扼要地捕获观念如下:

> 在任何时候从积极占有或者能表达的东西中尝试捕获论域我们都无法完成任务而且这个描绘是由特定的大集合满足的(王浩,1974,第 555 页)。

接下来我们开始在弗雷格主义外延理论中分离出不可言喻性的合理纯粹的版本。所以,在表述对不可言喻性的解释中,我们确保不依赖有关集合论宇宙结构的任何集合论假设。我们有兴趣分析不可言喻性的非常观念,着眼于回答单单在不可言喻性的合理纯粹版本帮助下什么集合论原则能被激发和什么集合论原则需要也许由不同的启发式方法所激发的更多假设的问题。我们的结果将是形形色色的。当不可言喻性的非常观念不能被用来激发所有集合论存在性公理的非受限版本，并集和幂集是两个例外，不过它编码相当数量的集合论，比如，足以表明存在策梅洛集合论的模型。

2. 反射原则的四个版本

我们在二阶或者高阶语言中工作。尽管我们预设被称为全语义学的东西，但关于二阶变元管辖什么我们想尽可能保持中立：弗雷格主义概念，真类，逻辑集合诸如此类。这不是说我们事实上能完全保持中立。对我们而言重要的是自由使用量词管辖多元关系，其给二阶量词化多数解释的前景带来压力。无论如何，由于我们主要关心对第五基本定律的修正，那么我们选定弗雷格主义概念。然而，读者可以自由替代不同措辞当他想如此做的时候。我们定义语句 Φ 到概念 F 的相对化为在 Φ 中相对化量词对 F 的结果，凭其我们指的是下述用后者替换前者的结果：

$\exists x(\cdots)$ 用 $\exists x(Fx \& \cdots)$ 替换；

$\exists X(\cdots)$ 用 $\exists X(\forall x(Xx \to Fx) \& \cdots)$ 替换；

$\forall x(\cdots)$ 用 $\forall x(Fx \to \cdots)$ 替换；

$\forall X(\cdots)$ 用 $\forall X(\forall x(Xx \to Fx) \to \cdots)$ 替换。

我们将用 Φ^F 表示 Φ 到 F 的相对化。如果问题中的语言有属于关系，而且如果 t 是一个项，那么 Φ^t 是 Φ 到成为 t 的元素的概念的相对化。也就是，Φ^t 是下述用后者替换前者的结果：

$\exists x(\cdots)$ 用 $\exists x(x \in t \& \cdots)$ 替换；

$\exists X(\cdots)$ 用 $\exists X(\forall x(Xx \to x \in t) \& \cdots)$ 替换；

$\forall x(\cdots)$ 用 $\forall x(x \in t \to \cdots)$ 替换；

$$\forall X(\cdots) \text{ 用 } \forall X(\forall x(Xx \to x \in t) \to \cdots) \text{ 替换。}$$

反射原则至少隐含指向由背景语言的各种陈述所表达的迭代层级的结构性质。这引出什么资源应该是可用的问题以便表达问题中的特征和陈述。一个反射原则实施上是一阶集合论的定理。如果一阶语句 Φ 不包含你变元 x,那么 $\Phi \to \exists x \Phi^x$ 已经是一阶 **ZFC** 的定理。从反射出发的额外动力来自或者显性调用更强的陈述或者移动到高阶语言。利维(1960a,b)在一阶集合论的语境下提供对某些反射原则的研究。他的一个原则是他称为实质反射的原则:

> 如果 Φ 成立那么存在集合论的标准模型在其 Φ 也成立(利维 1960a)。

这是一阶集合论语言中每个语句 Φ 的实例。根据迭代概念,"标准模型"是使迭代穿过强不可达基数 κ 的结果。所以模式说的是集合论的任意真性是在某个强不可达秩上满足的。夏皮罗(1987)在二阶集合论语言和纯粹二阶且高阶逻辑语言中把有关反射语句和开公式收集在一起。令 Φ 是二阶集合论语言中的任意语句。那么,

$$\Phi \to \exists x \Phi^x$$

是一个模式的实例。在此情况下,我们不需要利维的关于标准模型的子句以便保证小的大基数的存在性。这要归功于由伯奈斯(1961,1976)反复使用的绝妙举措。简单的观察在于如果语句 Φ 成立,那么 $\Phi \& \Psi$ 也成立。为表明这一点,令 **Z2** 是二阶 **ZFC** 公理的合取。那么二阶 **ZFC** 蕴含 **Z2**。所以反射原则给我们满足 **Z2** 的集合。每个如此的集合是强不可达的尺寸。在二阶集合论的语境下,语句反射原则是夏皮罗(1987)称为"克雷泽尔原则"的自然表述,这个论题说的是如果语句是可满足的,那么它能在集合上是满足的。克雷泽尔原则是使用

迭代层级的预设以给出高阶语言的模型论。

利维(1960a，b)和夏皮罗(1987)的背景是日常集合论。也就是，他们探索把反射原则加入到一阶或者二阶 **ZFC** 的结果。所以他们以某些相当实质的有关集合存在性的公理开始，而且他们指望构建甚至更强的存在性原则。相比之下，伯奈斯(1961，1976)表明大多数二阶 **ZFC** 公理自身如何在以变元管辖集合和真类的语言中所表述的强化反思原则序列。就当前而言，人们可以把这个认作二阶语言。尤其，伯奈斯表明 ZFC 的配对、并集、幂集、无穷和替换公理以及不可达、超不可达、和其他小的大基数存在性是从外延、分离和被表述为模式的反射原则中可推导的，其是不包含自由 x 的每个公式 Φ 的实例：

$$\forall y_1 \cdots y_n (\Phi \to \exists x (trans(x) \Phi^x))$$

这里 $y_1 \cdots y_n$ 是 Φ 中的所有自由变元且 $trans(x)$ 是通常的陈述，即 x 是传递的：$\forall y \forall z ((y \in x \& z \in y) \to z \in y)$。换句话说，**ZFC** 的大多数存在性公理和各种小的大基数的存在性从外延、分离和一个原则中推导出来，这个原则是对任意 Φ，如果 Φ，那么 Φ 是由传递集满足的。谁本来会认为这么多的东西从证明少的东西中推导出来的？伯吉斯(2004)表明如何把这些结果变换为带有单数和复数量词的语言。有相关的基元，他能够弱化反射模式到更简单的模式，它的实例是下述的全称闭包：

$$\Phi \to \exists x \Phi^x$$

这里 Φ 是已选择语言的公式。尤其，在遗传性公理的帮助下，其掌控谓词 $\mathcal{B}$，表示"是一个集合"，伯吉斯能够从更弱反射形式推出伯奈斯的反射原则。然而这个论证对基元的选择是高度敏感的。根据复数谓词"形成一个集合"遗传性有 $\mathcal{B}$ 的显定义的外观。如果如此处理遗传性，那么 $\mathcal{B}$ 不在是一个基元。显著地，我们不再能证实从较弱原则到伯奈斯反射原则的转换。所以在此框架内人们获得什么理论关键依赖基元的选择，如同伯吉斯注意到的那样。在数学中老生常谈的是基元的选择在某种程度上是任意的。人们常常把某些项认作基元且根据这些定义其他的项，或者反过来。在如此情况下，人们会认为，人们从哪里开始无关紧要。在当代数学中当发展我们的基础理论时存在显著的远离依赖根据这个或者那个资源能被定义什么的趋势。

这个趋势在这里是被破坏的。由于上述反射原则是被表述为模式，即每个语句的一个实例，或者公式，那么在各自的语言中，人们获取的精确理论是直接与给定语言中的表达资源联系起来的。不仅如此，林内波（2007）争论到这个框架的非常协调性对原始词汇的选择是敏感的。尤其他表明，以复数行为上的合理假设为模，如果我们增加另一个相当自然的基元到系统，符号≈表示复数恒等，其会对应二阶变元范围中项上的恒等关系，连同明显的外延公理，那么这个系统导致不协调性。特别地，由此推断每个复数性形成一个集合。尤其存在非自我属于集合集，其表明这个系统易受罗素悖论的伤害。当然，引入≈作为被定义项不存在问题，它是由相同的外延原则掌控的，现在被认作一个定义。当我们把它认作基元麻烦就会来临。

3. 限制第五基本定律的三种方式

林内波（2007）推断说：

> 唯一的令人满意的解决方案会是要提供反射原则的更好动机，它解释说明表达资源可能出现在反射原则被应用到其的公式。但完全不清楚的是如此的动机看上去像什么。

我们这里不带来如此令人满意的解决方案。确实，甚至我们没法表述像 ZFC 那样丰富的理论，更不必说激发或者证实小的大基数原则。我们的更为适度的目的是要探索极小表达资源上反射的后承，也就是纯粹高阶逻辑的后承。我们想看到单单在不可言喻性—连同—反射的基础上什么能被证实，在没有非逻辑术语的语句上反射，基元或相反。我们的理论在迭代层级内部有模型,在第一个强不可达的下面。然而,我们的理论比人们本来首先期望的是更资源丰富的,而且它们丰富到足以证明策梅洛集合论的协调性。为使我们的框架远离有关迭代层级的假设,我们设法发展外延理论。弗雷格主义外延对这个目标是理想的因为我们不能假设外延论域是良基的或者它们有任何具体的近似于累积层级的结构特征(简恩,乌斯基亚诺,2004)。我们想发展下述弗雷格第五基本定律的修正版本:

$$\hat{x}\,\mathrm{F}x = \hat{x}\,\mathrm{G}x \equiv \forall\, x(\mathrm{F}x \equiv \mathrm{G}x)。$$

当然,如上所述,这是不协调的。为去除这个不协调性,我们需要限制概念范围到外延被指派的地方。我们的目标将是只把外延指派到单单由使用逻辑资源可描述的概念。为这些概念年引入语词好性(GOOD),且令坏性(BAD)代表它的补集。存在限制第五基本定律的几种方式,它们间的选择只是方便是否的事情。一个选项是把外延函数认作从好的概念到对象的部分函数,在其情况下 $\hat{x}\mathrm{F}x$ 变为非指称单项当 F 是坏的。这是简恩和乌斯基亚诺(2004)以及安东内利和梅(2005)所遵循的选项。然而,非指称单项的出现需要背景中的自由逻辑。另一个选项是把外延函数当作全的,即在所有概念上下定义,而且把虚拟对象指派到没有弗雷格主义外延的所有概念。虚拟对象公开地是一个外延但在实践中通过不遵守外延性不同于弗雷格主义外延。这是由布劳斯(1989)和夏皮罗(2003)所追随的路径。相关的原则会是:

$$\hat{x}\,\mathrm{F}x = \hat{x}\,\mathrm{G}x \equiv ((\mathrm{BAD(F)} \,\&\, \mathrm{BAD(G)}) \lor \forall\, x(\mathrm{F}x \equiv \mathrm{G}x))。$$

我们这里采用第三个选项,其有着自由逻辑的优势而无非指称单项的不便。代替从概念到对象的函数项,我们引入高阶谓词 $\mathrm{EXT}(x, \mathrm{F})$,其是由对象 x 和概念 F 所满足的恰好假使 x 是 F 的外延。这事实上是伯吉斯(2005)所使用的程序,这里他发展伯奈斯-布劳斯集合论简称为 BB 的弗雷格主义化版本,他称之为 FB。所以,我们需要的进一步理由是要促成我们系统和他的系统间的比较。因此我们的公理是:

$$(RV) \quad EXT(x, F) = EXT(y, G) \rightarrow (x = y \equiv \forall z(Xz \equiv Yz))。$$

EXT 谓词是我们的系统中仅有的非逻辑基元。外延谓词和代表属于关系的符号根据 EXT 被显性定义如下：

$$ext(x) \equiv_{df} \exists X(EXT(x, X)),$$
$$x \in y \equiv_{df} \exists X(EXT(y, X) \& Xx)。$$

我们能定义好性和坏性如下：

$$GOOD(F) \equiv_{df} \exists x EXT(x, F),$$
$$BAD(F) \equiv_{df} \neg GOOD(F)。$$

从（RV）和我们的定义，我们能快速推出外延的外延性原则：

$$ext(x) = ext(y) \rightarrow (x = y \equiv \forall z(z \in x \equiv z \in y))。$$

（RV）的另一个后承在于如果概念有外延，那么它至多有一个。所以我们将非形式地谈论概念 F 的"外延"以指向唯一 x 使得 $EXT(x, F)$。由于我们在考虑术语的问题，出于在简恩和乌斯基亚诺（2004）中给定的某些理由我们想坚持"外延"和"集合"间的区分。当我们认为集合在于迭代层级的秩且因此成为良基的，外延上的属于关系根本无需是良基的。此外，保留语词"集合"为我们理论模型的后面讨论将是便利的，由于那里的元理论是日常一阶 **ZFC**。所以我们将在这里只使用语词"外延"。也对属于关系 ∈ 存在潜在的模糊性，但这将不招致麻烦。现在为止，（RV）恰好是外延的外延性原则。如果我们认为 $\exists x EXT(x, F)$ 作为"F 有一个外延"的缩写，那么（RV）对什么概念有被指派到它们的外延的问题保持沉默。这当然是我们喜欢回答的问题。下述两节的计划是根据不可言喻性和反射预演部分回应。我们表明我们回答的非常性质组织我们把它扩充到完整答案。

4. 从大小限制到反射原则

如果 F 和 G 都是概念,那么令 F~G 是通常的二阶陈述,说的是 F 与 G 是等数的。也就是,F~G 当且仅当存在从 F 满射到 G 上的 1—1 关系。相似地,令 F≤G 说的是存在从 F 到 G 的 1—1 关系,而且令 F<G 说的是 F≤G 而非 G≤F。如果没有非逻辑术语的语句 Φ 在结构 $\mathcal{M}$ 中是真的,那么 Φ 在任意的论域与 $\mathcal{M}$ 的论域等数的结构中是真的。实际上,能用如此"纯粹的"语句做出的模型中间的仅有的区分是基数的区分。所以,由于我们关注的是各种概念和外延的相对尺寸,那么在反射中调用纯粹逻辑语句讲得通。作为额外的奖励,不存在要考虑或者消除的原始项。

对于我们的第一个尝试,我们从策梅洛的假设中得到线索,它说的是"每个范畴决定的定域也能被解释为一个集合"(策梅洛,1930,第1232 页)。我们把这个当做下述建议,即如果结构能被描绘直到同构,那么它是一个集合。在目前的框架内,相应的建议在于成为这个结构定域元素的概念有一个外延。为谈论范畴性,人们必须划定可用的表达资源,这个语言在其人们尝试描绘各种定域和结构。在这里,我们提议把"范畴决定的"解释为"直到同构由纯粹二阶逻辑固定"。说概念 F 是由纯粹二阶逻辑的语句 Φ 所描绘当 Φ^F,且对所有概念 X,如果 Φ^X,那么 F~X。在这些术语中,策梅洛的提议在于如果 F 是由纯粹二阶逻辑语句所描绘的,那么 F 有一个外延。这个假设的逆否在于如果概念 F 缺乏外延,那么 F 不是由任意的纯粹二阶逻辑语言所描绘的,其对应于在伯吉斯所建议的从大小限制到反射路径的(3):

(3) ⋯⋯对它们成立的任意语句 Φ 无法描述它们有多少个。

对策梅洛提议的粗略考虑以极小假设为背景将阐明(3)的内容,而且尤其,它将给我们朝向反射的路径中(3)和每个进一步步骤间距离的更好含义。策梅洛的建议最初似乎交出大基数。令 B 是二阶 **ZFC** 公理的合取连同不存在强不可达基数的陈述。令 $\mathbf{B}'$ 是在 $\mathbf{B}$ 中用新关系变元 R 取代属于关系符号。那么,第一个强不可达是由 $\exists R \mathbf{B}'$ 所描绘的(夏皮罗,1991,第 154—155 页)。我们甚至不被限制到小的大基数上:如果 κ 是第一个可测度基数,那么 κ 的幂集的幂集是由纯粹二阶逻辑语句所描绘的。

这第一个提议存在两个问题。第一个是由于只存在可数多个纯粹二阶逻辑语言,我们会只有可数多个外延。我们尚未证实分离的配对物,这个原则说的是如果概念 F 有外延且每个 G 都是 F,那么 G 也有外延。但也许这能通过激发另一个原则被克服,比如基于大小限制的一个,其很适合论域是不可言喻的思想。更麻烦的问题在于这个提议不自动证实非常多个外延的存在性。我们能表明比如 $\exists R \mathbf{B}'$ 的任意模型是等数的。所以策梅洛的提议会产生强不可达基数尺寸的外延,倘若存在如此满意的概念。也就是,我们不能断言强不可达的存在性,除非我们首先表明至少存在那么多个对象。但这是我们尚未表明的非常事物。在这个阶段,恰好假设论域至少是那个尺寸会乞求论点。这个提议是尚未有动机的。我们必须做的事情似乎是自举的。在非形式语言中,伯吉斯(2004,第 192 页)指明如何完成这个当我们取从(3)到(4)的步骤:

(4)……对它们成立的任意陈述 Φ 继续成立当再解释为不是关于它们全部而是关于它们中的某些,少于它们全部。

他写道:

……尽管做出关于存在多少个对象的真陈述是可能的,对它存在太多对象以致不可能对如此陈述确定存在多少个:必然将存在不只是与据说一样多,而是更多……首先,至少存在一个对象。根据(4),这仍会是真的当人们谈论并非所有对象,而仅仅是对象中的某些,少于它们全部;换句话说,它是一个不充分陈述,其意指必定至少存在两个对象。那么,再次根据(4),这是不充分陈述,所以至少存在三个对象。以此方式继续下去,存在无穷多个对象。但根据(4),甚至这是不充分陈述,所以必定存在不可数多个对象。但再次根据(4),甚至这是不充分陈述,所以……

这个程序会带我们远到我们能表达基数,可以说自下开始。而且这依赖所使用的表达资源。我们提议形式地重述伯吉斯的推理,使用反射原则且开发前述的深刻见解,即纯粹逻辑陈述能对应关于论域尺寸的陈述。因此上面描述的程序将扩大远到纯粹二阶语言表达资源允许的范围。

5. 弗雷格—策梅洛—伯奈斯—伯吉斯集合论

我们以明显的方向扩充策梅洛的提议。令 Φ 是形式语言中的语句。概念 F 必须有的尺寸,以便为 Φ^F 成立,是 Φ 强加于论域上的下界。例如,语句 $\exists x \exists y(x \neq y)$ 在论域的尺寸上强加二的下界,由于 $(\exists x \exists y(x \neq y))^F$ 成立仅当 F 应用到至少两个对象。而且如果 **PA2** 是二阶皮亚诺算术公理的合取,那么 **PA2** 在论域上设置 $\aleph_0$ 的下界。类似地,**Z2**,二阶 **ZFC** 公理的合取,在第一个强不可达处设置下界。前面的语句 B 和 $\exists RB'$ 也是如此。当然,某些语句,像 $\exists x(x \neq x)$,无法设置下界恰好因为它们一点都不是可满足的。但即使我们把注意力限制到可满足语句,人们可能怀疑是否他们在概念尺寸上设置唯一的下界。

答案依赖我们背景假设的范围。我们只能表明每个可满足语句在论域上设置唯一的下界当我们有资源表明任意两个概念在尺寸上是可比较的。但这需要选择原则。更形式地,说概念 F 是由语句 Φ 固定的恰好假使 Φ^F,且对每个概念 X,如果 Φ^X,那么 $F \leqslant X$。这至少是 Φ 在 F 的尺寸处设置边界的概念的一个形式类似物。说 F 是有界的当存在纯粹二阶逻辑的语句 Φ，也就是，Φ 没有非逻辑术语，和概念 G 使得 F≤G 且 G 是由 Φ 所固定的。这时候要有的一个明显思想是所有且仅有的有界概念是好的。

不幸的是，我们不能被期望在纯粹二阶逻辑语言中为概念成为有界的提供充要条件。因为如果我们能的话，由此我们能给出概念成为好性的充要条件。但反过来，这会使我们能够描绘至少坏概念尺寸，其因此会是有界的，而且，作为结果是好的，但这是荒谬的。换个说法，对有界的成功的描述会允许我们描述不可描述性，或者，允许我们创造一个表达式言喻不可言喻性。我们将必须设法应付好性的充分条件。所以这里要被发展的论题是所有有界概念是好的。对纯粹二阶逻辑的每个语句 Φ，我们想要下述：

$$(RF) \quad (\exists G(F \leqslant G \& \Phi^G \& \forall H(\Phi^H \to G \leqslant H))) \to \exists x$$
$$(EXT(x, F)).$$

由此我们的理论是 FZBB，作为弗雷格—策梅洛—伯奈斯—伯吉斯的简称。它是由模式（RF）和前述的外延性原则所公理化的：

$$(RV) \quad EXT(x, F) \& EXT(y, Y) \to (x = y \equiv \forall z(Xz \equiv Yz)).$$

我们主张（RF）给出上面（4）的部分表达式。但当我们预设选择原则足够强到保证对任意概念 X，Y，或者 X≤Y 或者 Y≤X，我们也能推出（5）的形式配对物：

（5）…对它们成立的任意陈述 Φ 继续成立当再解释为不是关于它们全部而是关于它们中的某些，少到难以形成集合。

这里是非形式论证。令 Φ 是纯粹二阶逻辑的任意语句且假设 Φ^F 对

556

某个概念 F 成立。选择极小尺寸的概念 G 使得 Φ^G。也就是,挑出 G 使得 Φ^G 且对所有 H,如果 H<G,那么 ¬Φ^H。由此推断 G 是有界的。因此,根据(RF)的相关原则,G 有一个外延。由于这对任意概念 F 成立,它对全概念$[x:x=x]$成立。所以,

$$\Phi \rightarrow \exists X(\exists x(\mathrm{EXT}(x, X)\&\Phi^X)),$$

从(RV)和上述定义,

$$\Phi \rightarrow \exists x(ext(x)\&\Phi^x),$$

这里 Φ^x 是 Φ 到 x 的元素的相对化。这具有伯吉斯反射原则的形式且它是接近于伯奈斯的反射原则。但它在几个方面是不同的。首先,我们在不同的框架内工作。当伯吉斯(2005)被设定在一元二阶逻辑的背景下,我们自由使用二元二阶量词。然而,我们已把注意力限制到纯粹二阶逻辑语句。尤其,我们只允许语句上的反射,而不是开公式上的反射。伯奈斯和伯吉斯两者都在以作为 **ZFC** 公理存在性一阶变元的开公式和以作为替换公理二阶变元的公式上反射(林内波 2007)。此外,我们没有子句或者一般后承,即给定外延是传递的。伯奈斯和伯吉斯在对并集和幂集的推导中关键使用了这个子句。最后,我们没做出不同于(RV)的集合论假设,其相当于外延性。尤其,不像伯奈斯和伯吉斯,我们不认为分离公理是理所当然的。反之,我们将设法应付从我们理论掉出的分离公理的受限版本。我们可能添加我们的公开对象语言理论不包括被需要与其他反射原则相联的选择原则。特别地,我们一般不能表明,如果语句 Φ 成立,那么存在"极小的" I 使得 Φ^I。不过,我们的理论确实有某些有趣的后承。

6. 从弗雷格—策梅洛—伯奈斯—伯吉斯集合论推断标准集合论公理

FZBB 蕴含下述

空外延:$\exists x(ext(x) \& \forall y(\neg y \in x))$。

证明:令 F 是空概念 $[x:x \neq x]$。那么,F 是由语句 $\forall x(x \neq x)$ 固定的。也就是,我们有 $\forall x(x \neq x)^F$ 且 $\forall G(\forall x(x \neq x)^G \rightarrow F \leqslant G)$。所以 F 是有界的而且,根据(RF),有一个外延,这就是 $\emptyset$。∎

作为奖励,我们得到这个论域不是空的,无需以通常方式调用它作为逻辑或者我们正在考虑的解释类上的规定。也就是,我们本来能以自由二阶逻辑开始。通过以非自我恒等概念开始,我们效仿弗雷格的从休谟原则来的对论域无穷的证明,其后来变为新逻辑主义的主要部分。为了生成各种公理的证明,我们需要保证纯粹二阶的特定语句是可满足的。反过来,这个可满足性需要各种尺寸概念的存在性。所以我们必须谨慎且确保必要概念在我们取语句以在概念尺寸上设置下界之前存在。因为我们有至少一个对象的存在性,我们有在其下至少一个对象归入的概念。并且这个观察反过来保证语句 $\exists x(x=x)$ 的可满足性,其然后确实在论域尺寸上设置下界。

单元素集:$\forall x \exists y(ext(y) \& \forall z(z \in y \equiv z=x))$。

证明:如果 a 是对象,令 F 是概念 $[x:x=a]$。必备语句是 $\exists x(x=x)$。我们有 $\exists x(x=x)^F$ 和 $\forall G \exists x(x=x)^G \rightarrow F \leqslant G$。所以 F 是有界的且,根据(RF),有唯一元素为 a 的外延 $\{a\}$。∎

我们现在有空外延和它的单元素集的存在性,其根据(RV)是不同的。由此推断 $\exists x \exists y(x \neq y)$ 是可满足的而且确实在论域尺寸上设置下界。所以,我们有下述:

对集:$\forall x \forall y \exists z(ext(z) \& \forall w(w \in z \equiv (w=x \lor w=y)))$。

证明:这类似于单元素集的情况。如果 a 和 b 都是对象,令 F 是

558

概念$[x:x=a\lor x=b]$。必备语句是$\exists x\exists y(x\neq y)$，而且，像往常一样，$\{a,b\}$是$a$和$b$的无序对。∎

注意在发展过程中我们不能跳过单元素集的证明，以为没有单元素集，我们无法保证$\exists x\exists y(x\neq y)$是可满足的而且我们的对集证明会陷入危险。照例，我们把对象a和b的有序对$\langle a,b\rangle$定义为$\{\{a\},\{a,b\}\}$。直接的是$\langle a,b\rangle=\langle c,d\rangle$当且仅当$a=c$且$b=d$。

无穷：存在戴德金无穷外延。

证明：空外延和对集的存在性一起蕴含$\varnothing$，$\{\varnothing\}$，$\{\{\varnothing\}\}$如此等等的存在性。根据(RV)这些全是不同的。所以论域是戴德金无穷的。回顾布劳斯的新五是(RV)的形式，这里 BAD 被明确描绘为"与论域等数"。它也蕴含无穷多个外延的存在性。然而，新五不蕴含一个无穷外延的存在性，也就是有无穷多个元素的外延。而我们的理论 FZBB 蕴含一个无穷外延的存在性。令 F 是单元素集运算下空外延的极小闭包：

$$\forall x(Fx\equiv\forall X((X\varnothing\ \&\ \forall z(Xz\rightarrow X\{z\}))\rightarrow Xx)).$$

令 Φ 是下述语句，陈述的是论域是戴德金无穷的：

$$\exists f(\forall x\forall y(fx=fy\rightarrow x=y)\ \&\ (x\neq fy)).$$

那么，我们有 $\Phi^F\ \&\ \forall G(\Phi^G\rightarrow F\leqslant G)$。所以 F 有元素恰好是 $\varnothing$，$\{\varnothing\}$，$\{\{\varnothing\}\}$的外延。∎

我们没有 **ZFC** 其他公理的非受限版本。在大多数情况下，原因在于我们只有概念要有外延的充分条件。也就是，(RF)说的是如果 F 是有界的，那么 F 有一个外延。我们没有这个的逆命题。所以我们不能推导幂集、并集、分离和替换公理或者模式。但这些原则的受限版本确实给这个理论以相当的力量，或者至少它们如此当"相当的"从某人不被当代集合论变得疲惫不堪的视角得以评估。

有界替换:如果 F 是有界的且 G≤F,那么 G 有一个外延。

有界分离:如果 F 是有界的且 ∀x(Gx→Fx),那么 G 有一个外延。

这两个都是直接的。如果 F 是有界的且 G≤F,那么 G 是有界的而且根据(RV)有一个外延。更不用说,如果 F 是有界的且 ∀x(Gx→Fx),那么 G≤F。受限替换原则说的是如果 F 有一个外延且 G≤F,那么 G 有一个外延。公认地这是"大小限制集合概念"不可缺少的一部分。概念缺乏一个外延恰好假使它是不可言喻的,这个想法似乎与它是一致的,至少部分一致。然而,如同我们将看到的那样,即使这被添加到系统,其他公理仍会是受限制的。把 F 的幂概念,记为 $\mathcal{P}(F)$,定义为成为 F 的子概念外延的概念。也就是,$\mathcal{P}(F)$ 是[x:∃X(EXT(x, X)&∀x(Xx→Fx))]。从有界分离推断,如果概念 F 是有界的,那么 F 的每个子概念是有界的而且根据(RF)有一个外延。所以根据(RV),每个如此的子概念有一个外延。在目前语境中,幂集原则说的是如果概念是好的,那么它的幂概念也是好的。这不从 FZBB 推断出来,即使我们增加一个普遍的替换原则。然而,我们确实有:

有界幂外延:如果 F 是有界的,那么 F 的幂概念有一个外延。

草证:假设 F≤G 且 G 是由纯粹二阶逻辑语句 Φ 固定的。那么 G 是有界的因此是好的。我们表明存在固定 G 的幂概念的语句 Φ′。这个构造是改自在纯粹二阶逻辑中对康托尔定理类似物的证明。令 R 是二元关系且 x 是一个对象。说 x 在 R 中表示 Y 恰好假使对所有 y,Rxy 当且仅当 Yy。而且说 R 表示 Y 当存在 x 使得 x 在 R 中表示 Y。语句 Φ′说的是存在概念 X 使得 Φ^X 且存在表示 X 的每个子概念的关系 R:

$$\exists X[\Phi^X \& \exists R(\forall Y(\forall z(Yz \to Xz) \to \exists x \forall y(Rxy \equiv Yy)))]。\blacksquare$$

到目前为止 FZBB 有资源生成 V_ω 的每个元素而且根据有界替换生成 V_ω 自身的存在性。此外,我们有 V_ω 的幂概念的存在性,V_ω 的幂外延的幂外延,V_ω 的幂外延的幂外延的幂外延诸如此类。而且这不是结束。所以 FZBB 有资源再捕获所有经典数学,除了像 **ZFC**、范畴论以及类似的基础性理论。因此它是一个强力理论。根据有界替换,我们也有包含 V_ω 的外延的存在性且是在幂外延下是封闭的。后面我们将使用这个事实以便表明 FZBB 有资源证明策梅洛集合论模型的存在性。我们甚至用并集也不能把这个做得很好。把概念 F 的并集概念,记作 $\bigcup F$,定义为成为关于其 F 成立的外延元素的概念:$\bigcup F$ 是 $[x:\exists y \exists X((EXT(y, X)\& Fy \& x \in y))]$。我们意识到这是一大口的。回顾 $x \in y$ 仅当 y 是一个外延。所以 F 的并集概念恰好是 $[x:\exists y (Fy \& x \in y)]$。非受限并集原则说的是如果 F 有一个外延,那么 F 的并集概念也有一个外延。如同我们将在第 7 节看到的,这在全普遍性中不成立。我们能做到最好的就是下述:

> 双重有界并集:假设 F 是有界的。进一步假设存在有界概念 H 使得对每个 a 使得 Fa,概念 $[x:x \in a]$ 是小于或者等数于 H 的。那么 F 的并集概念有一个外延。

草证:假设 F$\leqslant$G 而且 G 是由 Φ 固定的,并且 H$\leqslant$J 而且 J 是由 Ψ 固定的。令 K 是成为有序对 $\langle x, y \rangle$ 的概念使得 Gx 和 Jy。现在考虑语句 Ξ 说的是存在概念 X,概念 Y,和一个 3—位关系 R 使得 Φ^X,Ψ^Y 且对每个 x 使得 Xx 和每个 y 使得 Yy,存在唯一 z 使得 Rxyz。那么 Ξ^K 且对所有 Z,如果 Ξ^Z,那么 K$\leqslant$Z。所以 K 是由 Ξ 固定的。但 F$\leqslant$K:F 的并集概念是小于或者等数于 K 的。所以 F 的并集概念有一个外延。$\blacksquare$

如同我们将要看到的,对 $\bigcup F$ 要有一个外延,那么对 F 要成为有

561

界的且对每个 a 使得 Fa，概念 $[x : x \in a]$ 成为有界的，不是充分的。一般而言，为推断 F 的并集概念有一个外延，我们需要单个语句固定为每个这些概念固定边界。这严重妨碍这个理论。回顾布劳斯的新五蕴含选择公理的强版本，也就是存在论域的良序。但这依赖坏性作为"与论域等数"的具体描绘。这里，没有选择原则是即将来临的。最好的选项是把选择公理的一个版本加到基础的高阶逻辑，作为一种普遍逻辑原则。如此公理的一个可行候选是在希尔伯特和阿克尔曼（1928）中的一个：

$$(AC) \quad \forall R(\forall x \exists y R x y \rightarrow \exists f R x f x)。$$

这个和集合论中更常见的选择公理间的逻辑关系进一步突出下述事实，即我们没有概念成为好的非平凡必要条件。实际上，(AC)是全局选择原则。例如，假设 F 是概念使得对每个 x，如果 Fx，那么 x 是非空外延且如果 Fx，Fy 和 $x \neq y$，那么 x 和 y 是不交的。那么，(AC)蕴含存在"选择概念"，一个概念 G 使得对每个 x 使得 Fx 恰好存在一个 y 使得 $y \in x$ 且 Gy。我们想要一种局部选择原则说的是如果除了上述这些，F 是好的，那么它有一个好的选择概念。但令人惊讶的是，我们没有这个。从 FZBB 和 (AC) 我们得到的是下述：

> 有界选择：假设 F 是有界概念使得对每个 x，如果 Fx，那么 x 是非空外延，而且如果 Fx，Fy，且 $x \neq y$，那么 x 和 y 是不交的。那么，存在好的概念 G 使得对每个 x 使得 Fx，恰好存在一个 y 使得 $y \in x$ 和 Gy。

如上，(AC)蕴含对 F 的选择概念 G 的存在性。但 $G \leqslant F$ 所以 G 是有界的因此有一个外延。这里最后的项目是基础公理。对于实质上由简恩和乌斯基亚诺（2004）所提供的理由，FZBB，甚至有（AC）和替换，

562

不蕴含属于关系是良基的。这与在其所有集合都是良基的迭代集合概念形成鲜明对比。通常的举措是要把注意力限制到由特定过程所生成的外延。有人以空外延开始，而且，在任意给定的阶段，人们取在其下到目前为止只有生成的外延归入的概念外延。作为结果的外延是遗传良基外延。它们是遗传的因为它们只有在它们的传递闭包中由外延，而且它们是良基的因为它们上面的良基关系是良基的。我们定义这个遗传良基外延概念，缩写为 hwf，通过调用遵循利维 (1968) 的来自布劳斯 (1989) 的技术。把概念 F 定义为封闭的当

$$\forall y((\exists X(\mathrm{EXT}(y,\,X)) \,\&\, \forall z(z \in y \to \mathrm{F}z)) \to \mathrm{F}y).$$

换句话说，F 是封闭的若每当它对外延元素成立，那么它对这个外延成立：

$$hwf(x) \equiv_{df} \forall \mathrm{F}(cl(\mathrm{F}) \to \mathrm{F}x).$$

换句话说，对象是遗传良基的当每个封闭性质对它成立。直接表明的是被限制到 hwf 外延的属于关系是良基的。在新五的语境中，布劳斯表明 x 是 hwf 当且仅当 x 是一个外延且 x 的每个原始是 hwf。证明持续到这里的一般语境。所以空外延是遗传良基的，而且如果 x 和 y 都是 hwf，那么它们的对集 $\{x,\,y\}$ 也是 hwf。冯诺依曼序数全都是 hwf，而且特别地，ω 是 hwf。如果 x 是 hwf 而且如果 x 的幂外延存在，那么它是 hwf，如此等等。所以 ω 的幂外延，ω 的幂外延的幂外延，ω 的幂外延的幂外延的幂外延，诸如此类全都是 hwf。而且如果 x 是 hwf 且 x 的并集存在，那么它也是 hwf。尽管有所有这些缺点，FZBB 仍是相当强的理论。事实上，它为我们提供资源以构造策梅洛集合论的模型由此证明 **Z** 的协调性。

命题 1：(FZBB) 存在策梅洛集合论 **Z** 的模型。

草证：我们在 FZBB 中工作。我们以下述概念开始：

$$\text{HF}=[x:x \text{ 是遗传有限 } hwf]。$$

成为可数的,HF 是有界的而且根据(RF)有一个外延,我们称之为 h,也就是,EXT(h,WF)。有界幂外延的重复应用在序列 $\mathcal{P}h$,$\mathcal{PP}h$,$\mathcal{PPP}h$ 诸如此类中产生每个外延的存在性。现在,令 F 是幂外延运算下 h 的极小闭包:

$$\forall x(\text{F}x \equiv \forall \text{X}((\text{X}h \& \forall z(\text{X}z \rightarrow \text{X}\mathcal{P}z)) \rightarrow \text{X}x))。$$

我们感兴趣的是 F 的并集概念,它是 $\bigcup\text{F}=[x:\exists y(\text{F}y \& x \in y)]$。缺少不受限并集的情况下,我们不能假设如果 F 有一个外延,那么 $\bigcup\text{F}$ 也有一个外延。然而,我们有独立的理由认为它确实如此,也就是,$\bigcup\text{F}$ 是通过下述形式的纯粹二阶语句有界限的:

$$\neg\text{COU}([x:x=x]) \& \forall \text{X}(\text{X} < [x:x=x] \rightarrow \mathcal{P}\text{X} < [x:x=x])。$$

这里 $\neg\text{COU}([x:x=x])$ 缩写的是纯粹二阶语句陈述论域是不可数的而且 $\forall \text{X}(\text{X} < [x:x=x] \rightarrow \mathcal{P}\text{X} < [x:x=x])$ 缩写的是另一个纯粹二阶语句陈述论域是严格大于任意较小子概念的幂概念的。成为有界的,根据(RF),$\bigcup\text{F}$ 有一个外延,我们称之为 M。通过构造,M 包含空外延和有限 hwf 概念的外延且在对集、并集和幂集下是封闭的。此外,当被限制到 M,属于关系满足外延、分离公理,而且通过构造由于 M 的每个元素是 hwf,也满足基础公理。■

此外,模仿哥德尔的可构成性概念,在 FZBB 中我们能表明存在策梅洛集合论加选择公理的模型。由于 M 是有界概念的外延,它的任意子概念也是如此,而且,根据有界选择,我们有定域的任意子概念都有一个选择概念。

推论 2:(FZBB)存在策梅洛集合论加选择公理 **ZC** 的模型。

让我们总结本节的结果。我们以广为接受的观点即集合论宇宙是不可言喻的观点开始，但我们从它得到的全部在于论域范围不能用纯粹二阶逻辑的资源描述。我们的理论 FZBB，由（RV）和反射模式（RF）的实例所公理化，加上直接的定义蕴含通常的空外延、对集、无穷、有界替换和有界分离这些公理。我们也有有界幂外延和双重有界并集，不管是否加入不受限替换。如果我们增加（AC），那么推出有界选择。最后，基础公理成立当量词被限制到遗传良基外延。这个 hwf 外延导致一个实质性论域，足以再捕获几乎所有当代数学的一个。确实，FZBB 允许我们明确构造如此的论域，其自身是策梅洛集合论的模型。总而言之，至少根据非集合论标准，它是相当强力的集合论。现在我们要在 FZBB 和在伯吉斯（2005）中所发展的伯奈斯—布劳斯集合论的弗雷格主义化版本间做简要的比较。弗雷格主义化伯奈斯集合论 FB 是在一元二阶语言中被表述的，它的原始词汇包含每个这些符号 EXT，ext 和 $\in$。除了（RV），FB 包括两个掌控谓词 ext 和 $\in$ 从属公理：

$$ext(x) = \exists X(EXT(x, X)),$$
$$x \in y \equiv \exists X(EXT(y, X) \& Xx).$$

最后存在分离公理和简单的反射原则：

(SEP)　$\forall x(Xx \to Yx) \to (\exists y(EXT(y, Y)) \to \exists x(EXT(x, X)))$,

(RFL)　$\Phi \to \exists x(ext(x) \& \Phi^x)$。

然而，注意反射原则不是被限制到纯粹二阶逻辑语言宁可包括 FB 语言的开公式。在主从关系公理的帮助下，伯吉斯推出伯奈斯反射原则的版本：

$$\Phi \to \exists x(ext(x) \& tr(x) \& \Phi^x)。$$

这里 $tr(x)$ 是陈述 x 是传递的：$\forall y \forall z((y \in x \& z \in y) \rightarrow z \in x)$。二阶**ZF**的所有存在性公理还有不可达、超不可达、……在 FB 中都是可推导的。所以，FB 是强于 FZBB 的。我们甚至不能希望通过加入所需要的选择原则以从（RF）推导伯吉斯反射原则受限形式从而匹配 FB 的强度。我们能最期望的是这个原则

$$\Phi \rightarrow \exists x(ext(x) \& \Phi^x)$$

的诸实例，这里 Φ 是纯粹二元二阶逻辑语句。但即使那样，通过把 FB 的主从关系公理根据 EXT 处理为 ext 和 $\in$ 的显定义，我们从自身剥夺伯吉斯对伯奈斯原则的推导。由于 x 是传递的子句在 FB 的并集和幂集推导中起着关键作用，我们完全有理由认为它们在较弱系统中将不是可推导的。不幸的是，仅有的事实，即我们能用包含量词管辖二元二阶谓词的语句替代 Φ，并不起到多大作用。我们把通过(i)把主从关系公理根据 EXT 处理为 ext 和 $\in$ 的显定义和(ii)把注意力限制到反射诸实例，在其 Φ 用纯粹二元二阶逻辑语句所替代，得自 FB 的二阶外延理论称为 FB^-。通过表明存在在其并集和幂集的两个非相对化形式都无效的理论模型，我们将看到 FB^- 是弱于 FB 的。这些独立性结果阐明由在 FB 自身中对基元的选择所完成的工作。但所有都将在适当的时候到来。让我们现在来考虑 FZBB 的模型。

7. FZBB 集合论与 FB 集合论变体的模型

如同上述注意到的那样，这里的元理论是日常一阶 **ZFC**。对象语言中仅有的原始非逻辑项是 EXT，这是高阶谓词，把对象与概念联系起来。所以我们考虑形式为 $\mathcal{M} = \langle d, \mathrm{E} \rangle$ 的结构，这里 d 是一个集合且 E 是有序对 $\langle b, a \rangle$ 的集合，这里 $b \in d$ 且 $a \subseteq d$。想法在于如果 $\langle b, a \rangle \in \mathrm{E}$，那么在 $\mathcal{M}$ 中，b 是概念 a 的外延。把 $\mathrm{GD}^{\mathcal{M}}$ 定义为有外延的 $\mathcal{M}$ 的概念集且把 $ext^{\mathcal{M}}$ 定义为 $\mathcal{M}$ 的外延集：

$$\mathrm{GD}^{\mathcal{M}} =_{df} \{a : \exists b \in d \langle b, a \rangle \in \mathrm{E}\},$$

$$ext^M =_{df} \{b : \exists a \subseteq d \langle b, a \rangle \in E\}。$$

上述我们几次注意到我们的理论 FZBB 只给出概念有外延的充分条件。我们的第一条元定理在于我们能取模型定域的任意子集且使它成为好的。

命题 3：令 $M = \langle d, E \rangle$ 是 FZBB 的模型，且假设 $a \subseteq d$。那么，存在 FZBB 的模型 $M' = \langle d, E' \rangle$，在其 $GD^{M'}$ 是 $GD^M \cup \{a\}$。

草证：如果 $a \in GD^M$，那么证毕；M' 恰好就是 M。所以假设 a 不属于 GD^M。首先假设存在不属于 ext^M 的对象 $m \in d$。也就是，根据 M，m 不是任意概念的外延。那么令 $E' = E \cup \{\langle m, a \rangle\}$。也就是，我们使 m 成为新的好概念 a 的外延。直接证实的是 M' 满足（RF）和（RV）。现在假设作为 M 的外延收集的 ext^M 是所有 d。如上，FZBB 的每个模型是无穷的。所以令 f 是从 d 到 d 的真子集的 1—1 函数。考虑结构 $\mathfrak{N} = \langle d, E_1 \rangle$，这里 $E_1 = \{\langle fx, y \rangle : \langle x, y \rangle \in E\}$。换句话说，我们使用 f 改变外延，而无需改变哪些概念有外延。直接证实的是 $\mathfrak{N}$ 是 FZBB 的模型，与 M 有着相同定域且 $GD^M = GD^{\mathfrak{N}}$。但由于 $ext^{\mathfrak{N}}$ 不是全部 d，我们能如上继续进行。■

举例而言，令 $M = \langle d, E \rangle$ 是 FZBB 的任意模型。把 m 定义为 M 的"罗素对象"当存在 d 的子集 a 使得 $\langle m, d \rangle \in E$ 且 $m \notin d$。令 r 是 M 的罗素对象集。那么，r 不能属于 GD^M，出于通常的理由。但根据命题 3，存在 FZBB 的模型 $M' = \langle d, E' \rangle$，在其 $r \in GD^M$。也就是，在 M' 中，r 有一个外延。然而，r 不是 M' 的罗素对象的集合。在 M' 中假设 n 是 r 的外延，也就是，$\langle n, r \rangle \in E'$。如果 $n \in r$，那么 r 包含 M' 的非罗素对象，也就是 n，而且如果 $n \notin r$，那么 r 无法包含罗素对象，也就是 n。在 FZBB 的任意模型中，定域的大多数自己缺乏外延，但对任意的如此定域，不存在必定缺乏外延的子集。实际上，这就是为什么分离、替换、幂集、并集和选择公理的不受限版本失效的原因。例如,考虑在其整个定域有外延的模型 $\mathcal{M}$。那么替换和分析在 $\mathcal{M}$ 中无效。再次,在每个模型中,存在定域的子集使得子集和它的选择集两者都缺乏外延。从命题 3 推出存在在其给定集有外延且它的选择集缺乏外延的模型。所以局部选择无效——即使全局选择成立。这给我们增加另一个公理的理由,它是集合论的大小限制概念的不可缺少的一部分:

$$(REP) \exists x(EXT(x, X) \& Y \leqslant X) \to \exists y(EXT(y, Y))。$$

实际上(REP)恰好是不受限替换。不受限分离紧跟着,而且 FZBB,(REP),和我们的全局选择原则(AC)确实蕴含局部选择。但如同我们将看到的那样,我们仍没有不受限幂外延和不受限并集,甚或我们可以称为"有界并集"的东西。现在我们表明如何构造由 FZBB,(AC),(REP),和基础公理所公理化的理论模型。它们将全部都具有形式 $\mathcal{M} = \langle d, E \rangle$,在其定域 d 是传递集而且,对每个好概念 b,b 的外延是 b 自身。也就是,如果 $\langle b, a \rangle \in E$,那么 $b = a$。由此推断模型的所有好概念都是定域的元素:如果 $b \in GD^{\mathcal{M}}$,那么 $b \in d$。回顾我们在对象语言中引入属于关系符号作为下述的缩写:

$$x \in y \equiv_{df} \exists X(EXT(y, X) \& Xx)。$$

由此推断在我们下面要构造的模型中,这个对象语言属于关系与元理论中的属于关系一致,至少在对其前者是被定义的对象上。符合(REP),我们将考虑在其定域子集被指派外延的模型,恰好假使它是小于某个固定的基数。那么,为规定我们的一个模型,我们给出它的定域 d 和基数 λ。那么,$GD^{\mathcal{M}}$ 将是小于 λ: $\{x \in d : |x| < \lambda\}$ 的 d 的所有子集的集合,而且 E 将是 $\{\langle x, x \rangle : x \in GD^{\mathcal{M}}\}$。这些对应于简恩和乌斯基亚诺(2004)称为(RV)相关版本的 $\langle \kappa, \lambda \rangle$—模型的东西。为了方便起见,引入"虚拟"符号 Ω 作为成为基数的概念。如果 α 是一个基

数,那么把 $\alpha \in \Omega$ 和 $\alpha < \Omega$ 读作对 $\alpha = \alpha$ 的简称。令 κ 是任意基数或者 Ω。对我们纯粹二阶语言的每个语句 Φ,令 $f(\Phi)$ 是最小基数 $\delta < \kappa$ 使得 Φ^δ 是真的,当存在如此的基数 δ;否则,令 $f(\Phi) = 0$。因此,

$$f(\Phi) = \begin{cases} \delta, & \text{当 } \delta < \kappa, \ \Phi^\delta \text{ 且每个 } \gamma < \delta, \ \neg \Phi^\gamma \\ 0, & \text{当没有如此 } \delta \text{ 存在}_\circ \end{cases}$$

事实上,$f(\Phi)$ 是自身小于 κ 的 Φ 的最小模型的基数,当存在如此的模型。把 κ—极限 l_κ 定义为所有 $f(\Phi)$ 集合的并集。所以如果语句 Φ 在小于 κ 的集合上是可满足的,那么它在小于 κ—极限的集合上是可满足的。Ω—极限被称为纯粹二阶语言的"勒文海姆数"。甚至根据集合论的标准,它都是相当大的。这里我们处理 κ—极限的一般情况以便表明 FZBB 有某些相对小的模型。注意由于在语言中只存在可数多个语句,当 κ 的共尾性是不可数的,那么 $l_\kappa < \kappa$。强不可达的 κ—极限和 Ω 给我们处理哪些概念是好的办法。

命题 4:(ZFC)令 κ 是任意强不可达或者 Ω,且令 λ 是任意基数使得 $l_\kappa \leqslant \lambda < \kappa$。那么,存在 FZBB,(AC),基础公理和(REP)的标准模型 $\mathcal{M} = \langle d, \mathrm{E} \rangle$ 使得子集 $a \subseteq d$ 是好的,也就是,$a \in \mathrm{GD}^{\mathcal{M}}$,当且仅当 $|a| < \lambda$。

草证:我们需要一个集合 d 使得对任意 $a \subseteq d$,如果 $|a| < \lambda$,那么 $a \in d$。换句话说,d 包含小于 λ 的所有它的子集。简恩和乌斯基亚诺(2004)提供找到最小如此 d 的技术。如果 λ 是无穷基数,令 λ^* 是共尾性 $\geqslant \lambda$ 的最小基数。因此,

$$\lambda^* = \begin{cases} \lambda, & \text{当 } \lambda \text{ 是正则的,} \\ \lambda^+, & \text{当 } \lambda \text{ 是奇异的}_\circ \end{cases}$$

通过超限递归定义集合序列如下:

$$d_0 = \lambda,$$

$$d_{\alpha+1} = d_\alpha \bigcup \{x : x \subseteq d_\alpha \text{ 且 } |x| < \lambda\},$$

$$d_\lambda = \bigcup_{\alpha < \lambda} d_\alpha, \text{对极限序数 } \lambda.$$

如果 $a \subseteq d$ 且 $|a| < \lambda$，那么，由于 λ^* 是正则的，存在序数 $\beta < \lambda^*$ 使得 $a \subseteq d_\beta$。所以 $a \in d_{\beta+1}$ 由此 $a \in d$。根据构造，$|d| < \kappa$，由于 κ 是强不可达或者 Ω。注意 λ^* 是构造的不动点，在于对任意序数 α，如果 $\lambda^* < \alpha$，那么 $d_\alpha = d_{\lambda^*}^* = d$。我们寻找的结构 $\mathcal{M}$ 是 $\langle d, \mathrm{E} \rangle$，这里 E 是 $\{\langle x, x \rangle : x \subseteq d \,\&\, |x| < \lambda\}$。如同上述注意到的那样，在 $\mathcal{M}$ 的外延上被定义的属于关系，与背景元理论的属于关系一致。所以 $\mathcal{M}$ 满足基础公理。(RV)，(REP)和(AC)的满足是直接的。这只留下

(RF) $(\exists \mathrm{G}(\mathrm{F} \leqslant \mathrm{G} \,\&\, \Phi^\mathrm{G} \,\&\, \forall \mathrm{H}(\Phi^\mathrm{H} \to \mathrm{G} \leqslant \mathrm{H}))) \to \exists x (\mathrm{EXT}(x, \mathrm{F}))$。

所以令 Φ 是纯粹二阶逻辑语言中的语句。假设存在集合 $\mathrm{F} \subseteq d$ 使得 $\mathcal{M}$ 满足 $(\exists \mathrm{G}(\mathrm{F} \leqslant \mathrm{G} \,\&\, \Phi^\mathrm{G} \,\&\, \forall \mathrm{H}(\Phi^\mathrm{H} \to \mathrm{G} \leqslant \mathrm{H})))$。我们必须表明 F 是好的，这相当于 $|\mathrm{F}| < \lambda$。存在 d 的子集 G 使得 $\mathrm{F} \leqslant \mathrm{G}$，$\mathcal{M}$ 满足 Φ^G，且 $\mathcal{M}$ 满足 $\forall \mathrm{H}(\Phi^\mathrm{H} \to \mathrm{G} \leqslant \mathrm{H}))$。因为 Φ^G 中的量词全都是受限的，它在结构中是绝对的。由于 $\mathcal{M}$ 是标准的，$\leqslant$ 关系也是标准的。所以 Φ^G 是真的，而且对所有子集 $\mathrm{H} \subseteq d$，如果 Φ^H，那么 $\mathrm{G} \leqslant \mathrm{H}$。由于 $|d| < \kappa$，存在基数 $\delta < \kappa$ 使得 Φ^δ 是真的。回顾 $f(\Phi)$ 是最小的如此基数。令 X 是基数为 $f(\Phi)$ 的 d 的任意子集。那么 Φ^X 是真的，由此 $\mathcal{M}$ 满足 Φ^X。所以 $\mathrm{G} \leqslant \mathrm{X}$。由于 $\mathrm{F} \leqslant \mathrm{G}$，我们有 $\mathrm{F} \leqslant \mathrm{X}$，由此 $|\mathrm{F}| \leqslant f(\Phi)$。但 $f(\Phi) < l_\kappa$ 且 $l_\kappa < \lambda$。所以 $|\mathrm{F}| < \lambda$，由此在 $\mathcal{M}$ 中 F 是好的。也就是，$\mathcal{M}$ 满足 $\mathrm{EXT}(\mathrm{F}, \mathrm{F})$。∎

更不用说，**ZFC** 蕴含我们的理论 FZBB，连同(AC)，基础和替换(REP)是协调的。命题 4 的两个衍生物是 FZBB 连同(AC)，基础和

(REP)不蕴含非受限并集和幂外延原则。

推论 5：（**ZFC**）存在 FZBB，（AC），基础和（REP）的模型 $\mathcal{M}_1 = \langle d_1, E_1 \rangle$，和子集 $a \subseteq d_1$ 使得在 $\mathcal{M}_1$ 中，a 有一个外延，但 a 的并集概念没有。

草证：令 κ 是任意强不可达基数或者 Ω，且令 λ 是 κ—极限 l_κ。从命题 4 出发，存在 FZBB，（AC），基础和（REP）的模型 $\mathcal{M}_1 = \langle d_1, E_1 \rangle$ 使得 $a \subseteq d_1$ 是好的当且仅当 $|a| < \lambda$。直接证实的是 λ 有共尾性 ω。所以存在可数基数集 $\{\lambda_1, \lambda_2, \cdots\}$ 使得对每个 $i \in \omega$，$\lambda_i < \lambda$ 且 $\{\lambda_i : i \in \omega\} = \lambda$。对每个 $i \in \omega$，令 a_i 是 d 的子集使得 $|a_i| = \lambda_i$。所以在 $\mathcal{M}$ 中我们有每个 a_i 是好的，且它是它自己的外延。令 $a = \{a_i : i \in \omega\}$。那么 a 是可数的，由此在 $\mathcal{M}$ 中有一个外延。但 a 的并集概念有基数 λ，所以缺乏外延。∎

我们已表明从我们的理论甚至推不出可数并集。也注意被定义的 a 的每个元素自身是有界的。所以双重有界并集是我们能做到的最好的结果。在命题 4 中被构造的模型满足并集公理当且仅当被指明的基数 λ 是正则的，这是简恩和乌斯基亚诺（2004）的命题 5 的后承。由于我们的模型也是我们称为 FB¯ 的弗雷格主义化伯奈斯集合论弱化的模型，我们有另一个推论。

推论 6：（**ZFC**）存在 FB¯ 的模型 $\mathcal{M}_1 = \langle d_1, E_1 \rangle$ 和子集 $a \subseteq d_1$ 使得在 $\mathcal{M}_1$ 中 a 有一个外延，但 a 的并集概念没有。

显著的是下述事实，即仅仅通过把我们的原始词汇扩大到包括 ext 和 $\in$ 且根据 EXT 把我们对它们的显定义设想为公理我们就能排除如此的模型。这似乎给我们一种基于反射在外延理论的发展过程中对基元的选择能完成多少工作的感觉。

推论 7:(**ZFC**)存在 FZBB,(AC),基础和(REP)的模型 $\mathcal{M}_2 = \langle d_2, E_2 \rangle$ 和子集 $a \subseteq d_2$ 使得在 $\mathcal{M}_2$ 中 a 有一个外延,但 a 的幂概念没有。

草证:令 κ 是任意强不可达基数或者 Ω,且令 η 是小于 κ 但大于或等于 κ—极限 l_κ 的任意基数。令 λ 是 η^+,大于 η 的最小基数。所以 $\lambda < \kappa$。根据命题 4,存在 FZBB,(AC),基础和(REP)的模型 $\mathcal{M}_2 = \langle d_2, E_2 \rangle$ 使得 $a \subseteq d_2$ 是好的当且仅当 $|a| < \lambda$。令 a 是基数为 η 的 d 的任意子集。那么在 $\mathcal{M}_2$ 中,a 是好的且是它自己的外延。根据康托尔定理,a 的幂概念的基数至少是 λ,由此在 $\mathcal{M}_2$ 中,这个幂概念是坏的。■

基数 λ 是强极限当 λ 是极限基数且如果对每个基数 $\eta < \lambda$,η 的幂集是小于 λ 的。从简恩和乌斯基亚诺(2004)的命题 5 推出在命题 2 中所构造的模型满足幂集公理当且仅当所指明的基数 λ 是强极限。从我们的上一个推论推出 FB⁻ 不能证明幂集公理的非受限版本。

推论 8:(**ZFC**)存在 FB⁻ 的模型 $\mathcal{M}_2 = \langle d_2, E_2 \rangle$ 和子集 $a \subseteq d_2$ 使得在 $\mathcal{M}_2$ 中 a 有一个外延,但 a 的幂概念没有。

所以,FB⁻ 是相对弱的理论。注意我们不能只把责任推给限制到纯粹二阶语句。上述给出的许多构造持续到我们假设语言包含原始非逻辑符号的情况,由于我们探索到的关键观察在于存在至多可数多个语句要在我们的概念上设置边界。无论如何,回顾基数是强不可达的当且仅当它是正则的且是强极限。所以具有命题 4 结论形式的模型满足 **ZFC** 的公理当且仅当所指明的基数 λ 是强不可达的。根据命题条件,对纯粹二阶逻辑 λ 也必须大于 Ω—极限——勒文海姆数。直接证实的是 FZBB+**ZFC** 的每个标准模型是大于勒文海姆数的强不可达。

8. 弗雷格—策梅洛—伯奈斯—伯吉斯集合论变体

我们已注意到 FZBB 只给出概念有外延的充分条件。这个漏洞根据替换原则（REP）是有所减弱的。我们已看到提出 FZBB 和（REP）加基础和 AC 的模型是相当容易的。这里，我们简要探索尝试把我们的充分条件转化为定义。回顾概念 F 是由语句 Φ 所固定的恰好假使 Φ^F 且对每个概念 X，如果 Φ^X，那么 $F \leqslant X$。而且如果 F 是有界的当存在纯粹二阶逻辑语句 Φ 和概念 G 使得 $F \leqslant G$ 且 G 是由 Φ 固定的。假设在纯粹二阶语言中存在公式 $\Psi(X)$ 使得对每个概念 F，$\Psi(F)$ 当且仅当 F 是有界的。那么，会存在固定最小无界概念的语句，这是纯粹二阶语言的勒文海姆数。但如果存在那么大的概念，那么它也会是有界的，而这是不可能的。

这恰恰是我们所期待的。我们要解决刚开始的论域是不可言喻的思想，而且我们把它认作像"不单单由逻辑资源所描绘"的某物。所以我们不能期望使用这些相同的逻辑资源描述论域。诚然，"有界的"概念在日常集合论中是可定义的。这是为什么我们没有 **ZFC** 而能够描绘理论模型的原因。但我们不能只是假设 **ZFC** 以尝试构建我们的集合论。一个选项是上升到三阶语言。令 $\mathcal{E}$ 是管辖概念的概念的变元。存在纯粹三阶逻辑公式 $DEF(\mathcal{E})$ 说的是在纯粹二阶语言中存在语句 Φ 使得对每个 X，

$$\mathcal{E}X \text{ 当且仅当 } \Phi^X。$$

通过模仿塔斯基主义对二阶语言片段真性的显定义，人们能构造 DEF。我们有概念 F 是固定的当且仅当

$$\exists \mathcal{E}(DEF(\mathcal{E}) \& EF \& \forall Y(\mathcal{E}Y \rightarrow F \leqslant Y)),$$

而且 F 是有界的当且仅当

$$\exists X(F \leqslant X \& \exists \mathcal{E}(DEF(\mathcal{E}) \& \mathcal{E}F \& \forall Y(\mathcal{E}Y \rightarrow F \leqslant Y)))。$$

把这个公式称为 BD(F)。现在我们确实有资源说概念有外延当且仅

当它是有界的：

$$(RF+) \quad \forall X(\exists x(EXT(x, X)) \rightarrow BD(X))。$$

令 FZBB＋是公理为（RF＋）和（RV）的理论。由于（RF）的每个实例是
FZBB＋的后承，前面的结果延续，而且某些能被加强。理论 FZBB＋蕴
含空外延、单元素集、配对、无穷和替换。照例，从 AC 推出局部选择
公理，而且基础公理对遗传良基外延有效。由于每个好概念是有界
的，我们也有非受限幂外延原则：如果概念有外延，那么它的幂概念也
有外延。所以 FZBB＋蕴含 **ZFC** 的所有公理，并集作为单个的例外。
从 FZBB＋的后承遗漏并集是明显的，而且这个缺陷不能轻易被修复。
对 FZBB＋，基础和（AC）的每个标准模型，存在强不可达 κ 或者 Ω 使
得定域的子集 a 有外延当且仅当 $|a| < l_\kappa$，这里 l_κ 是 κ—极限。由于
κ—极限全部有共尾性 ω，不存在满足可数并集原则的 FZBB＋，基础
和（AC）的标准模型。这种情况很糟糕！真正的问题在于我们已否认
刚开始的外延论域是不可言喻的直觉。由于背景语言是二阶的，我们
把刚开始的直觉注释为像"不由二阶语言语句有界限的"某物。

这里，我们能说恰好哪些概念不是由纯粹二阶语言语句有界限
的，而是由移动到三阶语言。但刚开始的论域是不可言喻的想法也应
该蕴含它也是不能由纯粹三阶语言语句有界限的。我们能在三阶语
言中以一个模式逼近它。事实上，包括元理论在内的关于上述的整个
发展，能由用像"纯粹三阶"取代"纯粹二阶"这样的短语被重述。令
（RF3）是（RF）的扩充以包括来自纯粹三阶语言的语句，而且令
FZBB3 是（RF3）加（RV）。但现在我们回到概念成为好性的仅有的充
分条件。这是因为三阶语言不能描绘由语言语句哪些概念是有界限
的。我们能在四阶语言中以显定义修复它。但一旦我们这样做，刚开
始的想法建议论域不是由四阶语言中的语句有界限的。如此继续下
去直到超限。也要注意 **ZFC** 蕴含每个理论 FZBB3，FZBB4，……的

协调性,直到在这个语言和理论内能被表达东西的界限。这里我们似乎有让反射首先开始的现象实例且继续下去。回顾如何表达它:

> 在任何时候从积极占有或者能表达的东西中尝试捕获论域我们都无法完成任务而且这个描绘是由特定的大集合满足的(王浩,同上)。

它尤其应用到这里。每次我们增加新的表达力,我们就会继续推高它:我们能构建大于任何我们先前能想象的外延存在性。但我们不能认为我们拥有它的所有。考虑到目前为止我们有的东西的非常行为给我们多于我们想象的东西。在关于康托尔以及集合论的历史和哲学基础的文章中,泰特以类似精神写道:

> 在什么条件下我们应该承认超限数性质的外延成为一个集合——或者等价地,存在什么超限数? 没有答案是终极的,在下述意义上,即给定什么算作数集的任意标准,我们能把 Ω 的定义相对化到满足这个标准的集合且获得数类 Ω'。但没有理由否认 Ω' 是一个集合:前述的 Ω 不是集合的论证仅仅在 Ω' 的情况下转变成 Ω' 不满足问题中标准的证明。所以……我们能继续下去。在集合论的基础中,寻求第一原则的柏拉图辩证学家,将永不歇业(泰特 2000,第 4 节)。

文献推荐:

帕森斯在论文《怀特关于抽象与集合论》中认为怀特用词项抽象取代词项语境定义是正确的。他认为可以用纯粹二阶基数理论称呼弗雷格算术。帕森斯的主要贡献在于找出怀特所谓的启蒙版的第五基本定律的模型[51]。夏皮罗与韦尔在论文《新第五基本定律、策梅洛—弗兰克尔集合论与抽象》中审视布劳斯提议的基于大小限制概念也就是新第五基本定律的外延抽象原则。怀特曾建议新第五基本定律可以充当新逻辑主义实分析的部分发展。夏皮罗与韦尔表明新第五基本定律对怀特提议的抽象原则的两条保守性标准无效。新逻辑主义者论证凭借纯粹逻辑手段能从抽象原则推导标准数学，而这样的抽象原则是认识无罪的。

夏皮罗与韦尔在论文《新逻辑主义逻辑不是认识无罪的》中推断数学的认识无罪不是由新逻辑主义者构建的[52]。黑尔在论文《抽象与集合论》中考虑何种抽象原则充当新弗雷格主义集合论的基础。他详细讨论执行大小限制观念的可替代方式且探索避免它坍塌的限制种类。夏皮罗在论文《对任意将来新逻辑主义集合论的绪论：抽象与不定可扩充性》中评估基于弗雷格第五基本定律限制的新逻辑主义集合论的发展前景。夏皮罗把坏性解释为达米特的不定可扩充性[53]。富有窘境异议说的是存在多个协调的但两两不协调的抽象原则。韦尔在论文《新弗雷格主义：富有窘境》中考虑和批评关于可接受抽象的各种更多抽象。然而，富有余窘境异议的类似物在元理论中重新浮出水面[54]。

简恩与乌斯基亚诺在论文《良基与非良基弗雷格主义扩充》中在布劳斯解释的基础上，研究在大小限制原则的精神下通过修正第五基本定律获得的各种理论的模型。在提供所有良基模型的完整结构性描述后，简恩与乌斯基亚诺转向非良基模型。他们建议弗雷格主义扩充提供设想非良基属于关系的自然方式[55]。夏皮罗与乌斯基亚诺在论文《弗雷格会面策梅洛：关于不可言喻性与反射的视角》中在伯奈斯—布劳斯集合论的弗雷格主义化版本的基础上，发展出弗雷格—策梅洛—伯奈斯—伯吉斯集合论。他们两人也提出限制第五基本定律的第三种方式。第一种方式是部分函数，第二种方式是全函数。第三种方式是高阶谓词的形式。

参考文献

［1］Wright，C. (1983)，*Frege's Conception of Numbers as Objects*，Aberdeen：Aberdeen University Press.

［2］Hale，B.(1987)，*Abstract Objects*，Oxford：Blackwell.

［3］Hale，B. and Wrigh，C. (2001)，*Reason's Proper Study*，Oxford：Clarendon.

［4］Boolos，G. (1998)，*Logic，Logic and Logic*，Cambridge，MA：Harvard University Press.

［5］Burgess，J.P. (2005)，*Fixing Frege*，Princeton，NJ：Princeton University Press.

［6］Fine，K. (2002)，*The Limits of Abstraction*，Oxford：Oxford University Press.

［7］Heck，Jr.，R. G. (2011)，*Frege's Theorem*，Oxford：Oxford University Press.

［8］Heck，Jr.，R.G. (2012)，*Reading Frege's Grundgesetze*，Oxford：Oxford University Press.

［9］Linnebo，O. (2018)，*Thin Objects：An Abstrantionist Account*，Oxford：Oxford University Press.

［10］Boolos，G. (1971)，The Iterative Conception of Set，*Journal of Philosophy*，68：215—232.

[11] Boolos, G. (1989), Iteration Again, *Philosophical Topics*, 17: 5—21.

[12] Boolos, G. (1984), To Be is To Be a Value of a Variable (or To Be Some Values of Some Variables), *Journal of Philosophy*, 81: 430—449.

[13] Boolos, G. (1985), Nominalist Platonism, *Philosophical Review*, 94: 327—344.

[14] Boolos, G. (1987), The Consistency of Frege's Foundations of Arithmetic, in J. J. Thomson, ed., *On Being and Saying: Essays for Richard Cartwright*, 3—20.

[15] Boolos, G. (1990), The Standard of Equality of Numbers, in Boolos, G., ed., *Meaning and Method: Essays in Honor of Hilary Putnam*, Cambridge, MA: Harvard Univesity Press, 261—278.

[16] Heck, Jr., R.G. (1992), On the Consistency of Second-Order Contextual Definitions, *Noŭs*, 26: 491—495.

[17] Heck, Jr., R.G. (1993), The Development of Arithmetic in Frege's Grundgesetze der Arithmetik, *Journal of Symbolic Logic*, 58: 579—601.

[18] Heck, Jr., R.G. (1996), The Consistency of Predicative Fragments of Frege's Grundgesetze der Arithmetik, *History and Philosophy of Logic*, 17: 209—220.

[19] Wright, C. (1997), The Philosophical Significance of Frege's Theorem. In Heck, R., ed., *Language, Thought and Logic: Essays in Honour of Michael Dummett*, Oxford: Clarendon.

[20] Wright, C. (1999), Is Hume's Principle Analytic? *Notre Dame Journal of Formal Logic*, 40: 6—30.

[21] Wright, C. (2000), Neo-Fregean Foundations for Real Analysis: Some Reflections on Freges's Constraint, *Notre Dame*

Journal of Formal Logic, 41: 317—334.

[22] Hale, B. (2000), Reals by Abstraction, *Philosophia Mathematica*, 8: 100—123.

[23] Hale, B. (2000), Abstraction and Set Theory, *Notre Dame Journal of Formal Logic*, 41: 379—398.

[24] Hale, B. and Wright, C. (2001), To Bury Caesar..., in Hale and Wright 2001, 335—396.

[25] Shapiro, S. and Weir, A. (1999), New V, ZF and Abstraction, *Philosophia Mathematica*, 7: 293—321.

[26] Shapiro, S. (2000), Frege Meets Dedekind: A Neologicist Treatment of Real Analysis, *Notre Dame Journal of Formal Logic*, 41: 335—364.

[27] Shapiro, S. and Uzquiano, G. (2008), Frege Meets Zermelo: A Perspective on Ineffability and Reflection, *The Review of Symbolic Logic*, 1: 241—266.

[28] Shapiro, S. and Linnebo, O. (2015), Frege Meets Brouwer (OR Heyting Or Dummett), *The Review of Symbolic Logic*, 8: 1—13.

[29] Shapiro, S. and Hellman, G. (2017), Frege meets Aristotle: Point as Abstracts, *Philosophia Mathematica*, 25: 73—90.

[30] Uzquiano, G. (1999), Models of Second-Order Zermelo Set Theory, *The Bulletin of Symbolic Logic*, 5: 289—302.

[31] Uzquiano, G. (2002), Categoricity Theorems and Conception of Set, *Journal of Philosophical Logic*, 31: 181—196.

[32] Uzquiano, G. (2009), Bad Company Generalized, *Systhese*, 170: 331—347.

[33] Uzquiano, G. (2015), Varieties of Indefinite Extensibility, *Notre Dame Journal of Formal Logic*, 56: 147—166.

[34] Cook, R. (2002), The State of The Economy: Neo-Logicism and Inflation, *Philosophia Mathematica*, 10: 43—66.

[35] Cook, R. (2003), Iteration One More Time, *Notre Dame Journal of Formal Logic*, 44: 63—92.

[36] Cook, R. (2009), Hume's Big Brother: Counting Concepts and the Bad Company Object, *Synthese*, 170: 349—369.

[37] Cook, R. (2012), Conservativeness, Stability and Abstraction, *British Journal for The Philosophy of Science*, 63: 673—696.

[38] Cook, R. (2017), Abstraction and Four Kinds of Invariance(Or: What's So Logical About Counting), *Philosophia Mathematica*, 25: 3—25.

[39] Linnebo, O. (2004), Predicative fragments of Frege Arithemtic, *Bulletin of Symbolic Logic*, 10: 153—174.

[40] Linnebo, O. (2009), Bad Company Tamed, Synthese, 170: 371—391.

[41] Linnebo, O. (2011), Some Criteria for Acceptable Abstraction, *Notre Dame Journal of Formal Logic*, 52: 331—338.

[42] Linnebo, O. (2013), The Potential Hierarchy of Sets, *The Review of Symbolic Logic*, 6: 205—228.

[43] Linnebo, O. (2018), Dummett on Indefinite Extensibility, *Philosophical Issues*, 28: 196—220.

[44] Cook, R. and Linnebo, O. (2018), Cardinality and Acceptable Abstraction, *Notre Dame Journal of Formal Logic*, 59: 61—74.

[45] Studd, J. (2013), The Iterative Conception of Set: A Bi-Modal Axiomatization, *Journal of Philosophical Logic*, 42: 697—725.

[46] Studd, J. (2016), Abstraction Reconceived, *British Journal for The Philosophy of Science*, 67: 579—615.

[47] Montague, R. (1967), Set Theory and Higher-Order Logic, in Crossley, J. and Dummett, M., eds., *Formal Systems and Recursive Functions*, North-Holland, 1967, 131—148.

[48] Scott, D. (1974), Axiomatizing Set Theory, in Jech, T., ed., *Axiomatic Set Theory*, Proceedings of Symposia in Pure Mathematics, vol. II, American Mathematical Society, 207—214.

[49] Stewart, S. (1987), *Principles of Reflection and Secon-Order Logic*, Journal of Philosophical Logic, 16, 309—333.

[50] McGee, V. (1997), How We Leanr Mathematical Language, *The Philosophical Review*, 106, 35—68.

[51] Parsons, C. (1997), Wright on Abstraction and Set Theory, in Heck, Jr., R. G., ed., *Language, Thought and Logic: Essays in Honour of Michael Dummett*, Oxford: Oxford University Press, 263—271.

[52] Shapiro, S. and Weir, A. (2000), Neo-Logicist Logic is not Epistemically Innocent, *Philosophia Mathematica*, 8, 160—189.

[53] Shapiro, S. (2003), Prolegomenon To Any Future Neo-Logicist Set Theory: Abstraction and Indefinite Extensibility, *British Journal for The Philosophy of Science*, 54, 59—91.

[54] Weir, A. (2003), Neo-Fregeanism: An Embarrassment of Riches, *Notre Dame Journal of Formal Logic*, 44, 13—48.

[55] Jané, I. and Uzquiano, G. (2004), Well-and Non-well-founded Fregean Extensions, *Journal of Philosophical Logic*, 33, 437—465.

图书在版编目(CIP)数据

抽象主义集合论.上卷,从布劳斯到斯塔德/薄谋
著.—上海:上海人民出版社,2021
ISBN 978-7-208-17328-6

Ⅰ.①抽… Ⅱ.①薄… Ⅲ.①数学哲学 Ⅳ.
①O1-0

中国版本图书馆 CIP 数据核字(2021)第 180216 号

责任编辑 赵 伟
封面设计 陈绿竞

抽象主义集合论(上卷):从布劳斯到斯塔德
薄 谋 著

出　　版　上海人民出版社
　　　　　　(201101 上海市闵行区号景路 159 弄 C 座)
发　　行　上海人民出版社发行中心
印　　刷　上海商务联西印刷有限公司
开　　本　635×965 1/16
印　　张　37
插　　页　2
字　　数　475,000
版　　次　2021 年 10 月第 1 版
印　　次　2021 年 10 月第 1 次印刷
ISBN 978-7-208-17328-6/B·1577
定　　价　110.00 元